普通高等教育"十一五"国家级规划教材

"十三五"江苏省高等学校重点教材
（编号：2016-2-013）

生物化学

王　淼　主编

中国轻工业出版社

图书在版编目（CIP）数据

生物化学/王淼主编. —北京：中国轻工业出版社，2024.7

普通高等教育"十一五"国家级规划教材

"十三五"江苏省高等学校重点教材

ISBN 978 - 7 - 5184 - 1040 - 8

Ⅰ.①生…　Ⅱ.①王…　Ⅲ.①生物化学 – 高等学校 – 教材　Ⅳ.①Q5

中国版本图书馆 CIP 数据核字（2016）第 170803 号

责任编辑：马　妍

策划编辑：李亦兵　马　妍　　责任终审：劳国强　　封面设计：锋尚设计

版式设计：锋尚设计　　　　　责任校对：吴大鹏　　责任监印：张　可

出版发行：中国轻工业出版社（北京鲁谷东街 5 号，邮编：100040）

印　　刷：三河市万龙印装有限公司

经　　销：各地新华书店

版　　次：2024 年 7 月第 1 版第 7 次印刷

开　　本：787 × 1092　1/16　印张：33.5

字　　数：770 千字

书　　号：ISBN 978 - 7 - 5184 - 1040 - 8　　定价：64.00 元

邮购电话：010 - 85119873

发行电话：010 - 85119832　010 - 85119912

网　　址：http：//www.chlip.com.cn

Email：club@ chlip.com.cn

前言 | Preface

生物化学是食品及相关专业最重要的专业基础课之一。自从20世纪80年代后期我国食品专业的教学体系逐步与国际接轨以来，本科院校食品专业开设的食品生物化学课程逐步被普通生物化学和食品化学两门课程替代，使学生的专业基础更加扎实。与此同时，在教学过程中一直缺乏一本合适的普通生物化学教材。以往工科专业用的生物化学教材代谢部分的内容大多偏向微生物，而对从事食品生产、开发和研究的专业技术人员来讲，他们的工作对象——食品原料几乎涉及所有生物体，特别是食品的消费者——人更是最高等的生物。在食品营养和安全备受关注的今天，作为食品工作者一定要全面打好生物化学这个重要的专业基础。为此，我们根据多年的教学体会，在《食品生物化学》（中国轻工业出版社，2009）基础上，精心编排了本教材，力求全面、系统、简明地介绍生物化学的基础理论和知识。

本教材共四篇十八章内容：第一篇导论，从生命的起源认识生命的本质；第二篇生物分子的结构与功能；第三篇生物大分子的代谢与调节；第四篇基因信息的传递。书中基本概念论述力求准确，整体上深度适中，既紧紧扣住生物化学的基本内容，又力求反映生物化学研究的新成果、新进展、新的研究手段和方法，以达到巩固基础、开拓视野、加强对学生的科学素养和能力培养的目的。

本教材由江南大学食品学院生物化学课程组的教师联合编写。他们长期在教学第一线从事生物化学教学和科研工作，是一批热爱生物化学教学、富有经验的教师。在本教材的编写过程中，他们认真工作，付出了大量的劳动。

本教材编写分工如下：第一篇导论由王淼和周鹏编写；第一章和第十二章由施用晖和梁丽编写；第二章和第十一章由曹栋和蒋将编写；第三章由王淼和孔祥珍编写；第四章和第十四章由王淼编写；第五章由刘小鸣编写；第六章、第十五章和第十六章由吕文平编写；第七章至第十章以及第十三章由周鹏和陆乃彦编写；第十七章和第十八章由唐雪编写。全书的统稿由王淼完成。

在本教材的编写过程中得到了中国轻工业出版社的鼓励和支持，在此表示由衷的感谢。

进入21世纪后，生命科学飞速发展，生物化学也有一些新的突破和发展。作为教材，本书受篇幅的限制，加上编者水平和经验有限，书中难免会有不当之处，敬请广大读者批评指正。

编者

2016年7月

目录 | Contents |

第一篇 导　论

第二篇　生物分子的结构与功能

第三篇　生物大分子的代谢与调节

第四篇 基因信息的传递

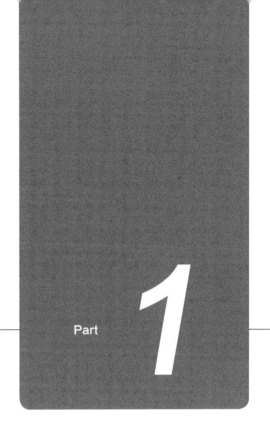

Part **1**

第一篇

导　论

生物化学是研究生物体的化学组成和在生命过程中的化学变化规律的一门科学。生物化学是生命的化学，是运用化学原理在分子水平上解释生命现象的科学。生物化学主要的研究范围涉及生物分子的化学结构和三维构象，生物分子的相互作用，信号传导，生物分子的合成与降解，能量产生与利用，生物分子的组装和协调，遗传信息的贮存、传递、表达与调节。

一、生命系统的特征

在宇宙大爆炸中产生光和热的同时形成了最简单的元素氢和氦。随着宇宙的膨胀和冷凝，在引力的作用下，物质浓缩成了星球。一些星球变得巨大，然后爆炸形成超新星，地球就是其中之一。在这些超新星上的核爆炸释放的能量导致简单的原子核发生聚合，形成了更复杂的元素（图1）。

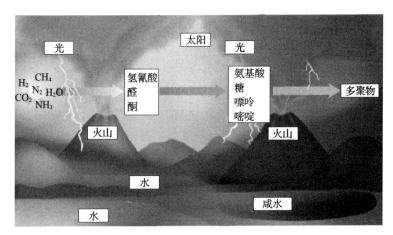

图1　超新星的形成以及聚合物的形成

大约40亿年以前，地球上的生命开始逐渐演化。出现了从有机化合物和阳光中摄取能量的简单微生物——生命。这些微生物利用光能将地球表面的简单元素和化合物转化成大量更为复杂的**生物分子**（biomolecule）。

生物分子是无生命的，当它们以适当的数目和特定的方式聚集在一起后则会构成生命体，并表现出非凡的特性——生长、运动、代谢和繁殖等。

尽管生物分子存在着惊人的多样性、结构的复杂性，但由无生命物质构成的生命活动最终是可以用化学的原理来解释的。它们遵循所有描述物质的物理和化学原理和规律。

生物化学家研究的就是这些不同的生物分子是如何相互作用并赋予生物体那些惊人的特征。

生物体与无生命的物体相比具有以下特征：

1. 化学上极其复杂性，具有高度的结构组织性

不同的生物有不同的结构层次，生物体进化程度越高结构层次越丰富。高等生物有裸眼可见的器官、组织和细胞等，而病毒等微生物则是一些生物大分子的聚集体。大多数生物体是由细胞构成的，细胞内又有亚细胞结构——细胞器；病毒等微生物是生物大分子的复杂聚集体，这些大分子也是由一些基本的结构单元聚合而成。例如生物大分子蛋白质是由氨基酸构成；淀粉和纤维素等多糖是由葡萄糖等单糖构成。图2所示为埃塞俄比亚的狒狒、厄瓜多尔的热带兰

花以及脊椎动物肌肉组织染色薄片的电镜照片。在肌肉组织的电镜照片中微观复杂性和组织性是显而易见的。

与之相比，无生命的物质（如泥土、砂石等）则简单得多，它们是简单化合物以相对单一的方式形成的聚集体。

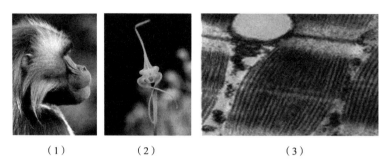

（1）　　　　　　　（2）　　　　　　　　　（3）

图2　（1）埃塞俄比亚的狒狒　（2）厄瓜多尔的热带兰花
（3）脊椎动物肌肉组织染色薄片的电镜照片

2. 生物体的结构服务其功能

生物体中的每一个结构和每一种成分，都有它们自身独特的功能。这不仅表现在宏观结构（如植物的根、茎、叶等，动物的心、肝、脾、肾等）上，而且在微观的细胞结构（各种细胞和细胞器等）以及生物分子（酶和代谢物等）中都是如此。细胞核、叶绿体以及各种化学成分都有其独特的功能。人们探索生命奥秘的过程就是在不断地揭示生物体中的各种化学成分和结构与生物功能之间的关系。

3. 生物体有活跃的能量转换体系

为了维持生物体高度组织化的结构和生命系统的活力，机体必须从环境中摄取能量。生命的复杂程度和活力取决于它们从环境中摄取能量的能力。生物体从所生活的周围环境中摄取、转化并利用能量，这种能量可以是化学营养物质中的化学能，也可以是光能。这些能量能使有机体构建和维持它们体内复杂的结构，以及做机械、化学、渗透等形式的功。能量的最终来源是太阳。太阳能通过光合生物以及食草动物，最终流向食物链金字塔顶部的食肉动物（图3）。

而无生命物质不能以一种系统的、动态的方式利用能量来维持其结构和做功，相反，它们更趋向于向一种更加无序的状态衰减，最终与其周围环境达成平衡。

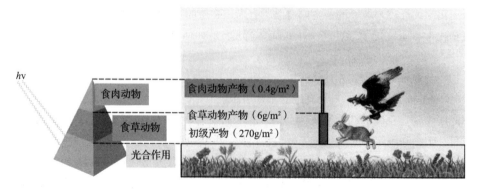

图3　食物金字塔及光合生物捕获能量后的生物转化率（图中 m^2 指每平方米土地）

4. 生物体具有精确自我复制和自我组装的能力

生物体以多种机制进行自我复制，从细菌的简单分裂到动植物的有性繁殖，每一种生物的自我复制都保持高度的忠实性，这就是为什么生物都与它们的父母高度相似（图4）。物体的这种精确的自我复制能力，是生命现象的精髓。

（1）斑马　　　　　　　　　　（2）大猩猩

图4　生物都与它们的父母高度相似

生物是极其多样的（图5），就外表和功能而言，人类、鸟类和兽类、树木、青草以及微生物差异极大。然而，生物化学研究表明，所有生物体在细胞和化学水平上是极为相似的。它们有相似的基本结构单位——细胞，相同类型的生物大分子——DNA、RNA和蛋白质，以及相同类型的大分子基本结构单位——氨基酸和核苷酸等。它们利用相同的途径来合成细胞组分、共享相同的遗传密码。生物化学就是用分子术语来描述适合所有生物的结构、机制以及化学过程，并提供众多生命形式所共有的组织原理，这些原理的集合称为**生命的分子逻辑（the molecular logic of life）**。

（1）　　　　　　　　　　（2）

图5　伊甸园花园（多样的生物享有共同的化学特征）

二、细胞与生物分子

（一）细胞

细胞是所有活的有机体的基本结构和功能单位，是唯一能独立展现生命特征（生长、代谢、刺激应答和复制）的最小实体。最小的生物体由单个细胞所组成，在显微镜下才能看到，而大的生物体由多个细胞组成。例如，人体至少包含了10^{14}个细胞。多细胞生物体具有许多不同种类的细胞，这些细胞在大小、形状、特别是功能上有所不同。无论哪种生物体、本身有多大和多么复杂，构成它们的细胞除了有各自的特点之外，都享有某些共同的结构特征——具有细胞核或拟核、质膜和细胞质。图6所示为两种主要类型的真核细胞的概图。细胞质膜（plasma membrane）限定了细胞的外周界线，将细胞内含物与其周围环境分隔开。质膜由无数的脂质和蛋白质分子构成，这些分子主要通过非共价的疏水作用排列在一起，围绕细胞形成薄而坚柔的疏水层。质膜可阻止无机离子和多数带电或极性物质自由透过，膜上的转运蛋白可允许特定的离子和分子透过，其他膜蛋白包括传导胞外信号到胞内的受体和参与膜相关反应途径的酶。

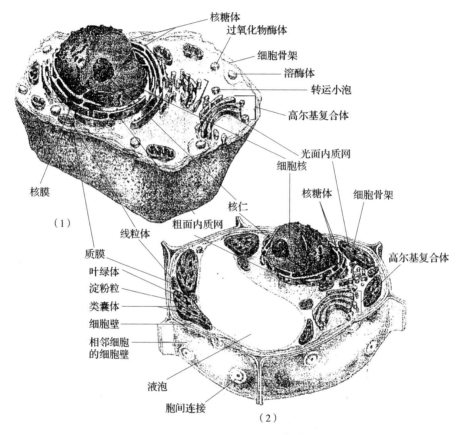

图6　两种主要类型的真核细胞的概图

（1）动物细胞　（2）植物细胞

由质膜所包围的内含物称为细胞质（cytoplasm），它由水溶液、胞质溶胶（cytosol）和各种不溶性的悬浮颗粒所组成。胞质溶胶是一种组成成分复杂、高度浓缩的水溶液，呈凝胶状。溶于胞质溶胶中的物质包括：多种酶以及编码它们的RNA分子；构成大分子的单体亚单位（氨基酸和核苷酸）；生物合成和降解途径中产生的数以百计的有机小分子中间代谢物（metabolite）；许多酶促反应中的必需成分——无机离子和小分子有机复合物辅酶（coenzyme）。

胞质溶胶中的颗粒是超分子复合物，以及存在于几乎所有非细菌细胞中的大量由膜包围的、含特定代谢机制的细胞器。核糖体（ribosome）是直径为18~20nm的小颗粒，由超过50种不同的蛋白质和RNA分子组成，是蛋白质合成的场所。许多细胞的细胞质中还存在淀粉、脂肪这样的贮存营养物质的颗粒。

所有的活细胞至少在其生命中的某一个阶段含有一个细胞核（nucleus）或拟核（nucleoid），由 DNA 组成的整套基因——基因组（genome）在其中贮存和复制。DNA 分子与特定蛋白质结合形成的 DNA 超分子复合体高度折叠，贮存于细胞核或拟核中。细菌的拟核与细胞质之间未被膜分隔开，但高等生物的核物质被双层核膜所包围。具有核膜的细胞称为**真核生物（eukaryote）**；而没有核膜的细胞称为**原核生物（prokaryote）**。

总之，细胞是由膜包裹着的小团，内含溶于或悬浮于水的众多不同物质，包括无机离子、代谢物、大分子、超分子复合物以及由亚细胞膜环绕形成的细胞器。从这个意义上说，细胞是一种由各种分子装配而成的最大和最复杂的分子聚合体。

（二）生物分子

用于构建生物体的有机化合物称为生物分子。生物分子是含碳的有机分子。这些分子在生物进化过程中因为适合执行特殊生物化学和细胞功能而被选择保留下来。用于描述和理解无生命物质的一些物理、化学术语和规律（如原子之间成键的类型、影响化学键形成和强弱的因素等）同样适用于这些生物分子。

1. 生物分子是含碳的化合物

生物分子之所以是含碳的化合物，是因为碳原子能通过共用电子对形成多种形式的共价键，如图 7 所示。碳原子通过共用电子对形成多种共价键的特殊成键性质使得它能参与形成大量不同类型的分子。

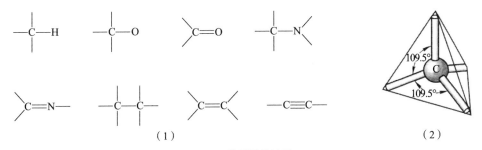

图 7　碳原子的性质

（1）碳原子与 H、O、N 以及 C 之间形成共价键　（2）被键合碳原子的四面体性质

碳原子的共价键有两个特别值得注意的性质：

（1）碳与碳形成共价键的能力；

（2）被键合碳原子周围的四个共价键的四面体性质［图 7（2）］。

这两种性质对于碳原子能形成线性的、有分支的或环状的化合物是极为重要的（图 8）。由于 N、O 和 H 原子的适当参与，这些含碳化合物表现出了适合于构成生命物质所特有的结构和性质。

2. 生物分子是分层次的

细胞化学组分研究表明，有机化合物的种类多到令人眼花缭乱。如果根据它们的大小和化学性质对其进行分类，它们的层次格局即可显现（图 9 和图 10）。

在活细胞中，用于构建大分子的基本结构单位往往具有一种以上的生物学功能。核苷酸不仅是组成核酸的亚单位，而且也是能量载体分子（如 ATP）。氨基酸不仅是蛋白质分子的亚单位，同时也是激素、神经递质、色素以及许多其他类型生物分子的前体。

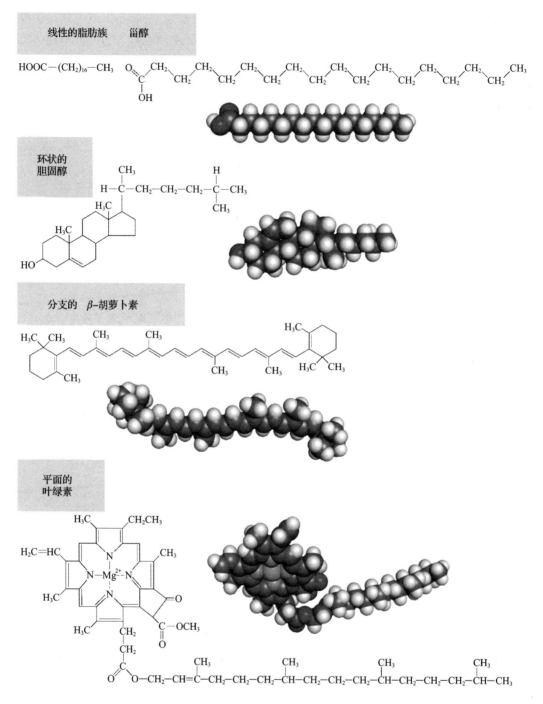

图 8 C—C 键构建复杂结构物质的多样性实例

三、水在有机体生命过程中的角色

（一）水是生命系统的环境基础

生物体系的基本成分包括蛋白质、碳水化合物、脂质、核酸、维生素、矿物质和水。这些物质对于生物体的生存都是基本的，其中水是最普遍存在的组分，往往占生物体质量的70%～90%。

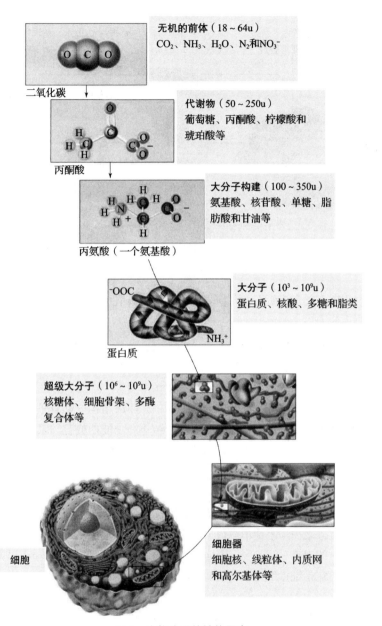

无机的前体（18～64u）
CO_2、NH_3、H_2O、N_2和INO_3^-

二氧化碳

代谢物（50～250u）
葡萄糖、丙酮酸、柠檬酸和琥珀酸等

丙酮酸

大分子构建（100～350u）
氨基酸、核苷酸、单糖、脂肪酸和甘油等

丙氨酸（一个氨基酸）

大分子（10^3～10^9u）
蛋白质、核酸、多糖和脂类

蛋白质

超级大分子（10^6～10^9u）
核糖体、细胞骨架、多酶复合体等

细胞器
细胞核、线粒体、内质网和高尔基体等

细胞

图9　生物分子的结构层次

在人体内，水是构成机体的主要成分。水虽无直接的营养价值，但具有某些特殊性能，如溶解力强、介电常数大、比热容高、黏度小，是维持生命活动、调节代谢过程不可缺少的重要物质，正常的代谢活动只有当细胞含有不少于65%的水时才能进行，断水比断粮食对人体的危害和影响更为严重。水是体温良好的稳定剂，其比热容大，热容量大，因此当体内产生热量增多或减少时，不至于引起体温太大的波动。水是构成机体的重要成分。水的黏度小，可对体内的机械摩擦产生润滑作用，减少损伤。水是良好的溶剂，能作为代谢所需的营养成分和产生的废物的输送介质，促进了呼吸气体氧和二氧化碳的输送。水为必需的生物化学反应提供一个物理环境，是体内化学作用的介质，也是化学反应的反应物和产物，同时又是生物大分子化合物构象的稳定剂，以及包括酶催化在内的大分子动力学行为的促进剂。另外，水也是植物进行光

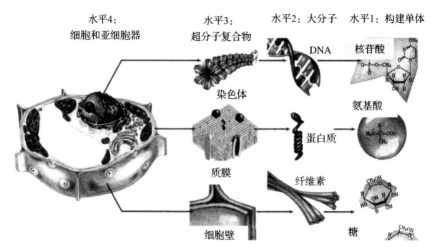

水平4：　　　　　水平3：　　　水平2：大分子　水平1：构建单体
细胞和亚细胞器　　超分子复合物

DNA　核苷酸

染色体

氨基酸

蛋白质

质膜

纤维素

细胞壁　　　　　糖

图 10　细胞中生物分子的结构层次三维图

合作用过程中合成碳水化合物所必需的物质。因此，可以清楚地看到，生物体的存在显著地依赖于水这个无机小分子。

（二）水相系统中的弱相互作用

在生物体系中，弱相互作用是一类普遍存在的重要作用，其能量一般比化学键弱，作用范围大于化学键，主要包含范德华力、氢键、疏水相互作用等。这些弱相互作用具有重要的生理意义，比如它们在维持蛋白质等生物大分子的二、三、四级结构中起着重要的作用，并且破坏这些作用力所耗费的能量比较小，容易引起蛋白质结构和功能的变化。系统中大量的弱相互作用将生物分子的三维结构维持在一个动态的相对稳定状态，从而使其具有特定的生理活性，行使生理功能。弱相互作用主要有以下三种：

1. 范德华力

范德华力是分子或原子之间的静电相互作用，无饱和性和方向性，其强度一般只有化学键键能的十分之一到百分之一。范德华力最早由荷兰物理学家范德华提出，它随分子间距离的增大很快衰减，对物质的沸点、溶解度、表面张力等物理性质有重要影响。例如脂质分子的烃链间就存在范德华力，它是维持细胞膜结构的一种重要作用。

2. 氢键

氢键在弱相互作用中占突出地位。通常氢键的形成是分子中氢原子与强电负性的原子 X（N、O、F）相连，这几种元素和氢之间的电子云严重偏离氢原子，导致氢原子能够与另一个具有孤立电子对、电负性大的原子 Y 发生作用，产生比较强烈的静电吸引，形成 X—H…Y 的形式。其中氢原子与原子 Y 之间的定向吸引力即氢键，其键能比化学键键能小，但又比范德华力等其他弱相互作用强，以 H…Y 表示。氢键在生命水相体系中有重要作用，比如核酸、蛋白质等生物大分子中含有很多可形成氢键的基团，使其形成较为复杂的空间结构，并且维持其高级结构的稳定。有一定强度但又并不太强的氢键既保证了生命的稳定遗传，又使适当变异成为可能。

3. 疏水相互作用

疏水相互作用是非极性分子之间的一种弱相互作用。有机分子，特别是一些生物大分子，其内部往往同时拥有极性和非极性部分。这些非极性部分与水相互排斥，在水相环境中具有避开水而相互聚集的倾向，从而形成生物大分子的高级结构。比如疏水相互作用对蛋白质的结构和性质非常关键，为蛋白质的折叠提供主要推动力，使其疏水残基处在蛋白质分子的内部。

（三）生命系统是一个缓冲系统

在无机化学中曾经接触过，强酸由于在水中完全离子化，当其加入到水中时，水中 H^+ 的浓度迅速增高，从而导致水的 pH 发生很大的变化。而弱酸在水中只能部分离子化，其处于一个可逆的电离平衡状态，且不同物质的解离常数不同。当弱酸与弱酸的盐在水中共同存在时，溶液的 pH 对于酸或碱的加入是不敏感的。相对恒定的 pH 对生命系统是至关重要的，比如在细胞代谢过程中起重要作用的酶，其活性显著受到 pH 的影响。这种环境 pH 的剧烈变化会影响生物分子的结构和功能，对生物系统的正常状态造成破坏。弱酸和弱酸的盐所构成的缓冲对，有助于维持生命系统 pH 环境的相对稳定，被称为缓冲系统。

生物体内最重要的缓冲系统包括磷酸盐系统（HPO_4^{2-}/HPO_4^-）和碳酸盐系统（HCO_3^-/H_2CO_3）。前者主要维持细胞内 pH 的稳定，而后者主要维持细胞外液 pH 的稳定。另外，蛋白质及其他小分子的有机物也是缓冲系统的重要组分。比如在血液中，血浆缓冲对以 $NaHCO_3/H_2CO_3$ 为主，而红细胞里主要缓冲对为血红蛋白缓冲对。然而，若进入血液的酸或碱太多，超过了系统缓冲力量的极限，还需要肺及肾脏的协同调节作用，才能保持体内的酸碱平衡。

Part 2

第二篇
生物分子的结构与功能

第一章

糖 的 化 学

第一节 概 述

一、糖的概念、分布及主要生物学作用

(一) 糖的概念、分布

糖类 (saccharide) 是自然界最丰富的有机化合物, 具有广谱化学结构和生物功能, 也是人类所需要的最基础物质之一, 如大米、小麦、棉、木材、蜂蜜等均含有大量的糖类化合物。糖一词源自希腊语 *sakcharon*, 意为糖。大部分糖类化合物由碳、氢和氧 3 种元素组成, 最初用 $C_n(H_2O)_n$ 通式表示, 即所含碳与水元素呈现某种比例, 统称为 "碳水化合物" (carbohydrate)。后来发现一些非糖类物质如乳酸 ($C_3H_6O_3$)、甲醛 (CH_2O) 也符合这一比例; 而有些糖, 如鼠李糖 (rhamnose, $C_6H_{12}O_5$, 一种甲基戊糖) 和脱氧核糖 (deoxyribose, $C_5H_{10}O_4$) 等分子式中不表现出碳与水的比例; 有些糖分子中还含有氮、磷、硫原子, 如氨基糖、磷酸糖。因此, "碳水化合物" 一词, 在分子式的形式上是不确切的, 只是一种习惯沿用。

在化学本质上, 糖类化合物是多羟基醛或酮及其聚合物和衍生物的总称, 即把多羟基醛或酮或经简单水解能生成这类醛酮的化合物称为糖。

糖在生物界分布极广, 几乎存在于所有的动物、植物、微生物体内。其中以植物界最多, 占其干重的 50% ~80%, 如淀粉是植物能量贮存的形式, 也是人和动物的主要食物来源。非溶解性的糖类高聚物纤维素、果胶等是植物细胞壁结构性物质成分。动物体内含糖量不超过组织干重的 2%, 如葡萄糖或由葡萄糖等单糖物质组成的多糖 (如肝糖原、肌糖原), 它们是动物体所需能量的主要来源, 透明质酸、硫酸软骨素是动物连接组织的结构元件。微生物体内含糖量占菌体干重的 10% ~30%, 它们与以糖或与蛋白质、脂类结合成复合糖存在。

(二) 糖的主要生物学作用

1. 糖是生物体的重要能源物质

糖的氧化是大多数非光合作用机体细胞产生能量的主要途径。如粮食中的淀粉, 经机体食入后, 消化水解成葡萄糖被吸收, 在组织细胞中氧化, 为机体的生命活动提供能量。草食动物

和某些微生物还能利用纤维素作为能源。糖也可直接、间接地转化为生命必需的其他物质，如蛋白质和脂类物质。糖为机体合成氨基酸、脂类等各种有机物质提供碳架原料。

2. 糖类是细胞和生物体的结构物质

戊糖是核苷酸的重要组成成分；结构多糖如纤维素、半纤维素是植物的细胞间质、茎秆支撑组织所必需的物质，具有硬性和韧性；肽聚糖构成细菌细胞壁的成分；糖原是动物和人体内所需能量的主要来源；此外，体内的糖与细胞结构中的有些蛋白质、脂类结合而成的糖蛋白和糖脂等复合性糖，是细胞外间质中的重要构成分子，如黏多糖、透明质酸等。

3. 糖具有复杂的多方面的生物活性与功能

糖类物质也是生物信息的携带者，参与细胞识别，在信号传导中作为信号分子。单糖含有多个羟基，一个单糖与另一糖的不同羟基以糖苷键结合可以有多种方式，如三糖分子中的单糖可以有 76 种结合方式。可见，糖链的结构比蛋白质和核酸复杂。所以，多糖、蛋白质和核酸并称为三大重要的生物学分子化合物。糖是具有重要生理功能的物质，如 1, 6 - 二磷酸果糖可治疗急性心肌缺血性休克；香菇多糖、猪苓多糖、胎盘脂多糖、肝素、透明质酸、右旋糖酐等都已用于免疫系统、消化系统、血液系统和肿瘤等疾病的预防、治疗。

二、糖 的 分 类

根据含糖单位的数目，糖类化合物分成以下三类。

1. 单糖（monosaccharide）及其衍生物

凡不能被简单水解成更小分子的糖称为单糖。单糖又可根据含碳原子数进行分类。

2. 寡糖（oligosaccharide）

寡糖也称低聚糖，是由 2~10 个左右单糖分子失水缩合而成的短链糖类。其中，二糖是寡糖中存在最为广泛的一类，蔗糖、麦芽糖和乳糖都属于寡糖。

3. 多糖（polysaccharide）

多糖是由十个以上至几千个单糖失水缩合而成的长链结构糖类。由相同的单糖基组成的多糖称为均质多糖（同多糖），如淀粉、糖原、纤维素。由不同单糖基组成的称为非均质多糖（杂多糖），如果胶质、半纤维素等。

糖的氧化、还原产物、氨基取代物等称为糖的衍生物，如糖酸、糖胺。

糖与非糖物质共价结合而成的复合物称为糖复合物（结合糖），如肽聚糖、蛋白聚糖、氨基糖、脂多糖等，它们很多是功能分子。

下面简要叙述糖类在生物界的存在、功能及与食品和营养有关的糖类。

第二节　单糖及其衍生物

一、单糖的分子结构

单糖是组成糖类物质的基本结构单位。可以分为含有醛基的醛糖（aldose）和含有酮基的酮糖（ketose）。根据其分子中含碳原子数目，分别称为丙、丁、戊、己醛糖或酮糖。在自然界分布广、意义大的是戊糖和己糖（hexose），核糖、脱氧核糖属戊糖，葡萄糖、果糖和半乳糖为己糖。

（一）相对构型（D/L 系列）

构型是指一个分子中由于不对称碳原子上各原子或基团间特有的固定的空间排列不同，使该分子呈现特定的稳定的立体结构。当这种分子从一种构型转变为另一种构型时，需要伴随共价键的断裂和再生。甘油醛是最简单的单糖，它的 α – 碳原子上连有 4 个不相同的原子（或基团），呈不对称排列，称为**不对称碳原子（asymmetric carbon atom）或手性（chirality）碳原子**，因此，甘油醛存在两种构型 D – 型和 L – 型，两种构型分子可形成互为镜像关系的异构体（对映体）。所有的单糖分子中，除了二羟丙酮外，均含有一个以上不对称碳原子，每个不对称碳原子呈现不同构型。含有 n 个不对称碳原子的单糖，有 2^{n-1} 对对映体。糖的构型划分是以甘油醛的结构作为比较标准，单糖的醛基碳原子作为第一位，Fischer 投影式中最高编号的不对称碳原子构型若与 D – 甘油醛结构相同，则属于 D – 型，若与 L – 甘油醛结构相同，则属于 L – 型，如图 1 – 1 所示。

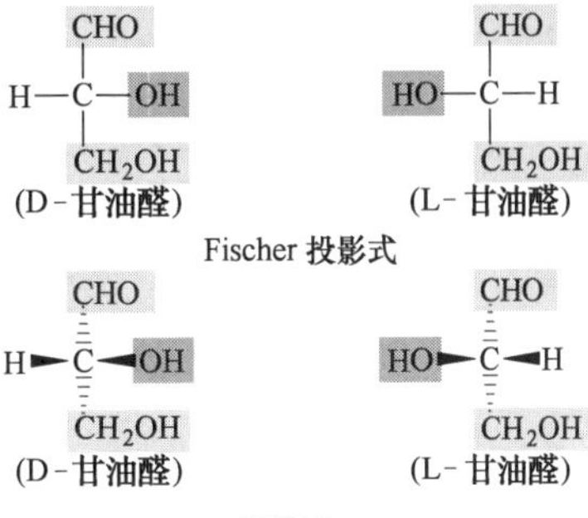

图 1 – 1 D – 甘油醛、L – 甘油醛的 Fischer 投影式和透视式

醛糖是由甘油醛派生而来的，醛糖可以看作是甘油醛的醛基碳下端，逐个插入 C 延伸而成（见图 1 – 2）；而酮糖由二羟丙酮派生而来（见图 1 – 3）。

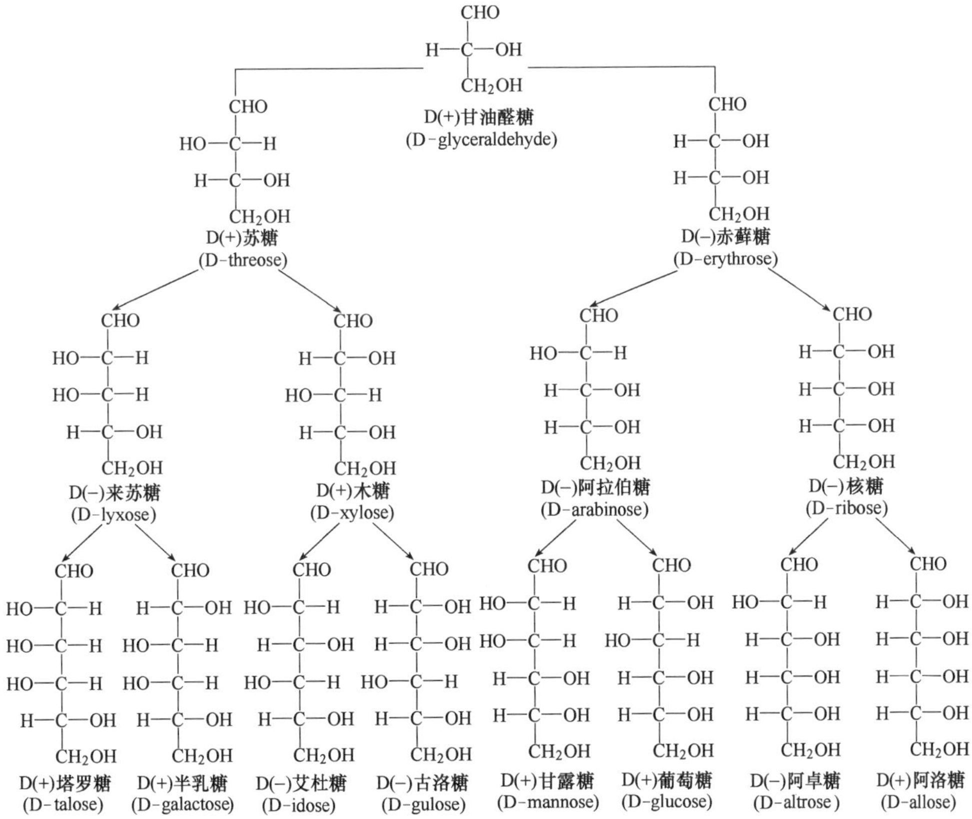

图 1 – 2 D 系醛糖的立体结构

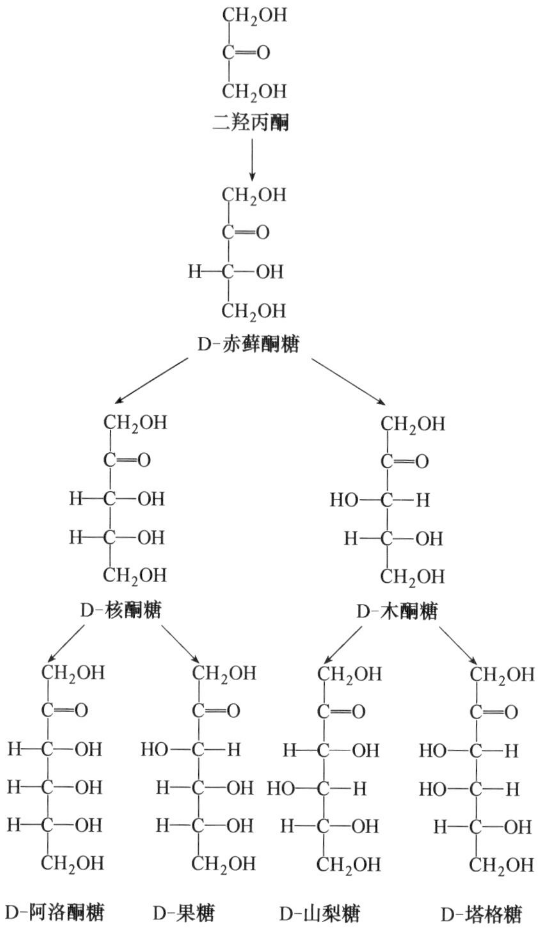

$$CH_2OH$$
$$C=O$$
$$CH_2OH$$

二羟丙酮

↓

$$CH_2OH$$
$$C=O$$
$$H-C-OH$$
$$CH_2OH$$

D-赤藓酮糖

图 1-3　D 系酮糖的立体结构

（酮糖结构式：D-核酮糖、D-木酮糖、D-阿洛酮糖、D-果糖、D-山梨糖、D-塔格糖）

如果糖分子之间只是在几个手性碳中的一个碳上的构型上有差别，这样的糖分子称为差向异构体（epimers）。例如 D-甘露糖和 D-半乳糖就是 D-葡萄糖的差向异构体。对于 C_2 而言，D（+）-甘露糖与 D（+）-葡萄糖互为差向异构体；而就 C_4 而言，D（+）-半乳糖与 D（+）-葡萄糖是差向异构体。葡萄糖的差向异构体如下：

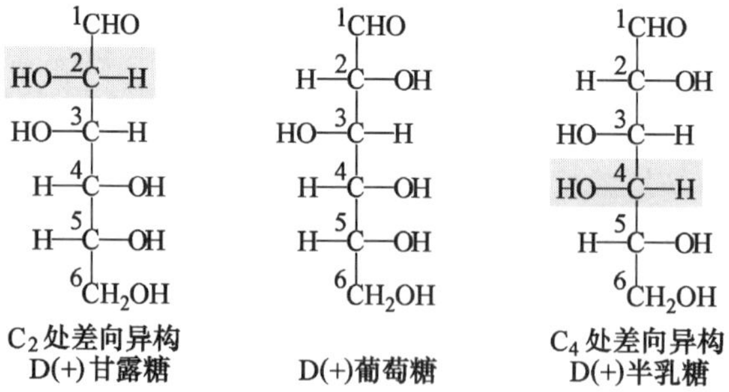

C_2 处差向异构
D(+)甘露糖

D(+)葡萄糖

C_4 处差向异构
D(+)半乳糖

（二）单糖的环状结构

由于葡萄糖的醛基只能与一分子醇反应生成半缩醛，不同于普通醛，它不能与 $NaHSO_3$ 反应形成加成物，在红外光谱（IR）中没有羰基的伸缩振动，在 ^3H-NMR 中也没有醛基质子的吸收峰。实验表明，葡萄糖的醛基与分子内的一个羟基形成了环状半缩醛结构，所以只能与一分子醇形成缩醛，称为糖苷。

E. Fischer 于 1893 年提出糖的环形结构。在溶液中，含有 5 个或更多碳原子的醛糖和酮糖的羰基都可以与分子内的一个羟基反应，形成环式半缩醛。环式半缩醛可以是 5 元环或 6 元环结构，环结构中的氧来自形成半缩醛的羟基，所以半缩醛是个杂环结构。如链状葡萄糖的醛基（C_1）既可与 C_4 上的羟基形成半缩醛，也可与 C_5 上的羟基形成半缩醛。由于 6 元和 5 元半缩醛杂环结构分别与吡喃和呋喃相似，所以形成 6 元含氧杂环半缩醛的单糖被称为**吡喃糖**（**pyranose**），而 5 元含氧杂环半缩醛单糖被称为**呋喃糖**（**furanose**）。

由链形结构转变为环形结构时，原羰基的碳 C_1 成为手性碳，这个手性碳原子上的半缩醛羟基有两种空间取向，形成 α-异构体和 β-异构体。半缩醛羟基与 C_5 的羟甲基在环平面的同侧为 β-异构体，异侧为 α-异构体，如图 1-4、图 1-5 所示。

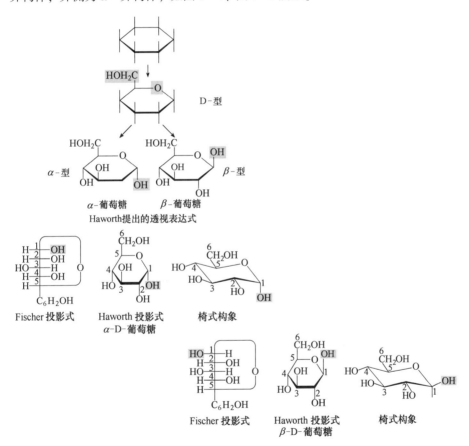

图 1-4　α-D-葡萄糖和 β-D-葡萄糖的三种结构式及分子中 C 的编号

由于 Fischer 投影式的氧桥过长，1926 年 Haworth 提出了透视式表达糖的环状结构。在 Haworth 透视式中，己醛糖的五个碳原子和氧原子组成一个垂直于纸平面的六角环。异头碳画在右边，而其他的碳按照顺时针方向编号，羟基位置在环平面上方的，相当于直链式的左面位置，在平面下方的，相当于直链右面位置。糖的环状结构中 D-、L-、α-、β-型的确定分别是以 C_5 羟甲基和半缩醛羟基在含氧环上的排列决定的。羟甲基在环平面上方的为 D-型，环平面下方的为 L-型。在 D-型中，半缩醛羟基在环平面之下为 α-型，平面之上为 β-型。实际上，呋喃糖和吡喃糖环并非 Haworth 所描述的平面，而是呈现椅形和船形，如图 1-6 所示。

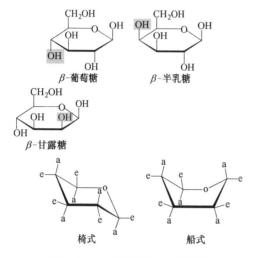

图 1 – 5　α – 异构体和 β – 异构体

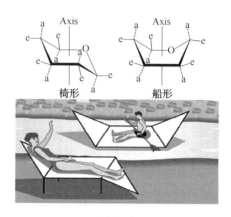

图 1 – 6　环己烷的椅式和船式构象

（三）糖的旋光性和变旋现象

具有不对称碳原子的化合物溶液能使偏振光平面旋转，即具有旋光性。几乎所有的单糖及其衍生物都有旋光性。糖分子中，连接在不对称碳原子（手性碳原子）上的四个基团由于空间取向不同，形成了两种不同的化合物，如同人的左右手关系一样，它们具有相同的沸点、熔点和溶解度，重要的差别在光学活性上。含有 n 个碳的化合物，旋光异构体的数目为 2^n，组成 $2^n/2$ 对对映体。葡萄糖分子中有 4 个不同的 C^*，因此它应有 24 个立体异构体。

糖的旋光性是实验测知的，右旋为 （ + ），左旋为 （ － ）。1906 年，人为规定右旋甘油醛为 D – 型，即 D – （ + ） – 甘油醛，左旋甘油醛为 L – 型，即 L – （ － ） – 甘油醛。旋光性与构型是两个不同的概念。构型是经实验推导得来的，D – 型化合物不一定是右旋，L – 型化合物不一定是左旋。天然产物的单糖大多是 D – 型的。

旋光性可以用旋光率（比旋光度）来表示，旋光率 $[\alpha]_D^t$ 为：

$$[\alpha]_D^t = \frac{\alpha_D^t \times 100}{L \times C}$$

式中　L——旋光管的长度，dm；

　　　C——糖液浓度，即 100mL 溶液中所含溶质的克数；

　　　α_D^t——在钠灯（D 线，$\lambda = 589.6$ 或 589.0nm）为光源，温度为 t，管长为 L，浓度为 C 时所测得的旋光度。注意旋光率（比旋光度）不等于旋光度。

许多单糖，新配制的溶液会发生旋光度的改变，这种现象称为**变旋现象（mutamerism）**。在不同条件下所得的 D – （ + ） – 葡萄糖，其比旋光度不同。从低于 30℃的乙醇中结晶的葡萄糖，熔点为 146℃，$[\alpha]_D^{20}$　+112.2°，称为 α – 型；从 98℃吡啶中结晶的葡萄糖，熔点为 148 ~ 155℃，$[\alpha]_D^{20}$　+18.7°，称为 β – 型。新配制的 D – 葡萄糖水溶液，无论是 α – 型还是 β – 型，放置一定时间后，旋光度都会逐渐达到恒定的平衡值 $[\alpha]_D$ +52.7°。这种变旋是由于 D – 葡萄糖在溶液中，环状的 α – D 和 β – D 异构体之间通过链形的葡萄糖相互转变，呋喃糖与吡喃糖之间也可通过链形葡萄糖相互转变，最终达到平衡，旋光度才恒定。现已清楚，在溶液中，醛糖和酮糖的环式结构和开链结构处于动态平衡中。在平衡状态下，单糖的各种不同形式的旋光度反映了每种形式的相对稳定性。葡萄糖链式和环式的平衡体系中各种结构及所占比例含量如图 1 – 7 所示。

α-D-吡喃葡萄糖
38%

β-D-吡喃葡萄糖
62%

α-D-呋喃葡萄糖
<0.5%

β-D-呋喃葡萄糖
<0.5%

0.02%

图 1 – 7　葡萄糖链式和环式的平衡体系所占比例含量

葡萄糖在溶液中（或在生物体内）很多化学行为是通过链形结构进行的，如与斐林（Fehling）试剂、托伦（Tollens）试剂、HCN、$Br_2 – H_2O$ 等反应，都是由葡萄糖的环状半缩醛结构通过平衡转移为链式结构来完成的。

（四）单糖的构象

构象指由于分子中的某个原子基团绕 C—C 单键自由旋转产生的不同的暂时性的空间排布形式。空间位置的改变，不涉及共价键的断裂。葡萄糖分子中，碳原子的四个键的键角是 109.28°，与环己烷键角相似。葡萄糖的吡喃环中，含有 sp^3 – 杂化（四面体）的六个成环碳原子折成与环己烷相似的形式，倾向于椅式构象或船式构象。在椅式构象中可以使环内原子的立体排斥减到最小，使分子处于最低能位的状态即最优构象，所以椅式构象比船式更稳定。

$β – D –$ 吡喃葡萄糖椅式构象（半缩醛为平伏键）较 $α – D –$ 吡喃葡萄糖椅式构象（半缩醛为直立键）更加稳定一些，所以在溶液中 $β –$ 型异构体占优势，吡喃糖赤道羟基比轴向羟基更容易酯化。

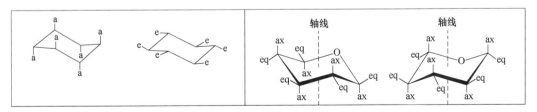

ax：表示该取代物与轴平行

eq：表示该取代物与轴垂直

二、单糖的理化性质

（一）单糖的物理性质

1. 甜度

各种单糖的甜度不同，常以蔗糖为标准（定为 100）进行比较。相对甜度为：果糖 175，葡萄糖 64，木糖 45，半乳糖 30，麦芽糖 35，乳糖 16，糖醇 125。

2. 溶解性

单糖分子含多个羟基，除甘油醛微溶于水外，均易溶于水。单糖微溶于乙醇，而不溶于乙醚、丙酮等非极性有机溶剂。

3. 旋光性

几乎所有的单糖及其衍生物都有旋光性。

（二）单糖重要的化学性质

单糖含有羟基、醛基或酮基，涉及功能团的主要性质见表 1-1。

表 1-1　　　　　　　　　　　　　　单糖功能团的主要性质

化学性质		反应	举例
醛基或酮基的反应	氧化性 还原性 加成 反应异构化	氧化成糖酸 醛或酮基还原成醇羰基 与肼/氰化物成脎 弱碱中羰基分子重排	氧化剂作用生成糖酸，糖的定性定量鉴别 植物中糖生成的山梨醇、甘露醇等用于鉴别单糖 醛糖、酮糖异构化
羟基的反应	成酯/成醚 脱水 成苷 氨基化 脱氧	形成磷酸糖脂、硫酸糖脂戊糖/己糖与 HCl 共热生成糠醛/羟甲基糠醛 C_1—OH 被其他基团取代氨基取代 C_2、C_3 羟基生成氨基糖 脱氧酶作用生成脱氧糖	糖代谢的中间产物 醛糖、酮糖的鉴别、化工产品生产 多糖或糖苷药物 糖蛋白组分 脱氧核糖作为核酸组分

1. 单糖的氧化

单糖含有游离羰基，具有还原性，其羟基也可被氧化，含有游离半缩醛羟基容易被较弱的氧化剂（例如 Fe^{3+} 或 Cu^{2+}）氧化的糖称为还原性糖（reducing sugars）。糖被氧化可产生与原糖相同碳原子的酸。糖酸有三种主要类型（图 1-8）：

糖在弱氧化剂（如溴水）或特异酶作用下醛基被氧化成相应的糖酸，而酮糖则不被溴氧化，据此可鉴别醛糖和酮糖。

较强氧化剂（如稀硝酸）可将醛基和伯醇羟基都氧化为羧基，产生糖二酸。酮糖则在羰基处断裂，形成两个酸分子。

在体内专一性脱氢酶作用下，仅伯醇羟基碳原子被氧化，生成糖醛酸，如葡萄糖醛酸。

单糖在碱性溶液中，醛基、酮基烯醇化成为活泼的烯二醇，能还原金属离子 Cu^{2+}、Hg^{2+}、Ag^+ 等，这种特性被用来进行还原性糖的定性、定量分析，是斐林反应的基础。利用斐林反应可定性测定还原糖的存在，通过测定被糖溶液还原的氧化剂的量，也可估算出糖的浓度。

CHO
H—C—OH
HO—C—H
H—C—OH
H—C—OH
CH₂OH
D-葡萄糖

溴水 →

COOH
H—C—OH
HO—C—H
H—C—OH
H—C—OH
CH₂OH
D-葡萄糖酸

硝酸 →

COOH
H—C—OH
HO—C—H
H—C—OH
H—C—OH
COOH
1,6-葡萄糖二酸

CHO
HO—C—H
H—C—OH
H—C—OH
COOH
D-葡萄糖醛酸

[O] →

图 1-8 糖的氧化及产物

2. 单糖的还原

单糖的羰基在适当的还原条件下，如硼氢化钠处理醛基或酮基，可被还原成多元醇（糖醇）。如 D-葡萄糖被还原为 D-山梨醇（D-葡糖醇），D-甘露糖被还原成 D-甘露醇。酮糖被还原时产生一对差向异构体的糖醇，如 D-果糖还原成 D-葡糖醇和 D-甘露醇。单糖的还原反应如下所示：

D-葡萄糖 $\xrightarrow{[H]}$ D-葡萄糖醇(D-山梨醇)

D-甘露糖 $\xrightarrow{[H]}$ D-甘露醇

D-果糖 $\xrightarrow{[H]}$ D-葡萄糖醇和D-甘露醇

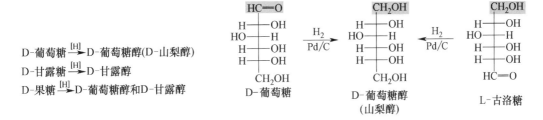

HC=O
H—OH
HO—H
H—OH
H—OH
CH₂OH
D-葡萄糖

$\xrightarrow{H_2 \; Pd/C}$

CH₂OH
H—OH
HO—H
H—OH
H—OH
CH₂OH
D-葡萄糖醇
（山梨醇）

$\xleftarrow{H_2 \; Pd/C}$

CH₂OH
H—OH
HO—H
H—OH
H—OH
HC=O
L-古洛糖

3. 形成糖脎

单糖的游离羰基能与 3 分子苯肼作用形成糖脎。苯肼是糖的定性试剂。无论是醛糖还是酮糖都能形成糖脎。糖脎为黄色结晶，不溶于水，且性质稳定。各种糖从 C₃ 位以后构型不同的，其糖脎具有特异的晶形和熔点，常用于鉴定不同的糖。己醛糖形成糖脎的反应如下：

HC=O
H—OH
HO—H
H—OH
H—OH
CH₂OH
D-葡萄糖
己醛糖

+ 3NH₂NH—C₆H₅
苯肼

→

HC=NNHC₆H₅
C=NNHC₆H₅
HO—H
H—OH
H—OH
CH₂OH
成脎

+ NH₂—C₆H₅
苯胺

+ NH₃ + 2H₂O

4. 形成糖脂或糖醚

单糖的醇羟基、半缩醛羟基都可与酸作用成酯。在碱的催化下，酰氯或酸酐处理可将糖酯化，如 D – 葡萄糖在吡啶溶液中用乙酸酐处理，乙酰化形成 5 – O – 乙酰 – β – D – 吡喃葡糖，是葡萄糖结构测定的重要步骤。生物体内，单糖与磷酸形成各种磷酸酯，如葡萄糖 – 1 – 磷酸，果糖 – 1，6 – 二磷酸等，体内糖的磷酸化多由一些高能磷酸化合物（如 ATP）提供磷酸基团以及所需要的能量。

5. 形成糖苷

糖分子的半缩醛（或半缩酮）羟基很活泼，易与另一分子的羟基、氨基或巯羟基发生反应，失水形成缩醛（或缩酮）式衍生物——**糖苷（glycosides）**。非糖部分称为**配基（aglycone）**，两部分之间的连键称**糖苷键（glycosidic bond）**。糖苷键可以通过氧、氮、硫或碳原子连接，形成的糖苷称为 O – 苷、N – 苷、S – 苷和 C – 苷，自然界常见的有 O – 苷、N – 苷，O – 苷键是单糖聚合物中的一级结构键。N – 苷键见于核苷。由于单糖有 α –、β – 型之分，生成的糖苷也有 α – 和 β – 两种形式。

β-D-葡萄糖　　　　　乙酰-β-D-葡萄糖　　　　乙酰-α-D-葡萄糖

糖苷属于缩醛，与单糖的半缩醛性质不同，不能与苯肼反应，也不能还原 Fehling 试剂。糖苷对碱溶液稳定，可被酸水解为原来的糖与配糖体。

6. 单糖脱水

单糖在稀的无机酸中稳定，在强无机酸作用下，如 12% 的盐酸共热（蒸馏），发生 β – 消去反应并环化，而被脱水。戊糖生成糠醛（furfural）；己糖产生 5 – 羟甲基糠醛，进一步分解为乙酰丙酸、甲酸和暗色不溶缩合物。糠醛和乙酰丙酸是塑料和医药工业原料。玉米芯含有丰富的多聚戊糖，工业上将其用稀酸在高温高压下水解、脱水、蒸馏制得糠醛。

不同的糠醛与多元酚作用产生特有的颜色反应。

西利万诺夫试验（Selivanoff's test）：酮糖在酸的作用下，容易形成羟甲基糠醛，与间苯二酚反应生成红色缩合物，而醛糖反应则慢得多，此法用以鉴别酮糖（果糖）和醛糖。

莫利西试验（Molisch's test）：糠醛与间苯三酚缩合形成朱红色物质，与地衣酚反应生成蓝绿色物质，用以鉴别戊糖。α – 萘酚与糠醛或羟甲基糠醛反应成紫色缩合物，用以鉴别糖的存在。

糖类物质脱水与蒽酮缩合生成蓝绿色复合物，称蒽酮反应，常用于总糖的测定。

7. 糖的高碘酸氧化

高碘酸可以选择性地氧化和断裂糖分子中邻二羟基或 α – 羟基醛等处的 C—C 键，生成相应的多糖醛、甲醛或甲酸。反应定量地进行，每开裂一个 C—C 键消耗一分子高碘酸。通过测定高碘酸消耗量及甲酸的生成量，可以判断该糖苷是吡喃糖还是呋喃糖。在多糖结构测定中，高碘酸氧化法可测定多糖分子中糖苷键的位置、类型、多糖的分支数目和取代情况等。

$\alpha-D-$葡萄糖的高碘酸氧化过程：

$\alpha-D-$果糖的高碘酸氧化过程：

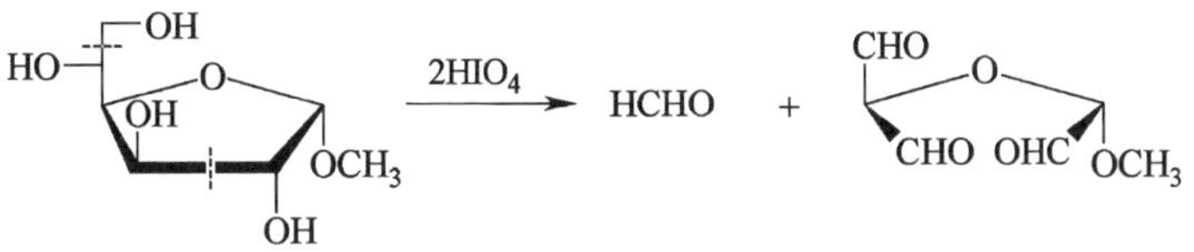

三、重要的单糖及单糖衍生物

（一）重要的单糖

1. 丙糖

丙糖只有两种，即甘油醛和二羟丙酮，它们的磷酸酯是糖代谢的中间产物。

2. 丁糖

丁糖在自然界常见的也有两种，即 D - 赤藓糖和 D - 赤藓酮糖，常见于藻类等低等植物。
D - 赤藓酮糖的 4 - 磷酸酯是戊糖磷酸通路和光合作用固定 CO_2 的卡尔文（Calvin）循环中的重要中间物。

3. 戊糖

在自然界存在的戊醛糖主要有 D - 核糖、2 - D - 脱氧核糖（简称 D - 脱氧核糖）、D - 木糖和 L - 阿拉伯糖。它们大多以聚戊糖或糖苷的形式存在。D - 核糖和 2 - D - 脱氧核糖是核酸的组成成分。D - 木糖和 L - 阿拉伯糖存在于植物和细菌细胞壁中，是黏质、树胶和半纤维素等的组成成分，酵母菌不能使其发酵。戊酮糖中 D - 核酮糖和 D - 木酮糖存在于动植物细胞中，其 5 - 磷酸酯也是糖代谢的中间产物。

4. 己糖

己糖在自然界分布最广，与机体的营养代谢也最密切。重要的己醛糖有 D - 葡萄糖、D - 半乳糖和 D - 甘露糖，己酮糖则有 D - 果糖，酵母菌可使其发酵。在自然界中，葡萄糖和果糖可以游离状态存在，其他糖主要存在于双糖和多糖中。

D - 葡萄糖也称右旋糖（dextrose），其 α - 和 β - 型达到平衡时的比旋值为 $[\alpha]$ = $+52.6°$，葡萄糖是植物淀粉和纤维素等的构件成分，也是人和动物体重要的能源物质。工业中用盐酸水解淀粉的方法获取的葡萄糖，是重要的食品制药工业原料。

D - 果糖，也称左旋糖（levulose，$[\alpha]$ = $-92°$）。游离或与葡萄糖和蔗糖存在于水果、甜菜、甘蔗和蜂蜜中，是糖类中最甜的糖。果糖也是寡糖（如龙胆糖、松三糖）的组分，以果聚糖形式存在于菊芋中。

L - 山梨糖是由醋酸杆菌发酵氧化山梨果中的山梨醇转化而来。L - 山梨糖是工业上合成维生素 C 的重要中间物。

D - 半乳糖和 D - 甘露糖是葡萄糖的差向异构体。D - 半乳糖是乳糖、棉子糖、琼脂、黏多糖、半纤维素的组分；D - 甘露糖是植物黏质和半纤维素的组分。

几种单糖的结构如下：

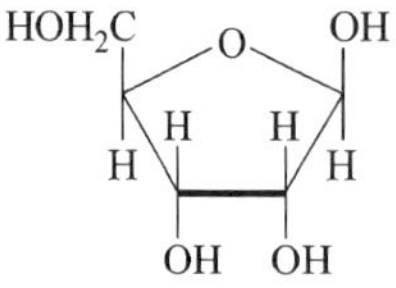

D-核糖 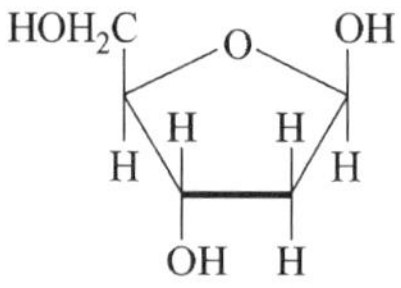   D-脱氧核糖

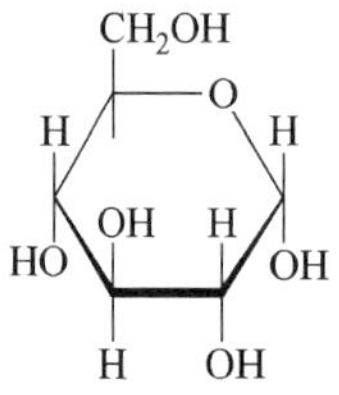

α-D-葡萄糖   α-D-半乳糖   α-D-甘露糖   α-D-果糖

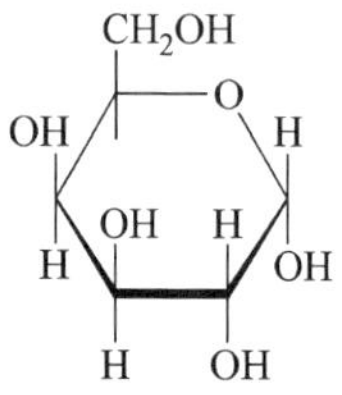

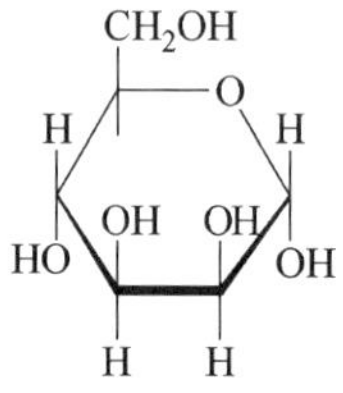

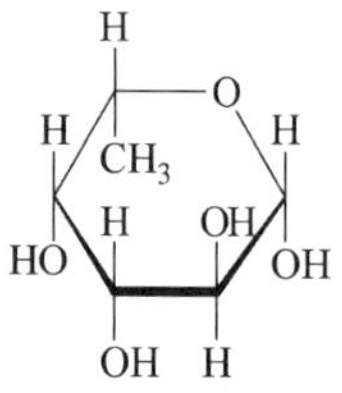

5. 庚糖和辛糖

常见的庚糖为 D – 景天庚酮糖，它以磷酸酯的形式作为糖代谢的重要中间产物。L – 甘油 – D – 甘露庚糖为七碳醛糖，存在于沙门杆菌细胞壁脂多糖结构中。

（二）重要的单糖衍生物

1. 糖酸

依据氧化条件不同，醛糖被氧化生成三种主要类型的糖酸，即糖一酸、糖二酸和糖醛酸，这些糖酸的羧基在 pH7.0 下能解离。

糖的醛基被氧化时生成糖一酸，又简称糖酸。醛糖的醛基和伯醇基都被氧化为羧基时生成糖二酸，糖二酸在自然界较少，植物中的 L – 酒石酸可看作 D – 苏糖的糖二酸。

糖的末端羟甲基被氧化成羧基时生成糖醛酸，它是动物、植物和微生物代谢的产物，通常以吡喃糖和呋喃糖形式及其相应的内酯（lactone）的形式存在。D – 葡萄糖醛酸（glucuronic acid）是呋喃糖 – 3，6 – 内酯趋于稳定的状态，称为 D – 葡萄糖醛酸内酯。D – 葡萄糖醛酸、D – 半乳糖醛酸（galactocuronic acid）和 D – 甘露糖醛酸（mannitocuronic acid）是一些杂多糖的组分，如半乳糖醛酸存在于果胶中；体内糖醛酸的衍生物 6 – 磷酸葡萄糖及其 δ – 内酯是戊糖磷酸途径的中间产物。葡萄糖醛酸

β – D – 葡萄糖醛酸酯

是肝脏内的解毒剂，它通过糖苷键与含羟基有毒化合物如苯酚、醇结合，转化为无毒化合物由尿排出体外。

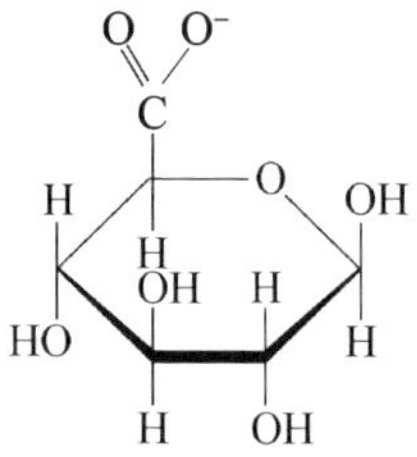

抗坏血酸是含有双键的古洛糖酸，是一种重要的糖酸，在第二、三碳原子上有烯二醇结构的 γ – 内酯。L – 型抗坏血酸有生物活性，在动植物体内有较强的还原作用，容易被氧化生成脱氢抗坏血酸，可用来保护蛋白质中半胱氨酸残基的—SH 免受氧化。抗坏血酸大量存在于柑橘类水果、番茄中。

抗坏血酸的解离和氧化还原反应如下：

葡萄糖酸与钙、铁离子形成可溶性盐，葡萄糖酸钙可作为补钙剂药物，或进行过敏性疾病治疗。葡萄糖酸内酯可作为大豆蛋白絮凝剂，用于制作豆腐。

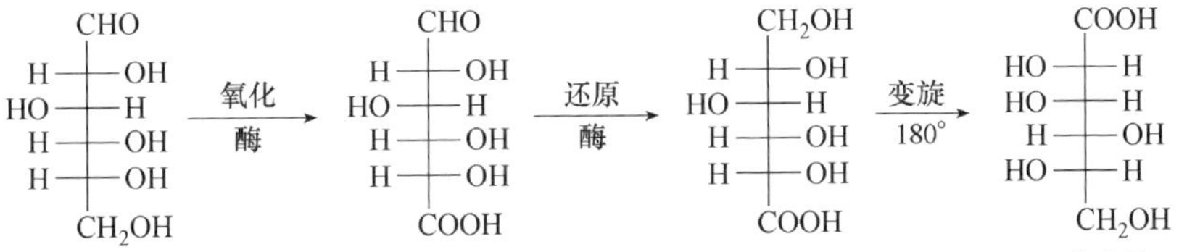

D-葡萄糖 → 氧化酶 → 还原酶 → 变旋 180° → L-古洛糖

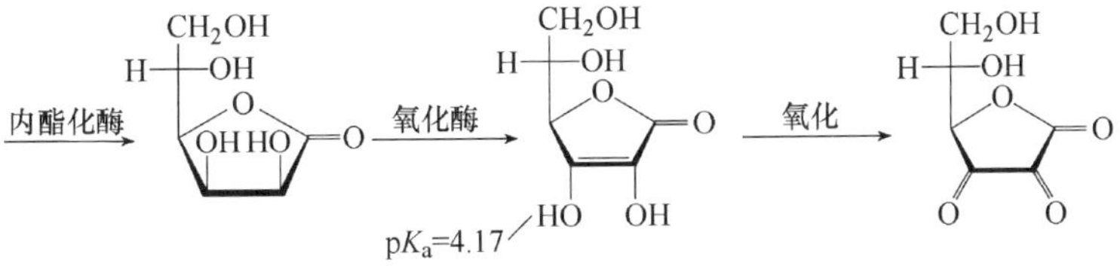

内酯化酶 → γ-内酯 → 氧化酶 → L-抗坏血酸 (pK_a=4.17) → 氧化 → L-脱氢抗坏血酸

2. 单糖的磷酸酯

单糖的磷酸酯（sugar phosphate ester）或称磷酸化单糖（phosphorylated sugar）广泛存在于各种细胞中，是很多代谢途径中的重要参与物质。例如，D-葡糖-1-磷酸、D-葡糖-6-磷酸、D-果糖-1,6-二磷酸、D-甘油醛-3-磷酸是糖酵解的中间物。在葡萄糖-1-磷酸中，磷酸基团连在异头碳的氧上形成一个半缩醛磷酸，这一化学上的差异使得其酸性比正磷酸还要强。单糖磷酸酯以荷电形式存在，一般不能穿越生物膜，可防止其扩散到细胞外。其结构式如下：

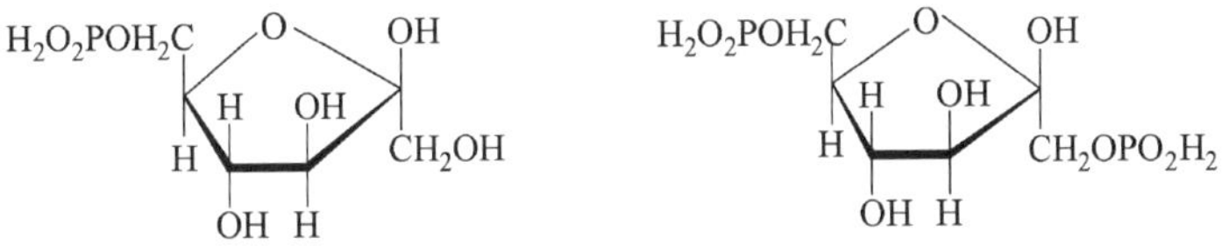

β-D-呋喃果糖-6-磷酸酯　　　β-D-呋喃果糖-1,6-二磷酸酯

3. 脱氧糖

脱氧糖（deoxy sugar）是糖分子上的一个或更多羟基被氢原子取代的单糖，广泛分布于细菌、动物、植物中。β-D-2-脱氧核糖是脱氧核糖核酸的组成成分。L-岩藻糖（L-fucose）是藻类糖蛋白、西黄芪胶、人血型物质的组成成分。L-鼠李糖（L-rhamnose）是植物细胞壁成分。其结构如下：

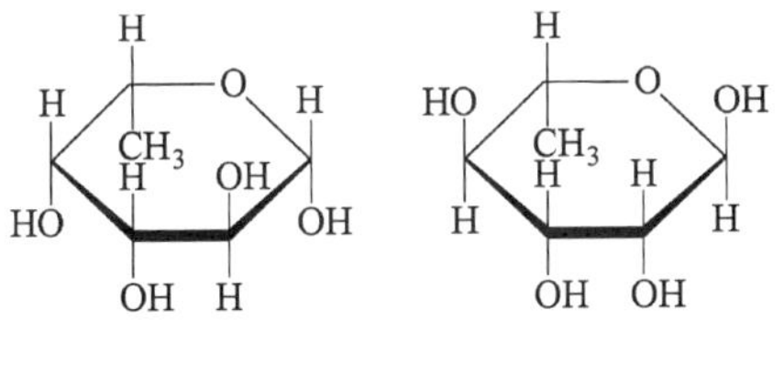

β-L-岩藻糖　　　α-L-鼠李糖

4. 氨基糖

氨基糖又称糖胺（glycosamine），糖分子中一个羟基（通常是 C_2）为氨基所取代成为氨基糖。自然界中常见的D-葡萄糖胺存在于甲壳和昆虫类的几丁质（壳多糖）和脊椎动物组织的黏多糖、糖蛋白中。人乳中有少量游离葡萄糖胺存在，但多数以乙酰氨基的形式存在。D-氨基半乳糖是糖脂及软骨中硫酸软骨素的组成成分。常见糖胺结构如下：

酸性氨基糖，如胞壁酸和神经氨酸，也是氨基糖的衍生物。N-乙酰胞壁酸是细菌细胞壁多糖骨架的成分，由 N-乙酰 D-氨基葡萄糖的 C_3 羟基与 D-乳酸羟基失水成醚键相连形成的

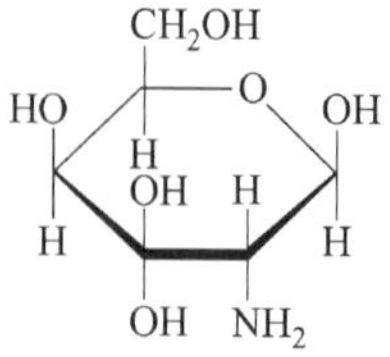

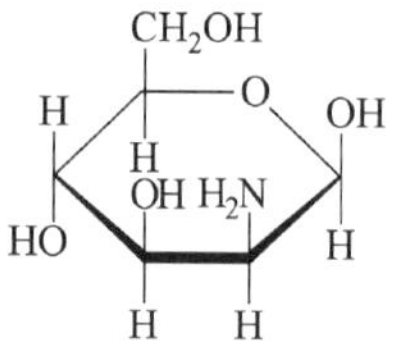

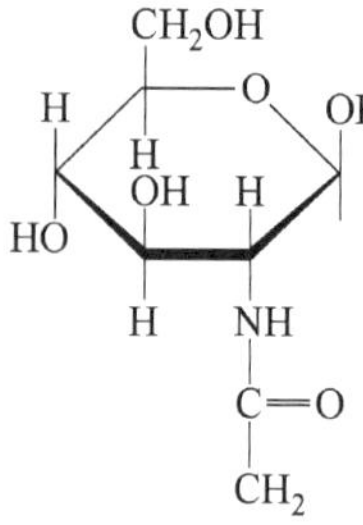

β-D-葡萄糖胺 β-D-甘露糖胺 N-乙酰-β-D-葡萄糖胺

九碳糖衍生物。神经氨酸的酰基化的形式，如 N-乙酰、N-羟乙酰神经氨酸统称为唾液酸（sialic acid）。唾液酸是动物细胞膜外糖蛋白和糖脂中低聚糖链（如唾液黏蛋白、血型多糖）的基本单位。

5. 糖醇

单糖分子内的醛基、酮基被还原，可生成多羟基醇。常见的山梨醇和甘露糖醇多存在于植物中，木糖醇由木糖还原制得。它们是机体代谢产物，也是食品、医药的重要物质。

肌醇（环己六醇，cyclohexanhexol）为环状糖醇，其羟基在空间的分布不同，具有9种立体异构体，其中，肌-肌醇（myo-cyclohexanhexol）游离存在于肌肉、心、肺、肝脏等组织中，肌-肌醇的磷酸酯，肌醇-1，4，5-三磷酸（InsP$_3$）是人和动物体内的第二信使，具有抗脂肪肝作用，可以阻止或降低过量脂肪在肝脏沉积。肌醇也是植酸、磷酸肌醇等化合物的前体。

6. 糖苷

含有糖苷键的化合物称为**糖苷（glycosides）**，是由糖或糖的衍生物等与另一非糖物质通过其端基碳原子连接而成的化合物。糖苷主要存在于植物的种子、叶和皮内。天然的糖苷配基有醇类、醛类、酚类、固醇和嘌呤，常见的有黄酮、蒽醌、三萜等，大多有毒，味苦或有特殊香气，微量糖苷可作为药用。其结构如下：

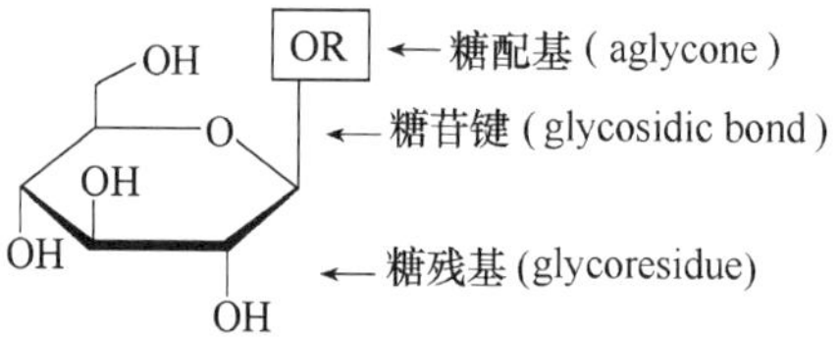

糖苷类化合物的颜色由配基的性质决定，一般无味，但也有苦味和有甜味的，如甜菊苷（stevioside）是从甜叶菊的叶子中提取获得的，比蔗糖甜300倍，做甜味剂用，无不良反应。糖苷分子结构中由于增加了亲水性的羟基，因而亲水性增强，并随着糖基的增多，在水中的溶解度增大。多数糖类化合物呈左旋，但水解后，由于生成的糖常是右旋的，因而使混合物呈右旋。这里介绍几种食品或食物中常见的糖苷。

（1）芥子苷　它是糖的端基羟基与配基上巯基缩合而成的硫苷，存在于十字花科植物中，其通式如下，以钾盐的形式存在。经芥子酶水解，生成的芥子油含有异硫氰酸酯类、葡萄糖和硫酸盐，具有止痛和消炎作用。

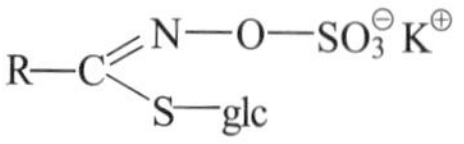

芥子苷通式 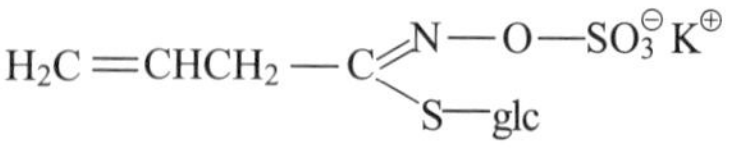   黑芥子苷

（2）苦杏仁苷 它存在于蔷薇科植物（如杏、李、苦扁桃）的果核中，以龙胆二糖为糖基，配基由氢氰酸残基和苯甲醛残基组成。酸或 β - 葡萄糖苷酶可将苦杏仁苷水解，生成的苷元 α - 羟基腈很不稳定，立即分解为醛（酮）和氢氰酸（图 1 - 9）。如释放出苯甲醛（有典型的苦杏仁味）和氢氰酸，可以用于镇咳。大量食用苦扁桃易导致中毒。

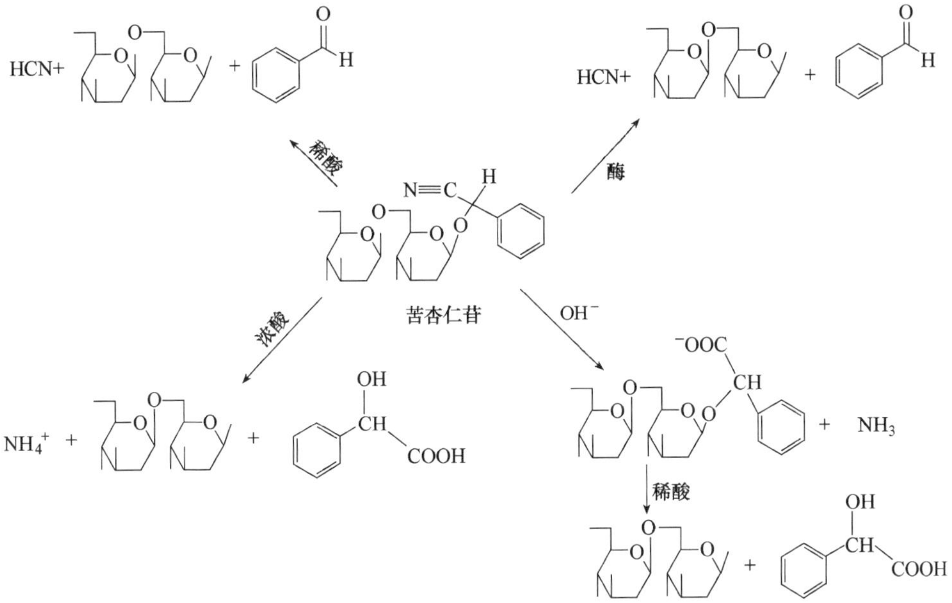

图 1 - 9 苦杏仁苷的水解及转化

（3）花色素苷 它是许多花、果实着色的物质，最常见的有花青苷等。花色素苷的配基称花色素。各种花色素的名称源自用来提取它的那种花的名称，如花青素来自蓝色矢车菊。花色素难溶于水，在植物中主要以苷的形式存在。开花植物中花色素苷的种类很多，3 - OH 和 5 - OH 均可被 Glc、Gal、Rha、Ara 和多种寡糖糖基化。

花色素苷的颜色不仅决定于它的组成（羟基数目、甲基化和糖基化），而且和它的解离状态以及是否与金属离子（如 Fe^{3+}、Al^{3+}）络合有关。例如，花青苷（3，5 - 二葡糖基花青素）在酸性溶液中是红色的，当 4' - OH 解离时变成紫色，在更高的 pH 下由于另外的羟基解离并与金属离子配位变成蓝色。

（4）皂角苷 它是以类固醇和多环三萜为配基，寡糖为糖基的一类糖苷。皂角苷存在于高等植物如人参、甘草、桔梗中，分子中含有亲脂的配基和亲水的糖基，具有去污剂的性能，皂角苷在体内能引起溶血，人参皂苷具有抗疲劳、抗感染等功能。

表 1 - 2　　　　　　　　　　一些单糖及其衍生物的缩写

名称	缩写	名称	缩写
阿拉伯糖	Ara	葡糖醛酸	GlcA
果糖	Fru	半乳糖胺	GalN
海藻糖	Fuc	葡糖胺	GlcN
半乳糖	Gal	N - 乙酰半乳糖胺	GalNAc

续表

名称	缩写	名称	缩写
葡萄糖	Glc	N – 乙酰葡糖胺	GlcNAc
甘露糖	Man	胞壁酸	Mur
鼠李糖	Rhu	N – 乙酰胞壁酸	MurNAc
核糖	Rib	N – 乙酰神经氨酸（唾液酸）	NeuNAc
木糖	Xyl		

第三节　寡糖的结构及性质

寡糖，又称低聚糖，是由单糖缩合而成的短链结构，一般含 2~6 个单糖分子。寡糖中存在最为广泛的是二糖和三糖。寡糖的结构和性质涉及三个方面问题：单糖种类、糖苷键以及糖苷键的位置。寡糖的种类很多，自然界中约有上千种，蔗糖（sucrose）、麦芽糖（maltose）和乳糖（lactose）是其重要代表。

一、双　　糖

双糖由两分子单糖以糖苷键连接而成，水解后生成两分子单糖。当单糖的半缩醛羟基与另一单糖的羟基（非半缩醛羟基）形成糖苷键，这种二糖有半缩醛羟基，具有还原性和变旋现象；如果两个单糖的糖苷键是以半缩醛羟基连接则形成的二糖为非还原糖，没有半缩醛羟基，不具有还原性和变旋现象。最常见的双糖为蔗糖、麦芽糖和乳糖。

1. 麦芽糖

麦芽糖由一个糖苷键连接起来的两个 D – 葡萄糖构成。糖苷键为 α（1→4）型，所以麦芽糖的命名是 α – D – 吡喃葡糖基 –（1→4）– β – D – 葡萄糖（其结构如下）。麦芽糖具有变旋现象，极易被酵母发酵，大量存在于发芽的谷粒、麦芽中。工业上通过酶促水解淀粉生产麦芽糖。

若两分子 α – D – 葡萄糖按 α（1→6）糖苷键缩合、失水，生成**异麦芽糖（isomaltose）**。

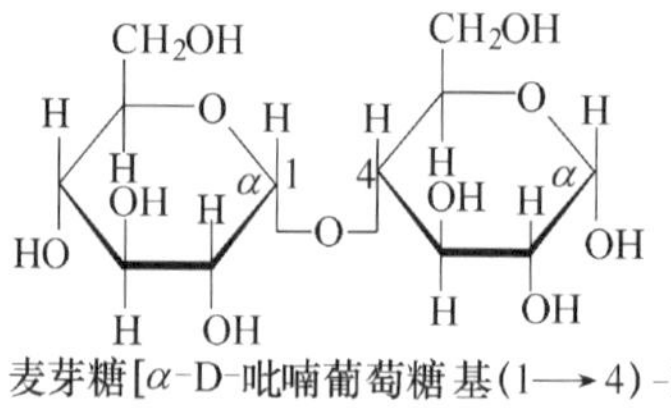

麦芽糖[α–D–吡喃葡萄糖基(1→4)–D–葡萄糖]

2. 纤维二糖

纤维二糖 [β – D – 葡萄糖基 –（1→4）– β – D – 葡萄糖] 是葡萄糖的另一个二聚体。纤维二分子 D – 葡萄糖通过 β – 1, 4 糖苷键相连而成，具有还原性。纤维二糖与麦芽糖的区别就在于糖苷键，纤维二糖中是 β – 糖苷键，而麦芽糖中是 α – 糖苷键。纤维二糖是纤维素水解的中间产物。因为人体中缺乏水解 β – 1，4 糖苷键的酶，所以纤维二糖不能被人体利用。其结构如下：

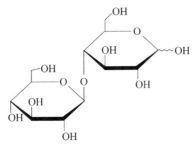

纤维二糖（β–D–葡萄糖基–(1⟶4)–β–D–葡萄糖）

3. 乳糖

乳糖［β – D – 半乳糖基 –（1→4）– α – D – 葡萄糖］由一分子 D – 葡萄糖和一分子 β – D 半乳糖通过 β – 1，4 糖苷键相连而成。乳糖的葡萄糖残基具有一个异头碳，α – 形式最常见。乳糖存在于大多数哺乳动物的乳汁中（鲸、河马的乳汁中不存在），有还原性，酵母不能发酵乳糖。乳糖最重要的特点是能够促进肠道中有益的产乳酸菌的生长，对调解肠道微生物菌群有益。乳糖还能够增进钙的吸收。其结构如下：

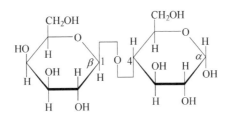

乳糖［β–D–半乳糖基–(1⟶4)–α–D–葡萄糖］

4. 蔗糖

蔗糖［α – D – 吡喃葡糖基 –（1→2）– β – D – 呋喃果糖］，或称为食糖，由一分子 α – D 葡萄糖和一分子 β – D – 果糖通过 α – 1，2 – β 糖苷键相连而成。蔗糖是自然界中最丰富的二糖，只在植物中合成，如甜菜、甘蔗和有甜味的果实中。蔗糖中的糖苷键是由两个异头碳连接形成的，没有游离醛基，无还原性，右旋 $[\alpha]_D^{20}$ + 66.5°。由于蔗糖中的吡喃葡萄糖和呋喃果糖残基被固定，无论哪个残基都不能自由地处于 α – 和 β – 异构体之间的平衡中。

在稀酸或转化酶存在时，蔗糖水解成为葡萄糖和果糖，混合物称作转化糖。商业生产各种转化度的糖浆，在相同浓度下其甜度大于蔗糖，甜度与糖浆中 D – 果糖含量提高有关。

蔗糖（α–D–吡喃葡萄糖基–(1→2)–β–D–呋喃果糖）

二、三糖和四糖

棉子糖（raffinose）是最为常见的三糖，存在于棉籽和桉树的糖蜜中，甜菜中也有棉子糖。它是半乳糖、葡萄糖和果糖以糖苷键连接的三糖，为非还原性糖。

棉子糖可被蔗糖酶水解为果糖和蜜二糖，被 α - 半乳糖苷酶水解为半乳糖和蔗糖。人体中不能合成 α - 半乳糖苷酶，但肠道中细菌含有 α - 半乳糖苷酶，可分解利用棉子糖。其结构式如下：

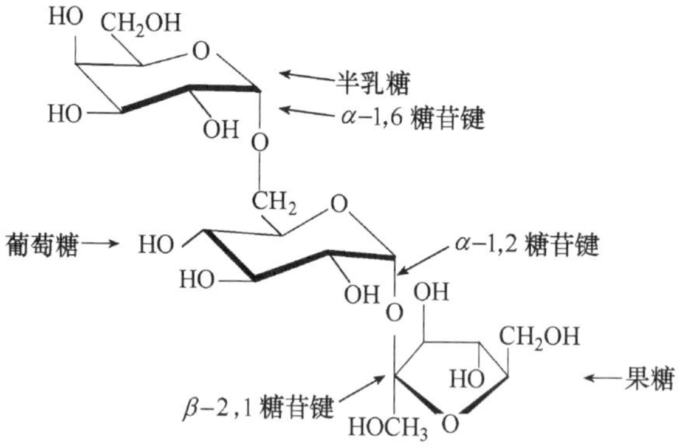

棉子糖

水苏四糖是一种由两分子 D - 半乳糖、一分子 D - 果糖和一分子 D - 葡萄糖构成的四糖，存在于某些食物中，特别是豆类来源的食物中。通常与棉子糖和蔗糖同时存在。人类消化道没有可水解水苏四糖或棉子糖的酶，但这些糖可在肠道被肠道菌群发酵。

三、环　糊　精

环糊精（cyclodextrin，简称 CD）通常为含有 6~12 个 D - 吡喃葡萄糖单元的环状低聚糖，应用较多的是含有 6、7、8 个葡萄糖单元的分子，分别称为 α - 、β - 和 γ - 环糊精。构成环糊精分子的每个 D（+）- 吡喃葡萄糖都是椅式构象，各葡萄糖单元均以 α - 1，4 - 糖苷键结合成环。连接葡萄糖单元的糖苷键不能自由旋转，环糊精是略呈锥形的圆环，葡萄糖残基 C_6 羟基在环的一个边缘围成锥形的小口，C_2 和 C_3 另一个边缘围成锥形的大口（图 1-10）。由于环糊精的外缘亲水而内腔疏水，因而，当溶液中亲水性和疏水性物质共存时，疏水性物质会被环内的疏水基吸引而形成包络物。环状糊精的这种特性可将一些有机分子、无机离子以及气体分子等包络在其桶形空腔内得到保护，如使油质化合物在水中成为可"溶"态；挥发性的香料、香辛料等物质得以包络而利于保存；苦味及其他异味的药物可以变成无味；在药物制剂中，可增加药物稳定性，减少毒副作用，提高生物利用度，因而具有抗氧化、抗光解、耐热、护色、保水、缓释、增容等性质。环糊精与表面活性剂合用，起乳化剂的作用。α - 、β - 环糊精能使某些化学反应加速，具有催化功能，如 α - 环糊精能使苯酯水解速度增加 300 倍，β - 环糊精使焦磷酸酯水解速度提高 200 倍，作为研究模拟酶的材料。因此，环糊精作为食品添加剂、药物辅料、化妆品辅料，在食品、轻工、化工、医药、农业、环保等领域中，受到了极大的重视，得到了广泛应用。

环糊精是直链淀粉在由芽孢杆菌产生的环糊精葡萄糖基转移酶作用下生成的。环状糊精是白色结晶性粉末，熔点达300~305℃，在热碱性水溶液中稳定。β-环状糊精（图1-10）应用最广。

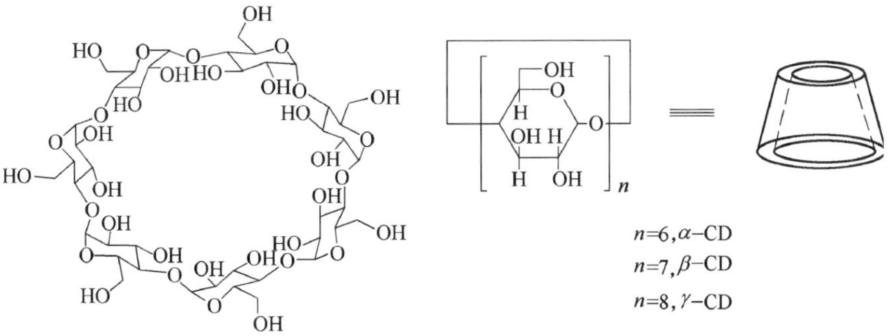

$n=6,\alpha\text{-CD}$
$n=7,\beta\text{-CD}$
$n=8,\gamma\text{-CD}$

图1-10　β-环糊精的结构及空间模型示意图

四、其他低聚糖

常见的低聚糖的结构与来源如表1-3所示。

表1-3　　　　　　　　　　　低聚糖的结构与来源

名称	结构	来源
麦芽糖	α-葡萄糖（1→4）葡萄糖	淀粉水解产物
异麦芽糖	α-葡萄糖（1→6）葡萄糖	淀粉酶解产物
槐二糖	β-葡萄糖（1→2）葡萄糖	槐树
纤维二糖	β-葡萄糖（1→4）葡萄糖	纤维素酶水解产物
昆布二糖	β-葡萄糖（1→3）葡萄糖	昆布
龙胆二糖	β-葡萄糖（1→4）葡萄糖	龙胆根
海藻二糖	β-葡萄糖（1→1）α-葡萄糖	海藻、真菌
蔗糖	α-葡萄糖（1→2）β-果糖	甘蔗、水果
菊粉二糖	β-果糖（2→1）果糖	菊粉
乳糖	β-半乳糖（1→4）葡萄糖	哺乳动物乳汁
别乳糖	β-半乳糖（1→6）葡萄糖	乳糖经酵母异构化
蜜二糖	α-半乳糖（1→6）葡萄糖	棉子糖组分
芦丁糖	β-鼠李糖（1→6）葡萄糖	芦丁糖苷
樱草糖	β-木糖（1→6）葡萄糖	白珠树
异海藻糖	β-葡萄糖（1→1）β-葡萄糖	酵母、真菌孢子
新海藻糖	α-葡萄糖醛酸（1→1）β-葡萄糖	藻类、蕨类等
软骨素二糖	β-葡萄糖醛酸（1→3）半乳糖胺	软骨素

续表

名称	结构	来源
透明质二糖	β – 葡萄糖醛酸（1→3）葡萄糖胺	透明质酸
龙胆糖	β – 葡萄糖（1→6）α – 葡萄糖（1→2）β – 果糖	龙胆根
松三糖	α – 葡萄糖（1→3）β – 果糖（2→1）α – 葡萄糖	松属植物等
棉子糖	α – 半乳糖（1→6）α – 葡糖（1→2）β – 果糖	甜菜、糖蜜
水苏糖	α – 半乳糖（1→6）α – 半乳糖（1→6） α – 葡萄糖（1→2）β – 果糖	水苏属宝塔菜

根据生物学功能，低聚糖可分为功能性低聚糖和普通低聚糖两大类。人与动物对碳水化合物的消化主要局限于 α – 1，4 – 糖苷键、α – 1，6 – 糖苷键或乳糖水解，蔗糖、麦芽糖等可被消化吸收，代谢产生热量，这些糖属于普通低聚糖。然而，体内的消化酶对异麦芽低聚糖、大豆低聚糖、低聚果糖等糖苷键的分解能力很弱，这些糖不能降解、被吸收，其效应主要通过促进消化道中双歧杆菌等有益菌增殖，并抑制有害菌增殖发挥。不为人体酶解消化、在小肠中不被吸收的低聚糖称为功能性低聚糖。低聚糖的生物学功能不断被发现。研究表明，低聚糖具有如下生物学功能：

（1）低聚糖对肠道微生态具有调节作用　功能性低聚糖具有促进双歧杆菌、乳酸杆菌等肠道有益菌增殖作用。消化道内源微生物分为有益生物群（如乳酸杆菌、双歧杆菌）和有害生物群（如大肠杆菌等），乳酸杆菌等有益菌能够产生乙酸、丙酸、丁酸、乳酸等脂肪酸，降低肠道 pH，抑制大肠杆菌的生长；乳酸杆菌可产生过氧化氢和细菌素而抑制其他细菌的生长；肠道对乳酸和醋酸的吸收还能促进肠道蠕动，增进食欲，防止便秘。另外，低聚糖被双歧杆菌利用后可降低某些细菌的活性，减少硝酸盐及氮衍生物如氨、酚、吲哚及粪臭等含氮化合物的形成。双歧杆菌、乳酸杆菌能够产生蛋白质、B 族维生素和维生素 K 等物质，这些物质易被肠黏膜吸收，起到营养作用。低聚糖对胃肠道非免疫防御系统具有调节作用。许多病原菌的细胞表面含有键合碳水化合物的蛋白质，称为外源凝集素，它们能同消化道内低聚糖结构的受体结合，使细菌黏附在这些组织壁上繁殖，从而引起这些组织的病变。低聚糖特别是寡果糖能与细胞表面特异性结合，从而竞争性抑制细菌在肠壁上附着增殖。低聚糖与细菌结合后，还可减缓抗原的吸收，刺激机体的免疫系统，从而提高动物的免疫应答能力。这些因素使得低聚糖可以改善动物的胃肠道环境，提高机体的免疫力。

（2）低聚糖具有激活免疫应答作用　酵母细胞具有很强的抗原激活特性，而这一特性也正是其甘露低聚糖在体内生理功能的体现。低聚糖除了具有辅剂和抗原特性之外，还有能刺激肝脏分泌甘露糖结合蛋白，从而影响免疫系统的作用。胃肠道特异性免疫反应的关键部分主要是抗体（IgA）系统，黏膜 IgA 能抑制入侵菌和毒菌在肠上皮的附着，通过抗体依赖性细胞介导的细胞毒作用直接杀死细菌。双歧杆菌的细胞壁含有大量的肽聚糖及磷壁酸物质，具有很强的生物活性，能激活腹腔巨噬细胞和淋巴细胞因子杀伤细胞的活性。寡果糖等类低聚糖也能促进细胞分泌含甘露糖基的糖蛋白，这些糖蛋白可结合侵入机体的细菌。

（3）低聚糖可以促进矿物质的吸收　有益菌的增殖有助于钙、锌、铁等微量元素的吸收，增加骨中钙含量。低聚糖在大肠经微生物发酵后产生的短链脂肪酸（SCFA），能促进人和大鼠盲肠、结肠中钙和镁的吸收。另外，低聚果糖（FOS）也可促进铁的吸收，缺铁性贫血大鼠饲喂 FOS 后，增加铁在小肠内的吸收，盲肠内容物中铁浓度升高，贫血得以恢复。

（4）其他 低聚糖具有降脂效应，还具有抗氧化性质，能够改善机体抗氧化能力，提高肝酯酶、脂蛋白脂酶的活性，加速甘油三酯以及胆固醇的利用，从而降低甘油三酯以及 LDL 胆固醇含量。

目前在国内外，低聚糖已广泛地应用于饮料、糖果、乳制品、调味品以及功能食品中。

第四节 多 糖

多糖（polysaccharide）是由许多单糖分子通过糖苷键连接成的大分子糖类。多糖中单糖的个数称为聚合度（DP），大多数多糖的 DP > 200 ~ 3000，纤维素 DP 可达 7000 ~ 15000。多糖无甜味，无还原性，具有旋光性，但无变旋现象。多糖在水中不能形成真溶液，但由于其含有多个羟基，可以与水分子形成氢键，具有亲水性和水合能力，在水中多糖可吸水膨胀，形成胶体溶液。

自然界 90% 以上的糖以多糖形式存在，目前已发现了数百种天然多糖。多糖与人类生活关系极为密切，多糖是动植物的主要结构支持物质（如甲壳类动物中的几丁质，植物中的纤维素）和生物体主要能量来源（如淀粉、糖原）。多糖也是工业上重要多聚体的原料来源，如食品工业中的卡拉胶、石油工业上应用的田菁胶等。同时，多糖还具有多种复杂的生物活性与功能，如影响和控制细胞的分裂与分化，调节细胞的生长与衰老，并作为广谱免疫调节剂用于保健和治疗。

一、多糖的分类

多糖的分类方法较多，可按来源、生理功能和组成成分等分类。以下介绍三种分类方法。

（一）按来源分类

1. 植物多糖

植物多糖由植物体内光合作用生成的单糖结合而成，多为贮藏物质或结构物质，如水不溶性的淀粉、纤维素等。另一类植物多糖是从植物、中药材中提取的水溶性多糖，如当归多糖、枸杞多糖、大黄多糖、艾叶多糖、紫根多糖、柴胡多糖等。这类多糖多数没有细胞毒性，成为当今功能食品研究的发展方向之一。

2. 动物多糖

动物多糖是常存在于动物的组织、器官及体液中的多糖，包括糖原和水溶性的黏多糖，如肝素、硫酸软骨素、透明质酸、猪胎盘脂多糖等。

3. 微生物多糖

微生物多糖如细菌细胞壁肽聚糖、香菇多糖、茯苓多糖、银耳多糖、猪苓多糖、云芝多糖等，这类多糖有些具有一些生物活性，如抗肿瘤及调节机体免疫等。

4. 海洋生物多糖

海洋生物多糖是指海洋、湖沼生物体内的多糖。这类多糖具有较为广泛的生物学效应，如甲壳素（几丁质）、螺旋藻多糖等。

（二）按在生物体内的生理功能分类

1. 贮存多糖

贮存多糖是细胞在一定生理发展阶段形成的材料，主要以固体形式存在，较少是溶解的或高度水化的胶体状态。贮存多糖是作为碳源物贮存的一类多糖，在需要时可通过生物体内酶系统的作用分解而释放能量，故又称为贮能多糖。淀粉和糖原分别是植物和动物的最主要贮存多糖。

2. 结构多糖

结构多糖是水不溶性多糖，具有硬性和韧性。结构多糖在生长组织里进行合成，是构成细菌细胞壁或动、植物的支撑组织所必需的物质，如几丁质、纤维素。

（三）按组成成分分类

1. 同聚多糖（均一多糖）（homopolysaccharide）

同聚多糖由一种单糖缩合而成，如淀粉、糖原、纤维素、戊糖胶、木糖胶、阿拉伯糖胶、几丁质等。

2. 杂聚多糖（不均一多糖）（heteropolysaccharide）

杂聚多糖由不同类型的单糖缩合而成，如肝素、透明质酸和许多来源于植物中的多糖，如波叶大黄多糖、当归多糖、茶叶多糖等。

3. 黏多糖（mucopolysaccharide）

黏多糖也称为糖胺聚糖（glycosaminoglycan），是一类含氮的不均一多糖，其化学组成通常为糖醛酸及氨基己糖或其衍生物，有的还含有硫酸，如透明质酸、肝素、硫酸软骨素等。

4. 结合糖

结合糖也称**糖复合物（glycoconjugate）**或复合糖，是指糖和蛋白质、脂质等非糖物质结合的复合分子。主要有以下几类：

（1）**糖蛋白（glycoprotein）**　是糖与蛋白质以共价键结合的复合物，其中糖的含量一般小于蛋白质。常见的糖蛋白包括人红细胞膜糖蛋白、血浆糖蛋白、黏液糖蛋白等。此外，具有运载功能的蛋白质、一些酶、激素、血型物质等，也有不少为糖蛋白。

（2）**蛋白聚糖（proteoglycan）**　是一类由糖与蛋白质结合形成的复杂的大分子糖复合物，其中蛋白质含量一般少于多糖。蛋白聚糖主要由糖胺聚糖链共价连接于核心蛋白所组成。蛋白聚糖是构成动物结缔组织大分子的基本物质，也存在于细胞表面，参与细胞与细胞，或者细胞与基质之间的相互作用等。

（3）**糖脂（glycolipids）**　是糖和脂类以共价键结合形成的复合物，组成和总体性质以脂为主体。根据国际纯化学和应用化学联盟与国际生化联盟（IUPAC - IUB）命名委员会的定义，糖脂是糖类通过其还原末端以糖苷键与脂类连接起来的化合物。根据脂质部分的不同，糖脂又可分为：

① 分子中含鞘氨醇的**鞘糖脂（glycosphingolipids）**，它又分中性和酸性鞘糖脂两类，分别以脑苷脂和神经节苷脂为代表。

② 分子中含甘油脂的**甘油糖脂（glycoglycerolipids）**。

③ 由磷酸多萜醇衍生化的糖脂。

④ 由类固醇衍生化的糖脂。

糖脂广泛存在于生物体中，主要的功能包括参与细胞与细胞间相互作用和识别，参与细胞生长调节、癌变和信息传递以及与生物活性因子的相互作用，细胞表面标记和抗原及免疫学功能等。

（4）**脂多糖**（**Lipopolysaccharide**） 也是糖与脂类结合形成的复合物，与糖脂不同的是在分子中以糖为主体成分。常见的脂多糖有胎盘脂多糖、细菌脂多糖等。

表 1-4 一些多糖的结构及功能

多聚物		类型	重复单位	单糖单体的数量	功能
淀粉	直链淀粉	同多糖	$(\alpha-1\rightarrow4)$ Glc，线状	50~5000	植物中的能量贮存
	支链淀粉		$(\alpha-1\rightarrow4)$ Glc，每隔 25~30 个残基有 $(\alpha-1\rightarrow6)$ Glc，分支	可达 10^6	
糖原		同多糖	$(\alpha-1\rightarrow4)$ Glc，每隔 8~12 个残基有 $(\alpha-1\rightarrow6)$ Glc，分支	可达 50000	细菌、动物细胞的能量贮存
纤维素		同多糖	$(\beta-1\rightarrow4)$ Glc	可达 15000	植物支持结构成分
几丁质		同多糖	$(\beta-1\rightarrow4)$ GlcNAc	非常大	昆虫、蜘蛛、甲壳类的结构组分
肽聚糖		杂多糖，附有多肽	MurNAc $(\beta-1\rightarrow4)$ GlcNAc $(\beta-1)$	非常大	微生物细胞壁结构组分
透明质酸（糖胺聚糖）		杂多糖，酸性	GlcA $(\beta-1\rightarrow3)$ GlcNAc $(\beta-1)$	可达 100000	脊椎动物皮肤细胞外基质、连接组织，关节液结构组分

二、重要多糖的化学结构与生理功能

（一）淀粉

淀粉（**starch**）是高等植物的贮存多糖，是为人类粮食和动物饲料提供能量的主要营养物质，在植物种子、块根与果实中含量很多，如大米中含 70%~80%，小麦中含 60%~65%，马铃薯中约含 20%。淀粉的分解为种子萌发和生长提供所需的主要能源。

淀粉是白色无定形粉末，没有还原性，不溶于一般有机溶剂。淀粉可分为**直链淀粉**（**amylose**）和**支链淀粉**（**amylopectin**），经酸水解后最终产物都是 D-葡萄糖，为同聚多糖。两者在结构和性质上有一定区别，它们在淀粉中所占比例随植物品种不同而不同，多数淀粉中直链淀粉与支链淀粉之比为（15%~25%）:（75%~85%），而有些谷物如糯米、蜡质玉米几乎只含支链淀粉。

1. 淀粉的结构

直链淀粉主要是由 $\alpha-1,4$ 糖苷键相连而成的直链结构，相对分子质量为 $3.2\times10^4\sim1\times10^5$，相当于 $200\sim980$ 个葡萄糖残基。线形糖链在分子内氢键的作用下，卷曲盘旋成螺旋状，每个螺旋约含 6 个 D-葡萄糖单位，此外，在主链上还有少数短分支。

支链淀粉的分子比直链淀粉大，相对分子质量在 $1\times10^5\sim1\times10^6$ 之间，相当于聚合度为 $600\sim6000$ 个葡萄糖残基。它是由 $\alpha-1,4$ 糖苷键联结成直链（通常为 $24\sim30$ 个葡萄糖单位），此直链上又可通过 $\alpha-1,6$ 苷键形成侧链，呈树枝形分支结构。每一分支平均含 $20\sim30$ 个葡萄糖残基，各分支也是 D-葡萄糖残基以 $\alpha-1,4$ 糖苷键成链，卷曲成螺旋，但在分支接点上则为 $\alpha-1,6$ 糖苷键，分支之间相距 $11\sim12$ 个葡萄糖残基。其结构一部分简示如下：

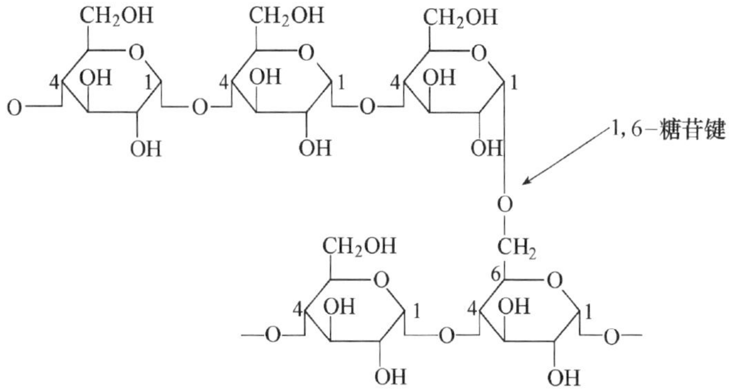

直链淀粉有极性，$1'$ 端为还原端，通常写在右面；$4'$ 端为非还原端，写在左面。支链淀粉具有多个非还原端，只有一个还原端。直链淀粉以 $\alpha-1,4$ 糖苷键连接，每个残基间形成一定角度，因而淀粉链倾向于形成有规则的螺旋构象。其二级结构呈左手螺旋，每个螺旋 6 个葡萄糖残基，螺旋内径约 1.4nm，螺距 0.8nm。

2. 物理、化学性质

淀粉在植物细胞内以颗粒的形式存在，是淀粉分子的分子集聚。在冷水中不溶解，但在加热的情况下淀粉颗粒吸收水而膨胀，分散于水中，形成半透明的胶悬液，此过程称为凝胶化或糊化（gelatinization）。糊化作用的本质是淀粉粒中有序及无序（晶质与非晶质）态的淀粉分子间的氢键断开，分散在水中成为胶体溶液。糊化后的淀粉又称 α-化淀粉。将新鲜制备的糊化淀粉浆脱水干燥，可得分散于凉水的无定形粉末，"即食"型的谷物制品制造原理就是使淀粉"α-化"。

凝胶化的直链淀粉缓慢冷却或淀粉凝胶经长期放置，淀粉分子可借助分子间的氢键形成不溶的微晶束而沉淀析出，变成不透明甚至产生沉淀的现象，称为**淀粉的老化（aging）或"退减"（retrogradation）**现象，其本质是糊化（或称 α-化）的淀粉分子又自动排列成序，形成致密、高度晶化的不溶解性的淀粉分子微束。老化淀粉不易被淀粉酶作用。

淀粉老化作用的控制在食品工业中有重要的意义。老化作用的最适温度在 $2\sim4℃$，$>60℃$ 或 $<-20℃$ 都不发生老化，但食品不可长时间放置在高温下，一经加热降至常温便会发生老化。为防止老化，可将淀粉食品速冻至 $-20℃$，使淀粉分子间的水急速结晶，阻碍淀粉分子的相互靠近。

直链淀粉与支链淀粉相比，直链淀粉易老化；聚合度高的淀粉与聚合度低的淀粉相比，聚合度高的易老化。支链淀粉由于高度的分支性，结构相对利于与溶剂水分子以氢键结合，因而易分散在凉水中，加热分散成黏性很大的胶体溶液，这种胶体溶液在冷凉后也非常稳定，几乎不会老化，原因是其结构的三维网状空间分布妨碍微晶束氢键的形成。

从结构上来看，淀粉的多糖苷链末端仍有游离的半缩醛，但是淀粉链很长，游离的半缩醛羟基还原性一般情况下不显出来。直链淀粉形成的螺旋结构，易于含极性基团的有机化合物通过氢键缔合、失水结晶析出，在粮食淀粉液中，加入丙醇、丁醇或戊醇、己醇，可使直链淀粉析出，而与支链淀粉分离。

淀粉很易水解，与水一起加热即可引起分子的裂解，当与无机酸共热时，可彻底水解为D－葡萄糖。在淀粉水解过程中产生的多糖苷链片断，统称为**糊精（dextrin）**，糊精可溶于凉水，有黏性，可制黏贴剂。工业上制造糊精系将含水量10%～20%的淀粉加热至200～250℃，使淀粉大分子裂解为较小的片断。

淀粉可与碘发生非常灵敏的颜色反应，直链淀粉呈深蓝色，支链淀粉呈蓝紫色。这是由于当碘分子进入淀粉螺旋圈内的中心空道，朝向内圈的羟基氧成为电子供体，与碘分子形成稳定的淀粉碘络合物，呈现蓝色。淀粉－碘络合物的颜色与淀粉糖苷链的长度有关，特征蓝色需要36个葡萄糖残基（即6圈），支链淀粉的分支单位的螺旋聚合度只有20～30个葡萄糖残基，短链的淀粉分子吸收较短波长的光，呈紫色或紫红色。当链长<6个葡萄糖残基时，不能形成一个螺旋圈，因而不能形成起成色作用的淀粉－碘络合物。糊精依相对分子质量递减的程度，与碘呈色由蓝紫色、紫红色、橙色以至不呈色。

直链淀粉的螺旋结构以及直链淀粉－碘络合物如图1－11所示。

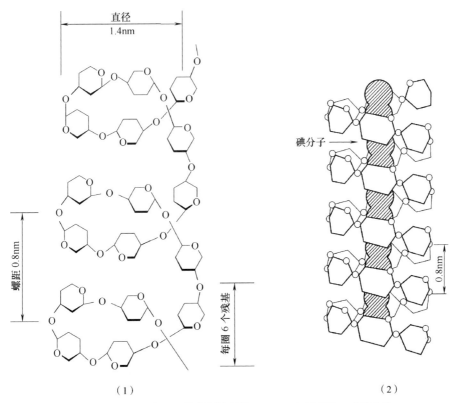

图1－11　（1）直链淀粉的螺旋结构　（2）直链淀粉－碘络合物

淀粉在酸或酶的作用下被逐步降解，生成一系列分子大小不等的多糖中间产物，一般先生成淀粉糊精遇碘成蓝色，继而生成相对分子质量较小的紫糊精、红糊精，再生成无色糊精以及麦芽糖，最终生成葡萄糖。热的淀粉溶液因糖苷链螺旋伸开不成环状结构，因而与碘不形成蓝色的络合物，冷后恢复螺旋方显蓝色。

$$(C_6H_{10}O_5)_n \rightarrow (C_6H_{10}O_5)_{n-x} \rightarrow C_{12}H_{22}O_{11} \rightarrow C_6H_{12}O_6$$

淀粉→紫糊精→红糊精→无色糊精→麦芽糖→葡萄糖

（蓝色）（紫色）（红色）（无色）（无色）（无色）

可采用酸水解、酶水解或酸–酶水解湿法加工淀粉，产生水解程度不等的产物。目前有大量的淀粉以工业化规模转化为糖浆，淀粉转化中以葡萄糖当量（dextrose equivalent，简称 DE）表示已水解的糖苷键的百分率。葡萄糖在 C_1 位置上有一个潜在的自由醛基，是一种还原糖，淀粉分子每水解一个 $\alpha-1,4$ 糖苷键和 $\alpha-1,6$ 糖苷键，就会有一个位于葡萄糖分子上的还原基释放出来，淀粉分解程度通常是以葡萄糖当量（DE）来表示。

$$DE（\%）= \frac{还原糖（以葡萄糖表示）}{淀粉干物质含量} \times 100\%$$

例如，将 $\alpha-1,4$ 和 $\alpha-1,6$ 键结合的葡萄糖链裂解成 10 个葡萄糖单位，测定其还原能力，除以总碳水化合物，得到的值将为 10%，代表纯葡萄糖当量（10DE）。淀粉分解时，随着 DE 增加，平均相对分子质量减小，同时产物的黏度下降，甜味增浓，冰点下降，渗透压增加。

淀粉的水解产物大致有糊精、淀粉糖浆、麦芽糖浆、葡萄糖等。

各种不同淀粉水解糖化产品的生产过程如图 1－12 所示。

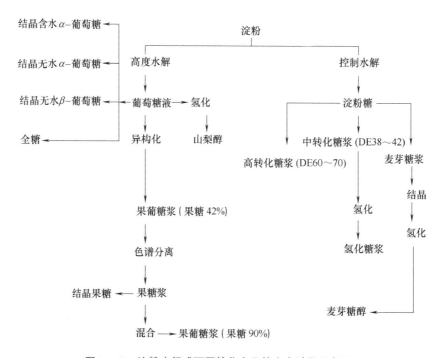

图 1－12 淀粉水解成不同糖化产品的生产过程示意图

淀粉水解 DE 为 20 以下的为低转化产品，其糖分主要组成为糊精；中转化糖浆 DE 为 38～40，是目前淀粉糖中产量最大的一种；高转化糖浆 DE 在 60～70 之间，葡萄糖和麦芽糖含量分别为 35% 和 40%，三糖和四糖 16.1%，糊精 12.2%。

使用葡萄糖淀粉酶生产高 DE 糖浆，DE 达到 92 ~ 95，含有高水平的葡萄糖。该酶既能水解 $\alpha-1$，4 糖苷键，也能水解 $\alpha-1$，6 糖苷键。高 DE 糖浆较甜，几乎可完全发酵，产生高渗透压的溶液。

为了获得较高的甜度，使用葡萄糖异构酶将部分葡萄糖转化为果糖，得到 50% 葡萄糖、42% 果糖和 8% 低聚糖的高果糖玉米糖浆，其甜度相当于蔗糖（以干基计），但由于葡萄糖和果糖都是还原糖，因此高果糖浆较之还原糖蔗糖易于褐变。

3. 改性淀粉

天然淀粉经过适当处理，可使它的物理或化学性质发生改变，以适应特性的需要，这种淀粉称为改性淀粉（modified starch），例如可溶性淀粉、交联淀粉、磷酸淀粉等。

可溶性淀粉是经过轻度酸处理的淀粉，其溶液在热时有良好的流动性，冷凝时成坚柔的凝胶。前述的 α – 化淀粉是用物理处理方法生成的可溶性淀粉。

用多官能团酯化的方法，使淀粉分子相互交联，产生的淀粉称为**交联淀粉（cross – linked starch）**。交联淀粉有良好的机械性能，并且耐热、耐酸、耐碱。在食品工业中作为增稠剂、赋形剂使用，在生化实验室中用作吸附剂。

磷酸淀粉是以无机磷酸酯化的淀粉，具有良好的稠性。低度磷酸酯化的磷酸淀粉用于肉汁、调和液、饼馅等，可改善其抗冻结 – 解冻性能，降低冻结 – 解冻过程中水分的离析。

淀粉和改性淀粉在食品中有广泛的应用，可作为黏着剂、黏合剂、增稠剂。

糊精化程度低的淀粉，仍然遇碘变成蓝色，但较普通淀粉易溶于水，称为可溶性淀粉。

（二）糖原

糖原（glycogen） 又称动物淀粉，是动物体内的贮存多糖，主要存在于肝及肌肉中，细菌、酵母、真菌中也发现糖原的存在。

糖原也是由 α – D – 葡萄糖构成的同聚多糖，相对分子质量在 $2.7 \times 10^5 \sim 3.5 \times 10^6$ 之间。它的结构与支链淀粉相似，也是带有 $\alpha-1$，6 分支点的 $\alpha-1$，4 – 葡萄糖多聚物，但分子更大，分支更多，每一短链含 8 ~ 10 个葡萄糖单位，其基本结构如图 1 – 13 所示。在糖原中每隔 8 ~ 10 个葡萄糖单位就出现一个 $\alpha-1$，6 – 糖苷键。

糖原是无定形粉末，溶于热水，溶解后呈胶体溶液。糖原溶液遇碘呈紫红色。糖原水解的最终产物是 D – 葡萄糖。

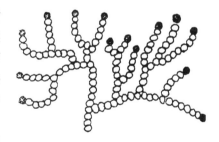

图 1 – 13 糖原分子的部分结构示意图

糖原在体内的贮存有重要意义，糖原是机体活动所需能量的重要来源。正常情况下，肝脏中糖原的含量达 10% ~ 20%，肌肉中的含量达 4%。人体约含糖原 400g，当血液中葡萄糖含量增高时，多余的葡萄糖就转变成糖原贮存于肝脏中，当血液中葡萄糖含量降低时，肝糖原就分解为葡萄糖进入血液中，以保持血液中葡萄糖的一定含量。肌肉中的糖原为肌肉收缩所需的能源。

（三）纤维素

纤维素（cellulose） 是植物细胞壁结构物质的主要成分，构成植物支撑组织的基础。纤维素含量占生物界全部有机碳化物的一半以上，如棉、麻、作物茎秆、木材等。纤维素是由 1000 ~ 10000 个 β – D – 葡萄糖通过 $\beta-1$，4 – 糖苷键连接而成的直链同聚多糖，经 X 射线测定，纤维素分子的链和链之间借助于分子间的氢键组成束状结构，这种结构具有一定的机械强度和韧性，故在植物体内起着支撑的作用。纤维素分子中的 β – D – 葡萄糖连接方式如下：

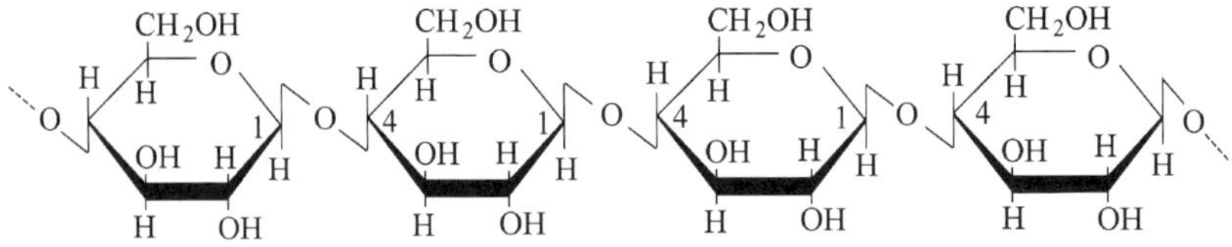

纤维素不溶于水、稀酸及稀碱，无还原性。在纤维素结构中 β – 1，4 糖苷键对稀酸水解有较强的抵抗力；纤维素在浓酸中或用稀酸在加压下水解可以得到纤维四糖、纤维三糖、纤维二糖，最终产物是 D – 葡萄糖。大多数哺乳动物的消化道中水解淀粉酶只能水解 α – 1，4 – 糖苷键，而不能水解 β – 1，4 – 糖苷键，因此，纤维素不能被人体胃肠道的酶所消化，但食物中纤维素可以在人体胃肠道中吸附有机物和无机物，供肠道正常菌群利用，维持正常菌群的平衡，并能促使肠蠕动，具有促进排便等功能。草食动物消化道中存在的微生物可产生水解纤维素的酶，能利用纤维素作为养料，将其降解为葡萄糖。

自然界中某些真菌、细菌能合成和分泌纤维素酶，可利用纤维素作为碳源，如香菇、木耳的栽培。

纤维素结构中的每一个葡萄糖残基含有 3 个自由羟基，因此能与酸形成酯。将天然纤维素经过适当处理改变性质以适合特殊的需要，称为改性纤维素（modified cellulose）。以下是几种常用的改性纤维素。

（1）羧甲基纤维素（carboxymethylcellulose，简称 CMC）　纤维素与氯乙酸钠（$CH_2ClCOONa$）反应生成羧甲基纤维素钠。它是白色吸湿性粉末，可溶于冷、热水中，形成具有良好持水性和黏稠性的亲水胶体，是性能良好的混悬剂、乳化剂、黏合剂和延效剂。羧甲基纤维素在食品工业中广泛用作增稠剂，并能经受短时间高温杀菌而不变。

（2）微晶纤维素（microcrystalline cellulose）　用稀酸处理纤维素得到的极细的纤维素粉末称为微晶纤维素，在疗效食品中作为无热量填充剂。

（3）纤维素硝酸酯　纤维素与浓硝酸作用生成硝化纤维素，它是炸药的原料。纤维素一硝酸酯和二硝酸酯混合物的醇醚溶液为火棉胶，其在医药、化学工业上应用很广。

此外，纤维素与醋酸结合生成的醋酸纤维素是多种塑料的原料。还可制成离子交换纤维素，如羧甲基纤维素（CMC）、二乙基氨基乙基纤维素（DEAE – cellulose）等都是常用的生化分析试剂。

（四）菊糖及其他多聚果糖

菊糖（inulin） 是一种大量存在于菊科植物中的多聚果糖，菊芋及大理菊的块茎、菊苣的根中尤多，为贮藏物质。菊糖由 D – 呋喃果糖分子以 β – （2，1）糖苷键连接生成，每个菊糖分子末尾以 α – （1，2）糖苷键连接一个葡萄糖残基，聚合度通常为 2～60，平均聚合度为 10。菊糖溶于水，加乙醇便从水中析出，加酸水解可生成果糖及少量葡萄糖。

其他许多植物如黑麦、小麦、燕麦、大麦等禾本科谷物以及天门冬等植物根中也含有多聚果糖，与菊糖不同之处是链长、糖苷键不同，有的有分支。

（五）几丁质

几丁质（chitin） 又称甲壳素或壳多糖，节肢动物外壳和昆虫的甲壳主要由壳多糖和碳酸钙所组成。此外，低等植物、菌类和藻类的细胞壁成分，高等植物的细胞壁等也含有几丁质。

壳多糖是由 N – 乙酰 – 2 – 氨基葡萄糖通过 β – 1，4 糖苷键连接起来的同聚多糖，结构与纤维素相似，只是每个残基上的 C_2 上羟基被乙酰化的氨基取代。几丁质在医药、化工及食品行业具有较为广泛的用途，可以用作黏结剂、上光剂、填充剂、乳化剂，如作为药用辅料、贵重金属回收吸附剂、高能射线辐射防护材料等。几丁质结构式见图 1 – 14。

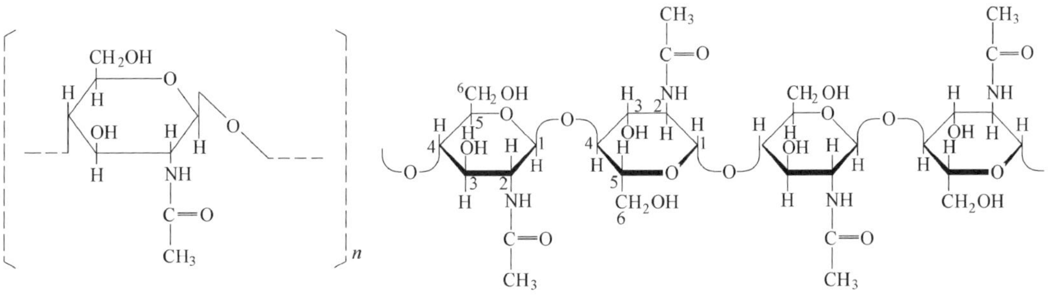

图 1 – 14　几丁质结构式

几丁质不溶于水、稀酸、稀碱及一般有机溶剂，可溶于浓无机酸，同时发生支链降解。几丁质经脱乙酰化反应转化成脱乙酰壳聚糖，具有许多独特的化学物理性质，根据其酰化、硫酸酯化和氧化、接枝与交联、羟乙基化、羟甲基化等反应可制备成多种用途的产品，其应用涉及许多领域，在食品工业、医药、轻化工等行业应用广泛。壳聚糖可抑制细菌、霉菌生长，因此，常加于腌制食品中或用于海产品、水果的保鲜。壳聚糖对水有很高的亲和力和持水性，这对半干食品的保湿及保湿类化妆品有重要作用。利用壳聚糖的物理机械性能，可制成膜状、胶状、粉状物等，制作可食用膜，其可在水和热水中保持原状，适合于固体、液体食品的包装。壳聚糖的降解产物一般对人体无毒副作用，在体内不蓄积，无免疫原性，因而具有良好的生物相容性和生物降解性，可用于人造皮肤、手术缝合线与骨修复材料、抗凝血剂和人工透析膜、药物制剂和药物释放剂、酶固定化材料等。

（六）半纤维素

半纤维素（hemicellulose） 是由多种糖基组成的一类杂多糖，构成半纤维素的单体包括葡萄糖、果糖、甘露糖、半乳糖、阿拉伯糖、木糖、鼠李糖及糖醛酸等。半纤维素有些是均一多糖，有的则是混合多糖。实践上把能用 17.5% 的 NaOH 溶液提取的多糖统称为半纤维素。半纤维素其主链上由木聚糖、半乳聚糖或甘露糖组成，具有阿拉伯糖或其他糖组成的侧链，大量存在于植物的木质化部分，如秸秆、种皮、坚果壳、玉米穗轴等，其含量依植物种类、部位、老幼而异。

半纤维素不溶于水而溶于稀碱液，在人的大肠内易于被细菌分解，半纤维素有结合离子的作用。半纤维素中的某些成分是可溶的，在谷类中可溶的半纤维素被称为戊聚糖，它们可形成黏稠的水溶液并具有降低血清胆固醇的作用。木聚糖是半纤维素类中最丰富的一种，由吡喃木糖以 β – 1，4 糖苷键连接而成链，聚合度为 150 ~ 200。木聚糖用 5% 的稀碱液提取，然后用乙醇沉淀析出，水解即得木糖，由玉米穗轴等原料制取木糖已经投入实际生产。阿拉伯聚糖由阿拉伯糖以 1，5 糖苷键和 1，3 糖苷键构成。半乳聚糖的聚合度约为 120，也为 β – 1，4 糖苷链。葡萄甘露聚糖是混合多糖型的半纤维素，由葡萄糖与半乳糖以 β – 1，4 糖苷键随机构成。

（七）果胶物质

果胶物质（pectic substance） 是细胞壁的基质多糖，存在于植物细胞中胶层和初生细胞壁中，构成高等植物细胞质的物质并起着将细胞黏着在一起的作用，在果实如苹果、柑橘、胡萝卜、植物茎中最丰富。果胶物质包括聚半乳糖醛酸和聚鼠李阿拉伯糖醛酸，以及半乳聚糖、阿拉伯聚糖和阿拉伯半乳聚糖。果胶的相对分子质量一般为 25000 ~ 50000，因来源而异。存在于植物体内的果胶物质一般有三种形态：

1. 原果胶（protopectin）

原果胶是与纤维素和半纤维素结合在一起的甲酯化聚半乳糖醛酸苷链，只存在于细胞壁中，不溶于水，水解后生成果胶。

2. 果胶（pectin）

原果胶经植物体内聚半乳糖醛酸酶（果胶酶）作用或稀酸提取处理可转变为水溶性的果胶，存在于植物汁液中，果胶的基本结构是 D - 吡喃半乳糖醛酸以 α - 1，4 糖苷键结合的长链或聚鼠李半乳糖醛酸，糖醛酸上的羧基有不同程度的甲酯化。

3. 果胶酸（pectic acid）

果胶经果胶酯酶作用去甲酯化，转变为无黏性的果胶酸。果胶酸稍溶于水，是羧基完全游离的聚半乳糖醛酸苷链，遇钙生成不溶性沉淀。

未成熟的果实细胞间含有大量原果胶，因而组织坚硬，随着成熟的进程，原果胶水解成与纤维素分离可溶于水的果胶，并渗入细胞液内，果实组织便软而有弹性，最后果胶发生去甲酯化作用生成果胶酸，由于果胶酸不具黏性，果实变成软化状态。

果胶在酸、碱条件下发生水解——去甲酯化和糖苷键裂解；在高温强酸条件下，糖醛酸残基发生脱羧作用。因为人体中消化道没有果胶酶，所以不能消化果胶。

果胶及果胶酸在水中的溶解度随链长缩短而增加，在一定程度上还随酯化侧链的增加而增加。果胶酸的溶解度较低（<1%），但其衍生物如甲醇酯、乙醇酯较易溶于水。

果胶溶液是高黏度溶液，黏度与链长成正比。果胶在食品工业中最重要的应用就是它形成凝胶的能力，果胶是亲水物质，在适当的酸度（pH3.0）和糖浓度下形成凝胶，果酱、果冻等食品就是利用这一特性生产的。

（八）琼胶

琼胶（agar） 又称琼脂，是石花菜属（*Gelidium*）及其他多种海藻所含的一种多糖胶质。琼胶主要由琼脂糖（agarose）和琼胶酯（agaropectin，琼胶果胶）组成。琼脂糖是以 β - 1，3 糖苷键连接的 β - D - 半乳糖和以 1，4 糖苷键连接的 α - 3，6 - 内醚 - L - 半乳糖交替连接起来的长链结构；琼胶酯则是琼胶糖的硫酸酯衍生物；反之，如果含有较高硫酸基的琼胶酯含量高，则强度低。琼胶结构式如下：

（D-半乳糖）　　　　　（L-半乳糖）

琼胶能吸水膨胀，不溶于凉水而溶于热水，1% 溶液在 35 ~ 50℃ 可凝固成坚实凝胶，熔点为 80 ~ 100℃，可反复熔化与凝固。琼胶不易被细菌分解，所以是微生物固体培养基的良好支持基料。琼脂糖胶是生化试验中做电泳实验的支持物之一。

琼胶不能为人体利用。在食品工业中用于果冻、果糕作凝冻剂，在果汁饮料中作浊度稳定剂，在糖果工业中作软糖基料等。

（九）微生物多糖

许多微生物能产生多糖物质，包括黏附于细胞壁的荚膜多糖（CPS），或是分泌于细胞外的胞外多糖（EPS）。这些多糖大都是分子质量在 $10^4 \sim 10^7 u$ 的大分子物质。根据其单糖组成，可分成均一多糖（由一种单糖组成）和不均一多糖（由不同的单糖组成）。

1. 葡聚糖

葡聚糖（dextran） 又称右旋糖酐，是酵母菌及某些细菌中的贮存多糖。它也是由多个葡萄糖缩合而成的同聚多糖，葡萄糖之间几乎均以 $\alpha - 1$，6 糖苷键连接，偶尔也通过 $\alpha - 1$，2、$\alpha - 1$，3 或 $\alpha - 1$，4 糖苷键连接而形成分支状。右旋糖酐经交联剂处理，被交联形成具有立体网状结构的交联葡聚糖，广泛用于生化分离，商品名为 sephadex。肠膜明串珠菌（*Leunostoc mesenteroids*）的 NRRL B - 512（F）菌株可利用蔗糖为底物产生葡聚糖：x 蔗糖——→x 果糖 + x 葡萄糖→右旋糖酐。

右旋糖酐易溶于水，形成透明溶液，耐高温消毒及反复冷冻与解冻，在医疗上用作代血浆。临床上一般用其 6% 的生理盐水溶液，因为它和血浆等渗，黏度也相同。医用右旋糖酐的平均相对分子质量范围为 $2.5 \times 10^4 \sim 7.5 \times 10^4$。

2. 肽聚糖

肽聚糖（peptidoglycan） 又称胞壁质（murein），是构成细菌细胞壁基本骨架的主要成分。肽聚糖是一种多糖与氨基酸链相连的多糖复合物（图 1 - 15）。由于此复合物中氨基酸链不像蛋白质那样长，故称为肽聚糖。肽聚糖结构中的 D - 氨基酸肽有抵抗肽水解酶的作用，故对细菌细胞有保护作用。溶菌酶能水解肽聚糖结构中的 $\beta - 1$，4 糖苷键，而导致细菌细胞膨胀破裂，该酶能溶解革兰阳性菌的机制即在于此。青霉素的抗菌作用就在于抑制肽聚糖的生物合成，使得肽聚糖合成不完全，细胞壁不完整，不能维持正常生长，从而导致细菌死亡。

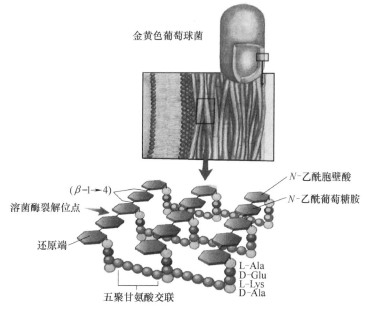

图 1 - 15　肽聚糖（金黄色葡萄球菌细胞壁肽聚糖）

3. 脂多糖

革兰阴性菌的细胞壁较复杂，除含有低于 10% 的肽聚糖外，尚含有十分复杂的脂多糖。脂多糖一般由外层低聚糖链、核心多糖和脂质三部分所组成。细菌脂多糖的外层低聚糖是使人致病的部分，其单糖组分随菌株不同而不同，各种菌的核心多糖链均相似（图 1 – 16）。

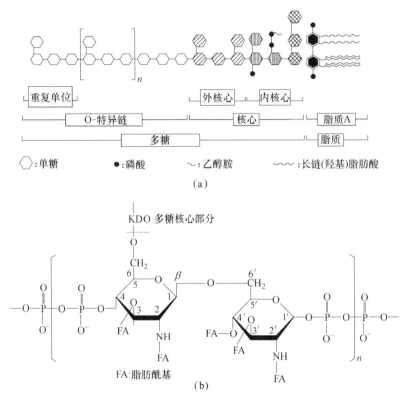

图 1 – 16 沙门杆菌脂多糖的化学结构示意图

（a）图中 n 平均约为 50   （b）脂质 A 的基本结构

4. 黄杆菌胶

黄杆菌胶（xanthan gum）是由甘蓝黑腐病黄单胞菌（*Xanthomonas campestris*）在含 D – 葡萄糖的培养液中合成的混合多糖，相对分子质量在 10^6 数量级，由 D – 葡萄糖、D – 甘露糖及 D – 葡萄糖醛酸以 3 : 3 : 2 的比例缩合而成，分子中还结合有乙酰基、丙酮酰基，结构还未最后确定。

黄杆菌胶易溶于凉水，在低浓度时黏度很高，而在高浓度时凝胶作用却比较低。在稀溶液态时，盐类及 pH 对其黏度的影响小于其他植物胶质。黄杆菌能强化淀粉及豆角胶的黏度及凝化作用，但对其他胶质无效。

5. 茁霉胶

茁霉胶（pullulan）是由出芽茁霉（*Pullularia pullulans*）在含葡萄糖、麦芽糖、蔗糖等糖分的底物中生长时形成的胶质胞外多糖，茁霉胶的结构单元是麦芽三糖或麦芽四糖（三或四个葡萄糖及以 α – 1，4 糖苷键相连的寡糖），以 α – 1，6 糖苷键连成线性分子，聚合度为 100 ～ 5000 个葡萄糖残基不等。

　　苗霉胶纯品为无色无味的白色粉末，在大气中不吸湿，却又易溶于水。以其5%～10%溶液涂布在光滑表面上，烘干后可得薄至0.01mm的薄膜，其抗张力、防湿性均优于淀粉膜，且不透氧气，透明无色、抗油，因而是良好的食品被覆包装材料。苗霉胶是一种人体利用率低的多糖，因而可在低能量食物及饮料中代替淀粉，也可用作食品增稠剂。以一定聚合度的苗霉胶做成的纤维其光泽可与人造丝相比，拉力甚至与尼龙相仿。

（十）糖胺聚糖

　　糖胺聚糖（glycosaminoglycan，GAG） 过去曾称黏多糖（mucopolysaccharides），是主要存在于动物组织中的结构多糖，构成动物细胞间结缔组织中的黏液样基质（matrix）成分，在细胞间质、动物皮（阿胶、海参、蝉蜕等）、骨、贝壳（石决明、牡蛎、皱红螺等）及腺体分泌的黏液中均含有，在体内以蛋白聚糖形式存在。

　　糖胺聚糖是含氮的直链杂多糖，大多由氨基己糖与糖醛酸组成二糖单位经重复连接而成，个别的不含糖醛酸。通式为［己糖醛酸→氨基己糖］$_n$，n 在30～250之间。糖胺聚糖是阴离子多糖链，分子中含有糖醛酸，故呈酸性。糖胺聚糖具有较强的亲水性，对 Ca^{2+}、Mg^{2+}、K^+、Na^+ 有较大的亲和力，对组织的持水性和调节金属离子在组织中的分布有重要意义。此外，糖胺聚糖可促进创伤愈合、润滑和保护关节。重要的糖胺聚糖有：硫酸皮肤素、硫酸类肝素、硫酸角质素、硫酸软骨素和透明质酸等。

　　1. 透明质酸

　　透明质酸（hyaluronic acid，HA）的基本结构单位是 β – 葡萄糖醛酸（1→3）N – 乙酰氨基葡萄糖二糖单位，后者再以 β – 1,4 糖苷键同另一个二糖单位连成线性结构，无分支。它以游离或与蛋白非共价结合形式存在于结缔组织、眼球的玻璃体、胚胎、脐带、关节液等细胞外基质中，有黏合与保护细胞的作用，临床上用于促进创伤愈合，防止感染。

　　透明质酸的水溶液具有高度黏性，它可被透明质酸酶水解而降低其黏性。在某些毒蛇和细菌中含有这种透明质酸酶，可使组织中的透明质酸水解，使毒液或病原体容易侵入。在精液中也含有多量透明质酸酶，它可使卵子外表的透明质酸水解，使精子易与卵子结合而受精。透明质酸酶能促进透明质酸水解，使其失去特有的黏性，使药物容易扩散至病变部位提高治疗效果；透明质酸具有很强的吸水性，有利于增进皮肤营养，使皮肤富有弹性，在化妆品中被大量使用。

　　透明质酸的二糖单位结构示意：

β-D-葡萄糖醛酸　　　　　N-乙酰氨基葡萄糖

　　2. 硫酸软骨素

　　硫酸软骨素（chondroitin sulfate，CS）是体内最多的黏多糖，为软骨、腱和骨的主要成分。构成单位是 β – 葡萄糖醛酸（1→3）N – 乙酰基半乳糖硫酸酯，以 β – 1,3 糖苷键成链。其结构也是二糖再以 β – 1,4 糖苷键成链的聚合物。软骨中的软骨黏蛋白是硫酸软骨质与蛋白质结合而成的。已知的硫酸软骨质分为 A、B、C 三种，其组成单位如下：

硫酸软骨素 A：葡萄糖醛酸 –1，3 – N – 乙酰氨基半乳糖 – 4 – 硫酸酯

硫酸软骨素 B：艾杜糖醛酸 –1，3 – N – 乙酰氨基半乳糖 – 4 – 硫酸酯

硫酸软骨素 C：葡萄糖醛酸 –1，3 – N – 乙酰氨基半乳糖 – 6 – 硫酸酯

硫酸软骨素有降血脂和抗凝血作用，用于冠心病和动脉粥样硬化的治疗。

硫酸软骨质 A 的结构与透明质酸相似，只是在重复结构单元中的氨基糖为 N – 乙酰基半乳糖，并在其 C_4 或 C_6 上的羟基与硫酸成酯。硫酸软骨素 B 又称硫酸皮肤素（dermain sulfate，DS），是存在于皮肤血管壁和瓣膜中的黏多糖。硫酸软骨素 C 存在于骨、软骨、角膜、皮肤、血管、肌腱等组织中。硫酸软骨素用于治疗肾炎、急慢性肝炎、偏头痛、动脉硬化及冠心病等。

3. 肝素

肝素（heparin） 是一种糖胺聚糖类化合物，分子质量为 3 ~ 30ku。最早在肝中发现，故称为肝素。但它也存在于肺、肌肉、血管壁、肠黏膜等组织中。肝素的组成是硫酸氨基葡萄糖、葡萄糖醛酸和艾杜糖醛酸的硫酸酯。肝素的结构较复杂，一般认为它是由 α – L – 艾杜糖醛酸 – 2 – 硫酸酯、N – 磺基 – α – D – 氨基葡萄 – 6 – 硫酸酯、β – D – 葡萄醛酸和 N – 磺基 – α – D – 氨基葡萄糖 – 6 – 硫酸酯以 1→4 糖苷键结合生成"四糖"作为结构单元，再由"四糖"聚合成多糖。其结构中氨基葡萄糖苷为 α – 型，糖醛酸糖苷为 β – 型。肝素分子结构中糖重复单位见本页结构式。

肝素是动物体内一种天然抗凝血物质。肝素能和凝血致活酶结合，生成无活性的复合体，因此能防止血液凝固，在输血时广泛使用肝素作抗凝剂，它也是防止血栓形成的药物。肝素能使细胞膜上脂蛋白脂酶释放进入血液，该酶使极低密度脂蛋白所携带的脂肪水解，因而肝素有降血脂作用。肝素经水解破坏其硫酸基制成改构肝素，其抗凝血作用降低，但降血脂作用不改变。

几种糖胺聚糖的重复单位结构示意如下：

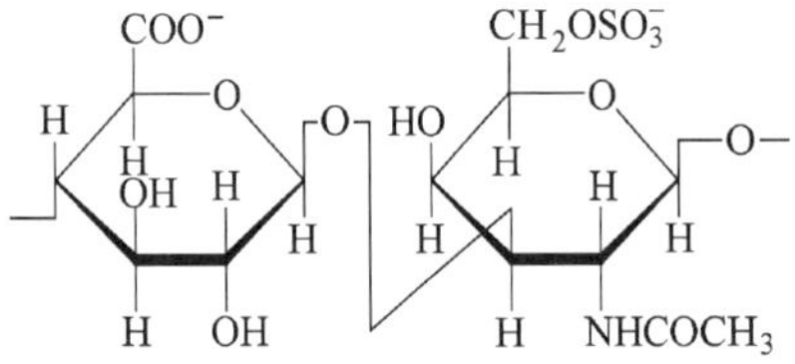

软骨素-6-硫酸

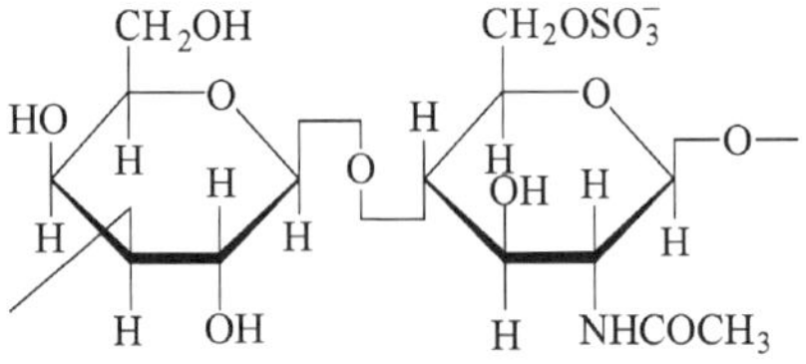

硫酸角质素

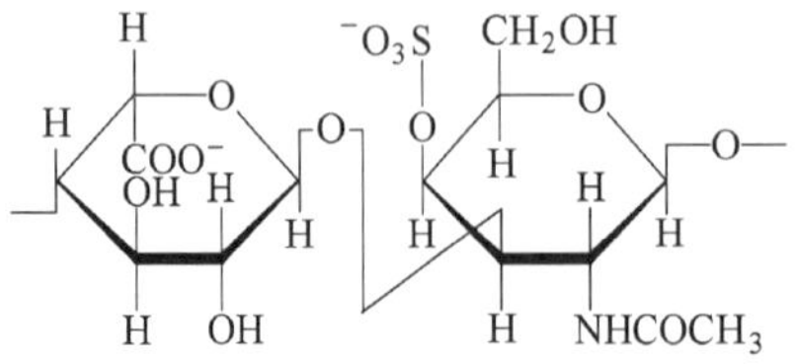

皮肤素硫酸盐

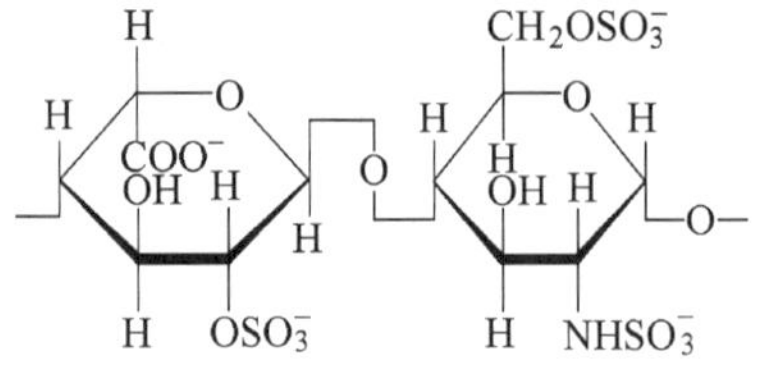

肝素

体内重要的黏多糖除上述三种以外尚有硫酸角质素（keratan sulfate）、硫酸类肝素（heparan sulfate）等（表 1 – 5）。

表 1 – 5   糖胺聚糖的组成成分及分布

名　　称	主要组成成分	分　　布
透明质酸	乙酰葡萄糖胺、D – 葡萄糖醛酸	眼球玻璃体、脐带、关节
硫酸软骨素 A	乙酰葡萄糖胺、D – 葡萄糖醛酸、硫酸	软骨、骨
硫酸软骨素 B	乙酰葡萄糖胺、L – 艾杜糖醛酸、硫酸	皮肤、腱、心瓣膜
硫酸软骨素 C	乙酰葡萄糖胺、D – 葡萄糖醛酸、硫酸	软骨、脐带、腱
软骨素	乙酰葡萄糖胺、D – 葡萄糖醛酸	皮肤
硫酸角质素	乙酰葡萄糖胺、D – 半乳糖、硫酸	角膜、肋骨
肝素	磺酰葡萄糖胺、D – 葡萄糖醛酸、硫酸	肝、肺、肾、肠黏膜等
硫酸类肝素	乙酰葡萄糖胺、D – 葡萄糖醛酸、硫酸	肝、肺等

近年来，发现有些多糖，特别是多聚葡萄糖具有显著的抗癌活性，因此引起各国学者的广泛关注。这类多糖多数是 D – 葡萄糖通过 β – 1，3 糖苷键相互缩合而成，对某些实验动物肿瘤有明显的抑制作用，而且毒性很低。例如，从香菇中分离出的香菇多糖具有 β – 1，3 – 葡萄糖苷键，是一种直链多糖，呈显著的抗癌活性。由茯苓中分离的茯苓多糖具有 β – 1，3 – 葡萄糖苷键与少量 β – 1，6 – 葡萄糖苷键，也有显著的抗癌活性。

三、多糖分离、纯化及降解

由于在生物、食品、医药学上的重要意义，对多糖分离及构效关系的研究已成为热点。由于多糖结构的复杂性和多样性，分离及结构测定具有特殊性。多糖一级结构的分析包括：纯度鉴定，相对分子质量测定，单糖组成测定和糖链的序列测定。糖链的序列测定包括：单糖残基在糖链中的次序，单糖残基间连键的位置，链的分支情况。

（一）多糖的提取与分离

根据多糖的性质及来源不同，提取方法有所差异，可归纳为以下几类：

第一类：难溶于水，可溶于稀碱液的多糖，如胶类、木聚糖及半乳聚糖等。原材料粉碎后用 0.5mol/L 的 NaOH 水溶液提取，提取液经中和及浓缩等步骤，最后加入乙醇，即得粗糖沉淀物。

第二类：易溶于温水，难溶于冷水的多糖，可用 70～80℃ 热水抽提，提取液用氯仿:正丁醇（4:1）混合除去蛋白质，经透析、浓缩后，加入乙醇即得粗多糖产物。

第三类：黏多糖的提取。在动物组织中，黏多糖多与蛋白质以共价键结合，通常用蛋白酶水解蛋白部分或用碱处理，断裂黏多糖与蛋白质之间的结合键，使黏多糖释放出来，便于提取。

（1）碱液抽提法　蛋白聚糖的糖肽键对碱不稳定。原料经预处理后用 0.5mol/L 的 NaOH 溶液于 4℃ 提取，提取液用酸中和。从软骨中提取软骨素即用此法。采用调节 pH、加热或用白陶土吸附去除蛋白质，最后以乙醇沉淀即可获成品。

（2）蛋白水解酶消化法　通常采用蛋白水解酶（如木瓜蛋白酶、链霉蛋白酶）进行蛋白质水解，使组织中黏多糖释出来，经酶消化后的提取液中主要含有低相对分子质量的蛋白消化产物及残存蛋白等杂质。杂蛋白可用 5% 的三氯醋酸沉淀去除，小分子的杂质可用透析法去除。

最后加入乙醇可得黏多糖沉淀。

(二) 多糖的纯化

多糖的纯化方法很多，须根据需要和条件适当选择。必要时采用多种方法以达到理想的分离效果。

1. 分级沉淀法

分级沉淀法是用乙醇进行分级分离是分离多糖混合物的经典方法，适用于大规模分离。例如，于动物软骨消化液中加入 1.25 倍乙醇可得到近乎纯的硫酸软骨素，而硫酸角质素则存留于乙醇上清液中。该法往往需要多次重复进行才能达到较好结果。

2. 季铵盐络合法

黏多糖的聚阴离子与某些表面活性物质，如十六烷基三甲基溴化铵 $[CH_3 - (CH_2)_{14} - CH_2 - N^+ (CH_3)_3 - Br，CTAB]$ 中的季铵基阳离子结合生成季铵络合物。这些络合物在低离子强度的水溶液中不溶解。当离子强度增大时，这些络合物可以解离并溶解。本法的优点是既适用于实验室又适用于生产。

3. 离子交换层析

离子交换层析常用的交换剂为 DEAE - 纤维素，此法适用于分离各种酸性、中性多糖。在 pH 为 6.0 时酸性多糖吸附于交换剂上，中性多糖不吸附，然后可用逐步提高盐浓度的洗脱液进行洗脱进而达到分离的目的。

4. 制备性区带电泳

根据各种多糖的分子大小、形状及其所带电荷的不同也可用电泳法进行分离。

5. 固定化凝集素的亲和层析法

近年来根据凝集素能专一地、可逆地与游离的复合糖类中的单糖或寡糖结合的性质，利用固定化凝集素亲和层析分离纯化糖蛋白。这一方法简单易行，在温和条件下进行不破坏糖蛋白活性。

固定化的刀豆凝集素 (concanavalin A，Con A) 是应用最普遍的固定化凝集素。Con A 能专一地与甘露糖基结合，各种含糖的酶如 α - 和 β - 半乳糖苷酶、过氧化物酶、干扰素等都可用固定化 Con A 纯化。

(三) 多糖的降解

天然来源的多糖由于其相对分子质量较大，其降解的方法主要有化学降解、酶法降解、氧化降解、辐射降解等几种，以甲壳素和肝素为例介绍。

1. 化学降解法

肝素的化学降解法中亚硝酸控制降解法最为常用，亚硝酸用量为 0.01% ~ 1.0% 之间，反应温度 -5 ~ 30℃，pH1.5。在低 pH 条件下，亚硝酸首先作用于肝素分子中的 N - 硫酸葡糖胺单位，脱去 HSO_4^- 形成—NH_2，—NH_2 与 HNO_2 发生重氮化反应，在放氮的同时糖苷键断裂，电子转移，缩环生成 2，5 - 脱氢甘露糖或脱氢甘露糖醇。采用这种方法降解，可得到平均分子质量为 6000u 的分布均匀的片段分子。肝素的化学降解其他常用的方法还包括 β - 消去解法、过氧化氢降解法等。甲壳素的化学降解可在酸性条件下，用 10% 浓度的 $NaNO_2$ 溶液处理，可使分子链上的—NH_2 基团发生重氮化反应，消除—NH_2，使分子链断裂，得到末端链上带有醛基的低聚糖，达到化学降解的目的，再以 $NaBH_4$ 溶液还原，制得低分子质量壳聚糖。

2. 酶法降解

肝素的酶法降解已经被用作分析肝素的结构和制备低分子质量肝素。肝素酶是一类能降解肝素类物质的裂解酶，目前从肝素黄杆菌中分离纯化出肝素酶I、II、III三种，它们能特异性地断裂肝素链上具有特殊修饰的不同序列，从而产生不同的寡糖片段。

就肝素而言，几种不同的降解方法各有优缺点，如亚硝酸降解法的优点是工艺流程简单，成本低，应用范围广，但缺点是可能引入毒素，而且使肝素的硫酸化程度降低。酶法降解，使产品便于检测，易实现生产的连续化，产物中不含引入毒物，产物的硫酸化程度较高，但缺点是末端含有不饱和基因，且成本较高。

甲壳素的酶法降解主要是利用存在于微生物、植物、昆虫和鱼类中的甲壳毒酶。酶法降解的生化途径是先由水解几丁质糖苷键的降解酶系统（如外切酶）从多糖链的非还原端开始以二乙酰壳二糖为单位依次酶解，内切酶则随机地断裂糖苷键，$\beta-N-$乙酰葡萄糖酶将双糖水解成单糖。因此，甲壳素内切酶、外切酶和$\beta-N-$乙酰葡萄糖胺酶被称为甲壳素水解系统。许多纯化的甲壳素内切酶还显示不同程度的溶菌酶活性，不少植物的溶菌酶也显示较高的甲壳素酶活性。

3. 辐射降解法

利用放射性射线降解壳聚糖，使分子产生电离或激发等物理效应，进而产生是化学变化，即可使分子间形成化学键－辐射交联，又可导致分子链断裂－辐射降解。辐射法无需添加物的固相反应，反应易控，无污染，品质高，一般采用^{60}Co辐射源在不同剂量下对甲壳素进行照射，可获得一系列低分子质量的壳聚核。

糖的主要分析方法总结于图1－17，表1－6中。

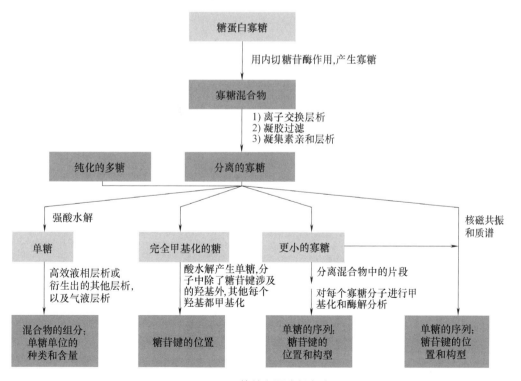

图1－17 糖的主要分析方法

表 1-6
多糖理化性质测定方法

项目	测定指标	方法
多糖的含量测定	多糖含量	硫酸 – 蒽酮法或硫酸 – 苯酚法
	糖醛酸含量	硫酸 – 卡唑法
	氨基葡萄糖的含量	乙酰丙酮显色法
多糖的纯度分析	糖纯度、种类	电泳法（醋酸纤维素薄膜、玻璃纤维纸、聚丙烯酰胺凝胶及琼脂糖电泳）
		柱层析法（Sephadex G – 150、G – 200 或 DEAE – 纤维素）
	是否混有核酸或蛋白质类物质	紫外扫描法（糖的紫外特征吸收在 200nm）
	糖的鉴别试验或含量测定	比旋度测定
		凝胶柱层析法（Sephadex 或 Sepharose）
多糖的分子量	多糖的相对分子质量	特性黏度法：根据多糖的特性黏数 η，计算相对分子质量

第五节 糖复合物及生物功能

糖与非糖物质的结合物称为糖复合物。糖复合物包括糖蛋白、蛋白聚糖、糖脂和脂多糖等。单糖、寡糖或多糖链可由酶催化与蛋白质或脂类等非糖物质的特定部位共价结合形成糖复合物，这一过程称为**糖基化作用（glycosylation）**。糖基化作用与**糖化作用（glycation）**不同，后者是指由还原糖上的—CHO 与蛋白质或核酸分子的游离氨基间形成希夫碱，经过 Amadori 重排生成的早期糖化物，再经脱水和重排产生终末糖化产物的过程，是非酶糖化反应。多糖或寡糖除具有贮存能量和作为结构成分的重要生理功能外，也是细胞间及胞外基质相互作用的信息载体，它们作为介导子在细胞识别、黏附、细胞迁移、血液凝聚、免疫反应中发挥作用。糖与蛋白或脂类分子共价形成的复合糖，是具有生物学活性的生命大分子。

一、糖 蛋 白

糖蛋白（gluocoprotein，glycoprotein）是一类糖链与蛋白质一定部位以共价键结合的复合物，分子质量一般为 15 ~ 1000ku；所构成的分子以蛋白质为主，糖基（寡糖链）含量变化较大，为 0.3% ~ 70%。分子总体性质更接近蛋白质，通常包括 N – 乙酰己糖胺，链末端成员常常是唾液酸或 α – 岩藻糖。

糖蛋白的寡糖链与多肽链（蛋白质）中的氨基酸共价连接称糖肽键。糖蛋白中糖链与肽链的连接不是任意的，一定结构特征的糖链只能与肽链中专一的氨基酸残基相连接。连接键类型有以下几种：

（1） $-O-$ 糖苷键型 糖基的异头碳通过糖苷键与丝氨酸、苏氨酸和羟赖氨酸的羟基链接，称为 $O-$ 糖链。

（2） $-N-$ 糖苷键型 糖基的异头碳通过 $N-$ 糖苷键与天冬酰胺的氨基氮链接，称为 $N-$ 糖链。

（3）酯糖苷键型 糖基的异头碳以天冬氨酸或谷氨酸的游离羧基为连接点形成。

（4）以羟脯氨酸的羟基为连接点的糖肽键。

（5）以半胱氨酸为连接点的糖肽键。

$O-$ 糖肽连接和 $N-$ 糖肽连接如图 1-18 所示。

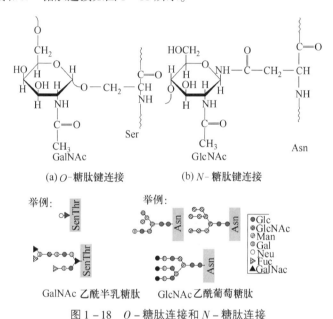

(a) $O-$ 糖肽键连接 (b) $N-$ 糖肽键连接

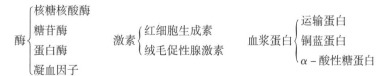

GalNAc 乙酰半乳糖肽 GlcNAc 乙酰葡萄糖肽

图 1-18 $O-$ 糖肽连接和 $N-$ 糖肽连接

糖蛋白在体内分布广泛，糖蛋白的寡糖链在结构上具有多样性，其功能复杂多样。许多不同功能的蛋白质如酶、激素、血液蛋白都是糖蛋白，举例如下：

$$\text{酶}\begin{cases}\text{核糖核酸酶}\\\text{糖苷酶}\\\text{蛋白酶}\\\text{凝血因子}\end{cases}\qquad\text{激素}\begin{cases}\text{红细胞生成素}\\\text{绒毛促性腺激素}\end{cases}\qquad\text{血浆蛋白}\begin{cases}\text{运输蛋白}\\\text{铜蓝蛋白}\\\alpha-\text{酸性糖蛋白}\end{cases}$$

糖蛋白中糖链的种类、数量与结构变化，对糖蛋白的功能十分重要，而且也影响其在体内的代谢和寿命。有些糖蛋白可能仅含有一种糖肽键连接，但多数糖蛋白兼有不同糖肽键。在不同的糖蛋白分子中，糖链的数量差异也较大，如分子质量较大的免疫球蛋白分子 IgG 含两条糖链，而分子质量较小的血型糖蛋白含有十余条糖链。此外，糖蛋白分子中，相同肽链，而糖链本身的结构模式（单糖的连接方式及组成）不同，或相同糖链蛋白组成不同，或蛋白不同糖基化位点都可使糖蛋白的功能发生变化，如一些激素、细胞因子、酶和免疫球蛋白的活性都依赖其相应的糖链组分。

糖蛋白中的糖链参与蛋白质合成中新生肽链的折叠和蛋白亚基的聚合，对肽链有保护作用；其次，很多糖蛋白去除糖链后，还影响到蛋白的折叠、在细胞内的分拣和向细胞外的分泌；此外，细胞或分子表面的糖链结构在细胞间及细胞与分子间的识别、黏附及信号转导中起着重要的作用，比如受体与配体的结合，精子－卵子的识别与结合，病原体侵袭等，糖链在其中扮演了"识别标志"的重要角色。

二、蛋 白 聚 糖

蛋白聚糖（proteoglycan） 主要由糖胺聚糖链与核心蛋白质（core protein）的特殊氨基酸残基以共价键连接所构成，结构比较复杂。核心蛋白也可连接一些 N－或 O－糖链类型；在同一核心蛋白的不同部位常连接不同类型的糖胺聚糖链；并且，糖链长度、数量、硫酸化程度不同，导致了蛋白聚糖的分子种类和类型多样化。蛋白聚糖的糖含量可超过95%，其总体性质与多糖更接近。蛋白聚糖的结构示意见图1－19。

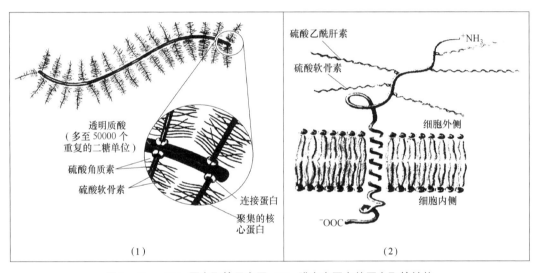

图1－19　（1）蛋白聚糖示意图　（2）膜内在蛋白的蛋白聚糖结构

蛋白聚糖可根据其组织来源不同分为软骨蛋白聚糖、动脉蛋白聚糖、角膜蛋白聚糖等，也可根据其所含糖胺聚糖种类的不同分为硫酸软骨素（是体内最多的蛋白聚糖）、硫酸皮肤素、硫酸角质素类、透明质酸（不带 SO_4^{2-} ）和肝素蛋白聚糖等。

在蛋白聚糖的分子结构中，蛋白质分子居于中间，构成一条主链。糖胺聚糖分子排列在蛋白质分子的两侧，单体的糖胺聚糖链的分布是不均匀的。蛋白聚糖有三种不同类型的糖肽键：① D－木糖与丝氨酸糖之间形成的—O—糖肽键；② N－乙酰葡萄糖胺与天冬胺酰胺之间形成的—N—糖肽键；③ N－乙酰半乳糖胺与苏氨酸或丝氨酸羟基之间所形成的—O—糖肽键。

蛋白聚糖中糖胺聚糖是多阴离子化合物，结合 Na^+、K^+，从而吸收水分，基质内的蛋白聚糖可以吸引、保留水而成凝胶。蛋白聚糖起筛子作用，容许小分子化合物自由扩散，而阻止细菌通过，起保护作用；蛋白聚糖也有一些特殊的作用，与糖胺聚糖结构有关。以往认为，蛋白聚糖是构成结缔组织细胞基质的主要成分，其主要功能是作为结缔组织的纤维成分（胶原和弹性蛋白）埋置或被覆的基质，也可当作垫组织使关节滑润。近年研究发现，蛋白聚糖不仅分布在细胞基质内，而且还存在于细胞表面、内分泌颗粒以及细胞核中，功能可涉及细胞识别、分化、黏附及发育等方面。

三、糖　脂

糖脂（glycolipid） 是糖类与脂类化合物共价结合所形成的物质。根据国际纯化和应用化学联盟所下定义，糖脂须是糖类通过还原末端以糖苷键与脂类连接形成化合物。根据脂类部分的不同，糖脂分为鞘糖脂类（glycosphingolipid）、甘油糖脂（glyceroglycolipid）、磷酸多萜醇衍生糖脂（plyprenol phosphate glycoside）和类固醇衍生糖脂（steroil glycoside）四类。大部分糖脂都是生物膜的主要组成成分，同时糖脂与细胞膜抗原、血型物质、相互识别、增殖控制等重要的膜机能有关。

鞘糖脂类分子由糖链、脂肪酸、鞘氨醇 3 个基本结构成分组成（图 1-20）。鞘氨醇是长链的带有氨基的二醇，链长约 18 碳原子；长链脂肪酸的链长为 18～26 碳原子，通过氨基以酰胺键与鞘氨醇相结合形成神经酰胺（ceramide，Cer），它构成鞘糖脂的疏水部分；寡糖链通常连接在鞘氨醇第一个碳原子的羟基上，构成极性基团的头部，具有亲水性。鞘糖脂的寡糖链主要由 D-Glc、D-Gal、L-Fuc、GalNAc、NeuAc 等单糖构成，通过葡萄糖（D-Glc）β-1，4 糖苷键与神经酰胺的伯醇羟基相连接。

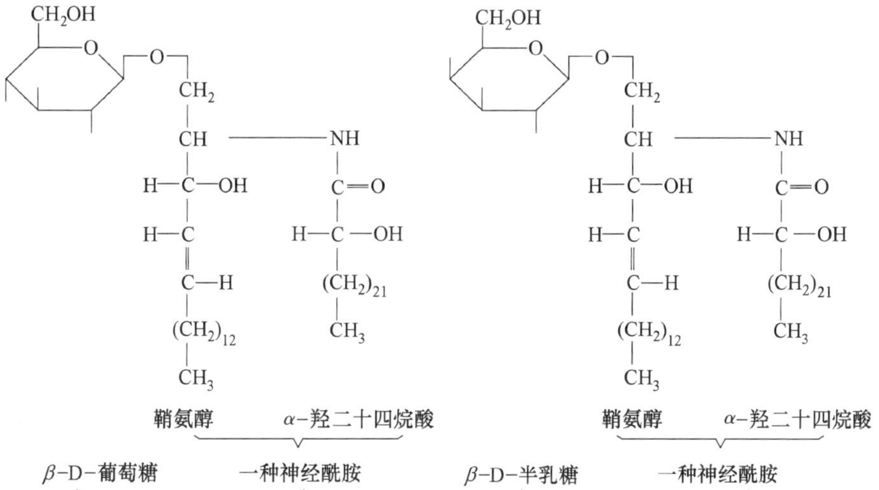

图 1-20　两种鞘糖脂

根据糖链性质不同，鞘糖脂分为中性鞘糖脂和酸性鞘糖脂。中性鞘糖脂只含有中性糖基，如半乳糖脑苷脂、葡糖脑苷脂和红细胞糖苷脂（globoside）等；酸性鞘糖脂除含有中性糖基以外，还含有唾液酸化的糖基或硫酸化的单糖基。唾液酸化的鞘糖脂称为神经节苷脂（ganglioside），含有硫酸化的鞘糖脂为硫苷脂（sulfatide），含岩藻糖的鞘糖脂称为岩藻糖脂（fucolipid）。近来，由于阐明结构的鞘糖脂愈益增多，又依据接近神经酰胺的几个内核糖基的组成和结构，将鞘糖脂进一步分为若干系列：球（globo-）系列、黏（muco-）系列、乳（lacto-）系列、节（ganglio-）系列等。每个系列内还分成若干小的类群。

鞘糖脂类是动植物细胞膜的重要组分，在脑和神经组织中含量很高，细胞膜上的鞘糖脂与细胞生理状况密切相关。鞘糖脂的组成，无论是神经酰胺部分还是糖链部分，都表现出一定的种族、个体、组织以及同一组织内各部分细胞的专一性。即使同一类细胞，在不同的发育阶段，鞘糖脂的组成也不同。正因为某些类型鞘糖脂是某种细胞在某个发育阶段所特有的，所以糖脂常常被作为细胞表面标志物质如血型、淋巴细胞标识。糖脂又是细胞表面抗原的重要组分，某些正常细胞癌化后，表面糖脂成分有明显变化；一些已分离出来的癌细胞特征抗原，也已证明是糖脂类物质。细胞表面的糖脂还是许多胞外生理活性物质的受体，参与细胞识别和信息传递过程。

甘油糖脂含有单（mono－）及二半乳糖苷甘油二酯等。糖基和甘油的一个羟基以糖苷键相连，甘油的其他两个羟基各与一个脂肪酸连接；这类糖脂在动植物组织中均有发现。

第六节　功能性多糖与功能性低聚糖

一、功能性多糖

（一）功能性多糖的种类

功能性多糖是一类具有多种生理活性的高分子碳水化合物，一般由 7 个以上的同一单糖、杂多糖或黏多糖组成。根据来源的不同将功能性多糖分为五大类。

1. 植物多糖

目前较多的植物多糖有南瓜多糖、茶叶多糖、大枣多糖、枸杞多糖等。

2. 动物多糖

动物多糖是主要来源于哺乳动物的多糖，如肝素、硫酸软骨素 B、海藻糖化的硫酸软骨素等，这些多糖的生理活性作用主要是抗凝血活性。

3. 真菌多糖

目前已筛选出 200 多种担子菌多糖，研究比较多的有：香菇多糖、裂褶菌多糖、灰树花多糖、茯苓多糖、奇果菌多糖、猪苓多糖、灵芝多糖、木耳多糖、草虫多糖及酵母葡聚糖等。

4. 藻类多糖

藻类多糖现在研究较多的有螺旋藻多糖、海带多糖、多管藻多糖、极大螺旋藻多糖等。

5. 细菌多糖

细菌多糖有肺炎球菌荚膜多糖、脑膜炎球菌荚膜多糖、流感杆菌荚膜多糖等，这一类多糖主要是作为疫苗研究。其中，肺炎球菌等多糖在美国已应用于临床。

（二）功能性多糖的功效

1. 增强免疫力

真菌多糖、植物多糖、藻类多糖大多是一种免疫增强剂，能介导和调节宿主的免疫系统，刺激免疫细胞成熟、分化和增殖，达到和提高人体细胞对淋巴因子、激素及其他生物活性因子的反应性。不同种类多糖结构不同，因而作用位点和作用机制也不同，表现的活性也千差万别。

不同种多糖复合使用，可能会出现协同效应。

2. 抗病毒活性

许多藻类多糖具有抗病毒活性，其中硫酸多糖已被证明是强抗 HIV 病毒物质，是多糖研究中的一个热点。硫酸多糖抗 HIV 作用机制是多糖大分子能够结合到病毒与细胞结合的位点上，从而竞争性地封锁了病毒感染细胞。另外，多糖还能抑制感染细胞 HIV 的复制。

3. 抗凝血作用

肝素是高度硫酸酯化的动物多糖，与蛋白质结合大量存在于肝脏中。肝素具有强烈的抗凝血活性，临床上用肝素钠盐治疗血栓的形成。除动物多糖外，茶叶、猴头子实体、灵芝子实体、麻黄果等不同来源多糖也具有抗凝血活性。

4. 疫苗作用

这类作用多糖主要为病原性细菌的荚膜多糖。该多糖作为细菌的表面结构成分，在人体具有一定的免疫原性，刺激机体产生抗体，它诱导抗体产生的能力较弱，与外膜蛋白、脂多糖结合，能大大增强其免疫原性。

二、功能性低聚糖

（一）功能性低聚糖的种类及性质

低聚糖（寡糖）是由 2～10 个单糖分子通过糖苷键连接形成直链或支链的低度聚合糖。低聚糖主要分两大类，一类是以 $\beta-1,4$ 葡萄糖苷键等连接的低聚糖，称为普通低聚糖，如蔗糖、乳糖、麦芽糖、麦芽三糖和麦芽四糖等；另一类是以 $\alpha-1,6$ 葡萄糖苷键连接的低聚糖，称为双歧增殖因子，这些低聚糖由于其糖分子相互结合的位置不同，对人体有特别的生理功能，所以称之为功能性低聚糖。

1. 低聚异麦芽糖

低聚异麦芽糖（isomaltooligosaccharide，IMO） 又称分支低聚糖，是指葡萄糖分子间以 $\alpha-1,6$ 苷键结合的低聚糖的总称。低聚异麦芽糖的主要成分为异麦芽糖（IG_2）、潘糖（P）、异麦芽三糖（IG_3）和四糖以上的低聚糖（Gn）。麦芽糖、潘糖、异麦芽三糖的化学结构如下所示：

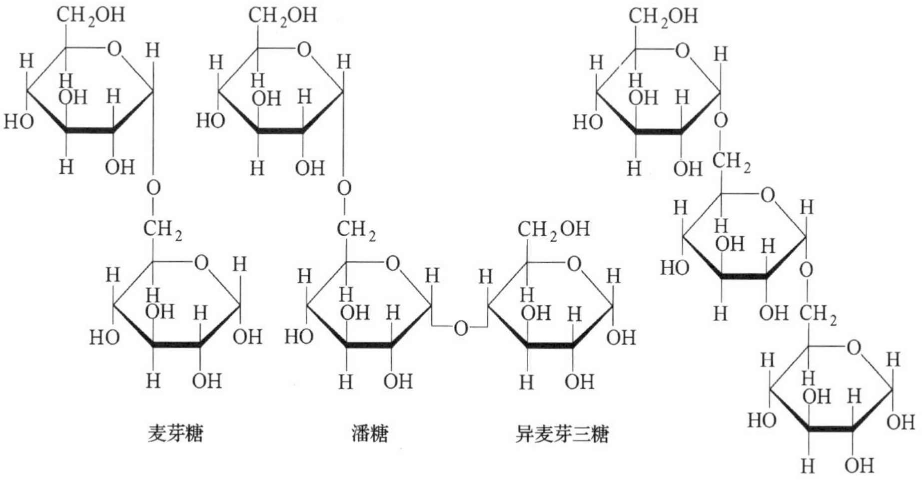

麦芽糖　　　　　潘糖　　　　　异麦芽三糖

低聚异麦芽糖甜味温和，甜度是蔗糖的 30%～50%，有优良的保水性和风味改善品质，有很好的双歧杆菌增殖效果。它的保水性可抑制食品中淀粉回生老化和结晶糖的析出，添加到面包类、糕点等以淀粉为主的食品中可延长保存期。此外，它可预防龋齿。低聚异麦芽糖适合应用于饮料、罐头及高温处理和酸性食品中。

2. 低聚半乳糖

低聚半乳糖（galacto – oligosaccharide）是在乳糖分子上通过 $\beta-1$，6 糖苷键结合 $1 \sim 4$ 个半乳糖的杂低聚糖，其产品中含有半乳糖基乳糖、半乳糖基葡萄糖、半乳糖基半乳糖等，属于葡萄糖和半乳糖组成的杂低聚糖。低聚半乳糖的化学结构如下：

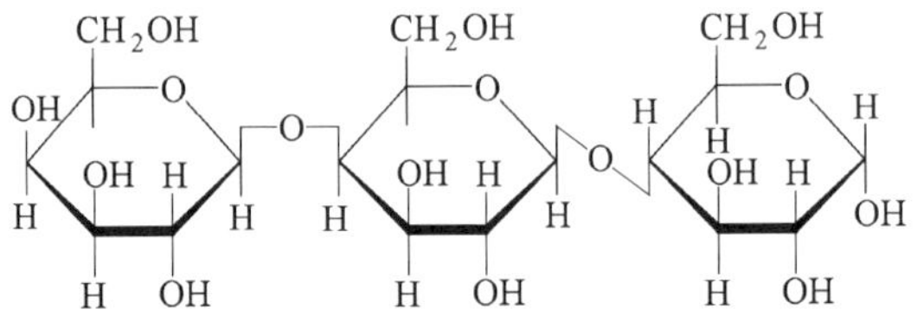

在自然界中，动物的乳汁中存在微量的低聚半乳糖，母乳中含量稍多。低聚半乳糖甜味比较纯正，热值较低，甜度为蔗糖的 $20\% \sim 40\%$，保湿性极强，耐热。

目前低聚半乳糖已被广泛地应用于乳制品、面包、饮料、果酱、饴糖、软糖、糕点、酱料、酸味饮料等产品中。

3. 低聚果糖

低聚果糖广泛存在于自然界，是在蔗糖分子的果糖残基通过 $\beta-1$，2 糖苷键与 $1 \sim 3$ 个果糖结合而成的蔗果三糖、蔗果四糖、蔗果五糖组成的混合物，属于果糖与葡萄糖构成的直链杂聚糖。低聚果糖的结构式可表示为 $G-F-Fn$（G 为葡萄糖，F 为果糖，$n=1\sim3$），其化学结构如下所示：

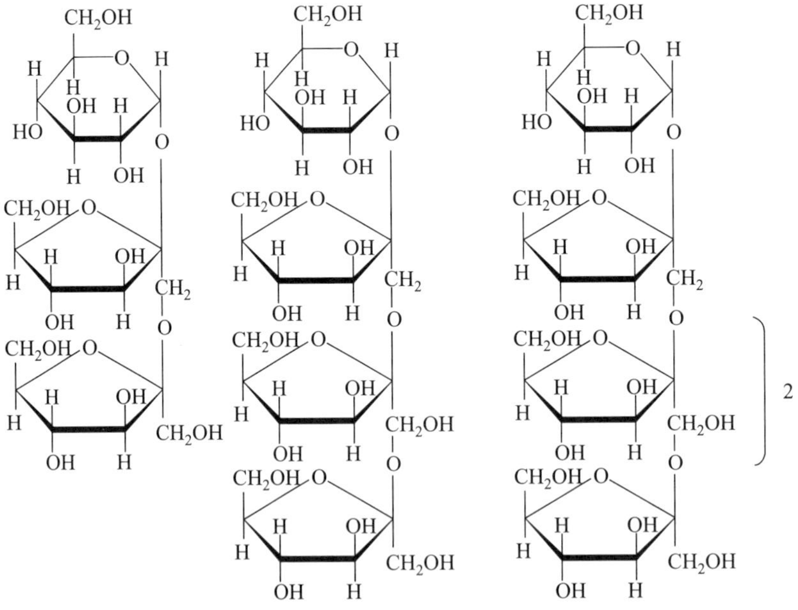

蔗果三糖   蔗果四糖   蔗果五糖

低聚果糖甜度约为蔗糖的 30%。低聚果糖耐高温，能抑制淀粉老化，保水性很好。低聚果糖可应用于饮料（发酵乳、乳饮料、咖啡、碳酸饮料等）、糕点、糖果、冷饮、冰淇淋、火腿等产品中。

4. 乳酮糖

乳酮糖（$C_{12}H_{22}O_{11}$）也称乳果糖或异构乳糖，是半乳糖与果糖通过 $\beta-1,4$ 糖苷键结合的双糖，化学结构如下：

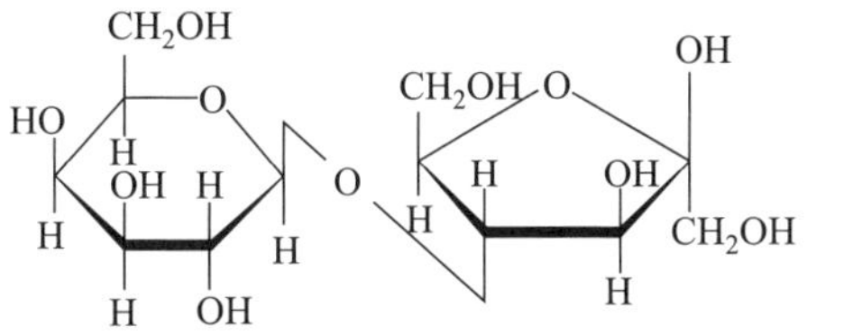

乳酮糖存在于人乳和牛乳中。纯净乳酮糖具有清凉醇和的甜味，甜度为蔗糖的 48% ~ 62%；商业产品糖浆为淡黄色略透明的糖浆，其甜度为蔗糖的 60% ~ 70%。乳酮糖广泛应用于饮料、糖果、果酱、果冻、冰淇淋等产品中。

5. 低聚乳果糖

低聚乳果糖的分子结构式如下：

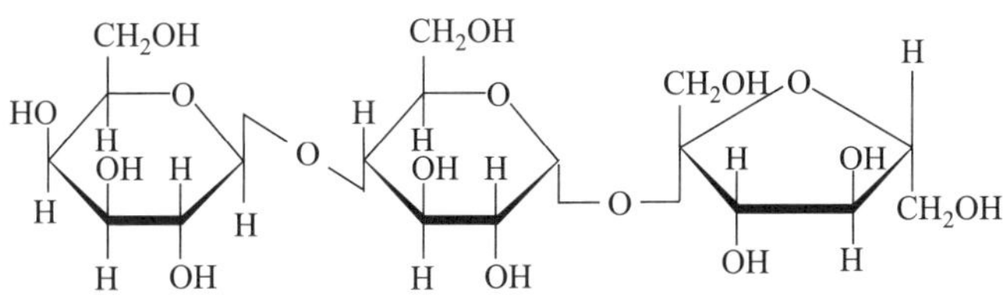

低聚乳果糖无色无味，极易溶于水，在空气中易吸潮。它的甜度为蔗糖的 30%，应用于面包、冷饮、糖果、糕点等。

6. 大豆低聚糖

大豆低聚糖是一种广泛存在于豆科植物中的碳水化合物，它是由水苏糖、棉子糖和蔗糖组成的混合物，极易溶于水中。精制大豆低聚糖与蔗糖相近，甜度为蔗糖的 70%。

大豆低聚糖的热稳定性优于蔗糖。大豆低聚糖的保湿、吸湿性比蔗糖小，水分活性接近于蔗糖，也能降低水分活性，抑制微生物繁殖，在食品中可起保鲜、保湿的作用。

大豆低聚糖有明显抑制淀粉老化作用，如在面包等面类食品中添加大豆低聚糖，能延续淀粉的老化、防止产品变硬、延长货架期。由于大豆低聚糖属非还原糖，在食品加工过程中添加可减少美拉德反应产生和营养素的损失，并且在一般食品中应用很方便。

大豆低聚糖可应用于清凉饮料、酸奶、乳酸菌饮料、冰淇淋、面包、糕点、糖果、巧克力等食品中；在豆豉、大豆发酵饮料和醋等产品中，能增加豆腐甜味，消除豆豉氨臭。

7. 海藻糖

海藻糖（$C_{12}H_{22}O_{11}$）是 2 分子葡萄糖 C_1-C_1 结合的非还原性二糖，化学结构如下：

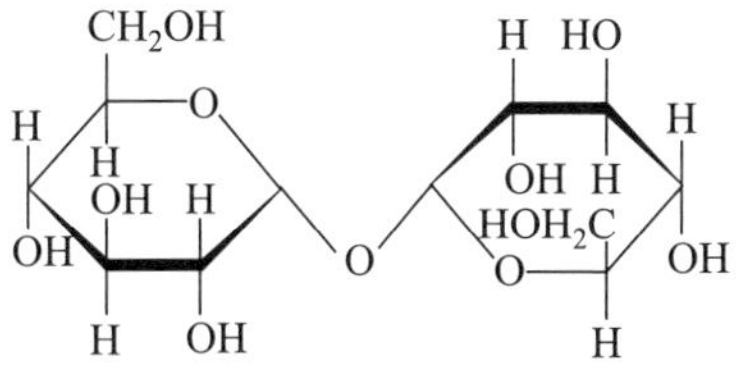

海藻糖甜度为蔗糖的 45%，对酸、热稳定。它既有低吸湿性，又有高保湿性和脱水性。因而海藻糖用于化妆品，起保湿作用；还用于食品保鲜、食品甜味剂，替代高热量的蔗糖，尤其适合糖尿病患者食用；用于儿童食品如糖果、巧克力的甜味剂，可有效降低儿童龋齿发病率。

现在已开发出了以淀粉为原料生产海藻糖的技术。

(二) 功能性低聚糖的功能

功能性低聚糖带有程度不一的甜味，可作为功能性甜味剂用来替代或部分替代食品中的蔗糖。目前广泛应用在饮料、糖果、糕点、乳制品及调味料等食品中。

自然界中只有少数食品中含有天然的功能性低聚糖，例如洋葱、大蒜、天门冬、菊苣根和伊斯兰洋蓟块茎等含有低聚果糖，大豆中含有大豆低聚糖。

由于受到生产条件的限制，大部分功能性低聚糖由来源广泛的淀粉原料经生物技术合成。目前，国际上已研究开发成功的有 70 多种。

功能性低聚糖因具独特的生理功能而成为一种重要的功能性食品基料。它的主要生理功能包括：

1. 改善肠道微生态环境

功能性低聚糖进入肠道后段可作为营养物质被肠道内的双歧杆菌和其他有益菌消化利用，从而使有益菌大量增殖，抑制有害菌及病原菌（如沙门菌等）的繁殖，调节和恢复肠道内微生态菌群的平衡，提高动物的抗病能力。双歧杆菌发酵低聚糖产生短链脂肪酸（乙酸：乳酸 = 3：2）和一些抗菌素物质，不仅抑制外源病原菌和内源有害菌的生长，而且减少有毒代谢物及有害细菌酶的产生，服用功能性低聚糖可降低病原菌的数量，对腹泻有防治作用。

功能性低聚糖的摄入促进了短链脂肪酸的分泌，刺激了肠的蠕动和通过渗透压增加粪便水分，因而能防治便秘的发生。

2. 提高机体免疫力

功能性低聚糖增殖的双歧杆菌细胞壁和分泌物可产生大量的免疫物。双歧杆菌对肠道免疫细胞强烈的刺激，又增加了抗体细胞的数量，激活了巨噬细胞的吞噬能力，增强了杀伤性 T 细胞、NK 细胞对衰老、病毒、肿瘤等细胞的杀伤力，提高了机体免疫能力。大量试验表明，双歧杆菌在肠道内大量繁殖对小动物有抗癌作用，这种作用归功于双歧杆菌的细胞，细胞壁物质和细胞间物质使机体免疫力提高。

3. 预防并减少心脑血管疾病的发生

功能性低聚糖属低甜度、低热量糖，不能被消化酶消化吸收，服用后不会提高血糖值。它被双歧杆菌分解产生的丙酸能抑制肝脏胆固醇的生成，分解产生的醋酸盐能抑制肝脏中葡萄糖转化成脂肪。此外，低聚糖类似于水溶性植物纤维，能改善血脂代谢，降低血液中胆固醇和甘油三酯的含量。

4. 改善营养物质的吸收

功能性低聚糖在胃肠中结合钙、镁、锌、铜等金属离子，形成低聚糖分子 – 矿物质络合物，到达大肠后低聚糖被双歧杆菌发酵分解，同时释放出矿物质被肠道微生物吸收。另外，低聚糖分解产生的低分子弱酸降低肠道 pH，使许多矿物质的溶解度增加，生物有效性得以提高，并使中低分子丁酸盐刺激黏膜细胞生长，进一步提高肠黏膜对矿物质的吸收利用。双歧杆菌能产生维生素 B_1、维生素 B_6、维生素 B_{12}、烟酸和叶酸等。

5. 抗龋齿功能

低聚糖还能强烈抑制蔗糖被链球菌合成为不溶性葡聚糖，并附着在牙齿上形成牙齿斑，从而起到抗龋齿的作用。

习题

1. 名词解释：ketoses, reducing sugar, maltose, cellobiose, lactose, glycoprotein, proteoglycan, lipopolysaccharide, starch gelatinization

2. 解释葡萄糖的变旋现象及其本质。

3. 为什么 D - 葡萄糖与 D - 甘露糖为差向异构体，D - 葡萄糖与 D - 半乳糖为差向异构体，而 D - 半乳糖与 D - 甘露糖则不是差向异构体？

4. 举例说明还原性糖和非还原性糖在结构上的区别。

5. 简述糖的生物学作用。

6. 能通过糖脎反应来鉴别葡萄糖和果糖吗？为什么？

7. 三个试剂瓶中分别装葡萄糖、蔗糖和淀粉溶液，但不知道哪只瓶装的哪种糖液，可用什么最简单的化学方法鉴别？

8. 淀粉和纤维素都是重要的植物多糖，简述两者结构上的异同。

9. 糖的名称前面常冠有符号 "D -" 或 "L -"、"α -" 或 "β -"、"+" 或 "-"、"呋喃" 或 "吡喃"，解释这些符号的含义。

10. 根据水解情况不同，糖可分为单糖、寡糖、多糖和复合糖，解释复合糖中糖蛋白和蛋白聚糖的概念。

第二章

脂　质

第一节　概　述

　　脂质是广泛存在于自然界的一大类物质，一切生物从高级动植物到微生物，普遍存在脂质。用油溶性溶剂从动植物各部分萃取出的物质统称为脂质，它们都有一个共同的特性，即不溶于水，易溶于乙醚、氯仿、苯等非极性溶剂中。

一、脂质的分类

　　脂质可以有多种分类方法，按照脂质能否皂化可以分为可皂化脂质和不可皂化脂质；按照脂质的极性可以分为中性脂质和极性脂质；按照脂质化学结构和组成又可以将脂质分为简单脂质和复杂脂质（图 2-1）。简单脂质（simple lipids）主要是由各种高级脂肪酸和醇构成的酯，如常说的油脂中的主要成分三酰基甘油等。复杂脂质（complex lipids）则是除了含有脂肪酸和各种醇以外，还含有其他成分的酯，如结合了糖分子的称为糖脂（glycolipids）；结合有磷酸的称为磷脂（phospholipids）等。

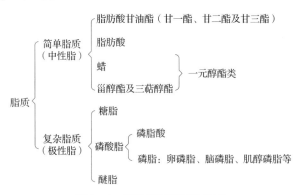

图 2-1　简单脂质和复杂脂质

二、脂质的生理功能

1. 脂肪是生物体能量储存的重要形式

在食品三大成分中脂肪的热值最高。热值指 1g 化合物在体内彻底氧化所产生的热量。糖的热值是 17.1kJ，蛋白质的热值是 23.4kJ，而脂肪的热值是 38.9kJ，比糖或蛋白质大 1 倍左右。

脂肪是高度浓缩的代谢燃料分子。糖、蛋白质是极性分子，它们以高度水合形式储存，1g 干燥糖原要结合约 2g 水。而脂肪是非极性分子，以高度还原和近乎无水的形式储存，所以实际上 1g 脂肪所储存的能量为 1g 水合糖原储存的六倍多。

70kg 的成年人体内储存的能量中脂肪约占 418400kJ，蛋白质占 104600kJ，糖原为 2510kJ，葡萄糖为 167kJ。由此可见脂肪是体内能量最重要的储存形式。植物脂肪集中于果实和种子内，作为发芽时的能源。如芝麻、油菜籽、大豆、花生、胡桃、橄榄、葵花籽、油桐籽、蓖麻籽等种子中脂肪可占种子重量的 25% ~45%，这些也是食用油的主要来源。

脂肪储存的能量可以被及时动员并释放到各组织。一个人在空腹时，机体所需能量的 50% 以上由脂肪氧化供给，若绝食 1~3d，能量的 85% 来自脂肪。

2. 类脂具有重要的生物学功能

类脂是能溶于天然油脂中的非三酰基甘油的物质。许多类脂及其衍生物有重要的生理作用，如磷脂是组成生物膜的主要成分；胆固醇可转化为固醇类激素、维生素 D 及胆汁酸等；前列腺素有各种生理效应；而糖脂与细胞的识别和免疫有着密切的关系。

在实践中，脂代谢与人类的某些疾病（如冠心病、脂肪肝、胆病、肥胖病等）有密切关系。

第二节　简　单　脂　质

一、三酰基甘油

三酰基甘油是油脂的主要成分，含量占到油脂的 98% 以上，其结构如下：

$$
\begin{array}{l}
CH_2 - O - C - R_1 \\
\qquad\qquad\quad \parallel \\
\qquad\qquad\quad O \\
CH - O - C - R_2 \\
\qquad\qquad\; \parallel \\
\qquad\qquad\; O \\
CH_2 - O - C - R_3 \\
\qquad\qquad\quad \parallel \\
\qquad\qquad\quad O
\end{array}
$$

R 为脂肪酸链，其中 3 个 R 可以是相同的，也可以是不同的。前者称简单三酰基甘油，后者称混合三酰基甘油。自然界的脂肪多为混合三酰基甘油的混合物，由一种简单三酰基甘油所组成的天然油脂极少，仅橄榄油和猪油含三油酸甘油酯较高，约为 70%。

二、脂　肪　酸

在组织和细胞中，绝大部分的脂肪酸是以结合形式存在的，以游离形式存在的脂肪酸数量极少。从动物和微生物中分离出的脂肪酸已有上百种。所有脂肪酸都有一长的碳氢链，为疏水基团，其一端有一个羧基，系极性基团。碳氢链有的是饱和的，如软脂酸、硬脂酸等，有的含有一个或几个双键，如油酸等。不同脂肪酸之间的区别，主要在于碳氢链的长度及双键的数目和位置。饱和脂肪酸相对稳定，而各种不同的不饱和脂肪酸很不稳定，因为其中有双键，极易被氧化、分解成为醛或酮，氢化即还原为饱和脂肪酸。碳链长度不同和饱和程度不同的脂肪酸，组成的三酰基甘油的性质也各有不同。油脂中最常见的饱和酸是十六碳的棕榈酸（也简称十六酸）与硬脂酸，其次为月桂酸、豆蔻酸、花生酸。碳数少于十二的脂肪酸存在于牛乳脂肪与很少的植物种子油中。

　　脂肪酸可以用下面的方式表达它们的名称、碳原子数、不饱和双键的数目和位置。在表达它们的名称时，先写出碳原子的数目，再写出双键的数目，最后用 Δ 及右上角的数字表示双键的位置，并在双键位置数字后面加上 c（cis，顺式）或 t（trans，反式）表示双键的构型。例如，亚油酸的化学名称是顺，顺 -9，12 – 十八烯酸（简写为 $18:2\Delta^{9c,2c}$）。

　　表 2 – 1 列举了一些重要的饱和与不饱和脂肪酸，以及一些在结构上比较特殊的脂肪酸。

表 2 – 1　　　　　　　　　　　　　　　天然脂肪酸

名称	英文名	分子式	熔点/℃	存在
1. 饱和脂肪酸（$C_nH_{2n}O_3$）				
丁酸（酪酸）	butyric acid	C_3H_7COOH	-7.9	奶油
乙酸（羊油酸）	caproic acid	$C_5H_{11}COOH$	-3.4	奶油、羊脂、可可油等
辛酸（羊脂酸）	caprylic acid	$C_7H_{15}COOH$	16.7	奶油、羊脂、可可油等
癸酸（羊蜡酸）	capric acid	$C_9H_{19}COOH$	32	椰子油、奶油
十二酸[①]（月桂酸）	lauric acid	$C_{11}C_{23}COOH$	44	鲸蜡、椰子油
十四酸[①]（豆蔻酸）	myristic acid	$C_{13}H_{27}COOH$	54	肉豆蔻脂、椰子油
十六酸[①]（棕榈酸）	palmitic acid	$C_{15}H_{31}COOH$	63	动植物油
十八酸[①]（硬脂酸）	stearic acid	$C_{17}H_{35}COOH$	70	动植物油
二十酸[①]（花生酸）	arachidic acid	$C_{19}H_{39}COOH$	75	花生油
二十二酸（山嵛酸）	behenic acid	$C_{21}H_{43}COOH$	80	山嵛、花生油
二十四酸[T]	lignoceric acid	$C_{23}H_{47}COOH$	84	花生油
二十六酸（蜡酸）	cerotic acid	$C_{25}H_{51}COOH$	87.7	蜂蜡、羊毛脂
二十八酸（褐煤酸）	montanic acid	$C_{27}H_{55}COOH$	—	蜂蜡
2. 不饱和脂肪酸				
十八碳 $-\Delta^9-$ 一烯酸（油酸）	oleic acid	$CH_3(CH_2)_7CH{=\!=}CH{-}(CH_2)_7COOH$	13.4	动植物油脂（橄榄油、猪油含量较高）

续表

名称	英文名	分子式	熔点/℃	存在
十八碳 – $\Delta^{9,12}$ – 一烯酸[2]（亚油酸）	linoleic acid	CH_3（CH_2）$_7$—CH =CH— CH_2—CH =CH—（CH_2）$_7$COOH	−5	棉籽油、亚麻仁油
十八碳 – $\Delta^{9,12,15}$ – 三烯酸[2]（亚麻酸）	linolenic acid	CH_3CH_2CH =CH— CH_2—CH =CH—CH_2— CH =CH—（CH_2）$_7$COOH	−11	亚麻仁油
二十碳 – $\Delta^{5,8,11,14}$ – 四烯酸[2]（花生四烯酸）	arachidonic acid	CH_3（CH_2）$_4$CH =CH—CH_2— CH =CH—CH_2—CH =CH— CH_2—CH =CH—（CH_2）$_3$—COOH	−50	磷脂酰胆碱、磷酯酰乙醇胺
二十碳 – $\Delta^{5,8,11,14,17}$ – 五烯酸	eicosapentaenoic acid（EPA）	CH_3CH_2（CH =CHCH$_2$）$_5$— （CH_2）$_2$COOH		鱼油
二十二碳 – $\Delta^{4,7,10,13,16,19}$ – 六烯酸	docosahexenoic acid（DHA）	CH_3—CH_2+C =C—CH_2+$_5$ C =C—（CH_2）$_2$—COOH		鱼油

注：① 最常见的。

② 是动物的必需脂肪酸，亚油酸和亚麻酸有降低血清胆固醇含量的作用。

天然脂肪酸的分子结构存在一些共同规律：

（1）一般都是碳数为偶数的长链脂肪酸，14～20个碳原子的占多数，最常见的是16或18个碳原子数的，如软脂酸（16:0）、硬脂酸（18:0）和油酸（18:1Δ^9）。

（2）高等动植物的不饱和脂肪酸一般都是顺式结构（cis），反式（trans）很少。

（3）不饱和脂肪酸的双键位置有一定的规律：一个双键者，位置在9和10碳原子之间，多个双键者，也常有9位的双键，其余双键在C_9与碳链甲基末端之间，两个双键之间有亚甲基间隔，如油酸（18:1Δ^9）、亚油酸（18:2$\Delta^{9,12}$）、亚麻酸（18:3$\Delta^{9,12,14}$）、花生四烯酸（20:4$\Delta^{5,8,11,14}$）。

（4）一般动物脂肪中含饱和脂肪酸多；而高等植物和在低温条件下生长的动物的脂肪中，不饱和脂肪酸的含量较高。

可见天然三酰基甘油的饱和脂肪酸绝大多数都是偶碳数直链的，奇碳数链的极个别，含量也极少。

哺乳动物和人体不能合成亚油酸和亚麻酸，而它们又是生长所必需的，需要由食物供给，故称为必需脂肪酸（essential fatty acids）。这两种脂肪酸在植物中含量非常丰富，哺乳动物中的花生四烯酸是由亚油酸合成的，花生四烯酸在植物中含量很少。

三、脂肪酸与三酰基甘油的理化性质

（一）物理性质

物质的物理性质，是其化学组成与结构的表现。天然动植物油脂的主要成分是各种高级脂肪酸的三酰基甘油，在高级脂肪酸与高级脂肪酸三酰基甘油的分子中，都存在非极性的长碳链和极性的—COOH 基与—COOR 基。碳链长短与不饱和键的多少各有差异，导致脂肪酸与三酰基甘油的各种物理与化学性质的差异有的很小，有的很大，有时微小的差别显示出重大的意义。

1. 外观

脂肪酸与三酰基甘油一般无色、无臭、无味，相对密度皆小于1。

2. 熔点

引入一个双键到碳链中会降低脂肪酸的熔点，双键位置越向碳链中部移动，熔点降低越大，顺式双键产生的这种影响大于反式。双键增加熔点下降，但共轭双键不在此例。经过氢化、反化或非共轭双键异构化成共轭烯酸等都会提高熔点。每一个奇数碳原子脂肪酸的熔点，小于与它最接近的偶数碳原子脂肪酸的熔点，例如十七酸的熔点（61.3℃），既低于十八酸的（69.6℃），也低于十六酸的（62.7℃）。此现象不仅存在于脂肪酸，也见于其他长碳链化合物。

三酰基甘油的熔点是由其脂肪酸组成决定的，它一般随饱和脂肪酸的数目和链长的增加而升高。例如，三软脂酰甘油和三硬脂酰甘油在体温下为固态，三油酰甘油和三亚油酰甘油在体温下为液态。天然三酰基甘油无明确熔点，因为它们多是几种三酰基甘油的混合物。

3. 折光指数

同系列化合物，相对分子质量越大，折光指数越大，但是，同系列的两个相邻化学物质的折光指数之差，却随相对分子质量的增加而逐渐缩小，双键增加折光指数升高，而共轭双键的存在，又比同样的非共轭的化合物具有更高的折光指数。油脂在氢化过程中，碳链长度不变，而双键逐渐减少，碘价随之下降并与折光指数的降低呈直线的关系，因此，可以用折光指数控制油脂氢化的程度。

4. 溶解度

天然三酰基甘油在水中的溶解度非常小，甚至比相应的脂肪酸在水中的溶解度更小。在有乳化剂如肥皂或胆汁酸盐存在下，油脂可和水混合成乳状液，这种作用可促进肠道内脂肪的吸收，有重要生理意义，因为动物的胆汁可分泌到肠道，胆汁内的胆汁酸盐可使肠内脂肪乳化。

5. 三酰基甘油的同质多晶体

高级脂肪酸三酰基甘油一般都存在 3～4 种晶型。熔融的三酰基甘油迅速冷却，即得玻璃质的固体，缓缓加热玻璃质固体，即发生下面的转变，玻璃质转变成 $\alpha-$ 型、$\beta'-$ 型、$\beta-$ 型（稳定的），这在巧克力加工中具有重要意义。

（二）化学性质

三酰基甘油的化学性质和它本身的酯键及其所含的甘油和脂肪酸都有关。

1. 酯键的水解与皂化

所有三酰基甘油都能被酸、碱、蒸汽及脂酶所水解，产生甘油及脂肪酸。如果水解剂是碱，则得甘油和脂肪酸的盐类。这种盐类称皂，因此，我们也将碱水解脂肪的作用称为皂化作用。钠肥皂与钾肥皂溶于水，而钙肥皂与镁肥皂不溶于水。表示皂化所需的碱量数值称皂化价（SV）。**皂化价为皂化1g脂肪所需的KOH的毫克数**。通常从皂化价的数值即可略知混合脂酸或混合脂肪的平均相对分子质量。

$$平均相对分子质量 = （3 \times 56 \times 100）/SV$$

式中，56是KOH的相对分子质量；由于中和1mol三酰基甘油的脂肪酸需要3mol的KOH，故乘以3。

表2-2　　　　　　　　　　脂肪的相对分子质量与其皂化价的关系

脂　　肪	相对分子质量	皂化价
三丁酰甘油	302.2	557.0
三辛酰甘油	554.4	303.6
三棕榈酰甘油	806.8	208.6
三硬脂酰甘油	890.9	188.9
三油酰甘油	884.8	190.2

皂化价与脂肪（或脂肪酸）的相对分子质量成反比，脂肪的皂化价高表示含低相对分子质量的脂酸较多，因为同重量的低级脂肪酸皂化时所需的KOH数量比高级脂酸为多，从表2-2实验数据中，即可证明。

2. 三酰基甘油的氧化

三酰基甘油与脂肪酸的氧化反应一向受人重视，尤其是有关不饱和脂肪酸的氧化反应。饱和脂肪酸在强烈条件下也能被氧化，但反应复杂缺少实用意义。

（1）化学试剂氧化　用化学试剂氧化不饱和脂肪酸及其酯，可以不切断碳链生成羟基化合物，这就是所谓的羟基化与生成环氧化合物的环氧化。用臭氧、高锰酸钾都可以切断碳链，生成多种小分子化合物。烯酸与很多种过氧酸反应，都可发生环氧化生成环氧酸。常用的过氧酸有过氧甲酸、过氧乙酸、过氧十二酸、过氧苯甲酸等，其环氧化反应如下：

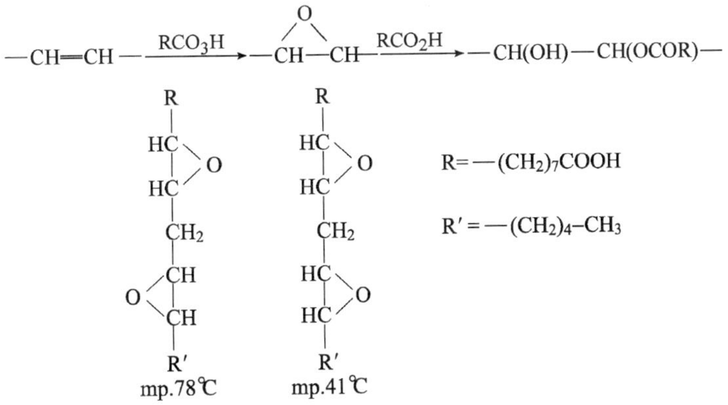

环氧油主要用做聚氯乙烯的增塑剂。

（2）自动氧化　自动氧化是自由基反应。自由基反应包括引发、链传播与终止。

引发：产生自由基 R·

链传播：R· + O$_2$→ROO·

ROO· + RH→ROOH + R·

终止：两个自由基结合，自由基消失，结束链传播反应。

不饱和脂肪酸和酯在室温与空气氧存在下，可以发生自动氧化。饱和酸与酯在室温下不易自动氧化，若升高温度至100℃以上，也会产生自动氧化。

（3）**单重态氧氧化**　在叶绿素（chlorophyll）、脱镁叶绿素（pheophytin）、酸性红（erythrosine）等光敏剂（photosensitizer）参与下，空气中氧分子（基态氧）被光活化成单重态氧（singlet oxygen），单重态氧氧化烯属化合物的反应机制，并不是自动氧化的自由基反应。单重态氧进攻双键碳，双键转移，产生不饱和氢过氧化物。

（4）**酶促氧化**　植物界与动物界存在很多种酶，可催化氧与多烯酸，如亚油酸作用生成氢过氧化物，这些氧化产物都有旋光性。这类酶称为脂氧合酶（lipoxygenase），脂氧合酶-I是由大豆制取的。

空气氧化引起油脂变化，首先生成的氢过氧化物很不稳定，在室温还要继续反应，生成一系列第二步产物。根据气相色谱分离煎炸油的挥发成分，鉴定出的有一百余种，有饱和与不饱和的各类化合物：烃、醇、醛、酮、酸、酯、内酯和少量芳香与杂环化合物。

（5）**皂化值**　**完全皂化1g油脂（甘油酯与游离酸）所需的KOH毫克数称为皂化值**。皂化值反映组成油脂的各种脂肪酸混合物的平均相对分子质量的大小，皂化值越大，脂肪酸混合物的平均相对分子质量越小，反之亦然。这对鉴定和评定油脂品质以及对脂肪酸分析都很重要。

（6）**碘值**　**碘值是100g油脂能吸收碘的克数**。碘值能反映油脂的不饱和程度。一般油脂都含有不饱和酸，动植物非干性油所含的不饱和酸主要是油酸，半干性与干性植物油除去一定数量的油酸外，还有二烯的亚油酸与三烯的亚麻酸，桐油则含大量桐酸，而鱼油和鱼肝油还含有不饱和程度更高的四烯酸、五烯酸，甚至有的还有六烯酸，每一种油料所含的脂肪酸种类基本上变动不大，但是同一油料的油脂每一种脂肪酸含量多少却因品种不同，培育与生长条件不同而存在着差异，有时差异很大。

四、甾醇类化合物

凡是结构上由菲的骨架，与一个五元环稠合起来，成为环戊烷多氢菲的化合物，统称为甾族化合物，环上有羟基的即甾醇。环戊烷多氢菲的结构如下：

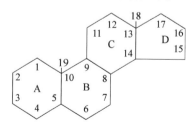

动物的胆固醇，植物的豆甾醇、谷甾醇，菌类的麦角甾醇都属于甾族化合物。各种甾醇的区别，在于双键数目不同，支链长短不同。按照来源分为三类，即动物固醇、植物甾醇和菌甾醇。发现最早、研究最多的是胆固醇，其结构式如下：

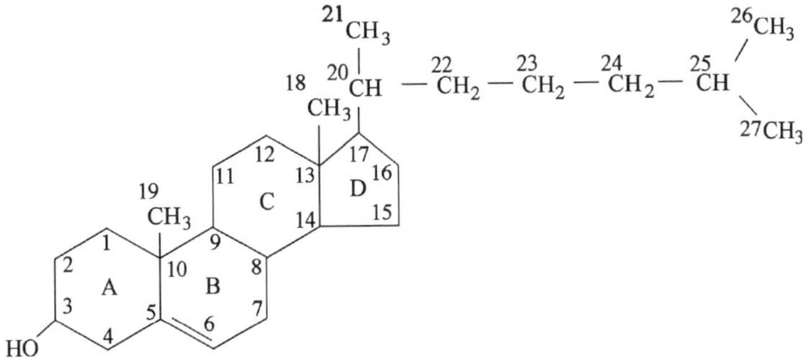

胆固醇是脊椎动物细胞的重要成分，在神经组织中含量特别丰富。人体内发现的胆石，几乎全是由胆固醇构成，伴随胆固醇共同存在的还有微量的胆固醇二氢化物——胆固烷醇。

胆固醇易溶于乙醚、氯仿、苯及热乙醇中，不能皂化。胆固醇上的羟基易与高级脂肪酸形成胆固醇酯。胆固醇易与毛地黄苷结合而沉淀，利用这一特性可以测定溶液中胆固醇的含量。动物能吸收利用食物胆固醇，也能自行合成。

各种植物油料都含有甾醇，常见的有豆甾醇、谷甾醇、菜籽油甾醇、菜籽甾醇等，这些甾醇像动物的胆固醇一样，都是 3 - 羟基甾醇，差异在于双键多少和支链大小。几种甾醇的结构特点见表 2 - 3，一些油的甾醇含量见表 2 - 4。

表 2 - 3 　　　　　　　　　　　几种甾醇的结构特点

甾醇名	分子式	双键数目	双键位置	C_{-17} 上的支链
胆固醇	$C_{27}H_{46}O$	1	C_{-5}	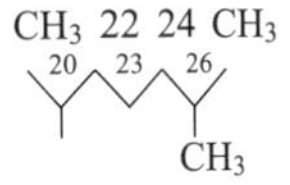
菜籽甾醇	$C_{28}H_{46}O$	2	C_{-5} , C_{-22}	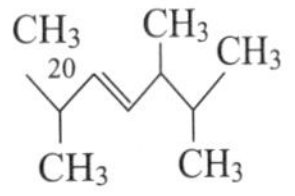
菜籽油甾醇	$C_{28}H_{48}O$	1	C_{-5}	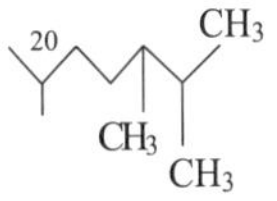
麦角甾醇	$C_{28}H_{44}O$	8	C_{-5} , C_{-7} , C_{-22}	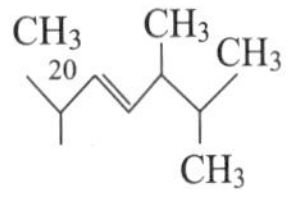
豆甾醇	$C_{29}H_{48}O$	2	C_{-5} , C_{-22}	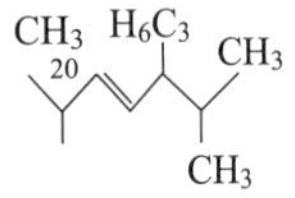
β - 谷甾醇	$C_{29}H_{50}O$	1	C_{-5}	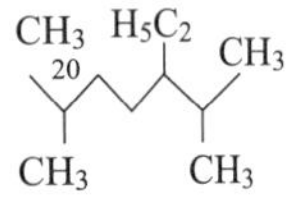
γ - 谷甾醇	$C_{29}H_{50}O$	1	C_{-5}	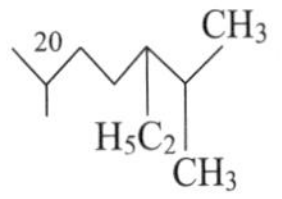

续表

甾醇名	分子式	双键数目	双键位置	C_{-17} 上的支链
β - 二氢谷甾醇	$C_{29}H_{52}O$	0		
γ - 二氢谷甾醇	$C_{29}H_{52}O$	0		

表 2 - 4　　　　　　　　　　油中甾醇含量（初制油）　　　　　　　单位:%

名称	含量	名称	含量	名称	含量
豆油	0.15 ~ 0.38	芝麻油	0.43 ~ 0.55	羊脂	0.03 ~ 0.10
氢化豆油	0.15 ~ 0.24	米糠油	0.75	棕榈油	0.03
棉子油	0.26 ~ 0.31	亚麻仁油	0.37 ~ 0.42	棕榈仁油	0.06 ~ 0.12
花生油	0.19 ~ 0.25	蓖麻油	0.5	罂粟子油	0.25
菜籽油	0.35 ~ 0.50	玉米芽油	0.58 ~ 1.0	小麦芽油	1.3 ~ 1.7
牛脂	0.08 ~ 0.14	椰子油	0.06 ~ 0.08	橄榄油	0.23 ~ 0.31
猪油	0.11 ~ 0.12	鳕鱼肝油	0.42 ~ 0.54	牛乳脂	0.24 ~ 0.50

五、蜡　酯

蜡在天然界分布很广，从来源讲有动物蜡、植物蜡和矿物蜡。熔点一般不高（100℃以下），熔点低的如蜂蜡，在 60 ~ 70℃之间，熔点高的如我国的虫蜡，在 82 ~ 86℃，巴西棕榈蜡 78 ~ 84℃，加入惰性物质或油脂，可以改变蜡的稠度。蜡冷却至室温凝固，可以切割，有滑腻感，有光泽，比水轻，不溶于水，易溶于有机溶剂，形态为从较硬的固态到膏状。但是，这样的叙述还不完整。在室温时也有液体蜡，抹香鲸头部的鲸油即液体蜡。

动植物蜡的组成比油脂复杂，蜡的成分包括长链一元醇与长链一元酸的酯、游离脂肪酸、游离醇、烃，有的还含其他的酯，例如二元酸的酯、羟基酸与醇成的酯、甾醇与脂肪酸成的酯、树脂等。这与油脂中的酯，完全以三酰基甘油形式出现很不相同。绝大多数的蜡以长链一元醇与长链脂肪酸所成的酯为主要成分，例如蜂蜡、虫蜡、巴西棕榈蜡、糠蜡等，均属于这一类。还有含相当多甾醇脂肪酸酯的，如羊毛蜡（含量约占1/3）。

动植物蜡在自然界分布很广。很多植物的叶、茎和果实的表皮，都覆盖着一层很薄的蜡，保护物体少受损伤，避免水分过快蒸发。很多动物的皮和甲壳，不少微生物的外壳，也有蜡层保护着。但能大量采收具有实用意义的动植物蜡的种类，却不像油脂那样多，实际上，只有不多的几种，主要有昆虫分泌的蜂蜡、虫蜡，海兽体内的鲸头蜡，陆地动物的羊毛表层的羊毛蜡，精制的羊毛蜡称羊毛脂。植物叶与茎表面的棕榈蜡，以巴西棕榈蜡最为出名。

矿物蜡，有矿物质的化石蜡、地蜡、褐煤蜡。这一类蜡的成分，不完全属于同一种类型，有的几乎完全是高级烃，如地蜡（ozokerite），干馏褐煤所得的褐煤蜡。另一类，从沥青页岩和褐烟煤萃取出的蒙丹蜡（montan wax），在它的组分中，有将近一半是高级一元醇与高级脂肪酸所成的酯，10% 以上的游离高级脂肪酸和20% ~ 30% 的树脂，还包含着烃和少量的沥青。石油精炼过程自重油里面提炼出来的石蜡，完全是高级烃。

第三节 复 杂 脂 质

一、复杂脂质分类

复杂脂质（complex lipids）分为三大类：磷酸甘油酯（glycerophosphatide，简称磷脂）、糖基甘油二酯（glycosyl diglycerides）和鞘脂类（sphingolipids）。

磷酸甘油酯与糖基甘油二酯中的脂肪酸以外的组分，连接在甘油的 C_3 位上。磷酸甘油酯与鞘脂类都含有磷酸。任何一种脂质分子中含糖的，都称为糖脂（glycolipids）。以上这些脂质，溶解于极性很强的有机溶剂，但是，磷酸甘油酯一般不溶于丙酮。

二、磷酸甘油酯

(一) 磷酸甘油酯结构

自然界中最常见的磷酸甘油酯有以下几种；现将它们的结构分述如下：

1. 磷脂酰胆碱（phosphatidylcholine）

磷脂酰胆碱是动、植物组织中最常见的磷酸甘油酯，是白色蜡状物质，极易吸水和被氧化。水解得到胆碱、脂肪酸和甘油磷酸。各种动物组织、脏器，植物大豆、花生中都含有相当多的磷脂酰胆碱。磷脂酰胆碱有控制动物机体代谢，防止脂肪肝形成的作用。其结构式如下：

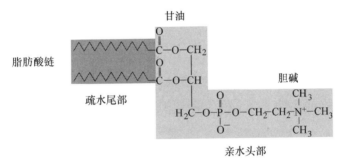

2. 磷脂酰乙醇胺（phosphatidylethanolamine）

磷脂酰乙醇胺是一个广泛存在于动植物组织与细菌中的主要脂质之一，动物的同一组织的磷脂酰乙醇胺，比磷脂酰胆碱含的多烯酸更多些，水解磷脂酰乙醇胺得到氨基乙醇、脂肪酸与甘油磷酸。磷脂酰乙醇胺结构式如下：

3. 磷脂酰丝氨酸（phosphatidylserine）

磷脂酰丝氨酸是脑与红血球中的主要脂质，略带酸性，常以钾盐形式被分离出来。带有负电荷的磷脂酰丝氨酸能活化损伤表面凝血酶原。其结构式如下：

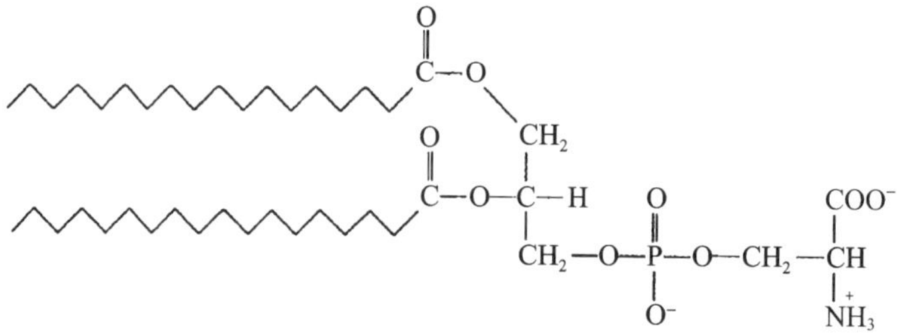

4. 磷脂酰肌醇（phosphatidylinositol）

磷脂酰肌醇存在于动植物与细菌脂质中。来源于动物磷脂酰肌醇的 C_1 位的脂肪酸，很多是硬脂酸，C_2 位的多是花生四烯酸。

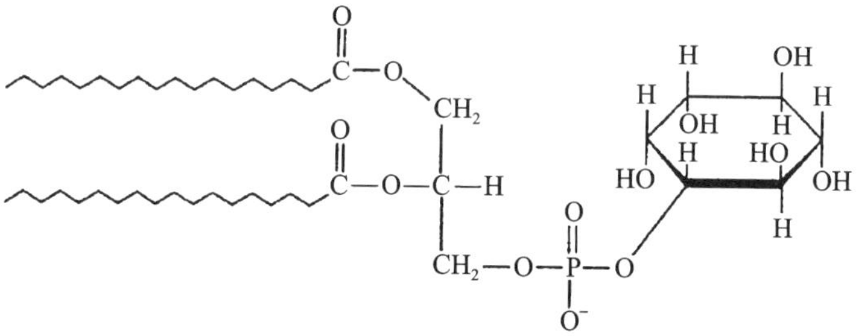

5. 心磷脂（cardiolipin）

二磷脂酰甘油（diphosphatidylglycerol）是由两个磷脂酸分子通过一个甘油桥连接而成，最先是在心肌线粒体膜和细菌细胞膜中发现的，因此又称心磷脂。其结构式如下：

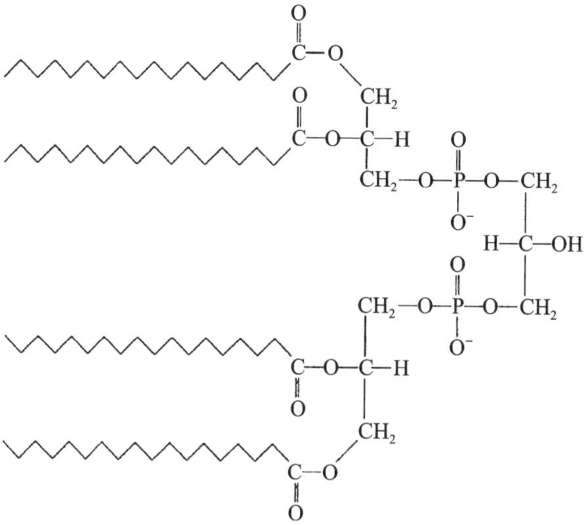

（二）磷酸甘油酯的分布

成熟种子含磷酸甘油酯最多。植物油含磷酸甘油酯最多的是大豆，其次是棉籽、菜籽、花生、葵花子等，含量见表 2 - 5。

表 2-5　　　　　　　　　　　　　各种植物种子中磷酸甘油酯的含量

种子	磷酸甘油酯含量/（干基%）	种子	磷酸甘油酯含量/（干基%）
大豆	1.6 ~ 2.5	菜籽	0.9 ~ 1.5
棉籽	1.8	花生	0.7
小麦	1.6 ~ 2.2	葵花子	0.6
麦芽	1.3		

（三）磷酸甘油酯物理性质

磷酸甘油酯没有清晰的熔点，随温度升高而软化成液滴，但在这样的温度，磷酸甘油酯很快即分解。磷酸甘油酯能溶于多种有机溶剂，一般不溶于丙酮。

（四）磷酸甘油酯化学性质

1. 水解

在磷酸甘油酯分子中，成酯的键有三种：一种是脂肪酸与多元醇成酯的键；一种是磷酸与多元醇成酯的键；一种是磷酸与有机碱成酯的键。这三种键都能被水解，但是，水解的难易与条件各有不同。

在碱性溶液中（例如氢氧化钾的乙醇溶液），甘油与脂肪酸成酯的键很容易水解，析出脂肪酸和甘油的游离羟基，磷酸与胆碱成酯的键却水解较慢，显得比较困难，而甘油与磷酸成酯的键，在碱性溶液中不水解。在酸性溶液中（例如盐酸），磷酸与胆碱成酯的键水解很容易，首先释放出胆碱。甘油与脂肪酸成酯的键，水解释放出脂肪酸，但不像水解胆碱与磷酸成酯的键那样快，而甘油与磷酸成酯的键，却显得很难水解。因此，无论用酸或用碱，都不能完全水解磷酸甘油酯。

磷脂可以用酶水解，但酶的作用是有选择性的。不同的成酯的键，需要不同的磷脂酶，磷脂酶 A（有 A_1、A_2 之分）水解磷脂仅释放出一个脂肪酸，剩下的含一个脂肪酸的磷脂称为溶血磷脂，因为它有很强的溶血作用。磷脂酶 A 存在于动物的多种器官中，某些动物毒素如蜂刺、蛇毒含此酶很多。磷脂酶 C，此酶作用很特殊，能水解磷脂成甘油二酯与磷酰胆碱。脂酶 D，此酶水解磷酸与胆碱的酯键，而产生磷脂酸与胆碱，胡萝卜、白菜叶中含此酶甚多。磷脂酶 C 与 D 存在于血液、胰、黏膜、消化道、小肠液及蓖麻子的脂肪酶中。

2. 磷酸甘油酯的胶体性质

磷脂与三酰基甘油一样，分子中有亲水基团和疏水基团，因此，可以在水面上成单分子膜，但是，磷脂分子中亲水基团比三酰基甘油的极性强得多，磷脂接触水时，疏水基伸出水面，亲水基团投入水中的部分，比三酰基甘油多得多，显出磷脂的强亲水性。

磷酸甘油酯的强烈亲水性，表现在磷脂有强烈的吸湿性，遇水膨胀成胶状，然后成乳胶体。磷脂在水油两相之间的乳化作用，以及油脂在净化过程中，用水化法除去磷脂，都是由于磷脂有强烈的亲水性。

观察磷脂与水接触时所起的变化，首先呈糊状，然后成乳胶体，若用显微镜观察磷脂和水的载玻片，可看到磷脂与水接触处逐渐扩大而成柱状的丝，并且逐渐沿着水面扩大。

从理论上知道：当一种物质分子之间的亲和力，比它对水的亲和力大，则此物质不溶于水，反之即溶于水。在这两个极端之间，还有很多中间状态，磷酸甘油酯就是处于这种中间状态。当水分子与磷酸甘油酯分子相接触时，水分子即进入两个磷酸甘油酯分子之间，但并未破坏磷脂分子与分子之间的结构，而引起了磷酸甘油酯的膨胀，这时，极性亲水基团倾向投到水中，非极性的烃基部分留在水面之外，而且进行定向的排列，形成双层。在一个分子极性基团与另一分子极性基团之间，即双层与双层之间有一定数目水分子隔离着。以这样的方式在空间纵深发展，就成为带液体的结晶体，这就是胶束，见图 2 - 2。磷脂胶束比油重，能沉淀析出，或被离心机分离。

层状　　　　　　六角形易溶的　　　　正方形易溶的
　　　　　　　　　中间相　　　　　　　中间相

图 2 - 2　X - 光衍射测出的带液体的晶体

三、糖基甘油二酯

糖基甘油二酯存在于细菌与植物组织中，植物种子中也有，主要是单半乳糖甘油二酯与二半乳糖甘油二酯。此两种甘油糖脂的结构式如下：

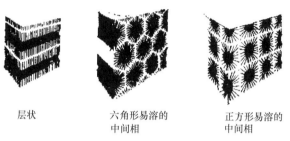

单半乳糖基二酰基甘油
(MGDG)

二半乳糖基二酰基甘油
(DGDG)

四、鞘氨醇磷脂

鞘氨醇磷脂对于维持膜的结构和正常的功能十分重要，对胆固醇代谢具有重要的影响，还可以促进细胞内胆固醇酯向游离胆固醇转化。同时，胆固醇也影响到鞘氨醇磷脂的代谢。鞘氨醇磷脂的结构式如下：

$$CH_3(CH_2)_{12}CH = CH - CHOH$$

（结构式）

第四节　生物膜与物质运输

细胞中的多种膜结构统称为生物膜，包括质膜、线粒体膜、高尔基体膜、内质网系膜、溶酶体膜、过氧化酶体膜、叶绿体膜、核膜等。生物膜是细胞的重要组分，具有独特的结构与功能。

生物膜主要包含脂质和蛋白质，以及少量的碳水化合物等，脂质在膜中所占的比例在 $25\% \sim 75\%$ 间，通常为 50%。磷脂和糖脂是大多数细胞膜的共有成分，但磷脂占主要地位，细菌细胞的磷脂有 90% 以上存在于细胞膜内。磷脂包括磷脂酰胆碱、磷脂酰乙醇胺、磷脂酰丝氨酸、磷脂酰肌醇和鞘磷脂等；糖脂以脑苷脂为主。真核细胞的细胞膜还含有胆固醇，红细胞膜和肝脏细胞膜含胆固醇较高。

一、生物膜的结构

对膜结构的认识有一个发展的过程，自从 1935 年 Danielli 等提出"蛋白质 – 脂类 – 蛋白质"的三明治式的质膜结构模型以来，曾出现过各种其他的模型。但目前为大家所公认的模型是 1972 年由 Singer S. J. 等人提出的流动镶嵌模型（图 2 – 3）。

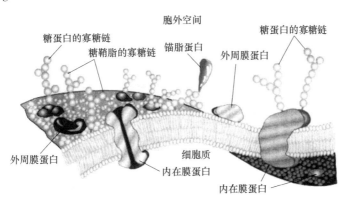

图 2 – 3　生物膜流动镶嵌模型

流动镶嵌模型（fluid – mosaic model）将膜描述为是由蛋白质在黏滞的流体状脂质双层中所形成的镶嵌物。

二、生物膜结构的特点

（一）膜组分的不对称性

膜组分的不对称表现为构成膜组分的脂质、蛋白质和糖类等物质在膜两侧的分布不对称。

如红细胞外侧的脂质成分中含有磷脂酰胆碱较多，而在内侧含磷脂酰丝氨酸和磷脂酰乙醇胺较多。

（二）膜的流动性

膜的流动性包括膜脂的流动和膜蛋白的流动。生物膜的流动性对于生物膜行使正常的功能具有十分重要的作用，如能量转换、物质运输、信息传递、细胞分裂、细胞融合以及激素作用等都与膜流动性有关。

1. 膜脂的流动性

膜脂的流动性主要决定于磷脂。在生理条件下，磷脂大多呈液晶态，当温度降至其相变温度（膜分子的相变温度为膜的凝胶态和液晶态的相互转变温度）时，即从流动的液晶态转变为类似晶态的凝胶状态。

膜脂的运动方式主要有三种（图2-4）：

① 侧向扩散：又称侧向迁移，即脂层内脂分子的互相换位。

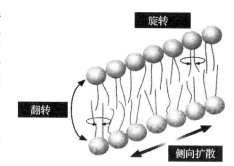

图2-4　膜脂分子的运动方式

② 旋转运动：包括磷脂烃基围绕 C—C 键旋转而导致异构化运动和磷脂分子围绕与膜平面相垂直的轴作旋转运动。

③ 翻转扩散：又称翻转，指脂质分子从脂双层的一个层面翻转至另一个层面的运动。磷脂分子作为一种两性分子，作翻转运动时必须通过脂双层的疏水区，因此运动速度比侧向扩散要慢很多。在有些细胞中含有翻转酶来催化这一过程的完成。膜脂还可以围绕着与膜平面相垂直的轴进行伸缩摆动。磷脂分子中的极性基团部分运动较快，甘油骨架的运动较慢，脂酰链的碳氢链部分的运动又较快，尤以"尾部"运动最快。

2. 膜蛋白的运动性

膜蛋白运动的方式主要有：

① 膜蛋白的侧向扩散：David Frye 和 Michael Edidin 在 1970 年利用荧光抗体免疫标记来测定细胞表面抗原分布的方法首先证明了膜蛋白具有侧向扩散的运动方式。目前测定膜蛋白的侧向扩散常采用荧光漂白恢复技术（fluorescence photo bleaching recovery，FPR）。

② 膜蛋白的旋转扩散：膜蛋白可以围绕与膜平面相垂直的轴进行旋转运动。内在膜蛋白的旋转扩散与周围脂质有密切关系，同时也受到膜脂流动性的影响。膜蛋白的旋转扩散一般慢于侧向扩散，而膜蛋白的侧向扩散又显著慢于膜脂的侧向扩散。

3. 生物膜流动性的重要意义

许多最基本的细胞过程，包括细胞运动、细胞生长、细胞分裂、形成细胞间连接、分泌以及内吞作用，都取决于膜组分的运动。膜的流动有利于物质运输和交换，如金属离子的主动运输等，还有助于能量流动和信息传递，同时膜流动有助于生物膜的自我修复，生物膜流动还是细胞融合技术的基础。

三、物质的过膜运输

活细胞经常要与外界交换物质以维持其正常生理活动，经常要从膜外选择性地吸收所需要的养料，同时也要排出不需要的物质，在各种物质进出细胞膜的过程中，细胞膜起着控制作用。

（一）不耗能转运

不耗能转运只凭被转运物质自身的扩散作用而不需要从外面加入能量，又称**被动转运**（**passive transport**），可分为单纯扩散（simple transport）和易化扩散（facilitated transport）。

1. 单纯扩散

溶质和水在内外溶液浓度梯度下可渗透通过生物膜，即不耗能的跨膜传送。这种传送过程犹如溶质通过透析袋扩散，热运动的溶质分子通过细胞膜上的含水孔，并不与膜上分子结合或反应，其传送速度取决于膜两侧溶质的浓度差及溶质分子的大小、电荷性质等（图2-5）。

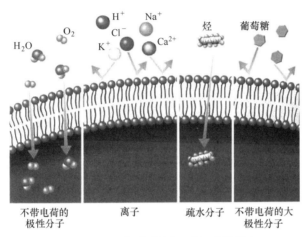

图2-5　不同物质透过人工脂双层的能力

2. 易化扩散（或促进扩散）

这种扩散的基本原理与简单扩散相似，所不同者是需要蛋白质载体帮助进行扩散。载体蛋白帮助扩散的作用有两种情况。一种是生物膜上有一定的蛋白能自身形成横贯细胞脂质双层的通道，让一定的离子通过进入膜的另一边，这种蛋白质称离子载体（ionophore）。离子载体如发生构象上的变化，它提供的离子通道即可增加或减弱，甚至完全封闭。如短杆菌肽A（gramicidin）是由15个疏水氨基酸构成的短肽，2分子的短杆菌肽形成一个跨膜通道（图2-6），有选择地使单价阳离子如H^+、Na^+、K^+按化学梯度通过膜，这种通道并不稳定，不断形成和解体。另一种情况是生物膜上的特异载体蛋白在膜外表面上与被转运的代谢物结合，结合后的复合物经扩散、转动、摆动或其他运动向膜内转运。在膜的内表面，由于载体构象的改变，被转运的物质从载体离解出来，留在膜的内侧，如革兰阴性细菌细胞质膜外表面存在有许多小分子蛋白质，可以帮助被转运物质如氨基酸、葡萄糖和金属离子等转移。整个过程顺浓度梯度或电化学梯度运动，促进了扩散，缩短了物质在膜两侧浓度达到平衡所需要的时间，其传送速度随膜外被传送物质浓度的增加而增大，最后达到饱和。整个过程并不需要与能量代谢相偶联。

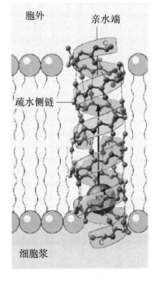

图2-6　短杆菌肽构成的通道

（二）耗能转运

细胞膜转运作用有些是需要加入能量的，此种转运一般称主动转运（active transport），是细胞膜的重要功用之一。就需要载体蛋白质这一点来说，主动转运与上述易化扩散很相似，所不同者是代谢物或离子越过膜的作用是逆代谢物或离子的浓度梯度进行的，而且这种越过需要加入能量。转运所需的能量来源有的是依靠 ATP 的高能磷酸键，有的是依靠呼吸链的氧化还原作用，有的则依靠代谢物（底物）分子中的高能键，因此，这类"主动转运"可有 3 种：① 依靠 ATP 的转运作用；② 依靠呼吸的转运作用；③ 依靠烯醇丙酮酸磷酸的基团转运作用。这 3 种主动转移作用的原理基本相似，它们都需要加入能量，都需要一种蛋白质作为载体（每种载体各有专一性的结合位）。载体蛋白对被转运物的亲和力都受载体立体构象控制，也就是说，载体的构象对被转运物质是有专一性的。根据这些原理，主动转运的作用机制可能包括下列过程：膜外被转运的物质（或溶质）S 首先同膜上亲和力较强的特殊载体蛋白质（以 P 表示）结合成 P–S 络合物。同 S 结合后的载体蛋白因受加入能的影响，发生变构作用，使载体对被转运物 S 的亲和力降低，将 S 释放在膜的内侧，载体蛋白在释放被转运物后即恢复其原来的高亲和力构象，又可再同膜外的被转运物结合，重复上述转运过程。

上述 3 种耗能的主动转运在作用机制上虽有相同之处，但具体作用过程各有其独特之处，下面再进一步分别扼要介绍。

1. 依靠 ATP 的转运

这种转运作用的基本依据是细胞膜内存在 ATP 和专一性的 ATP 酶（以 E 表示）。这种 ATP 酶有对被转运物亲和力不同的两种构象体，E_1 和 E_2。它们的表面上都各自有与被转运物（或底物）结合的结合位点。

E_1 的结合位向膜内，对被转运物 S_1 的亲和力高，对另一被转运物 S_2 的亲和力低。E_2 的结合位向膜外，对被转运物 S_2 的亲和力高，对另一被转运物 S_1 的亲和力低。磷酸化与脱磷酸化都可引起 E_1、E_2 起变构作用而改变其对被转运物的亲和力。这种转运机制如图 2–7 所示。ATP 经 ATP 酶水解放出高能磷酸键（$\sim P$）使 $E_1–S_1$ 结合体中的 E_1 磷酸化，E_1 即变构转为 E_2（$P \sim E_1S_1 \rightarrow P \sim E_2S_1$）。$P \sim E_2S_1$ 将 S_1 释出后，即与 S_2 结合成 $P \sim E_2S_2$，后者经脱磷酸化作用的影响 E_2 又变构为 E_1，同时将 S_2 放出。E_1 又可再与 S_1 结合重复进行 S_1 和 S_2 的转运。ATP 酶构象的变化即可将一种物质或离子由细胞膜外带进细胞膜内，将另一物质或离子从细胞内带到细胞外。

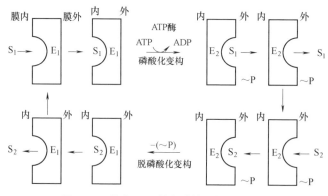

图 2–7　依靠 ATP 的主动转运机制示意图

S_1、S_2 为被转运物；E_1、E_2 为 ATP 酶的两种异构体；$\sim P$ 为高能磷酸键；半月形表示酶的结合位

这一转移作用对 Na^+、K^+、Ca^{2+} 的转运特别重要，它能逆浓度梯度泵出 Na^+、泵进 K^+（每分解一分子 ATP 可将 3 个 Na^+ 排出胞外，而将 2 个 K^+ 输入胞内）。由钠钾泵（图 2 – 8）维持的 Na^+ 和 K^+ 的梯度不仅与细胞膜的电位密切相关，而且负责控制细胞体积和驱动糖和氨基酸的活性传递。因此，动物细胞需要的能量有三分之一以上是消耗在供给钠钾泵的燃料上。Ca^{2+} 的转运与肌肉的收缩紧密相关，当肌肉松弛时，细胞浆（cytosol）中的 Ca^{2+} 被排入肌质网（sarcoplasmic reticulum），肌纤维周围的 Ca^{2+} 浓度变得很低，当肌质网受兴奋刺激时，它即释放出大量 Ca^{2+} 进入胞浆而使肌纤维收缩（图 2 – 9）。

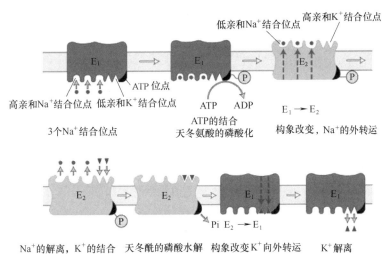

图 2 – 8 钠钾泵

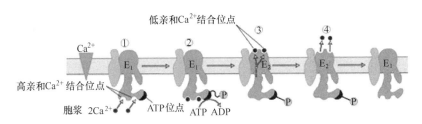

图 2 – 9 钙泵

2. 依赖离子流的转运——协同转运

所谓依赖离子流的转运，是指细胞靠 Na^+ 浓度梯度的势能促使被转运物进入细胞的一种转运方式，也就是被转运物质随 Na^+ 流一同进入细胞的转运作用，因此又称协同转运（co – transport），动物小肠及肾脏内葡萄糖和氨基酸的转运都是依靠这种转运方式来完成的。

协同转运与前面所讲的易化扩散相似，也需要一个专一性的转运蛋白。Na^+ 和被转运物如葡萄糖都是先同转运蛋白结合后再一同进入细胞。在动物小肠及肾脏中，葡萄糖被 Na^+ 流携带跨过脂质，伴随葡萄糖进入细胞的 Na^+ 又被 $Na^+ – K^+ – ATP$ 酶泵出细胞膜外，保持膜外的高 Na^+ 浓度。

协同转运不是靠直接水解 ATP 提供能量，而是依赖 Na^+ 梯度的贮能。从不直接利用 ATP 供能一点来说，协同转运似乎可被列入被动转运的易化扩散之内，但由于间接利用了 $Na^+ –$

K^+ – ATP 酶产生的能量，所以仍属于耗能转运。

协同转运中，同时将两种被转运物向同一方向运送者称同向转运（symport），向相反方向运送者称反向转运（antiport）（图 2 – 10）。

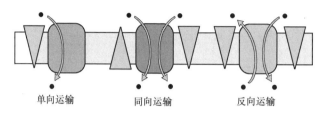

图 2 – 10   转运蛋白的同向转运和反向转运

3. 依赖质子流驱动的转运

细菌体中的物质转运有很多是依赖质子流的能量来完成的。所谓质子流就是指呼吸链中的电子传递体系产生的质子梯度。高电位质子流产生的能量可驱使被转运物跨过细胞质膜。大肠杆菌转运乳糖的过程就是依赖质子流转运的典型例子。有研究指出大肠杆菌的细胞膜内有一种透性酶（permease），其本身为膜蛋白，分子上具有专一性的质子结合位和 β – 半乳糖基结合位，能携带乳糖通过细胞膜。在正常生理情况下，细胞转运物质所需的高质子梯度即由高电位供体（如 NADH）的电子流通过呼吸链而产生。

4. 依靠烯醇丙酮酸磷酸高能键的基团转运作用

基团转运作用是通过转磷酸酶系将底物（即磷酸基团供体）的高能键磷酸根转移给细胞外的糖使成为磷酸糖，磷酸糖（如己糖 – 6 – 磷酸）在底物的代谢能推动下进入细胞内，细菌细胞膜即用此法从膜外摄取糖分。

在此转运中，烯醇丙酮酸磷酸是磷酸供体，参加的蛋白质有作为磷酸载体的组蛋白（以 HPr 表示）和属于转磷酸酶系的 3 种酶（以 E - Ⅰ、E - Ⅱ、K - Ⅲ 表示）。整个转运糖的反应可表示如下：

$$烯醇丙酮酸磷酸 + HPr \xrightarrow{\text{E-I, Mg}^{2+}} 丙酮酸 + P \sim HPr$$

$$P \sim HPr + 糖 \xrightarrow{\text{E-II, E-III}} 磷酸糖 + HPr$$
（P～表示高能磷酸键）

磷酸基团及能量在达到细胞膜使糖磷酸化之前通过组蛋白（HPr）及 E - Ⅰ、E - Ⅱ、K - Ⅲ产生一系列连锁（偶联）反应（图 2 – 11）。

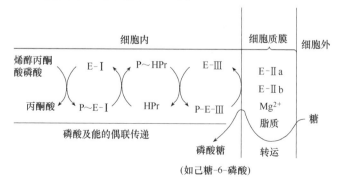

图 2 – 11   基团转运机制示意图

E-Ⅰ、E-Ⅲ和HPr的作用是参加磷酸根和能量的偶联传递反应。E-Ⅱ是催化糖磷酸化的酶，E-Ⅱ有两种，即E-Ⅱa和E-Ⅱb。E-Ⅱa的专一性高，只催化它的特殊对象使之磷酸化，E-Ⅱb的专一性低，能催化多种糖磷酸化。总的来说，E-Ⅱ对糖的识别力高，是膜的内在蛋白质，与膜结合很紧，是诱导酶，细菌细胞在含糖培养基中可因诱导作用自行合成E-Ⅱ。E-Ⅱ有变构作用，它的变构有利于使磷酸化的糖进入细胞。E-Ⅱ的活性需要Mg^{2+}和磷脂酸甘油存在。

HPr是含组氨酸的小分子蛋白质，相对分子质量约9600，是磷酸基团的载体。在P~HPr分子中，磷酸基同它分子中组氨酸的咪唑基第1位的N相连接。

5. 依赖膜运动的转运——胞饮与胞吐作用

膜运动转运是指借细胞膜的活动而将被转运物吞入或排出细胞的转送。分胞饮作用（pinocytosis）和胞吐作用（exocytosis）。

在胞饮和胞吐两种转运过程中，膜的脂质双层发生形状的改变，包括凹陷、包围、融合和分离等一系列改变。胞饮和胞吐都属于需能的主动转运。

胞饮作用是指细胞利用质膜活动从外界摄取物质的作用（图2-12）。其过程是用质膜内凹将外物包围形成囊泡并从质膜脱下，留在细胞内。胞饮作用分吞噬（phagocytosis）、胞饮及受体介导胞饮（recepter-mediated endocytosis）3种作用。

（1）**吞噬作用**　是细胞从外界摄取大分子物质如蛋白质、多糖、多核苷酸及细胞碎片等的手段。淋巴细胞消灭细菌及病毒的吞噬作用是典型的吞噬例子。

（2）**胞饮作用**　与吞噬作用基本相似，所不同者，胞饮作用从外界所摄取的物质为含小分子或离子的微滴状液体，而吞噬作用所摄取的物质为大分子。

（3）**受体介导胞饮作用**　指被转运物需先与细胞表面上的受体或配体结合，引起细胞膜内陷形成囊泡，然后将被运物包围起来带入细胞。动物细胞摄取胆固醇就是以低密度脂蛋白LDL作为介导体而被运入细胞的。

胞吐作用是指细胞内的被排物质先被液泡裹入形成分泌泡，然后与细胞质膜接触、融合、开口并向细胞外释放被排物质（图2-13）。动物内分泌腺分泌激素就是利用胞吐作用来完成的。

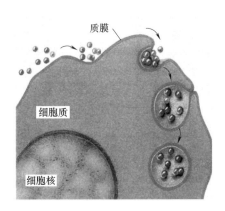

图2-12　胞饮作用

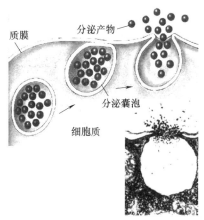

图2-13　胞吐作用

第五节 功能性脂质与人类健康

油脂的供应量与消费量一度是衡量人们物质生活水平的主要指标。随着欧美国家心血管等疾病的高发，人们开始关心油脂及其相关伴随物（如胆固醇）与健康的关系。近些年来的研究提出，膳食中饱和脂肪酸、单不饱和脂肪酸和多不饱和脂肪酸的配比要适当；并需要提供一定量的必需脂肪酸；要限制反式脂肪酸、饱和脂肪酸摄入量等。不同的脂质对人类健康的影响是不同的，现简要介绍一些功能性脂质与健康的关系。

一、功能性脂肪酸

每一类、每一种脂肪酸均有其特定用途和功能特性。功能性脂肪酸是特指那些来源于人类膳食油脂，为人体营养、健康所必需，并对现已发现的人体一些相应缺乏症和内源性疾病，特别是对现今社会文明病如高血压、心脏病、癌症、糖尿病等有积极防治作用的一组脂肪酸，这其中又以备受关注和广为研究的多不饱和脂肪酸为主。

（一）多不饱和脂肪酸

多不饱和脂肪酸是功能性脂肪酸研究和开发的主体与核心，根据其结构又分为 n – 6 和 n – 3 两大主要系列。这类脂肪酸受到广泛关注，不仅仅因为 n – 6 系列的亚油酸和 n – 3 系列的 α – 亚麻酸是人体不可或缺的必需脂肪酸，更重要的是因为其在人体生理中起着极为重要的代谢作用，与现代诸多文明病的发生与调控息息相关。目前认为 n – 6 和 n – 3 脂肪酸功能的突出重要性，首先在于它们是体内有重要代谢功能的前列腺素、白三烯、血栓素 A_2 等的前体。另一突出重要性在于，它们是人体器官和组织生物膜的绝对必需成分。此外，这些多不饱和脂肪酸分子本身在人体其他许多正常生理过程中起着特殊作用。

1. 亚油酸

亚油酸（linoleic acid）是功能性多不饱和脂肪酸中被最早认识的一种，而且在世界范围内的绝大多数膳食营养中占据着不饱和脂肪酸的大部分。亚油酸具有降低血清胆固醇水平的作用，与 12:0 ~ 16:0 饱和脂肪酸相比，亚油酸具有较强的降低 LDL – 胆固醇的浓度的作用。摄入大量亚油酸对高三酰基甘油血症病人效果较为明显。我国药典仍有采用亚油酸乙酯丸剂、滴剂作预防和治疗高血压及动脉粥样硬化症、冠心病的药物。

2. 花生四烯酸

亚油酸被定为必需脂肪酸的部分原因在于它是 n – 6 长链多不饱和脂肪酸，还是**花生四烯酸（arachidonic acid）**的前体，花生四烯酸较多地存在于神经组织和脑中，大脑积极地代谢花生四烯酸，其代谢产物对中枢神经系统有重要影响，包括神经元跨膜信号的调整、神经递质的释放以及葡萄糖的摄取。从妊娠的第三个月到约 2 岁婴儿的生命成长发育中，花生四烯酸在大脑内快速积累，在细胞分裂和信号传递方面起重要作用。对于成年人，膳食花生四烯酸的供给是否影响与脑代谢有关的花生四烯酸底物库尚不清楚。在一些抗肿瘤动物试验中，已证明花生四烯酸在体外能显著杀灭肿瘤细胞，而且对正常细胞没有显示出毒副作用。花生四烯酸已被试验性地用于一些抗癌药物新剂型中。

3. γ-亚麻酸

γ-亚麻酸（γ-lenolenic acid）　在 1919 年由 Heidush Kaand Laft 于月见草油中发现。目前，富含 γ-亚麻酸的月见草油及 γ-亚麻酸制品已在营养与医疗方面获广泛应用。γ-亚麻酸在临床上的试验结果表明其有降血脂作用，对三酰基甘油、胆固醇、β-脂蛋白的下降有效性在60% 以上，而且 γ-亚麻酸在体内转变成具有扩张血管作用的 PGI2，保持与血栓素 A2（TXA2）的平衡，防止血栓形成，从而达到防治心血管疾病的效果。γ-亚麻酸在体内可刺激棕色脂肪组织，促使该组织中线粒体活化，使体内过多热量能得以释放，起到防止肥胖症的目的，而且可减轻机体内细胞膜脂质过氧化损害。

4. α-亚麻酸

α-亚麻酸（α-ltnolenic acid）　最重要的生理功能首先在于它是 n-3 系列多不饱和脂肪酸的母体，在体内代谢可生成 DHA 和 EPA。由于 DHA 是脑和视网膜中两种主要的多不饱和脂肪酸之一，所以，许多动物试验表明，膳食中 α-亚麻酸，特别是在极度或长期缺乏情况下，会出现相应缺乏症状，出现视觉循环缺陷与障碍。同时 α-亚麻酸的生理功能还表现在对心血管疾病的防治上。Berry 和 Hirsch 在 1987 年就通过对一组无心脏病或高血压的中年男子的脂肪组织中的脂肪酸组成分析，指出脂肪组织中 α-亚麻酸每增加 1%，动脉收缩和舒张压就降低667Pa。1988 年后，Salonen 等人观察到芬兰男子较低的血压与 α-亚麻酸摄入水平有重要关联，支持了前述研究结论。我国医学科学院用富含 α-亚麻酸的苏子油对鼠的高脂血症试验表明：α-亚麻酸能明显降低血清中总胆固醇和 LDL-胆固醇水平，提高 HDL-胆固醇/LDL-胆固醇比值，作用优于安妥明。

α-亚麻酸的另一重要功能是增强机体免疫效应。许多动物试验结果表明，α-亚麻酸对乳腺癌、结肠癌、肺癌及肾癌有一定抑制作用。如近来，Siegel 等人将 α-亚麻酸-亚油酸的复合剂注射到已接种肿瘤细胞的鼠体内，鼠存活期延长；韩国学者对白鼠用富含 α-亚麻酸的苏子油进行饲养试验，发现可明显降低致癌物诱发结肠癌的概率。

5. DHA 和 EPA

从对包括人在内的动物的脑、视网膜和神经组织的分析可以发现，二十二碳六烯酸（docosahexaenoic acid，DHA）是其中的主要脂肪酸，是大脑及视网膜的正常发育及功能保持所必需的。其作用机制首先是由于高度的不饱和而形成一个高度流体性的膜环境，除此之外，它还具有不可替代的特殊作用机制。在脑灰色物质和视网膜中，DHA 占 2-羟基乙胺磷酸甘油酯中脂肪酸的 30% 以上。在脑中，DHA 和突触体、突触小泡、髓磷脂、微粒体、线粒体结合。与花生四烯酸相比，DHA 优先结合于视网膜形成三酰基甘油。对猫、猴子等动物的有关 DHA 与视觉功能的实验较好地揭示了 DHA 在视力方面的重要性。而且 DHA 和 EPA（eicosapentaenoic acid，二十碳五烯酸）摄入后，可快速地显著提高体内这两种脂肪酸的水平，为其功能的及时发挥提供了保证。因此，在神经系统方面，DHA 和 EPA 被证明具有维持和改善视力，提高记忆、学习等能力，抑制老年痴呆症的生理学效果。

在与心血管疾病的关系上，EPA 和 DHA 在治疗心肌梗死、动脉硬化、高血压等心血管疾病的临床试验和动物饲养研究中已先后被证明具有降低血脂总胆固醇、LDL-胆固醇、血液黏度、血小板凝聚力及增加 HDL-胆固醇的生理功能，从而降低了心血管疾病发生的概率。

(二) 中链脂肪酸

中链脂肪酸在体内主要以游离形式被吸收。由于碳链短，中链脂肪酸较长链脂肪酸水溶性好而容易被胃肠吸收，不会像长链脂肪酸在肠内细胞重新酯化。含中链脂肪酸的油脂一入口就在舌脂肪酶作用下消化并在胃中继续水解，舌脂肪酶对富含中链脂肪酸的三酰基甘油水解具有专一性，从肠内水解吸收到血液需 0.5h，2.5h 可达最高峰，是长链脂肪酸耗时的一半。中链脂肪酸除少量在周围血液中短期存在外，大部分与白蛋白结合，通过门静脉系统较快地到达肝脏。在肝脏中，中链脂肪酸能迅速通过线粒体双层膜，在辛酰 CoA 作用下迅速被酰化，而几乎不被合成脂肪。酰化产生的过多的乙酰 CoA 在线粒体胞浆中发生各种代谢作用，其中大部分趋向合成酮体，其生酮作用强于长链脂肪酸，而且不受甘油、乳酸盐、葡萄糖 – 胰岛素等抗生酮物质的影响，在肝脏外组织中，中链脂肪酸的代谢作用较少，但在脐带血中发现 C8:0 或以下脂肪酸占 15% ~20%，这一点也显示中链脂肪酸在胎儿营养中也有生理作用。

由于中链脂肪酸生化代谢相对快速，所以它可作为快速能量来源，特别是对膳食油脂中长链脂肪酸难以消化或脂质代谢紊乱的个体，如无胆汁症、胰腺炎、原发性胆汁肝硬化、结肠病、小肠切除、缺乏脂肪酶的早产儿和纤维囊泡症病人等。中链脂肪酸的另一重要作用是酮体效应，所有肝外组织可利用它迅速氧化产生大量酮体，手术后病人可利用它来提供热能，妊娠妇女可通过注射中链脂肪酸酯补充胎儿消耗酮体较多的需求。它还能节约慢性病患者肌肉中的肉碱，改善与败血症或创伤有关的酮体血症的抑制状态。此外，中链脂肪酸生成的酮体具有麻醉和抗惊厥作用，在临床上已被用作无抗药性的癫痫治疗药物。

二、植 物 甾 醇

从与油脂的关系看，植物甾醇作为一种功能性成分，按其本身的特性，具有维生素原性质，因此，它们不会使油脂的质量劣化，相反地，能使油脂的质量更好。现代医学研究揭示了植物甾醇的重要生理活性。

(一) 植物甾醇与心血管系统

人体内不能合成植物甾醇，而能合成胆甾醇（其水平主要由肝脏等器官自动调节）。在人体内的神经、脑、肝脏、脂肪组织和血液中，胆甾醇作为细胞原生质膜的成分不可或缺，起着促进人体性激素和肾上腺皮质激素等合成的作用。但成人血清中胆甾醇浓度过高，易引发高血压及冠状动脉粥样硬化类心脏病。植物甾醇在人体内以与胆甾醇相同的方式被吸收，但其吸收率低得多，一般只有 5% ~10%，为胆甾醇在人体内吸收率的 10% ~20%（有研究报道不超过 10%）。更为重要的是，植物甾醇的摄入能阻碍胆甾醇的吸收。其原因目前主要有三类观点进行解释：一是结构相似导致二者在微绒毛膜吸收过程中的竞争性，以及植物甾醇在肠黏膜上与脂蛋白、糖蛋白结合的优先性；二是阻碍小肠上皮细胞内胆甾醇酯化，进而抑制向淋巴输出；三是在小肠内腔阻碍胆甾醇溶于胆汁酸微胶囊。池田经过对胆甾醇吸收过程的一系列详细研究后认为，第三种可能性最大，因为胆甾醇能否溶解于小肠内腔的胆汁酸微胶囊是被吸收的必要条件。

总之，植物甾醇在宏观表现上能有效降低血清中胆甾醇水平，起到预防和治疗高血压、冠心病等心血管疾病的作用。而且，有趣的是，最近研究表明，β – 谷甾醇等植物甾醇阻碍胆甾醇吸收时表现出量的选择性，当胆甾醇摄入量低于 100mg 时，则几乎不显示出阻碍效应。但若达 400 ~450mg 时，即使仅摄取少量的 β – 谷甾醇，也能起到降低血清中胆甾醇水平的效果，对胆汁酸的排泄也几乎无影响。

（二）植物甾醇与炎症

植物甾醇具有类似于羟基保泰松和氢化可的松的抗炎作用是首先被发现的生理功能。β - 谷甾醇在角叉胶致鼠水肿的研究试验中证明其抗炎效果显著，它和豆甾醇作为抗炎症药物已被载入多国药典。因临床应用的人工抗炎药多具有致溃疡性，在使用时需十分谨慎，而 β - 谷甾醇在此方面则表现出很高的安全性。同时，研究还发现 β - 谷甾醇兼有类似乙酰水杨酸（阿斯匹林）的退热效果。

（三）植物甾醇与皮肤

由于人们对胆甾醇的忌讳，植物甾醇在皮肤营养和保护方面发挥出优良的生理效能。年轻健康人的皮肤以其含甾醇经常性分泌物维持皮肤的柔软滑润，如足底皮肤分泌物中甾醇约占5%。当局部机能减退时，分泌物减少或消失，皮肤就会出现干燥和角质化。若以含植物甾醇的化妆品护肤，可起到预防效果，而且在角质化较为严重的情况下，也能起到明显作用。这可归结于植物甾醇分子结构使其具有较强的皮肤渗透性，促进皮脂分泌和温和保持水分，以维持润湿、柔软的生理活性和表面活性。

三、磷　脂

磷脂通过对神经系统、心血管系统、免疫系统和贮存与输送脂类器官等产生治疗和保护作用，使其在人体的健康与疾病防治方面具有重要的作用。

由上述生理活性可以看出，磷脂能够调节人体细胞的正常生理活动，在人体生理学中扮演重要角色。人体含有足量的磷脂，其细胞活性增加。反之，人体缺乏磷脂，即会引发一系列的疾病。磷脂具有滋补大脑，增强记忆；保护肝脏，防止脂肪肝、酒精肝的发生；改善皮肤营养；减少和消除褐斑；清除过氧化脂质，延缓衰老等作用。

四、二十八烷醇

二十八烷醇是世界公认的抗疲劳物质，1949 年美国伊利诺斯大学 Cureton 博士由小麦胚芽油中发现了此种物质，以后进行的一系列研究表明：米胚芽油和小麦胚芽油中所含的微量物质——二十八烷醇对人体具有重要生物活性。其主要表现为：增进耐力、提高反应灵敏性、提高应激能力、降低收缩压等。

五、谷　维　素

许多研究表明，谷维素能防止植物神经功能失调和内分泌障碍。谷维素中的植物甾醇部分同样起到抑制胆固醇吸收的作用，阿魏酸则具有利胆作用。各组分综合表现出的效果是，谷维素降低肝脏脂质、过氧化脂质及血清中低密度脂蛋白胆固醇和极低密度脂蛋白胆固醇水平，升高高密度脂蛋白胆固醇的含量，阻碍胆固醇在动脉壁的沉积，减少胆石形成指数。

六、角　鲨　烯

角鲨烯在人体内参与胆固醇的生物合成及多种生化反应。同位素标记角鲨烯的动物试验证明，角鲨烯可在肠道迅速吸收，并沉积于肝脏和体脂中，成为不皂化物组分。连续两周在大鼠饲养中添加 0.5g 角鲨烯，会发现烃类化合物在毛发、皮肤、肌肉和肠组织脂质中的含量为对照组的 2～10 倍。角鲨烯在肝脏内转化成胆酸；它还能与载体蛋白和 7α - 羟基 - 4 - 胆甾烯结合，显著增加 12α - 羟化酶的活性，促进胆固醇的转化。

新近研究表明，角鲨烯具有类似红细胞那样摄取氧的功能，生成活化的氧化角鲨烯，在血液循环中输送到机体末端细胞后释放氧，从而增加机体组织对氧的利用能力，促进胆汁分泌，强化肝功能，达到增进食欲，加速消除因缺氧所致的各种疾病的目的。

习题

1. 脂质的命名与其他生物分子如氨基酸、核酸和蛋白质有什么区别？

2. 蛋黄酱的制备过程中将蛋黄加到融化的黄油中以避免分离。蛋黄中起作用的稳定剂是卵磷脂（磷脂酰胆碱）。请解释此过程的作用机制。

3. 解释三酰基甘油在碱性条件下变性机制。例如除去水槽中油脂的常用方法是加入含有 NaOH 的产品。

4. 水溶性维生素必须每天从饮食中获取。而脂溶性维生素则可以在体内大量贮存，供人体几个月使用，试解释其差异。

5. 茚三酮与基本氨基酸发生作用生成一种蓝紫色产物，鼠肝磷脂用薄层层析法分离后，用茚三酮喷染并显色，用这种方法可以检测到哪种磷脂？

第三章

蛋白质化学

蛋白质（protein）是生物体内最重要的一类生命大分子，是细胞的主要成分。蛋白质占许多生物体干重的 45%～50% 以上，酶、抗体、多肽激素、运输分子乃至细胞的自身骨架都是由蛋白质构成的。生物遗传性质（存在于信息大分子 DNA 中）是通过蛋白质来表现的。蛋白质与生命现象是密切相关的，生命是物质运动的特殊形式，也是蛋白质的存在方式。

第一节 概 述

一、蛋白质的定义

蛋白质是一切生物体中普遍存在的一类高分子含氮化合物，是由天然**氨基酸（amino acid）**通过**肽键（peptide bond）**连接而成的生物大分子。蛋白质是表达生物遗传性状的一类物质，其种类繁多、各具较高的相对分子质量，相对分子质量一般在一万到一百万，甚至高达数百万。蛋白质具有复杂的分子结构和特定的生物功能。

二、蛋白质的化学组成

（一）元素组成

根据蛋白质的元素分析，发现它们的元素组成与糖和脂质不同，除含有碳、氢、氧外，还有氮和少量的硫。有些蛋白质还含有其他一些元素，主要是磷、铁、铜、碘、锌和铝等。这些元素在蛋白质中的组成见表 3–1。

表 3–1　　　　　　　　　　　蛋白质的元素组成

元素	碳	氢	氧	氮	硫	磷	铁	碘
含量/%（平均值）	53	7	23	16	1	微量	微量	微量

蛋白质的元素组成有一个重要特征，无论样品来源如何，其含氮量一般在 15%～17%，蛋白质的平均含氮量为 16%，即 1g 的氮相当于 6.25g 的蛋白质。蛋白质元素组成的这一特点也是

凯氏（Kjedahl）定氮法测定蛋白质含量的基础。

$$样品中粗蛋白质含量 = N\% \times 6.25$$

式中，6.25 为**蛋白质系数**，即 16% 的倒数，为 1g 氮所代表的蛋白质的质量（g）。

（二）蛋白质的分子组成

蛋白质就其化学结构来说，是由 20 种 L – 型 α – 氨基酸组成的长链分子。有些蛋白质完全由氨基酸构成，称为**简单蛋白质**（simple protein），如核糖核酸酶、胰岛素等。有些蛋白质除了蛋白质部分外还有非蛋白质成分，非蛋白质部分称**辅基**（prosthetic group）或配基（ligand），这类蛋白质称为**结合蛋白质**（conjugated protein），如血红蛋白、核蛋白。

$$结合蛋白质 = 多肽链 + 非蛋白质物质（辅基）$$

三、蛋白质的分类

蛋白质的分类方法至少有四种：一是根据蛋白质分子的形状；二是根据蛋白质组成；三是根据蛋白质的溶解性；四是根据蛋白质的功能。

（一）根据分子的形状分类

根据分子的形状，蛋白质可分为球状蛋白质和纤维状蛋白质。

1. 球状蛋白质

这类蛋白质分子对称性较好，外形接近球状或椭球状，其多肽链折叠紧密，疏水的氨基酸侧链位于分子内部，亲水的侧链位于外部暴露于水溶剂，因此，其溶解度较好，能结晶。细胞中大多数可溶性蛋白质属于这一类。球状蛋白质在细胞内通常承担动态的功能。如血液中的血红蛋白、血清球蛋白等。

2. 纤维状蛋白质

这类蛋白质具有比较简单、有规则的线性结构，分子形状类似细棒或纤维，对称性较差。这类蛋白在生物体内主要起结构作用。典型的纤维状蛋白质，如胶原蛋白、弹性蛋白、角蛋白以及丝蛋白等，它们不溶于水和稀盐。有些纤维状蛋白质是可溶的，如肌球蛋白（myosin）、血纤蛋白原（fibrinogen）。

（二）根据组成分类

根据组成，蛋白质可分为单纯蛋白质（或称简单蛋白质）和结合蛋白质。

1. 单纯蛋白质

单纯蛋白质是仅由氨基酸组成的蛋白质，水解后产物只有氨基酸。自然界的许多蛋白质都属于此类，如溶菌酶。

2. 结合蛋白质

结合蛋白质由单纯蛋白质与非蛋白质物质结合而成，有以下几类：

（1）色蛋白　由蛋白质与其他色素物质结合而成，如血红蛋白、叶绿蛋白和细胞色素等。

（2）糖蛋白　由蛋白质与糖类结合而成，糖类物质常常是半乳糖、甘露糖、氨基己糖、葡萄糖醛酸等，如唾液中的黏蛋白、硫酸软骨素蛋白和细胞膜的糖蛋白。

（3）磷蛋白　磷酸可通过酯键与蛋白质的 Ser、Thr 或 Tyr 残基的羟基相连，如酪蛋白、卵黄蛋白等。

（4）核蛋白　由蛋白质与核酸结合而成，存在于一切细胞中，如核糖体（含 RNA），AIDS 病毒（含 RNA）和腺病毒（含 DNA）。

（5）脂蛋白　由蛋白质与脂类物质（如三酰基甘油、胆固醇、磷脂）结合而成，主要存在于乳汁、血液、生物膜和细胞核中，如血浆脂蛋白、膜脂蛋白等。

（三）根据溶解度分类

蛋白质根据溶解度又可分为下列几类：

1. 清蛋白（albumin）

清蛋白溶于水，能被饱和硫酸铵所沉淀。广泛存在于生物体内，如血清蛋白、乳清蛋白等。

2. 球蛋白（globulin）

球蛋白微溶于水，而溶于稀中性盐溶液，能被半饱和硫酸铵所沉淀。普遍存在于生物体内，如血清球蛋白、肌球蛋白和植物种子球蛋白等。

3. 谷蛋白（glutelin）

谷蛋白不溶于水、醇及中性盐溶液，但易溶于稀酸或稀碱，如米谷蛋白和麦谷蛋白等。

4. 醇溶蛋白（prolamine）

醇溶蛋白不溶于水及无水乙醇，但溶于70%~80%乙醇中。组成上的特点是脯氨酸和酰胺较多，非极性侧链远较极性侧链多。这类蛋白质主要存在于植物种子中，如玉米醇溶蛋白、麦醇溶蛋白等。

5. 组蛋白（histone）

组蛋白溶于水及稀酸，但为稀氨水所沉淀。分子中组氨酸、赖氨酸较多，分子呈碱性，如小牛胸腺组蛋白等。

6. 鱼精蛋白（protamine）

鱼精蛋白溶于水及稀酸，不溶于氨水。分子中碱性氨基酸特别多，因此呈碱性，如蛙精蛋白等。

7. 硬蛋白（scleroprotein）

硬蛋白不溶于水、盐、稀酸或稀碱。这类蛋白是动物体内作为结缔及保护功能的蛋白质，如角蛋白、胶原、网硬蛋白和弹性蛋白等。

（四）根据功能分类

根据功能，蛋白质可分为活性蛋白质与非活性蛋白质。

1. 活性蛋白质

活性蛋白质包括在生命过程中一切有活性的蛋白质及其前体，如酶、激素蛋白质、运输蛋白质、运动蛋白质、贮存蛋白质、保护或防御蛋白质、受体蛋白质、毒蛋白质、控制生长和分化的蛋白质以及膜蛋白质等（表3-2）。

2. 非活性蛋白质

这类蛋白质对生物体起保护或支持作用，如硬蛋白，包括胶原蛋白、角蛋白、弹性蛋白和丝心蛋白等。

表3-2　　　　　　　　　　　蛋白质按生物学功能分类

类别	举例
酶（enzyme）	核糖核酸酶、胰蛋白酶、果糖磷酸激酶、乙醇脱氢酶、过氧化氢酶和苹果酸酶
调节蛋白（regulatory protein）	胰岛素、促生长素、促甲状腺素、乳糖阻抑物和分解代谢物激活剂蛋白等

续表

类别	举例
转运蛋白（transport protein）血红蛋白、血清蛋白和葡萄糖转运蛋白	
贮存蛋白（storage protein）卵清蛋白、酪蛋白、菜豆蛋白和铁蛋白	
收缩和游动蛋白（contractile and motile protein）肌动蛋白、肌球蛋白、微管蛋白、动力蛋白和驱动蛋白	
结构蛋白（structural protein）α-角蛋白、胶原蛋白、弹性蛋白、丝蛋白和蛋白聚糖	
支架蛋白（scaffold protein）胰岛素受体底物-1、A激酶锚定蛋白和信号传递转录激活剂	
保护和开发蛋白（protective and exploitive protein）免疫球蛋白、凝血酶、血纤蛋白原、抗冻蛋白、蛇和蜂毒蛋白、白喉毒素和蓖麻毒蛋白	
异常蛋白（exotic protein）应乐果甜蛋白、节肢弹性蛋白和胶质蛋白	

四、蛋白质的大小与相对分子质量

蛋白质是相对分子质量很大的生物分子。蛋白质相对分子质量变化范围很大，从大约 6×10^3 到 1×10^6 或更大一些。某些蛋白质是由两个或更多个蛋白质亚基（多肽链）通过非共价结合而成的，称**寡聚蛋白质（oligomeric protein）**。有些寡聚蛋白质相对分子质量可高达数百万甚至数千万。例如，烟草花叶病毒（TMV），是由许多蛋白质亚基和核糖核酸组成的超分子复合物，其相对分子质量约为 4×10^7。这些寡聚蛋白质或复合物虽然不是由共价键连接成的整体分子，而在一定条件下可以解离成它们的亚基，但是它们在生物体内是相当稳定的，可以从细胞或组织中以均一的甚至结晶的形式分离出来，并且有一些蛋白质只有以这种寡聚蛋白质的形式存在，其活性才能得到或充分得到表现。

蛋白质中 20 种氨基酸的平均相对分子质量约为 138，但在多数蛋白质中较小的氨基酸占优势，平均相对分子质量接近 128。对氨基酸残基来讲平均相对分子质量约为 110。因此，对于那些不含辅基的简单蛋白质，用 110 除它的相对分子质量即可粗略估计其氨基酸残基的数目。

第二节　蛋白质的基本结构单位——氨基酸

一、蛋白质的水解

蛋白质可以被酸、碱或蛋白酶催化水解，在水解过程中，逐渐降解成相对分子质量越来越小的肽段，直到最后成为氨基酸的混合物。可见**氨基酸是蛋白质分子组成的基本单位**。

根据蛋白质的水解程度，可分为完全水解和部分水解两种情况。完全水解或称彻底水解，得到的水解产物是各种氨基酸的混合物。部分水解即不完全水解，得到的产物是各种大小不等的肽段和氨基酸。下面简略地介绍酸、碱和酶三种水解方法及其优缺点。

1. 酸法水解

酸法水解常用硫酸或盐酸进行。使用 6mol/L 盐酸或 4mol/L 硫酸水解，回流煮沸 24h 左右可使蛋白质完全水解。酸水解的优点是不引起消旋作用，得到的是 L – 氨基酸。缺点是色氨酸完全被沸酸所破坏，羟基氨基酸（丝氨酸和苏氨酸）有一小部分被分解，同时天冬酰胺和谷氨酰胺被水解为天冬氨酸和谷氨酸。

2. 碱法水解

碱法水解一般取 5mol/L 氢氧化钠共煮 10~20h，即可使蛋白质完全水解。水解过程中多数氨基酸遭到不同程度的破坏，并且产生消旋现象，所得产物是 D – 型和 L – 型氨基酸的混合物，称消旋物。此外，碱水解引起精氨酸脱氨，生成鸟氨酸和尿素。进行氨基酸分析时，一般不用碱法水解。然而色氨酸在碱性条件下是稳定的，因此碱法水解可以在测定色氨酸含量时使用。

3. 酶法水解

酶法水解反应条件温和，不产生消旋作用，也不破坏氨基酸。但使用一种酶往往水解不彻底，需要几种酶协同作用才能使蛋白质完全水解。此外，酶水解所需时间较长。因此，酶法主要用于部分水解。常用的蛋白酶有胰蛋白酶、糜蛋白酶以及胃蛋白酶等，它们主要用于蛋白质一级结构分析以获得蛋白质的部分水解产物。

二、氨基酸的分类

从各种生物体中发现的氨基酸已有 180 多种，但是参与蛋白质组成的常见氨基酸（或称基本氨基酸）只有二十种。此外，在某些蛋白质中还存在若干种不常见的氨基酸，它们都是在已合成的肽链上由常见的氨基酸经专一酶催化的化学修饰转化而来的。180 多种天然氨基酸大多数是不参与蛋白质组成的，这些氨基酸被称为非蛋白质氨基酸。**参与蛋白质组成的二十种基本氨基酸**又称蛋白质氨基酸。

（一）常见的蛋白质氨基酸

从蛋白质水解物中分离出来的常见二十种氨基酸，除脯氨酸外，这些氨基酸在结构上的共同点：

（1）与羧基相邻的 α – 原子上都有一个氨基，因而称为 **α – 氨基酸**。α – 氨基酸有酸性的羧基和碱性的氨基，为两性电解质。结构通式如下：

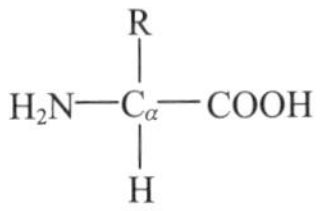

$$H_2N\!-\!\overset{\displaystyle R}{\underset{\displaystyle H}{C_\alpha}}\!-\!COOH$$

尽管脯氨酸的 α – 氨基参与了侧链吡咯环的形成，但它仍然具有 α – 氨基酸的许多特性。氨基酸侧链 R 基团的不同，预示着它们有不同的结构、大小、极性、解离趋势，以及对水的亲和性。正是这些差别构成了区别每种氨基酸的基础，也是蛋白质分子中各氨基酸残基的差别所在，以及构成蛋白质种类多样性的主要原因之一。

（2）α – 氨基酸除甘氨酸之外，其 α – 碳原子是一个不对称碳原子（asymmetric carbon）或称手性中心（chiral center），因此，都具有旋光性。

α – 氨基酸都是白色晶体，熔点很高，一般在 200℃ 以上。每种氨基酸都有特殊的结晶形状。利用结晶形状可以鉴别各种氨基酸。除胱氨酸和酪氨酸外，一般都能溶于水。脯氨酸和羟脯氨酸还能溶于乙醇或乙醚。

为表达蛋白质或多肽结构的需要，氨基酸的名称常使用三字母的简写符号表示，有时也用单字母的简写符号表示，后者主要用于表达多肽链的氨基酸顺序。这两套简写符号见表3-3。

表3-3 蛋白质中二十种常见氨基酸的结构和某些性质

名称 三字母符号 单字母符号	结构式*	相对分子质量 M_r	pK_a值			等电点 pI	R基亲水性（－）或疏水性（＋）指数	蛋白质中平均出现频率/%
			pK_1 (—COOH)	pK_2 (—NH$_3^+$)	pK_R (R基团)			
非极性侧链脂肪族氨基酸								
甘氨酸 Gly G	H—CH—COO⁻ 　　| 　　⁺NH₃	75	2.34	9.60		5.97	－0.4	7.2
丙氨酸 Ala A	CH₃—CH—COO⁻ 　　　| 　　　⁺NH₃	89	2.34	9.69		6.01	1.8	7.8
缬氨酸 Val V	CH₃—CH—CH—COO⁻ 　　|　　| 　CH₃　⁺NH₃	117	2.32	9.62		5.97	4.2	6.6
亮氨酸 Leu L	CH₃—CH—CH₂—CH—COO⁻ 　　|　　　　| 　CH₃　　　⁺NH₃	131	2.36	9.60		5.98	3.8	9.1
异亮氨酸 Ile I	CH₃—CH₂—CH—CH—COO⁻ 　　　　|　| 　　　CH₃ ⁺NH₃	131	2.36	9.68		6.02	4.5	5.3
甲硫氨酸 Met M	CH₃—S—(CH₂)₂—CH—COO⁻ 　　　　　　　| 　　　　　　⁺NH₃	149	2.28	9.21		5.74	1.9	2.3
脯氨酸 Pro P	（结构式）	115	1.99	10.96		6.48	1.6	5.2
芳香族氨基酸								
酪氨酸 Tyr Y	HO—⟨⟩—CH₂—CH—COO⁻ 　　　　　　　| 　　　　　　⁺NH₃	181	2.20	9.11	10.07 （酚基）	5.66	－1.3	3.2
苯丙氨酸 Phe F	⟨⟩—CH₂—CH—COO⁻ 　　　　　| 　　　　⁺NH₃	165	1.83	9.13		5.48	2.8	3.9
色氨酸 Trp W	（结构式）—CH₂—CH—COO⁻ 　　　　　　　| 　　　　　　⁺NH₃	204	2.38	9.39		5.89	－0.9	1.4

续表

名称 三字母符号 单字母符号	结构式*	相对分子质量 M_r	pKa值			等电点 pI	R基亲水性(−)或疏水性(+)指数	蛋白质中平均出现频率/%
			pK_1 (—COOH)	pK_2 (—NH$_3^+$)	pK_R (R基团)			
不带电荷的极性侧链的氨基酸								
丝氨酸 Ser S	HO—CH$_2$—CH—COO$^-$ 　　　　$\overset{\mid}{\underset{+}{N}H_3}$	105	2.21	9.15		5.68	−0.8	6.8
苏氨酸 Thr T	CH$_3$—CH—CH—COO$^-$ 　　　$\overset{\mid}{OH}$　$\overset{\mid}{^+NH_3}$	119	2.11	9.62		5.87	−0.7	5.9
天冬酰胺 Asn N	H$_2$N—C—CH$_2$—CH—COO$^-$ 　　$\overset{\|}{O}$　　　$\overset{\mid}{^+NH_3}$	132	2.02	8.80		5.41	−3.5	4.3
谷氨酰胺 Gln Q	H$_2$N—C—(CH$_2$)$_2$—CH—COO$^-$ 　　$\overset{\|}{O}$　　　　$\overset{\mid}{^+NH_3}$	146	2.17	9.13		5.65	−3.5	4.2
半胱氨酸 Cys C	HS—CH$_2$—CH—COO$^-$ 　　　　$\overset{\mid}{^+NH_3}$	121	1.96	10.28	8.18 (巯基)	5.07	2.5	1.9
带电荷的极性侧链的氨基酸								
赖氨酸 Lys K	$^+$NH$_3$—(CH$_2$)$_4$—CH—COO$^-$ 　　　　　　　$\overset{\mid}{^+NH_3}$	146	2.18	8.95	10.53 (ε-NH$_3^+$)	9.74	−3.9	5.9
精氨酸 Arg R	H$_2$N—C—NH—(CH$_2$)$_3$—CH—COO$^-$ 　$\overset{\|}{N}H_2$　　　　　　$\overset{\mid}{^+NH_3}$	174	2.17	9.04	12.48 (胍基)	10.76	−4.5	5.1
组氨酸 His H	HN$\overset{+}{=}$ 　$\diagdown$—CH$_2$—CH—COO$^-$ N　　　　　$\overset{\mid}{^+NH_3}$ H	155	1.82	9.17	6.00 (咪唑基)	7.59	−3.2	2.3
天冬氨酸 Asp D	$^-$O—C—CH$_2$—CH—COO$^-$ 　　$\overset{\|}{O}$　　　$\overset{\mid}{^+NH_3}$	133	1.88	9.60	3.65 (β-COOH)	2.77	−3.5	5.3
谷氨酸 Glu E	$^-$O—C—(CH$_2$)$_2$—CH—COO$^-$ 　　$\overset{\|}{O}$　　　　$\overset{\mid}{^+NH_3}$	147	2.19	9.67	4.25 (γ-COOH)	3.22	−3.5	6.3

　*部分数据摘自 Nelson D. L. & Cox M. M. (2008) *Lehninger Principles of Biochemistry*, Fifth Edition, pp. 73, W. H. Freeman and Company, New York.

从氨基酸的结构通式可知，各种氨基酸的区别就在于侧链 R 基的不同。组成蛋白质的 20 种常见氨基酸可以按 R 基的化学结构或极性大小进行分类。

（1）根据 R 基团的化学性质分　**脂肪族氨基酸（aliphatic amino acid）、芳香族氨基酸（aromatic amino acid）**、杂环族氨基酸（heterocyclic amino acid）。

甘氨酸的侧链只是一个氢原子。丙氨酸、缬氨酸、亮氨酸、异亮氨酸都含有一个脂肪烃基的碳氢链，但大小不同。甲硫氨酸（又称蛋氨酸）是一种侧链含硫醚的氨基酸。

组氨酸的 β－碳原子上含有一个咪唑基（$pK_R=6.0$）。脯氨酸是一种具有环状结构的 **α－亚氨基酸**，它的侧链吡咯基的环状性质使它产生了结构张力，当它出现在蛋白质分子中时，将会对蛋白质的结构产生重大影响。

苯丙氨酸侧链的末端含有一个苯基，酪氨酸的侧链含有酚羟基，色氨酸含有一个具有吲哚基的侧链，这三种氨基酸属于含芳香环侧链的氨基酸。这些氨基酸结构如下：

脂肪族氨基酸

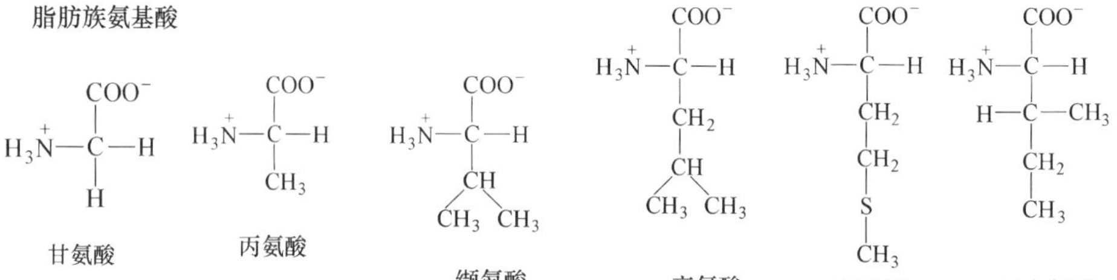

甘氨酸　丙氨酸　缬氨酸　亮氨酸　甲硫氨酸　异亮氨酸

杂环族氨基酸

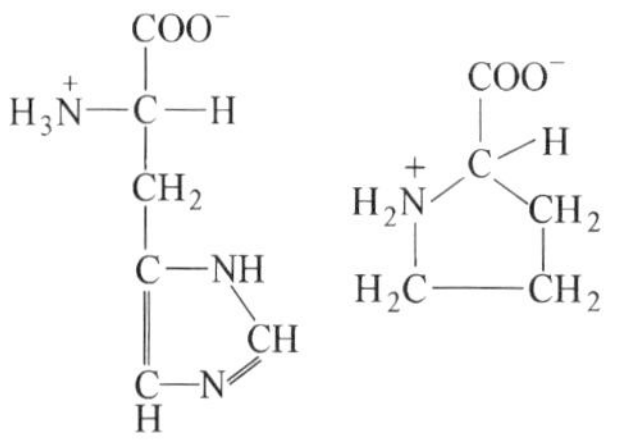

组氨酸　脯氨酸

芳香族氨基酸

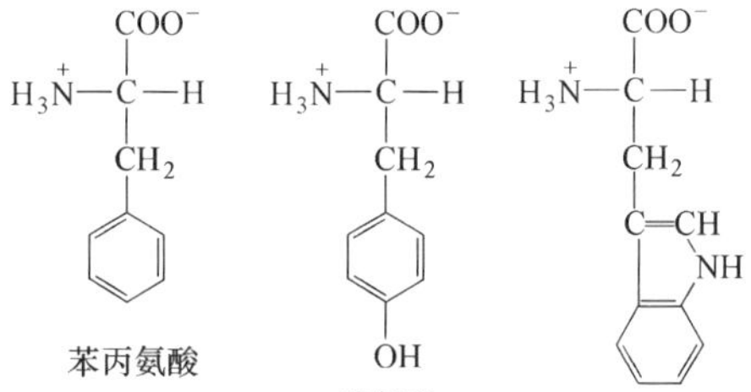

苯丙氨酸　酪氨酸　色氨酸

（2）根据 R 基团的酸碱性分　**酸性氨基酸（acidic amino acid）、碱性氨基酸（basic amino acid）**和中性氨基酸（neutral amino acid）。

天冬氨酸和谷氨酸的侧链分别含有 β－羧基和 γ－羧基，在生理 pH 下解离带负电荷。这两种氨基酸属于**酸性氨基酸**。

酸性氨基酸

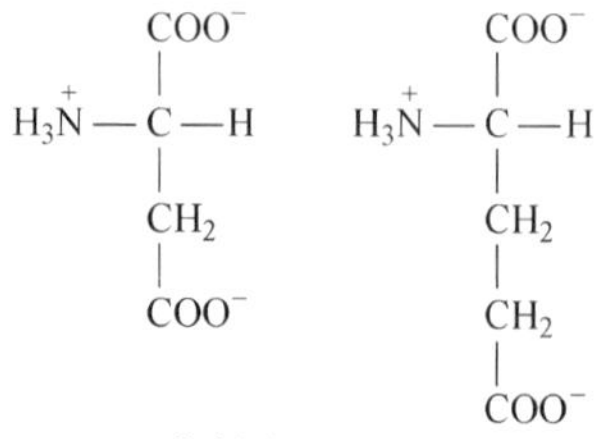

天冬氨酸　谷氨酸

碱性氨基酸

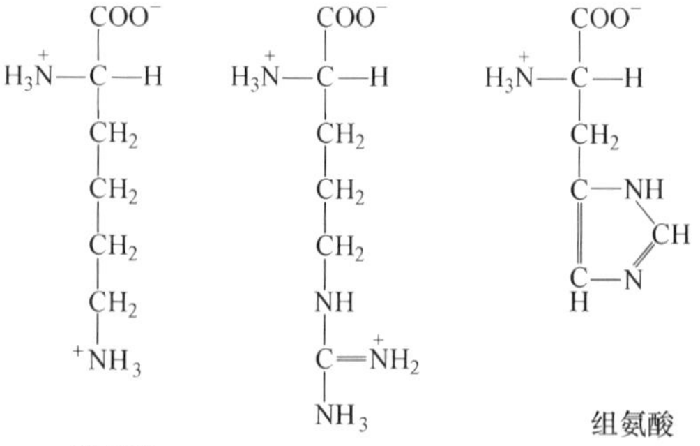

赖氨酸　精氨酸　组氨酸

赖氨酸侧链末端ε－碳原子上含有一个氨基，精氨酸侧链的δ－碳原子上含有一个胍基，组氨酸的β－碳原子上含有一个咪唑基。这三种氨基酸在生理 pH 下含有带正电荷的侧链基团，属于**碱性氨基酸**。

（3）根据 R 基团的极性分　分为非极性 R 基氨基酸（脂肪族氨基酸）和极性 R 基氨基酸［包括不带电荷极性 R 基氨基酸、带正电荷极性 R 基氨基酸（碱性氨基酸）、带负电荷极性 R 基氨基酸（酸性氨基酸）］。

丝氨酸、苏氨酸的侧链均含有羟基，半胱氨酸的侧链含有巯基，天冬酰胺和谷氨酰胺的侧链含有酰胺基团，能与水分子形成氢键，属于极性氨基酸。

脯氨酸极性较小，也可划分为非极性侧链的氨基酸。

这些氨基酸结构式如下：

不带电荷的极性氨基酸

丝氨酸

苏氨酸

半胱氨酸

脯氨酸

天冬酰胺

谷氨酰胺

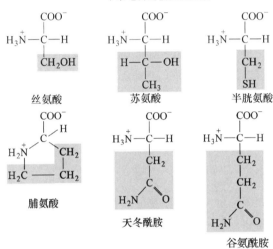

（二）蛋白质分子中的稀有氨基酸和非蛋白氨基酸

1. 稀有氨基酸

蛋白质组成中，除了上面 20 种常见的基本氨基酸之外，从少数蛋白质中还分离出一些不常见的稀有氨基酸（图 3－1）。某些稀有氨基酸结构式如下：

4-羟基脯氨酸

5-羟基赖氨酸

6-N-甲基赖氨酸

γ-羧基谷氨酸

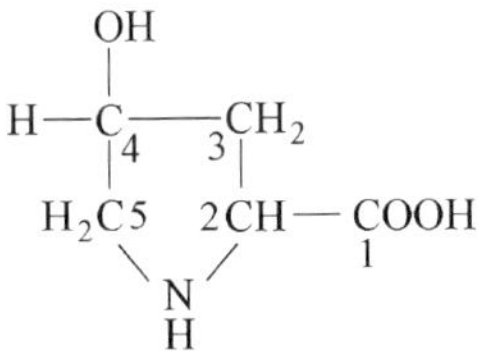

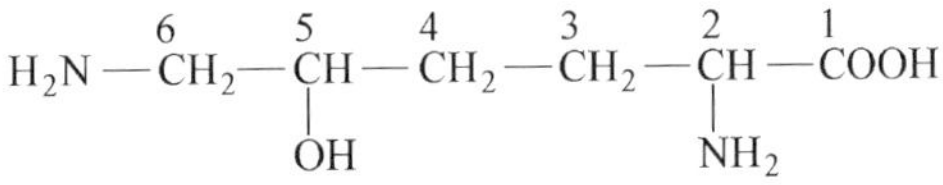

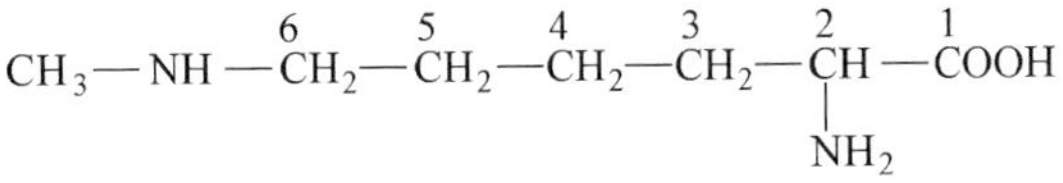

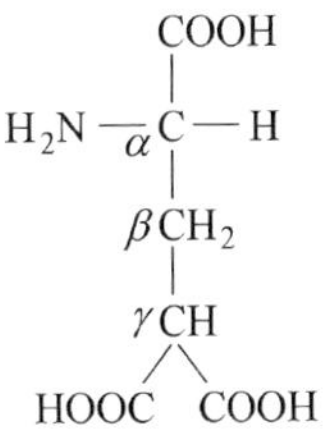

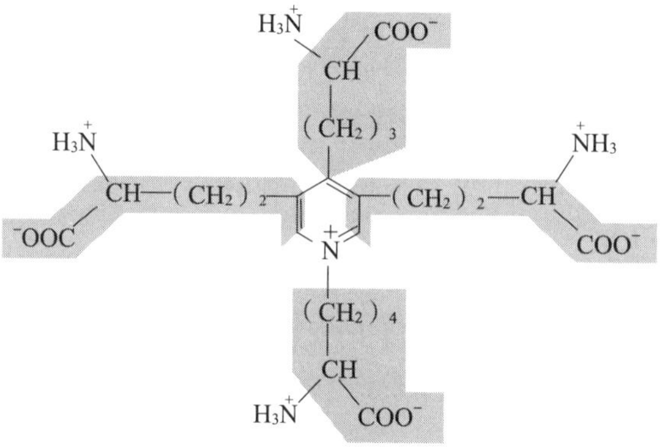

锁链素

这些稀有氨基酸都是由相应的常见氨基酸衍生而来的。其中4-羟基脯氨酸和5-羟基赖氨酸都可在结缔组织的纤维状蛋白质胶原中找到。N-甲基赖氨酸存在于肌球蛋白，它是一种行使收缩功能的肌肉蛋白质。另一个重要的特有氨基酸是γ-羧基谷氨酸，它首先在凝血酶原中被发现，也存在于某些具有结合Ca^{2+}功能的其他蛋白质中。锁链素是一个结构复杂的稀有氨基酸，它是赖氨酸的衍生物，中央的吡啶环结构是由4个赖氨酸分子的侧链组成的。此氨基酸只存在于弹性蛋白中。此外，从甲状腺蛋白中分离出的3，5-二碘酪氨酸和甲状腺素等，它们都是酪氨酸的衍生物。

2. 非蛋白氨基酸

除了参与蛋白质组成的20多种氨基酸之外，在各种组织和细胞中还发现150多种其他氨基酸。这些氨基酸大多是蛋白质中存在的那些L-型α-氨基酸的衍生物。但是有一些是β-、γ-或δ-氨基酸，并且有些是D-型氨基酸，如在细菌细胞壁组成成分的肽聚糖中发现有D-谷氨酸和D-丙氨酸，在一种抗生素短杆菌肽S中含有D-苯丙氨酸。这些氨基酸中有一些是重要的代谢物前体或中间产物。例如β-丙氨酸是遍多酸（一种维生素）的前体；瓜氨酸和鸟氨酸是尿素循环的中间体。有些氨基酸，像γ-氨基丁酸是传递神经冲动的化学介质。但是，这类氨基酸的生物学意义大多都还不清楚，有待进一步研究。非蛋白氨基酸结构式如下：

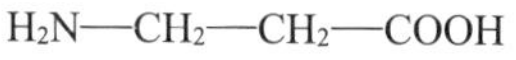

$$H_2N-CH_2-CH_2-COOH \qquad H_2N-CH_2-CH_2-CH_2-COOH$$
$$\beta\text{-丙氨酸} \qquad\qquad\qquad \gamma\text{-氨基丁酸}$$

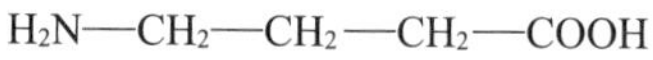

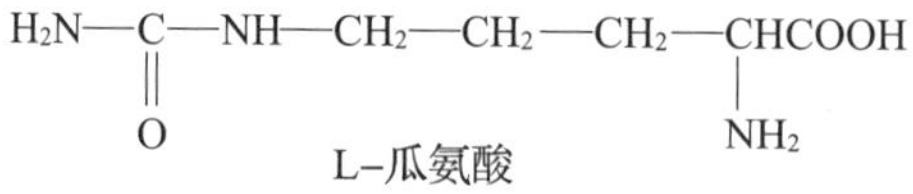

L-瓜氨酸

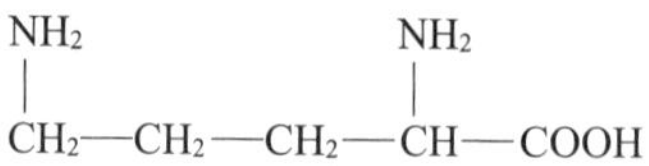

L-鸟氨酸

三、氨基酸的性质

成千上万种蛋白质在结构和功能上的惊人的多样性源于20种常见氨基酸的固有性质。这些性质包括聚合能力、特殊的酸碱性质、氨基酸的侧链结构和化学功能的变化以及手性。

（一）酸－碱性质

1. 氨基酸的兼性离子形式

氨基酸晶体具有很高的熔点，一般在200℃以上，例如甘氨酸在233℃熔解并分解，酪氨酸的熔点更高（340℃），但是普通的有机化合物如二苯胺熔点为53℃。此外还发现氨基酸能使水的介电常数增高，而一般的有机化合物如乙醇、丙酮等却使水的介电常数降低，故推测氨基酸在晶体或水中主要是以兼性离子（zwitterion）或称偶极离子（dipolar ion）的形式存在，不带电荷的中性分子为数极少。

氨基酸晶体是由离子晶格组成的，像氯化钠晶体一样，维持晶格中质点的作用力是强大的异性电荷之间的静电吸引，因此熔点高；而一般的有机化合物晶体是由分子晶格组成的，分子晶格中质点的维系是靠范德华力，这种力比静电力要弱得多，因此它们的熔点低。介电常数与电解质分子的极性结构有关，极性分子的介电常数高，非极性分子的介电常数低。显然，偶极离子形式的氨基酸是强极性分子，这样自然就增大了水的介电常数。水的介电常数为80，而 $1mol/L$ 的 α－氨基酸水溶液，其介电常数为 $102\sim108$。

氨基酸在结晶形态或在水溶液中，并不是以游离的羧基或氨基形式存在，而是解离成**两性离子**。在两性离子中，氨基是以质子化（$-H_3N^+$）形式存在，羧基是以去质子化（$-COO^-$）形式存在。在不同的 pH 条件下，两性离子的状态也随之发生变化。

2. 氨基酸的两性解离和等电点

α－氨基酸具有两个或三个（那些具有可解离侧链的 α－氨基酸）酸－碱基团，最简单的氨基酸－甘氨酸的滴定曲线如图 3－1 所示。

在低 pH 时甘氨酸的酸－碱基团全部质子化，因此以阳离子形式（$H_3N^+CH_2COOH$）存在，在用强碱如 NaOH 滴定过程中甘氨酸逐步失去两个质子。从氨基酸的滴定曲线可以看出，每个解离基团的 pK 值，氨基酸在其相应的 pK 值附近都有一个具有缓冲能力的区域。甘氨酸的两个可解离基团的 pK 值明显不同，因此，用 Henderson－Hassebalch 方程式可充分描述滴定曲线的每一点：

$$pH = pK + \lg [A^-] / [HA], \quad (A^-：质子受体，HA：质子供体)$$

每一步解离的 pK 值是相应于滴定曲线拐点的中点值，当 pH2.34 时，阳离子形式 $H_3N^+CH_2COOH$ 和兼性离子形式 $H_3N^+CH_2COO^-$ 浓度相等，同样在 pH9.60 时兼性离子和阴离子形式 $H_2NCH_2COO^-$ 的浓度相等，要注意，决不能认为氨基酸在水溶液里是中性的。

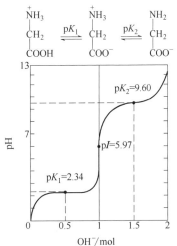

氨基酸的滴定曲线反映在不同的 pH 条件下氨基酸的带电状态。对于某一氨基酸来讲，总有溶液在某一pH 时，氨基酸的氨基和羧基的解离度完全相同，此时，氨基酸分子所带的正、负电荷相等，即氨基酸分子的净电荷为零，它在电场中既不向阳极移动，也不向阴极移动，此时，氨基酸溶液所处的 pH 就称为该**氨基酸的等电点（用 pI 表示）**。

用 Henderson－Hassebalch 方程式可高度精确地将氨基酸的等电点表示为：

$$pI = (pK_i + pK_j) / 2$$

图 3－1　甘氨酸的滴定曲线

式中，pK_i和pK_j分别是兼性离子形式涉及的两步解离的解离常数。

氨基酸等电点的计算，取决于氨基酸的可解离基团的解离常数。对一氨基一羧基的中性氨基酸如甘氨酸，其pK_i和pK_j分别代表pK_1和pK_2；对于酸性氨基酸（天冬氨酸和谷氨酸），其pK_i和pK_j分别代表pK_1和pK_R；对于碱性氨基酸（赖氨酸、精氨酸和组氨酸），其pK_i和pK_j分别代表pK_2和pK_R。

氨基酸在溶液中的带电状态与溶液 pH 的有关，当 pH = pI 时，净电荷为 0；当 pH < pI 时，氨基酸带正电；当 pH > pI 时，氨基酸带负电。溶液 pH 偏离 pI 越远，氨基酸所带的净电荷数目越多。

氨基酸的解离性质是建立分离和分析氨基酸方法的基础，它们的解离也影响蛋白质的性质、结构和功能。

（二）氨基酸的旋光性

从前面的 α–氨基酸的结构通式可以看出，除 R 基为氢原子外，即除甘氨酸外，α–氨基酸中的 α–碳原子是一个不对称碳原子，即与 α–碳原子键合的四个取代基各不相同（羧基、氨基、R 基和一个氢原子）。由于 α–碳原子周围的价键取四面体的排布，这样，四个不同的取代基在空间的排列可以有两种不同的方式，L–型和 D–型，它们彼此是一种不能叠合的物体与镜像关系或左右手关系，分子的这两种形式称为光学异构体（optical isomers）、对映体（enantiomers）或立体异构体（stereoisomers）。给定氨基酸的一个异构体的溶液在旋光计上使偏振光平面向左（逆时针方向）旋转［记为（−）］，另一个异构体则使偏振光平面向右（顺时针方向）旋转［记为（+）］，但旋转程度相等。α–氨基酸所具有的这种性质称为**旋光性（rotation）**或**光学活性（optical activity）**，也称分子的**手性（chirality）**。光学异构体除了在旋光计上引起偏振光平面旋转的方向不同之外，所有的化学性质和物理性质都是一样的（图 3−2）。

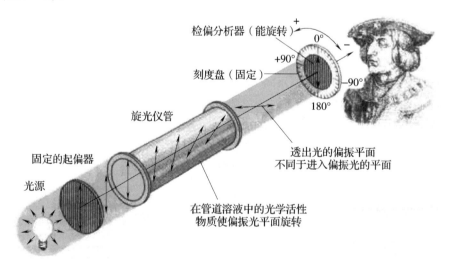

图 3−2　旋光仪示意图

氨基酸的光学异构体是根据它们的绝对构型区分和命名的。α–氨基酸的 L–型和 D–型是两种不同的**构型（configuration）**。构型是指不对称碳原子周围的四个取代基在空间上的排列。构型的改变涉及共价键的破坏与重新形成，与氢键无关。氨基酸的 L–型和 D–型是以甘油醛的 L－型和 D－型为基准确定的（图 3－3）。而甘油醛的构型（D－、L－异构体）是由 X－射线结构分析确立的。

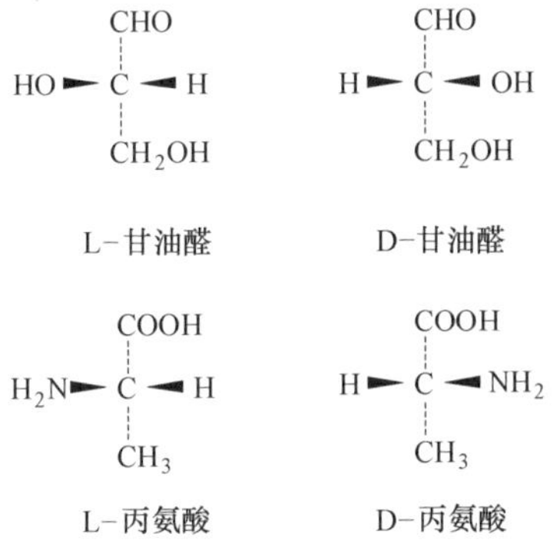

图 3－3　丙氨酸与甘油醛的绝对构型的立体关系

从蛋白质温和水解得到的 α－氨基酸都属于 L－型。但在某些生物体内特别是细菌中 D－型氨基酸还是广泛存在的。

旋光性物质在化学反应中，只要其不对称原子经过对称状态的中间阶段，即将发生消旋作用并转变为 D－型和 L－型的等摩尔混合物，该混合物称为消旋物（racemate）。蛋白质与碱共热进行水解时，或用一般的有机合成方法人工合成氨基酸时，得到的氨基酸都是无旋光性的 DL－消旋物。

苏氨酸、异亮氨酸、羟脯氨酸和羟赖氨酸除了 α－碳原子是一个不对称碳原子外，还有第二个不对称碳原子。它们可以存在四种光学异构体，其结构式如下所示：

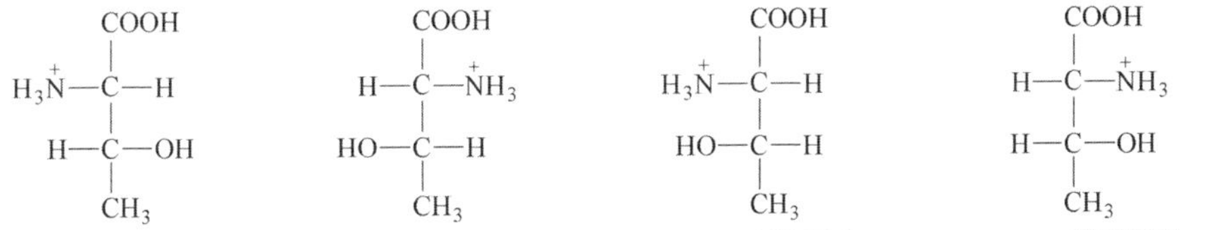

L－苏氨酸	D－苏氨酸	L－别苏氨酸	D－别苏氨酸
(2*S*,3*R*)－(－)－苏氨酸	(2*R*,3*S*)－(+)－苏氨酸	(2*S*,3*S*)－(+)－苏氨酸	(2*R*,3*R*)－(－)－苏氨酸
$[\alpha]_D^{20}=-28.4°$	$[\alpha]_D^{20}=+28.3°$	$[\alpha]_D^{20}=+9.0°$	$[\alpha]_D^{20}=-8.8°$

氨基酸的旋光符号和大小取决于它的 R 基团的性质，并且与测定时的溶液 pH 有关，这是因为在不同的 pH 条件下氨基和羧基的解离状态不同（图 3－4）。

（三）氨基酸的光吸收性质

参与组成蛋白质的 20 多种氨基酸，在可见光区域都没有光吸收，但在远紫外区（＜220nm）均有光吸收。在近紫外光区域（220～300nm）只有酪氨酸、苯丙氨酸和色氨酸有吸收光的能力。因为它们的 R 基含有苯环共轭双键结构。酪氨酸的最大光吸收波长（λ_{max}）在 275nm，在该波长下的消光系数（molar extinction coefficent）$\varepsilon_{275}=1.4\times10^3$L/（mol·cm）；苯丙氨酸 λ_{max} 在 257nm，$\varepsilon_{257}=2.0\times10^2$L/（mol·cm）；色氨酸 λ_{max} 在 280nm，$\varepsilon_{280}=5.6\times10^3$L/（mol·cm）（图 3－5）。

蛋白质由于含有这些氨基酸，所以也有**紫外吸收**能力，一般最大光吸收在 280nm 波长处。因此，利用分光光度法能很方便地测定蛋白质的含量。但是在不同的蛋白质中这些氨基酸的含量不同，所以它们的消光系数（或称吸收系数）是不完全一样的。

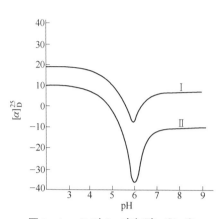

图 3 - 4 pH 对 L - 亮氨酸（Ⅰ）和
L - 组氨酸（Ⅱ）的 $[\alpha]_D^{25}$ 值的影响

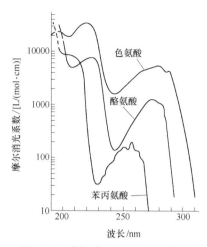

图 3 - 5 酪氨酸（Tyr）、苯丙氨酸
（Phe）和色氨酸（Trp）紫外吸收光谱图

（四）氨基酸的化学反应

氨基酸的化学反应主要是指它的 α - 羧基和 α - 氨基以及侧链上的功能团所参与的那些反应。下面着重讨论在蛋白质化学中具有重要意义的化学反应。

1. α - 氨基参加的反应

（1）与亚硝酸反应 氨基酸的氨基在室温下与亚硝酸作用生成氮气，其反应式如下：

$$\underset{\substack{|\\ NH_2}}{R—CH—COOH} + HNO_2 \longrightarrow \underset{\substack{|\\ OH}}{R—CH—COOH} + H_2O + N_2\uparrow$$

在标准条件下测定生成的氮气体积，即可计算出氨基酸的量。这是 Van Slyke 法测定氨基氮的基础。此法可用于氨基酸定量和蛋白质水解程度的测定。这里值得注意的是生成的氮气只有一半来自氨基酸。此外应该指出，除 α - NH$_2$ 外，赖氨酸的 ε - NH$_2$ 也能与亚硝酸反应，但速度较慢，α - NH$_2$ 作用 3 ~ 4min 即反应完全。

（2）与酰化试剂反应 氨基酸的氨基与酰氯或酸酐在弱碱溶液中发生作用时，氨基即被酰基化。例如与苄氧（苯甲氧）甲酰氯反应：

$$\text{苄氧甲酰氯} + \text{H}_2\text{N—CH}—\text{R(COONa)} \xrightarrow[\text{(后酸化)}]{\text{在弱碱中}} \text{苄氧酰氨基酸} + \text{Na}^+ + \text{Cl}^-$$

除苄氧甲酰氯外，酰化试剂还有叔丁氧甲酰氯、对甲苯磺酰氯以及邻苯二甲酸酐等。这些酰化试剂在多肽和蛋白质的人工合成中被用作氨基的保护试剂。它们的化学结构如下所示：

叔丁氧甲酰氯   对甲苯磺酰氯   邻苯二甲酸酐   丹磺酰氯

另一个酰化试剂是丹磺酰氯（dansyl chloride），它是 5 – 二甲基氨基萘 – 1 – 磺酰氯，它被用于多肽链 N 末端氨基酸的标记和微量氨基酸的定量测定。

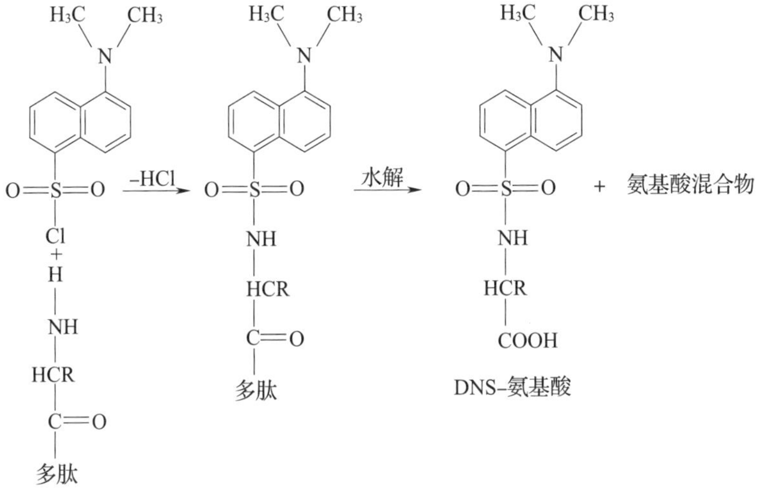

（3）烃基化反应　氨基酸氨基的一个 H 原子可被烃基（包括环烃及其衍生物）取代，例如与 2，4 – 二硝基氟苯（简写 DNFB 或 FDNB），在弱碱性溶液中发生亲核芳环取代反应而生成二硝基苯基氨基酸。这个反应首先被英国的 Sanger 用来鉴定多肽蛋白质的 N 末端氨基酸。其反应式如下：

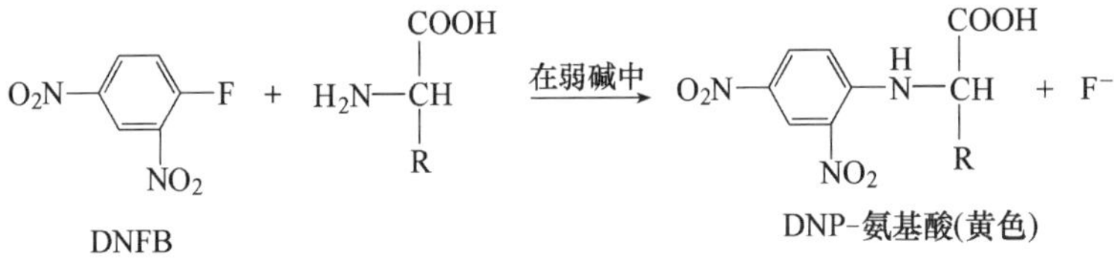

α – 氨基另一个重要的烃基化反应是与苯异硫氰酸酯（缩写为 PITC）在弱碱性条件下形成相应的苯氨基硫甲酰的衍生物。后者在硝基甲烷中与酸（如三氟乙酸）作用发生环化，生成相应的苯乙内酰硫脲（PTH）衍生物。这些衍生物是无色的，可用层析法加以分离鉴定。这个反应首先被 Edman 用于鉴定多肽或蛋白质的 N 端氨基酸。它在多肽和蛋白质的氨基酸序列分析方面占有重要地位。其反应式如下：

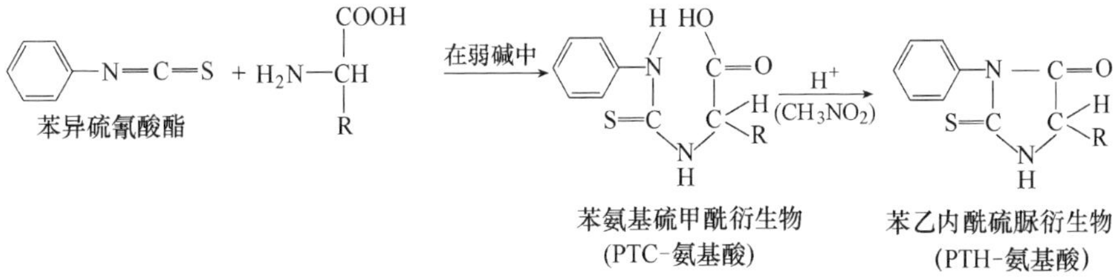

（4）形成希夫碱反应　氨基酸的 α – 氨基能与醛类化合物反应生成弱碱，即希夫碱（Schiff's base）。希夫碱是以氨基酸为底物的某些酶促反应例如转氨基反应的中间物。其反应式如下：

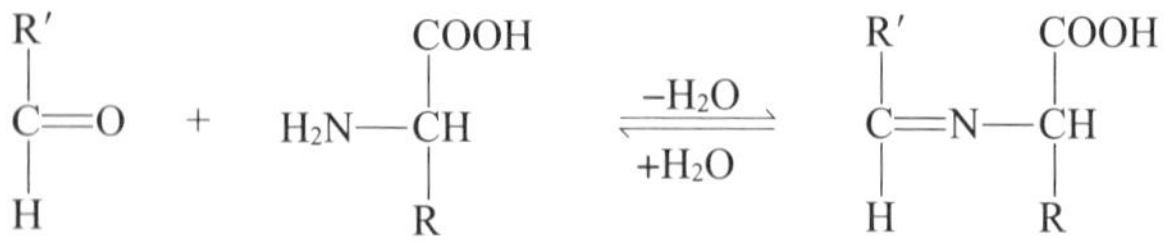

醛　　　　　　　氨基酸　　　　　　　　希夫碱

2. 羧基参加的反应

氨基酸的 α – 羧基和其他有机酸的羧基一样，在一定的条件下可以发生成盐、成酯、成酰氯、成酰胺以及脱胺和叠氮化等反应。

（1）成盐和成酯反应　氨基酸与碱作用即生成盐，其中重金属盐不溶于水。氨基酸的羧基被醇酯化后，形成相应的酯，例如氨基酸在无水乙醇中通入干燥氯化氢气体或加入二氯亚砜，然后回流，生成氨基酸乙酯的盐酸盐。氨基酸酯是制备氨基酸的酰胺或酸肼的中间物。其反应式如下：

当氨基酸的羧基变成甲酯、乙酯或钠盐后，羧基的化学反应性能即被掩蔽或者说羧基被保护，而氨基的化学反应性能得到加强或说氨基被活化，容易和酰基或烃基结合，这就是氨基酸的酰基化和烃基化需要在碱性溶液中进行的原因。

（2）成酰氯反应　氨基酸的氨基如果用适当的保护基，例如苄氧甲酰基保护后，其羧基可与二氯亚砜或五氯化磷作用，这个反应可使氨基酸的羧基活化，使它容易与另一氨基酸的氨基结合，因此在多肽人工合成中是常用的。其反应式如下：

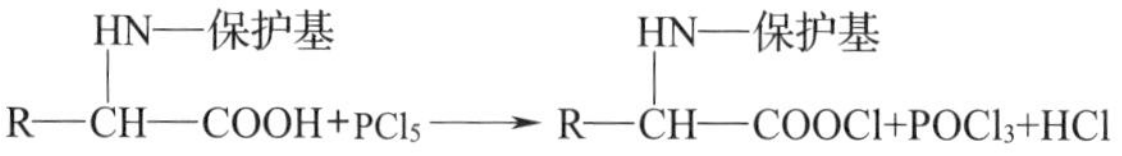

3. α – 氨基和 α – 羧基共同参加的反应

（1）与**茚三酮反应**　茚三酮（ninhydrin）在弱酸性溶液中与 α – 氨基酸共热，引起氨基酸氧化脱氨、脱羧反应，最后茚三酮与反应产物氨和还原型茚三酮发生作用，生成紫色物质。其反应式如下：

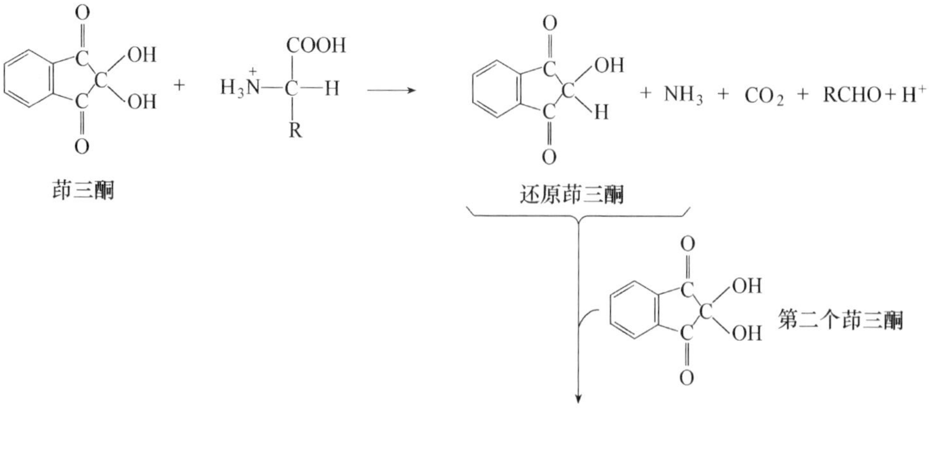

茚三酮　　　　　　　　　　　　　　　　　　　　还原茚三酮

紫色复合物的两个共振形式

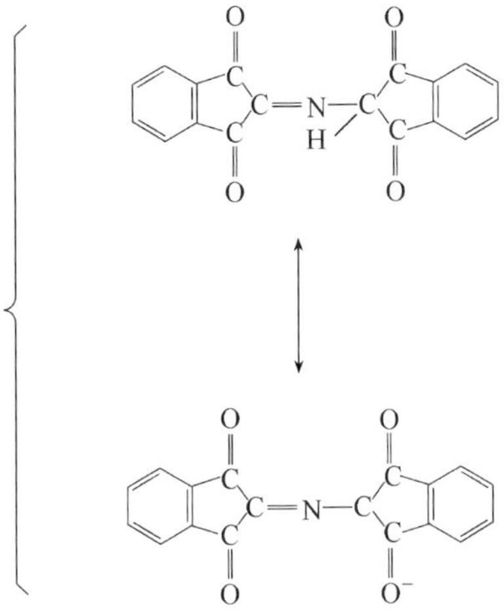

注意：两个亚氨基酸，脯氨酸和羟脯氨酸，与茚三酮反应并不释放 NH_3，而直接生成亮黄色化合物，最大光吸收在 440 nm。其结构式如下所示：

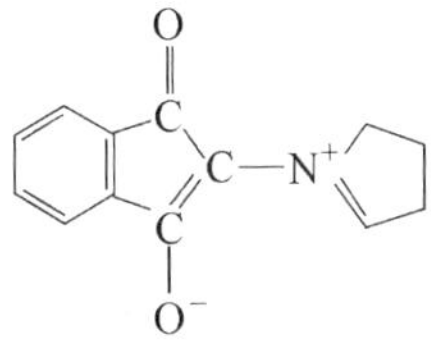

（2）成肽反应　一个氨基酸的氨基与另一个氨基酸的羧基可以缩合成肽，形成的键称**肽键**。例如甘氨酸在乙二醇中加热缩合，生成二酮吡嗪或称甘氨酸酐。

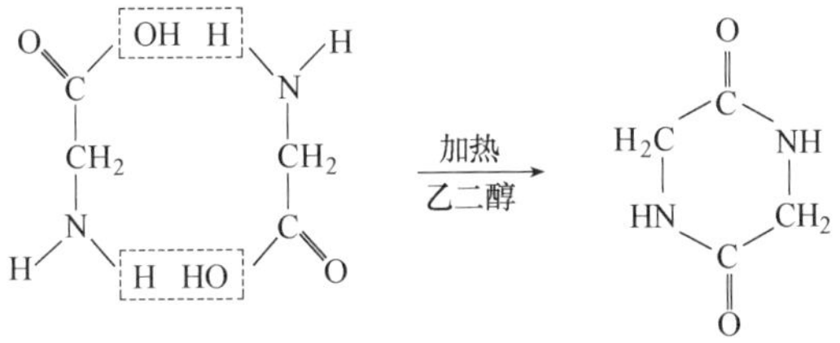

甘氨酸　　甘氨酸　　　　　　　　二酮吡嗪

4. 侧链 R 基参加的反应

氨基酸侧链具有功能团时也能发生化学反应。这些功能团有羟基、酚基、巯基（包括二硫键）、吲哚基、咪唑基、胍基、甲硫基以及非 α - 氨基和非 α - 羧基等。每种功能团都可以和多种试剂起反应，其中有些反应是蛋白质化学修饰的基础。所谓蛋白质的化学修饰就是在较温和的条件下，以可控制的方式使蛋白质与某种试剂（称化学修饰剂）起特异反应，以引起蛋白质中个别氨基酸侧链或功能团发生共价化学改变。化学修饰在蛋白质的结构与功能的研究中是很有用的。

（1）米伦反应（Millon reaction）　酪氨酸及含酪氨酸的蛋白质均有此反应，反应产物是红色的硝酸汞、亚硝酸汞等的混合物。

（2）福林反应（Folin reaction）　福林试剂的主要成分是磷钼酸和磷钨酸。在碱性条件下，酪氨酸及含酪氨酸的蛋白质和福林试剂反应产生一种蓝色的化合物。

（3）坂口反应（Sakoguchi reaction）　是精氨酸特有的反应。试剂的主要成分是碱性次溴酸钠、α-萘酚；精氨酸可以与之反应产生红色的产物。

（4）Pauly 反应　试剂的主要成分为：5% 对氨基苯磺酸盐酸溶液、亚硝酸钠、碳酸钠；组氨酸、酪氨酸与该试剂在 0~4℃反应，生成橘红色的产物。

（5）乙醛酸反应（glyoxalate reaction）　这是色氨酸特有的反应。色氨酸与乙醛酸和浓硫酸反应，在溶液的界面处产生一种紫红色的物质。

（6）半胱氨酸的反应　半胱氨酸可与亚硝酸-铁氰化钠的甲醇溶液反应产生一种红色的化合物。

四、氨基酸的分离与分析

氨基酸的分离与分析是测定蛋白质分子组成和结构的基础。目前，关于氨基酸的分离分析的基本方法是各种层析技术，由于层析技术的不断改进并与自动化仪器的配合，大大提高了分析的效率和灵敏度，使蛋白质结构的研究取得了重要的进展。这一技术也广泛应用于核酸、糖和脂等的分离分析。这里仅简单介绍一些常用方法的基本原理。

（一）分配层析法的一般原理

1903 年，Mikhail Tswett 以固体吸附物为介质分离出溶解的植物色素，发现了层析（chromatography）过程。层析是非常有用的纯化氨基酸和蛋白质的方法。层析技术由三个基本条件构成：① 水不溶性惰性支持物；② 流动相（即溶剂系统）能携带溶质沿支持物流动；③ 固定相是附着在支持物上的水或离子基团，能对各种溶质的流动产生不同的阻滞作用。当流动相沿固体支持物流动时，因混合样品中的各种组分与固定相和流动相的亲和力不同，随流动相流动的速度有快有慢，彼此逐渐分离，各自形成单组分的区带。

所有的层析系统通常都由 2 个相组成，一个为固定相（stationary phase），一个为流动相（mobile phase），混合物在层析系统中的分离决定于该混合物的组分在这两相中的分配情况。一般用分配系数来描述。1891 年 Nernst 提出了分配定律：当一种溶质在两种给定的互不相溶的溶剂中分配时，在一定温度下达到平衡后，溶质在两相中的浓度比值为一常数，即分配系数（用 K_d 表示）：

$$K_d = \frac{c_A}{c_B}$$

式中 c_A 和 c_B 分别代表某一物质在互不相溶的 A 相（流动相）和 B 相（固定相）中的浓度。

物质分配不仅可以在互不相溶的两种溶剂即液相-液相系统中进行，也可以在固相-液相间或气相-液相间发生，层析系统中的固定相可以是固体、液体或固-液混合物（半液体）；流动相可以是液体或气体，它充满于固定相的空隙中，并能流过固定相。

目前，在分析分离中使用较多的分配层析包括柱层析、纸层析和薄层层析等，都是在上述分配分离的基础上发展起来的。

利用层析法分离混合物例如氨基酸混合物，其先决条件是各种氨基酸成分的分配系数要有差异。一般差异越大，越容易分开。

一种早期的层析技术是使用条状滤纸作为固定相，因此被称为纸层析（paper chromatography）。现代的柱层析则使用纤维素、琼脂糖、葡聚糖（都为碳氢多聚物）的衍生物，或者是合成物质，比如聚丙烯酰胺、硅胶颗粒等。

（二）分配柱层析

图 3-6 是分配柱层析示意图。层析柱中的填充物或称支持剂都是一些具有亲水性的不溶物质，如纤维素、淀粉、硅胶等。支持剂吸附着一层不会流动的结合水，可以看作固定相，沿固定相流过的与它不互溶的溶剂（如苯酚、正丁醇等）是流动相。由填充料构成的柱床可以设想为由无数的连续板层组成，每一板层起着微观的"分溶管"作用。当用洗脱剂（eluent）洗脱时，即流动相移动时，加在柱上端的氨基酸混合物样品在两相之间将发生连续分配，混合物中具有不同分配系数的各种成分沿柱以不同的速度向下移动。分部收集柱下端的洗出液（eluate）。收集的组分分别用茚三酮显色定量。

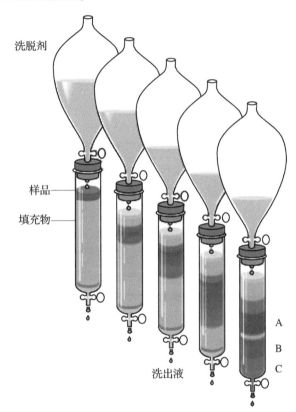

洗脱剂

样品
填充物

洗出液

A
B
C

图 3-6 分配柱层析示意图

（三）纸层析

纸层析（filter-paper chromatography）是分配层析的一种。滤纸纤维素上吸附的水是固定相，展层用的溶剂是流动相。层析时，混合氨基酸在这两相中不断分配，使它们分布在滤纸的不同位置上。

纸层析也是分离、鉴定氨基酸混合物的常用技术，可用于蛋白质的氨基酸成分的定性鉴定和定量测定。将氨基酸混合物点在滤纸的一个角上，称原点。然后在密闭的容器中用一个溶剂系统（如丁醇-乙酸）沿滤纸的一个方向进行展层，烘干滤纸后，旋转 90°，再用另一个溶剂系统（如苯酚-甲酚-水）进行第二向展层。由于各种氨基酸在两个溶剂系统中具有不同的 R_f 值，因此就彼此分开，分布在滤纸的不同区域。当用茚三酮溶液显色时，得到一个双向纸层析谱（图 3 - 7）。如果混合物中所含的氨基酸种类较少，并且其 R_f 彼此相差较大，则在一个溶剂系统中进行单向层析即可。

在纸层析中，从原点至氨基酸停留点的距离（X）与原点至溶剂前沿的距离（Y）之比，即 X/Y 称为 R_f，即相对迁移率。只要溶剂系统、温度、湿度和滤纸型号等实验条件确定，则每种氨基酸的 R_f 是恒定值（图 3 - 8）。

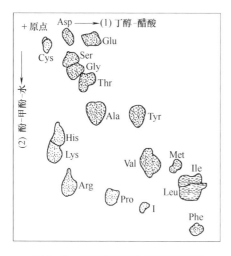

图 3 - 7　氨基酸的双向纸层析图谱

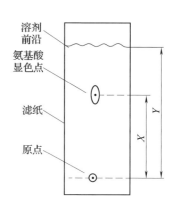

图 3 - 8　纸层析中的 R_f，$R_f = X/Y$

（四）离子交换柱层析

离子交换柱层析（ion - exchange column chromatography）是一种用离子交换树脂作支持剂的层析法。离子交换树脂是一类不溶于水、不溶于有机溶剂、不溶于酸和碱的人工合成的高分子化合物。在其分子结构中共价结合着许多可解离为阴离子或阳离子的基团，可与周围溶液中的其他相反离子或离子化合物结合。离子交换树脂根据所交换的离子类型可分为阳离子交换树脂和阴离子交换树脂。

阳离子交换树脂含有的酸性基团如—SO_3H（强酸型）或—COOH（弱酸型）可解离出 H^+，当溶液含有其他阳离子时。例如：在酸性环境中的氨基酸阳离子，它们可以和 H^+ 发生交换而"结合"在树脂上。

同样地，阴离子交换树脂含有的碱性基团如—$N(CH)_3OH$（强碱型）或—NH_3OH（弱碱型）可解离出 OH^-，能和溶液里的阴离子，例如和碱性环境中的氨基酸阴离子发生交换而结合在树脂上。其反应式如下：

$$
\begin{array}{l}
\text{树脂—}SO_3^-·H^+（\text{氢型}） \\
\text{或} \\
\text{树脂—}SO_3^-·Na^+（\text{钠型}）
\end{array}
+
\begin{array}{c}
\overset{+}{N}H_3 \\
R—CH—COOH \\
(\text{pH}<\text{p}I)
\end{array}
\Longleftrightarrow
\begin{array}{c}
\text{树脂—}SO_3^-·^+NH_3 \\
R—CH—COOH
\end{array}
+
\begin{array}{c}
H^+ \\
\text{或} \\
Na^+
\end{array}
$$

$$
\begin{array}{l}
\text{树脂—}NR_3^+·OH^-（\text{氢氧型}） \\
\text{或} \\
\text{树脂—}NR_3^+·Cl^-（\text{氯型}）
\end{array}
+
\begin{array}{c}
NH_2 \\
R—CH—COO^- \\
(\text{pH}>\text{p}I)
\end{array}
\Longleftrightarrow
\begin{array}{c}
\text{树脂—}NR_3^+·^-OOC—CH—R \\
NH_2
\end{array}
+
\begin{array}{c}
OH^- \\
\text{或} \\
Cl^-
\end{array}
$$

分离氨基酸混合物经常使用强酸型阳离子交换树脂。在交换柱中，树脂先用碱处理成钠型。将氨基酸混合液（pH2.0~3.0）上柱，pH2.0~3.0时氨基酸主要以阳离子形式存在，与树脂上的钠离子发生交换而被"挂"在树脂上。氨基酸在树脂上结合的牢固程度即氨基酸与树脂间的亲和力，主要决定于它们之间的静电吸引，其次是氨基酸侧链与树脂基质聚苯乙烯之间的疏水相互作用。在 pH3.0 左右，氨基酸与阳离子交换树脂之间的静电吸引的大小次序是：

碱性氨基酸（A^{++}）＞中性氨基酸（A^+）＞酸性氨基酸（A^0）

图 3-9 所示为氨基酸离子交换层析示意图。

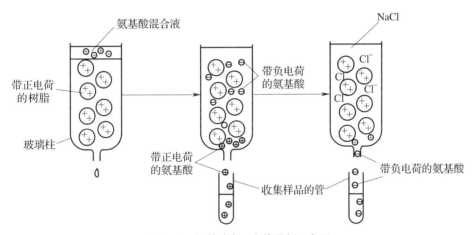

图 3-9 氨基酸离子交换层析示意图

洗脱时为了降低氨基酸与树脂之间的亲和力，有效的方法是逐步提高洗脱剂的 pH 和盐浓度（离子强度），这样各种氨基酸将以不同的速度被洗脱下来。氨基酸洗脱时的洗出顺序大体是：酸性氨基酸，中性氨基酸，最后是碱性氨基酸。由于氨基酸和树脂之间还存在疏水相互作用，即使等电点接近的氨基酸，由于它们的极性不同在离子交换层析柱中也可以得到分离。

（五）高效液相层析

高效液相层析（high performance liquid chromatography，HPLC）又称高压液相层析（high pressure liquid chromatography）。这是二十多年内发展起来的一项快速、灵敏、高效的分离技术。

高效液相层析使用精确加样的自动系统，在高压（高达 5000psi，1psi＝6.89kPa）下控制流速，层析基质采用人工制作的直径为 3~300μm、用单一层析物质包裹的玻璃和塑料珠，并且能即时进行样品检测。这将大大提高速度、分辨率及分离的可重复性，这些优点对于重复多次的层析分离或用于分析而不是制备的层析技术，是尤其需要的。

HPLC 的特点：

（1）使用的固定相支持剂颗粒很细，因而表面积很大；

（2）溶剂系统采取高压，因此洗脱速度增大。

多种类型的柱层析都可用 HPLC 来代替，例如分配层析、离子交换层析、吸附层析以及凝胶过滤。

第三节 肽

氨基酸的 α – 羧基与另一个氨基酸的 α – 氨基脱水形成**肽（peptide）**，蛋白质是氨基酸通过肽键连接在一起的线性序列。生物体内存在各种长短不同的肽链。许多小肽具有特殊生物活性。其结构式如下：

$$H_3\overset{+}{N}-CH-\underset{\underset{O}{\|}}{C}-OH + H-\overset{\overset{H}{|}}{N}-CH-COO^-$$

$$\downarrow H_2O$$

$$H_3\overset{+}{N}-CH-\underset{\underset{O}{\|}}{C}-\overset{\overset{H}{|}}{N}-CH-COO^-$$

一、肽和肽链的结构及命名

最简单的肽由两个氨基酸通过一个肽键连接而成，称为二肽。随着所含氨基酸数目的增加，依次称为三肽、四肽、五肽等。由于形成肽键的 α – 羧基与 α – 氨基之间缩合释放出一分子水，肽链中的氨基酸已不是完整的分子，因而称为氨基酸残基。通常，肽链的一端含有一个游离的 α – 氨基，另一端则保留一个游离的 α – 羧基。按规定肽链的氨基酸排列顺序从其**氨基末端（N – 末端）**开始，到**羧基末端（C – 末端）**终止，而且通常总是把 N – 末端氨基酸残基放在左边，C – 末端氨基酸残基放在右边，如图 3 – 10 所示。多肽链的骨架均由重复的肽单位排列而成，称为**主链**；不同的多肽链氨基酸顺序不同。

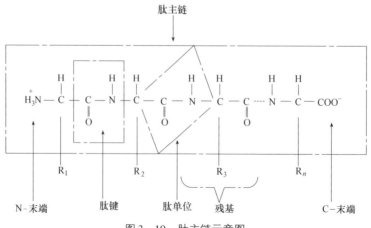

图 3 – 10 肽主链示意图

肽的长短可以不同。小分子的肽类只是由少数几个氨基酸组成，它们通常称为**寡肽（oli-gopeptide）**。一般按其氨基酸残基排列顺序命名，如 Tyr – Gly – Gly – Phe – Met 称为酪氨酰甘氨酰甘氨酰苯丙氨酰甲硫氨酸，这是一种从脑中分离出来的，具有类似吗啡镇痛功能的物质，因此又称脑啡肽。通常氨基酸残基数在 10～40 范围内的分子称为多肽。大于这一界限的称为蛋白质。但这一界限并不十分严格。

二、肽的解离性质

肽是一类多聚两性电解质。肽键中的亚氨基虽然不能解离，但肽链带有游离的 N – 端 α – NH$_2$ 和 C – 端 α – COOH，加上部分氨基酸可解离的 R 基团，因而与氨基酸一样具有两性解离的性质。像氨基酸一样，肽随着环境 pH 的变化，也可以解离成带正电荷、负电荷或者净电荷为零等不同的状态。每一种肽都有它的等电点，可通过酸碱滴定曲线确定。等电点的差别反映出它们的氨基酸组成的不同和侧链可解离基团的多寡。肽链末端 α – NH$_2$ 与 α – COOH 的间隔比游离氨基酸中的大，它们之间的静电引力较弱，因此，α – 羧基的 pK 值比游离氨基酸中的大一些；α – 氨基的 pK 值比游离氨基酸中的小一些，侧链基团的 pK 值变化不大。

肽的化学反应与氨基酸一样，游离的 α – 氨基、α – 羧基、R 基团可发生与氨基酸中相应基团类似的反应，如茚三酮反应、Edman 反应等。含有两个以上肽键的化合物在碱性溶液中与 Cu^{2+} 生成紫红色到蓝紫色的络合物，称为双缩脲反应，可用于测定多肽和蛋白质含量。

三、重要的天然寡肽

生物体内有许多以游离态存在的小肽，具有各种特殊的生物学功能。已知很多动物激素属于肽类物质，如下丘脑分泌的促甲状腺素释放因子（TRH，3 肽）、促黄体生成激素释放因子（LRF，10 肽）、生长激素释放抑制因子（GRIP，14 肽）、加压素（ADH，8 肽）；脑垂体分泌的促肾上腺皮质激素（ACTH，39 肽）；胰岛 α – 细胞分泌的胰高血糖素（29 肽）等。某些神经递质，如前面提到的脑啡肽（5 肽）和 β – 内啡肽（31 肽）等以及某些抗菌素也是肽或肽衍生物，如短杆菌肽 S（环 10 肽）、放线菌素 D 和多黏菌素 E 等。

谷胱甘肽（Glutathione） 是广泛分布于生物体内的一种三肽，具体为 γ – 谷氨酰胺 – 半胱氨酰 – 甘氨酸。谷氨酸的 γ – 羧基而不是它的 α – 羧基参与肽键的形成。由于谷胱甘肽含有疏基（—SH），因此它具有还原型（GSH）和氧化型（GSSG）两种形式。氧化型谷胱甘肽是由两分子的还原型谷胱甘肽通过二硫键连接而成的。谷胱甘肽是某些氧化还原酶的辅酶，对疏基酶的—SH 有保护作用，且有防止过氧化物累积的功能。图 3 – 11 所示为一些天然活性肽的结构。

还原型谷胱甘肽(GSH)

促甲状腺素释放因子（TRH）

Cys · Tyr · Phe · Gln · Asn · Cys · Pro · Lys · Gly—NH₂
| |
S————————————————————S

加压素（ADH）

PYreGlu · His · Trp · Tyr · Gly · Leu · Arg · Pro · Gly—NH₂

促黄体生成激素释放因子（LRF）

Ala · Gly · Cys · Lys · Asn · Phe · Phe · Trp · Lys · Thr · Phe · Thr · Ser · Cys
| |
S——————————————————————————————————S

生长激素释放抑制因子（GRIF）

L—Leu · D—Phe · L—Pro · L—Val
·
L—Orn   L—Orn   短杆菌肽 S

L—Val · L—Pro · D—Phe · L—Leu

图 3-11   一些天然活性肽的结构（L-Orn 为鸟氨酰）

第四节　蛋白质的分子结构

蛋白质是生物大分子，虽然组成蛋白质的基本氨基酸为 20 种，但各种不同的蛋白质的氨基酸残基数变化很大，少则 50 多个，多则千个以上，加之氨基酸排列顺序的差异及组合肽链数的不同，就形成了结构和功能都十分复杂和多样的蛋白质。自然界存在的蛋白质有 10^{10} ~ 10^{12} 种。由于蛋白质结构的复杂性，20 世纪 50 年代初，丹麦科学家 Linderstrøm – Lang 提出蛋白质的结构分为不同的结构层次，分别称为一级结构、二级结构、三级结构和四级结构（图 3-12）。这是蛋白质分子在结构上的一个最显著的特征。另外为了研究的方便，在二、三级结构之间又划分出超二级结构和结构域两个层次。但**并非所有蛋白质都具有四级结构**，由一条肽链形成的蛋白质只有一级、二级和三级结构；由两条及以上肽链形成的蛋白质才可能有四级结构。

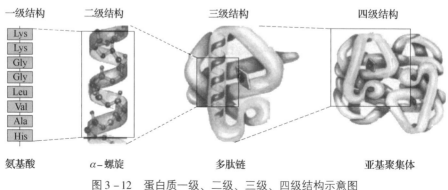

图 3-12   蛋白质一级、二级、三级、四级结构示意图

一、蛋白质的一级结构

蛋白质的一级结构（primary structure）是指多肽链内氨基酸残基从 N - 末端到 C - 末端的排列顺序，或称氨基酸序列，它是蛋白质最基本的结构。过去曾将一级结构混同于化学结构，根据国际纯化学和应用化学联合会（IUPAC）1969 年的规定，一级结构专指氨基酸序列，而蛋白质的化学结构则包括肽链数目、端基组成、氨基酸序列和二硫键的位置，又称共价结构。

氨基酸序列测定是蛋白质结构研究的基础工作。英国生化学家 F. Sanger 于 1944—1954 年阐明了牛胰岛素的氨基酸序列，虽然这只是一种由 51 个氨基酸残基组成的小相对分子质量蛋白质，但 Sanger 创造的方法却奠定了氨基酸序列测定的基础。1967 年 Edman 和 Begg 发明了氨基酸序列分析仪。1973 年 Morre 和 Steine 又推出氨基酸序列自动分析仪，极大地加快了氨基酸序列测定的进度。1997 年底，已有 69000 多种蛋白质进入氨基酸序列数据库。

蛋白质的氨基酸序列测定是很复杂的，测定蛋白质的一级结构，要求样品必须是均一的、纯度应在 97% 以上，同时必须知道相对分子质量，其误差允许在 10% 左右。多肽链的氨基酸顺序主要是根据英国学者 Sanger 实验室中发展起来的方法进行的。虽然测定每种蛋白质的一级结构都有各自特殊的问题需要解决，然而一般的测定步骤可以概括为：

（1）测定蛋白质分子中多肽链的数目　根据蛋白质末端残基（氨基末端或羧基末端）的摩尔数和蛋白质的相对分子质量可以确定蛋白质分子中的多肽链数目。如果蛋白质分子只含一条多肽链，即是单体蛋白质，则蛋白质的摩尔数应与末端残基的摩尔数相等；如果后者是前者的倍数，说明该蛋白质分子由多条多肽链组成。由一条以上的多肽链组成的蛋白质称为多体蛋白或寡聚体蛋白。由相同多肽链构成的寡聚体蛋白称为同聚多体蛋白，由几条不同的多肽链构成的多体蛋白称为杂聚多体蛋白。如果检测到的末端残基多于一种，表明蛋白质由两条或多条不同的多肽链组成，即样品是杂多聚蛋白质。

（2）拆分蛋白质分子的多肽链　如果蛋白质分子是由一条以上多肽链构成的，则这些肽链必须加以拆分。如果是寡聚蛋白质，多肽链（亚基）是借助非共价相互作用缔合的，则可用变性剂如 8mol/L 尿素、6mol/L 盐酸胍或高浓度盐处理，就能使寡聚蛋白质中的亚基拆开。如果多肽链间是通过共价二硫桥（S—S）交联的，如胰岛素（含两条多肽链）和 α - 胰凝乳蛋白酶（含 3 条多肽链）则可采用氧化剂或还原剂将二硫键断裂。拆开后单条多肽链可根据它们的大小或（和）电荷的不同进行分离、纯化。

（3）断开多肽链内的二硫桥　多肽链内半胱氨酸残基之间的 S—S 桥必须在进行第（4）步前予以断裂。

还原法和氧化法均能使二硫键断裂。用于还原法的试剂是含巯基（—SH）的化合物，如二硫苏糖醇（DTT）和 2 - 巯基乙醇，它们常用来使—S—S—还原，但还原后生成的半胱氨酸残基中的—SH 很容易氧化重新形成—S—S—，因此需要使用烷化剂如碘乙酸（ICH$_2$COOH）等来封闭巯基，以阻止二硫键的再形成（图 3 - 13）。

过甲酸是常用的氧化剂，使—S—S—氧化裂解生成半胱氨磺酸衍生物（或磺基丙氨酸衍生物）（图 3 - 13）。用过甲酸处理肽链时，会造成甲硫氨酸残基被氧化成甲硫氨酸砜，在肽链的部分降解中，使溴化氰失去作用。

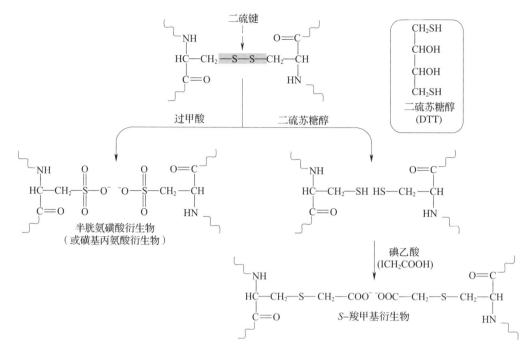

图 3 – 13　采用还原法或氧化法断裂二硫键以及巯基的封闭

（4）分析每一多肽链的氨基酸组成　经分离、纯化的多肽链一部分样品进行完全水解，测定它的氨基酸组成（amino acid composition），并计算出氨基酸成分的分子比或各种残基的数目。

氨基酸组成分析常用酸水解法（如采用6mol/L盐酸溶液在110℃于真空的安瓿瓶封闭水解72h）。蛋白质中的色氨酸含量可采用碱水解产物分析得到。离子交换层析和高效液相层析可以对多肽链的水解产物进行定量分析。

（5）鉴定多肽链的 N – 末端和 C – 末端残基　多肽链的一部分样品进行 N – 末端残基的鉴定，另一部分样品进行 C – 末端残基的鉴定，以便建立两个重要的氨基酸序列参考点。

N – 末端残基的鉴定可以采用 2，4 – 二硝基氟苯（DNFB）法、丹磺酰氯（DNS – Cl）法、苯异硫氰酸酯（PITC）法、氨肽酶法等进行。

C – 末端残基的鉴定可以采用肼解法、^{3}H 标记法、羧肽酶法等进行。羧肽酶至少存在 A、B、C 三种。它们都能从肽链的 C – 末端依次将氨基酸残基水解下来。羧肽酶 A 能水解 C – 末端除 Arg、Lys 和 Pro 外的所有残基的肽键。羧肽酶 B 只能催化 C – 末端的 Arg 和 Lys 残基的水解。如果 C – 末端第二个残基是 Pro，则羧肽酶 A 和 B 对 C – 末端任何一个残基都不起作用。羧肽酶 C 作用于 C – 末端的任何一个残基，包括 Pro 残基。

（6）裂解多肽链成较小的片段　用两种或几种不同的断裂方法（指断裂点不一样）将每条多肽链样品降解成两套或几套重叠的肽段或称肽碎片。每套肽段进行分离、纯化，并对每一纯化了的肽段进行氨基酸组成和末端残基的分析。

胰蛋白酶法、胰凝乳蛋白酶法和溴化氰法是常用来进行部分降解的方法。

胰蛋白酶（trypsin）作用于多肽底物时，能专一性地水解肽链中碱性氨基酸（Lys 和 Arg）羧基端所形成的肽键（图 3 – 14），产物的羧基端残基是 Lys 或 Arg。但如果 Lys 或 Arg 羧基端的

酶专一性作用部位

胰蛋白酶　　　　　　　　　　R_{n-1}=带正电荷的残基：Lys、Arg;$R_n \neq$Pro

胰凝乳蛋白酶　　　　　　　　R_{n-1}=侧链较庞大的疏水性残基：Tyr、Phe、Trp; $R_n \neq$Pro

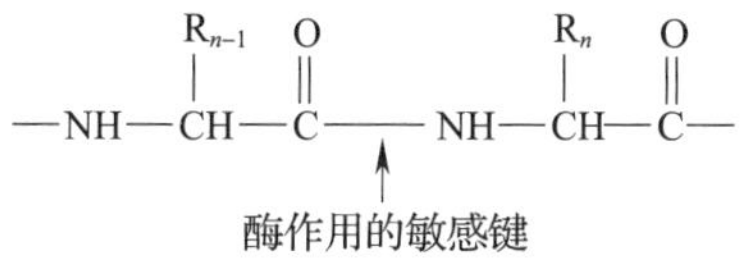

$$-NH-\underset{\underset{R_{n-1}}{|}}{CH}-\overset{\overset{O}{\|}}{C}-NH-\underset{\underset{R_n}{|}}{CH}-\overset{\overset{O}{\|}}{C}-$$

酶作用的敏感键

图 3-14　胰蛋白酶和胰凝乳蛋白酶催化反应的部位

残基是 Pro，则该酶不能催化这样的肽键水解。

胰凝乳蛋白酶（chymotrypsin）　主要作用于侧链庞大的、含芳香环的氨基酸残基（Phe、Tyr 或 Try）羧基端的肽键（图 3-14），对 Leu 或 Met 等残基羧基端的肽键也能缓慢地水解。同样地，若该酶敏感肽键的羧基端残基是 Pro，则不能水解这个肽键。

溴化氰（CNBr）在肽链部分降解中是一种很有效的化学试剂。溴化氰高度专一地同肽链中的 Met 残基反应，生成 C-末端为高丝氨酸内酯的片段。

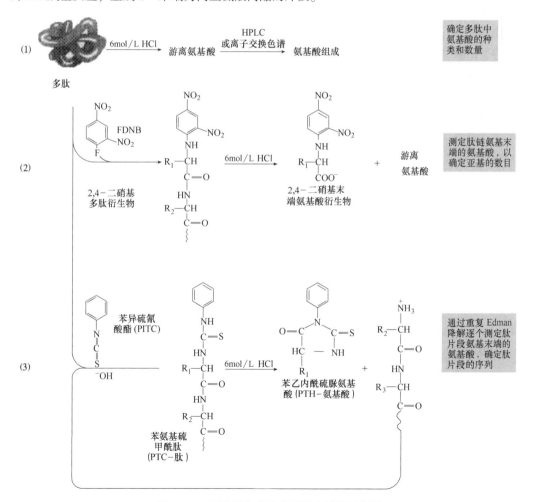

图 3-15　蛋白质和多肽序列测定过程示意图

（7）测定各肽段的氨基酸序列　目前最常用的肽段测序方法是 Edman 降解法，并有自动序列分析仪可供利用。此外尚有酶解法和质谱法等。

（8）重建完整多肽链的一级结构　利用两套或多套肽段的氨基酸序列彼此间有交错重叠可以拼凑出原来的完整多肽链的氨基酸序列。

（9）确定半胱氨酸残基间形成的 S—S 交联桥的位置　应该指出，氨基酸序列测定中不包括辅基成分分析，但是它应属于蛋白质化学结构内容。

蛋白质和多肽序列测定过程见图 3 – 15。

二、蛋白质的三维结构

1969 年国际纯化学和应用化学联合会（IUPAC）规定在描述蛋白质等生物大分子的空间结构（三维结构）时应使用**构象（conformation）**一词。**构象**是指分子内各原子或基团之间的相互立体关系。蛋白质的构象就是蛋白质分子中各原子的空间排列。构象的改变是由于单键的旋转而产生的，不需有共价键的变化（断裂或形成），但涉及氢键等次级键的改变。在描述有机物空间结构时还有一个名词称为**构型（configuration）**，构象和构型是两个容易混淆的概念。**构型**是指在立体异构体中取代原子或基团在空间的取向。一个碳原子和四个不同的基团相连时，只可能有两种不同的空间排列，这两种不同的空间排列称为不同的构型（D – 型和 L – 型）。这两种构型如果没有共价键的破裂是不能互变的。

一个典型蛋白质的多肽链的共价主链形式上都是单键，由于其中许多键有可能自由旋转，因此，从理论上来讲一个多肽主链将可能有无限多种构象，并且由于热运动，任何一种特定的多肽构象还将发生不断的变化。然而目前已知，一个蛋白质的多肽链在生物体正常的温度和 pH 条件下，只有一种或很少几种构象。这种天然构象保证了它的生物活性，并且相当稳定，甚至蛋白质被分离出来以后，仍然保持着天然状态。

（一）稳定蛋白质结构的作用力

蛋白质多肽链在生理条件下折叠成特定的构象是热力学上的一种有利的过程。蛋白质分子三维构象的稳定性，要靠大量的作用力来维系（图 3 – 16）。

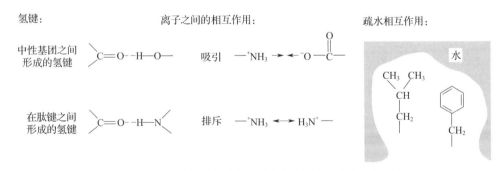

图 3 – 16　在水溶剂中蛋白质分子中存在的几种非共价作用力

1. 疏水相互作用

非极性基团（疏水基团）为了避开水相而互相聚集的作用力称为**疏水相互作用（hydrophobic interaction）**。在天然蛋白质结构中，由于非极性侧链基团具有避开水的倾向，大多数聚集在分子的内部，不与水溶剂接触。因此，非极性基团的疏水作用是维系蛋白质结构的重要决定因素。

2. 氢键

氢键（D—H—A）是一种由弱酸性的供体基团（D—H）与一个具有孤对电子的原子（A）之间形成的最显著的静电作用力（图 3 - 16）。在生物学系统中，D 和 A 两者都是高电负性的 N、O 以及 S 原子。氢键的结合能是 - 30 ~ - 12kJ/mol；与范德华力相比，它有较强的方向性。D—A 间的距离正常情况下为 0.27 ~ 0.31nm。氢键由于供体 D—H 键沿受体独对电子轨道指向而趋于直线。肽链主链上的亚氨基与羰基氧原子间形成的氢键是维系蛋白质分子二级结构最重要的化学键。侧链基团之间或侧链基团与主链基团间形成的氢键，对维系三级结构有一定的作用。

3. 盐键（离子键）

蛋白质分子的相反电荷基团的结合称为盐键、离子键或离子对。蛋白质中含有一些带可离子化基团的氨基酸残基。在中性 pH，Asp 和 Glu 残基带负电荷，而 Lys、Arg 和 His 残基带正电荷；在碱性 pH，Cys 和 Tyr 残基带负电荷。然而，这些推斥力和吸引力的强度因水溶液中水的高介电常数而降到很低的数值。

4. 范德华力

在电中性分子之间的非共价结合统称为范德华力或范德华相互作用（van der Waals interaction）。这种力产生于永久的或诱导的偶极之间的静电相互作用。这些力与那些非键合的临近原子间的各种相互作用有关（氢键也是一种特殊的偶极相互作用）。各种不同的原子对的范德华相互作用能量在 - 0.8 ~ - 0.17kJ/mol 范围。作用力的大小与原子间的距离有关，随原子间距离增加而迅速减小，当超过 0.6nm 时，范德华相互作用可以忽略。然而，由于在蛋白质分子中大量原子对参与范德华相互作用，因此它对于蛋白质的折叠和稳定性的贡献很大。

5. 二硫键

二硫键（—S—S—）是由两个半胱氨酸的侧链—SH 氧化形成的。二硫键是天然存在于蛋白质中的唯一的共价侧链交联。它们既能存在于分子内，也能存在于分子间。在单体蛋白质中，二硫键的形成是蛋白质折叠的结果。当两个半胱氨酸残基接近并适当定向时，分子氧催化巯基氧化形成二硫键。二硫键一旦形成就有助于蛋白质折叠结构的稳定。例如，当 β - 乳球蛋白中一个或两个二硫键被还原成巯基（—SH）时，蛋白质构象就失去它的稳定性，并且更易于被胃蛋白酶、胰蛋白酶和胰凝乳蛋白酶等消化。

6. 金属键

一些蛋白质结合着特定的金属离子，例如 Ca^{2+}、Mg^{2+} 和 Na^+。金属离子与蛋白质的连接往往是金属键（配位键）。这种结合一般能稳定蛋白质的结构，它的机制或许是通过中和电荷的效应和促进其他的相互作用（例如疏水相互作用）使得蛋白质有一个更牢固的分子构象。牛乳清蛋白天然结构稳定的必需条件是结合钙离子。α - 淀粉酶蛋白中存在钙，如果在低 pH 和同时存在螯合剂的条件下将酶蛋白分子中的钙离子除去，能导致酶基本上失活和对热、酸或脲等变性因素的稳定性降低。

（二）蛋白质的二级结构

蛋白质的**二级结构（secondary structure）**是指多肽链的主链骨架中若干肽单位，各自沿一定的轴盘旋或折叠，并以氢键为主要次级键而形成有规则的构象，如 α - 螺旋、β - 折叠和 β - 转角等。蛋白质的二级结构一般不涉及氨基酸残基侧链的构象。

一般认为，驱使蛋白质折叠的主要动力来自为使暴露在溶剂中的疏水基团降低至最少程度的需要。但是同时需要保持处于伸展状态的多肽链和周围水分子之间形成的氢键相互作用的有利能量状态。为满足第一个需要，多肽链将发生折叠使多数疏水基团躲开，不与溶剂水接触。为维持系统的能量平衡，要求在折叠状态的多肽主链的基团之间形成氢键相互作用。这一要求对蛋白质的折叠产生一个由氢键维系的有规则的重复构象。因为主链肽键上的羰基（—C＝O）和酰氨基（—NH）是沿多肽主链有规则排列的，因此，在最适状态时将在多肽链内或多肽链之间出现周期性排列的氢键相互作用，从而形成蛋白质的二级结构。

1. 肽单位

肽键是构成蛋白质分子的基本化学键，与肽键相连的亚氨基（—NH）、羰基（—C＝O）和两端的 α - 碳原子（C_α）构成了一个肽基，形成一个近似的平面（图 3 - 17），称为**肽单位**（**peptide unit**）或**肽平面**（**酰胺平面，peptide plane**）。多肽链是由许多重复的肽单位连接而成的，它们构成肽链的主链骨架。肽单位和各氨基酸残基侧链的结构和性质对蛋白质的空间构象有重要影响。

多肽链中肽单位的结构如图 3 - 17 所示。

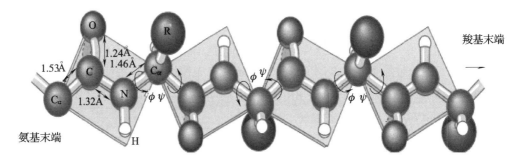

图 3 - 17　完全伸展的肽链构象

根据 X - 射线衍射结构分析的研究结果表明，肽单位具有以下特性：

（1）肽键具有部分双键的性质，不能自由旋转。肽键中的 C—N 键的键长为 0.132nm，比 C_α—N 单键（键长 0.147nm）短，而比 C＝N 双键（键长 0.127nm）长。

（2）肽单位是刚性平面结构，即肽单位上的六个原子都位于同一个平面，称为肽键平面。

（3）肽单位中与 C—N 相连的 H 和 O 原子与两个 α - 碳原子呈反向分布。

（4）α - 碳原子两端单键可以旋转，N—C_α 和 C_α—C 旋转的角度分别用 φ 和 Ψ 来表示（图 3 - 18），原则上，φ 和 Ψ 可以取 - 180° ~ + 180°之间任意一值。多肽链的所有可能构象都能用 φ 和 Ψ 这两个构象角又称二面角来描述。

根据这些特性，一种蛋白质的多肽链主链实际上是由连续的刚性的肽基构成的。由于主链的 C—N 键具有部分双键的性质，不能自由旋转，使肽链的构象数目受到很大的限制。主链上 C_α—N 和 C_α—C 键虽然可以旋转，但也不是完全自由的，因为它们的旋转受到侧链 R 基团和肽键中氢及氧原子空间阻碍的影响，影响的程度与侧链基团的结构和性质有关，这样使多肽链构象的数目又进一步受到限制。显然，在肽键平面上有 1/3 的键不能旋转，只有两端的 α - 碳原子单键可以旋转，因此，多肽链的盘旋或折叠是由肽链中许多 α - 碳原子的旋转所决定的，可以用每个 α - 碳原子的两个旋转角（即扭角，φ 和 Ψ）来描述多肽链主链的构象。在多肽链中，任何一对扭角如果发生变化，则多肽链主链的构象必然发生相应的变化。如果所有与 α - 碳原子相连的这一对扭角都分别相等，则多肽链主链呈现为有规律的构象。

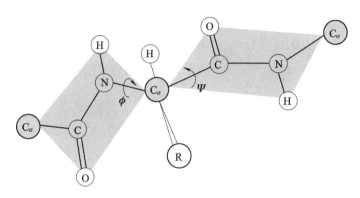

图 3 - 18　肽平面与二面角（φ 和 ψ）

由于肽键平面的存在，多肽链折叠的空间是有限制的，使蛋白质的二级结构的构象有限制，蛋白质的二级结构的构象主要有 α - 螺旋、β - 片层和 β - 转角等。它们广泛地存在于球状蛋白质内。但是各种类型的二级结构并不是均匀地分布在蛋白质中。某些蛋白质，如血红蛋白和肌红蛋白含有大量的 α - 螺旋，而另一些蛋白质如铁氧还原蛋白则不含任何 α - 螺旋。不同蛋白质中 β - 折叠的含量和 β - 转角的数目也有很大的变化。某些纤维状蛋白质，例如 α - 角蛋白完全由 α - 螺旋构成，而丝心蛋白是具有 β - 折叠的典型代表。

2. α - 螺旋

α - 螺旋（α - helix）是蛋白质中最常见、含量最丰富的二级结构。α - 螺旋结构模型是由 L. Pauling 于 1951 年提出的。蛋白质分子中多个肽键平面通过氨基酸 α - 碳原子的旋转（$\varphi = -57°$，$\psi = -47°$）使多肽链的主骨架沿中心轴盘曲成稳定的 α - 螺旋构象。**α - 螺旋具有下列特征：**

（1）主链绕中心轴按右手螺旋方向盘旋，每 3.6 个氨基酸残基前进一圈，每圈前进距离是 0.54nm，每个氨基酸残基占 0.15nm。

（2）氢键是 α - 螺旋稳定的主要次级键，相邻螺旋之间形成内氢键，每个氨基酸残基的亚氨基与它前面第四个氨基酸残基的羰基氧原子形成氢键，氢键与螺旋轴近似平行。若破坏氢键，则 α - 螺旋构象即遭破坏。

（3）肽链中氨基酸残基的 R 基侧链分布在螺旋的外侧。其形状、大小及电荷等均影响 α - 螺旋的形成和稳定性。如多肽链中连续存在酸性或碱性氨基酸，由于所带电荷而同性相斥阻止链内氢键形成而不利于 α - 螺旋的形成；较大的氨基酸残基的 R 侧链（如异亮氨酸、苯丙氨酸、色氨酸等）集中的区域，因空间阻碍的影响，也不利于 α - 螺旋的生成；脯氨酸或羟脯氨酸残基存在则不能形成 α - 螺旋，因为其 N 原子位于吡咯环中，C_α—N 单键不能旋转，加之其 α - 亚氨基在形成肽键后，N 原子上无氢原子，不能生成维持 α - 螺旋所需的氢键。显然，蛋白质分子中氨基酸的组成和排列顺序对 α - 螺旋的形成和稳定性具有决定性的影响。α - 螺旋结构见图 3 - 19。

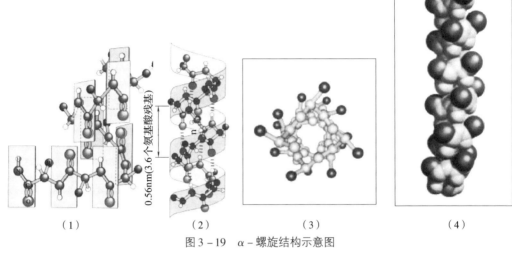

（1）　　　　（2）　　　　（3）　　　　（4）

图3-19　α-螺旋结构示意图

（1）α-螺旋肽平面的空间走向　　（2）α-螺旋球棍模型

（3）沿径向轴从一端观察α-螺旋，深色小球表示R基团

（4）α-螺旋实心模型，α-螺旋中心的原子是紧密接触的。

一条多肽链能否形成α-螺旋，以及形成的螺旋是否稳定，与它的氨基酸组成和排列顺序有极大的关系。对多聚氨基酸的研究发现，R基小，并且不带电荷的多聚丙氨酸，在pH7.0的水溶液中能自发地卷曲成α-螺旋。但是多聚赖氨酸在同样的pH条件下却不能形成α-螺旋，而是以无规则卷曲形式存在。这是因为多聚赖氨酸在pH7.0时R基具有正电荷，彼此间由于静电排斥，不能形成链内氢键。事实正是如此，在pH12.0时，多聚赖氨酸即自发地形成α-螺旋。同样，多聚谷氨酸也与此类似（图3-20）。

除R基的电荷性质之外，R基的大小对多肽链能否形成螺旋也有影响。多聚异亮氨酸由于在它的α-碳原子附近有较大的R基，造成空间阻碍，因而不能形成α-螺旋。多聚脯氨酸的α-碳原子参与R基吡咯环的形成，环内的C_α—N键和C—N肽键都不能旋转，而且多聚脯氨酸的肽键不具亚氨基，不能形成链内氢键。因此，多肽链中只要存在脯氨酸（或羟脯氨酸），α-螺旋即被中断，并产生一个"结节"。

3. β-折叠结构

β-折叠结构又称**β-片层结构（β-pleated sheet structure）**。这是一种肽链相当伸展的结构，用热水或稀碱处理，蛋白质的α-螺旋也被伸展形成β-片层的空间结构。**此结构具有下列特征**（图3-21）：

（1）肽链的伸展使肽键平面之间一般折叠成锯齿状。

（2）肽链平行排列，相邻肽链之间的肽键相互交替形成许多氢键，是维持这种结构的主要次级键。

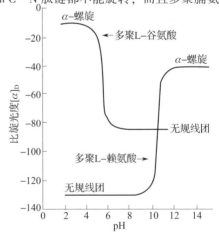

图3-20　pH对多聚L-谷氨酸和多聚L-赖氨酸的构象互变的影响：α-螺旋至无规则卷曲

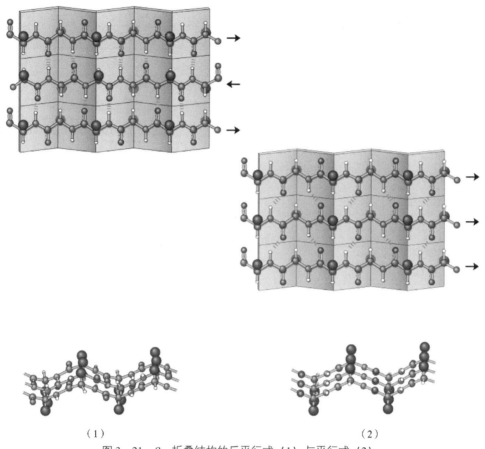

（1）　　　　　　　　　　　（2）

图3－21　β－折叠结构的反平行式（1）与平行式（2）

注：各图右边所示箭头分别指示肽链从 C 端到 N 端的方向。

（3）肽链平行的走向有顺式和反式两种，肽链的 N－端在同侧为顺式，不在同侧为反式。

（4）肽链中氨基酸残基的 R 侧链分布在片层的上下。

4. β－转角（β－bend）

伸展的多肽链形成180°的回折，即 U 形转折结构称为 **β－转角**（**β－bend**）。它由四个连续氨基酸残基构成，第 1 个氨基酸残基的羰基氧原子与第 4 个氨基酸残基的亚氨基之间形成氢键以维持其构象。β－转角结构见图 3－22。甘氨酸、脯氨酸等常常出现在 β－转角中。

5. 无规线团（random coil）

蛋白质二级结构中除上述有规则的构象外，尚存在因肽键平面不规则排列的无规律构象，称为自由折叠或无规线团。

研究表明：一种蛋白质的二级结构并非单纯的 α－螺旋，或 β－片层结构，而是这些不同类型构象的组合，只是不同蛋白质各占多少不同而已（表3－4）。

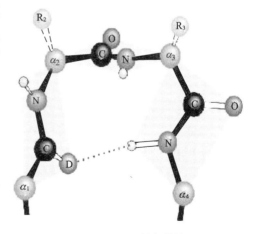

图3－22　β－转角结构

表 3 – 4 蛋白质的二级结构组成 单位:%

蛋白质名称	α – 螺旋	β – 折叠	β – 转角	无规线团
脱氧血红蛋白	85.7	0	8.8	5.5
牛血清清蛋白	67.0	0	0	33.0
胰凝乳蛋白酶原	11.0	49.4	21.2	18.4
免疫球蛋白 G	2.5	67.2	17.8	12.5
牛胰蛋白酶抑制剂	25.9	44.8	8.8	20.5
木瓜蛋白酶	27.8	29.2	24.5	18.5
α – 乳清蛋白	26.0	14.0	0	60.0
β – 乳球蛋白	6.8	51.2	10.5	31.5
大豆 11S	8.5	64.5	0	27.0
大豆 7S	6.0	62.5	2.0	29.5

注:数值代表占总的氨基酸残基的百分数。

6. 超二级结构

在蛋白质分子中,特别是球状蛋白质中,经常可以看到由若干相邻的二级结构单元(即 α – 螺旋、β – 折叠和 β – 转角等)组合在一起,彼此相互作用,形成有规则、在空间上能辨认的二级结构组合体充当三级结构的构件,称为**超二级结构**(**super – secondary structure**)。超二级结构在结构的组织层次上高于二级结构,但没有构成完整的结构域(structural domain)。结构域的组织层次介于超二级结构和三级结构之间。

已知的超二级结构有三种基本组合形式见图 3 – 23。

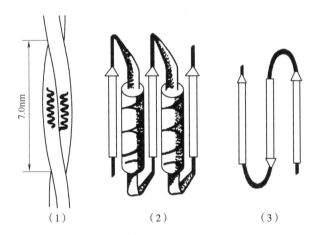

图 3 – 23 蛋白质中的三种超二级结构

(1) α – 螺旋的聚集体($\alpha\alpha$) (2) α – 螺旋与 β – 折叠的聚集体($\beta\alpha\beta$)

(3) β – 折叠的聚集体($\beta\beta\beta$ 和 $\beta\alpha\beta$)

(三) 纤维状蛋白质的结构

天然蛋白质按其构象不同,可分为两大类,即纤维状蛋白质和球状蛋白质。纤维状蛋白通常是水不溶性的,在生物体内往往起着结构和支撑的作用;这类蛋白质的多肽链只是沿着一维方向折叠。球状蛋白质一般都是水溶性的，是生物活性蛋白。它们的结构比起纤维状蛋白来说要复杂得多。

纤维状蛋白质（fibrous protein） 是高度伸展的分子，二级结构是它们的主要结构形式。纤维状蛋白质广泛存在于脊椎动物和无脊椎动物体内，它是动物体的基本支架和外保护成分，占脊椎动物体内蛋白质总量的一半或一半以上。这类蛋白质外形呈纤维状或细棒状，分子轴比（长轴/短轴）大于10（小于10的为球状蛋白质）。纤维蛋白常含有大量单一形式的二级结构，分子是有规则的线形结构，这与其多肽链的有规则二级结构有关。纤维状蛋白质种类很多，有的溶于水，如肌球蛋白和纤维蛋白原等。有的不溶于水（硬蛋白），如角蛋白、胶原蛋白和弹性蛋白等。纤维状蛋白质不包括微管、肌动蛋白细丝或鞭毛等，它们是球状蛋白质的长向聚集体。

1. 角蛋白

角蛋白（keratin） 来源于外胚层细胞，是外胚层细胞的结构蛋白质。角蛋白可分为两类，一类是 α-角蛋白，另一类是 β-角蛋白。

（1）α-角蛋白 主要存在于动物的毛发、蹄子、爪、羽毛、指甲等组织中。此类蛋白质的氨基酸组成中含有较多的疏水氨基酸和半胱氨酸，其基本结构为右手 α-螺旋。毛发中的 α-角蛋白中，三股右手 α-螺旋向左缠绕，拧成一根称为原纤维（protofibril）的超螺旋结构，直径为 2nm，原纤维再排列成 "9+2" 的电缆式结构，称为微原纤维（microfibril），直径为 8nm。数百根微纤维进一步聚合成大纤维（也称巨纤维，macrofibril），其直径为 200nm。它们是毛发的结构元件（图3-24）。大纤维沿轴向排列，形成无生命的细胞。这些无生命的细胞再平行交错排列就构成了毛发纤维的基本结构。α-角蛋白是 α-螺旋的典型实例。α-角蛋白的伸缩性能很好，一根毛发可以拉长到原有长度的二倍，这时 α-螺旋被撑开，各圈间的氢键被破坏，转变为 β-折叠构象。当张力除去后，单靠氢键不能使纤维恢复到原来的状态。

毛发中的二硫键较少，使得毛发特别柔软；而爪、指甲中的角蛋白分子中二硫键特别多，使得这些组织坚硬而不能弯曲。

（2）β-角蛋白 存在于蚕丝、蜘蛛丝中的丝心蛋白是典型的反平行 β-折叠片。在这种蛋白质分子中，反平行式 β-折叠片以平行的方式堆积成多层结构；链间主要以氢键连接。氢键形成于相邻肽链的肽键之间，而 β-折叠片和 β-折叠片之间主要靠范德华力维系。一级结构分析表明，在这种蛋白质中，含甘氨酸、丝氨酸和丙氨酸较多，有（Gly-Ala-Gly-Ala-Gly-Ser）这样的重复结构。这暗示着甘氨酸将位于 β-折叠片层的同侧，丝氨酸和丙氨酸将位于另一侧。还有一些大侧链的氨基酸，如酪氨酸、脯氨酸等。这些氨基酸往往构成丝心蛋白分子中的无规则区（无序区）。无序区的存在，赋予丝心蛋白以一定的伸展度。

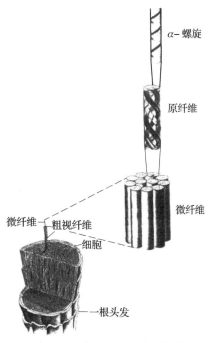

图3-24 α-角蛋白图（头发的结构）

2. 胶原蛋白

胶原蛋白或称**胶原（collagen）**是很多脊椎动物和无脊椎动物体内含量最丰富的蛋白质。它们是构成皮肤、软骨、动脉管壁和结缔组织的主要成分，属结构蛋白质，它能使腱、骨、软骨、牙皮和血管等结缔组织具有机械强度。

胶原蛋白种类很多，结构差异较大。胶原蛋白的一般结构特征是：胶原蛋白在体内以胶原纤维的形式存在，其基本组成单位是原胶原蛋白（protocollagen, tropocollagen）。原胶原蛋白在胶原纤维中以一种很特殊的方式组织在一起。每个胶原分子头尾相连，交错排列，形成特征性的带状胶原蛋白纤维束（图 3 – 25）。原胶原蛋白是由三条多肽链构成的三股螺旋（triple helix）。每条肽链含大约含 1000 个氨基酸残基，其相对分子质量为 285×10^3。原胶原分子长约 300nm，直径约 1.5nm，每圈螺旋含 3.3 个氨基酸残基。典型的胶原蛋白多肽链的氨基酸序列由单调重复三联体序列 Gly – X – Y 构成。这里 X 往往是脯氨酸，Y 常常是羟脯氨酸，羟赖氨酸有时也出现在 Y 的位置。胶原蛋白大约有三分之一的氨基酸残基是甘氨酸，15% ~ 30% 的残基是脯氨酸和羟脯氨酸。羟脯氨酸和羟赖氨酸是在多肽链合成后，在相应的脯氨酸羟化酶和赖氨酸羟化酶作用下形成的。这些酶的活性部位有 Fe^{2+}。若缺乏维生素 C，Fe^{2+} 易被氧化为 Fe^{3+}，使羟化酶活性降低。相应部位的脯氨酸和赖氨酸不能羟化，使得胶原纤维不能正常合成，引起皮肤损伤，血管变脆，导致坏血病的发生。

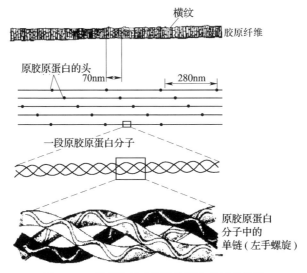

图 3 – 25　胶原纤维中原胶原蛋白分子的排列

由于含脯氨酸、羟脯氨酸多，胶原蛋白不能形成像 α – 螺旋、β – 折叠片这样的结构，而代之以 3 条称为 α – 肽链或 α – 链的多肽链（亚基）缠绕成特有的三股螺旋。胶原三股螺旋目前认为只存在于胶原纤维中。使胶原纤维稳定的力主要有下列三种：

（1）螺旋链之间的氢键　在一条螺旋链上甘氨酸的氨基和另一条螺旋链上 X 氨基酸的羰基氧之间；此外羟脯氨酸的羟基也参与氢键的形成。

（2）原胶原分子内和分子间的共价交联　在赖氨酰氧化酶作用下，原胶原分子中的赖氨酸残基的 ε – 氨基转变为醛基，形成醛赖氨酸；两分子醛赖氨酸经醛醇缩合作用形成醛醇（图 3 – 26），使得两条肽链之间形成共价交联而趋于稳定。

胶原纤维就是由多个原胶原分子定向排列，靠氢键、共价交联等聚集形成稳定的胶原纤

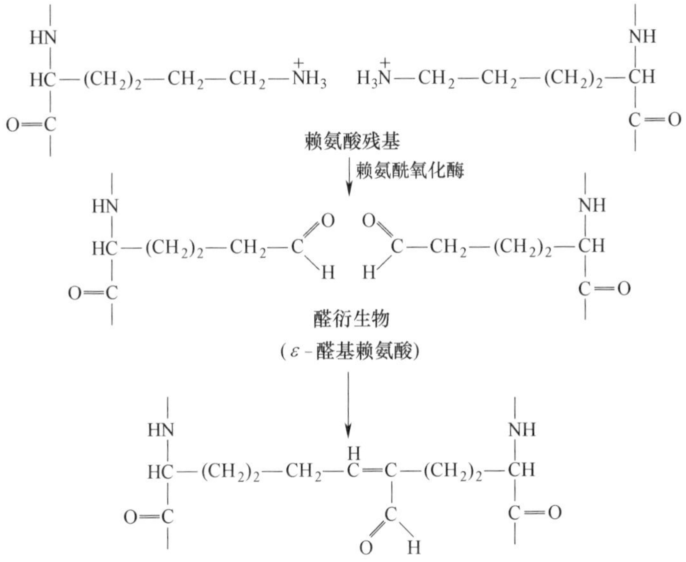

图 3 - 26　赖氨酸残基发生的醛醇交联

维。交联的程度和类型随组织器官的生理功能和年龄等而有所不同。如成熟老鼠的腱中的胶原蛋白是高度交联的；而易弯曲的尾巴腱中的胶原蛋白，其交联度很小。

（3）有的胶原中还有二硫键　由于胶原三螺旋中的肽链是处于特异的伸展状的螺旋，好像一条扭紧的绳索，不易再被牵引拉长，为结缔组织提供了很高的抗张强度，形成了胶原纤维强大的韧性。动物越大越重，胶原在其总蛋白中所占的比例就大，随着年龄的增加，在原胶原三螺旋内和三螺旋之间的共价交联形成的就越多；因此使得结缔组织中的胶原纤维越来越硬而变得较脆，结果改变了肌腱、韧带、软骨的机械性能，使骨头变脆，眼球角膜透明度变小。胶原蛋白不易被一般的蛋白酶水解，但能被梭菌或动物的胶原酶水解。胶原于水中煮沸即转变为明胶（gelatine），后者是一种可溶性肽的混合物。从营养角度看，胶原蛋白并不是理想的蛋白质，因为它缺少很多人体所必需的氨基酸。

3. 弹性蛋白

弹性蛋白（elastin）是结缔组织中的另一种蛋白质，它的最重要的性质就是弹性，并因此得名。弹性蛋白使肺、血管特别是大动脉管以及韧带等具有伸展性。弹性蛋白也是一种丰富的蛋白质，但不如胶原蛋白和肌球蛋白那样普遍。

弹性蛋白是由可溶性的单体——弹性蛋白原（tropoelastin）构成的。弹性蛋白只有一个弹性蛋白原的基因，而胶原蛋白每种亚基都有自己的基因。弹性蛋白原含 800 个氨基酸残基，相对分子质量为 72000，富含甘氨酸、丙氨酸、缬氨酸和脯氨酸。与原胶原蛋白不同，弹性蛋白原不含羟赖氨酸，羟脯氨酸含量也很低；弹性蛋白没有被糖基化，而胶原蛋白是一种糖蛋白。弹性蛋白分子中发现有两个重复顺序，Lys - Ala - Ala - Lys 和 Lys - Ala - Ala，这些顺序与弹性蛋白的结构有什么关系目前还不知道。弹性蛋白原形成的螺旋既不同于 α - 螺旋，也不同于胶原蛋白的螺旋。弹性蛋白原螺旋由两种区段组成，一种是富含甘氨酸、脯氨酸和缬氨酸的，这一区段控制弹性蛋白的伸展性，是宽的左手螺旋；另一种区段富含丙氨酸和赖氨酸，这是右手 α - 螺旋，与分子的交联有关。

弹性蛋白按两种方式交联在一起。一种方式是像胶原蛋白中一样，赖氨酸残基的侧链经脱氨氧化生成醛基，后者与另一赖氨酸残基的 ε – 氨基缩合，形成的亚胺双键被还原产生赖氨酸正亮氨酸。反应式如下：

$$
\begin{array}{c}
\text{C}=\text{O} \\
| \\
\text{HC}-\text{CH}_2-\text{CH}_2-\text{CH}_2-\text{CH}_2-\text{N}=\overset{\text{H}}{\text{C}}-\text{CH}_2-\text{CH}_2-\text{CH}_2-\text{CH} \\
| \\
\text{NH}
\end{array}
\qquad
\begin{array}{c}
\text{C}=\text{O} \\
| \\
\text{CH} \\
| \\
\text{NH}
\end{array}
$$

脱氢赖氨酰正亮氨酸

还原↓

$$
\begin{array}{c}
\text{C}=\text{O} \\
| \\
\text{HC}-\text{CH}_2-\text{CH}_2-\text{CH}_2-\text{CH}_2-\overset{}{\underset{\text{H}}{\text{N}}}-\text{CH}_2-\text{CH}_2-\text{CH}_2-\text{CH} \\
| \\
\text{NH}
\end{array}
\qquad
\begin{array}{c}
\text{C}=\text{O} \\
| \\
\text{CH} \\
| \\
\text{NH}
\end{array}
$$

赖氨酰正亮氨酸

另一种交联方式是三个 ε – 醛基赖氨酸残基与赖氨酸残基缩合生成锁链素残基或异锁链素残基。两者的区别只是吡啶环上的一个侧链位置不同，对锁链素来说，此侧链在环 4 位置，异锁链素在环 2 位置，通过锁链素或异锁链素可以连接二、三或四条弹性蛋白原肽链，而形成一个多肽链网，能向各个方向作可逆性伸展（图 3 – 27）。

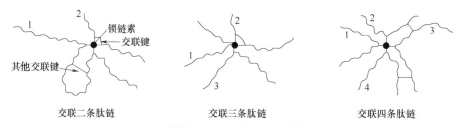

图 3 – 27　弹性蛋白质中锁链素交联的多肽链网

4. 其他类型的纤维状蛋白质

骨骼肌以及很多非肌肉细胞含有两种形成特有的纤维状或丝状结构的蛋白质：肌球蛋白和肌动蛋白。按生物功能来说它们不是基本的结构蛋白质，它们参与需能的收缩活动。

肌球蛋白是一种很长的棒状分子，有两条彼此缠绕的 α – 螺旋肽链的尾巴和一个复杂的"头"。肌球蛋白分子的头部具有酶活力，能够催化 ATP 水解成 ADP 和磷酸，并释放能量。许多肌球蛋白分子装配在一起形成骨骼肌的粗丝。肌球蛋白也存在于非肌肉细胞内。

在骨骼肌中与粗丝紧密缔合在一起的是细丝，它由肌动蛋白组成。肌动蛋白以两种形式存在，即球状肌动蛋白（G – 肌动蛋白）和纤维状肌动蛋白（F – 肌动蛋白）。纤维状肌动蛋白实际上是由一根 G – 肌动蛋白分子（相对分子质量 46000）缔合而成的细丝。两根 F – 肌动蛋白细丝彼此卷曲形成双股绳索结构（图 3 – 28）。

肌球蛋白形成的粗丝和 G – 肌动蛋白形成的细丝在肌肉收缩系统中平行排列。肌肉收缩是由于细丝在某些其他肌肉蛋白质如原肌球蛋白、肌钙蛋白和 Ca^{2+} 存在下沿粗丝滑动的结果。ATP 是这一滑动作用所必需的。在收缩过程中滑动使得骨骼肌缩短。

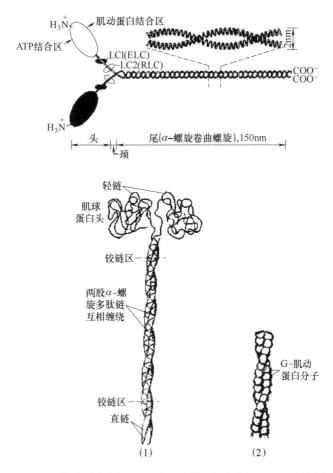

图 3 - 28　肌球蛋白分子（1）和 F - 肌动蛋白分子（2）的示意图

（四）结构域

前面已经提到蛋白质结构可以分为一级结构、二级结构、三级结构和四级结构 4 个组织层次（折叠层次），但如果细分还可以在二级结构和三级结构之间增加两个层次：超二级结构和结构域。

1973 年 Wetlaufer 根据对蛋白质结构及折叠机制的研究结果提出了介于二级和三级结构之间的一种结构层次。多肽链在二级结构或超二级结构的基础上形成三级结构的局部折叠区，它是相对独立的紧密球状实体，称为**结构域（structural domain，domain）**或辖区。

结构域是球状蛋白质的独立折叠单位。对于那些较小的球状蛋白质分子或亚基来说，结构域和三级结构是一个意思，也就是说这些蛋白质或亚基是单结构域（single domain）的，如核糖核酸酶、肌红蛋白等；对于较大的球状蛋白质或亚基，其三级结构往往由两个或多个结构域缔合而成，即它们是多结构域（multidomain）的，例如免疫球蛋白 IgG 的三级结构含 12 个结构域（图 3 - 29）。

结构域自身是紧密装配的，但结构域与结构域之间关系松懈。结构域与结构域之间常常有一段长短不等的肽链相连，并且在两个结构域之间有一明显的"颈部"或称为"凹口"，形成所谓铰链区（hinge region）。不同的蛋白质分子中，其结构域的数目不同；同一蛋白质分子中的几个结构域，彼此相似或者很不相同。常见结构域的氨基酸残基数在 100~400 个之间；最小的结构域只有 40~50 个氨基酸残基，大的结构域可超过 400 个氨基酸残基。从动力学的角度来看，一条较长的多肽链先折叠成几个相对独立的单位，在此基础上进一步折叠盘绕成为完整的立体构象，要比直接折叠成完整的立体构象更合理些。

结构域有时也指功能域（functional domain）。一般来说，功能域是蛋白质分子中能独立存在的功能单位。功能域可以是一个结构域，也可以由两个结构域或两个以上结构域组成，例如，酵母己糖激酶的功能域（活性部位）就是由两个结构域构成的，并处于它们之间的交界处（图 3-30），由此可见，结构域这一折叠层次的出现也不是偶然的。

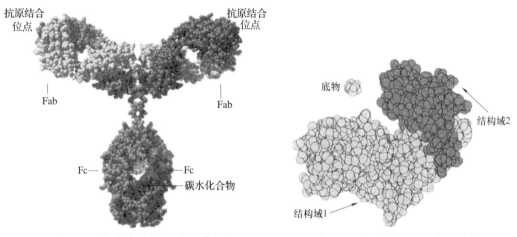

图 3-29　免疫球蛋白 IgG 的结构域　　　　图 3-30　酵母己糖激酶的三级结构

（五）球状蛋白质与三级结构

虽然纤维状蛋白质在各种生物体内含量丰富也很重要，但是它们的种类只占自然界中蛋白质的很小一部分，球状蛋白质远比它们多得多。天然存在的蛋白质多数为球状蛋白。球状蛋白质的构象要比纤维状蛋白质的构象复杂得多，它们具有多种多样的生物功能。细胞内的大多数生物化学过程都是由球状蛋白质完成的，如具有催化功能的酶；血液中输送氧、营养料和无机离子的载体蛋白；免疫球蛋白和胰岛素等。

蛋白质的**三级结构（tertiary structure）**和四级结构通常是针对球状蛋白而言的。**蛋白质的三级结构**是指蛋白质分子中所有原子的三维空间排列，包括蛋白质多肽链主链在空间中的走向［即二级结构要素（α-螺旋、β-折叠、β-转角和无规卷曲等）在空间的定位］，以及它的侧链在空间的分布和彼此间的相互关系。在球状蛋白质分子中，多肽链在二级结构的基础上被进一步折叠成致密的球形或椭圆形构象。

1958 年，英国著名的科学家 Kendrew 等人使用 X 射线结构分析法第一个搞清了抹香鲸肌红蛋白的三级结构。在这种球状蛋白质中，多肽链不是简单地沿着某一个中心轴有规律地重复排列，而是沿多个方向进行卷曲、折叠，形成一个紧密的近似球形的结构（图 3-31）。侧链 R 的相互作用对稳定球状蛋白质的三级结构起重要的作用。

球状蛋白质可根据它们的结构域类型分为以下四大类：

（1）全 α-结构（反平行 α-螺旋）蛋白质；

（2）α-、β-结构（平行或混合型 β-折叠片）蛋白质；

（3）全 β – 结构（反平行 β – 折叠片）蛋白质；

（4）富含金属或二硫键（小的不规则）蛋白质。

除少数一些混合型结构之外，大多数已知结构的蛋白质都可以归入这 4 个类别中的一种。

蛋白质晶体结构数据库资料表明，确定晶体结构的蛋白质已有 300 多种，虽然每种球状蛋白质都有自己独特的三维结构，但是它们仍有某些共同特征。**球状蛋白质三维结构的特征如下：**

（1）球状蛋白质分子含多种二级结构元件 一种纤维状蛋白质（肌球蛋白除外）只含一种二级结构元件，如前面提到的 α – 角蛋白含 α – 螺旋，丝心蛋白含反平行 β – 折叠片。然而，球状蛋白质分子含有两种或两种以上的二级结构元件，**溶菌酶（lysozyme）** 的三级结构见图 3 – 32。表 3 – 5 所示为几种单链蛋白质中二级结构元件的近似含量。

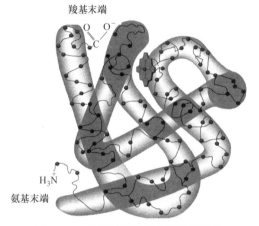

图 3 – 31 抹香鲸肌红蛋白的三级结构

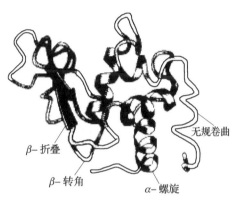

图 3 – 32 鸡卵清溶菌酶的三级结构

表 3 – 5 几种单链蛋白质中 α – 螺旋、β – 折叠和 β – 转角的近似含量

蛋白质（总残基数）	残基/% *		
	α – 螺旋	β – 折叠	β – 转角
肌红蛋白（153）	78	0	16
溶菌酶（129）	40	12	19
核糖核酸酶 A（124）	26	35	
胰凝乳蛋白酶（247）	14	45	28
羧肽酶 A（307）	38	17	17

*多肽链的其余部分由无规则卷曲等组成。

（2）球状蛋白质三维结构具有明显的折叠层次 与纤维状蛋白质相比，球状蛋白质的结构具有更加明显而丰富的折叠层次。多肽链主链在熵驱动下折叠成借氢键维系的 α – 螺旋、β – 折叠等二级结构。在一级序列上相邻的二级结构往往在三维折叠中彼此靠近并相互作用形成超二级结构。然后超二级结构进一步装配成相对独立的球状实体——结构域或三级结构（对于单结构域蛋白质或亚基）或再由两个或多个结构域（对于多结构域蛋白质或亚基）装配成紧密的球状或椭球状的三级结构，如己糖激酶（图 3 – 30）。如果这是亚基的三级结构，将由三级结构的亚基缔合成四级结构的多聚体，如血红蛋白（图 3 – 33）。

（3）球状蛋白质分子是紧密的球状或椭球状实体　多肽链折叠过程中各种二级结构彼此紧密装配，它们之间也插入松散的肽段。一个蛋白质的组成氨基酸的范德华体积（van der Waals volume）总和（组成的原子依范德华作用范围所占的总体积）除以蛋白质所占的体积即得装配密度，一般为 0.72 ~ 0.77，这意味着即使紧密装配，蛋白质总体积约 25% 不被蛋白质原子所占

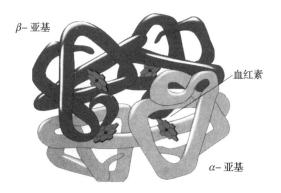

图 3 – 33　血红蛋白的四级结构

据。例如在 α – 胰凝乳蛋白酶晶体结构中发现有 16 个水分子。值得注意的是邻近活性部位的区域密度比平均值低得多，这可能意味着在这较松散的区域有较大的空间可塑性，使构象容易发生变化，可允许活性部位的结合基团和催化基团有较大的活动范围。这是酶与底物，别构酶与调节物，其他功能蛋白与效应物相互作用的结构基础。

（4）球状蛋白质疏水侧链埋藏在分子内部，亲水侧链暴露在分子表面　蛋白质折叠形成三级结构的驱动力是形成可能的最稳定结构。这里有两种力在起作用，一是肽链必须满足自身结构固有的限制，包括折叠中 α 碳的二面角的限制以及手性效应；二是肽链必须折叠以便埋藏疏水侧链，使之与溶剂水的接触降到最小程度（熵驱动）。疏水核心几乎全部由 β – 折叠片和 α – 螺旋组成。它们的肽主链虽然是极性的，但由于这两种二级结构形成很好的氢键网，主链极性已被有效地中和，因而能稳定地处于疏水核心区域。球状蛋白质中，多数 α – 螺旋都是两亲螺旋。它们一个面向外暴露于溶剂，另一个面朝向蛋白质的疏水内部（两亲螺旋向外的一面主要由极性和带电残基组成，向内一面主要是非极性的疏水残基）。平行 β – 折叠片一般存在于蛋白质疏水核心；反平行 β – 折叠片疏水一侧朝向分子内部，亲水一侧与溶剂接触。

球状蛋白质分子 80% ~ 90% 疏水侧链被埋藏，分子表面主要是亲水侧链，因此球状蛋白质是水溶性的。

（5）球状蛋白质分子的表面有一个空穴（也称裂沟、凹槽或口袋），这种空穴常是结合底物、效应物等配体并行使生物功能的活性部位。空穴大小能容纳 1 ~ 2 个小分子配体或大分子配体的一部分。空穴周围分布着许多疏水侧链，为底物等发生化学反应营造了一个疏水环境（低介电区域）。

（六）亚基缔合和蛋白质的四级结构

生物体内的许多蛋白质都含有两个或多个折叠的多肽链，它们彼此聚集，构成一个完整的、有功能的实体。在这类蛋白质中，每一个折叠的多肽链称为一个**亚基**（或称亚单位，sub-unit）。亚基一般以 α、β、γ 等命名，一般是一条多肽链，亚基单独存在没有生物学活性。在一种蛋白质中的亚基可以相同，也可以不同。由 2 个亚基组成的称为二聚体蛋白，由 4 个亚基组成的称为四聚体蛋白。由 2 个或 2 个以上亚基组成的蛋白质统称为**寡聚蛋白质、多聚蛋白质或多亚基蛋白**。仅由一个亚基组成并因此无四级结构的蛋白质称为单体蛋白，如核糖核酸酶等。多聚蛋白质可以是由单一类型的亚基组成，称为同多聚（homomultimeric）蛋白质，如肝乙醇脱氢酶（α_2）、酵母己糖激酶（α_4）等；或由几种不同类型的亚基组成，称为杂多聚（hetermultimeric) 蛋白质，如图 3 – 33 所示血红蛋白（$\alpha_2\beta_2$）。表 3 – 6 所示为几种蛋白质及其亚基的数目和组成。

表 3 – 6　　　　　　　　　　　几种寡聚蛋白质的亚基数目

蛋白质名称	亚基数目	蛋白质名称	亚基数目
乙醇脱氢酶	2	磷酸葡糖异构酶	2
苹果酸脱氢酶	2	谷胱甘肽还原酶	2
醛缩酶	3	乳酸脱氢酶	4
丙酮酸激酶	4	免疫球蛋白	2 + 2

对称的寡聚蛋白质分子可视为是由两个或多个不对称的相同结构成分组成，这种相同结构成分被称为**原聚体（protomer）**，在同多聚体中原体就是亚基，但是在杂多聚体中原体是由两种或多种不同的亚基组成的。例如血红蛋白分子可看成是由两个原体组成的对称二聚体，其中每个原体是由一个 α – 亚基（一条 α – 珠蛋白链）和一个 β – 亚基（一条 β – 珠蛋白链）构成的聚集体（$\alpha\beta$）。这里把原体看作单体，可称血红蛋白为二聚体，如果以亚基为单体，则称血红蛋白为四聚体。

在生物分子缔合的研究中，亚基、单体、原聚体和分子这几个词的含义有时等同，有时各异，视具体场合而定，目前尚无明确界定。多数人认为分子是一个完整的独立功能单位，例如作为四聚体的血红蛋白才具有完全的转运氧及其他功能，而它的任一亚基（α – 链或 β – 链）或原聚体（$\alpha\beta$ – 聚集体或称半分子）都不具有这种功能，因此对血红蛋白来说四聚体是它的分子。胰岛素作为单体蛋白质（含二硫键交联的 A、B 两条链，也称 α – 、β – 亚基）可以发生缔合，生成二聚体和六聚体，但胰岛素的功能单位是单体蛋白质，因此对胰岛素而言单体是分子，而二聚体和六聚体是分子的聚集体。

蛋白质的四级结构涉及亚基种类和数目以及各亚基或原聚体在整个分子中的空间排布，包括亚基间的接触位点及结构互补和作用力（主要是非共价相互作用）。大多数寡聚蛋白质分子中亚基数目为偶数，其中又以 2 和 4 个的为多；个别的为奇数，例如荧光素酶分子含 3 个亚基。蛋白质分子亚基的种类一般是一种或两种，少数的多于两种。亚单位在蛋白质中的排布一般是对称的，对称性是具有四级结构的蛋白质的重要性质之一。并非所有的蛋白质都有四级结构。

稳定蛋白质四级结构的作用力与三级结构的作用力没有本质区别。亚基缔合的驱动力主要是疏水相互作用，亚基缔合的专一性则由相互作用的表面上的极性基团之间的氢键和离子键提供。蛋白质亚基之间紧密接触的界面存在极性相互作用和疏水相互作用。因此相互作用的表面具有极性基团和疏水基团的互补排列。对某些蛋白质来说，对亚基缔合的稳定性作出贡献的还有一个重要因素是亚基之间二硫桥的形成，例如所有的抗体都是由两条重链和两条轻链组成的四聚体，两个亚基间的二硫键将两条重链（α 或 H）维系在一起，另两个亚基间的二硫键分别把两条轻链（β 或 L）与两条重链连接。

蛋白质的结构层次从低到高如图 3 – 34 所示。

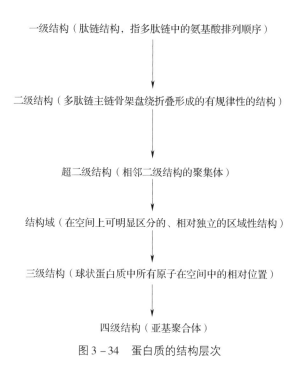

图 3 – 34   蛋白质的结构层次

第五节   蛋白质的结构与功能

蛋白质是生命的基础，各种蛋白质都有其特定的生物学功能，而所有这些功能又都与蛋白质分子的特异结构密切相关。总的来说，蛋白质的功能取决于以一级结构为基础的蛋白质空间构象。研究生物大分子如蛋白质、核酸的结构与功能的关系，最终目标是从分子水平上认识生命现象。

一、蛋白质一级结构与功能的关系

蛋白质的生物学功能从根本上来说是由它的一级结构所决定的。氨基酸序列的分析能揭示不同来源的蛋白质彼此之间的进化关系，也为分子病的诊断提供可靠的依据。

（一）同源蛋白质的氨基酸序列具有明显的相似性

有些蛋白质存在于不同的生物体内，但具有相同的生物学功能，这些蛋白质被称为同功能蛋白质或同源蛋白质。研究发现，不同种属的同功能蛋白质，在一级结构上既有明显的相似性，也存在种属差异。同源蛋白质的氨基酸顺序中，有许多位置的氨基酸对所有的种属来说都是相同的，这些称为不变残基（或守恒残基）。但其他位置的氨基酸，对不同种属来说差异较大，这些称为可变残基。这说明不同种属的生物中具有相同功能的蛋白质，在进化上可能来自相同的祖先，但存在着种属差异，在长期的进化过程中不断分化出结构与功能相适应的蛋白质。

比较各种哺乳类、鸟类和鱼类等动物的胰岛素（insulin）一级结构，发现组成胰岛素分子的 51 个氨基酸残基中，只有 24 个氨基酸残基始终保持不变，为不同生物所共有。绝大多数守恒残基是带有疏水侧链的氨基酸。X 射线晶体结构分析结果证明，这些非极性的氨基酸对维持胰岛素分子的高级结构起着稳定作用，因而推测，不同动物来源的胰岛素，其空间结构可能大致相同。一般认为，激素的活性中心以及维持活性中心构象的氨基酸残基不能变，否则激素将失去活性。对于那些可变动的氨基酸，一般认为，不处于激素的"活性中心"，或者对维持活性中心不重要，只是与免疫性有关。不同哺乳动物的胰岛素分子中氨基酸的差异见表 3-7。

表 3-7　　　　　　　　不同哺乳动物的胰岛素分子中氨基酸差异

胰岛素来源	氨基酸排列顺序的差异			
	A_5	A_6	A_{10}	B_{30}
人	Thr	Ser	Ile	Thr
猪	Thr	Ser	Ile	Ala
狗	Thr	Ser	Ile	Ala
兔	Thr	Gly	Ile	Ser
牛	Ala	Gly	Val	Ala
羊	Ala	Ser	Val	Ala
马	Thr	Ser	Ile	Ala

A：为 A 链；B：为 B 链；A_5 表示 A 链第 5 位氨基酸

细胞色素 C 是一种存在于线粒体内膜上，与呼吸过程有关的蛋白质。尽管它们的来源不同，但具有相同的生物学功能。表 3-8 所示为几种生物的细胞色素 C 的种属差异。

表 3-8　　　　　　几种生物的细胞色素 C 的种属差异（以人为标准）

物种	残基改变数	物种	残基改变数
黑猩猩	0	鸡、火鸡	13
兔	9	海龟	15
袋鼠	10	金枪鱼	21
牛、羊、猪	10	蚕蛾	31
狗	11	小麦	35
马	12	酵母	44

对 120 多个生物种属的细胞色素 C（包括脊椎动物、某些无脊椎动物、酵母、较高等的植物等）的一级结构分析发现，只有 28 个位置上的氨基酸残基是不变残基，这些多是维持其构象所必需的残基，其他残基可随着进化而变异。亲缘关系越接近，其氨基酸组成的差异越小。亲缘关系越远，氨基酸组成的差异越大。

（二）一级结构相同的蛋白质的功能也相同

研究发现，蛋白质的一级结构差异越小，其功能的相似性越大。如促肾上腺皮质激素（ACTH）和促黑激素（α-MSH），两者 N-端的 13 个氨基酸残基完全相同，仅 α-MSH 的

N - 端为乙酰化的丝氨酸，而不是游离的丝氨酸。若将 ACTH 分子从 C - 端逐渐切下，仅剩下 N - 端的 13 个氨基酸，则 ACTH 的活性完全消失，而具有显著的 α - MSH 的活性。ACTH 和 α - MSH 的N - 端的结构如下：

$$Ac - Ser - Tyr - Ser - Met - Glu - His - Phe - Arg - Trp - Gly - Lys - Pro - Val \quad (\alpha - MSH)$$

$$Ser - Tyr - Ser - Met - Glu - His - Phe - Arg - Trp - Gly - Lys - Pro - Val \quad (ACTH)$$

(三) 一级结构上的细微变化可直接影响其功能

不同蛋白质和多肽具有不同的功能，根本的原因是它们的一级结构各异，有时仅微小的差异就可表现出不同的生物学功能，如加压素与催产素都是由神经垂体分泌的 9 肽激素，它们分子中仅两个氨基酸有差异。但二者的生理功能却有根本的区别：加压素能促进血管收缩、升高血压及促进肾小管对水的重吸收，表现为抗利尿作用；而催产素则能刺激平滑肌引起子宫收缩，表现为催产功能。其结构如下：

牛催产素
$$\overset{\overset{S——S}{\overbrace{\qquad\qquad}}}{\underset{1\quad2\quad3\quad4\quad5\quad6\quad7\quad8\quad9}{Cys \cdot Tyr \cdot Ile \cdot Gln \cdot Asn \cdot Cys \cdot Pro \cdot Leu \cdot Gly—NH_2}}$$

牛加压素
$$\overset{\overset{S——S}{\overbrace{\qquad\qquad}}}{Cys \cdot Tyr \cdot Phe \cdot Gln \cdot Asn \cdot Cys \cdot Pro \cdot Arg \cdot Gly—NH_2}$$

分子病是由于遗传基因的突变导致蛋白质分子结构的改变或某种蛋白质的缺乏所引起的。胰岛素分子病是由于胰岛素分子中 B 链第 24 位的苯丙氨酸被亮氨酸取代，使胰岛素成为活性很低的分子，不能降血糖。

镰刀型红细胞贫血症是最早认识的一种分子病，患者血液中大量出现镰刀型红细胞，后者不能与氧正常结合，使患者缺氧窒息，死亡率极高。它是由于血红蛋白基因中的一个核苷酸的突变，导致该蛋白分子中 β 链第六位的谷氨酸被缬氨酸取代。正常人的血红蛋白（HbA）和镰刀型红细胞贫血症患者的血红蛋白（HbS）的 β 链的氨基酸组成差异如下：

正常型 β 链（HbA）　　 – – – Val – His – Leu – Thr – Pro – <u>Glu</u> – Lys – – –

镰刀型 β 链（HbS）　　 – – – Val – His – Leu – Thr – Pro – <u>Val</u> – Lys – – –

在 HbS 分子中多了一个非极性的氨基酸（Val）。从血红蛋白的构象来看，由于 β 链上的这个氨基酸处于分子的表面，从而引起脱氧血红蛋白的溶解度下降，在细胞内易聚集沉淀，丧失了结合氧的能力，使正常的红细胞变得长而薄，呈新月状或镰刀状。

二、蛋白质的空间构象与功能的关系

(一) 蛋白质的一级结构决定其高级结构

蛋白质的空间结构取决于其一级结构，核糖核酸酶（RNase）变性与复性的过程可以很好地说明这一点。核糖核酸酶是含有 124 个氨基酸残基的一条肽链，经不规则折叠而形成一个近似球形的分子。构象的稳定除了依靠氢键等非共价键外，还有 4 个二硫键。当核糖核酸酶在蛋白质变性剂（如 8mol 尿素）和一些还原剂（如巯基乙醇）存在下，酶分子中的二硫键全部还原，酶的三维结构被破坏，肽链完全伸展，酶的催化活性完全丧失。当用透析法慢慢除去变性剂和巯基乙醇后，发现酶的大部分活性恢复，二硫键也重新形成（图 3 – 35）。

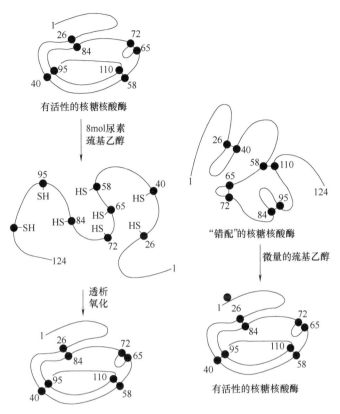

图 3-35 核糖核酸酶的变性与复性

说明完全伸展的多肽链能自动折叠成其活性形式。若将还原后的核糖核酸酶在 8mol 尿素中重新氧化，产物只有 1% 的活性，因为巯基没有正确地配对。变性核糖核酸酶的 8 个巯基相互配对形成二硫键的概率是随机的，但只有一种是正确的。那些不正确配对的产物称为"错乱"的核糖核酸酶。向含有"错乱"核糖核酸酶的溶液中加入微量的巯基乙醇，大约 10h 后发现，"错乱"核糖核酸酶转变为天然的、有全部酶活力的核糖核酸酶。即微量的巯基乙醇催化二硫键的重新形成。以上实验说明，蛋白质的变性是可逆的，变性蛋白在一定的条件下之所以能自动折叠成天然的构象，是由于形成复杂的三维结构所需要的全部信息都包含在它的氨基酸排列顺序上，蛋白质分子多肽链的氨基酸排列顺序包含了自动形成正确的空间构象所需要的全部信息，即一级结构决定其高级结构。由于蛋白质特定的高级结构的形成，出现了它特有的生物活性。

另外，人工合成胰岛素的成功也从另一个角度证明了一个只提供小分子氨基酸和它的排列顺序信息的肽链，在特定条件下，可自动地形成天然胰岛素的中间结构。

既然"一级结构决定高级结构"是一客观规律，是否控制蛋白质合成的基因只需储存各种蛋白质排列顺序的信息就足够了？答案是否定的，因为蛋白质在合成过程中还须有形成空间结构的控制因子。目前已发现细胞中广泛存在另一些单独的蛋白质，这些蛋白质被称为**多肽链结合蛋白**或**分子伴侣（molecular chaperones）**，它们在蛋白质的折叠、加工和穿膜进入细胞器的转化过程中起关键作用。它们有些结合在多肽链上防止侧链非特异性聚集；有些则可引导某些多肽链折叠并集合多肽链成为较大的结构。例如，热休克蛋白（heat shock protein）就是分子伴侣家族中的一个成员，加热时它们可以在许多细胞中被诱导出来，并能稳定其他蛋白质而得名。

(二) 蛋白质的空间构象与功能密切相关

蛋白质分子特定的空间构象是表现其生物学功能或活性所必需的。蛋白质的变性与激活能很好地说明这一点。

1. 蛋白质前体的活化

许多酶都有一个不具备活性的前体，前体经专一性蛋白水解酶作用切去一段肽才能表现其活性。许多激素，如胰岛素、甲状旁腺素、生长激素和胰高血糖素等均存在激素前体。甚至结构蛋白质胶原蛋白也有前胶原蛋白作为其前体。这些前体蛋白均无生物学功能。当无活性的前体转变成具有生物学功能的相应蛋白质时，要有相应的结构改变。例如，胰岛素的前体是胰岛素原，猪胰岛素原是由 84 个氨基酸残基组成的一条多肽链，其活性仅为胰岛素活性的10%。在体内胰岛素原经两种专一性水解酶的作用，将肽链的 31、32 和 62、63 位的四个碱性氨基酸残基切掉，结果生成一分子 C 肽（29 个氨基酸残基）和另一分子由 A 链（21 个氨基酸残基）同 B 链（30 个氨基酸残基）两条多肽链经两对二硫键连接的胰岛素分子（图 3 - 36）。胰岛素分子具有特定的空间结构，从而表现其完整的生物活性。

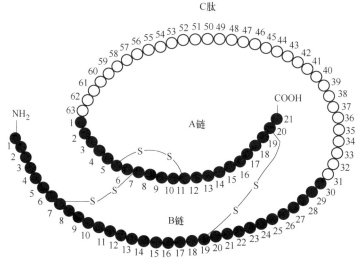

图 3 - 36　胰岛素原转变为胰岛素示意图

2. 蛋白质的变构现象

一些蛋白质由于受某些因素的影响，其一级结构不变而空间构象发生一定的变化，导致其生物学功能的改变，称为**蛋白质的变构现象或别构现象（allosteric effect）**。变构现象是蛋白质表现其生物学功能的一种普通而十分重要的现象，也是调节蛋白质生物学功能极有效的方式，如变构酶类的生物催化作用，血红蛋白运输 O_2 和 CO_2 的功能等。

血红蛋白的主要功能之一是体内氧的运输。它与 O_2 结合的饱和度随氧分压的升高而增加，但不是直线关系，而是呈 S 形曲线（图3 - 37）。这个特征对保证机体对 O_2 的需要具有重要的生理意义。血红蛋白与 O_2 结合的 S 形特征与其空间构象的变构有关。

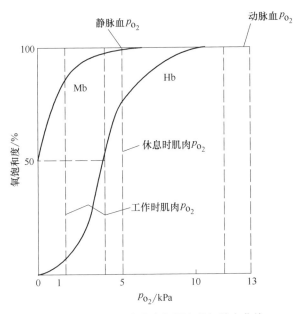

图 3-37 肌红蛋白和血红蛋白的氧结合曲线

血红蛋白 (hemoglobin，简称 Hb) 是由两种不同的亚基组成的四聚体寡聚蛋白，每个亚基包括一条多肽链 (α 或 β) 和一个亚铁血红素辅基。血红素中的亚铁原子可形成两个共价键和四个配位键，第四个配位键与 O_2 可逆结合，而铁原子的价数不变。

Hb 亚基的三级结构与**肌红蛋白 (myoglobin，简称 Mb)** 相似，中间都有个疏水 "口袋"，亚铁血红素位于 "口袋" 中间，血红素上的 Fe^{2+} 能够与氧进行可逆结合。Hb 亚基间有许多氢键与盐键，使四个亚基紧密结合在一起形成亲水的球状蛋白。球状 Hb 中间形成一个 "中心空穴"，未结合 O_2 时 Hb 处于一种紧凑状态，称为紧张态 (简称 T 态)，T 态的 Hb 与 O_2 的亲和力小。然而，伴随着第一个 O_2 与 α 亚基结合，4 个亚基羧基末端之间的盐键断裂和分子内一些氢键的断裂，使 Hb 的二级、三级和四级结构发生改变。构象改变使 Hb 由原来的 T 态转变成易与 O_2 结合的松弛态 (简称 R 态)，从而导致第二、第三和第四个 O_2 很快地结合，这种带 O_2 的 Hb 亚基协助不带 O_2 亚基结合氧的现象，称为**协同效应 (cooperative effect)**。O_2 与 Hb 结合后引起 Hb 的构象变化，这种蛋白质分子在表现功能的过程中引起构象改变的现象，称为变构效应或别构效应，小分子的 O_2 称为**变构剂或效应剂 (allosteric effector)**。

对于镰刀状细胞贫血病，血红蛋白的构象从 HbA 突变为 HbS。血红蛋白的一级结构分析表明，β - 亚基 N - 末端第 6 个氨基酸残基由 Glu 突变为 Val。Glu 侧链是一个带电基团，而 Val 是一个非极性基团。分析 HbS 的结构后发现，β6Val 残基位于 T 态分子的表面，能与相邻分子 β - 亚基的 85Phe 和 88Val 相互作用，从而引起分子聚集，形成 HbS 纤维状聚合体。但是，当 HbS 被氧合化后不会形成纤维状聚合体。这是因为，氧合化的 HbS 处在 R 态，β - 亚基的 85Phe 和 88Val 被隐蔽在分子的内部，没有与 β6Val 残基产生相互作用的部位存在。β - 亚基的突变虽然并不显著影响氧合 HbS 的性质，但它却降低脱氧血红蛋白的溶解度 (仅为脱氧 HbA 的 1/25)。

由 HbS 聚集而成的纤维状聚合体在红细胞内扩展，致使红细胞变形。变形后的红细胞能造成毛细血管堵塞，减少血液的流动。结果是，患者四肢痛性肿胀，并有较高中风或细菌感染的危险。

第六节　蛋白质的性质

蛋白质是由氨基酸组成的高分子有机化合物，因此，它具有氨基酸的一些性质，但是，蛋白质作为高分子化合物，它又表现出与低分子化合物有根本区别的大分子特性，如胶体性、变性和免疫学特性等。

一、蛋白质分子的大小和形状

蛋白质是一类高分子化合物，相对分子质量一般为 $10^4 \sim 10^6$ 或更高。通常将相对分子质量低于 1 万者称为多肽，高于 1 万者称为蛋白质。当然这种界限并不是很严格的，如胰岛素的相对分子质量为 5437，但习惯上称作蛋白质，有时也称多肽。

蛋白质在溶液中的形状可用蛋白质的不对称常数来描述。不对称常数（轴径比）近 1，则分子呈球形（如 β – 脂蛋白）；轴径比大于 10 则分子呈纤维状（如肌球蛋白）；介于两者之间则为椭圆形（如清蛋白、β_1 – 球蛋白等）。蛋白质的不对称常数可根据扩散系数、黏度或其他物理方法等来推算。

高分子特性是蛋白质的重要性质，也是蛋白质胶体性、变性和免疫学性质的基础，因此，测定蛋白质分子的大小是蛋白质化学的重要内容。有关蛋白质相对分子质量测定的常用方法和原理见本章第七节。

二、蛋白质的胶体性质

蛋白质溶液是一种分散系统，在这种分散系统中，蛋白质分子颗粒是分散相，水是分散介质，就其分散程度来说，蛋白质溶液属于胶体系统（colloidal system）。但是它的分散相质点是分子，它是由蛋白质分子与溶剂（水）所构成的均相系统，在这个意义上来说它又是一种真溶液。分散程度以分散相质点的直径来衡量。根据分散程度可以把分散系统分为三类：分散相质点小于 1nm 的为真溶液，大于 100nm 的为悬浊液，介于 1~100 nm 的为胶体溶液。

分散相质点在胶体系统中保持稳定，需要具备三个条件：第一，分散相的质点大小在 1~100nm 范围内，这样大小的质点在动力学上是稳定的，介质分子对这种质点碰撞的合力不等于零，使它能在介质中作不断的布朗运动；第二，分散相的质点带有同种电荷，互相排斥，不易聚集成大颗粒而沉淀；第三，分散相的质点能与溶剂形成溶剂化层，例如与水形成水化层物，质点有了水化层，相互间不易靠拢而聚集。

从蛋白质相对分子质量的测定结果可以看到，蛋白质的分子大小属于胶体质点的范围。蛋白质溶液是一种亲水胶体。蛋白质分子表面的亲水基团，如—NH_2、—COOH、—OH 和—NH—CO—等，在水溶液中能与水分子起水化作用，使蛋白质分子表面形成一个水化层，每克蛋白质分子能结合 0.3~0.5g 水。蛋白质分子表面上的可解离基团，在适当的 pH 条件下，都带有相同的净电荷，与其周围的反离子构成稳定的双电层，蛋白质溶液由于具有水化层与双电层两方面的稳定因素，所以作为胶体系统是相当稳定的，如无外界因素的影响，就不致互相凝集而沉淀。

蛋白质溶液也和一般的胶体系统一样具有丁达尔效应（Tyndall effect）、布朗运动以及不能通过半透膜等性质。

透析（dialysis）或超滤（ultrafiltration） 等膜分离技术就是利用蛋白质的半透膜不透性，将蛋白质中所含的低分子物质（如盐等小分子）分离的技术。

半透膜是指这类膜上具有小孔，只允许水及小分子物质通过，而蛋白质等大分子不能通过，故称为"半透膜"。动物体内的各种膜，另外像人造火棉胶、羊皮纸、玻璃纸等都是半透膜。在生产实践中可用这种半透膜做成透析袋。图 3－38 所示为蛋白质透析示意图。

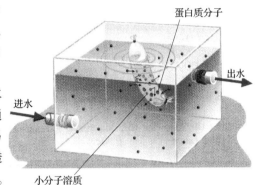

图 3－38　蛋白质透析示意图

三、蛋白质的两性性质和等电点

蛋白质分子由氨基酸组成，在蛋白质分子中保留着游离的末端 α－氨基和 α－羧基以及侧链上的各种功能团。因此蛋白质的化学和物理化学性质有些是与氨基酸相同的，例如，侧链上功能团的化学反应，分子的两性电解质性质等。

蛋白质也是一类两性电解质，能和酸或碱发生作用。在蛋白质分子中，可解离基团主要来自侧链上的功能团。此外还有少数的末端 α－氨基和末端 α－羧基。如果是结合蛋白质，则还有辅基成分所包含的可解离基团。

蛋白质分子可解离基团的 pK_a 值见表 3－9，它们和游离氨基酸中相应基团的 pK_a 值不完全相同，这是由于在蛋白质分子中受到邻近电荷的影响造成的。溶液中蛋白质的带电情况与它所处环境的 pH 有关。调节溶液的 pH 可以使一个蛋白质带正电、带负电或不带电；在某一 pH 时，蛋白质分子中所带的正电荷数目与负电荷数相等，即净电荷为零，在电场中不移动，此时溶液的 pH 即为该种**蛋白质的等电点（isoelectric point of protein）**。表 3－10 所示为几种蛋白质的等电点。蛋白质的等电点和它所含的酸性氨基酸和碱性氨基酸的数量比例有关。表 3－11 所示为几种蛋白质中碱性氨基酸残基与酸性氨基酸残基的数目和它们之间的比例，这个比例和等电点显示了一定的关系。对于大分子蛋白质来说，位于分子内部的可解离基团很难滴定。对于变性蛋白质，可由其酸性氨基酸与碱性氨基酸的比例来判断，而对于天然蛋白质，由于其侧链 R 基团不能完全暴露在外，故不易判断。

表 3－9　　　　　　　　　　　　　　蛋白质分子中可解离基团的 pK_a

基团	酸 ⟶ 碱 ＋H⁺	pK_a（25℃）
α－羧基	—COOH ⇌ —COO⁻ ＋H⁺	3.0～3.2
β－羧基（Asp）	—COOH ⇌ —COO⁻ ＋H⁺	3.0～4.7
γ－羧基（Glu）	—COOH ⇌ —COO⁻ ＋H⁺	4.4
咪唑基（His）	（结构式）	5.6～7.0

续表

基团	酸 ⇌ 碱 + H⁺	pK_a (25℃)
α – 氨基	$-\overset{+}{N}H_3 \rightleftharpoons -NH_2 + H^+$	7.6 ~ 8.4
ε – 氨基（Lys）	$-\overset{+}{N}H_3 \rightleftharpoons -NH_2 + H^+$	9.4 ~ 10.6
巯基（Cys）	$-SH \rightleftharpoons -S^- + H^+$	9.1 ~ 10.8
苯酚基（Tyr）	$-\langle\bigcirc\rangle-OH \rightleftharpoons -\langle\bigcirc\rangle-O^- + H^+$	9.8 ~ 10.4
胍基（Arg）	$-C\overset{\overset{+}{N}H_3}{\underset{NH}{}} \rightleftharpoons -C\overset{NH_2}{\underset{NH}{}} + H^+$	11.6 ~ 12.6

表 3 – 10   几种蛋白质的等电点

蛋白质名称	等电点	蛋白质名称	等电点
胃蛋白酶	1.0	卵清蛋白	4.6
血清蛋白	4.7	β – 乳球蛋白	5.2
胰岛素	5.3	血红蛋白	6.7
α – 胰凝乳蛋白酶	8.3	核糖核酸酶	9.5
细胞色素 C	10.7	溶菌酶	11.0

表 3 – 11   蛋白质的酸性氨基酸和碱性氨基酸含量与等电点的关系

蛋白质	酸性氨基酸 （残基数/蛋白分子）	碱性氨基酸 （残基数/蛋白分子）	碱性氨基酸/ 酸性氨基酸	等电点
胃蛋白酶	37	6	0.2	1.0
血清蛋白	82	99	1.2	4.7
血红蛋白	53	88	1.7	6.7
核糖核酸酶	7	20	2.9	9.5

    不同蛋白质，由于氨基酸组成不同，等电点不同，在同一 pH 条件下所带净电荷不同，在同一电场中移动的方向、速度不同，因此可以相互分离。在等电状态的蛋白质分子，其物理性质有所改变，但最显著的是溶解度最小。图 3 – 39 所示为 pH 对蛋白质带电状态和溶解度的影响。

    蛋白质的等电点随介质的离子组成、pH 而有所变动。蛋白质的滴定曲线形状和等电点在有中性盐存在下可以发生明显的变化。这是由于蛋白质分子中的某些解离基团可以与中性盐中的阳离子（如 Ca^{2+} 或 Mg^{2+}）或阴离子（如 Cl^- 或 HPO_4^{2-}）相结合，因此观察到的蛋白质等电点在一定程度上受到介质中离子组成的影响。故测定蛋白质的等电点时，要在一定 pH、离子强度的缓冲液中进行。在不含任何盐的纯水中进行蛋白质等电点的测定时，所得到的值称为**等离子点**（isoionic point），即分子带电情况仅仅取决于分子本身的解离情况。等离子点是每种蛋白质的一个特征常数。

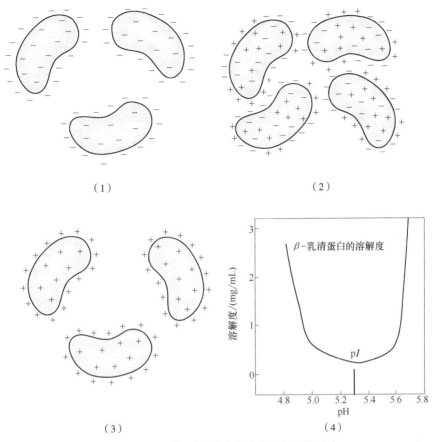

（1）

（2）

（3）

（4）

图 3 - 39　pH 对蛋白质带电状态和溶解度的影响

四、蛋白质的变性作用与复性

蛋白质因受某些物理的或化学的因素的影响，分子的空间构象被破坏，从而导致其理化性质、生物学活性改变的现象称为**蛋白质的变性作用（denaturation）**。强酸、强碱、剧烈搅拌、重金属盐类、有机溶剂、脲、胍类、超声波等都可使蛋白质变性。

某些蛋白质变性后可以在一定的实验条件下恢复原来的空间构象，使生物学活性恢复，这个过程称为**蛋白质的复性（renaturation）**。蛋白质变性的可逆性与导致变性的因素、蛋白质的种类以及蛋白质分子结构改变的程度都有关系。如核糖核酸酶的复性（图 3 - 35）；胰蛋白酶在酸性条件下短时间加热可使其变性，当缓慢地冷却时，胰蛋白酶可以复性；血红蛋白在酸性条件下易变性，但如果用碱缓慢中和，可使其活性部分恢复。

1. 蛋白质变性的本质

蛋白质变性学说最早由我国生化学家吴宪（1931 年）提出，它认为天然蛋白质分子受环境因素的影响，从有规则的紧密结构变为无规则的松散状态，即变性作用。现代分析研究的结果表明，**蛋白质变性作用的本质是蛋白质分子空间构象的改变或破坏，而不涉及一级结构的改变或肽键的断裂**。由于蛋白质分子空间构象的形成与稳定的基本因素是各种次级键，显然蛋白质的变性作用实质上是外界因素破坏这些次级键的形成与稳定，结果导致了蛋白质分子空间构象的改变或破坏。不同蛋白质对各种因素的敏感度不同，因此空间构象破坏的深度与广度各异，如除去变性因素后，蛋白质构象可恢复者称可逆变性；构象不能恢复者称不可逆变性。

2. 变性作用的特征

（1）生物活性的丧失　这是蛋白质变性的主要特征。蛋白质的生物活性是指蛋白质表现其生物学功能的能力，如酶的生物催化作用、蛋白质激素的代谢调节功能、抗原与抗体的反应能力、蛋白质毒素的致毒作用、血红蛋白运输 O_2 和 CO_2 的能力等，这些生物学功能是由各种蛋白质特定的空间构象所表现出来的，一旦外界因素使其空间构象遭受破坏时，其表现生物学功能的能力也随之丧失。有时空间构象仅有微妙的变化，而这种变化尚未引起其理化性质改变时，在生物活性上已可反映出来。因此，在提取、制备具有生物活性的蛋白质类化合物时，如何防止变性的发生则是关键性的问题。

（2）某些理化性质的改变　一些天然蛋白可以结晶，而变性后失去结晶的能力；蛋白质变性后，溶解度降低（因疏水基团外露）易发生沉淀，但在偏酸或偏碱时，蛋白质虽变性但却可保持溶解状态；变性还可引起球状蛋白不对称性增加、黏度增加、扩散系数降低等；一般蛋白质变性后，分子结构松散，易为蛋白酶水解，因此食用变性蛋白更有利于消化。

3. 引起蛋白质变性的因素

能引起蛋白质变性的因素很多，物理因素有高温、紫外线、X射线、超声波、高压和剧烈振荡等；化学因素有强酸、强碱、尿素和盐酸胍、去污剂、重金属（Cu^{2+}、Hg^{2+}、Pb^{2+}、Ag^+）、三氯醋酸、有机溶剂（酒精或丙酮）等。

加热可加速蛋白质分子的热运动，促使维持构象稳定的弱的作用力受到破坏而导致变性。当溶液中蛋白质加热变性时，它的构象上的敏感特征，例如，比旋度、黏度、紫外吸收、由色氨酸残基所引起的内在荧光变化以及螺旋结构的破坏所引起的圆二色性的改变等，都会在一个很窄的温度范围内急剧变化（图3-40）。这样的变化表明，天然蛋白质的结构以一种协同的方式被破坏，即蛋白质的某个部位的结构遭到破坏，将导致整个蛋白质结构的不稳定。在变性过程中，蛋白质通常都有一个特征性的**"熔解"**（或**"解链"**）**温度（melting temperature，T_m）**，它是天然结构与变性结构转换的中点温度（也称**变性温度**）。pH和离子强度会影响蛋白质的变性温度。

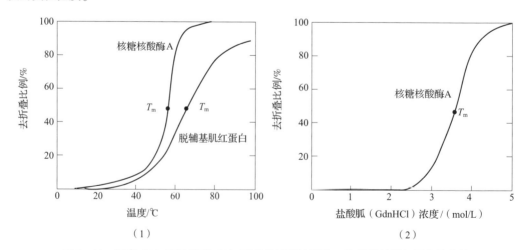

图3-40　温度（1）和盐酸胍（2）引起的核糖核酸酶A和脱辅基肌红蛋白的变性

注：T_m为蛋白质的变性温度；脱辅基肌红蛋白的去折叠比例通过圆二色谱获得的蛋白质中螺旋结构的含量来计算；核糖核酸酶A的去折叠比例通过蛋白质的内源荧光的变化来计算。

pH 的变化会改变氨基酸残基侧链的离子化状态，从而影响蛋白质的电荷分布和氢键的稳定性。去污剂，如十二烷基硫酸钠（SDS），由于能与蛋白质的非极性侧链相互作用，从而能破坏维持天然蛋白质结构稳定的疏水作用力。其他试剂如尿素和盐酸胍，能与蛋白质分子形成更强的氢键，从而破坏蛋白质分子内原有的氢键，同时能够破坏其疏水相互作用。

4. 变性作用的意义

蛋白质的变性作用不仅对研究蛋白质的结构与功能方面有重要的理论价值，而且对医药的生产和应用也有重要的指导作用。在实际工作中，对蛋白质的变性作用有不同的要求，有时必须尽力避免，而有时则必须充分利用，如酒精、紫外线消毒，高温、高压灭菌等可使细菌蛋白变性而失去活性；中草药有效成分的提取或其注射液的制备也常用变性的方法（加热、浓酒精等）除去杂蛋白；在制备有生物活性的酶、蛋白质、激素或其他生物制品（疫苗、抗毒素等）时，要求所需成分不变性，而不需要的杂蛋白应使其变性或沉淀除去。

五、蛋白质的沉淀作用

蛋白质分子聚集而从溶液中析出的现象，称为**蛋白质的沉淀**。由于水化层和双电层的存在，蛋白质溶液是一种稳定的胶体溶液。如果向蛋白质溶液中加入某种电解质，以破坏其颗粒表面的双电层或调节溶液的 pH，使其达到等电点，蛋白质颗粒将会因失去电荷变得不稳定而将沉淀析出。蛋白质的沉淀反应有重要的实用价值，如蛋白质的分离制备、灭菌技术、生物样品的分析、杂质的去除等都要涉及此类反应。

蛋白质的沉淀作用又可分为可逆的和不可逆的两种类型。可逆的沉淀作用是指蛋白质发生沉淀后，若用透析等方法除去使蛋白质沉淀的因素后，可使蛋白质恢复原来的溶解状态，如等电点和中性盐沉淀。不可逆的沉淀作用是指蛋白质发生沉淀后不能用透析等方法除去沉淀剂而使蛋白质重新溶解于原来的溶剂中，如重金属盐类、有机溶剂、生物碱试剂等都可使蛋白质发生不可逆沉淀。

此外，蛋白质变性和沉淀反应是两个不同的概念，二者有联系但又不完全一致。蛋白质变性有时可表现为沉淀，也可表现为溶解状态；同样，蛋白质沉淀有时可以是变性，也可以不是变性，这取决于沉淀的方法和条件以及对蛋白质空间构象有无破坏而定。故不可只看表面现象而忽视本质的方面。下面介绍一些常用蛋白质沉淀方法的基本原理。

1. 中性盐沉淀反应

蛋白质在盐溶液中的溶解度取决于溶解在溶液中的盐的浓度、溶剂的极性、pH 和温度。当向球状蛋白质水溶液中加入中性盐后，可产生盐溶和盐析两种不同作用。低盐浓度可使大多数蛋白质溶解度增加，称为**盐溶作用（salting in）**。因为，低盐浓度可使蛋白质表面吸附某种离子，导致其颗粒表面同性电荷增加而排斥加强，同时与水分子作用也增强，从而提高了蛋白质的溶解度；随着溶液中盐浓度的升高，例如达到饱和或半饱和的状态，蛋白质的溶解度逐渐降低（图 3 - 41）。高盐浓度时，因破坏了蛋白质的水化层并中和其电荷，促使蛋白质颗粒相互聚集而沉淀，这称为**盐析作用（salting out）**。

不同的蛋白质由于它们的氨基酸组成、大小都不相同，分子表面极性基团的数目不同，结合水的多少也不同，在浓盐溶液中的溶解度也必然不同。因此，可以利用不同蛋白质在不同浓盐溶液中的溶解度的差别，分离纯化某种特定的蛋白质（图 3 - 41）。这种盐析的方式称为**分级盐析（salt fractionation）**。常用的无机盐有（NH_4）$_2SO_4$、NaCl 和 Na_2SO_4。本法的主要特点是

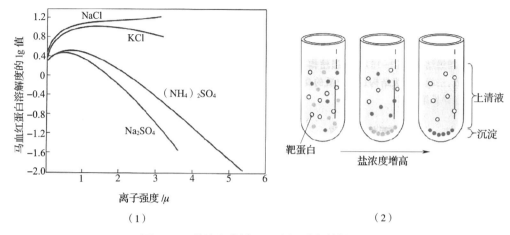

图 3 - 41　盐溶和盐析（1）以及分级盐析（2）

沉淀出的蛋白质不变性。因此，盐析法常用于酶、激素等具有生物活性蛋白质的分离制备。盐析法得到的蛋白质需要尽快做进一步的处理，常采用透析以除去盐类或其他小分子物质。先将蛋白质溶解在小体积的缓冲液或水中，然后装入透析袋中，对水或适当的溶液进行透析。蛋白质是大分子，不能透过半透膜。

2. 有机溶剂沉淀反应

在蛋白质溶液中加入一定量的与水可互溶的有机溶剂（如酒精、丙酮、甲醇等）能使蛋白质表面失去水化层，相互聚集而沉淀。在等电点时，加入有机溶剂更易使蛋白质沉淀。由于蛋白质沉淀所需有机溶剂的浓度各异，因此，调节有机溶剂的浓度可使混合蛋白质达到分级沉淀的目的，但是，本法有时可引起蛋白质变性，这与有机溶剂的浓度、与蛋白质接触的时间以及沉淀的温度有关，因此，用此法分离制备有生物活性的蛋白质时，应注意控制可引起变性的因素。

3. 加热沉淀反应

加热可使蛋白质变性沉淀。加热灭菌的原理就是加热使细菌蛋白变性凝固而失去生物活性。但加热使蛋白质变性沉淀与溶液的 pH 有关，在等电点时最易沉淀，而偏酸或偏碱时，蛋白质虽加热变性也不易沉淀。实际工作中常使用在等电点时加热沉淀除去杂蛋白。

4. 重金属盐沉淀反应

蛋白质在 pH > pI 的溶液中呈负离子，可与重金属离子（Cu^{2+}、Hg^{2+}、Pb^{2+}、Ag^+ 等）结合成不溶性蛋白盐而沉淀。临床上抢救误食重金属盐中毒的病人时，给以大量的蛋白质使生成不溶性沉淀而减少重金属离子的吸收。

5. 生物碱试剂沉淀反应

生物碱是植物组织中具有显著生理作用的一类含氮的碱性物质。能够沉淀生物碱的试剂称为生物碱试剂（如单宁酸、苦味酸、三氯乙酸等）。在酸性条件下，蛋白质带正电荷，可与生物碱试剂，如三氯乙酸的酸根离子结合成为溶解度较小的盐类而沉淀。"柿石症"的产生就是由于空腹吃了大量的柿子，柿子中含有单宁酸，使肠胃中的蛋白质凝固变性而成为不能被消化的"柿石"。此类反应在实际工作中也有许多应用，如样品中除去蛋白质。

六、蛋白质的颜色反应

蛋白质是由氨基酸通过肽键构成的化合物。因此，蛋白质的颜色反应实际上是其氨基酸的一些基团以及肽键等与一定的试剂作用而产生的化学反应，并非是蛋白质的特异反应。所以，在利用这些反应来鉴定蛋白质时，必须结合蛋白质的其他特性加以分析，切勿以任何单一的反应来确认蛋白质的存在。蛋白质的颜色反应很多，下面介绍几种重要的颜色反应。

1. 茚三酮反应

在 pH5.0 ~ 7.0 时，蛋白质与茚三酮丙酮液加热可产生蓝紫色。此反应可用于蛋白质的定性与定量。此外，多肽、氨基酸及伯胺类化合物与茚三酮也有同样反应。

2. 双缩脲反应

蛋白质在碱性溶液中可与 Cu^{2+} 产生紫红色反应。这是蛋白质分子中肽键的反应，一切蛋白质和两个肽键以上的多肽化合物都具有双缩脲反应。肽键越多反应颜色越深。此法可用于蛋白质的定性和定量，也可用于测定蛋白质的水解程度。双缩脲反应的产物可能是 Cu^{2+} 与四个肽腱上四个氮原子形成的配位复合物，其结构如下：

$$
\begin{array}{ccc}
& R & & & R \\
& | & & & | \\
-CO-NH-CH-CO-NH- & CH- \\
& \searrow & \swarrow \\
& Cu^{2+} \\
& \nearrow & \nwarrow \\
-CO-NH-CH-CO-NH- & CH- \\
& | & & & | \\
& R & & & R
\end{array}
$$

3. 酚试剂反应

在碱性条件下，蛋白质分子中的酪氨酸、色氨酸可与酚试剂（含磷钨酸、磷钼酸化合物）生成蓝色化合物。蓝的强度与蛋白质的量成正比。此法是测定蛋白质浓度的常用方法，主要优点是灵敏度高，可测定微克水平的蛋白质含量；缺点是本法只与蛋白质中个别氨基酸反应，而受蛋白质中氨基酸组成的特异影响，即不同蛋白质所含酪氨酸、色氨酸不同而显色的强度有差异，要求作为标准的蛋白质其显色氨基酸的量应与样品接近，以减少误差。

七、蛋白质的紫外吸收性质

一般蛋白质在 280nm 波长处都有最大的吸收，这是由于蛋白质中有酪氨酸、色氨酸和苯丙氨酸存在的缘故。通常利用这种特异性的吸收，可以测定蛋白质的浓度。

八、蛋白质的免疫学性质

凡能刺激机体免疫系统产生特异免疫反应的物质，统称为抗原。抗原刺激机体产生能与抗原特异结合的蛋白质，称为抗体。抗原与抗体结合所引起的反应，称为免疫反应。免疫反应是人类对疾病具有抵抗力的重要标志。正常情况下，免疫反应对机体是一种保护作用；异常情况时，免疫反应伴有组织损伤或出现功能紊乱，称为变态反应或过敏反应，这是一类对机体有害的病理性免疫反应。

1. 抗原（antigen，Ag）

抗原物质的特点是具有异物性、大分子性和特异性。蛋白质是大分子物质，异体蛋白具有强的抗原性，是主要抗原物质。进一步研究表明，蛋白质的抗原性不仅与分子大小有关，还与其氨基酸组成和结构有关。如明胶蛋白，其相对分子质量高达 10 万，但组成中缺少芳香族氨基酸，几乎不具抗原性。一些小分子物质本身不具抗原性，但与蛋白质结合后而具有抗原性，这类小分子物质称为半抗原（hapten），如脂类、某些药物（青霉素、磺胺）等，这是一些药物引起过敏反应的重要原因。

2. 抗体（antibody，Ab）

抗体经电泳分析主要存在于 γ - 区，故称 γ - 球蛋白或丙种球蛋白，因具有免疫学性质，又称**免疫球蛋白（immunoglobulin，Ig）**。抗体具有高度特异性，它仅能与相应抗原发生反应，抗体的特异性取决于抗原分子表面的特殊化学基团，称为抗原决定簇。各抗原分子具有许多抗原，决定簇。因此，由它免疫动物所产生的抗血清实际上是多种抗体的混合物，称为多克隆抗体。用这种传统的方法制备抗体，其效价不稳定且产量有限。要想将这些不同抗体分离纯化是极其困难的。近年来，**单克隆抗体（monoclonal antibody，McAb）**技术的出现，是免疫学领域的重大突破，具有重要的理论和实践意义。

3. 蛋白质免疫性质的利用

蛋白质免疫学性质具有重要的理论与应用价值。它不仅在医药领域，而且在整个生命科学中显示出广泛的应用前景。在食品工业中，免疫分析法可方便快捷地测定某些生物活性物质以及存在于食品中的一些有害成分。免疫亲和层析可高效、快速地分离一些生物活性成分。

第七节　蛋白质的分离与纯化的基本原理

一、蛋白质分离纯化的一般原则

蛋白质的分离纯化具有重要的理论和实际意义。分离蛋白质的目的也是多种多样的。许多蛋白质具有重要的生物活性，研究蛋白质的分子结构、组成和某些物理化学性质，需要纯的均一的甚至是晶体的蛋白质样品。研究活性蛋白质的生物功能，以及结构与功能的关系，需要样品保持它的天然构象，要尽量避免因变性而丢失活性。

蛋白质在组织或细胞中一般都是以复杂的混合物形式存在，它们与核酸等生物分子结合在一起。每种类型的细胞都含有上千种不同的蛋白质，许多蛋白质在性质、结构上有许多相似之处。因此，蛋白质的分离（separation）、提纯（purification）工作是生物化学中一项艰巨而繁重的任务。到目前为止，还没有一个单独的或一套现成的方法能把任何一种蛋白质从复杂的混合蛋白质中提取出来。但是对于任何一种蛋白质都有可能选择一套适当的分离提纯程序以获得高纯度的制品。蛋白质分离工作中的关键步骤、基本手段是相同的。分离和提纯蛋白质的各种方法主要是利用蛋白质之间各种特性的差异，包括分子的大小和形状、酸碱性质、溶解度、吸附性质和对其他分子的生物学亲和力。在实际工作中，具体情况要作具体分析，根据研究工作和生产的具体目的和要求，制订出分离和提纯的合理程序。现在已有几百种蛋白质得到结晶，上千种蛋白质获得高纯度的制品。蛋白质提纯的总目标是增加制品**纯度（purity）或比活性**

（specific activity），即增加单位蛋白质质量中目的蛋白质的含量或生物活性（以活性单位/毫克蛋白表示），设法除去变性的和不要的蛋白质，并且希望所得蛋白质的产量达到最高值。

分离提纯某一特定蛋白质的一般程序可以分为预处理、粗分离和纯化三步。

第一步是预处理（pretreatment）。分离提纯某一蛋白质，首先要求把蛋白质从原来的组织或细胞中以溶解的状态释放出来，并保持原来的天然状态，不丢失生物活性。为此，应根据不同的情况，选择适当的方法，将组织和细胞破碎。

如果目的蛋白质主要集中在某一细胞组分，如细胞核、染色体、核糖体或可溶性的细胞浆等，则可利用差速离心（differential centrifugation）方法将它们分开（表3-12），收集该细胞组分作为下步提纯的材料。这样可以一下子除去很多杂蛋白质，使提纯工作容易得多。如果目的蛋白质是与细胞膜或膜质细胞器结合的，则必须利用超声波或去污剂使膜结构解聚，然后用适当的介质提取。

表3-12 差速离心分离细胞组分

离心场/g	时间/min	沉淀的组分
1000	5	真核细胞
4000	10	叶绿体、细胞碎片、细胞核
15000	20	线粒体、细胞
20000	20	溶酶体、细菌细胞碎片
100000	3~10（h）	核糖体

第二步是粗分离。当蛋白质混合物提取液获得后，选用一套适当方法，将所要的蛋白质与其他杂蛋白分离开来。一般这一步的分离用盐析、等电点沉淀和有机溶剂分级分离等方法。这些方法的特点是简便、处理量大，既能除去大量杂质，又能浓缩蛋白质溶液。

第三步是纯化，也就是样品的进一步提纯。样品经粗分离以后，一般体积较小，杂蛋白大部分已被除去。进一步提纯，一般使用层析法，包括凝胶过滤、离子交换层析、吸附层析以及亲和层析等。必要时还可选择电泳法，包括区带电泳、等电聚焦等作为最后的提纯步骤。用于纯化的方法一般规模较小，但分辨率高。结晶是蛋白质分离提纯的最后步骤。尽管结晶并不能保证蛋白质的均一性（homogeneity），但只有某种蛋白质在溶液中数量上占优势时才能形成结晶。结晶过程本身也伴随着一定程度的提纯，而重结晶又可除去少量夹杂的蛋白质。由于结晶中从未发现过变性蛋白质，因此蛋白质的结晶不仅是纯度的一个标志，也是断定制品处于天然状态的有力指标。

蛋白质纯度越高，溶液越浓，就越容易结晶，结晶的最佳条件是使溶液处于过饱和状态，此时较易得到结晶。要得到适度的过饱和溶液，可借控制温度、加盐盐析、加有机溶剂或调节pH等方法来达到。接入晶种常能加速结晶过程。

（一）材料的预处理及细胞破碎

材料选择的原则是应含较高量的所需蛋白质，要制备有活性的蛋白质，所用的材料必须新鲜，且来源方便。当然，由于目的不同，有时只能用特定的原料。原料确定后，还应注意其管理，否则也不能获得满意的结果。一些蛋白质以可溶形式存在于体液中，可直接分离。但多数蛋白质存在于细胞内，并结合在一定的细胞器上，故需先破碎细胞，然后以适当的溶剂提取。

应根据动物、植物或微生物原料不同，选用不同的细胞破碎方法。如果要制备的蛋白质对丙酮不敏感，可将材料先用丙酮处理成干燥状态，以防止组织中的蛋白酶对蛋白质的破坏作用，并确保蛋白质不至于因温度的变化而变性。以下为常用的破坏组织细胞的方法。

（1）机械破碎法　是利用机械力的搅切作用，使细胞破碎。

（2）渗透破碎法　利用低渗条件使细胞溶胀而破碎。

（3）反复冻融法　生物组织经冻结后，细胞内液结冰膨胀而使细胞胀破。该方法简便，但要注意那些对温度变化敏感的蛋白质不宜采用此法。

（4）超声波法　使用超声波震荡器使细胞膜上所受张力不均而使细胞破碎。

（5）酶法　如用溶菌酶破坏微生物细胞等。

动物组织和细胞可用电动捣碎机或匀浆器破碎或用超声波处理法（ultrasonication）破碎；植物组织和细胞，由于具有由纤维素、半纤维素和果胶等物质组成的细胞壁，一般需用与石英砂和适当的提取液一起研磨的方法破碎，或用纤维素酶处理也能达到目的；细菌细胞的破碎比较麻烦，因为整个细菌细胞壁的骨架实际上是一个借共价键连接而成的称为肽聚糖的囊状分子，非常坚韧。破碎细菌细胞的常用方法有超声波振荡、与砂研磨、高压挤压或溶菌酶处理（分解肽聚糖）等。组织或细胞破碎以后，选择适当的介质（一般用缓冲液）把所要的蛋白质提取出来。

（二）蛋白质的提取与粗分离

提取是根据所要制备的蛋白质的性质，选择合适的溶剂将蛋白质与其他杂质分开。提取所用的缓冲液的 pH、离子强度、组成成分等条件的选择，应根据欲制备的蛋白质的性质而定。如膜蛋白的提取，提取缓冲液中一般要加入表面活性剂（十二烷基硫酸钠、TritonX-100 等），使膜结构破坏，利于蛋白质与膜分离。在抽提过程中，应注意温度，避免剧烈搅拌等以防止蛋白质的变性。蛋白质提取的条件是很重要的，总的要求是既要尽量提取所需蛋白质，又要防止蛋白酶对蛋白质的水解和其他因素对蛋白质特定构象的破坏作用。提取到溶液中的蛋白质还需分离出来，比较方便获得蛋白质粗制品的有效方法是根据蛋白质溶解度的差异进行分离。

影响蛋白质溶解度的主要因素有溶液的 pH、离子强度、溶剂的介电常数和温度等。在一定条件下，蛋白质溶解度的差异主要取决于它们的分子结构，如氨基酸组成、极性基团和非极性基团的多少等。因此，恰当地改变这些影响因素，可选择性地造成其溶解度的不同而易于分离。

（1）等电点沉淀法　蛋白质是带有正电荷和负电荷基团的两性电解质，带电基团的电荷数量因 pH 不同而变化。当蛋白质处于等电点时，蛋白质的净电荷为零，由于相邻蛋白质分子之间没有静电斥力而趋于结聚而沉淀，因此它的溶解度达到最低点。在等电点以上或以下的 pH 时，蛋白质分子携带同种（或正或负）的净电荷而互相排斥，阻止了单个分子结聚成沉淀物，因此溶解度都较大。当蛋白质混合物的 pH 被调到其中一种成分的等电点 pH 时，这种蛋白质的大部或全部将沉淀下来，那些等电点高于或低于该 pH 的蛋白质则仍被留在溶液中。这样沉淀出来的等电蛋白质保持着天然构象，能重新溶解于适当的 pH 和一定浓度的盐溶液中。不同蛋白质、氨基酸组成不同，等电点不同。可用等电点沉淀法使它们相互分离。使用该法时，蛋白质溶液中的盐浓度要尽量低，因为盐的存在，会使蛋白质的等电点有所改变，盐类本身也影响蛋白质的溶解行为。单纯使用此法有时不易使蛋白质沉淀完全，常与其他方法配合使用。在食品工业中常用的大豆分离蛋白就是利用此种方法来生产的。

（2）盐析沉淀法　中性盐对蛋白质胶体的稳定性有显著的影响。一定浓度的中性盐可破坏蛋白质胶体的稳定因素而使蛋白质盐析沉淀。盐析沉淀的蛋白质一般保持着天然构象，并能再度溶解而不变性。有时不同的盐浓度可有效地使蛋白质分级沉淀。实验发现，磷酸钾和硫酸钠的盐析效果最好，但它们在水中的溶解度低，且受温度的影响较大。硫酸铵由于在水中的溶解度最大，受温度的影响较小，常用于盐析法沉淀蛋白质。

（3）低温有机溶剂沉淀法　有机溶剂的介电常数比水低，如20℃时，水为79、乙醇为26、丙酮为21。因此，在一定量的有机溶剂中，蛋白质分子间极性基团的静电引力增加，而水化作用降低，促使蛋白质聚集沉淀，因此可用来沉淀蛋白质。在等电点附近，蛋白质分子主要以偶极离子形式存在，此时再加入乙醇或丙酮，增加了偶极离子间的静电吸引，从而使蛋白质分子相互聚集而沉淀出来，效果更好。此外，有机溶剂本身的水合作用会破坏蛋白质表面的水化层，也促使蛋白质分子变得不稳定而析出。此法沉淀蛋白质的选择性较高，且不需脱盐。由于有机溶剂会使蛋白质变性，使用该法时，要注意在低温下操作，并选择合适的有机溶剂浓度。

（4）温度对蛋白质溶解度的影响　一般在0~40℃之间，多数球状蛋白的溶解度随温度的升高而增加；40~50℃以上，多数蛋白质不稳定并开始变性。因此，对蛋白质的沉淀一般要求低温条件。

二、蛋白质的分离与纯化

采用等电点沉淀法、盐析法所得到的蛋白质一般含有其他蛋白质杂质，须进一步分离提纯才能得到有一定纯度的样品。

蛋白质许多重要的性质，例如溶解性、极性、带电性质、分子大小以及配体亲和性等，是构成蛋白质分离分析方法的基础。常用的纯化方法有：离子交换色谱、分子排阻色谱、亲和色谱、疏水色谱等。有时还需要这几种方法联合使用，才能得到纯度较高的蛋白质样品。在联合使用这些技术时，孰先孰后，应根据具体的分离对象而定，没有统一的标准。

1. 根据分子大小不同的分离纯化方法

蛋白质是大分子物质，但不同蛋白质分子大小各异，利用此性质可从混合样品中分离各组分。

（1）透析和超滤法　**透析**法利用蛋白质大分子对半透膜的不可透过性而与其他小分子物质分开。此法简便，常用于蛋白质的脱盐，但需时间较长。常用的半透膜有玻璃纸、火棉胶、动物膀胱膜以及其他改性的纤维素材料。透析是把待纯化的蛋白质溶液装在半透膜的透析袋里，放入透析液（蒸馏水或缓冲液）中进行的（图3-38），透析液可以更换，直至透析袋内无机盐等小分子物质含量降低到最小值为止。

超滤是利用压力或离心力，强行使水和其他小分子溶质通过半透膜，而蛋白质被截留在膜上，以达到浓缩和脱盐的目的（图3-42）。图3-43所示为超滤膜的电镜照片。如果滤膜选择得当，不同孔径的超滤膜可截留不同相对分子质量的物质，对样品进行粗分级（表3-13）。超滤既可以用于小量样品处理，也可用于规模生产。现在已有各种市售的超滤膜装置可供选用，有加压、抽滤和离心等多种形式。使用中最需要注意的问题是滤膜表面容易被吸附的蛋白质堵塞，以致超滤速度减慢，能被截留物质的相对分子质量变小。当样品含量低时甚至可能会因吸附而不能被回收，为此采用切向流过滤的方法可获得较理想的结果。所谓切向流过滤是指液体在泵驱动下沿着与膜表面相切的方向流动，在膜上形成压力，使部分液体透过膜，而另一部分液体切向地流过膜表面，将被膜截留的蛋白质分子冲走（反流回样品槽），避免它们在滤膜表面上堆积，造成膜堵塞。

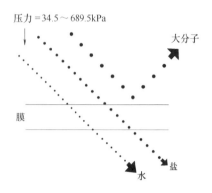

压力 = 34.5 ～ 689.5kPa

大分子

膜

水   盐

图 3 – 42   超滤原理示意图

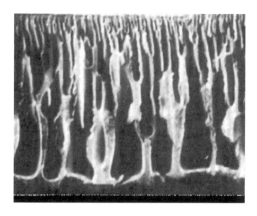

图 3 – 43   超滤膜的电镜照片

表 3 – 13   超滤膜孔径与截留蛋白质相对分子质量的对应关系

膜孔平均直径/ (10^{-8}cm)	相对分子质量 截留值	膜孔平均直径/ (10^{-8}cm)	相对分子质量 截留值
10	500	22	3×10^4
12	1000	30	5×10^4
15	1×10^4	55	10×10^4
18	2×10^4	140	30×10^4

　　超滤法的优点是可选择性地分离所需相对分子质量的蛋白质、超滤过程无相态变化、条件温和、蛋白质不易变性，常用于蛋白质溶液的浓缩、脱盐、分级纯化等。随着制膜技术和超滤装置的发展与改进，将使本法具有简便、快速、大容量和多用途的特点，是一种很有前途的分离技术。

　　（2）凝胶过滤色谱　　凝胶过滤色谱（gel – filtration chromatography）又称**分子排阻层析**（**size – exclusion chromatography**）、**分子筛色谱**（**molecular sieve chromatography**）。这是一种简便而有效的生化分离方法之一。其原理是利用蛋白质相对分子质量的差异，通过具有分子筛性质的凝胶而被分离。常用的凝胶有葡聚糖凝胶（sephadex）、聚丙烯酰胺凝胶（bio – gel）和琼脂糖凝胶（sepharose）等。葡聚糖凝胶是交联葡聚糖（cross – linked dextran），商品名为Sephadex，是由水溶性的葡聚糖（dextran）和环氧氯丙烷交联而成的三维空间网状结构物，两者的比例和反应条件决定其交联度的大小，即孔径大小（用 G 表示）。交联度越大，孔径越小。交联度或网孔大小又决定了凝胶的分级范围。当把这种凝胶装入一根细的玻璃管中，使不同蛋白质的混合溶液从柱顶流下，当蛋白质分子的直径大于凝胶的孔径时，被排阻于凝胶之外；小于孔径者则进入凝胶。因此，大分子受阻小而最先流出；小分子受阻大而最后流出（图 3 – 44）。由于不同的蛋白质分子大小不同，进入网孔的程度不同，因此流出的速度不同，从而达到分离目的。

　　凝胶过滤既可以用来分离蛋白质，也可以鉴定蛋白质的纯度和分析其相对分子质量。值得注意的是，由于分子的形状会影响凝胶过滤的速度，因此采用凝胶过滤测定蛋白质的相对分子质量时，必须考虑其分子形状。

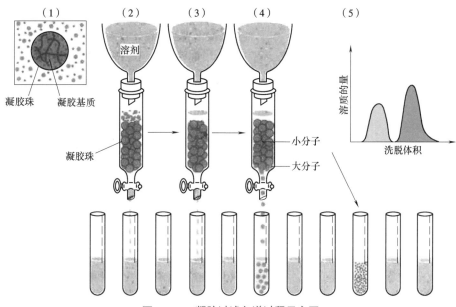

图 3 – 44　凝胶过滤色谱过程示意图

（1）凝胶珠内部结构示意图　　（2）加入样品并开始洗脱　　（3）层析过程，小分子可进入凝胶颗粒，
通过柱的速度慢　　（4）大分子首先被洗脱出来并收集　　（5）洗脱曲线

（3）密度梯度（区带）离心　蛋白质颗粒的沉降不仅决定于它的分子大小，而且也取决于它的密度。如果蛋白质颗粒在具有密度梯度的介质中离心，质量和密度大的颗粒比质量和密度小的颗粒沉降得快，并且每种蛋白质颗粒沉降到与自身密度相等的介质梯度时，即停止不前，最后各种蛋白质在离心管中被分离成各自独立的区带。分成区带的蛋白质可以在管底刺一小孔逐滴放出，分部收集，每个组分进行小样分析以确定区带位置。

常用的密度梯度有蔗糖梯度（图 3 – 45）。蔗糖便宜，纯度高，浓度为 60%（质量分数）的蔗糖溶液的密度可达 $1.25g/cm^3$。密度梯度在离心管内的分布是管底的密度最大，向上逐渐减小。待分离的蛋白质混合物平铺在梯度的顶端，离心采用水平转头高速进行。

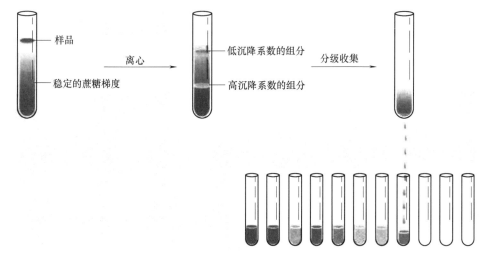

图 3 – 45　密度梯度（区带）离心过程示意图

2. 根据电离性质不同的分离纯化方法

蛋白质是两性电解质，在一定的 pH 条件下，不同蛋白质所带电荷的质与量各异，可用离子交换层析法或电泳法等分离纯化。

（1）离子交换层析（ion-exchange chromatography）　蛋白质是两性化合物，可用离子交换技术进行分离精制。但普通的离子交换树脂适用于小分子离子化合物的分离（如氨基酸、小肽等）。近年来新发展一类离子交换剂用于大分子物质的分离与纯化。

离子交换纤维素：采用纤维素作为交换剂基质。离子交换纤维素之所以适用于大分子的分离，是由于它具有松散的亲水性网状结构，有较大的表面积，大分子可以自由通过。因此对蛋白质来说，它的交换容量比离子交换树脂大。同时纤维素糖残基上的羟基被取代的百分比较低，因而交换纤维素的电荷密度较少，所以洗脱条件温和，回收率高。此外，离子交换纤维素的品种较多，可以适用于各种分离目的。总之它的出现对酶和其他蛋白质的分离提纯是个重大的改进。常用的离子交换纤维素的类型和结构列于表 3-14。

离子交换葡聚糖：这类交换剂的类型和可离基团的种类与离子交换纤维素差不多（表 3-14），只是基质纤维素被换成交联葡聚糖。离子交换葡聚糖每克干重具有相当多的可电离基团，容量比离子交换纤维素大 3~4 倍。这类交换剂的优点是，它们既能根据分子的净电荷数量又能根据分子的大小（分子筛效应）进行分离。

表 3-14　　　　　　　　　　　离子交换纤维素和离子交换 Sephadex

名称	可电离基面	结构（可电离基面）
阳离子交换剂		
弱酸型		
CM-纤维素	羧甲基（carboxymethyl）	—O—CH$_2$—COOH
CM-Sephadex C-25　C-50		
强酸型　P-纤维素	磷酸酯（phosphate）	$-O-\overset{O}{\underset{OH}{\overset{\|}{\underset{\|}{P}}}}-OH$
SE-纤维素 C-25　C-50	磺乙基（sulfoethyl）	$-O-CH_2 \cdot CH_2-\overset{O}{\underset{O}{\overset{\|}{\underset{\|}{S}}}}-OH$
SP-Sephadex	磺丙基（sulfopropyl）	$-O-CH_2-CH_2-CH_2-\overset{O}{\underset{O}{\overset{\|}{\underset{\|}{S}}}}-OH$
阴离子交换剂		
弱碱型		
AE-纤维素	氨基乙基	—O—CH$_2$ · CH$_2$—NH$_2$

续表

名称	可电离基面	结构（可电离基面）
PAB – 纤维素	对氨基苯甲基 （p – aminobenzyl）	—O—CH₂—〈苯环〉—NH₂
ECTEOLA – 纤维素	三乙醇胺（通过 表氯醇偶联 到纤维素上）	—O—CH₂—CH₂—N（C₂H₄OH）（C₂H₄OH）
DEAE – 纤维素	二乙基氨基乙基 （diethylaminoethyl）	—O—CH₂—CH₂—N（C₂H₅）（C₂H₅）
DEAE – SephadexA – 25 A – 50 强碱型	二乙基氨基乙基 （diethylaminoethyl）	—O—CH₂—CH₂—N（C₂H₅）（C₂H₅）
TEAE – 纤维素	三乙基氨基乙基 （triethylaminoethyl）	—OC₂H₄·N⁺≡（C₂H₅）₃
QAE – Sephadex A – 25 A – 50	二乙基（2 –羟丙基）季氨基 ［diethyl（2 – hydroxypropyl） quaternary amino］	—OC₂H₄—N⁺（C₂H₅）₂ CH₂CH—CH₃ OH

在离子交换层析中，蛋白质对离子交换剂的结合力取决于彼此间相反电荷基团的静电吸引，而后者又与溶液的 pH 有关，因为 pH 决定离子交换剂和蛋白质的电离程度。盐的存在可以降低离子交换剂的离子基团与蛋白质的相反电荷基团之间的静电吸引。特别是由于单位质量的离子交换纤维素所含的离子基团较少（0.1 ~ 1mmol/g），盐浓度的微小变化，就会直接影响它对蛋白质的吸附容量。因此蛋白质混合物的分离可以由改变溶液中的盐离子强度和 pH 来完成，对离子交换剂结合力最小的蛋白质首先由层析柱中洗脱出来。图 3 – 46 所示为离子交换色谱过程。

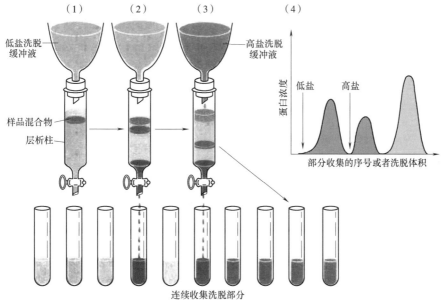

图 3 – 46　离子交换色谱过程示意图

层析洗脱，可以采用保持洗脱剂成分一直不变的方式洗脱，也可以采用改变洗脱剂的盐浓度或（和）pH 的方式洗脱，后一种方式又可以分为两种：一种是跳跃式的分段改变，另一种是渐进式的连续改变。采用前一种方式洗脱称为分段洗脱；后一种方式洗脱称为梯度洗脱。梯度洗脱一般分离效果好，分辨率高，特别是使用交换容量小，对盐浓度敏感的离子交换剂，多用梯度洗脱。通常采用的梯度形式有线形（性）、凸形、凹形和复合形四种，使用最多的是线形梯度。

为使样品组分能从离子交换柱上分别洗脱下来，必须控制洗脱剂体积（与柱床体积相比）、洗脱剂的盐浓度和 pH。洗脱剂体积和盐浓度变化形式（梯度形式）直接影响层析柱的分辨率。

（2）电泳法　带电质点在电场中向电荷相反的方向移动，这种性质称为**电泳**（**electrophoresis**）。蛋白质除在等电点外，具有电泳性质。蛋白质在电场中移动的速度和方向主要取决于蛋白质分子所带的电荷的性质、数量及质点的大小和形状，带电质点在电场中的电泳速度以电泳迁移率表示，即单位电场下带电质点的泳动速度：

$$\mu = u/E = dL/Vt$$

式中　μ——电泳迁移率；

u——质点泳动速度；

E——电场强度；

d——质点移动距离；

L——支持物的有效长度；

V——支持物两端的实际电压；

t——通电时间。

带电质点的泳动速度除受本身性质决定外，还受其他外界因素的影响，如电场强度、溶液的 pH、离子强度及电渗等。但是，在一定条件下，各种蛋白质因电荷的质、量及分子大小不同，其电泳迁移率各异而达到分离的目的。这是蛋白质分离和分析的主要方法。由于电泳装置、电泳支持物的不断改进和发展以及电泳目的不同，已构成形式多样、方法各异但本质相同的系列技术。这里仅介绍一些常用的方法。

① 醋酸纤维薄膜电泳：它以醋酸纤维薄膜作为支持物，电泳效果比纸电泳好，时间短、电泳谱清晰。临床用于血浆蛋白电泳分析。

② 聚丙烯酰胺凝胶电泳：**聚丙烯酰胺凝胶电泳**（**polyacylamide gel electrophoresis，PAGE**）是以聚丙烯酰胺凝胶为支持物，具有电泳和凝胶过滤的特点，即电荷效应、浓缩效应、分子筛效应，因而电泳分辨率高。如醋酸纤维薄膜电泳分离人血清只能分出 5~6 种蛋白成分，而本法可分出 20~30 种蛋白成分，且样品需要量少，一般 1~100μg 即可。

以聚丙烯酰胺凝胶为支持物，可进行**非变性聚丙烯酰胺凝胶电泳（native - PAGE）和十二烷基硫酸钠 - 聚丙烯酰胺凝胶电泳（SDS - PAGE）**。

非变性聚丙烯酰胺凝胶电泳是指在电泳之前，被分离的蛋白质样品不做任何变性处理，凝胶和电泳缓冲液中不加入任何变性剂。样品的各蛋白质组分在电场中将根据它们各自的净电荷的差别彼此分离。在电泳之后，各被分离的物质仍保持天然的结构，具有相应的生物活性。这种电泳技术可以用来分离有活性的蛋白质，也可以进行同工酶的检测。

SDS - PAGE 电泳之前，蛋白质样品用 SDS 来处理。SDS 是一种带负电荷的阴离子去垢剂，能破坏蛋白质分子间的氢键和疏水相互作用，并形成蛋白质 - SDS 复合物，使得肽链带净负电荷，其结果是大小不同的肽链将具有相同的荷质比（Q/r）。由于聚丙烯酰胺凝胶基质的网状结构具有分子筛效应，所以较小的多肽将比较大的、具有相同 Q/r 值的多肽迁移得更快。SDS - PAGE 的分辨率高，重复性也很好。

③ **等电聚焦电泳：等电聚焦电泳（isoelectric focusing electrophoresis）** 是根据样品中蛋白质组分的等电点（pI）的差异，通过电泳将它们分别聚焦到相应于它们各自等电点的 pH 凝胶部位。这种凝胶是由具有一定 pH 范围的两性电解质与一定浓度的丙烯酰胺和双丙烯酰胺构成，混合后进行聚合，放入电场中进行预电泳，建立稳定而连续的 pH 梯度 [图 3 - 47（1）a]，这样就制成了能进行等电聚焦的凝胶。将样品加入到凝胶的顶部后即可进行电泳。蛋白质组分在等电聚焦电场作用下，依照它们电荷的差异（即 pI 的不同）在两性电解质的 pH 梯度中迁移，直到达到与它们各自 pI 相同的 pH 部位为止 [图 3 - 47（1）b]。此法分辨率高，可用于蛋白质的分离纯化和分析。

④ **双向电泳：双向电泳（two - dimensional electrophoresis，2 - DE）** 是指第一向进行等电聚焦电泳，第二向进行 SDS - PAGE。第一向电泳完成后，将凝胶置于含 SDS 的凝胶上面 [图 3 - 47（2）a]，进行第二向的 SDS - PAGE [图 3 - 47（2）b]。双向电泳具有很高的分辨率，能分辨出 3000 种以上不同的蛋白质谱带 [图 3 - 47（3）]。高分辨率的双向电泳技术可以为蛋白质组学研究提供有力的支持。

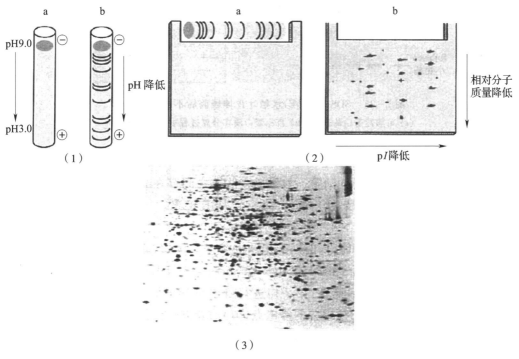

图 3 - 47　双向电泳和细胞提取液的蛋白质谱图
（1）等电聚焦　（2）SDS - PAGE　（3）蛋白质谱图

⑤ **毛细管电泳：毛细管电泳（capillary electrophoresis，CE）** 是将样品点在装有凝胶的、直径约为 2mm 内径的毛细管上，然后进行电泳。这种很细的毛细管散热性能很好，因而允许使

用很高的电场，能在几分钟内使样品分离。毛细管电泳技术有很高的分辨率，能像高效液相层析一样进行自动化的操作，上样和分离物的检测都可以自动化。

⑥ 免疫电泳：**免疫电泳**（immuno‑electrophoresis）是把电泳技术和抗原与抗体反应的特异性相结合，一般以琼脂或琼脂糖凝胶为支持物。方法是先将抗原中各蛋白质组分经凝胶电泳分开，然后加入特异性抗体经扩散可产生免疫沉淀反应。本法常用于蛋白质的鉴定及其纯度的检查。

3. 利用对配体的特异生物学亲和力的纯化方法

亲和层析（affinity chromatography）是分离蛋白质的一种极为有效的方法。它是利用蛋白质分子对其配体分子特有的识别能力，也即生物学亲和力，建立起来的一种纯化方法。采用亲和层析常只需要经过一步处理即可将某种所需蛋白质从复杂的混合物中分离出来，并且纯度相当高。前面讨论的各种分离方法都是根据混合物中蛋白质之间的物理和化学性质上的差别来进行分离的，而这种方法是基于某种蛋白质所具有的生物学特异性，即它与另一种称配基的分子能特异而非共价地结合。所谓配基是指能被生物大分子所识别并与之结合的原子、原子团和分子，例如酶的作用底物、辅酶、调节效应物及其结构类似物。激素和受体蛋白，抗原与抗体互为配基。原则上任何一种蛋白质都能使用亲和层析法分离。图 3‑48 所示为亲和层析原理。亲和层析最先用于酶的纯化并从中得到发展，但现在已广泛地用于核苷酸、核酸、免疫球蛋白、膜受体、细胞器甚至完整的细胞的纯化。

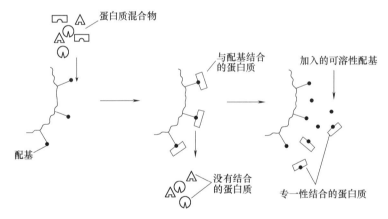

图 3‑48　亲和层析原理

亲和层析的基本原理是先把待纯化的某一蛋白质的特异配基通过适当的化学反应共价地连接到像琼脂糖凝胶一类的载体表面的功能基上。一般在配基与多糖基质之间插入一段所谓连接臂或间隔臂（spacer arm）使配基与凝胶之间保持足够的距离，不致因载体表面的空间位阻妨碍待分离的大分子与其配基的结合。这类多糖材料在其他性能方面允许蛋白质自由通过。当含有待纯化的蛋白质的混合样品加到这种多糖材料的层析柱上时，待纯化的蛋白质则与其特异的配体结合因而吸附在配体的载体——琼脂糖颗粒的表面上，而其他的蛋白质，因对这个配体不具有特异的结合位点，将通过柱子而流出。被特异地结合在柱子上的蛋白质可用自由配体分子溶液洗脱下来。

凝集素亲和层析、免疫亲和层析、金属螯合层析（metal chelate chromatography）、染料配体层析和共价层析等都属于亲和层析类。

图 3-49 所示为亲和过程，图 3-50 所示为亲和层析过程曲线。

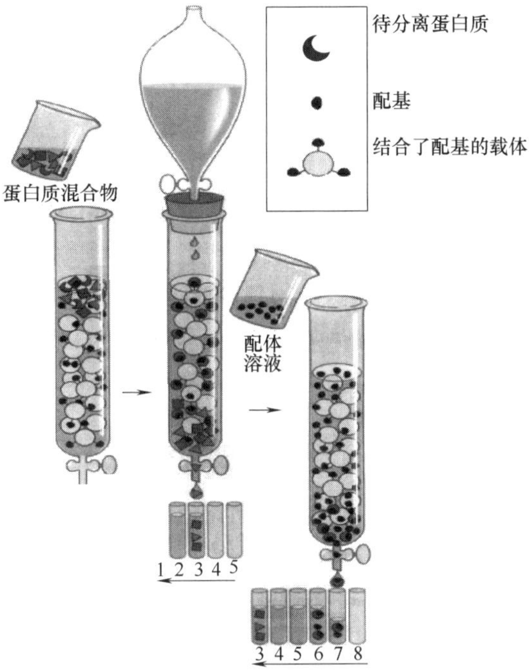

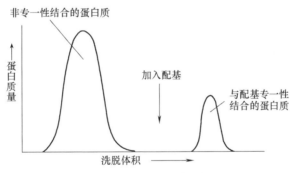

图 3-49　亲和层析过程示意图

图 3-50　亲和层析过程曲线

4. 利用选择性吸附的纯化方法

某些称为吸附剂的固体物质具有吸附能力，能够将其他种类的分子吸附在自己的表面，吸附力的强弱因被吸物质的性质而异。吸附过程涉及范德华相互作用和氢键这些非离子吸引力。吸附层析就是利用待纯化的分子和杂质分子与吸附剂之间的吸附能力和解吸性质不同而达到分离目的。典型的吸附剂有硅石、氧化铝和活性炭等。硅胶在其表面含有硅烷醇，呈微酸性，它适用于分离碱性物质。氧化铝是微碱性的，适于分离酸性物质。活性炭是一种非极性吸附剂。为了获得好的分离效果，需要选择合适的洗脱液。一般选择其极性与待分离的混合物中极性最大组分的极性相当的洗脱液。因此，如果待分离物含羟基，则选用醇类；含羰基的选用丙酮或酚类；烃类如己烷、庚烷和甲苯则用于非极性物质的分离。

吸附层析可采用薄层或柱方式进行。吸附层析主要用于分离非离子、水不溶性化合物如甘油三酯、氨基酸以及维生素、激素等。

（1）羟磷灰石层析　吸附剂羟磷灰石即结晶磷酸钙 $[Ca_{10}(PO_4)_6(OH)_2]$，它用于分离蛋白质或核酸。羟磷灰石的吸附机制尚不完全清楚，但认为与其表面上的钙离子和磷酸根有关，涉及偶极 – 偶极相互作用，可能还有静电吸引。据推测，蛋白质中带负电基团与羟磷灰石晶体表面的钙离子结合，而带正电基团与磷酸基相互作用。羟磷灰石层析最重要的用途之一是把单链 DNA 和双链 DNA 分开。在低浓度磷酸盐缓冲液（10～20mmol/L）中，这两种形式 DNA 都被结合，但随缓冲液浓度提高，单链 DNA 选择性地解吸下来；缓冲液浓度进一步提高（直至500mmol/L），双链 DNA 被释放。羟磷灰石对双链 DNA 亲和力很大，以至于用羟磷灰石层析能从含 RNA 和蛋白质的细胞提取液中选择性地除去 DNA。羟磷灰石对蛋白质的吸附容量比较大，在一般吸附条件下（低离子强度，中性 pH）可达 50mg 蛋白/L 柱床体积。

（2）疏水作用层析　虽然蛋白质分子表面含有许多极性的基团，但氨基酸残基的疏水侧链并不完全被包埋在球状分子的内部。在蛋白质分子表面也存在一些疏水基团。不同蛋白质分子表面的疏水侧链的多少及疏水性是不同的。**疏水作用层析（hydrophobic interaction chromatography）** 就是根据蛋白质表面的疏水性差别发展起来的一种纯化技术。在疏水作用层析中，不是暴露的疏水基团促进蛋白质与蛋白质之间的相互作用，而是连接在支持介质（如琼脂糖）上的疏水基团与蛋白质表面上暴露的疏水基团结合。市售的疏水吸附剂有苯基琼脂糖（phenyl – sephadex）、辛基琼脂糖（octa – sephadex）等。

由于疏水作用层析要求盐析化合物如硫酸铵的存在以促进蛋白质分子表面的疏水区暴露，为使吸附达到最大，可将蛋白质样品的 pH 调至等电点附近，一旦蛋白质吸附于固定相，则可利用多种方式进行选择洗脱，包括使用逐渐降低离子强度或增加 pH 的洗脱液（增加蛋白质的亲水性），或使用对固定相的亲和力比对蛋白质更强的置换剂进行置换洗脱，这类置换剂有非离子型去污剂（如 triton X – 100）、脂肪醇（如丁醇、乙二醇）、脂肪胺（如丁胺）。疏水作用层析的问题之一是某些洗脱条件可引起蛋白质变性。另一个实际问题是它的不可预测性，即对某些蛋白质分离效果很好，对另一些则不好，因此预试性研究是不可少的。

三、蛋白质的纯度鉴定、相对分子质量和含量测定

（一）蛋白质纯度的鉴定

蛋白质的纯度是指一定条件下的相对均一性。因为，蛋白质的纯度标准主要取决于测定方法的检测极限，用低灵敏度的方法证明是纯的样品，改用高灵敏度的方法则可能证明是不纯的。所以，在确定蛋白质的纯度时，应根据要求选用多种不同的方法从不同的角度去测定其均一性。下面介绍一些常用检查纯度的方法。

1. 层析法

用分子筛或离子交换层析检查样品时，如果样品是纯的应显示单一的洗脱峰；若样品是酶类，层析后则显示恒定的比活性。如果是这样，可认为该样品在层析性质上是均一的，称为"层析纯"。

高压液相层析（high pressure liquid chromatography，HPLC） 是新近发展的一种分离分析技术，在原理上与常压液相层析基本相同。它具有气相层析的优点，又不要求样品必须是可挥发性的；HPLC 采用特有的固相载体，加上在高压条件下工作，使它成为一种高效能的分析方法。HPLC 不仅可用于蛋白质纯度分析，也可用于少量样品的制备。

2. 电泳法

用 PAGE 检查样品呈现单一区带，也是纯度的一个指标，这表明样品在电荷和质量方面是均一的。如果在不同 pH 条件下电泳均为单一区带，则结果更可靠些。SDS – PAGE 检测纯度也很有价值，它说明蛋白质在分子大小上的均一程度，但此法只适用于单链多肽和具有相同亚基的蛋白质。等电聚焦电泳用于检查纯度，可表明蛋白质在等电点方面的均一性。生物体内有成千上万的蛋白质，它们之间在某些性质上可相同或非常相似，因此用一种方法检测时，出现重叠现象是完全有可能的。可以说纯的蛋白质电泳仅有一条区带，但仅有一条区带却不一定是纯的，仅能表明它在电泳上的均一性，称为"电泳纯"。

高效毛细管电泳（high performance capillary electrophoresis，HPCE） 是在传统电泳的基础上发展的一种新型的分离分析技术。近年来随着生物工程的迅速发展，新的基因工程产品不断出现，使 HPCE 在生物技术产品分析研究中成为重要的手段。HPCE 的主要特点：快速（分析时间 1～15min）、微量（样品 1～10μL）、高效（理论塔板数为 10^4～10^6/m）、高灵敏度（如人生长激素 20pg 即可分离检出），且试剂无毒性。

3. 免疫化学法

免疫学技术是鉴定蛋白质纯度的有效方法，它根据抗原与抗体反应的特异性，可用已知抗体检查抗原或已知抗原检查抗体。常用的方法有免疫扩散、免疫电泳、双向免疫电泳和放射免疫分析等。特别是放射免疫分析（RIA），它是一种超微量的特异分析方法，灵敏度很高，可达至水平，但需特殊设备并存在放射性的有害污染。近来新建立一种酶标记免疫分析法（EIA），它以无毒的酶作为标记物代替同位素，此法的灵敏度近似于 RIA，是一种有发展前途的分析技术。免疫学方法是鉴定蛋白质纯度的特异方法，但对那些具有相同抗原决定簇的化合物也可能出现同样的反应。用此法检测的纯度称为"免疫纯"。

蛋白质纯度的鉴定方法还有超速离心法，蛋白质化学组成和结构分析等，但这些方法因需特殊设备或测定方法复杂而应用上受到限制。可以说蛋白质最终的纯度标准应是其氨基酸组成和序列分析，但因其难度大而一般很少用它来检查蛋白质的纯度。目前常用的方法仅表明在一定条件下的相对纯度。实际工作中可根据对纯度的要求选用适当的方法，若对纯度要求高，应选有相当灵敏度的多种方法进行分析。

（二）蛋白质相对分子质量的测定

蛋白质分子的质量是很大的。它的相对分子质量变化范围在 6000～1000000 或更大一些。蛋白质相对分子质量测定的方法很多，下面简要介绍几种测定蛋白质相对分子质量常用方法的基本原理。

1. 凝胶过滤法

从凝胶过滤的原理可知，蛋白质分子通过凝胶柱的速度（洗脱体积的大小）并不直接取决于分子的质量，而是它的斯托克半径。如果某种蛋白质与一理想的非水化球体具有相同的过柱速度即相同的洗脱体积，则认为这种蛋白质具有与此球体相同的半径，称为蛋白质分子的斯托克半径。因此，利用凝胶过滤法测定蛋白质相对分子质量（M_r）时，标准蛋白质（已知 M_r 和斯托克半径）和待测蛋白质必须具有相同的分子形状（接近球体），否则不能得到比较准确的 M_r，分子形状为线形的或与凝胶能发生吸附作用的蛋白质，则不能用此方法测定 M_r。这种方法比较简便，不要求复杂的仪器就能相当精确地测出蛋白质的相对分子质量。

由于不同排阻范围的葡聚糖凝胶有一特定的蛋白质相对分子质量的分离范围，在此范围内，相对分子质量的对数和洗脱体积之间成线性关系。因此，在测定不同大小的蛋白质的相对分子质量时，应选择不同的凝胶。具体做法是先用几种已知相对分子质量的蛋白质为标准，进行色谱分析。以每种蛋白质的洗脱体积对它们的相对分子质量的对数作图，绘制出标准洗脱曲线（图 3 – 51）。未知蛋白质在同样的条件下作色谱分析，根据其所用的洗脱体积，从标准洗脱曲线上可求出此未知蛋白质对应的相对分子质量。

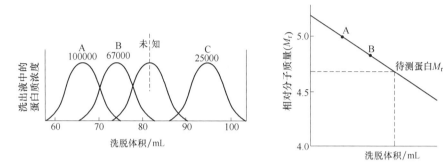

图 3 – 51 洗脱体积与相对分子质量的关系

2. SDS – 聚丙烯酰胺凝胶电泳法测定相对分子质量

蛋白质颗粒在各种介质中包括在聚丙烯酰胺凝胶中电泳时，它的迁移率决定于它所带的净电荷以及分子大小和形状等因素。1967 年 Shapiro 等人发现，如果在聚丙烯酰胺凝胶系统中加入阴离子去污剂十二烷基硫酸钠（SDS，一般添加量为 0.1%）和少量巯基乙醇，则蛋白质分子的电泳迁移率主要取决于它的相对分子质量，而与原来所带的电荷和分子形状无关。

SDS 是一种有效的变性剂，它能破裂蛋白质分子中的氢键和疏水作用，而巯基乙醇能打开二硫键，因在外加电场作用下，带电颗粒向着与其所带电荷相反的电极移动。带电颗粒在电场中移动的速度决定于它所带的净电荷的多少以及颗粒的大小及形状。不同的蛋白质，氨基酸组成不同，等电点不同，在同一 pH 条件下所带的净电荷多少不同，因此在有 SDS 和巯基乙醇存在下，单体蛋白质或亚基（寡聚蛋白质解离成亚基）的多肽链处于展开状态。此时 SDS 以其烃链与蛋白质分子的侧链结合成复合体。在一定条件下，SDS 与大多数蛋白质的结合比为 1.4gSDS/g 蛋白质，相当于每两个氨基酸残基结合一个 SDS 分子。SDS 与蛋白质的结合带来了两个后果：第一，由于 SDS 是阴离子，使多肽链覆盖上相同密度的负电荷，该电荷量远超过蛋白质分子原有的电荷量，因而掩盖了不同蛋白质间原有的电荷差别，结果所有的 SDS – 蛋白质复合体，电泳时都以同样的荷质比向正极移动。SDS 凝胶电泳可看成是以电场为驱动力代替溶剂流动（重力场）为驱动力的凝胶过滤。第二，改变了蛋白质单体分子的构象，SDS – 蛋白质复合体在水溶液中的形状被认为是近似雪茄烟形的长椭圆棒，不同蛋白质的 SDS 复合体的短轴长度（直径）都是一样的，约为 1.8nm，而长轴长度则随蛋白质的相对分子质量成正比例变化。不过 SDS – 蛋白质复合体的真正本质尚不十分清楚。

由于不同蛋白质的 SDS 复合体具有几乎相同的荷质比，并具有相同的构象，因而它们的净电荷量与摩擦因数都接近一个定值（具有相近的自由迁移率），即不受各种蛋白质原有的电荷、分子形状等因素的影响。然而在聚丙烯酰胺凝胶中由于引入凝胶的分子筛效应，肽链越长，迁移速度越慢，对不同相对分子质量的蛋白质具有很高的分辨率。

在聚丙烯酰胺凝胶电泳中，每种蛋白质的相对迁移率等于样品迁移的距离与指示染料（如溴酚蓝）迁移的距离的比值。

$$相对迁移率 = \frac{样品迁移距离}{指示染料（溴酚蓝）迁移的距离}$$

实验测定时，以几种相对分子质量标准物蛋白质的 M_r 的对数值对其相对迁移率作图，根据待测样品的相对迁移率，从标准曲线中即可查出它的 M_r。图 3 – 52 所示为垂直板状聚丙烯酰胺电泳示意图。

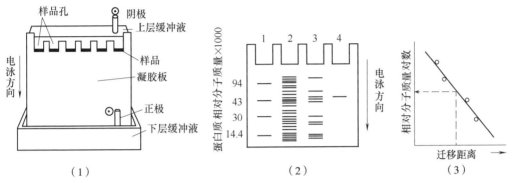

图 3 – 52　垂直板状聚丙烯酰胺电泳示意图
（1）垂直板状聚丙烯酰胺电泳装置　　（2）电泳分离图谱　　（3）蛋白质相对分子质量的对数与迁移率的关系
1—标准蛋白　2—未纯化的蛋白质样品　3—部分纯化的样品　4—纯化的蛋白质样品

3. 沉降分析法测定相对分子质量

蛋白质分子在溶液中受到强大的离心力作用时，如果蛋白质的密度大于溶液的密度，蛋白质分子就会沉降。沉降的速率与蛋白质分子大小和密度有关，而且与分子形状、溶液的密度和黏度有关。在实验室中研究蛋白质沉降作用，都采用能够产生强大离心场（转速为 40000 ~ 80000r/min）的超速离心机。

利用超速离心机测定蛋白质或其他生物大分子的相对分子质量，不同的蛋白质由于其分子大小不同，在一定的离心力场中沉降的速度也不同。把蛋白质样品溶液放在离心机内的特制离心池中，在离心场的作用下，蛋白质分子将沿旋转中心向外周方向（径向）移动，并产生沉降界面，界面的移动速度代表蛋白质分子的沉降速度（sedimentation velocity）。用特殊的光学系统可以观察并记录其沉降速度。单位离心场强度的沉降速度为恒定值，称为沉降常数（沉降系数），用 s 表示：

$$s = v / \omega^2 x, \quad v = \mathrm{d}x / \mathrm{d}t$$

式中　v——沉降速度；

　　　ω——离心机转动的角速度；

　　　x——蛋白质分子界面到旋转中心的距离。

沉降常数是蛋白质的特征性常数，它反映蛋白质分子的大小。蛋白质、核酸、核糖体和病毒等的沉降系数介于 $1 \times 10^{-13} \sim 200 \times 10^{-13}$s 范围。为方便起见，$10^{-13}$s 作为一个单位，称为斯维得贝格单位（svedberg unit）或称沉降常数单位，用 S 表示。沉降常数 s 的值随蛋白质相对分子质量的增加而增大。蛋白质的相对分子质量与沉降常数的关系是：

$$M = RTs / D \, (1 - \nu\rho)$$

式中　M——沉降分子的相对分子质量；

　　　R——气体常数，$R = 8.314J/(mol \cdot K)$；

　　　T——绝对温度，K；

　　　s——沉降常数，S；

　　　D——扩散系数，在数值上等于当浓度梯度为 1 单位时，1s 内通过 $1cm^2$ 而扩散的溶质量，$g/(cm^2 \cdot s)$；

　　　ν——蛋白质的偏微比容（即加 1g 物质于无限大体积的溶剂中，溶液体积的增量，蛋白质的偏微比容约为 $0.74cm^3/g$）；

　　　ρ——溶剂的密度，g/cm^3。

在相同的实验条件下测得蛋白质 s 值和 D 值，以及偏微比容 ν 和溶剂（一般用缓冲液）密度 ρ，即可计算出蛋白质的相对分子质量。

表 3 – 15 所示为一些蛋白质的物理常数。

表 3 – 15　　　　　　　　　　　　　一些蛋白质的物理常数

蛋白质名称	相对分子质量	扩散系数 $(D_{20,w})$ [$\times 10^7$ g/ $(cm^2 \cdot S)$]	沉降系数/S
核糖核酸酶 A（牛）	12600	11.9	1.85
细胞色素 C（牛心肌）	13370	11.4	1.71
肌红蛋白（马心肌）	16900	11.3	2.04
胰凝乳蛋白酶原(牛胰)	23240	9.50	2.54
血清蛋白（人）	68500	6.10	4.6
血红蛋白（人）	64500	6.90	4.46
过氧化氢酶（马肝）	247500	4.10	11.3
血纤蛋白原（人）	339700	1.98	7.63
肌球蛋白（鳕鱼肌）	524800	1.10	6.43
烟草花叶病毒	40590000	0.46	198

（三）蛋白质含量的测定

蛋白质含量的测定是分离纯化工作中的重要部分，也是生物学工作者经常遇到的问题。蛋白质含量测定的方法很多，究竟采用哪一种方法要根据不同的实验目的而定。

1. 凯氏定氮法（Kjedahl 法）

这是测定蛋白质含量的经典方法。其原理是蛋白质具有恒定的含氮量，平均为 16%，因此测定蛋白质的含氮量即可计算其含量。含氮量的测定是使蛋白质经硫酸消化为 $(NH_4)_2SO_4$，碱性时蒸馏释出 NH_3 用定量的硼酸吸收，再用标准浓度的酸滴定，求出含氮量即可计算蛋白质的含量。

2. 福林 – 酚试剂法（Lowry 法）

这是测定蛋白质浓度应用最广泛的一种方法。福林 – 酚试剂的主要成分为磷钼酸和磷钨酸。在碱性条件下，蛋白质与酒石酸钾钠铜盐溶液作用生成紫红色复合物，然后与磷钼酸、磷钨酸、硫酸、溴等反应生成蓝色的化合物，可用比色法测定。在一定的浓度范围内，其所成颜色的深浅与蛋白质含量之间有线性关系。此法优点是操作简便、灵敏度高、蛋白质浓度范围是 $25 \sim 250 \mu g/mL$。但此法实际上是蛋白质中酪氨酸和色氨酸与试剂的反应，因此它受蛋白质氨基酸组成的影响，即不同蛋白质中此两种氨基酸含量不同使显色强度有所差异。此外，酚类等一些物质的存在会干扰此法的测定，导致分析误差。

3. 双缩脲法

在碱性条件下，蛋白质分子中的肽键与 Cu^{2+} 可生成紫红色的络合物，可用比色法定量，此法简便，受蛋白质氨基酸组成影响小；但灵敏度低、样品用量大，蛋白质浓度范围为 $0.5 \sim 10mg/mL$。

4. 染料结合法（Bradford 法）

该法基于蛋白质与考马斯亮蓝 G – 250 试剂反应，产生一种亮蓝色的化合物，在 595nm 有最大吸收。在一定的浓度范围内，吸收强度与蛋白质含量之间有线性关系，因此可用于蛋白质的定量测定。注意：未结合蛋白质之前，染料试剂本身为棕褐色，在 465nm 有吸收。该法快速，简便，干扰因素少。缺点是蛋白质溶液的浓度不能太高。

5. 紫外分光光度法

蛋白质分子中常含有酪氨酸等芳香族氨基酸，在 280nm 处有特征性的最大吸收峰，可用于蛋白质的定量。此法简便、快速、不损失样品，测定蛋白质的浓度范围是 $0.1 \sim 0.5mg/mL$。若样品中含有其他具有紫外吸收的杂质，如核酸等，可产生较大的误差，故应作适当的校正。

蛋白质样品中含有核酸时，可按下列公式计算蛋白质的浓度：

$$蛋白质的浓度（mg/mL）= 1.55A_{280nm} - 0.75A_{260nm} \qquad （A 为吸光值）$$

关于蛋白质含量测定还有其他新方法，主要的方法有 BCA 比色法和 Bio – Rad 蛋白分析法，这些方法主要特点是简便、快速、灵敏和抗干扰作用强，可望替代传统的 Lowry 法，但试剂较贵。

6. BCA 比色法

其原理是在碱性溶液中，蛋白质将 Cu^{2+} 还原为 Cu^+ 再与 BCA 试剂（4, 4' – 二羧酸 – 2, 2' – 二喹啉钠）生成紫色复合物，于 562nm 处有最大吸收，其强度与蛋白质浓度成正比。此法最大特点是 Triton X – 100、SDS 等表面活性剂无干扰作用。

🔍 习题

1. 名词解释

hydrophobic interaction, oligoprotein, subunit, isoelectric point（pI）, configuration, conformation, protein primary structure, protein secondary structure, α – helix, β – sheet, domain, super – secondary structure, protein tertiary structure, protein quarternary structure, allosteric effect, protein denaturation, protein renaturation, salting out

2. 为什么说蛋白质是生命活动最重要的物质基础？

3. 蛋白质的主要元素组成是哪四种元素？还含有哪些元素？蛋白质的含氮量平均为多少？

4. 组成蛋白质的基本单位是什么？写出 20 种基本氨基酸的结构式和英文代号。含硫氨基酸有哪些？含羟基氨基酸有哪些？含芳环氨基酸有哪些？亚氨基酸有哪些？酸性氨基酸、碱性氨基酸各有哪些？

5. 什么是两性化合物？什么是氨基酸的等电点？它有何实际意义？一氨基一羧基氨基酸 pI 如何计算？二氨基一羧基氨基酸 pI 如何计算？一氨基二羧基氨基酸 pI 如何计算？已知 His 的 pK_1（COOH）＝1.82、pK_2（咪唑基）＝6.0、pK_3（—NH_3^+）＝9.17，请计算出它的等电点。

6. 氨基酸有哪些重要理化性质？有何应用？

7. 计算 Glu、Ala 和 His 的等电点。当 His 处于 pH4.0 的环境时，它的净电荷带电情况如何？

8. 用强酸型阳离子交换树脂分离下述每对氨基酸，当用 pH7.0 的缓冲液洗脱时，下述每对中先从柱上洗脱下来的是哪种氨基酸？① 天冬氨酸和赖氨酸；② 精氨酸和甲硫氨酸；③ 谷氨酸和缬氨酸；④ 甘氨酸和亮氨酸；⑤ 丝氨酸和丙氨酸。

9. 氨基酸在多肽链中的连接方式如何？试写出一条多肽链的主链骨架结构。

10. 什么是酰胺平面？一个酰胺平面由哪些原子组成？图例说明。

11. 什么是蛋白质的一、二、三、四级结构？蛋白质二级结构的主要构象有哪些？其各级结构有何要点？

12. 试比较 Gly、Pro 与其他常见氨基酸结构的异同，它们对多肽链二级结构的形成有何影响？

13. 一条肽链，其 α-螺旋结构包含有 20 个氨基酸残基，试问：① 在此螺旋结构中存在多少氢键？② 存在多少圈螺旋？③ 螺旋每前进一圈的长度为 0.54nm，那么这个包含 20 个氨基酸残基的螺旋的长度为多少？

14. 试举例说明蛋白质结构与功能的关系（包括一级结构、高级结构与功能的关系）。

15. 为什么说蛋白质水溶液是一种稳定的亲水胶体？

16. 什么是蛋白质的变性？变性的机制是什么？举例说明蛋白质变性在实践中的应用。

17. 用胰蛋白酶处理某多肽后获得一个七肽（非羧基端肽）。这个七肽经盐酸完全水解后获得 Met、Glu、Phe、Ala、Pro、Lys 各 1mol。该肽与二硝基氟苯反应后用盐酸水解不能得到任何 α-DNP-氨基酸。该肽用羧肽酶 B 处理不能得到任何更小的肽。该肽用 CNBr 处理得到一个四肽和一个三肽，四肽经酸水解后得到 Met、Phe 和 Glu。这个七肽经胰凝乳蛋白酶处理也得到一个三肽和一个四肽，四肽的氨基酸组成是 Ala、Met、Pro 和 Lys。根据上述信息确定这个七肽的氨基酸顺序。

18. 请根据下面的信息确定蛋白质的亚基组成：① 用凝胶过滤测定，相对分子质量是 200kDa；② 用 SDS-PAGE 测定，相对分子质量是 100kDa；③ 在 2-巯基乙醇存在下用 SDS-PAGE 测定，相对分子质量是 40kDa 和 60kDa。

第四章

酶

第一节 概 述

酶是一种生物催化剂。生物体内新陈代谢的一系列复杂的化学反应，几乎均是由酶所促进的，生命活动离不开酶，没有酶的参与，生命活动一刻也不能进行。许多代谢反应放在体外自发进行，速度极慢，或几乎不能完成。但在生物体内，在酶的催化下得以顺利快速地实现。

人们对酶的认识起源于生产实践。我国早在公元前 2000 多年，就有酿酒、造酱和制饴的历史记载。西方国家 19 世纪对酿酒发酵过程进行了大量研究。1810 年 Jaseph Gaylassac 发现酵母可将糖转化为酒精。1857 年微生物学家 Pasteur 等人提出酒精发酵是酵母细胞活动的结果，他认为只有活的酵母细胞才能进行发酵。Liebig 反对这种观点，他认为发酵现象是由溶解于酵母细胞液中的酶引起的。直到 1897 年，Buchner 兄弟用石英砂磨碎酵母细胞，制备了不含酵母细胞的抽提液，并证明此不含细胞的酵母提取液也能使糖发酵，说明发酵与细胞的活动无关，从而说明了发酵是酶作用的化学本质，为此，Buchner 获得了 1911 年诺贝尔化学奖。1833 年 Payen 和 Persoz 从麦芽的水抽提物中，用酒精沉淀得到了一种对热不稳定的物质，它可使淀粉水解成可溶性的糖。他们把这种物质称为淀粉酶制剂（diastase）。尽管当时它还是一个很粗的酶制剂，但由于他们采用了最简单的提纯方法，得到了一个无细胞酶制剂，并指出了它的催化特性和热不稳定性，因而开始涉及酶的一些本质性问题，所以人们认为 Payen 和 Persoz 首先发现了酶。1878 年 Kuhne 才给酶一个统一的名词为 Enzyme，这个字来自希腊文，其意思"在酵母中"。1835 ~ 1837 年，Berzelius 提出了催化作用的概念，该概念的产生对酶学和化学的发展都是十分重要的。可见，对于酶的认识开始就与它具有催化作用的能力联系在一起。1894 年 Fisher 提出了酶与底物作用的"锁与钥匙"学说，用以解释酶作用的专一性。1903 年 Henri 提出了酶与底物作用的中间复合物学说。1913 年 Michaelis 和 Menten 根据中间复合物学说，导出了米氏方程，对酶反应机制的研究是一个重要突破。1926 年 Sumner 第一次从刀豆中提出了脲酶结晶，并证明其具有蛋白质性质。从那时起，从酶学上充分证明了大部分酶是蛋白。1969 年 Merrifield 等人工合成了具有酶活力的胰 Rnase（核糖核酸酶）。

20世纪80年代后，核酶、抗体酶、人工酶、生物酶工程生产的酶以及模拟酶的出现，使酶的传统概念受到了严峻的挑战。80年代初Cech和Altman分别发现了具有催化功能的RNA——核酶（ribozyme），这一发现打破了酶是蛋白质的传统观念，开辟了酶学研究的新领域，为此Cech和Altman于1989年共同获得诺贝尔化学奖。1986年Schultz与Lerner等人研制成功抗体酶（abzyme）。人工酶是指人工合成的具有催化活性的蛋白质或多肽。1977年Dhar等报道，人工合成的序列为Glu - Phe - Ala - Glu - Glu - Ala - Ser - Phe的多肽具有溶菌酶的活力，其活力为天然酶的50%。所谓模拟酶，就是利用有机化学方法合成的一些比酶简单的具有催化功能的非蛋白质分子。它们可以模拟酶对底物的络合和催化过程，既可达到酶催化的高效性，又可以克服酶的不稳定性。

生物酶工程是酶学和以DNA重组技术为主的现代分子生物学技术相结合的产物，主要包括三个方面：① 用基因工程技术大量生产酶；② 修饰天然酶基因、产生遗传修饰酶（突变酶）；③ 设计新酶基因，合成自然界不曾有的新酶。随着对酶结构与功能关系认识的深化、计算机技术的发展，可人工设计并合成基因，通过蛋白质工程技术生产出自然界不存在的具有独特性质和重要作用的新酶。

综上所述，可以看出核酶、抗体酶、生物酶工程生产的酶、人工酶、模拟酶等，它们除了在催化功能上与传统酶极其相似外，在来源和化学本质方面又各有特点，不同于传统酶。有催化功能的RNA和DNA虽然可来源于生物体，但它们的化学本质是核酸。抗体酶和生物酶工程生产的酶都是通过生物体产生的蛋白质属性酶，但它们的产生离不开人工的免疫过程、人为的基因克隆和寡核苷酸定点突变等技术。人工酶的产生完全依赖人工的体外合成法。模拟酶是人工合成的非蛋白质、非RNA物质。这些研究成果对酶学研究具有重要的理论意义和广泛的应用前景。

一、酶的基本性质

酶是生物细胞产生的，以蛋白质为主要成分的生物催化剂。酶和一般催化剂之间既具有共性又具有特殊性。它们的共同特点：

（1）用量少而催化效率高；

（2）不改变化学反应的平衡点　酶仅能改变化学反应的速度，并不能改变化学反应的平衡点。而酶本身在反应前后也不发生变化；

（3）可降低反应的活化能　催化剂（包括酶在内），是通过降低化学反应的活化能来加快反应速度的。如图4 - 1所示，由于在酶催化反应中，只需较少的能量就可使反应物进入"活化态"，所以和非催化反应相比，活化分子的数量大大增加，从而加快了反应速度。例如，在没有催化剂存在的情况下，过氧化氢分解所需活化能为75.4kJ/mol；用无机物液态钯作催化剂时，所需活化能降低为48.9kJ/mol；当用过氧化氢酶催化时，则活化能只需8.4kJ/mol。

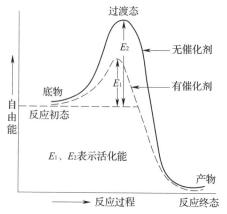

图4 - 1　催化剂对化学反应的影响

和一般催化剂比较，酶又有其独特之处：

（1）具有极高的催化效率 同一反应，酶催化反应的速度比非酶催化反应的速度快 $10^8 \sim 10^{20}$ 倍。例如，在相同的条件下，Fe^{3+}、血红素和过氧化氢酶催化过氧化氢的分解，反应速度分别为 $6 \times 10^{-4} \, mol/s$、$6 \times 10^{-1} \, mol/s$ 和 $6 \times 10^6 \, mol/s$。可见过氧化氢酶的催化效果比 Fe^{3+} 和血红素分别高出 10 个和 7 个数量级。

（2）酶的催化作用具有高度专一性 **酶的专一性**（specificity） 是指酶对参与反应的底物有严格的选择性。即一种酶只能作用于某一类或某一种特定的物质，发生某种特定类型的化学反应，产生特定的产物。

（3）酶易失活 催化剂在一定条件下会因中毒而失去催化能力，而酶却较其他催化剂更加脆弱，更易失去活性。因为酶是蛋白质，凡是能使蛋白质变性的因素，如高温、强酸、强碱、重金属等都能使酶丧失活性。同时酶也常因温度、pH 等轻微的改变或抑制剂的存在使其活性发生变化。

（4）酶的催化活性受到调节、控制 酶作为细胞的蛋白质组成成分，随生长发育，不断地进行自我更新和组分变化，其催化活性又极易受环境条件的影响发生变化，因此，生物体通过多种机制和形式对酶活力进行调节和控制，使极其复杂的代谢活动不断地、有条不紊地进行。

酶催化活性的调控方式很多，包括抑制剂调节、共价修饰调节、反馈调节、酶原激活及激素控制等。

（5）酶的催化活性与辅酶、辅基及金属离子有关，有些酶是复合蛋白质，其中的小分子物质（辅酶、辅基及金属离子）与酶的催化活性密切相关。若将它们除去酶就失去活性。

二、酶的化学本质及其组成

（一）酶的化学本质

酶的化学本质除有催化活性的 RNA 之外几乎都是蛋白质。到目前为止，被人们分离纯化研究的酶已有数千种，经过物理和化学方法的分析证明了大多数酶的化学本质是蛋白质。酶是具有催化作用的蛋白质。蛋白质特定的空间结构对酶的催化活性是必需的，若一种酶被变性或解离成亚基，它就会失活。

（二）酶的分子组成

酶和其他蛋白质一样，可以根据其组成成分分为简单蛋白质和结合蛋白质两类。

有些酶，其活性仅仅取决于它的蛋白质结构，这类酶属于简单蛋白质，如脲酶、蛋白酶、淀粉酶、脂肪酶以及核糖核酸酶等；另一些酶在结合**非蛋白组分**（**辅助因子，cofactor**）后，才表现出酶的活性，这类酶属于结合蛋白质，其**酶蛋白**（apoenzyme）与辅助因子结合后所形成的复合物称为"**全酶**"（holoenzyme），即全酶＝酶蛋白＋辅助因子。

在酶催化时，全酶一定要有酶蛋白和辅助因子同时存在才起作用，它们单独存在时，均无催化作用。酶的辅助因子可以是金属离子或有机小分子化合物，根据它们与酶蛋白结合的松紧程度不同，可分为两类，即**辅酶**（**coenzyme**）和**辅基**（**prosthetic group**）。通常辅酶是指与酶蛋白结合比较松弛的小分子有机物质，通过透析方法可以除去，如辅酶Ⅰ和辅酶Ⅱ等。辅基是以共价键和酶蛋白结合，不能通过透析除去，需要经过一定的化学处理才能与蛋白分开，如细胞色素氧化酶中的铁卟啉，丙酮酸氧化酶中的黄素腺嘌呤二核苷酸（FAD），都属于辅基。所以辅酶和辅基的区别只在于它们与酶蛋白结合的牢固程度不同，并无严格的界线。每一种需要辅酶（辅基）的酶蛋白往往只能与一特定的辅酶（辅基）结合，即酶对辅酶（辅基）的要求有一定的选择性，当换另一种辅酶（辅基）就不具活力，如谷氨酸脱氢酶需要辅酶Ⅰ，若换以辅酶Ⅱ就失去活性。但生物体内辅酶（辅基）数目有限，而酶的种类繁多，故同一种辅酶（辅基）往往可以与多种不同的脱氢酶结合而表现出多种不同的催化作用，如3－磷酸甘油醛脱氢酶、乳酸脱氢酶都需要辅酶Ⅰ，但各自催化不同的底物脱氢。这说明蛋白部分决定酶催化的专一性。辅酶（辅基）在酶催化中通常是起着电子、原子或某些化学基团的传递作用。一些可作为酶的辅因子的金属离子见表4－1，转移电子、原子和基团反应中的辅酶和辅基见表4－2。

表4－1　　　　　　　　　　　　酶中金属离子与配位体

金属离子	配位体	酶
Mn^{2+}	咪唑	丙酮酸脱氢酶
Fe^{2+}/Fe^{3+}	咪唑、卟啉环、含硫配体	过氧化氢酶、血红素
Cu^+/Cu^{2+}	咪唑、酰胺	细胞色素氧化酶
Co^{2+}	卟啉环	变位酶
Zn^{2+}	氨基、咪唑等	碳酸酐酶、醇脱氢酶
Pb^{2+}	巯基	δ－氨基－γ－酮戊二酸脱水酶
Ni^{2+}	巯基	脲酶

表4－2　　　　　　　　　　重要的辅酶以及它们的前体维生素

辅酶或辅基	维生素	功能	全酶
TPP	硫胺素（维生素 B_1）	基团转移	脱羧酶
FMN、FAD	核黄素（维生素 B_2）	递氢、递电子	脱氢酶
NAD^+、$NADP^+$	烟酰胺（维生素 B_5）	递氢、递电子	脱氢酶
COA	泛酸（维生素 B_3）	酰基转移	合成酶
生物素	生物素（维生素 B_7）	CO_2转移	羧化酶
FH_4	叶酸（维生素 B_{11}）	一碳基团转移	合成酶
磷酸吡哆醛	吡哆素（维生素 B_6）	氨基转移	转移酶
甲基钴胺素、维生素 B_{12}辅酶	钴胺素（维生素 B_{12}）	异构化	变构酶

（三）单体酶、寡聚酶、多酶复合体

根据酶蛋白分子的特点，又可将酶分为以下三类：

（1）**单体酶（monomeric enzyme）**　一般是由一条肽链组成，例如，牛胰核糖核酸酶、

溶菌酶、羧肽酶 A 等，但有的单体酶是由多条肽链组成的，如胰凝乳蛋白酶由 3 条肽链组成，肽链间二硫键相连构成一个共价整体。单体酶种类较少，一般多是催化水解反应的酶，相对分子质量在（13~35）×10³ 之间（表 4 - 3）。

表 4 - 3   单体酶

酶	相对分子质量	氨基酸残基数
溶菌酶	14600	129
核糖核酸酶	13700	124
木瓜蛋白酶	23000	203
胰蛋白酶	23800	223
羧肽酶	34600	307

（2）**寡聚酶**（oligomeric enzyme）　由两个或两个以上亚基组成的酶，这些亚基可以是相同的，也可以是不相同的。绝大部分寡聚酶都含偶数亚基，但个别寡聚酶含奇数亚基，如荧光素酶、嘌呤核苷磷酸化酶均含 3 个亚基。亚基之间靠次级键结合，彼此容易分开。寡聚酶的相对分子质量一般大于 35 × 10³（表 4 - 4）。大多数寡聚酶，其聚合形式是活性型，解聚形式是失活型。相当数量的寡聚酶是调节酶，在代谢调控中起重要作用。

表 4 - 4   几种寡聚酶的亚基数目及相对分子质量

酶	亚基数目	亚基相对分子质量	酶的相对分子质量
磷酸化酶 a	4	92500	370000
己糖激酶	4	27500	102000
磷酸果糖激酶	2	78000	190000
醛缩酶	4	40000	160000
3 - 磷酸 - 甘油醛脱氢酶	2	72000	140000
烯醇化酶	2	41000	82000
乳酸脱氢酶	4	35000	150000
丙酮酸激酶	4	57200	237000

（3）**多酶复合体**（multienzyme complex）　由几种酶靠非共价键彼此嵌合而成。所催化的反应依次连接，有利于一系列反应的连续进行。这类多酶复合体相对分子质量很高，例如脂肪酸合成中的脂肪酸合成酶（fatty acid synthase）复合体，是由 7 种酶和一个酰基携带蛋白构成，相对分子质量为 2200 × 10³；大肠杆菌丙酮酸脱氢酶复合体由 60 个亚基 3 种酶组成，相对分子质量约 4600 × 10³。

（四）同工酶

同工酶（isozyme）是指结构、性质不同，但却能催化相同的反应的两种或两种以上的酶群或酶型，其一级结构上的差异是由遗传决定的。它们的米氏常数 K_m 和最大反应速率 V_{max} 各不相同，通常用电泳将它们分开。同工酶对细胞的生长、发育、遗传及代谢的调节都很重要。

近十多年来，由于蛋白质分离技术，特别是凝胶电泳技术的发展，可从细胞抽提液中分离某些酶的同工酶。已发现有同工酶的酶多达几十种，其中研究最多且最早的同工酶是在人和动物机体中存在的乳酸脱氢酶（LDH）。

乳酸脱氢酶是四聚体，在多数组织中，由两个遗传位点所决定的两类亚基，即肌肉型亚基（A 或称 M）和心脏型亚基（B 或称 H）所组成，而在精囊和精子中，则是由上述两个位点外的第三个遗传位点决定的 C 亚基组成。六种 LDH 四聚体是：LDH_1（B_4 或 H_4）、LDH_2（AB_3 或 H_3M）、LDH_3（A_2B_2 或 H_2M_2）、LDH_4（A_3B 或 HM_3）、LDH_4（A_4 或 M_4）和 $LDHx$（C_4）。脊椎动物的心脏主要的同工酶是 LDH_1，而骨骼肌则是 LDH_5。在其他组织中的分布随动物种的不同而异。哺乳动物的肝脏有高水平的 LDH_5，而脑、肾皮质、红细胞则主要是 LDH_1。

基于每种组织 LDH 同工酶谱具有特定的相对百分率，若某一组织发生病变，必将释放其中 LDH 同工酶到血液中，导致血清酶谱的变化，这些变化常常是一特定疾病或该疾病特定阶段的特征。因此，它是临床医学诊断疾病的一种灵敏且可靠的手段。例如，心脏、肝脏病变引起血清 LDH 同工酶酶谱的变化规律如下：

心脏疾病　LDH_1 及 LDH_2 上升，LDH_3 及 LDH_4 下降。

急性肝炎　LDH_5 明显升高，随病情好转而逐渐恢复正常。

慢性肝炎　一般处于正常范围，部分病例可见 LDH_5 有所升高。

肝硬化　LDH_5、LDH_1 和 LDH_3 均升高。

原发性肝癌　LDH_3、LDH_4、LDH_5 均上升，但 $LDH_5 > LDH_4$。

转移性肝癌　LDH_3、LDH_4、LDH_5 均上升，但 $LDH_4 > LDH_5$。

（五）核酶

自从 1926 年 Sumner 首次从刀豆中获得脲酶结晶并证明是蛋白质以来，现已有数千种酶经研究证明是蛋白质。因此，长期以来人们一直认为酶的化学本质就是蛋白质。20 世纪 80 年代初期，美国 Cech 和 Altman 各自独立地发现 RNA 具有生物催化功能，从而改变了生物体内所有的酶都是蛋白质的传统观念。为此 Cech 和 Altman 共同获得了 1989 年度诺贝尔化学奖。

1982 年 Cech 等以原生动物嗜热四膜虫为材料，研究 rRNA 的基因转录问题时发现：转录产物 rRNA 前体很不稳定，在鸟苷（或 5′ – GMP）和 Mg^{2+} 存在下切除自身的 413 个核苷酸的内含子使两个外显子拼接起来，变成成熟的 rRNA 分子（图 4 – 2）。这个催化反应是在完全没有任何蛋白质酶的存在下发生的，称为自我剪接（self – splicing），证明了 RNA 具有催化功能。为区别于传统的蛋白质催化剂的酶，Cech 给这种具有催化活性的 RNA 定名为**核酶（ribozymer 或 ribonucleic acid enzyme）**。R. Symons 发现具有锤头结构的 RNA 有催化活性，并人工合成了许多 RNA 催化剂。迄今已发现几十种核酶。

RNase P 是催化 tRNA 前体 5′ – 端成熟的内切核酸酶，1983—1984 年间，S. Altman 和 N. R. Pace 合作发现，在将 *E. coli* 的 RNase P（由 23% 蛋白质和 77% RNA 组成）的蛋白质组分除去后，其余的 RNA 部分在高浓度的 Mg^{2+} 存在下，可显示出催化 tRNA 前体成熟的活性，蛋白质部分任何条件下都无催化活性，只起维护 RNA 构象的作用。

另一个蛋白质 – RNA 复合物酶中 RNA 单独具有催化功能的例子是：兔肌 1, 4 – α – 葡糖分支酶（1, 4 – α – dextran branching enzyme），该酶中 RNA 共有 31 个核苷酸残基，该 RNA 催化的底物是葡聚糖而非 RNA，这是一个很奇特的核酶，有待深入研究。1990 年还发现了以 DNA 为底物的核酶。

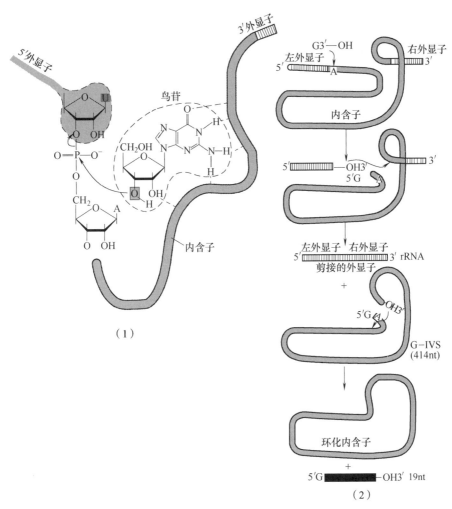

图 4-2 四膜虫 rRNA 成熟中 RNA 的剪切

(1) 鸟苷介导的反应 (2) 整个剪切过程

（六）抗体酶

抗体酶（abzyme）是 20 世纪 80 年代后期才出现的一种具有催化能力的蛋白质，其本质上是免疫球蛋白，但是在抗体的易变区被赋予了酶的属性，所以又称"催化性抗体"（catalytic antibody），抗体酶是生物学与化学的研究成果在分子水平上交叉渗透的产物，是将抗体的多样性和酶分子的巨大催化能力结合在一起的蛋白质分子设计的新方法。人们早就注意到，酶与抗体这两种蛋白质之间尽管功能不同，但存在着惊人的相似之处，尤其是它们在与各自的配基特异的结合过程中，遵守同样的方式并表现出相似的动力学行为。

抗体分子极其多样的结合专一性能被用来产生新的酶吗？酶催化作用的实质是专一结合的相互作用形成过渡态，因此，用过渡态的类似物作为**半抗原（hapten）**免疫动物将有可能产生有催化活性的抗体。1985 年 Schultz 与 Lerner 两个实验室同时在美国 *Science* 杂志发表论文，报道他们成功地采用上述方法得到了具有酶催化活性的抗体。这标志着抗体酶的研究进入了一个新阶段。

1. 抗体酶的理论基础

(1) 抗体蛋白的特性 酶与抗体这两种蛋白质之间尽管功能不同，但也存在许多相似之处。尤其是它们与各自的配基（酶－底物、抗体－抗原）的结合特性，如结合方式、动力学过程等都非常相似。所以，从 20 世纪 60 年代起，就有人开始试图对抗体进行修饰，并使其获得酶的属性。

(2) 酶与底物形成过渡态理论 酶在催化底物发生化学变化过程中，处于酶活性中心的活性基团与底物相互作用形成稳定的过渡状态，从而大大降低了反应的活化能。可以设想如果构建一个对某种过渡状态具有最佳缔合状态的抗体，就有可能观察到抗体催化相应底物发生化学反应的效果。

2. 抗体酶的制备

抗体酶的制备是一项难度非常大的工作。1986 年，Schultz 等和 Lerner 等分别报道了可专一性催化某种碳酸酯和羧酸酯水解的抗体酶的制备方法，主要包括以下几个过程。

(1) 过渡态类似物（半抗原）的构建 根据酶催化作用机制，人们有可能设计构建一个底物的过渡状态的化学模型。实际上由于准确的过渡状态很难确定或合成，因此，制备抗体酶时用的半抗原是一个结构比较稳定，在价键取向、电荷分布等都与过渡态相似的类似物。

(2) 抗原的制备 将人工设计并构建的过渡态类似物（半抗原），用化学方法经间隔基与载体蛋白相连，即形成一个抗原。

(3) 应用单克隆抗体筛选技术制备抗体酶 单克隆抗体技术是 20 世纪 70 年代发展起来的一项重要的生物技术。当一个抗原，如一种蛋白质注射到动物体内后，动物血液即产生相应的抗体。但是，在已经产生抗体的血清中，可能含有多种能与抗原作用的抗体。而血清本身也含有它原有的抗体。因此，人们无法从血清中得到单一的抗体，当然也就更谈不上大量复制这种抗体了。

人们发现，动物脾脏中有一种称为淋巴细胞 B 的细胞，它能产生并分泌出唯一的一种抗体。但是，淋巴细胞 B 在通常细胞培养条件下不能繁衍，所以难以用它来制备大量单一抗体。一直到 1975 年，随着单克隆抗体技术的发明，才使制备大量单一抗体成为可能。单克隆抗体技术的关键是将分离纯化的骨髓瘤细胞在培养条件下与淋巴细胞 B 融合生成一种特殊的杂交瘤细胞。这种杂交瘤细胞能够产生单一的抗体，又能在细胞培养条件下快速繁殖，因而可以大量制备单一抗体。

在抗体酶出现的短短几年中，已经有几十种抗体酶被克隆成功。抗体酶催化的有机化学反应类型达 20 多种，包括了几乎所有的有机化学反应类型，例如酯的水解、β － 消去反应、酰胺键的形成和水解、内酯化、酯交换、氧化反应和还原反应等。

3. 抗体酶的发展前景

近年来，有关抗体酶的研究得到迅速发展，在有些情况下，抗体酶催化反应速率达到非催化速率的 10^7 倍。抗体酶出现的时间虽然不长，但是已经清楚地表明，它是研究酶的作用机制的一个有力的工具。在此之前，对于酶催化作用过渡态理论的依据，主要是来自酶抑制作用机制的研究结果。抑制剂只能提供酶作用过程中的专一性结合的信息，但不能给出结合后发生的催化过程信息。而在抗体酶研究过程中，可以直接观察到过渡理论对抗体酶设计所起到的重要作用。这也就为酶的过渡态理论的正确性提供了一个有力的实验证据。

另一方面，抗体酶在有机合成和有机反应机制研究方面，也引起了有机化学家的广泛兴趣。抗体酶的应用，使过去很多不能应用酶促反应的有机合成得以实现。所以，抗体酶的发展前景是令人鼓舞的。

第二节　酶的命名和分类

迄今为止已发现4000多种酶，在生物体中的酶远远大于这个数量。随着生物化学、分子生物学等生命科学的发展，会发现更多的新酶。为了研究和使用的方便，需要对已知的酶加以分类，并给以科学名称。以往酶的分类和命名都很混乱，酶的名称往往是沿用下来的，缺乏系统性和科学性，有时会出现一酶数名或一名数酶的情况。1951年国际生物化学学会酶学委员会推荐了一套新的系统命名方案及分类方法，已被国际生物化学学会接受决定每一种酶应有一个系统名称和一个习惯名称。

一、习惯命名法

1961年以前使用的酶的名称都是习惯沿用的，称为习惯名。主要依据两个原则：

（1）根据酶作用的底物命名，如催化水解淀粉的酶称为淀粉酶，催化水解蛋白质的酶称为蛋白酶。有时还加上来源以区别不同来源的同一类酶，如胃蛋白酶，胰蛋白酶。

（2）根据酶催化反应的性质及类型命名，如水解酶、转移酶、氧化酶等。有的酶结合上述两个原则来命名，如琥珀酸脱氢酶是催化琥珀酸脱氢反应的酶。

习惯命名比较简单，应用历史较长，尽管缺乏系统性，但现在还被人们使用。

二、国际系统命名法

国际系统命名法原则，是以酶所催化的整体反应为基础的，规定每种酶的名称应当明确标明酶的底物及催化反应的性质，如果一种酶催化两个底物起反应，应在它们的系统名称中包括两种底物的名称，并以"："号将它们分开。若底物之一是水时，可将水略去不写。其法则如表4－5所示。

表4－5　　　　　　　　　　　　酶国际系统命名法则

习惯命名	系统名称	催化的反应
乙醇脱氢酶	乙醇：NAD^+氧化还原酶	乙醇 + NAD^+→乙醛 + NADH
谷丙转氨酶	丙氨酸：α - 酮戊二酸氨基转移酶	丙氨酸 + α - 酮戊二酸→谷氨酸 + 丙酮酸
脂肪酶	脂肪：水解酶	脂肪 + 水→脂肪酸 + 甘油

三、国际系统分类法及酶的编号

国际酶学委员会，根据各种酶所催化反应的类型，把酶分为6大类，即氧化还原酶类、转移酶类、水解酶类、裂合酶类、异构酶类和连接酶类。分别用1，2，3，4，5，6来表示。每一大类酶再根据底物中被作用的基团或键的特点将每一大类分为若干个亚类，每一个亚类又按顺序编成 1，2，3，4…数字。每一个亚类可再分为亚亚类，仍用 1，2，3，4…编号。每一个酶的分类编号由 4 个数字组成，数字间由"，"隔开。第一个数字指明该酶属于 6 个大类中的哪一类；第二个数字指出该酶属于哪一个亚类；第三个数字指出该酶属于哪一个亚亚类；第四个数字表明该酶在亚亚类中的排号。编号之前冠以 EC（Enzyme Conmmission 缩写）。

例如，乳酸脱氢酶（EC1，1，1，27）催化下列反应：

$$\underset{\substack{|\\ \text{COO}^-}}{\overset{\substack{\text{CH}_3\\ |}}{\text{HO——C——H}}} + \text{NAD}^+ \xrightarrow{\text{乳酸脱氢酶}} \underset{\substack{|\\ \text{COO}^-}}{\overset{\substack{\text{CH}_3\\ |}}{\text{C===O}}} + \text{NADH} + \text{H}^+$$

其编号可如下解释：

第 1 个"1"表示第 1 大类，即氧化还原酶类；

第 2 个"1"表示第 1 亚类，被氧化基团为 CHOH；

第 3 个"1"表示第 1 亚亚类，受氢体为 NAD$^+$；

第 4 个"27"表示乳酸脱氢酶在此亚亚类中的顺序号。

这种系统命名原则及系统编号是相当严格的，一种酶只可能有一个名称和一个编号。一切新发现的酶，都能按此系统得到适当的编号。从酶的编号可了解到该酶的类型和反应性质。6 个大类及其亚类详细介绍如下：

（一）氧化还原酶类

氧化还原酶类（oxido – reductases） 催化氧化还原反应涉及 H 或 ē 的转移，如琥珀酸脱氢酶、乙醇脱氢酶、多酚氧化酶等。其反应式如下：

$$AH_2 + B \Longrightarrow A + BH_2$$

亚类表示底物中发生氧化的基团的性质：

1.1 作用在—CH—OH上

1.2 作用在—C=O上

1.3 作用在—CH=CH上

1.4 作用在—CH—NH$_2$上

1.5 作用在—CH—NH上

1.6 作用在NADH、NADPH上

（二）转移酶类

转移酶类（transferases） 催化分子间功能基团的转移，如谷丙转氨酶、己糖激酶等。其反应式如下：

$$AR + B \Longrightarrow A + BR$$

亚类表示底物中被转移基团的性质：

2.1 表示一碳基团

2.2 表示醛或酮基

2.3 表示酰基

2.4 表示糖苷基

2.5 表示除甲基之外的羟基或酰基

2.6 表示含氮基

2.7 表示磷酸基

2.8 表示含硫基

（三）水解酶类

水解酶类（hydrolases） 催化水解反应，如蛋白酶、淀粉酶、脂肪酶、蔗糖酶等。其反应式如下：

$$AB + H_2O \Longrightarrow AOH + BH$$

亚类表示被水解的键的类型：

3.1 表示酯键

3.2 表示糖苷键

3.3 表示醚键

3.4 表示肽键

3.5 表示其他 C—N 键

3.6 表示酸酐键

（四）裂合酶类

裂合酶类（lyases） 催化底物 C—C、C—O、C—N 及其他键的断裂并形成双键的非水解性反应，如醛缩酶、水化酶、脱氨酶、脱羧酶等。其反应式如下：

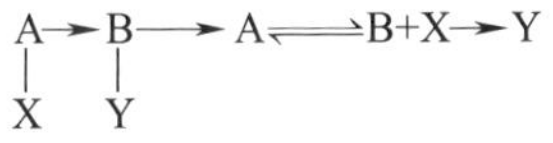

$$\begin{array}{ccc} A\!\!-\!\!\!&\!\!\!B \\ | & | \\ X & Y \end{array} \longrightarrow A \Longrightarrow B + X \longrightarrow Y$$

亚类表示分裂下来的基团与残余分子间的键的类型：

4.1 表示 C—C 键

4.2 表示 C—O 键

4.3 表示 C—N 键

4.4 表示 C—S 键

（五）异构酶类

异构酶类（isomerases） 催化同分异构体的相互转变即分子内基团的转移，如葡萄糖（果糖）异构酶、磷酸甘油酸磷酸变位酶等。其反应式如下：

$$A \Longrightarrow B$$

亚类表示异构的类型：

5.1 表示消旋及差向异构酶；

5.2 表示顺反异构酶。

（六）合成酶类

合成酶类，又称连接酶（ligases），催化一切必须与 ATP 相偶联，并由两种物质（双分子）合成一种物质的反应，如天冬酰胺合成酶、丙酮酸羧化酶等。其反应式如下：

$$A + B + ATP \Longrightarrow AB + ADP + Pi$$

亚类表示新形成的键的类型：

6.1 表示 C—O 键

6.2 表示 C—S 键

6.3 表示 C—N 键

6.4 表示 C—C 键

第三节 酶的结构与功能

酶的分子结构是酶功能的物质基础，各种酶的生物学活性之所以具有高专一性和高效性，都是由其分子结构的特殊性决定的。酶的催化活性不仅与酶分子的一级结构有关，而且与其高级结构有关。

一、酶的活性中心和必需基团

酶的结构与功能研究表明，酶的特殊催化能力只局限在酶分子的一定区域，也就是说，只有少数特定的氨基酸残基参与底物结合及催化作用。例如，木瓜蛋白酶由 212 个氨基酸残基组成，当用氨肽酶从 N – 端水解掉分子中的 2/3 肽链后，剩下的 1/3 肽链仍保持活性的 99%，说明木瓜蛋白酶的生物活性表现集中在肽链 C – 端的少数氨基酸残基及其所构成的空间结构区域。这些特定的氨基酸残基比较集中的区域，即与酶活力直接相关的区域称为**酶的活性部位（active site）或活性中心（active center）**。对需要辅酶的酶来说，辅酶分子或辅酶分子上的某一部分结构，往往也是酶活性部位组成部分。

酶的活性中心内的一些化学基团是酶发挥催化作用与底物直接作用的有效基团，故称为活性中心的**必需基团（essential group）**，但酶活性中心外还有一些基团虽然不与底物直接作用，却与维持酶分子的整个空间结构有关。这些基团可使活性中心的各个有关基团保持最适的空间位置，间接地对酶的催化发挥其必不可少的作用，这些基团称为活性中心外的必需基团。就功能来讲，构成酶活性中心的这些基团通常又根据它们在催化过程中的作用不同分为结合基团（或结合部位）和催化基团（或催化部位），前者负责与底物的结合，决定酶的专一性；后者负责催化底物键的断裂形成新键，决定酶的催化能力。催化部位和底物结合部位并不是各自独力存在的，而是相互关联的整体，催化效率能否充分发挥，在很大程度上，取决于底物结合的位置是否合适。也就是说，底物结合部位的作用，不单单是固定底物，而且要使底物处于被优化的最优位置。因此，酶的催化部位与底物结合部位之间的相对位置是很重要的。

不同的酶在结构、专一性和催化模式上差别很大，但就活性部位而言有其共同特点。

（1）活性部位的氨基酸残基只占酶分子很小的一部分，通常只占整个酶分子体积的 1% ~2%。已知几乎所有的酶都由 100 多个氨基酸残基所组成，相对分子质量在 10×10^3 以上，直径大于 2.5nm。而活性部位只由几个氨基酸残基所构成。酶分子的催化部位一般只由 2 ~3 个氨基酸残基组成，而结合部位的残基数目因不同的酶而异，可能是一个，也可能是数个。表4 –6所示为某些酶活性部位的氨基酸残基。

表 4 - 6　　　　　　　　　　　　某些酶活性部位的氨基酸残基

酶	氨基酸残基	活性部位的氨基酸残基
核糖核酸酶 A	124	His_{12}、His_{119}、Lys_{41}
溶菌酶	129	Asp_{52}、Glu_{35}
胰凝乳蛋白酶	241	His_{57}、Asp_{102}、Ser_{195}
胰蛋白酶	223	His_{57}、Asp_{102}、Ser_{195}
弹性蛋白酶	240	His_{57}、Asp_{102}、Ser_{195}
胃蛋白酶	348	Asp_{32}、Asp_{215}
木瓜蛋白酶	212	Cys_{25}、His_{159}
枯草杆菌蛋白酶	275	His_{64}、Ser_{221}、Asp_{32}
羧肽酶 A	307	Arg_{127}、Glu_{270}、Tyr_{248}、Zn^{2+}

（2）酶的活性部位是一个三维实体，它是由酶的一级结构所决定且在特定外界条件下形成的。活性部位的氨基酸残基在一级结构上可能相距甚远，甚至位于不同的肽链上，通过肽链的盘绕、折叠而在空间结构上相互靠近。酶的特定空间结构是酶执行催化功能的基础，一旦酶的高级结构受到物理因素或化学因素影响时，酶的活性部位遭到破坏，酶即失活。

（3）酶的活性部位并不是和底物的形状正好互补的，而是在酶和底物结合的过程中，底物分子或酶分子，有时是两者的构象同时发生了一定的变化后才互补的，这时催化基团的位置也正好在所催化底物键的断裂和即将生成键的适当位置，这个动态的辨认过程称为**诱导契合（in-duced - fit）**，如图 4 - 3 所示。

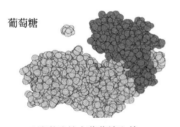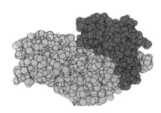

葡萄糖

己糖激酶结合葡萄糖之前　　　　　　　己糖激酶结合葡萄糖之后

图 4 - 3　己糖激酶与葡萄糖的诱导契合

（4）酶的活性部位是位于酶分子表面的一个裂缝（crevice）内，底物分子（或一部分）结合在裂隙内并发生催化作用。裂缝内是相当疏水的区域，非极性基团较多，但在裂缝内也含有某些极性的氨基酸残基，以便与底物结合并发生催化作用。其非极性性质在于产生一个微环境，提高与底物的结合能力有利于催化。在此裂缝内底物有效浓度可达到很高。

（5）底物通过次级键较弱的力结合到酶上。酶与底物结合成 ES 复合物主要靠次级键：氢键、盐键、范德华力和疏水相互作用。

（6）酶活性部位具有柔性或可运动性。邹承鲁对酶分子变性过程中构象变化与活性变化进行了比较研究，发现在酶的变性过程中，当酶分子的整体构象还没有受到明显影响之前，活性部位已大部分被破坏，因而造成活性的丧失。说明酶的活性部位，相对于整个酶分子来说更具柔性，这种柔性或可运动性，很可能正是表现其催化活性的一个必要因素。

活性部位的形成要求酶蛋白分子具有一定的空间构象，因此，酶分子中其他部位的作用对于酶的催化作用来说，可能是次要的，但绝不是毫无意义的，它们至少为酶活性部位的形成提供了结构的基础。所以酶的活性部位与酶蛋白的空间构象的完整性之间，是辩证统一的关系。

二、酶作用的专一性

1. 酶作用的专一性

酶对作用的底物具有专一性。不同的酶专一性是不一样的，有的只能作用于一种底物，如葡萄糖氧化酶只能作用于葡萄糖使其氧化。有些酶的专一性则比较低，例如胰凝乳蛋白酶不仅可以催化各种蛋白质的肽键水解，还能水解酯键。酶按其专一性的程度不同可为三类：

（1）**绝对专一性（absolute specificity）**　绝对专一性的酶对底物的要求非常严格，只对一定化学键两端带有特定原子基团的化合物发生作用，即只能催化某一种底物的反应。例如过氧化氢酶只能催化过氧化氢的分解。

（2）**相对专一性（relative specificity）**　这类酶对底物的专一性较低，能作用于结构类似的一系列化合物。大多数酶对底物具有相对专一性。这类酶中有的只对作用物的某一化学键发生作用，而对此化学键两端所连接的原子基团并无严格的选择性，这类情况称为"键专一性"，许多水解酶属于这一类，如酯酶、蛋白酶、淀粉酶等。有的相对专一性的酶不但要求作用物具有一定的化学键，而且对该键两端连接的两个原子基团之一也有一定的要求，这类情况称为"基团专一性"或"族专一性"，如磷酸酶水解特定底物分子上的磷酸基团。

（3）**立体专一性（stereospecificity）**　这类酶不仅对底物的化学结构有要求，而且要求底物有一定的立体结构。现在多酶有立体专一性，根据程度不同又可分为三类：

① 旋光异构专一性：当底物具有旋光异构体时，酶只作用于其中一种。如 L–谷氨酸氧化酶只能催化 L–谷氨酸的氧化，而对 D–谷氨酸无作用。

② 几何异构专一性：对含有双键的物质有顺反两种异构体，有些酶只能作用其中的一种。如延胡索酸水化酶只能催化延胡索酸（即反丁烯二酸）水合成苹果酸，而不能催化顺丁烯二酸的水合作用。

③ 酶的立体异构专一性还表现在能区分一些从有机化学观点来看属于对称分子中的两个等同的基团（即假手性碳上的两个等同基团），只催化其中的一个基团反应，而不催化另一个。一个典型的例子是甘油激酶催化甘油的磷酸化，一端用 ^{14}C 标记的甘油，在甘油激酶的催化下，和 ATP 作用，仅产生一种标记产物（即 1–磷酸–甘油）。

酶的立体专一性在实践中很有意义，例如某些药物只有某一种构型才有生理效用，而有机合成的药物是外消旋产物，若用酶来催化便可进行不对称合成或不对称拆分。

酶作用的专一性主要取决于酶活性中心的结构特异性，如胰蛋白酶催化碱性氨基酸（Lys和 Arg）的羧基所形成的肽键水解，胰凝乳蛋白酶则催化芳香族氨基酸（Phe、Tyr 和 Trp）的羧基所形成的肽键水解。X 射线衍射显示：胰蛋白酶分子的活性中心丝氨酸残基附近含一凹隙，其中有带负电荷的天冬氨酸侧链（为结合基团），故易与底物蛋白质中带正电荷的碱性氨基酸侧链形成盐键而结合成中间产物；而胰凝乳蛋白酶凹隙中则为非极性氨基酸侧链，可供芳香族侧链或其他大的非极性脂肪族侧链伸入，通过疏水作用相结合，故这两种蛋白酶有不同的底物专一性。

2. 酶作用专一性的假说

解释酶作用的专一性主要有两种学说，即 1894 年 E. Fischer 提出的锁钥学说（lock and key theory）和 1959 年 D. E. Koshland 提出的诱导契合学说（induced‑fit theory）。

（1）锁钥学说 该学说认为酶活性部位的结构像是一把"锁"，而专一的底物分子是"钥"，酶活性部位的结构在空间上与专一性底物的结构是完全互补的。"锁钥"学说的提出，对生物化学的发展起到了很大的影响。但是，酶的结构不是刚性的，而是具有相当的柔性；此外，酶（E）与底物（S）结合形成的 ES 复合物也并不是完全互补的，完全互补是于催化无效的。虽然，现在一般能接受"锁钥"学说对酶的专一性和酶促催化的解释，但是加上了一个新的内容，即这把"钥"不是底物本身，而是它的转换态中间物。因为只有转换态才能同酶的活性部位完全互补，才能在两者之间存在最有效的相互作用，并导致转换态转变成产物并释放出酶。

（2）诱导契合学说 该学说是在锁钥学说的基础上发展起来的。该学说认为酶活性部位的构象并不像锁钥学说认为的那样僵硬不变，而是柔韧可变的。酶分子具有相当的柔性，是构象上的动态分子。酶分子的许多性质，包括对底物的结合与催化，是它们结构上具有柔性的结果。基于对蛋白质构象的认识，D. E. Koshland 提出底物与酶结合是一种相互作用的过程，也就是说，在酶和底物之间的动态识别过程中，酶活性部位的形态在底物结合时被改变，贴切地说称为"诱导契合"。本质上，底物的结合改变了蛋白质的构象，以便蛋白质和底物彼此更准确"契合"，这个过程事实上是相互作用的过程，包括底物分子的构象也发生改变，以便使它适应蛋白质的构象。

这种学说在某种程度上也帮助解释了酶的巨大催化效力：在酶的催化下，构成活性部位的催化残基准确的定向是发生反应的必需条件；底物的结合引起蛋白质构象发生的变化诱导这种准确的定向。

（3）"三点附着"模型 对于酶为什么可以区分对映体以及一个假手性碳上两个相同的基团，需要用酶与底物的**"三点附着"模型（three‑attachment model）**来解释，该模型认为底物与酶活性中心的结合有三个结合位点，只有当这三个位点都匹配的时候，酶才会催化相应的反应。一对对映体底物虽然基团相同，但空间排列不同，这就可能出现其中的一种对映体与酶结合的时候无法保证三点都与酶的三个结合位点匹配，如果不匹配，酶是无法作用的。前面曾提到的甘油激酶对甘油的作用，即可用此学说来解释：甘油的三个基团以一定的顺序附着到甘油激酶分子"表面"的特定结合部位上，由于酶的专一性，这三个部位中只有一个是催化部位，能催化底物磷酸化反应，这就是为什么甘油在甘油激酶的催化下只有一个—CH_2OH 基能被磷酸化。同样，糖代谢中的顺乌头酸酶作用于柠檬酸时，底物中的两个—CH_2—$COOH$ 对于酶来说也是不同的，也可以用上述假说来解释。

三、空间结构与催化活性

酶的活性不仅与一级结构有关，并且与其空间结构紧密相关，在酶活力的表现上，有时空间结构比一级结构更为重要，因为活性中心需借助于一定的空间结构才得以维持；有时只要酶活性中心各基团的空间位置得以维持就能保持全酶的活性，而一级结构的轻微改变并不影响酶活力。如牛胰核糖核酸酶由 124 个氨基酸残基组成，其活性中心为 His_{12} 和 His_{119}，当用枯草杆菌蛋白酶将其中的 Ala_{20}—Ser_{21} 的肽键水解后得到 N‑端 20 肽（1~20）和另一个 104 肽（21~124）两个片段，前者称 S 肽，后者称 S 蛋白。S 肽含有 His_{12}，而 S 蛋白含有 His_{119}，两者单独存在时均无活性，但在 pH7.0 介质中，使两者按 1:1 重组时，两个肽段之间的肽键并未恢复，但酶活力都能恢复。这是 S 肽通过氢键及疏水键与 S 蛋白结合，使 His_{12} 与 His_{119} 互相靠近，恢复了表现酶活力的空间构象的缘故（图 4 – 4）。由此可见保持活性中心的空间结构是维持酶活力所必需的。

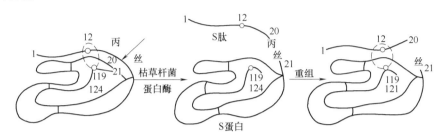

图 4 – 4　牛胰核糖核酸酶分子的切断与重组

另外，酶原的激活也是酶分子的空间结构与催化活性密切相关的典型例子（详见第六节酶原的激活）。

第四节　酶的作用机制

酶促反应对于生物体至关重要。在生物体内温和的环境中，多数生物有机分子很稳定，非催化反应的速度通常很慢。没有酶的催化，细胞内的很多化学反应和生物功能是不可能发生的。

酶作为生物催化剂，它的最显著的特征是对反应速度促进的高效性和对底物的专一性。酶的高效性和专一性是同一事物的两个方面，两者是统一的。为什么酶具有非凡的催化效应？如何解释酶对底物的专一性？酶从哪里获取能量以降低专一性反应的活化能呢？这些都是酶作用机制研究所要解决的问题。

关于酶的作用机制，1880 年 Adolphe Wartz 首次提出酶 – 底物复合物的概念。目前较为公认的是 1913 年 Michalis 和 Menten 提出的中间产物学说，即酶催化反应时，酶（E）先与底物（S）形成不稳定的中间产物（酶 – 底物复合物，ES），然后再分解成酶（E）和产物（P）。中间产物稳定性较低，易于分解成产物。底物与酶结合形成的中间复合物大多数是一种非共价结合，它们依靠氢键、离子键、范德华力等次级键来维系（也有一些酶与底物会形成共价的中间产物）。反应过程如下：

$$E + S \rightleftharpoons ES \rightleftharpoons EP \rightleftharpoons + E + P$$

一、酶能显著降低反应活化能

在任何化学反应中，只有那些能量水平达到或超过一定限度的"活化分子"才能发生变化、形成产物。能引起反应最低的能量水平称为**反应能阈（energy barrier）**。分子由常态转变为活化状态所需的能量称为**活化能（activation energy）**。它是在一定温度下，1mol 反应物从基态达到活化状态所需要的自由能（$\Delta G^{\neq}$）。

酶之所以能够降低反应的活化能是有其物质基础的。酶促反应通常发生在酶分子的一个狭小的空间内（酶活性中心），酶为受催化的反应物分子（生化上称为底物，substrate）发生化学反应提供了一种特定的环境，使一个特定的反应能够很容易克服"反应的能障"。

化学反应动力学中著名的 Arrhenius 方程清楚地表明了化学反应的速度常数 k 与反应活化能（$\Delta G^{\ddagger}$）和温度（T）之间的关系。且提高反应温度，也可以增加能够克服"能障"的反应分子数，从而提高反应速度。

$$k = \frac{kT}{h}e - \Delta G^{\ddagger}/RT$$

根据 Arrhenius 方程，在细胞内的通常状况下，对于一个一级反应来说，$\Delta G^{\ddagger}$ 必须被降低大约 5.7kJ/mol，才能使反应速度提高一个数量级。而一个单个的弱相互作用形成就能产生 4～30kJ/mol 的能量。酶催化过程中酶与底物在形成过渡状态的过程中有一系列的相互作用，所产生的总能量足以使反应的活化能降低 60～100kJ/mol。化学反应速度与反应体系中活化分子的浓度成正比。反应所需活化能越少，能达到活化状态的分子就越多，其反应速度越大。催化剂的作用就是降低反应的活化能，以致在相同的能量状态能使更多的分子活化，从而加速反应的进行。酶通过形成中间产物（ES 和 EP）能显著地降低活化能，故表现为高度的催化效率（图 4-5）。

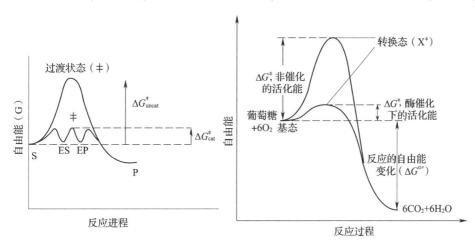

图 4-5 酶促与非酶促反应的自由能变化

根据对底物和酶功能基因的研究，酶的催化功能基团（活性部位特定氨基酸的侧链基团、辅酶或者金属离子）能与底物发生瞬间的相互作用，使底物激活。在很多情况下，这些功能基团通过提供一种较低能量的反应途径降低活化能，从而使反应加速。但是催化功能基团不是对酶的催化作用唯一的贡献者。酶的大部分催化效力最终来自在酶和它的底物之间产生的多种弱的作用力和相互作用所释放的自由能。这种自由能既贡献于酶的作用专一性，又贡献于它的催化效力。在反应的过渡状态中，使这样的弱的相互作用达到最佳状态。

酶促反应降低活化能所需的能量来自于底物和酶之间的弱的、非共价的相互作用。酶和底物相互作用产生的自由能称为**结合能（binding energy，ΔG_B）**。这种结合能是酶用来降低反应活化能所需自由能的主要来源。

结合能不仅为催化提供了能量，同时也赋予了酶催化的专一性。酶催化的高效性和专一性都源于同一现象——酶与底物分子之间的相互作用。对于一个酶来讲，酶活性部位的功能基团是特定的，它能与一种底物分子通过多种弱相互作用形成最佳的过渡状态，那么该酶就不可能与其他分子发生同等程度的相互作用。因此，酶与其特异性底物分子之间形成多个弱相互作用放出结合能的同时也决定了它对底物的专一性。

值得注意的是，酶与底物的弱相互作用是在反应的过渡态中被优化的。酶的活性部位与底物分子原本并不完全互补，而是在形成过渡状态的过程中通过不断的相互作用，达到最优的互补状态——过渡状态。如果在没有发生相互作用之前就完全互补，酶是不能够催化底物反应的，这可以用一种假象的棒酶催化金属棒断裂的例子形象地说明这一点（图 4-6）。

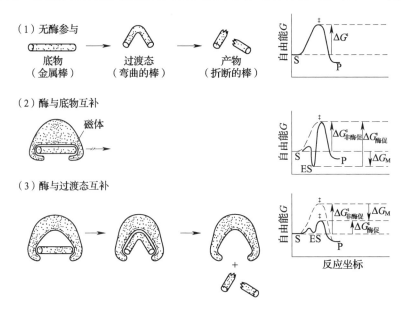

图 4-6　一种假想的棒酶催化金属棒断裂的过程

二、酶作用高效率的机制

在酶促反应中，过渡态的形成和活化能的降低是反应加速进行的关键。任何有助于过渡态形成与稳定的因素都有利于酶行使其高效催化。酶具有极高的催化效率还与下列几方面的因素有关。

（一）底物和酶的邻近效应与定向效应

酶和底物复合物的形成过程既是专一性的识别过程，更重要的是把分子间反应变为分子内反应的过程。在这一过程中包括两种效应即邻近效应（approximation，proximity）和定向效应（orientation）。

在两个以上底物参加的反应中，底物之间必须以正确的方向相互碰撞，才有可能发生反应。在酶反应中 A 和 B 两个底物分子结合在酶分子表面的某一狭小的局部区域（活性中心），其反应基团互相靠近并形成有利于反应的正确定向关系，从而降低了进入过渡态所需的活化能。酶催化反应的这种"趋近"效应，使得酶表面某一局部范围的底物有效浓度远远大于溶液中的浓度，曾测到过某底物在溶液中的浓度为 0.001mol/L，而在某酶表面局部范围的浓度高达 100mol/L，比溶液中浓度高 1 万倍左右。由于化学反应速度与反应物的浓度成正比，在这种局部的高浓度下，反应速度将会相应提高。

酶不仅能使反应物在其表面某一局部范围互相接近，而且还可以使反应物在其表面对着特定的基团几何地定向，即具有"定向"效应。因而，反应物就可以用一种"正确的方式"互相碰撞而发生反应。实际上，底物和酶的邻近效应与定向效应是将分子间反应变成类似分子内的反应，从而大大提高反应速率。定向轨道假说如图 4 - 7 所示。

（1）反应物的反应基团和
催化剂的催化基团既不靠
近，也不彼此定向

（2）两个基团靠近，但
不定向，还不利于反应

（3）两个基团既靠近，又
定向，大大有利于底物形
成转变态，加速反应

图 4 - 7　定向轨道假说示意图

酶促反应是因为酶的特殊结构及功能，使参加反应的底物分子结合在酶的活性部位上，使作用基团互相邻近并定向，大大提高了酶的催化效率。

在酶催化的反应中，反应物结合在酶的专一性活性部位上，给反应物分子轨道交叉提供了良好的条件。"靠近"和"定向"紧密相关地影响着酶催化反应的效果。两个反应物分子为进入过渡态，它们的反应基团的分子轨道要交叉，并有极强的方向性；稍稍脱离基团之间的正确方向，就要付出多余的能量才能进入过渡态。所以反应物结合在专一的酶活性部位上给分子轨道交叉提供了良好的条件。如碳酸酐酶催化下列反应：

$$H_2O + CO_2 = HCO_3^- + H^+$$

该酶广泛存在于动、植物组织中，是迄今为止已知催化速率最高的酶。人碳酸酐酶分子为一条肽链，含有大约 260 个氨基酸残基，肽链卷曲折叠成球形，酶活性部位含锌离子（Zn^{2+}），Zn^{2+} 与酶活性中心的三个组氨酸（His_{94}，His_{96}，His_{119}）侧链上的氮原子配位。第四个配位体是水或羟基；当酶与它的专一性底物反应时，与锌离子配位的水被快速转变为羟基，它精确定位并攻击 CO_2 分子，随之与 CO_2 结合。从中可以看出，碳酸酐酶是一个有效的催化剂，它使底物与它"靠近"，进入活性部位，正确地排列与"定向"以利于反应的进行（图 4 - 8）。

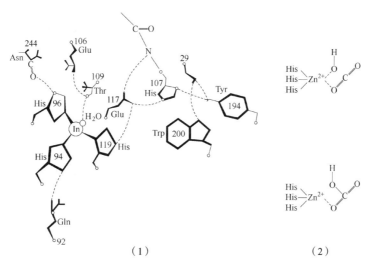

（1）　　　　　　　　　　　　　　　　　　（2）

图 4 - 8　碳酸酐酶活性中心的结构及催化机制

（二）酶使底物分子中的敏感键发生"变形"（或张力）从而促使底物中的敏感键更易于破裂。

X 射线衍射分析证明，酶和底物结合并进行反应时，底物分子向酶的活性部位靠近并结合，底物诱导酶的构象发生改变，特别是酶的活性部位的结构发生改变，同时，酶也可诱导底物的构象发生变化，促使底物分子中的敏感键变形、断裂，加速反应的进行。羧肽酶 A 与底物结合时发生的构象变化如图 4 – 9 所示。

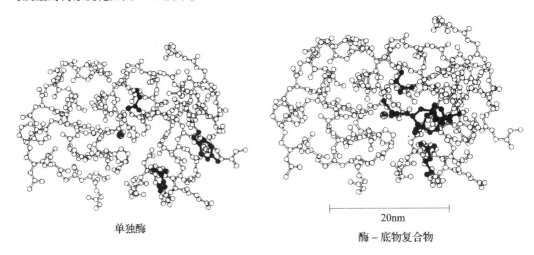

单独酶　　　　　　　　　　　酶 – 底物复合物

图 4 – 9　羧肽酶 A 与底物结合时发生的构象变化

酶与底物结合后，使底物的某些敏感键发生"变形"，从而使底物分子接近于过渡态，降低了反应的活化能。同时，由于底物的诱导，酶分子的构象也会发生变化，并对底物产生张力使底物扭曲，促进 ES 进入过渡态（图 4 – 10）。

（三）酸碱催化

酸碱催化剂是催化有机反应的最普通、最有效的催化剂。酸碱催化是通过瞬时地向反应物提供质子或从反应物接受质子以稳定过渡态，加速反应的一类催化机制。酸碱催化剂有两种，一种是**狭义的酸碱催化剂**（**specific acid – base catalyst**），即 H^+ 和 OH^- 的催化；在生理条件下，因 H^+ 和 OH^- 的浓度甚低，一般情况下酶反应的最适 pH 接近中性，因此 H^+ 和 OH^- 的催化在酶反应中的重要性不大；而**广义的酸碱催化剂**（**general acid – base catalyst**），如质子供体和质子受体形成的酸碱催化比较重要。在很多酶的活性部位存在几种参与广义酸碱催化作用的功能基，如氨基、羧基、巯基、酚羟基及咪唑基，它们能在近中性 pH 的范围内，作为催化性的质子供体或受体（表 4 – 7）。广义的酸碱催化可提高反应速率 $10^2 \sim 10^5$ 倍。在生物化学中，这类反应有羰基的加成作用，酮基和烯醇的互变异构，肽和酯的水解以及磷酸和焦磷酸参与的反应等。

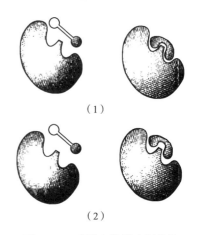

（1）

（2）

图 4 – 10　底物与酶结合时构象变化示意图

表 4 - 7　　　　　　　　　　　酶分子中可作为广义酸碱催化的功能基团

氨基酸残基	广义酸基团（质子供体）	广义碱基团（质子受体）
Glu，Asp	R—COOH	R—COO⁻
Lys，Arg	R—N⁺H₃	R—N̈H₂
Cys	R—SH	R—S⁻
His	(咪唑基，质子化形式)	(咪唑基，去质子形式)
Ser	R—OH	R—O⁻
Tyr	R—〈苯环〉—OH	R—〈苯环〉—O⁻

　　影响酸碱催化反应速度的因素有两个，第一个是酸碱的强度，在这些功能基中，组氨酸咪唑基的解离常数约为 6.0，这意味着由咪唑基上解离下来的质子的浓度与水中的［H⁺］相近，因此，它在接近于生物体液 pH 的条件下，即在中性条件下，有一半以酸形式存在，另一半以碱形式存在，也就是说咪唑基既可以作为质子供体，又可以作为质子受体在酶反应中发挥催化作用。因此，咪唑基是催化中最有效、最活泼的一个催化功能基。第二个是这种功能基团供出质子或接受质子的速度，在这方面，咪唑基又特别突出，它供出或接受质子的速度十分迅速，其半寿期小于 10^{-10} s。而且，供出或接受质子的速度几乎相等。由于咪唑基有如此的优点，所以虽然组氨酸在大多数蛋白质中含量较少，却很重要。推测它很可能在生物进化过程中，不是作为一般的结构蛋白成分，而是被选择作为酶分子中的催化结构而存在下来的。

　　广义的酸碱催化与共价催化可使酶反应速度大大提高，但是比起前面两种方式来，它们提供的速度增长较小。尽管如此，还必须看到它们在提高酶反应速度中起的重要作用，尤其是广义酸碱催化还有独到之处：它为在近于中性的 pH 下进行催化创造了有利条件。因为在这种接近中性 pH 的条件下，H⁺ 和 OH⁻ 的浓度太低，狭义的酸碱催化不足以起到催化剂的作用。例如牛胰核糖核酸酶及牛凝乳蛋白酶等都是通过广义的酸碱催化而提高酶反应速度的。

　　胰凝乳蛋白酶的活性部位有 Ser_{195}、His_{57}、Asp_{102} 三个氨基酸残基组成。X 射线衍射分析显示出，His_{57} 与 Ser_{195} 邻近，Asp_{102} 的羧基埋在蛋白质分子内，也靠近 His_{57}，这三个氨基酸构成了催化三组合（图 4 - 11）。在没有底物存在时，His_{57} 是非离子化的形式［图 4 - 12（1）］；当 Ser_{195} 羟基中的氧原子对底物进行亲核攻击时，一个质子从 Ser_{195} 的羧基转给 His_{57}，Asp_{102} 羧基与组氨酸带正电荷的咪唑基以氢键结合，使组氨酸正确定位。这样，三个氨基酸的侧链构成了一个电荷接力系统［图 4 - 12（2）］，在催化底物反应中，直接参与电子的接受和传递。

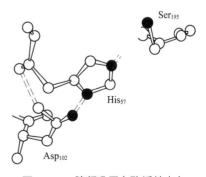

图 4 - 11　胰凝乳蛋白酶活性中心
部位中的催化三组合

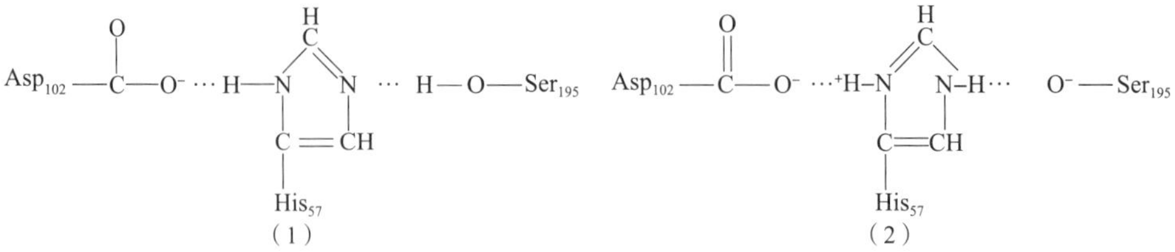

图 4-12 胰凝乳蛋白酶的电荷接力系统

（四）共价催化

一些酶可以与底物形成一个反应活性很高的共价中间物，这个中间物很易变成过渡态，因此，反应的活化能大大降低，底物可以越过较低的"能阀"而形成产物，从而提高催化反应的速度，这类催化称为**共价催化（covalent catalysis）**。

共价催化又分为**亲核催化（nucleophilic catalysis）**和**亲电子催化（electrophilic catalysis）**，在催化时，亲核催化剂或亲电子催化剂能分别放出电子或吸取电子并作用于底物的缺电子中心或负电中心，迅速形成不稳定的共价中间复合物，降低反应活化能，使反应加速。

共价催化的最一般形式是催化剂的**亲核基团（nucleophilic group）**对底物中亲电子的碳原子进行攻击。亲核催化在酶促反应机制中占极其重要的地位。它是具有一个非共用电子对的原子或基团，攻击缺少电子，具有部分正电性的原子，并利用非共用电子对形成共价键的催化反应。在这种机制中，酶是作为亲核试剂催化反应的。

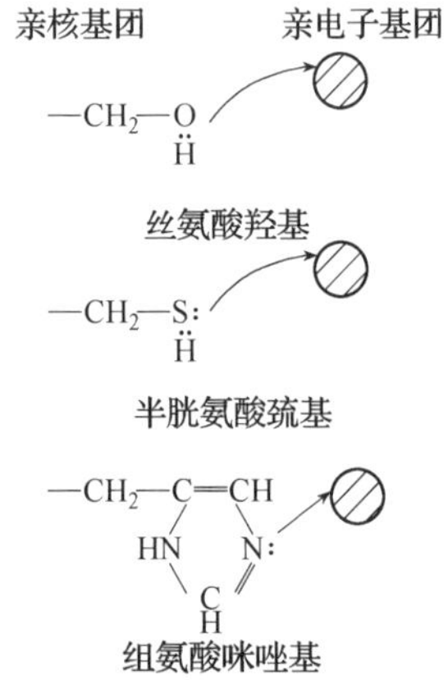

酶蛋白氨基酸侧链提供各种亲核中心，图 4-13 所示为酶蛋白上最常见的 3 种亲核基团，即丝氨酸羟基、半胱氨酸巯基、组氨酸咪唑基。这些基团容易攻击底物的亲电中心，形成酶-底物共价结合的中间物。底物中典型的亲电中心，包括磷酰基、酰基和糖基（图 4-14）。

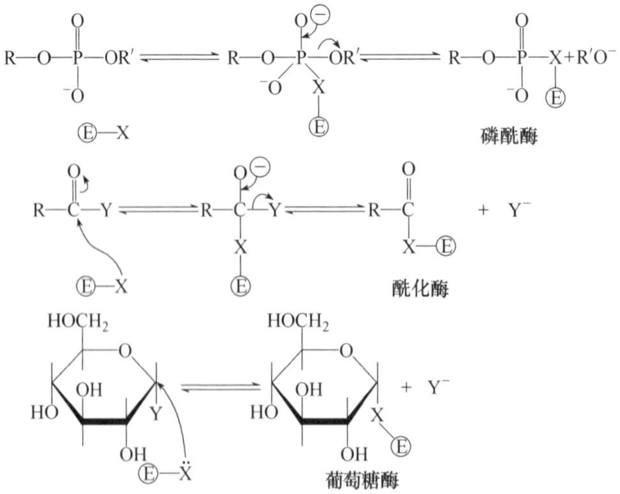

图 4-13 酶蛋白上重要的亲和基团

图 4-14 酶与底物间形成的共价键

亲核基团作为强有力的催化剂对提高反应速度的作用可由下面亲核基团催化酰基的反应中看出：第一步，亲核基团攻击含有酰基的分子，形成了带有亲核基团的酰基衍生物，这种催化剂的酰基衍生物作为一个共价中间物再起作用；第二步，酰基从亲核的催化剂上再转移到最终的酰基受体上，这种受体分子可能是某些醇或水。第一步反应有催化剂参加，因此必然比没有催化剂时底物与酰基受体的反应更快一些；而且，因为催化剂是易变的亲核基团，因此如此形成的酰化催化剂与最终的酰基受体的反应也必然要比无催化剂时的底物与酰基受体的反应更快一些，此两步催化的总速度要比非催化反应大得多。因此形成不稳定的共价中间物可以大大加速反应。

例如，3 - 磷酸甘油醛脱氢酶催化 3 - 磷酸甘油醛生成 1，3 - 二磷酸甘油酸的反应，反应的第一步是酶分子中 149 位半胱氨酸的巯基对底物的醛基进行亲核攻击，形成硫代半缩醛（硫酯共价键），然后转变为酰基酶，酰基酶进行磷酸解作用而转变为产物，放出自由的酶。酶分子中的氨基、羧基、巯基、咪唑基等既可作为酸碱催化剂，又可作为亲核催化剂。胰凝乳蛋白酶催化机制中也有共价中间产物的形成。

（五）微环境的影响

一些酶的活性中心为非极性的，即酶的活性部位是一个疏水的微环境。微环境一方面影响酶活性部位本身的催化基团的解离状态；另一方面还可能排除高极性的水分子，使底物分子的敏感键和酶的催化基团之间有很大的反应力，有助于加速酶反应。水的极性和形成氢键能力很强，介电常数非常高，它会在离子外形成定向的溶剂层，产生自身的电场，结果就大大减弱了它所包围的离子间的静电相互作用或氢键作用。酶活性中心的这种疏水性质也是使某些酶催化总速度增长的一个原因。如溶菌酶分子中的 Asp_{52} 和 Glu_{35} 在酶作用的最适条件下，$Glu_{35}\alpha$ - 羧基基本上是不解离的；而 Asp_{52} 的 β - 羧基处于解离状态。这是由于 Glu_{35} 周围非极性侧链基团较多，使 Glu_{35} 处于非极性微环境中，因此使氢离子与 COO^- 结合较牢；而 Asp_{52} 处于极性环境中，在较低的 pH 时就能解离；这样由于局部微环境的差别，使酶可以用两个相当基团进行酸碱催化反应。Glu_{35} 的羧基提供一个质子给糖残基 D（NAM）和 E（NAG）之间的 1，4 - 糖苷键中的氧原子，使糖残基 D 中的 C_1 和糖苷键氧原子之间的键断裂；使得糖残基 D 的 C_1 带一个正电荷，形成了一个正碳离子（图 4 - 15），底物被水解。由于 Asp_{52} 的侧链羧基处于解离状态，所带的负电荷可以稳定这个正碳离子。直至水分子中的羧基与正碳离子结合，催化反应完成。因此，在溶菌酶的催化作用中有诱导契合、酸碱催化和微环境等因素起作用。

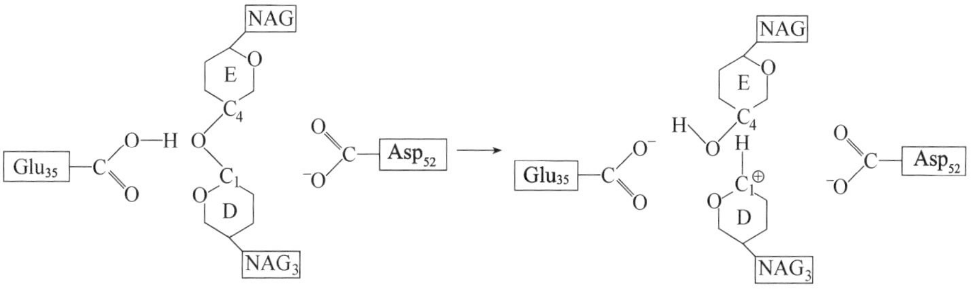

图 4 - 15　溶菌酶的作用机制

上面介绍了实现酶反应高效率的几个因素，但对某一个酶来说，起主要作用的因素则有偏重。即不同的酶，起主要作用的因素不同，可以受一种或几种因素的影响。

第五节　酶促反应的动力学

任何一种化学反应都有两个方面的基本问题，一方面是反应进行的方向、可能性和限度；另一方面是反应进行的速率和反应机制。前者属于化学热力学的研究范围，后者属于化学动力学研究范围。酶促反应的动力学和化学反应动力学一样，研究酶促反应的速度规律及各种因素对酶促反应速度的影响。酶催化的反应体系复杂，且影响酶促反应速度的因素很多，包括底物浓度、酶浓度、产物的浓度、pH、温度、抑制剂和激活素等。因此酶促反应动力学是个很复杂的问题。本节仅限于较简单体系，着重讨论酶催化反应动力学中的几个基本问题。

一、酶反应速率

反应速率是以单位时间内反应物或生成物浓度的改变来表示的。随着反应的进行，反应物逐渐消耗，分子碰撞的机会也逐渐渐小，因此反应速率也随着减慢（图 4 – 16）。因为每一瞬间的反应速率都不相同，所以用瞬时速率表示反应速率。设瞬时 dt 内反应物（或生成物）浓度的很小的改变为 dc，则：

$$v = \pm \frac{dc}{dt}$$

式中，负号表示反应物浓度的减少，正号表示生成物随时间的延长而增多。

至于反应速率用哪一种反应物或生成物浓度的改变来表示，可根据取得的实验数据来决定。反应速率的测定，实际上是测定不同时间的反应物或生成物的浓度，可以通过化学方法或物理方法进行定量测定（图 4 – 16）。

从图 4 – 17 的酶反应进程曲线可以看出，随着反应时间的延长酶反应速度会下降，故本章讨论的反应速度是指酶反应的**初速度（initial rate）**，初速度通常是指在酶促反应过程中，初始底物浓度被消耗 5% 以内的速度。因为在过量的底物存在时，反应速度与酶浓度成正比，而且可以避免一些因素，如产物的形成、反应体系中 pH 的变化、逆反应速度加快、酶失活等对反应速度的影响。

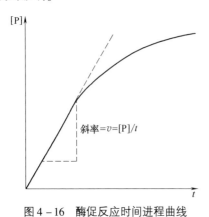

图 4 – 16　酶促反应时间进程曲线　　　　　图 4 – 17　酶反应速度与时间的关系

二、底物浓度对反应速度的影响

(一) 中间络合物学说

1903 年 Henri 用蔗糖酶水解蔗糖研究底物浓度与反应速率的关系时发现：当酶浓度不变时，底物浓度与反应速率的关系呈曲线 (图 4-18)。从该曲线可以看出，当底物浓度较低时，反应速率与底物浓度的关系呈正比，表现为一级反应。随着底物浓度的增加，反应速率不再按正比升高，反应表现为混合级反应。当底物浓度达到相当高时，底物浓度对反应速率影响变小，最后反应速率与底物浓度几乎无关，反应达到最大速率，表现为零级反应。

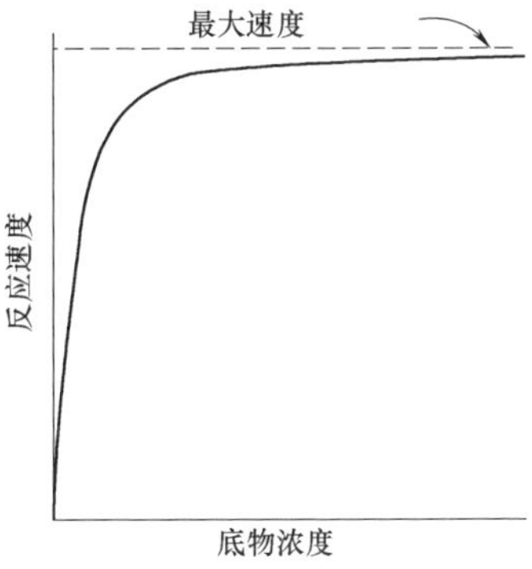

根据这一实验结果，Henri 和 Wutz 提出了酶底物中间络合物学说，该学说认为当酶催化某一化学反应时，酶首先和底物结合生成中间复合物 (ES)，然后生成产物 (P)，并释放出酶。反应用下式表示：

图 4-18　底物浓度与酶反应速度的关系

$$E + S \underset{k_{-1}}{\overset{k_1}{\rightleftharpoons}} ES \xrightarrow{k_2} E + P$$

根据中间复合物学说，在酶浓度恒定条件下，当底物浓度很小时，酶未被底物饱和，这时反应速率取决于底物浓度；随着底物浓度变大，根据质量作用定律，ES 生成也增多，而反应速率取决于 ES 的浓度，故反应速率也随之增高；当底物浓度相当高时，溶液中的酶全部被底物饱和，溶液中没有多余的酶，虽增加底物浓度也不会有更多的中间复合物生成，因此酶促反应速率与底物无关，反应达到最大反应速率 (v_{max})。当底物浓度对反应速率作图时，就形成一条曲线。需要指出的是只有酶催化反应才有这种饱和现象，与此相反，非催化反应无此饱和现象。酶和底物形成中间复合物的学说，已得到许多实验证明。

(二) 酶促反应的动力学方程式

1913 年 Michaelis 和 Menten 在前人工作的基础上，根据酶反应的中间复合物学说和"快速平衡"理论，建立了表示底物浓度和反应速度之间的定量关系 (即米氏方程)：

$$v = \frac{v_{max} [S]}{K_s + [S]}$$

式中，v——反应速率；

v_{max}——酶完全被底物饱和时的最大反应速率；

$[S]$——底物浓度；

K_s——ES 的解离常数 (底物常数)。

该方程式的建立是在三个假设条件下推出的：

① 在初速度范围内，产物生成量极少，那么由 E + P ⟶ ES 这一逆反应可忽略不计；

② 当 $[S] >>> [E]$ 时，ES 形成不会明显降低底物的量；

③ 中间复合物 ES 分解为 E + S 的速度远远大于 ES 分解为 E + P 的速度；在初速度范围内，E + S ⟷ ES 的正、逆向反应迅速达到平衡，ES 复合物分解生成产物的速度不足以破坏 E 和 S 之间的解离平衡。

但实际的酶促反应在 ES 复合物形成后，ES 可分解为 E 和 S，也可解离为 E 和 P，同样 E

和 P 也可以重新形成 ES。当中间复合物的生成速度和分解速度接近相等，其浓度变化很小时，反应即处于"稳态平衡"状态。

1925 年 Briggs 和 Haldane 提出了稳态（steady state）理论，对米氏方程做了一项很重要的修正，提出酶促反应分两步进行：

第一步：酶与底物作用，形成酶－底物复合物：

$$E + S \underset{k_{-1}}{\overset{k_1}{\rightleftharpoons}} ES$$

第二步：ES 复合物分解形成产物，释放出游离酶：

$$ES \underset{k_{-2}}{\overset{k_2}{\rightleftharpoons}} E + P$$

这两步反应都是可逆的，它们的正反应与逆反应的速率常数分别为 k_1、k_{-1}、k_2 和 k_{-2}。

所谓稳态是指反应进行一段时间后，尽管底物浓度和产物浓度不断地变化，系统的复合物 ES 浓度，由零逐渐增加到一定数值，在一定时间内，复合物 ES 也在不断地生成和分解，但是当反应系统中 ES 的生成速率和 ES 的分解速率相等时，络合物 ES 浓度保持不变的这种反应状态称为稳态（图4－19），

即：$\dfrac{d[ES]}{dt} = 0$

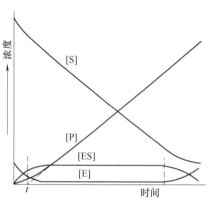

图 4－19 酶反应过程中各种物质的浓度与时间的关系曲线（虚线之间为稳态）

稳态理论的假设：

（1）由于酶促反应的速度与 ES 复合物的形成及分解直接相关，所以必须先考虑 ES 的形成速度和分解速度。在初速度阶段，产物浓度极低，那么，由 $E + P \longrightarrow ES$ 的反应速度极小，可以忽略不计；

（2）在反应体系中，酶和底物结合形成 ES 复合物。因底物浓度远远大于酶的浓度，[S] 减去 [ES] 约等于底物浓度 [S]；

（3）在稳态平衡条件下，ES 复合物分解为产物的速度不能忽略，即 ES 保持动态的平衡：ES 生成的速度等于 ES 分解的速度。

那么，酶反应的初速度：

$$v = k_2[ES]$$
$$k_1([E_t] - [ES])[S] = k_{-1}[ES] + k_2[ES]$$
$$k_1[E_t][S] - k_1[ES][S] = (k_{-1} + k_2)[ES]$$
$$[ES] = \frac{k_1[E_t][S]}{k_1[S] + k_{-1} + k_2}$$

式中，$[E_t]$ 是体系中酶的总浓度。

用 K_m 表示 k_1、k_{-1}、k_2 之间的关系，$K_m = \dfrac{k_{-1} + k_2}{k_1}$

$$[ES] = \frac{[E_t][S]}{K_m + [S]}$$

$$v = \frac{k_2[E_t][S]}{K_m + [S]}, \quad v_{max} = k[E_t]$$

$$v = \frac{V_{max}[S]}{K_m + [S]}$$

Briggs 和 Haldane 推导出的方程与 Michaelis 和 Menten 推导出的方程从形式上看是一样的，仅比前者更合理，更具普遍性。

当 $k_{-1} > > > k_2$ 时，k_2 可忽略，此时 K_m 等于 ES 复合物的解离常数，$K_m = K_s = k_{-1}/k_1$。K_s 大，表示酶与底物的亲和力小；K_s 小，表示酶与底物的亲和力大。

尽管 Briggs 和 Haldane 的修正方程更合理，更具普遍性，但为了纪念 Michaelis 和 Menten 对该方程建立所做的贡献，把修正后的方程仍称为米氏方程。

从米氏方程可以看出，当 [S] < < < K_m 时。表示 [S] 对 K_m 影响很小，[S] 可以忽略，米氏方程可转变为：$v = \frac{v_{max}[S]}{K_m}$，由于 K_m、v_{max} 均为常数，令 $v_{max}/K_m = k$，则 $v = k[S]$，说明酶促反应的速度与底物浓度成线性关系；表现为一级反应。

当 [S] > > > K_m 时，K_m 忽略，米氏方程可写为：$v = \frac{v_{max}[S]}{[S]} = v_{max}$，说明反应速度已达最大值。此时，酶活性部位全部被底物占据，反应速度与底物浓度无关，表现为零级反应。

当 [S] = K_m 时，$v = \frac{v_{max}[S]}{[S] + [S]} = \frac{v_{max}}{2}$，也就是说，当底物浓度等于 K_m 时，反应速率为最大速率的一半。因此 K_m 就代表反应速率达到最大反应速率一半时的底物浓度。

(三) 动力学参数的意义

1. 米氏常数 K_m 的意义

从米氏方程可以看出，K_m 为反应速度达到最大反应速度一半时所对应的底物浓度。K_m 的单位等于浓度单位。K_m 是酶的一个特性常数，K_m 的大小只与酶的性质有关，而与酶浓度无关。K_m 随测定的底物、反应的温度、pH 及离子强度不同而改变。因此，K_m 作为常数只是对一定的底物、pH、温度和离子强度等条件而言。故对某一酶促反应而言，在一定条件下都有特定的 K_m，可用来鉴别酶。各种酶的 K_m 相差很大，大多数酶的 K_m 在 $10^{-1} \sim 10^{-7}$，某些酶的 K_m 如表 4 – 8 所示。

表 4 – 8　　　　　　　　　　某些酶的最适底物及 K_m 值

酶的名称	底物	$K_m/\mu mol$
胰凝乳蛋白酶	乙酰 – L – 色氨酰胺	5000
溶菌酶	(NAG – NAM)	6
β – 半乳糖苷酶	乳糖	4000
苏氨酸脱氨酶	苏氨酸	5000
碳酸酐酶	HCO_3^-	8000
丙酮酸羧化酶	丙酮酸	400
	HCO_3^-	1000
	ATP	60
精胺酰 tRNA 合成酶	ATP	300
	精氨酸	3
	tRNA	0.4

K_m 可以判断酶的专一性和天然底物，有的酶可作用于几种底物，因此就有几个 K_m，其中 K_m 最小的底物称为该酶的最适底物也就是天然底物。如谷氨酸脱氢酶可作用于谷氨酸、α – 酮戊二酸、NAD^+ 和 NADH，它们的 K_m 依次为 1.2×10^{-4}、2.0×10^{-5}、2.5×10^{-5} 和 1.8×10^{-5} mol/L，显然 NADH 为谷氨酸脱氢酶的最适底物。

$1/K_m$ 可近似地表示酶对底物亲和力的大小，$1/K_m$ 越大，表明亲和力越大，因为 $1/K_m$ 越大，则表示 K_m 越小，反应达到最大反应速率一半所需要的底物浓度就越小，显然，最适底物时酶的亲和力最大，K_m 最小。

K_m 随不同底物而异的现象可以帮助判断酶的专一性，并且有助于研究酶的活性部位。当 $k_{-1} > > > k_2$ 时，k_2 可忽略，此时 K_m 等于 ES 复合物的解离常数，$K_m = K_s = k_{-1}/k_1$。严格地讲，$1/K_s$ 真正反应酶对底物亲和力的大小，只有当 $k_{-1} > > k_2$，K_m 才能表示酶与底物的亲和力的大小。

K_m 在实际工作中有以下应用：

（1）若已知某个酶的 K_m，就可以计算出在某一底物浓度时，其反应速率相当于 v_{max} 的百分率。

（2）可以帮助推断某一代谢反应的方向和途径。催化可逆反应的酶，对正逆两向底物的 K_m 往往是不同的，例如谷氨酸脱氢酶，NAD^+ 的 K_m 为 2.5×10^{-5}，而 NADH 的 K_m 为 1.8×10^{-5} mol/L。根据这些 K_m 的差别以及细胞内正逆两向底物的浓度，可以大致推测该酶催化正逆两向反应的效率，这对了解酶在细胞内的主要催化方向及生理功能有重要意义。

（3）当一系列不同的酶催化一个代谢过程的连锁反应时，如能确定各种酶的 K_m 及其相应底物的浓度，便可有助于寻找代谢过程的限速步骤。在底物浓度大致相同的情况下，通常 K_m 最大的那个酶所催化的反应为限速步骤。

（4）生物体内的代谢作用往往是在多酶体系下进行的，同一种底物往往可以被几种酶作用，催化不同的反应，走不同的途径。如丙酮酸在体内至少可被乳酸脱氢酶、丙酮酸脱氢酶和丙酮酸脱羧酶等 3 种酶催化，分别形成乳酸、乙酰 CoA 和乙醛。它们的 K_m 分别为 1.7×10^{-5}、1.3×10^{-3} 和 1.0×10^{-3}，当丙酮酸浓度较低时，不能同时被几种酶作用。究竟走哪一条途径则决定于 K_m 最小的酶，只有 K_m 小的酶反应比较占优势。从上述 3 种酶的 K_m 可以推断在丙酮酸浓度较低时容易走乳酸脱氢酶催化丙酮酸形成乳酸的途径。

（5）反映激活剂或抑制剂的存在　酶不仅与底物结合，也可与其他配体结合（如激活剂、抑制剂）而影响 K_m。因此，如果发现某种酶在体外测定的 K_m 与体内差别较大，可以推测体内可能存在着天然激活剂（降低了 K_m）或抑制剂（提高了 K_m）。

2. v_{max} 和 k_2（k_{cat}）的意义

在一定酶浓度下，酶对特定底物的 v_{max} 也是一个常数。v_{max} 与 K_m 相似，同一种酶对不同底物的 v_{max} 也不同，pH、温度和离子强度等因素也影响 v_{max} 的数值。

k_2 表示当酶被底物饱和时每秒钟每个酶分子转换底物的分子数，故称为转换数（简称 TN），又称为催化常数（catalytic constant，k_{cat}）。k_{cat} 越大，表示酶的催化效率越高。

3. 米氏常数的求法

从底物浓度与酶促反应速度关系图可知，即使用高浓度底物也只能得到趋近于 v_{max} 的反应速度，而达不到真正的 v_{max}。因此，很难准确地测得 v_{max}。为了准确测得 v_{max}，将米氏方程式略加改变，使它成为相当于 $y = ax + b$ 的直线方程，然后用图解法求 v_{max} 值。根据实验数据采用作图法来获得米氏方程动力学参数的方法有多种，其中最常用的是双倒数作图法。即将米氏方程式等号两边取倒数，以 $1/v$ 对 $1/$ [S] 作图，求 K_m 和 v_{max}。此双倒数方程式称为林 – 贝（Lineweaver – Burk) 氏方程式。

$$v = \frac{v_{\text{max}} \; [S]}{K_{\text{m}} + \; [S]}, \qquad \frac{1}{v} = \frac{K_{\text{m}} + \; [S]}{v_{\text{max}} \; [S]}, \qquad \frac{1}{v} = \frac{K_{\text{m}}}{v_{\text{max}} \; [S]} + \frac{[S]}{v_{\text{max}} \; [S]}$$

$$\frac{1}{v} = \frac{K_{\text{m}}}{v_{\text{max}}} \cdot \frac{1}{[S]} + \frac{1}{v_{\text{max}}}$$

$1/v - 1/$ [S] 作图得一直线 (图 4 – 20), 其斜率为 $K_{\text{m}}/v_{\text{max}}$, 在纵轴上得截距为 $1/v_{\text{max}}$, 在横轴上得截距为 $-1/K_{\text{m}}$。

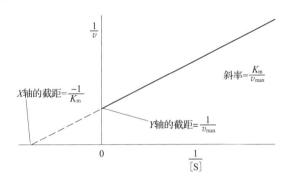

图 4 – 20 双倒数曲线 ($1/v - 1/$ [S])

上述讨论的酶促反应动力学方程是对单底物而言的。实际上, 大多数酶促反应都包含一种以上的底物。多底物的浓度对酶促反应速度的影响比单底物复杂得多, 不能用米氏方程来表示。它不仅要考虑多种底物浓度的影响, 而且还要考虑多种产物的相互影响, 更要考虑反应类型的差异。因此, 在此不作介绍。

三、酶浓度对酶反应速度的影响

在酶促反应中, 如果底物浓度足够大, 足以使酶饱和, 则反应速度与酶浓度成正比 (图 4 – 21), 这种正比关系也可以由米氏方程推导出来:

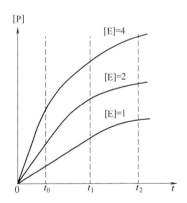

图 4 – 21 酶浓度不同时的反应进程曲线

$$v = \frac{v_{\text{max}} \; [S]}{K_{\text{m}} + \; [S]}, \; v_{\text{max}} = k \; [E_{\text{t}}]$$

$$v = \frac{k_2 \; [E_{\text{t}}] \; [S]}{K_{\text{m}} + \; [S]} = \frac{k_2 \; [S]}{K_{\text{m}} + \; [S]} \cdot \; [E_{\text{t}}],$$

当 [S] 维持不变, $v \propto \; [E_{\text{t}}]$。

注意，使用的酶应是纯酶。

四、pH 对酶反应速度的影响

大部分酶的活力受其环境 pH 的影响，在一定 pH 下，酶反应具有最大速度，高于或低于此值，反应速度下降，通常称此 pH 为**酶反应的最适 pH**（optimum pH，简写 pH_{opt}）。

最适 pH 有时因底物种类、浓度及缓冲液成分不同而不同。而且常与酶的等电点不一致，因此，酶的最适 pH 并不是一个常数，只是在一定条件下才有意义。

几种酶的最适 pH 见表4-9。一般在 pH6.0~8.0 之间，动物酶多在 pH6.5~8.0 之间，植物及微生物酶多在 pH4.5~6.5 之间，但也有例外，如胃蛋白酶 pH 为1.5，精氨酸酶（肝脏中）pH 为9.0。

pH 影响酶活力的原因可能有以下几个方面：

（1）pH 会影响酶蛋白的构象，甚至使酶失活；

（2）当 pH 改变不很剧烈时，酶虽不变性，但活力受影响。因为 pH 会影响底物分子的解离状态；也会影响酶分子的解离状态，最适 pH 与酶活力中心结合底物的基团及参与催化的基团的 pK 值有关，往往只有一种解离状态最有利于与底物结合，在此 pH 下酶活力最高；也可能影响到中间产物 ES 的解离状态。总之，都影响到 ES 的形成，从而降低酶活力。

（3）pH 影响分子中另一些基团的解离，这些基团的离子化状态与酶的专一性及酶分子中活性中心的构象有关。一般制作 pH - 酶活力曲线时，采用使酶全部饱和的底物浓度，在此条件下再测定不同 pH 时的酶活力。由于酶活力受 pH 影响很大，因此在酶的提纯或应用中测定酶活力时，pH 必须恒定，所以测酶活的反应最好在缓冲液体系中进行。虽然大部分酶的 pH - 酶活性曲线如图4-22 所示，近于"钟"形，但并不是所有的酶都如此，有的只有"钟"形的一半，有的甚至是直线（图4-23）。木瓜蛋白酶和底物虽在环境 pH 影响下会发生电荷变化，但此种变化对催化作用没有什么影响。又如蔗糖转化酶，它作用于电中性的底物蔗糖时，在 pH3.5~7.0 之间酶活力几乎不变，其 pH - 酶活力曲线与木瓜蛋白酶的曲线极为相似。

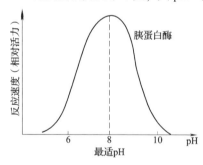

图4-22　pH - 酶活力关系图

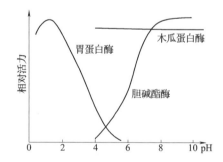

图4-23　三种酶的 pH - 酶活力曲线

表4-9　　　　　　　　　　　　　几种酶的最适 pH

酶	底物	最适 pH
胃蛋白酶	鸡蛋清蛋白	1.5
	血红蛋白	2.2
丙酮酸羧化酶	丙酮酸	4.8
延胡羧酸酶	延胡羧酸	6.5
	苹果酸	8.0

续表

酶	底物	最适 pH
过氧化氢酶	H_2O_2	7.8
胰蛋白酶	苯甲酰精胺酰胺	7.7
	苯甲酰赖氨酸甲酯	7.0
碱性磷酸酶	甘油 – 3 – 磷酸	9.5
精氨酸酶	精氨酸	9.7

应当指出，酶在体外所测定的最适 pH 与它在生物体细胞内的生理 pH 并不一定相同。因为细胞内存在多种多样的酶，不同的酶对此细胞内的生理 pH 的敏感性不同，也就是说此 pH 对一些酶是最适 pH，而对另一些酶则不是，因而不同的酶表现出不同的活性。这种不同对于控制细胞内复杂的代谢途径可能具有重要的意义。

五、温度对酶反应速度的影响

大多数化学反应的速率都和温度有关，酶催化的反应也不例外。在一定的温度范围内，温度升高，反应速度加快。但酶是蛋白质，温度过高会使酶变性失活。如果在不同温度条件下进行某种酶反应，测得的反应速率，以温度为横坐标，反应速度为纵坐标作图，即可得到图 4 – 24（1）所示的钟罩形曲线。从图上曲线可以看出，在较低的温度范围内，酶反应速率随温度升高而增大，但超过一定温度后，反应速率反而下降，只有在某一温度下，反应速率达到最大值，这个温度通常就称为**酶反应的最适温度**（optimum temperature，简写 t_{opt}）。每种酶在一定条件下都有其最适温度。一般讲，动物细胞内的酶最适温度在 35～40℃，植物细胞中的酶最适温度稍高，通常在 40～50℃之间，微生物中的酶最适温度差别较大，如 Taq DNA 聚合酶的最适温度可高达 72℃。

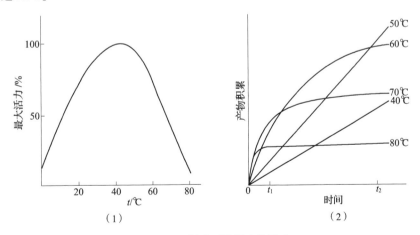

图 4 – 24 温度对酶活力的影响

温度对酶促反应速率的影响表现在两个方面：一方面与一般化学反应一样，当温度升高时，反应速率加快。反应温度提高 10℃，其反应速率与原来反应速率之比称为反应的温度系数，用 Q_{10} 表示。对大多数酶来讲温度系数 Q_{10} 多为 2～3，也就是说，即温度每升高 10℃，酶反应速率为原反应速率的 2～3 倍；另一方面由于酶是蛋白质，随着温度升高，酶的变性速度加快，酶蛋白因变性而失活，有活性的酶量减少，从而引起酶反应速率下降。酶反应的最适温度就是这两种过程平衡的结果，当反应体系的温度低于最适温度时，前一种效应为主，在高于最适温度时，则后一效应为主，因而酶活力迅速丧失，反应速度很快下降图4-24（2）列举了某种酶在几种不同温度下的酶促反应的典型时间曲线。在较低的温度下，速率显著随温度升高。但是在温度超过50℃时. 酶逐渐失活。大部分酶在60℃以上变性，少数酶能耐受较高的温度，如细菌淀粉酶在93℃下活力最高，又如牛胰核糖核酸酶加热到100℃仍不失活。

最适温度不是酶的特征物理常数，常受到其他条件如底物种类、作用时间、pH和离子强度等因素影响而改变。最适温度随着酶促作用时间的长短而改变，由于温度使酶蛋白变性是随时间累加的，一般反应时间长，酶的最适温度低，反应时间短则最适温度就高，因此只有在规定的反应时间内才可确定酶的最适温度。

酶的固体状态比在溶液中对温度的耐受力要高。酶的冰冻干粉在冰箱中可放置几个月，甚至更长时间。而酶溶液在冰箱中只能保存几周，甚至几天就会失活。通常酶制剂以固体保存为佳。

六、激活剂对酶反应速度的影响

凡是能提高酶活力的物质都称为**激活剂**（activator），其中大部分是无机离子或简单的有机化合物。激活剂按分子的大小可以分为以下三类。

1. 无机离子

无机离子又可分为三种：

（1）金属离子 金属离子对酶的作用有两种，一是作为酶的辅助因子起作用；二是作为激活剂起作用。作为激活剂的金属离子有K^+、Na^+、Ca^{2+}、Mg^{2+}、Zn^{2+}及Fe^{2+}等离子，这些金属的原子序数在11~55之间，其中的Mg^{2+}是多种激酶及合成酶的激活剂。一般认为金属离子的激活作用，主要是由于金属离子在酶和底物之间起了桥梁的作用，形成酶-金属离子（M）-底物三元复合物，从而更有利于底物和酶的活性中心部位的结合。有的酶只需要一种金属离子作为激活剂，如乙醇脱氢酶。有的酶则需要一种以上的金属离子作为激活剂，如α-淀粉酶以Na^+、K^+、Ca^{2+}为激活剂。

（2）阴离子 Cl^-、Br^-、I^-、CN^-、PO_4^{3-}等都可作为激活剂，在一般浓度下，阴离子的激活作用不明显，较突出的是动物唾液中的α-淀粉酶受Cl^-激活，Br^-也有激活作用，但作用稍弱。

（3）氢离子 激活剂对酶的作用具有一定的选择性，即一种激活剂对某种酶起激活作用，而对另一种酶可能起抑制作用，如Mg^{2+}对脱羧酶有激活作用，而对肌球蛋白腺三磷酶（AT-Pase）却有抑制作用；Ca^{2+}则相反，对前者有抑制作用，但对后者却起激活作用。有时离子之间有拮抗作用，例如Na^+抑制K^+激活的酶，Ca^{2+}能抑制Mg^{2+}激活的酶。有时金属离子之间也可相互替代，如Mg^{2+}作为激酶的激活剂可被Mn^{2+}代替。另外，激活离子对于同一种酶，可因浓度不同而起不同的作用，如对于NADP合成酶，当Mg^{2+}浓度为（5~10）$\times10^{-3}$mol/L时起激活作用，但当浓度升高为30×10^{-3}mol/L时则酶活力下降；若用Mn^{2+}代替Mg^{2+}，则在1×10^{-3}mol/L起激活作用，高于此浓度，酶活力下降，不再有激活作用。

2. 中等大小的有机分子，可分为两种

（1）某些还原剂，如半胱氨酸，还原型谷胱甘肽等还原剂等能激活某些酶，将酶中二硫键还原成巯基，从而提高酶活力。木瓜蛋白酶和甘油醛 3 – 磷酸脱氢酶都属于巯基酶，在它们分离纯化过程中，往往需加上述还原剂，以保护巯基不被氧化。

（2）EDTA（乙二胺四乙酸）其结构式如下：

$$\begin{matrix} \text{HOOCH}_2\text{C} \\ \text{HOOCH}_2\text{C} \end{matrix} {>} \text{N—CH}_2\text{—CH}_2\text{—N} {<} \begin{matrix} \text{CH}_2\text{COOH} \\ \text{CH}_2\text{COOH} \end{matrix}$$

它是金属螯合剂，能除去酶中重金属杂质，从而解除重金属离子对酶的抑制作用。

3. 具有蛋白质性质的大分子物质

这类激活剂是指可对某些无活性的酶原起作用的酶。酶原可被一些蛋白酶选择性水解肽键而被激活，这些蛋白酶也可看成激活剂。关于酶原的激活见本章第六节。

七、抑制剂对酶反应速度的影响

酶是蛋白质，凡可使酶蛋白变性而引起酶活力丧失的作用称为**失活作用**（inactivition）。凡使酶活力下降，但并不引起酶蛋白变性的作用称为**抑制作用**（inhibition）。所以，抑制作用与变性作用是不同的。

某些物质，它们并不引起酶蛋白变性，但能使酶分子上的某些必需基团（主要是指酶活性中心上的一些基团）发生变化，因而引起酶活力下降，甚至丧失，致使酶反应速度降低，这种能引起抑制作用的物质称为酶的**抑制剂**（inhibitor）。

变性剂对酶的变性作用无选择性，而一种抑制剂只能使一种酶或一类酶产生抑制作用，因此抑制剂对酶的抑制作用是有选择性的。所以，抑制作用与变性作用是不同的。

研究酶的抑制作用是研究酶的结构与功能、酶的催化机制以及阐明代谢途径的基本手段，也可以为医药设计新药物和为农业生产新农药提供理论依据，因此抑制作用的研究不仅有重要的理论意义，而且在实践上有重要价值。

根据抑制剂与酶的作用方式及抑制作用是否可逆，可将抑制作用分为不可逆的抑制作用和可逆的抑制作用两大类。

（一）不可逆的抑制作用（irreversible inhibition）

这类抑制剂通常以比较牢固的共价键与酶蛋白中的基团结合，而使酶失活，不能用透析、超滤等物理方法除去抑制剂而恢复酶活力。

按照不可逆抑制作用的选择性不同，又可分为专一性的不可逆抑制和非专一性的不可逆抑制两类。专一性不可逆抑制仅仅和活性部位的有关基团反应，非专一性的不可逆抑制则可以和一类或几类的基团反应。但这种区别也不是绝对的，因作用条件及对象等不同，某些非专一性抑制剂有时会转化，产生专一性不可逆抑制作用。

比较起来，非专一性抑制剂（如烷化巯基的碘乙酸）用途更广，它可以用来很好地了解酶有哪些必需基团。而专一性的不可逆抑制剂（如 TPCK、DFP 及 3，4 – 癸炔酸 – N – 乙酸半胱胺）则往往要在前者提供线索的基础上才能设计出来。另外，非专一性试剂还可用来探测酶的构象。

（1）常见的非专一性不可逆抑制剂主要有以下几类：

① 有机磷化合物. 有机磷化合物能够与酶活力直接相关的丝氨酸上的羟基牢固地结合，从而抑制某些蛋白酶及酯酶。其反应过程如下：

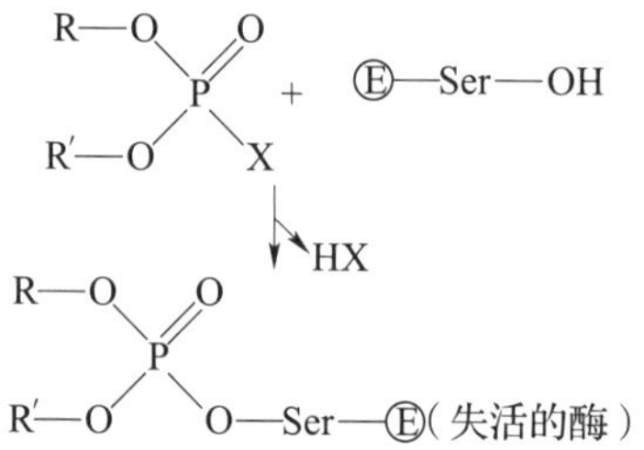

R、R′代表烷基，X代表卤素或—CN

这类化合物能强烈地抑制与中枢神经系统有关的胆碱酯酶。正常机体在神经兴奋时，神经末梢释放出乙酰胆碱传导刺激。乙酰胆碱发挥作用后，被乙酰胆碱酯酶水解为乙酸和胆碱。若胆碱酯酶被抑制，神经末梢分泌的乙酰胆碱不能及时地分解掉，造成突触间隙乙酰胆碱的积蓄，引起神经过度兴奋，出现一系列神经中毒的症状如抽搐等，最终导致死亡。因此，这类物质又称神经毒剂。常见的有机磷有 DFP、农药敌敌畏、敌百虫、对硫磷等。其结构式如下：

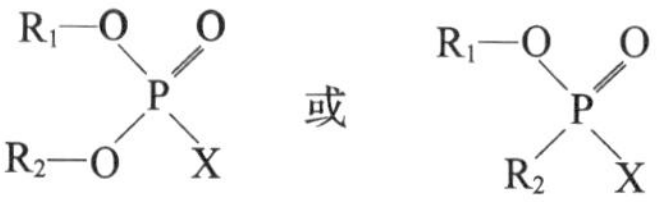

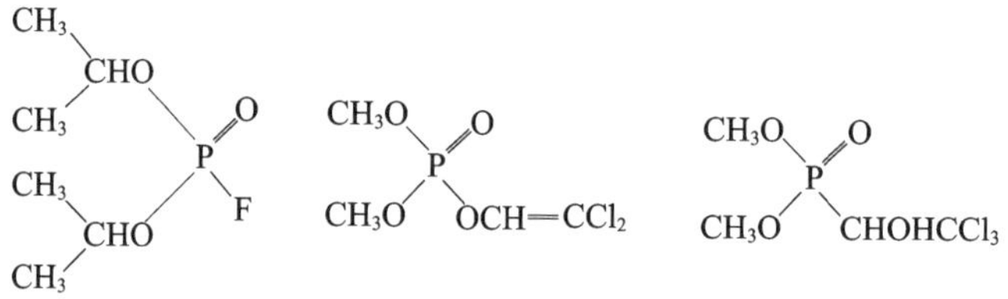

DFP　　　　敌敌畏　　　　敌百虫

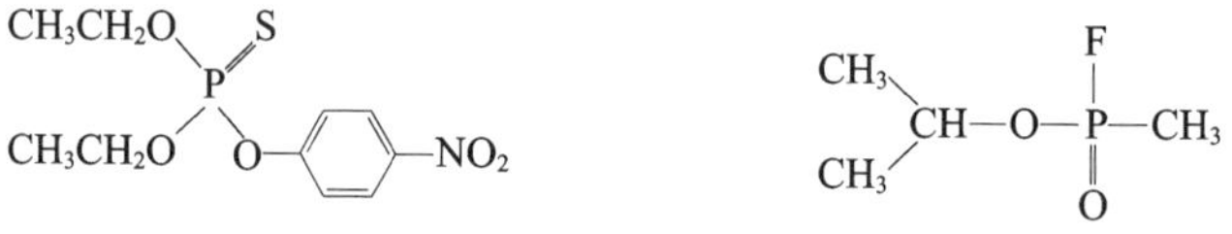

对硫磷（parathion）　　　　萨林（sarin）

有机磷制剂与酶结合后虽不解离，但用解磷定（碘化醛肟甲基吡啶）或氯磷定（氯化醛肟甲基吡啶）能把酶上的磷酸根除去，使酶复活。在临床上它们作为有机磷中毒后的解毒药物。其作用过程如下：

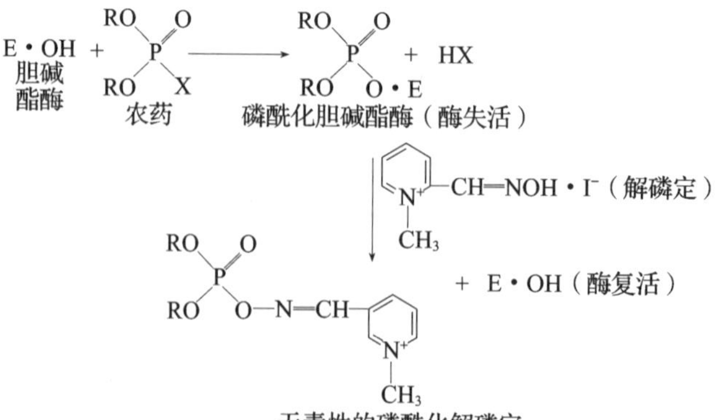

无毒性的磷酰化解磷定

② 重金属离子、有机汞、有机砷化合物：Pb^{2+}、Hg^{2+} 及含有 Hg^{2+}、Ag^+、As^{3+} 离子的化合物可与某些酶活性中心的必需基团如巯基结合而使酶失去活性。这种抑制可通过加入过量的巯基化合物如半胱氨酸或还原型谷胱甘肽（GSH）而解除。如氯汞苯甲酸，其作用过程如下：

$$\text{酶—SH} + ClHg\text{—}\langle\rangle\text{—}COO^- \longrightarrow \text{酶—S—Hg—}\langle\rangle\text{—}COO^- + HCl$$

$$E\begin{smallmatrix}SH\\\\SH\end{smallmatrix} + Hg^{2+} \longrightarrow E\begin{smallmatrix}S\\\\S\end{smallmatrix}Hg + 2H$$

（失活的酶）

对于重金属失活的酶一般加入 EDTA 螯合剂后可解除。

化学毒剂"路易斯毒气"就是一种含砷的化合物（$CHClCHAsCl_2$），它能抑制几乎所有含巯基酶的活性。砷化物的毒性不能被单巯基化合物解除，但可被过量的双巯基化合物解。其作用过程如下：

$$\begin{smallmatrix}Cl\\\\Cl\end{smallmatrix}As\text{—}CH\text{—}CH\text{—}Cl + E\begin{smallmatrix}SH\\\\SH\end{smallmatrix} \longrightarrow E\begin{smallmatrix}S\\\\S\end{smallmatrix}As\text{—}CH\text{—}CHCl + 2HCl$$

$$E\begin{smallmatrix}S\\\\S\end{smallmatrix}As\text{—}CH\text{—}CHCl + \begin{smallmatrix}CH_2SH\\CHSH\\CH_2OH\end{smallmatrix} \longrightarrow E\begin{smallmatrix}SH\\\\SH\end{smallmatrix} + \begin{smallmatrix}CH_2\text{—}S\\CH\text{—}S\\CH_2OH\end{smallmatrix}AsCH\text{—}CHCl$$

（失活的酶）　（路易斯毒气的解毒剂）　（复活的酶）
BAL

③ 氰化物和一氧化碳：这些物质能与金属离子形成稳定的络合物，而使一些需要金属离子的酶的活性受到抑制，如含铁卟啉辅基的细胞色素氧化酶。

④ 烷化剂：主要的是含卤素的化合物，如碘乙酸、碘乙酰胺和卤乙酰苯等，它们可使酶中—SH 基烷化，从而使酶失活，常用作鉴定酶中巯基的特殊试剂。其作用如下：

$$\text{酶—SHD} + I\text{—}CH_2\text{—}C\begin{smallmatrix}O\\\\OH\end{smallmatrix} \longrightarrow \text{酶—S—}CH_2\text{—}C\begin{smallmatrix}O\\\\OH\end{smallmatrix} + HI$$

（2）专一性不可逆抑制剂　专一性的不可逆制剂可分为 K_s 型和 K_{cat} 两大类。

① K_s 型不可逆抑制剂：这类抑制剂是根据底物的化学结构设计的，具有底物类似的结构，可以和相应的酶结合，同时还带有一个活泼的化学基团，能与酶分子中的必需基团反应进行化学修饰，从而抑制酶活力。因抑制是通过对酶的亲和力来对酶进行修饰标记的，故称为亲和标记试剂（affinity labeling reagent）。这种抑制剂虽然主要"攻击"酶活性部位的必需基团，但由于它的活泼基团也可以修饰酶分子其他部位的同一基团，因此，其专一性有一定的限度。这取决于抑制剂与活性部位必需基团在反应前形成非共价络合物的解离常数以及非活性部位同类基团形成非共价络合物的解离常数之比，即 K_s 的比值，故这类抑制剂称为 K_s 型不可逆抑制剂。例如，胰蛋白酶要求催化的底物具有一个带正电荷的侧链，如 Lys、Arg 侧链。对甲苯磺酰－L－赖氨酰氯甲酮（TLCK）和胰蛋白酶的底物对甲苯磺酰－L－赖氨酰甲酯（TLME）有相似的结构（图 4－25），因此前者可以与胰蛋白酶活性部位必需基团 His_{59} 共价结合，引起不可逆地失活。失活作用是以化学计算量进行，伴随着活性 100% 丧失，所以 TLCK 是胰蛋白酶的 K_s 型不可逆抑制剂。

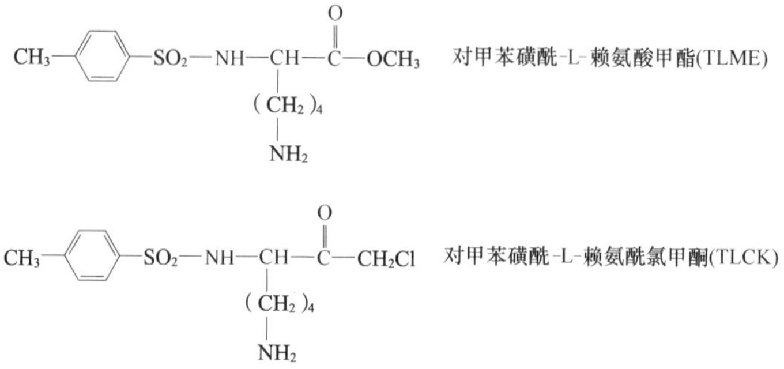

图 4 – 25 胰蛋白酶底物与其 K_s 型不可逆抑制剂的化学结构比较

② K_{cat} 型不可逆抑制剂是根据酶催化过程设计的，设计此类抑制剂，要求对酶的作用机制预先有一定的了解。K_{cat} 抑制剂不但具有天然底物的类似结构，且本身也是酶的底物，能与酶结合发生类似于底物的变化。但抑制剂还有一个潜伏的反应基团（latent group），当酶对它进行催化反应时，这个潜伏反应基团被暴露或活化，并作用于酶活性部位的必需基团或酶的辅基，使酶不可逆失活。这类抑制剂是专一性极高的不可逆抑制剂。有人把这种抑制剂称为**自杀性底物**（**suicide substrate**）。例如 β – 卤代 – Ala 是细菌中丙氨酸消旋酶（alanine racemase，AR）的不可逆抑制剂，属于磷酸吡哆醛酶类的自杀性底物，作用机制如图 4 – 26 所示。因丙氨酸消旋酶能使 L – Ala 转变成为 D – Ala，而 D – Ala 是细菌合成胞壁肽聚糖的重要原料，丙氨酸消旋酶受抑制后可阻断肽聚糖的合成，则抑制细菌生长，故 β – 卤代 – Ala 是一种抗菌药物。

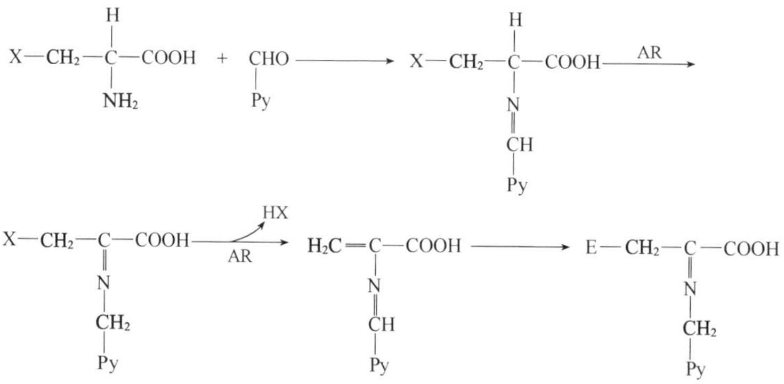

图 4 – 26 β – 卤代 – D – 丙氨酸抑制丙氨酸消旋酶的机制

（二）可逆的抑制作用（reversible inhibition）

这类抑制剂与酶蛋白的结合是可逆的，可用透析法除去抑制剂，恢复酶的活性。可逆抑制剂与游离状态的酶之间存在着一个平衡。

1. 可逆抑制的类型

根据抑制剂与底物的关系，可逆抑制作用分为三种类型：

（1）竞争性抑制（competitive inhibition） 抑制剂与底物竞争，从而阻止底物与酶的结合。因为酶的活性中心不能同时既与抑制剂（I）作用，又与底物（S）作用。这是最常见的一种可逆抑制作用。竞争性抑制剂具有与底物相类似的结构，与酶形成可逆的 EI 复合物。但 EI 不能分解成产物 P。酶反应速度因此下降。可以通过增加底物浓度而解除这种抑制。最典型的例子是丙二酸对琥珀酸脱氢酶的抑制，因为丙二酸是二羧酸化合物，与这个酶的正常底物琥珀酸结构上很相似。二者的结构如下：

$$\begin{array}{c} \text{COOH} \\ | \\ \text{CH}_2 \\ | \\ \text{COOH} \\ \text{丙二酸} \end{array} \qquad \begin{array}{c} \text{COOH} \\ | \\ \text{CH}_2 \\ | \\ \text{CH}_2 \\ | \\ \text{COOH} \\ \text{琥珀酸} \end{array}$$

（2）**非竞争性抑制（noncompetitive inhibition）** 酶可以同时与底物及抑制剂结合，两者没有竞争作用。酶与抑制剂结合后，还可以与底物结合 EI + S ⟶ EIS，酶与底物结合后，也还可以与抑制剂结合 ES + I ⟶ ESI 但是中间物 EIS（或 ESI，EIS = ESI）不能进一步分解为产物，因此酶活力降低。这类抑制剂与酶活性中心以外的基团相结合（图 4 - 27），其结构可能与底物毫无相关之处，如亮氨酸是精氨酸酶的一种非竞争性抑制剂。大部分非竞争性抑制都是由一些可以与酶的活性中心之外的巯基可逆结合的试剂引起的。这种巯基（—SH）对于酶活力来说也是很重要的，因为它们帮助维持酶分子的构象。这类试剂包括含某些金属离子（Cu^{2+}、Hg^+、Ag^+）的化合物。此外，EDTA 结合金属引起的抑制，也属于非竞争性抑制，例如它对需要 Mg^{2+} 的己糖激酶的抑制。

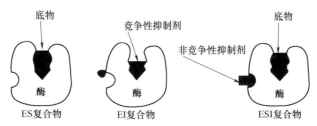

图 4 - 27 酶与底物或抑制剂结合的中间物

（3）**反竞争性抑制（uncompetitive inhibition）** 酶只有在与底物结合后，才能与抑制剂结合，即 ES + I ⟶ ESI，ESI 不能转化成产物。比较起来，这种抑制作用最不重要。

2. 常见的几种可逆抑制剂

磺胺药（以对氨基苯磺酰胺为例），它的结构与对氨基苯甲酸十分相似，是对氨基苯甲酸的竞争性抑制剂。对氨基苯甲酸是叶酸的一部分，叶酸和二氢叶酸则是核酸的嘌呤核苷酸合成中的重要辅酶——四氢叶酸的前身，如果缺少四氢叶酸，细菌生长繁殖便会受到影响。对氨基苯甲酸、对氨基苯磺酰胺和叶酸的结构如下：

$$\begin{array}{c} \text{NH}_2 \\ \bigcirc \\ \text{COO}^- \\ \text{对氨基苯甲酸} \end{array} \qquad \begin{array}{c} \text{NH}_2 \\ \bigcirc \\ \text{SO}_2 \cdot \text{NH}_2 \\ \text{对氨基苯磺酰胺} \end{array}$$

蝶呤——对氨基苯甲酸——谷氨酸
叶酸

人体能直接利用食物中的叶酸，某些细菌则不能直接利用外源的叶酸，只能在二氢叶酸合成酶的作用下，利用对氨基苯甲酸合成二氢叶酸。而磺胺药物可与对氨基苯甲酸相竞争，抑制二氢叶酸合成酶，影响二氢叶酸的合成，最后抑制细菌的生长繁殖，从而达到消炎治病的效果。

抗菌增效剂 TMP 可增强磺胺药的药效。因为它的结构与二氢叶酸有类似之处，是细菌二氢叶酸还原酶的强烈抑制剂，但它很少抑制人体的二氢叶酸还原酶。它与磺胺药物配合使用，可使细菌的四氢叶酸合成受到双重阻碍，因而严重影响细菌的核酸及蛋白质合成。其结构如下：

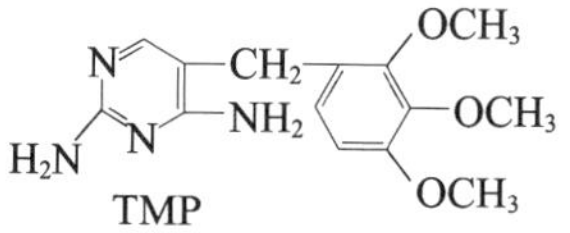

OCH₃

H_2N —（结构式）— TMP

TMP

2,4- 二氨基 -5-（3′,4′,5′- 三甲氧基苄基）- 嘧啶（TMP）

利用竞争性抑制是药物设计的根据之一，如抗癌药阿拉伯糖胞苷、5 - 氟尿嘧啶等都是利用竞争性抑制而设计出来的。

胆碱酯酶的竞争性抑制剂，其结构类似于正常底物乙酰胆碱。人们认为，过渡态底物部分的类似物可作为竞争性抑制剂。胆碱酯酶的抑制剂种类很多，都含有甲基化的季胺基团或碱性氮原子或类似的酯键。植物中的某些生物碱也能抑制胆碱酯酶（如毒扁豆碱等），使神经冲动产生的乙酰胆碱不能除去。一些生物碱结构如下：

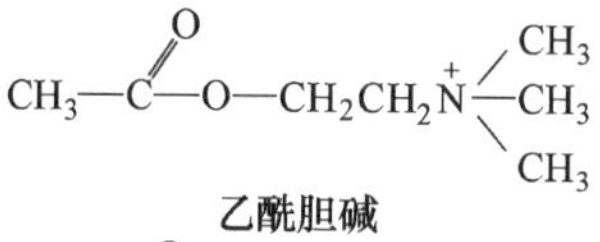

乙酰胆碱

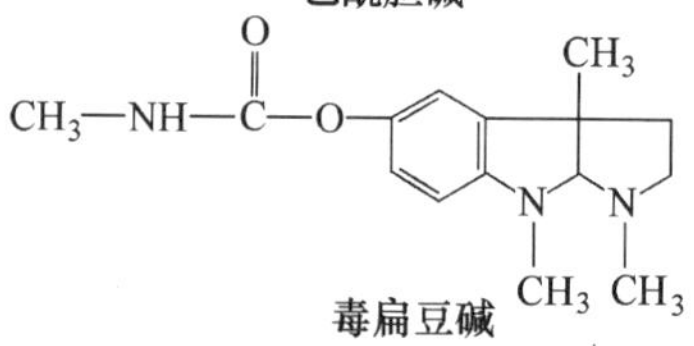

毒扁豆碱

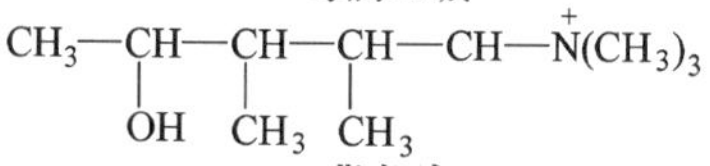

覃毒碱

3. 可逆抑制作用的动力学

可逆抑制剂与酶结合后产生的抑制作用，可以根据米氏学说原理加以推导，定量说明抑制剂对酶促反应速率的影响，下面着重讨论 3 种可逆抑制类型的动力学。

（1）竞争性抑制　在竞争性抑制中，底物或抑制剂与酶的结合都是可逆的。存在着如下平衡式：

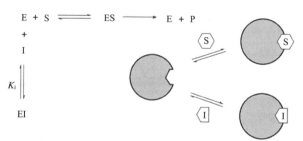

竞争性抑制的动力学方程为：

$$v = \frac{v_{\max}[S]}{K_m\left(1 + \frac{[I]}{K_i}\right) + [S]}$$

$$K_i = \frac{[E][I]}{[EI]}$$

$$K'_m = K_m\left(1 + \frac{[I]}{K_i}\right)$$

$$v = \frac{v_{\max}[S]}{K'_m + [S]}$$

双倒数方程为：

$$\frac{1}{v} = \frac{K_m}{v_{\max}}\left(1 + \frac{[I]}{K_i}\right)\frac{1}{[S]} + \frac{1}{v_{\max}}$$

该双倒数方程曲线如图 4 – 28 所示。

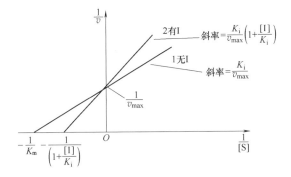

图 4 – 28 双倒数曲线

（2）非竞争性抑制 在非竞争性抑制中存在着如下的平衡：

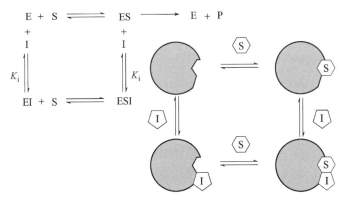

非竞争性抑制的动力学方程：

$$v = \frac{v_{\max}[S]}{(K_m + [S])\left(1 + \frac{[I]}{K_i}\right)}$$

双倒数方程：

$$\frac{1}{v} = \frac{K_m}{v_{\max}}\left(1 + \frac{[I]}{K_i}\right)\frac{1}{[S]} + \frac{1}{v_{\max}}\left(1 + \frac{[I]}{K_i}\right)$$

该双倒数方程曲线如图 4 – 29 所示。

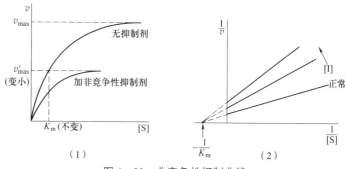

图 4 – 29　非竞争性抑制曲线

（1）反应速度与底物浓度的关系曲线　（2）反应速度与底物浓度的双倒数曲线

（3）反竞争性抑制　这类抑制作用的特点是酶先与底物结合，然后才与抑制剂结合，存在以下平衡：

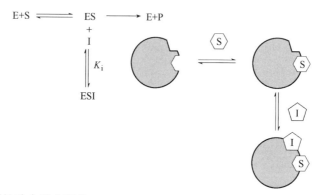

反竞争性抑制的动力学方程为：

$$v = \frac{v_{\max}\,[S]}{K_{\mathrm{m}} + \left(1 + \dfrac{[I]}{K_{\mathrm{i}}}\right)[S]}$$

双倒数方程为：

$$\frac{1}{v} = \frac{K_{\mathrm{m}}}{v_{\max}}\frac{1}{[S]} + \frac{1}{v_{\max}}\left(1 + \frac{[I]}{K_{\mathrm{i}}}\right)$$

该双倒数方程曲线如图 4 – 30 所示。

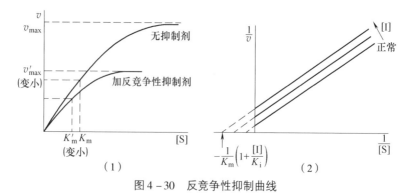

图 4 – 30　反竞争性抑制曲线

（1）反应速度与底物浓度的关系曲线　（2）反应速度与底物浓度的双倒数关系曲线

现将无抑制剂和有抑制剂时的米氏方程和 v_{max} 和 K_m 的变化，归纳于表4-10中。

表4-10 不同类型可逆抑制作用的米氏方程和常数

类型	方程式	v_{max}	K_m
无抑制剂	$v = \dfrac{v_{max}[S]}{K_m + [S]}$	v_{max}	K_m
竞争性抑制	$v = \dfrac{v_{max}[S]}{K_m\left(1 + \dfrac{[I]}{K_i}\right) + [S]}$	不变	增加
非竞争性抑制	$v = \dfrac{v_{max}[S]}{(K_m + [S])\left(1 + \dfrac{[I]}{K_i}\right)}$	减小	不变
反竞争性抑制	$v = \dfrac{v_{max}[S]}{K_m + \left(1 + \dfrac{[I]}{K_i}\right)[S]}$	减小	减小

(三) 可逆抑制作用和不可逆抑制作用的鉴别

除了用透析、超滤或凝胶过滤等方法能否除去抑制剂来区别可逆抑制作用和不可逆抑制作用外，还可采用动力学的方法来鉴别。

在测定酶活力系统中加入一定量的抑制剂，然后测定不同酶浓度的反应初速率，以初速率对酶浓度作图。在没有抑制剂时，初速率对酶浓度作图得到一条通过原点的直线（图4-31曲线1）；当存在不可逆抑制剂时，抑制剂使一定量的酶失活，只有加入的酶量大于不可逆抑制剂的量时，才表现出酶活力，不可逆抑制剂的作用相当于把原点向右移动（图4-31曲线2）；当存在可逆抑制剂时，由于抑制剂的量是恒定的，因此得到一条通过原点，但斜率较低于曲线1的直线（图4-31曲线3）。如果在不同抑制剂浓度下，每一个抑制剂浓度都作一条初速率和酶浓度关系曲线，浓度不同的不可逆抑制剂是一组不通过原点的平行线，而可逆抑制剂是通过原点但斜率不同的直线。这样可逆抑制作用和不可逆抑制作用从图4-32更清楚地区分开来。

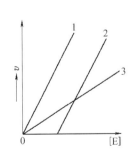

图4-31 可逆抑制与不可逆
抑制的区别
曲线1—无抑制剂 曲线2—不可逆抑制剂
曲线3—可逆抑制剂

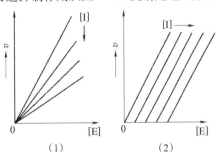

图4-32 抑制剂浓度对可逆抑制和
不可逆抑制的影响
（1）可逆抑制剂的作用
（2）不可逆抑制剂的作用

第六节　酶活力的调节

在生物体内，酶的活性通常是受到调节的。酶的活性调节是它们作为生物催化剂区别于非生物催化剂的一个重要的标志，也是生物体内物质代谢的重要调节方式。酶的活性至少存在两种调节机制。一种是通过调节剂与调节酶结合（有共价结合和非共价结合两类）后提高或抑制酶的活性。另一种是通过蛋白酶切去某一肽段后酶被激活。后者与效应物介导的调节不同，蛋白酶切反应的调节是不可逆的。在一些生理过程中如食物消化、血液凝固以及激素反应等都可以看到这类调节。

在效应物介导的调节中，非共价的别构调节在代谢途径中起持续的微调作用，而共价修饰的调节可使酶的活性发生"从无到有或从有到无"的变化，相对调节幅度较大。下面将重点阐述酶原的激活调节、酶活性别构调节和共价修饰调节。

一、酶原的激活

某些酶（绝大多数是蛋白酶）在细胞内合成或初分泌时没有活性，这些无活性的酶的前身（或前体）称为**酶原（zymogen）**。使酶原转变为有活性酶的作用称为**酶原激活（zymogen activation）**。例如，胰蛋白酶、胰凝乳蛋白酶、弹性蛋白酶、羧肽酶等这些由胰腺合成的酶以及在胃部合成的胃蛋白酶都是以无活性的前体形式合成的，并以无活性的前体分泌到消化道。只有当需要它们表现出催化活性时，才由专一性的局部水解转变成有活性的酶。

酶原的激活机制主要是分子内肽链的一处或多处断裂，同时使分子构象发生一定程度的改变从而形成酶活性中心所必需的构象。如胰蛋白酶原在激活过程中，赖氨酸 – 异亮氨酸之间的肽键被打断，失去一个六肽，断裂后的 N 端肽链的其余部分解脱张力的束缚，使它能像一个放松的弹簧一样卷起来，这样就使酶蛋白的构象发生变化，使得与催化有关的 His_{46}、Asp_{90} 带至 Ser_{138} 附近，形成一个合适的排列，因而就自动地产生了活性中心。激活胰蛋白酶原的蛋白水解酶是肠激酶，而胰蛋白酶一旦生成后，也可自身激活。胰蛋白酶原激活过程的模式见图 4 – 33。

再如胰凝乳蛋白酶原的激活，胰凝乳蛋白酶原是由 245 个氨基酸残基构成的单链蛋白，该蛋白质多肽链内的五个二硫键参与构象的稳定。胰凝乳蛋白酶原经胰蛋白酶的作用，切断 Arg_{15} 和 Ile_{16} 之间的肽键，转变成具有催化活性的 π – 胰凝乳蛋白酶，接着通过 π – 胰凝乳蛋白酶的自身作用，先后切除 Ser_{14} – Arg_{15} 和 Thr_{147} – Asn_{148} 两个二肽。于是，从一条单链的酶原转变成了具有催化功能的、由三条肽组成的有活性的 α – 胰凝乳蛋白酶（图 4 – 34）。

胰凝乳蛋白酶的 Ser_{195} 和 His_{57} 是这个酶活性部位的两个必需的残基。本来这两个残基在酶原的空间结构中相距较远，而在酶原的激活过程中，由于切除了两个二肽，使酶蛋白分子构象发生了相应的变化，使这两个氨基酸残基相互靠近，与 Asp_{102} 形成了一个催化三联体（图 4 – 35）。

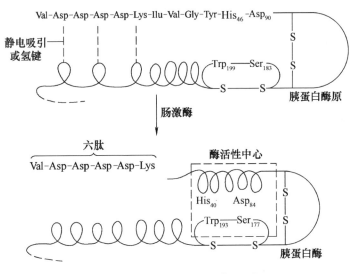

图 4 - 33 胰蛋白酶原激活过程示意图

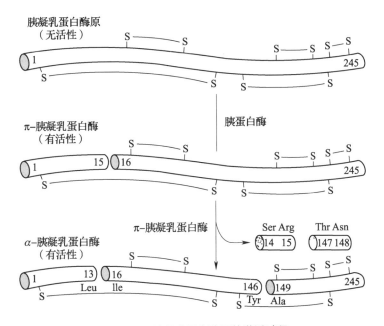

图 4 - 34 胰凝乳蛋白酶原的激活过程

除消化道的蛋白酶外，血液中有关溶血和纤维蛋白溶解的酶类，也都以酶原的形式存在。凝血酶在血液凝固的级联反应中是一种关键的酶。在正常情况下，凝血酶以无活性的前体凝血酶原的形式存在，可以确保血液在血管中顺畅流通；只有当组织受到损伤、需要血液在伤口处凝结、以阻止血液继续外流时凝血酶原才被激活。相反，血纤维蛋白溶酶能够使血块溶解。组织血纤维蛋白溶酶原激活因子（TPA）能使血纤维蛋白溶酶原专一性水解，产生血纤维蛋白溶酶。由于血纤维蛋白溶酶能促进血块的消溶，

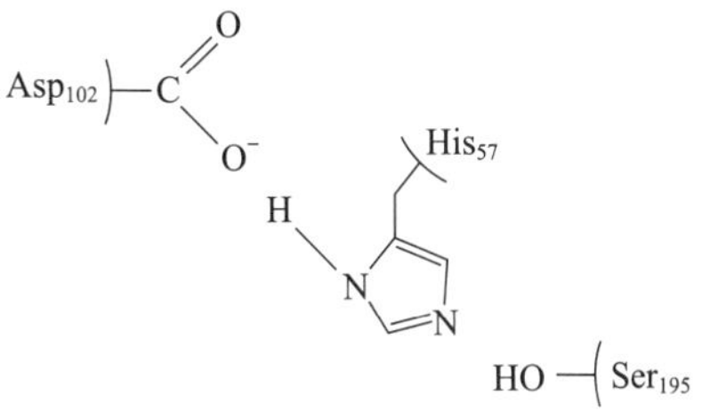

图 4 - 35 胰凝乳蛋白酶的催化三联体

因此，如果在脑梗和心肌梗死突发的 30min 内，给予 TPA 的话，能使脑梗和心肌梗死发作的严重后果减到最小。

从胰凝乳蛋白酶原的激活以及其他酶原激活的例子可以认为，酶原之所以无活性，是由于它们的活性部位被掩盖了，或者说酶的活性部位尚未形成。酶原的激活过程就是酶活性部位形成的过程。活性部位的形成包括空间构象的变化。一旦酶的活性部位形成，酶就表现出催化活性。

酶原的激活是生物体的一种调控方式，也是机体的一种自我保护机制，具有重要的生理意义。例如，消化腺分泌的一些蛋白酶，开始都是不具催化活性的酶原，这样就不至于消化自身的组织细胞，而是进食后才分泌到胃肠道，而后再转变成有活性的酶。凝血酶以酶原的形式存在于血液中，使血管中流动的血液不致发生凝固。

酶原的激活是一个不可逆的过程，需要其他的机制才能使其失活。一些抑制剂可以同蛋白水解酶结合使其失活。胰蛋白酶抑制剂是一种相对分子质量为 6000 的小分子蛋白质。

二、别构酶与别构调节作用

在细胞内，一个代谢途径由一系列有序的反应组成，每步反应都是在酶的催化下进行的。一个代谢途径的总的反应速度是由其中反应速度最慢的一步决定的，因此，这个最慢的反应称为"限速反应"或"限速步骤"（rate-limiting step）。催化限速步骤的酶通常是调节酶（regulatory enzyme）。调节酶往往位于一个代谢途径的起始第一步或途径分支的交叉点。调节酶是一类双功能酶，它们既具有催化的功能，又具有同调节物结合而改变酶反应速度的调节功能。调节酶有多种调节机制，在代谢途径中存在两大类调节酶，一类是别构酶，它能可逆地与别构剂非共价结合而发挥作用，这类别构剂通常是一些小分子代谢物或辅因子；另一类共价修饰酶，通过可逆的共价修饰进行调节。这两类酶均是多亚基蛋白，有些情况下，调节部位和催化部位不在同一个亚基上。

（一）别构酶与别构效应

别构酶（allosteric enzyme）又称变构酶。这类酶是寡聚体蛋白，含有两个或多个亚基。别构酶含有活性部位和调节部位，活性部位负责对底物的结合与催化；调节部位负责控制别构酶的催化反应的速度。每一种别构酶的调节部位只能与它的专一性的调节物（或效应物）非共价的结合。

当专一性的调节物结合到别构酶的调节部位时，酶的催化活性发生改变。这种改变是由于调节物与调节部位结合后诱导酶的构象发生变化，使酶的活性部位对底物的结合与催化作用受到影响，从而调节酶促反应速度及代谢过程。这种效应称为**别构效应或者变构效应**（allosteric effect）。

（二）调节物

1. 负调节物

有的别构酶，当调节物分子同别构部位结合后，能降低或关闭酶的催化活性。这种调节物称为**负调节物**（negative modulator）或**负效应物**（negative effector）。当负调节物分子在细胞内的水平积累而超出细胞需要的水平时就结合到别构部位上，降低或者关闭酶的活性。当负调节物分子的浓度降低，不能满足细胞需要时它就离开调节部位，使酶的活性恢复。

负调节物通常是该酶底物以外的分子，往往是一个代谢反应途径的末端产物（即反应链中最后一个酶催化的产物）。末端产物积累超出细胞需要时，对该反应途径催化限速反应的调节酶（别构酶）造成抑制，从而终止该产物的合成。这种抑制作用称为**反馈抑制（feedback inhibition）**。

2. 正调节物

有的别构酶可被它的专一性调节物激活。这样的调节物称为**正调节物（positive modulator）或正效应物（positive effector）**。正调节物在很多情况下是酶的底物分子本身。这种类型的别构酶又称为**底物调节酶或同位酶（homotropic enzyme）**，因为底物和调节物是同一的。底物调节酶有两个或多个底物结合部位，这些部位往往起着双重的功能，既作为酶的活性部位，又作为酶的调节部位。

（三）别构酶的动力学特征

非调节酶一般是单体酶，它们服从米氏方程的数量关系，所以它们的动力学曲线是双曲线。别构酶通常是寡聚酶，不服从单体酶底物浓度对酶促反应速度影响的米氏方程，即动力学曲线不是呈双曲线。负调节物分子所造成的抑制作用也不服从经典的竞争性或非竞争性抑制作用的数量关系。同样，也不能用米氏常数 K_m 来表示反应速度达到最大速度一半时的底物浓度。

对于具有同位效应的别构酶，底物是酶的激活剂，是正调节物。因有多个底物结合部位，结合部位与底物之间表现出了正协同关系，所以底物调节酶表现出 S 形曲线 ［图 4 – 36（1）］。

对于具有异位效应的别构酶来说，它们的底物饱和曲线的形态随调节物的性质不同而不同。如果调节物具有促进作用，则其底物饱和曲线接近双曲线 ［图 4 – 36（2）①］，其表现为 K_m（或 $K_{0.5}$）减少，但 v_{max} 不变。因此，在固定的底物浓度下，反应速度升高。如果调节物分子具有抑制作用，那么曲线的 S 形程度加强，$K_{0.5}$ 增大 ［图 4 – 36（2）③］。从上述情况看，别构酶的 $K_{0.5}$ 是可以被调节物分子改变的。图 4 – 36（3）是 v_{max} 改变，而 $K_{0.5}$ 恒定的调节类型，较少见。

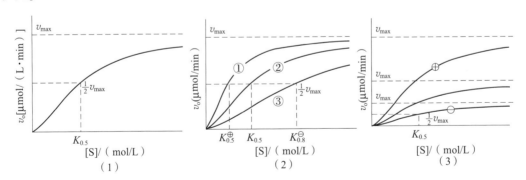

图 4 – 36 别构酶的动力学曲线

三、共价修饰酶与共价修饰的调节作用

酶的共价修饰是酶活力调节的另一种重要的方式。在酶活力的共价修饰调节中，通过其他酶（**修饰酶或称转换酶**）的催化作用，在调节酶的酶蛋白中某些氨基酸残基上共价结合或去除某种化学基团，从而使酶分子的共价结构和构象发生变化，实现活性形式与非活性形式的互相转变，这种酶活力的调节方式称为共价修饰调节，这种调节酶**称为共价修饰酶**（covalent modified enzyme）。大多数共价修饰是可逆的。最普遍的调节是对酶蛋白的磷酸化，催化此反应的酶称为**蛋白激酶**（protein kinase），由 ATP 供给磷酸基和能量，磷酸基转移到酶蛋白特异的丝氨酸、苏氨酸和酪氨酸的羟基上。酶蛋白的脱磷酸是由蛋白磷酸酯酶催化水解反应将磷酸基团脱下。磷酸化和脱磷酸化分别由不同酶催化完成，以便于对反应的控制。一些代谢上重要的酶，例如糖原磷酸化酶、糖原合成酶、丙酮酸脱氢酶以及异柠檬酸脱氢酶，都通过特定部位的丝氨酸残基的磷酸化和去磷酸化来调节它们的活性。这些修饰酶本身也是被 cAMP 和激素等因素调节的。

肌肉和肝中催化糖原降解的糖原磷酸化酶是一个典型的共价修饰调节酶。糖原磷酸化酶可以两种形式出现，即有活性的磷酸化酶 a 和低活性的或无活性的磷酸化酶 b。两者都是由两个相同的亚基构成的二聚体。糖原磷酸化酶 b 是去磷酸化的形式，在转换酶磷酸化酶 b 激酶的催化下，在 Ser$_{14}$ 残基上共价地接上一个磷酸基，转变成了有活性的磷酸化酶 a。磷酸化酶 a 在另一种转换酶磷酸化酶的作用下，除去 Ser$_{14}$ 位上的磷酸基，又变成了无活性的 b 形式（图 4 – 37）。

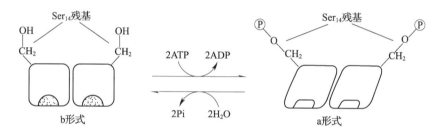

图 4 – 37　糖原磷酸化酶活力的共价修饰调节

通过糖原磷酸化酶的磷酸化和去磷酸化形式的 X 射线晶体衍射分析证明，糖原磷酸化酶 b 的 Ser$_{14}$ 残基的磷酸化引起该酶蛋白的原先一段无序的片段变成了螺旋，并通过磷酸基和两个 Arg 残基之间形成的离子键以及几个新形成的氢键维持其稳定。在糖原磷酸化酶共价修饰后使得底物和调节物结合部位的构象发生了改变，从而引起该酶活力发生了从无活性到有活性的转换。

糖原合酶也是一个典型的共价修饰调节酶，通过共价修饰后的酶活力变化刚好与糖原磷酸化酶相反，这两种酶通过共价修饰交互调节它们的活性，控制糖原的合成与降解。在哺乳动物体内，糖原磷酸化酶和糖原合酶受激素等的级联调节（见第十章第二节）。

第七节　酶的活力测定和分离纯化

一、酶活力的测定

酶活力（enzyme activity）也称为酶活性，酶的活力测定实际上就是酶的定量测定，在研究酶的性质、酶的分离纯化及酶的应用工作中都需要测定酶的活力。检查酶的含量及存在，不能直接用重量或体积来衡量，通常是用它催化某一化学反应的能力来表示，即用酶活力大小来表示。

1. 酶活力

酶活力（enzyme activity）是指酶催化某一化学反应的能力，酶活力的大小可以用在一定条件下所催化的某一化学反应的**反应速率**（reaction velocity 或 reaction rate）来表示，两者呈线性关系。酶催化的反应速率越大，酶的活力越高；反应速率越小，酶的活力就越低。所以测定酶的活力就是测定酶促反应的速率。

2. 酶的活力单位

酶活力的大小即酶含量的多少，用酶活力单位表示，即**酶单位（U）**。单位的定义是：在一定条件下，一定时间内将一定量的底物转化为产物所需的酶量。这样酶的含量就可以用每克酶制剂或每毫升酶制剂含有多少酶单位来表示（U/g 或 U/mL）。为使各种酶活力单位标准化，1961 年国际生物化学协会酶学委员会及国际纯化学和应用化学协会临床化学委员会提出采用统一的"国际单位"来表示酶活力。规定为：在最适反应条件（温度 25℃），1min 内催化 1μmol 底物转化为产物所需的酶量定为一个**国际酶活力单位（IU），即 1IU = 1μmol/min**。但人们仍常用习惯沿用的单位。例如 α-淀粉酶的活力单位规定为每小时催化 1g 可溶性淀粉液化所需要的酶量，也有用每小时催化 1mL 2% 的可溶性淀粉液所需的酶量定为一个酶单位。不过习惯上沿用的单位表示方法不统一，同一种酶有几种不同的单位，不便于对同一种酶的活力进行比较。

1972 年国际酶学委员会又推荐一种新的活力国际单位，即 Katal（简称 Kat）单位。规定为：在最适条件下，每秒钟能催化 1mol 底物转化为产物所需的酶量，定为 **1Katal** 单位（1Kat = 1mol/s）。

Kat 单位与 IU 单位之间的换算关系如下：

$$1Kat = 60 \times 10^6 IU, \quad 1IU = 16.7nKat$$

酶的催化作用受测定环境的影响，因此测定酶活力要在最适条件下进行，即最适温度、最适 pH、最适底物浓度和最适缓冲液离子强度等，只有在最适条件下测定才能真实反映酶活力的大小。测定酶活力时为了保证所测定的速率是初速率，通常以底物浓度的变化在起始浓度的 5% 以内的速率为初速率。底物浓度太低时，5% 以下的底物浓度变化实验上不易测准，所以在测定酶的活力时，往往使底物浓度足够大，这样整个酶反应对底物来说是零级反应，而对酶来说却是一级反应，这样测得的速率就比较可靠地反映酶的含量。

3. 酶的比活力

酶的比活力（specific activity）代表酶的纯度，根据国际酶学委员会的规定，比活力用每毫克蛋白质所含的酶活力单位数表示，对同一种酶来说，比活力越大，表示酶的纯度越高。

比活力 = 活力单位/mg 蛋白 = 总活力单位/总蛋白 mg

有时用每克酶制剂或每毫升酶制剂含有多少个活力单位来表示（U/g 或 U/mL）。比活力大小可用来比较每单位质量蛋白质的催化能力。比活力是酶学研究及生产中经常使用的数据。

4. 酶活力的测定方法

通过两种方式可进行酶活力测定，其一是测定完成一定量反应所需的时间，其二是测定单位时间内酶催化的化学反应量。测定酶活力就是测定产物增加量或底物减少量，主要根据产物或底物的物理或化学特性来决定具体酶促反应的测定方法。

（1）化学分析法　根据酶的最适温度和最适 pH，从加进底物和酶液后即开始反应，每隔一定时间，分几次取出一定体积反应液，停止作用，然后分析底物的消耗量和产物的生成量。此方法是酶活力测定的经典方法，至今仍经常采用。几乎所有的酶都可以根据这一原理设计测定其活力的具体方法。停止酶反应常用强酸强碱或蛋白沉淀剂。

（2）分光光度计量法　利用底物和产物光吸收性质不同，在整个反应过程中可连续测定其吸收光谱的变化。此法无须停止反应，便可直接测定反应混合物中底物的减少或产物的增加。这一类方法最大的优点是迅速、简便、特异性强，并可方便地测得反应进行的过程，特别是对于反应速度较快的酶作用，能够得到准确的结果。自动扫描分光光度计对于酶活力和酶反应研究工作中的测定更是快速、准确和自动化。

（3）量气法　当酶促反应中底物或产物之一为气体时，可以测量反应系统中气相的体积或压力的改变，从而计算气体释放或吸收的量，根据气体变化和时间的关系，即可求得酶反应的速度。

（4）pH 测量法　使酶反应在较稀的缓冲溶液中进行，然后用 pH 计连续测定在反应进行过程中溶液 pH 的改变。这种方法比较简单，但缺点是不能计算出单位时间内底物的摩尔浓度的变化，同时在反应过程中，酶活力也随 pH 的改变而改变。因此不能用于酶活力的准确测定。

（5）氧和过氧化氢的极谱测定　用阴极极化的铂电极进行氧的极谱测定，可以记录在氧化酶作用过程中溶解于溶液内的氧浓度的降低。另外，可用阳极极化的铂电极测定过氧化氢来测定过氧化氢酶的活力。除上述方法外，还有其他方法也可用于酶活力的测定，如测定旋光、荧光、黏度以及同位素技术等。

二、酶的分离和纯化

酶的分离纯化是酶学研究的基础。研究酶的性质、作用、反应动力学、结构与功能关系、阐明代谢途径、作为工具酶等都需要高度纯化的酶制剂以免除其他的酶或蛋白质的干扰。例如，基因工程中所使用的各种工具酶都有高纯度的要求，内切酶中不能含有外切酶，反之一样，否则结果无法判断。再如，要区别一个酶催化两种不同的反应是酶本身的特点还是由于该酶制剂中污染了其他的酶杂质，可以用许多方法来进行判断。但是必须是在该酶制剂纯化后才能做出结论。由于使用酶制剂的目的不同，对酶制剂的纯度要求不一样，要根据不同的需要采用不同的方法纯化酶制剂。

已知绝大多数酶是蛋白质，因此酶的分离提纯方法，也就是常用来分离提纯蛋白质的方法。酶的提纯常包括两方面的工作，一是把酶制剂从很大体积浓缩到比较小的体积，二是把酶制剂中大量的杂质蛋白和其他大分子物质分离出去。为了判断分离提纯方法的优劣，一般用两个指标来衡量，一是总活力的回收；二是比活力提高的倍数。总活力的回收是表示提纯过程中酶的损失情况，比活力提高的倍数是表示提纯方法的有效程度。一个理想的分离提纯方法希望比活力和总活力的回收率越高越好，但是实际上常常两者不可兼得，因此考虑分离提纯条件和方法时，不得不在比活力多提高一些和总活力多回收一些之间作适当的选择。

生物细胞产生的酶有两类，一类为由细胞内产生，然后分泌到细胞外进行作用的酶，称为胞外酶，这类酶大多数是水解酶类；另一类酶在细胞内合成后并不分泌到细胞外，而是在细胞内起催化作用，称为胞内酶，这类酶数量较多。一般来说，胞外酶比胞内酶更易于分离纯化。

酶分离提纯步骤简述如下：

（1）选材 酶的来源不外乎动物、植物和微生物，生物细胞内产生的总酶量是很高的，但每一种酶的含量却很低。一种酶含量丰富的器官或组织往往和含量较低的器官或组织相差上千倍或上万倍，如胰腺中起消化作用的水解酶种类众多，但各种酶的含量却差别很大，如1000g湿胰腺中含胰蛋白酶0.65g，而含DNA酶仅有0.0005g。因此，在提取某一酶时，首先应当根据需要，选择含此酶最丰富的新鲜生物材料。

动、植物组织或微生物材料均可作为分离酶的原料。但由于从动物或植物中提取酶制剂会受到原料限制，目前工业上大多采用微生物发酵的方法来获得大量的酶制剂。

酶的提取工作应在获得材料后立即开始，否则应在低温下保存，−70～−20℃为宜。或将生物组织做成丙酮粉保存。

（2）破碎细胞 动物细胞较易破碎，通过一般的研磨器、匀浆器、捣碎机等就可达到目的。细菌细胞具有较厚的细胞壁，较难破碎，需要用超声波、细菌磨、溶菌酶、某些化学溶剂（如甲苯、去氧胆酸钠）或冻融等处理加以破碎。植物细胞因为有较厚的细胞壁，也较难破碎。

（3）抽提 在低温下，用水或低盐缓冲液，从已破碎的细胞中将酶溶出。这样所得到的粗提液中往往含有很多杂蛋白及核酸、多糖等成分。抽提液的pH选择应该在酶的pH稳定范围内，并且最好能远离其等电点。关于盐的选择，由于大多数蛋白质在低浓度的盐溶液中较易溶解，故一般用等渗盐溶液，最常用的有0.02～0.05mol/L磷酸缓冲液、0.15mol/L的氯化钠和柠檬酸缓冲液等。

（4）分离及提纯 根据酶大多属于蛋白质这一特性，用一系列分离蛋白质的方法，如盐析、等电点沉淀、有机溶剂分级、选择性热变性等方法可从酶粗提液中初步分离酶，然后再采用吸附层析、离子交换层析、凝胶过滤、亲和层析、疏水层析及高效液相色谱法等层析技术或各种制备电泳技术进一步纯化酶，以得到纯的酶制品。为了得到比较理想的纯化结果，往往采用几种方法配合使用，这要根据不同酶的特点，通过实验选择合适的方法。

盐析法是根据酶和杂蛋白在不同盐浓度的溶液中溶解度的不同而达到分离目的，盐析法简便安全，大多数酶在高浓度盐溶液中相当稳定，重复性好。

有机溶剂分级法分离酶时，最重要的是严格控制温度，要在−20～−15℃下进行，冷冻离心得到的沉淀应立刻溶于适量的冷水或缓冲液中，将有机溶剂稀释至无害的浓度，或将它在低温下透析。

选择性变性法在酶的纯化工作中是常用的简便而有效的方法。主要是根据酶和杂蛋白在某些条件下稳定性的差别，使某些杂蛋白变性而达到除去大量杂蛋白的目的。常用的除选择性热变性外，还有酸碱变性等。有些酶相当耐热，如胰蛋白酶、RNA酶加热到90℃也不被破坏。因此，在一定条件下将酶液迅速升温到一定温度（50～70℃），经一定时间后（5～15min）迅速冷却，可使大多数杂蛋白变性沉淀。热变性除杂蛋白时只要控制好pH和保温时间，应用得当，就可较大地提高酶的纯度。

使用各种柱层析技术分级分离酶时，要根据所分离酶的性质选择合适的层析介质，层析柱大小要适当，特别要注意作为洗脱用缓冲液的 pH 和离子强度，要控制一定的流速。

制备电泳多采用凝胶电泳，要选择好电泳缓冲液，根据电泳设备条件选择一定的上样量，电泳后及时将样品透析，冷冻干燥保存。

酶是生物活性物质，在提纯时必须考虑尽量减少酶活力的损失，因此全部操作需在低温下进行，一般在 0~5℃ 进行。为防止重金属使酶失活，有时需在抽提溶剂中加入少量 EDTA 螯合剂，以防止重金属离子对酶的破坏作用。有些含巯基的酶在分离提纯过程中，往往需要加入某种巯基试剂，如巯基乙醇、二硫苏糖醇（1，4 – dithiothreitol，DTT）等，可防止酶的巯基在制备过程中被氧化。

有时为了防止内源蛋白酶对酶的水解作用，在提取液加入少量蛋白酶抑制剂，如对甲苯磺酸氟（PMSF）和抑蛋白酶肽（aprotinin）等。

在整个分离提纯过程中不能过度搅拌，以免产生大量泡沫，使酶变性。

在酶的制备过程中，必须经常测定酶的比活力，每一步骤都应测定留用以及准备弃去部分中所含酶的总活力和比活力，以了解经过某一步骤后酶的回收率、纯化倍数，从而决定这一步的取舍，使整个提纯工作正确进行。

总活力 = 活力单位数/酶液（mL）×总体积（mL）

比活力 = 活力单位数/蛋白（氮）（mg）= 总活力单位数/总蛋白（氮）（mg）

$$纯化倍数 = \frac{每次纯化后比活力}{第一次测定的粗酶液的比活力}$$

$$回收率（产率）= \frac{每次纯化后总活力}{第一次测定的粗酶液的总活力} \times 100\%$$

一个酶的纯化过程往往需要经过多个纯化步骤，若每一步平均使酶纯度增加 1~2 倍，总纯度可高达数百倍。但产率为百分之几到十几。表 4 – 11 所示为天冬酰胺酶的分离纯化表。从表 4 – 11 中可以看出，通过 6 个主要步骤，总蛋白逐渐减少，总活力也减少，但相比起来杂蛋白去除更多，而酶除去较少，因此纯度提高。比活力由 0.7 升到 255，纯化倍数增加 365 倍，但酶在纯化时也损失不少，原来总活力为 21000，最后为 3100，产率只有 11%。

表 4 – 11　　　　　　　　　天冬酰胺酶纯化过程中比活力的变化

纯化步骤	总蛋白 /g	总活力/u	比活力/ (u/mg 蛋白)	纯化倍数	产率 /%
1. 粗提液	30	21000	0.7	1	100
2. 氯化锰去核酸热变性去杂蛋白	7.46	15017	2.0	2.8	72
3. KOH 冷冻溶解	5.58	14872	2.7	3.8	71
4. DEAE – 纤维素吸附层析	0.113	5025	44.5	63.5	24
5. 硫酸铵盐析	0.048	3467	71.7	102.0	17
6. 羟基磷灰石吸附	0.016	3133	200.0	286.0	15
7. 聚丙烯酰胺凝胶电泳	0.012	3100	255.0	365.0	15

（5）结晶　通过各种提纯方法获得较纯的酶溶液后，就可能将酶进行结晶。酶的结晶过程进行得很慢，如果要得到好的晶体也许需要数天或数星期。通常的方法是把盐加入一个比较浓

的酶溶液中至微呈混浊为止，有时需要采用改变溶液的 pH 和温度，轻轻摩擦玻璃壁等方法以便达到结晶的目的。

（6）保存 通常将纯化后的酶溶液经透析除盐后冰冻干燥得到酶粉，低温下可较长时期保存。或将酶溶液用饱和硫酸铵溶液反透析后在浓盐溶液中保存。也可将酶溶液制成 25% 甘油或 50% 甘油分别贮于 −25℃ 或 −50℃ 冰箱中保存。注意酶溶液浓度越低越易变性，因此切记不能保存酶的稀溶液。

第八节 酶工程简介

酶工程（enzyme engineering）是围绕着酶所特有的生物催化性能使其在工农业、医学等其他方面发挥作用的一门应用技术，是酶学基本原理与化学工程技术及 DNA 重组技术有机结合的产物。广义地讲，酶工程还应包括酶的生产、分离和纯化。根据研究问题和解决问题的手段不同可将酶工程分为两大类：化学酶工程和生物酶工程。

1. 化学酶工程

化学酶工程又称为初级酶工程，主要是通过化学修饰、固定化处理甚至化学合成等手段，改善酶的性质以提高催化效率及降低成本。它包括天然酶、化学修饰酶、固定化酶及化学人工酶的研究和应用。天然酶粗制剂常用于食品、制药、制革、酿造及纺织等工业生产。化学修饰酶常用于酶学研究和临床医学。由于上述领域要求酶纯度高、性能稳定，同时还需要低或无免疫原性，所以常常对纯酶进行化学修饰以改善性能。

固定化酶（immobilized enzyme）是指被结合到特定的支持物上并能发挥作用的一类酶，其通过吸附、偶联、交联和包埋等物理或化学方法把酶做成仍具有酶催化活性的水不溶酶，装入适当容器中形成反应器。其优点是：

（1）有一定的机械强度，可用搅拌或装柱的方法用于催化底物反应，反应过程可以管道化、连续化及自动化。

（2）使用前可以充分洗涤，不带进杂质。在反应中，酶与产物可以自由地分开，所以产物容易提纯，得率也较高。

（3）反应后，能很方便地从反应液中将它分离出来，反复使用，比较经济。

（4）酶经固定化后，稳定性大为提高，可较长期地使用或贮藏。

（5）固定化酶制备的方法很多，可吸附于活性炭、多孔玻璃、离子交换纤维素或离子交换分子筛等固体表面上，也可与琼脂糖、葡萄糖凝胶、淀粉或聚丙烯酰胺等固态物共价结合，还可使用双功能试剂使酶蛋白分子交联而凝集成固相的网状结构，或将酶包埋在微小的半透膜囊或凝胶格子中。

基于上述许多优点，固定化酶在食品、医药等工业、医学和分析分离工作中具有美好的前景。

固定化酶技术已延伸到固定化细胞技术，这种把酶或细胞直接应用于化学工业的反应系统又称为生物反应器。

化学人工酶是模拟酶的生物催化功能，用化学半合成法（小分子化合物、无活性蛋白）或全合成法（不是蛋白质，而是小分子有机物）合成的有催化活性的人工酶。

2. 生物酶工程

生物酶工程是从基因水平改造或设计新酶。包括三个方面：① 用 DNA 重组技术大量生产酶；② 对酶基因进行修饰，生产遗传修饰酶；③ 设计新的酶基因，合成自然界不曾有过的，性能稳定，催化效率更高的新酶。

第九节　酶 与 食 品

人类的食物来自各类生物体。存在于生物体中的酶从生物体生长过程一开始就发挥催化作用，并在发育和成熟期间这些酶的种类和数量都在不断发生着变化，这些存在于食品原料中的内源酶会对食品品质产生很大的影响。人类很早就开始利用酶来制备食品，如在酿造中利用发芽的大麦来转化淀粉；用破碎的木瓜树叶包裹肉类以使肉嫩化等。现今工业酶制剂也广泛应用于食品加工中。

一、酶对食品质量的影响

1. 酶对食品感官质量的影响

任何动植物和微生物来源的新鲜食物，均含有一定的酶。内源酶类对食品的风味、质构、色泽等感观质量具有重要的影响，其作用有的是期望的，有的是不期望的。如动物屠宰后需要一个成熟过程，在此期间内源水解酶类的作用使其嫩化，从而改善肉食原料的风味和质构；水果成熟时，内源酶类综合作用的结果使各种水果产生各自独特的色、香、味，但如果过度作用，水果会变得过熟和酥软、甚至失去食用价值。在食品加工和贮藏过程中，酚氧化酶、过氧化物酶、维生素 C 氧化酶等氧化酶类引起的酶促褐变反应对许多食品的感观质量具有极为重要的影响。

2. 酶对食品营养价值的影响

在食品加工中营养组分的损失大多是由非酶作用引起的，但是食品原料中的一些酶的作用也具有一定的影响。例如，脂肪氧合酶催化胡萝卜素降解而使面粉漂白，在蔬菜加工过程中则使胡萝卜素破坏而损失维生素 A 原；在一些发酵方法加工的鱼制品中，由于鱼和细菌中的硫胺素酶的作用，使这些制品缺乏维生素 B_1；果蔬中的抗坏血酸氧化酶和其他氧化酶类直接或间接导致果蔬在加工和贮存过程中维生素 C 的损失。

3. 酶促致毒与解毒作用

在生物材料中，酶和相应的底物是区域化分布的，在正常情况下它们处于细胞的不同部位，不会发生作用。当生物材料破碎时，酶和底物的相互作用才有可能发生。有些底物本身是无毒的，在经酶催化降解后会变成有毒物质。例如，木薯中含有的生氰糖苷，虽然它本身并无毒性，但它在内源糖苷酶的作用下会产生剧毒的氢氰酸。其反应式如下：

$$H_3C \diagup C \diagdown \substack{CN \\ OC_6H_{11}O_5} \xrightarrow[H_2O]{\text{亚麻苦苷酶}} H_3C \diagup C = O + C_6H_{12}O_6 + HCN$$

亚麻苦苷（木薯中的生氰糖苷）

十字花科植物的种子、皮和根含有葡萄糖芥苷，在芥苷酶作用下会产生对人和动物有毒的化合物，例如菜籽中的原甲状腺肿素在芥苷酶作用下产生的甲状腺肿素，能使人和动物体的甲状腺代谢性增大，因此，在利用油菜籽饼作为新的植物蛋白质资源时，除去这类有毒物质非常重要。其反应式如下：

$$CH_2 = CH - CH - CH_2 - C = N - OSO_3^- \xrightarrow[H_2O]{\text{芥苷酶}} \substack{HN - CH_2 \\ S = C \quad CH \\ O \quad CH = CH_2} + C_6H_{12}O_6 + HSO_4^-$$

原甲状腺肿素　　　　　　　　　　　　　　**甲状腺肿素**

在酶的作用下，也可将食物中的有毒成分降解为无毒的化合物，从而达到解毒的目的。如食用蚕豆而引起的血球溶解贫血病是人体缺乏解毒酶的重要例子。这种症状仅出现在血浆葡萄糖 – 6 – 磷酸脱氢酶水平很低的人群中，蚕豆中的毒素——蚕豆病因子能使体内葡萄糖 – 6 – 磷酸脱氢酶缺乏更严重。蚕豆病因子的化学成分是蚕豆嘧啶葡萄糖苷和蚕豆嘧啶核苷，在酸和 β – 葡萄糖苷酶作用下降解。降解产生的酚类含氮化合物极不稳定，在加热时迅速氧化降解。其反应式如下：

$$\text{伴蚕豆嘧啶核苷} + \text{蚕豆嘧啶葡萄糖苷} \xrightarrow[-2C_6H_{12}O_6]{\beta - \text{葡萄糖苷酶}} \text{异乌拉米尔} + \text{香豌豆嘧啶}$$

伴蚕豆嘧啶核苷　　**蚕豆嘧啶葡萄糖苷**　　　　　　　　　**异乌拉米尔**　　　**香豌豆嘧啶**

通过酶的作用还可能除去食品中其他的毒素和抗营养素（表 4 – 12）。

表 4 – 12　　　　　　　　　　　　酶作用去除食品中的毒素和抗营养素

物质	食品	毒性	酶作用
乳糖	乳	肠胃不适	β – 半乳糖苷酶（乳糖酶）
寡聚半乳糖	豆	肠胃胀气	α – 半乳糖苷酶
核酸	单细胞蛋白	痛风	核糖核酸酶
木酚素糖苷	红花籽	导泻	β – 葡萄糖苷酶
植酸	豆、小麦	矿物质缺乏	植酸酶
胰蛋白酶抑制剂	大豆	影响蛋白质的消化吸收	脲酶
蓖麻毒	蓖麻豆	呼吸麻痹	蛋白酶
氰化物	水果	致死	硫氰酸酶、腈酶、
番茄素	绿色水果	生物碱	成熟水果的酶系
亚硝酸盐	各种食物	致癌	亚硝酸盐还原酶
胆固醇	各种食物	动脉粥样硬化	胆固醇氧化酶
有机磷酸盐	各种食品	神经毒素	酯酶

二、酶在食品加工中的应用

酶在食品工业中主要应用于淀粉加工，乳品加工，水果加工，酒类酿造，肉、蛋、鱼类加工，面包与焙烤食品的制造，食品保藏，以及甜味剂制造等工业。

1. 酶在淀粉加工中的应用

用于淀粉加工的酶有 α – 淀粉酶、β – 淀粉酶、葡萄糖淀粉酶（糖化酶）、葡萄糖异构酶、脱支酶以及环糊精葡萄糖基转移酶等。淀粉加工的第一步是用 α – 淀粉酶将淀粉水解成糊精，即液化。第二步是通过上述各种酶的作用，制成各种淀粉糖浆，例如，高麦芽糖浆、饴糖、葡萄糖、果糖、果葡糖浆、偶联糖以及环糊精等。各种淀粉糖浆糖成分不同，其性质也各不相同，风味各异。

2. 酶在乳品加工中的应用

用于乳品工业的酶有凝乳酶、乳糖酶、过氧化氢酶、溶菌酶及脂肪酶等。凝乳酶用于制造干酪；乳糖酶用于分解牛奶中的乳糖；过氧化氢酶用于消毒牛奶；溶菌酶添加到奶粉中，用以防止婴儿肠道感染；脂肪酶可增加干酪和黄油的香味。

3. 酶在水果加工中的应用

用于水果加工和保藏的酶有果胶酶、柚苷酶、纤维素酶、半纤维素酶、橙皮苷酶、葡萄糖氧化酶以及过氧化氢酶等。果胶是水果中的一部分，它在酸性和高浓度糖溶液中可以形成凝胶，这一特性是制造果冻、果酱等食品的物质基础，但是在果汁加工中果胶却会导致果汁过滤和澄清发生困难。果胶酶可以催化果胶分解，使其失去产生凝胶的能力。工业上用黑曲霉、文氏曲霉或根霉所生产的果胶酶处理破碎的果实，可以加速果汁过滤，促进果汁澄清，提高果汁产率。

在制造橘子罐头时，用黑曲霉所生产的纤维素酶、半纤维素酶和果胶酶的复合酶处理橘瓣，可以从橘瓣上去囊衣。用柚苷酶处理橘汁，可以除去橘汁中带苦味的柚苷。加黑曲霉橙皮苷酶于橙汁中，可以将不溶化的橙皮苷分解成水溶性橙皮素，从而使橙汁澄清，也脱去了苦味。用葡萄糖氧化酶和过氧化氢酶处理橙汁，可以除去橙汁中的 O_2，从而使橙汁在贮藏期间保持原有的色香味。

4. 酶在酒类酿造中的应用

啤酒是以大麦芽为原料，在大麦发芽过程中，呼吸使大麦中的淀粉损耗很大，很不经济。因此，啤酒厂常用大麦、大米、玉米等作为辅助原料来代替一部分大麦芽，但这将引起淀粉酶、蛋白酶和 β – 葡聚糖酶的不足，使淀粉糖化不充分，使蛋白质和 β – 葡聚糖的降解不足，从而影响了啤酒的风味和产率。工业生产中，使用微生物的淀粉酶、中性蛋白酶和 β – 葡聚糖酶等霉制剂来处理上述原料，可以补偿原料中酶活力不足的缺陷，从而增加发酵度，缩短糖化时间。

在啤酒巴氏灭菌前，加入木瓜蛋白酶或菠萝蛋白酶或细菌酸性蛋白酶处理啤酒，可以防止啤酒浑浊，延长保存期。

糖化酶代替麸曲，用于制造白酒、黄酒、酒精，可以提高出酒率，节约粮食，简化设备等。

果胶酶、酸性蛋白酶、淀粉酶用于制造果酒，可以改善果实的压榨过滤性能，使果酒澄清。

5. 酶在肉、蛋、鱼类加工中的应用

老龄动物的肌肉，由于其结缔组织中胶原蛋白高度交联，机械强度很大，烹煮时不易软化，难以咀嚼。用木瓜蛋白酶或菠萝蛋白酶、米曲霉蛋白酶等处理，可以水解胶原蛋白，从而使肌肉嫩化。工业上嫩化肌肉的方法有两种：一种是宰杀前，肌注酶溶液于动物体；另一种是将酶制剂涂抹于肌肉片的表面，或者用酶溶液浸肌肉。

利用蛋白酶水解废弃的动物血、杂鱼以及碎肉中的蛋白质，然后抽提其中的可溶性蛋白质，以供食用或饲料。这是开发蛋白质资源的有效措施。其中以杂鱼的利用最为瞩目。

用葡萄糖氧化酶和过氧化氢酶共同处理，以去除禽蛋中的葡萄糖，消除禽蛋产品"褐变"的现象。

6. 酶在面包与焙烤食品制造中的应用

由于陈面粉酶活力低，发酵能力低，因而用陈面粉制造的面包，体积小，色泽差。向陈面粉团添加霉菌的 α - 淀粉酶等酶制剂可以提高面包质量。此外，添加 α - 淀粉酶，可以防止糕点老化；加蔗糖酶，可以防止糕点中的蔗糖从糖浆中析出；添加蛋白酶，可以使通心面条风味佳，延伸性好。

习题

1. 名词解释

holoenzyme，K_m，prosthetic group，coenzyme，monomeric enzyme，oligomeric enzyme，multienzyme complex，allosteric enzyme，isoenzyme，酶原，酶原的激活，酶的活性中心，酶的必需基团，中间产物学说，诱导契合学说，比活力，激活剂，固定化酶

2. 酶的化学本质是什么？

3. 生物催化剂与非酶催化剂有何异同点？酶的作用专一性有哪几种类型？

4. 国际系统命名法对酶进行分类的依据是什么？可分为哪几大类？依次写出各大类酶的名称。

5. 酶为什么具有高度的专一性和催化效率？（简述酶的催化作用机制）

6. 试证明符合米氏方程的酶，当 $v = 0.9v_{max}$ 时，所要求的 [S] 为 $v = 0.1v_{max}$ 时的 81 倍。

7. 温度和 pH 对酶反应速度有何影响？何为最适 pH 和最适温度？它们是否为酶的一个常数？

8. 酶的竞争性抑制、非竞争性抑制、反竞争性抑制各有何特点？K_m、v_{max} 与无抑制剂存在条件下比较有何差别？

9. 有一小分子抑制剂，不清楚它是可逆性抑制剂还是不可逆性抑制剂，请设计试验方案说明它是属于哪一类抑制剂？

10. 有一酶反应体系，体积为 3mL，内含酶蛋白质 1μg，反应 1min 时，测得产物的浓度为 5×10^{-3} mol/L，求此酶的比活力（单位用 U/mg 蛋白来表示）？（1 个酶活力单位，即 1U 定义为每分钟产生 1μmol 产物所需的酶量）

第五章

维生素与辅酶

第一节 概　　述

一、维生素的定义

维生素（vitamin）是参与生物生长发育和代谢所必需的一类微量有机物质。这类物质在生物体内不能合成或者合成量不足，所以必须由食物供给。维生素在生物体内不是作为碳源、氮源存在的，也不是用来供能或构成生物体的组成部分，但却是代谢过程中所必需的。生物体对维生素的需要量较少，但是当机体缺乏维生素时，代谢会发生障碍，通常将这种由于缺乏维生素而引起的疾病称为"维生素缺乏症"。一般来说，植物能够自行合成维生素。部分微生物也能合成某些维生素，如大肠杆菌能合成维生素 K、维生素 B_7 等，核黄菌能合成维生素 B_2。高等动物不能合成维生素也不是绝对的，例如人体能合成维生素 D，大小白鼠能合成维生素 C。

二、维生素的发现

人们对维生素的认识来源于医药实践和科学试验。中国唐代医学家孙思邈曾经指出，用动物肝防治夜盲症，用谷皮熬粥防治脚气病。现在我们知道，肝中多含维生素 A，谷皮中多含维生素 B_1。1886 年，荷兰生理学家艾克曼（Christiaan Eijkman）在寻找引起脚气病的病因时发现：用白米喂养的实验鸡群暴发了多发性神经炎，表现与脚气病极为相似，1897 年，他终于证明该病是由于丢弃米糠而引起的，将其放回到饲料中就可治愈。英国的生物化学家霍普金斯（Frederick Hopkins）于 1906 年发现，大鼠饲以纯化的饲料，包括蛋白质、脂肪、糖类和矿物质，不能存活；如果在纯化饲料中增加极微量的牛奶后，大鼠能正常生长。说明正常膳食中除蛋白质、脂肪、糖类和矿物质外，还有必需的食物辅助因子，即维生素。艾克曼和霍普金斯的科学实验为维生素的研究奠定了良好的基础，1929 年，因二人在维生素方面的突出贡献，共同获得了诺贝尔生理学或医学奖。

荷兰生物化学家卡西米尔·冯克（Kazimierz Funk）在阅读了艾克曼关于食用糙米可以减少患脚气病的文献后，决定将糙米中的这一成分分离出来。1912 年，他成功地分离出了治疗脚气病的有效成分（维生素 B_1）。因为这种物质中含有氨基，所以被他命名为 vitamine，这是拉丁文的生命（Vita）和氨（–amin）缩写而创造的词，被译为维生素或维他命。随着时间推移，Vitamine 现在被改为 Vitamin，因为人们后来发现，多种维生素中并不含有氨基。

继维生素 B_1 之后，维生素 A、维生素 D，以及其他维生素被陆续发现。维生素有很多种，一般是按发现的先后，在 "维生素"（或 V）之后加上 A、B、C 和 D 等拉丁字母来命名。其中某些维生素在发现初期认为是同一种维生素，但是后来证明是多种维生素混合存在的，因此在其拉丁字母右下方注以 1、2、3 等数字加以区别，例如维生素 B_1、维生素 B_2、维生素 B_6 及维生素 B_{12} 等。

三、维生素的分类

虽然维生素都是小分子有机化合物，但是它们在化学结构上无共同性，有脂肪族、芳香族、脂环族、杂环和甾类化合物等。通常根据其溶解性质将维生素分为脂溶性和水溶性维生素两大类。脂溶性的主要有维生素 A、维生素 D、维生素 E 和维生素 K 等，水溶性的主要有 B 族维生素和维生素 C 等。水溶性的 B 族维生素种类很多，有硫胺素（维生素 B_1）、核黄素（维生素 B_2）、泛酸（维生素 B_3）、烟酸和烟酰胺（维生素 B_5）、吡哆素（维生素 B_6）、生物素（维生素 B_7）、叶酸（维生素 B_{11}）和氰钴素（维生素 B_{12}）等，它们在体内多以辅酶或辅基形式存在。

第二节 脂溶性维生素

一、维 生 素 A

1. 结构

维生素 A 的化学名称为**视黄醇（retinol）**。天然存在的维生素 A 有 2 种类型：维生素 A_1（视黄醇）与维生素 A_2（3 – 脱氢视黄醇）。维生素 A_1 在哺乳动物及海水鱼的肝脏中丰富，维生素 A_2 存在于淡水鱼的肝脏中。两者都是以四个异戊二烯单位构成的脂环不饱和一元醇，维生素 A_2 与维生素 A_1 的结构差别是在酯环第 3 位上多一个双键，故维生素 A_2 又称为 3 – 脱氢视黄醇。维生素 A_2 的生理活性只有维生素 A_1 的一半，维生素 A_1 和维生素 A_2 结构如下所示：

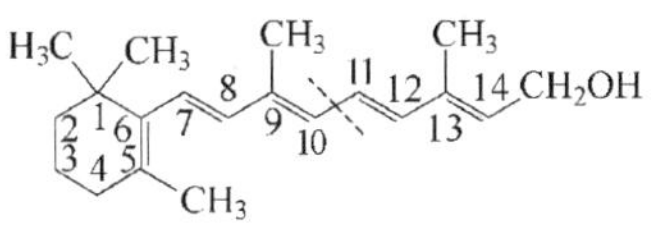

维生素 A_1 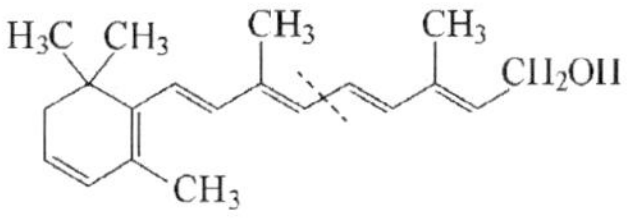   维生素 A_2

2. 功能

维生素 A 与人的视觉关系极为密切。在视觉细胞内，维生素 A 氧化转变为 11 – 顺式 – 视黄醛，并与视蛋白组成视紫红质。11 – 顺式 – 视黄醛吸收光后异构为全反式视黄醛，使视紫红质构象发生变化，产生视觉信号，从而形成视觉（图 5 – 1、图 5 – 2）。视紫红质是人的眼睛感受暗光所必须，眼睛对弱光的感光能力取觉于视紫红质的浓度。只有维生素 A 供应正常，视紫红质浓度才能正常。缺乏维生素 A，视紫红质不能合成，则患夜盲症，表现为暗适应丧失或缓慢。

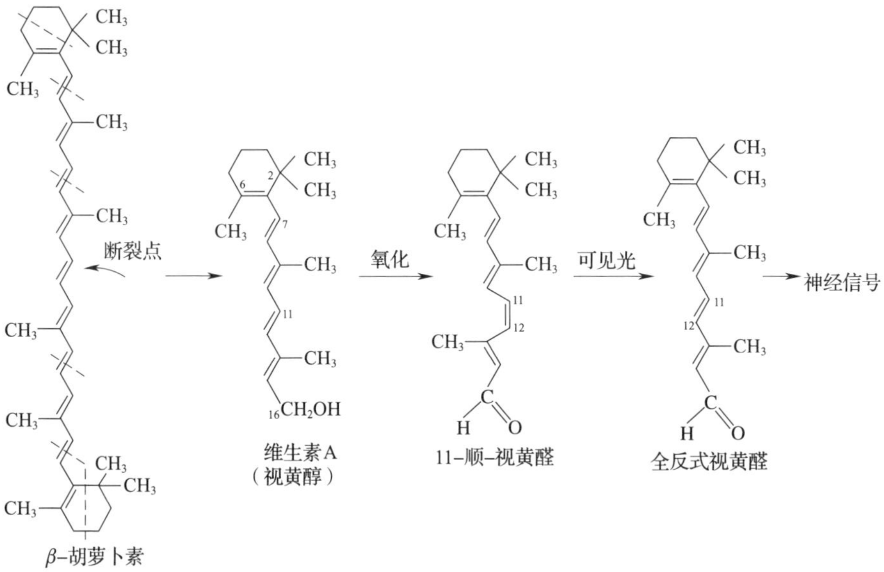

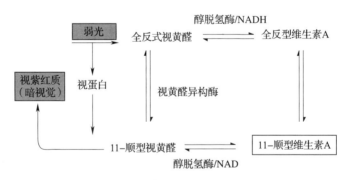

图 5 – 1　维生素 A 及其前体、衍生物的相互转化

图 5 – 2　暗视野下感光的原理

维生素 A 也是维持一切上皮组织健全所必需的物质，缺乏时上皮干燥、增生及角化。在眼部，由于泪腺上皮角化，泪液分泌受阻，以致角膜、结合膜干燥产生干眼病，所以维生素 A 又称为抗干眼病维生素。

维生素 A 能促进人体的生长、发育。它对人体细胞的增殖和生长具有重要作用，特别是儿童生长和胎儿的正常发育都不可缺少。一旦发生缺乏，就可能出现生长停止。维生素 A 对身高的影响还在于它是骨骼发育的重要成分。如果维生素 A 摄入不足，骨骼就可能停止发育。另外，维生素 A 还是重要的自由基清除剂。

3. 来源

维生素 A 主要来自动物性食品，以肝脏、乳制品及蛋黄中含量最多。植物中不存在维生素 A，但有多种胡萝卜素，其中以 β – 胡萝卜素最为重要。它在小肠黏膜处由 β – 胡萝卜素加氧酶的作用下断裂，生成 2 分子视黄醇（图 5 – 1），所以通常将 β – 胡萝卜素称为维生素 A 原。胡萝卜素以胡萝卜、绿叶蔬菜及玉米等含量较多，维生素 A 目前也可以人工合成。正常成人每日维生素 A 生理需要量为 2600 ~ 3300IU，过多摄入维生素 A 可以引起中毒症状，严重危害健康。

维生素 A 稳定性差，遇热和光容易氧化，因此食品加热或日光曝晒食品时，食品中的维生素 A 可被氧化破坏。

二、维 生 素 D

1. 结构

维生素 D 是类固醇衍生物，含有环戊烷多氢菲结构，以维生素 D_2（麦角钙化醇）和维生素 D_3（胆钙化醇）最重要，维生素 D_2 与维生素 D_3 的分子结构仅在侧链上有所不同，维生素 D_2 在 C_{22} 上有一个双键，C_{24} 上有一个甲基，如下所示：

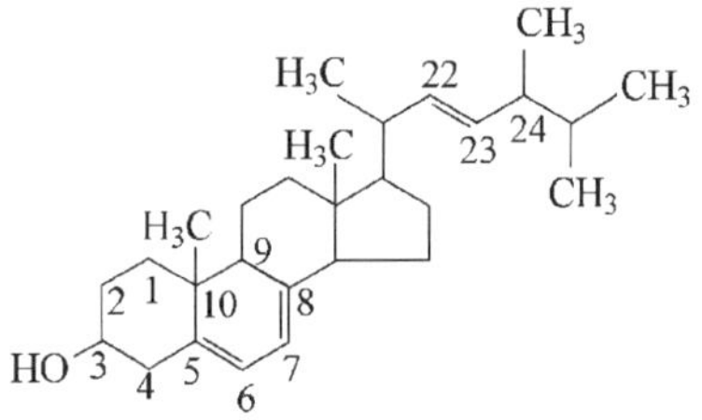

2. 功能

维生素 D 的主要生理功能是促进小肠黏膜对钙、磷吸收和促进成骨作用。维生素 D_3 的活性形式是 1，25 – 二羟胆钙化醇 [1，25 – $(OH)_2$ – D_3]，1，25 – $(OH)_2$ – D_3 是通过对 RNA 的影响，诱导钙结合蛋白的合成和促进 Ca – ATP 酶的活性，它也能促进肾小管细胞对钙、磷的重吸收，减少从尿中排除。

缺少维生素 D 的婴儿钙和磷的代谢能力弱，骨骼和牙齿不能正常发育，临床表现为手足抽搐，严重者导致佝偻病，所以，维生素 D 也称抗佝偻病维生素；成人缺乏可致软骨病。

3. 来源

鱼肝油中含有丰富的维生素 D，蛋黄、牛奶和肝、肾、脑和皮肤等动物组织都含有维生素 D，植物体内不含维生素 D。动物、植物、微生物体内都含有维生素 D 的固醇类物质，称为维生素 D 原，自然界中的维生素 D 原有十余种，其中 7 – 脱氢胆固醇和麦角固醇最为重要。

体内可由胆固醇变为 7 – 脱氢胆固醇，储存在皮下，在紫外线照射下再转变为维生素 D_3，因而称 7 – 脱氢胆固醇为维生素 D_3 原。麦角固醇是酵母和植物油中的维生素 D_2 原，不能被人直接吸收，可在紫外线照射下转变为能被人吸收的维生素 D_2。维生素 D 在体内转化成 1，25 – $(OH)_2$ – D_3 的过程是：先在肝脏中经羟化反应，生成 25 – 羟基胆钙化醇。然后，再在肾脏发生羟化，变成 1，25 – $(OH)_2$ – D_3，如图 5 – 3 所示。

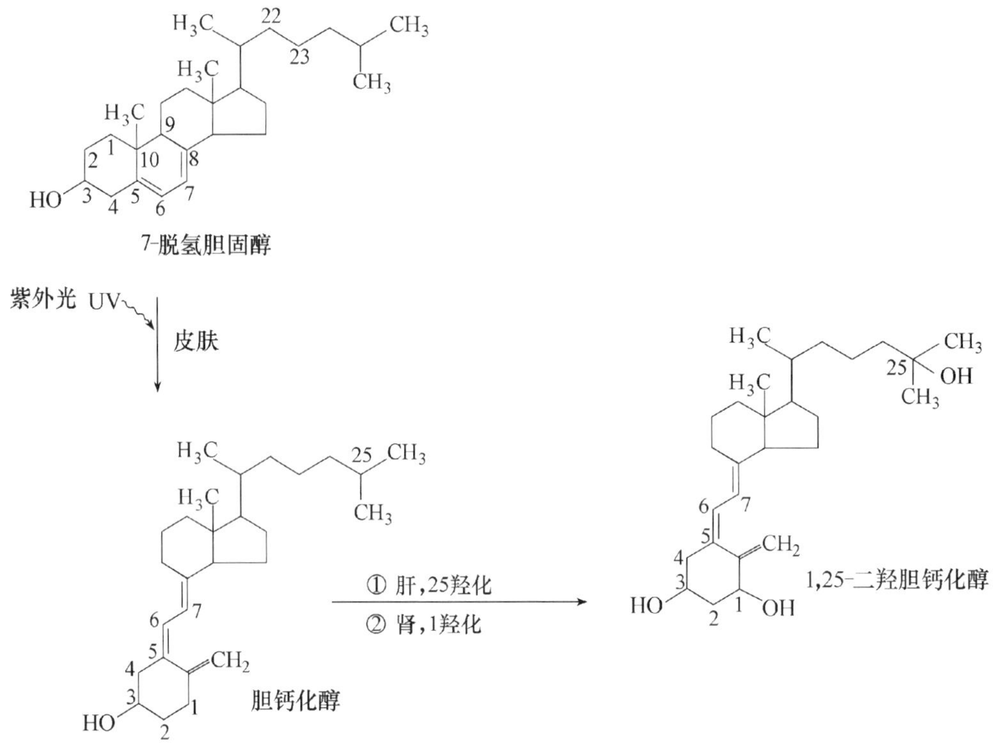

7-脱氢胆固醇

紫外光 UV

皮肤

胆钙化醇

① 肝,25羟化
② 肾,1羟化

1,25-二羟胆钙化醇

图 5-3 维生素 D_3 的分子结构及转化

三、维 生 素 E

1. 结构

维生素 E 又称生育酚（tocopherol）。天然的生育酚共有 8 种，在化学结构上，均系苯骈二氢吡喃的衍生物。根据其化学结构分为生育酚及生育三烯酚两类，每类又可根据甲基的数目和位置不同，分为 α、β、γ 和 δ 几种。各种维生素 E 中，以 α-生育酚生理活性最高，β 和 γ-生育酚的活性仅为 α-生育酚的 40% 和 8%。基本结构式如下所示：

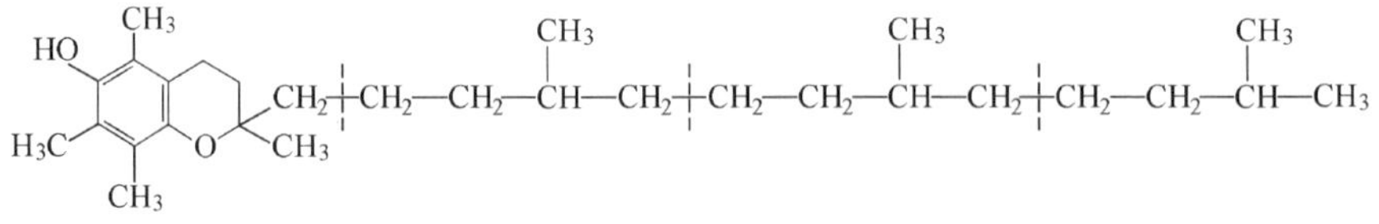

2. 功能

维生素 E 是体内最重要的抗氧化剂，能避免脂质过氧化物的产生，保护生物膜的结构与功能。机体代谢不断产生自由基，如羟自由基（OH-·）、超氧阴离子（$O_2-·$）、过氧化物（ROO·）等。维生素 E 的作用在于捕捉自由基形成生育酚自由基，生育酚自由基又可进一步与另一自由基反应生成非自由基产物——生育醌。

硒是谷胱甘肽过氧化酶的必需因子，通常认为是抗过氧化作用的第二道防线。维生素 E 与硒的抗过氧化作用有协同效应。

维生素 E 缺乏时，动物的生殖器官发育不全，甚至不育。临床上常用维生素 E 治疗先兆流产及习惯流产。对贫血、动脉粥样硬化、肌营养不良、脑水肿等病症都有一定的防治作用，近年来又发现有抗衰老作用。

维生素 E 还可促进血红素代谢，维生素 E 通过提高血红素合成过程中的关键酶的活性来促进血红素的合成。

3. 来源

一般食品中维生素 E 含量丰富，人体中一般不缺乏，但孕妇及新生儿应注意补充维生素 E。麦胚油、棉籽油、大豆油、玉米油中富含维生素 E。

四、维 生 素 K

1. 结构

维生素 K 是具有异戊二烯类侧链的萘醌类化合物，有维生素 K_1、维生素 K_2、维生素 K_3 和维生素 K_4 四种。维生素 K_1 和维生素 K_2 是天然的，从化学结构上看，维生素 K_1 和维生素 K_2 都是 2 - 甲基 - 1，4 萘醌的衍生物。区别仅在 R 基的不同，维生素 K_3 和维生素 K_4 是人工合成的，分子结构如下所示：

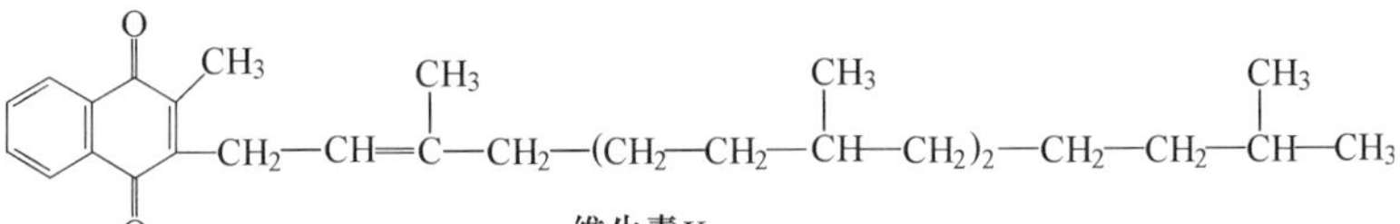

维生素K_1

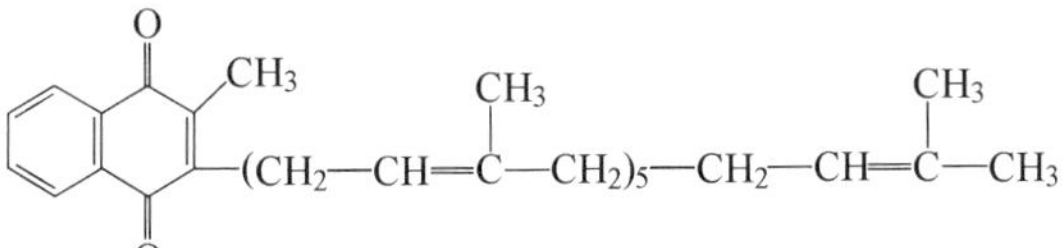

维生素K_2

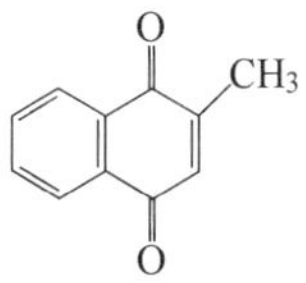

维生素K_3 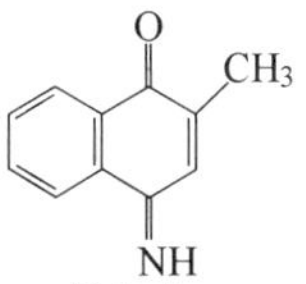 维生素K_4

2. 功能

维生素 K 具有凝血活性，故又称凝血维生素。其凝血活性几乎集中在 2 - 甲基萘醌这一基本结构中，所以人工合成 2 - 甲基萘醌即维生素 K_3，临床中最为常用，维生素 K_3 和维生素 K_4 的活性高于维生素 K_1 和维生素 K_2。

3. 来源

人体维生素 K 的来源一靠食物补充，二靠肠道微生物合成。食物中的绿色蔬菜、动物肝脏和鱼类含有较多的维生素 K，其次是牛奶、麦麸和大豆等食物。

人体一般不缺乏维生素 K，若食物中缺乏绿色蔬菜或长期服抗生素影响肠道微生物生长，可造成维生素 K 缺乏，表现为出血时间或凝血时间延长，服用维生素 K 可防治。

第三节　水溶性维生素及有关辅酶

水溶性维生素包括 B 族维生素、硫辛酸和维生素 C，其中 B 族维生素种类最多，主要有维生素 B_1、维生素 B_2、维生素 PP、维生素 B_6、泛酸、生物素、叶酸及维生素 B_{12} 等。与脂溶性维生素不同，进入体内的多余水溶性维生素及其代谢产物均自尿中排出，体内不能多储存。

在水溶性维生素中，除维生素 C 外，其他水溶性维生素均为辅酶或辅酶的前体，在生物体内对物质代谢发挥着重要的作用。这些小分子的辅酶在体内的酶促反应中起着独特的功能，如三羧酸循环涉及了 5 种辅酶（参见第八章）。

一、维生素 B_1 和焦磷酸硫胺素

1. 结构

维生素 B_1 由一个带氨基的嘧啶环和一个含硫的噻唑环组成，故又称硫胺素，在体内以**焦磷酸硫胺素（Thiamine pyrophosphate，TPP）**形式存在，其结构式如下所示：

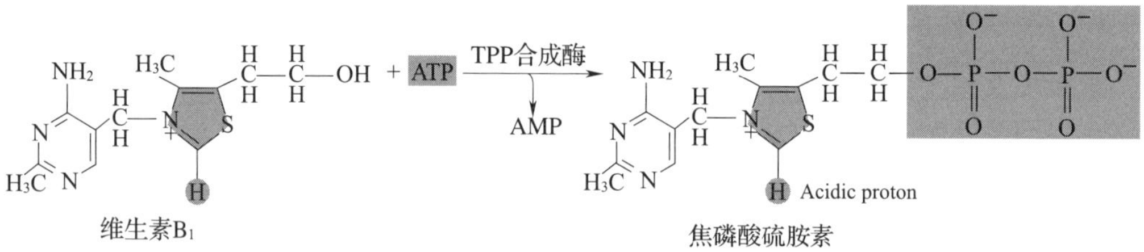

2. 功能

TPP 作为脱羧酶的辅酶参与一些 α-酮酸的脱羧反应。TPP 作为辅酶的活性基团在噻唑环上，噻唑环中由于第 3 位 N 原子上的正电荷和第一位电负性很强的 S 原子的影响，使第二位 C 原子上失去质子（H^+），而成为稳定的负碳离子。负碳离子很容易和 α-酮基结合，使 α-酮酸脱羧。例如，在丙酮酸氧化脱羧反应中，TPP 作为辅酶先与丙酮酸结合，生成丙酮酸-TPP，再脱羧生成羟乙基-TPP，后者又称活性乙醛。

维生素 B_1 在神经传导中起一定的作用。因为神经递质乙酰胆碱的合成原料是乙酰 CoA，而乙酰 CoA 来自于丙酮酸的氧化脱羧。同时，维生素 B_1 对胆碱酯酶有抑制作用，若维生素 B_1 缺乏，乙酰胆碱分解加剧，从而使神经传导受到影响。主要表现为消化液分泌减少，胃蠕动变慢，食欲不振，消化不良等。

TPP 也是磷酸戊糖途径中转酮醇酶的辅酶，维生素 B_1 缺乏时使核酸合成及神经髓鞘中磷酸戊糖代谢受到影响。由于维生素 B_1 和糖代谢关系密切，因此多食糖类食物，维生素 B_1 的需要量也相应增多。当维生素 B_1 缺乏时，糖代谢受阻，丙酮酸积累，使病人的血、尿和脑组织中丙酮酸含量增多，出现多发性神经炎、皮肤麻木、心力衰竭、四肢无力、肌肉萎缩及下肢浮肿等症状，临床上称为脚气病。

3. 来源

维生素 B_1 在植物中分布广泛，在糠麸和酵母中含量丰富。所以精加工食品应强化维生素 B_1，维生素 B_1 易溶于水，故米不宜多淘洗以免损失。维生素 B_1 在酸性溶液中较稳定，中性或碱性易破坏，所以在煮粥、煮豆或蒸馒头时，若放入大量的碱，会造成维生素 B_1 的大量破坏。某些生鱼肌肉中含有热不稳定的硫胺素酶，能催化硫胺素分解，所以多食生鱼肉会导致维生素 B_1 缺乏。

二、维生素 B_2 和 FMN、FAD

1. 结构

维生素 B_2 是核醇与 6，7 – 二甲基异咯嗪环缩合成的糖苷化合物，因呈黄色，故又称核黄素（riboflavin）。

在细胞中，维生素 B_2 参加组成氧化还原酶的两种重要的辅酶：**黄素单核苷酸（flavin mononucleotide，FMN）和黄素腺嘌呤二核苷酸（flavin adenine dinucleotide，FAD）**。FMN 和 FAD 都和酶蛋白紧密结合，成为酶的辅基。这些酶的制剂显黄色，故常称为黄酶。维生素 B_2、FAD 和 FMN 结构式如下所示：

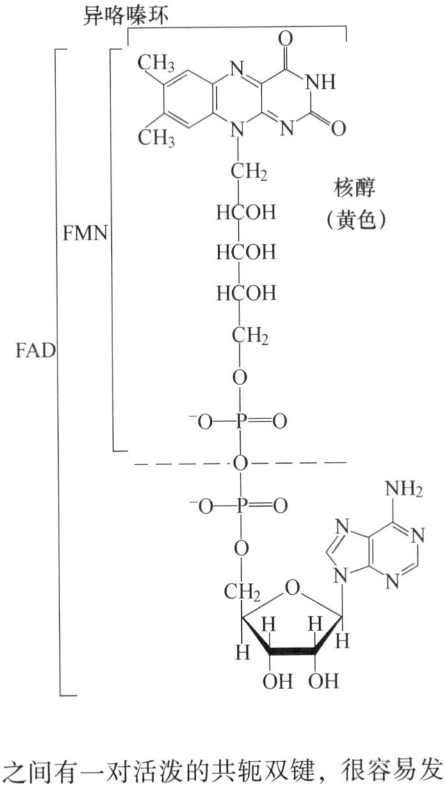

2. 功能

在异咯嗪环的 N_1 和 N_{10} 之间有一对活泼的共轭双键，很容易发生可逆的加氢或脱氢反应，因此，在细胞氧化反应中，FMN 和 FAD 能起递氢体的作用，如图 5 – 4 所示。

以 FAD 为辅基的酶有琥珀酸脱氢酶、脂酰 CoA 脱氢酶等，以 FMN 或 FAD 为辅基的酶有 L – 氨基酸氧化酶等。

维生素 B_2 广泛参与体内多种氧化还原反应，能促进糖、脂肪和蛋白质的代谢，它对维持皮肤、黏膜和视觉的正常机能均有一定作用。缺乏维生素 B_2 时，组织呼吸减弱，代谢强度降低，主要症状表现为口角炎、舌炎、结膜炎、视觉模糊和脂溢性皮炎等。

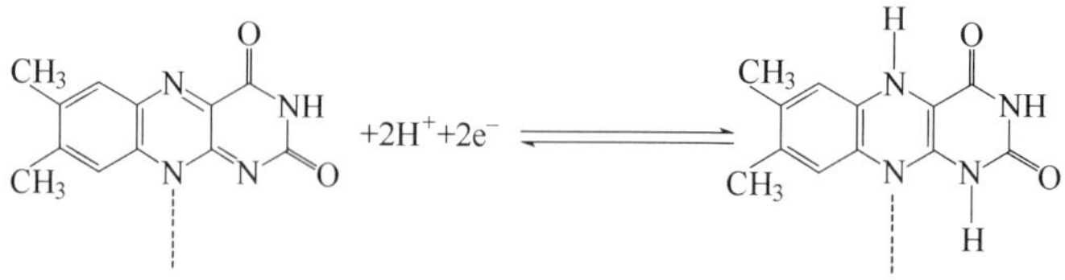

图 5 - 4 异咯嗪环可逆的加氢或脱氢反应

维生素 B_2 耐热，酸性环境中较稳定，遇光易破坏，在碱性溶液中不耐热，而且对光更敏感。维生素 B_2 的水溶液具有黄绿色荧光，此性质可用于维生素 B_2 的定量分析。

3. 来源

维生素 B_2 广泛存在于动、植物中，米糠、酵母、肝和蛋黄中含量丰富。微生物核黄菌有合成核黄素的能力，我国医用核黄素除了化学合成和从酵母中提取以外，也利用豆腐渣水等进行微生物发酵生产。

三、维生素 B_3（泛酸）与 CoA

1. 结构

维生素 B_3 是 α，γ - 二羟基 - β，β - 二甲基丁酸与 β - 丙氨酸的氨基通过肽键结合而成的一种酸性化合物。因为在生物界分布广泛，称为**泛酸**（pantothenic acid），又称遍多酸。在细胞中，泛酸与磷酸和氨基乙硫醇结合生成 4′ - 磷酸泛酰巯基乙胺，后者又与 5′ - 腺嘌呤核苷酸 - 3′ - 磷酸组成 **CoA**（coenzyme A，CoASH），泛酸及 CoA 的分子结构如下所示：

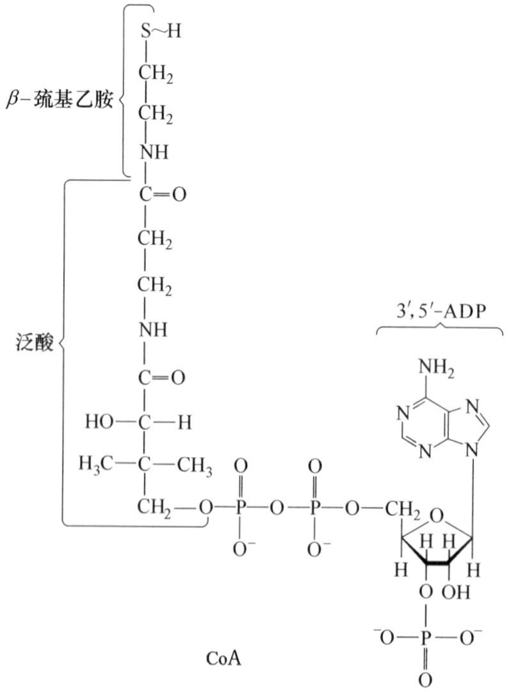

CoA

2. 功能

CoA 是泛酸的主要活性形式，主要起传递酰基的作用，是各种酰化反应中的辅酶。例如，在糖代谢中，作为硫辛酰基酶的辅酶，参与丙酮酸的氧化脱羧等反应；在脂肪酸分解代谢中，与脂肪酸结合形成酯酰 CoA，进入 β 氧化；在氨基酸分解代谢反应中，氨基酸脱氨生成 α – 酮酸，有的也要与辅酶结合生成酯酰 CoA，再进一步进行分解代谢。此外，CoA 还在体内一些重要物质如乙酰胆碱、胆固醇、卟啉和肝糖原等的合成中起重要作用。

泛酸的另一种活性形式是酰基载体蛋白（ACP），酰基载体蛋白与脂肪酸的合成关系密切。

CoA 对厌食、乏力等症状有明显的疗效，故被广泛用于多种疾病的重要辅助药物，如白细胞减少症、原发性血小板减少性紫癜、功能性低热、脂肪肝、冠心病以及各种肝炎等症状。

3. 来源

泛酸在酵母、肝、肾、蛋、小米、米糠、花生、豌豆中含量丰富，在蜂王浆中最多。

四、维生素 B_5 与辅酶 I（CoI）、辅酶 II（CoII）

1. 结构

维生素 B_5 又称抗糙皮病因子或维生素 PP，包括**烟酸，（niacin）** 和烟酰胺两种结构形式，都是吡啶的衍生物，体内主要以烟酰胺形式存在，其结构如下所示：

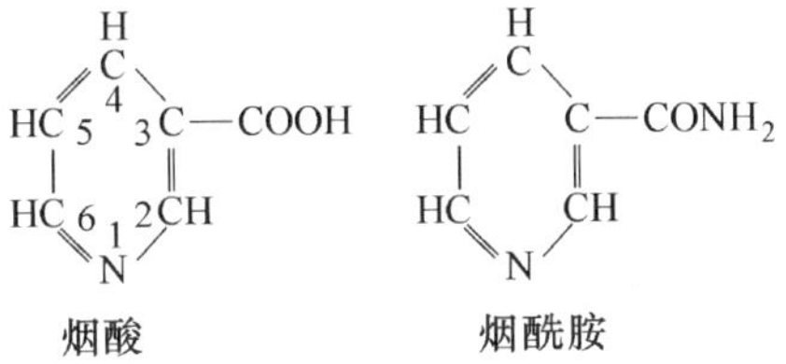

烟酸　　　　　　　　烟酰胺

在细胞内，烟酰胺参加组成两种重要的辅酶：**烟酰胺腺嘌呤二核苷酸（NAD）**，又称辅酶I（CoI）；**烟酰胺腺嘌呤二核苷酸磷酸（NADP）**，又称辅酶II（CoII），结构下所示：

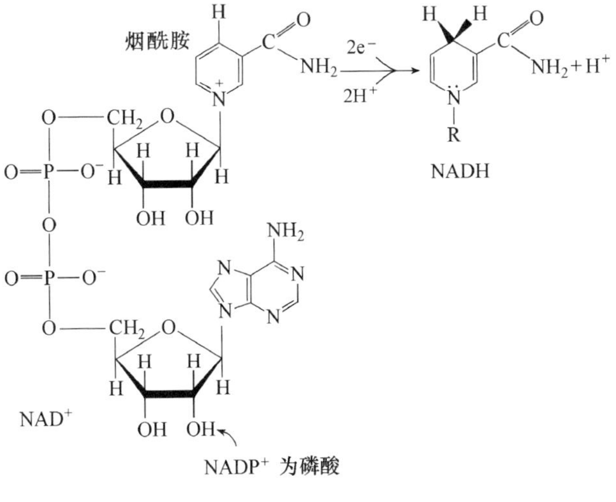

两者基本结构相同，差别仅在 $NADP^+$ 的核糖 $2'$ 位上多一个磷酸。这两种辅酶都有氧化型及还原型两种形式，氧化型用 NAD^+ 和 $NADP^+$ 表示，还原型用 NADH 和 NADPH 表示。

2. 功能

NAD^+ 和 $NADP^+$ 是电子载体，在各种酶促氧化–还原反应中起着重要作用。都是作为不需氧的脱氢酶的辅酶。有些酶以 NAD^+ 或 $NADP^+$ 为辅酶皆可，也有一些酶较为特异，其辅酶只能是两者中的一种。一般而言，NAD^+ 常用于产能分解代谢。还原型的辅酶I的氢原子经呼吸链氧化。在多数情况下代谢物上脱下的氢先传递给 NAD^+，使之成为 NADH 和 H^+，然后再把氢传递给黄素蛋白中的黄素腺嘌呤二核苷酸（FAD）或黄素单核苷酸（FMN），再通过呼吸链的传递，最后传递给氧。但也存在另一种情况，即代谢物上的氢先传递给 NAD^+ 或 $NADP^+$，生成还原型的 NADH 或 NADPH，后者再将氢去还原另一个代谢物。因此通过 NAD^+ 或 $NADP^+$ 的作用，可以使某些反应起偶联的作用。此外，NAD^+ 也是 DNA 连接酶的辅酶，对 DNA 的复制有重要作用，为形成 $3'$，$5'$ –磷酸二酯键提供所需的能量。NADPH 主要来自磷酸戊糖途径，主要用于合成代谢的还原反应。

这两种辅酶分子中吡啶环是在氧化还原反应中接受氢质子和电子的活性基团。吡啶环的 C_4 上可接受一个氢原子，N 原子上可接受一个电子，另一个 H^+ 游离于反应基质中，反应机制如下所示：

$$NAD(P)^+ \xrightleftharpoons[-2H]{+2H} NADH(P)+H^+$$

3. 来源

烟酰胺分布甚广，人体一般不缺乏，除了由食物直接供给外，在体内尚可由色氨酸转变生成烟酸。玉米中缺色氨酸，长期主食玉米会造成烟酸缺乏症。缺乏烟酸易得糙皮病，主要表现为皮炎、腹泻和痴呆。服用烟酸后，一日之内即可见效。

五、维生素 B_6 与磷酸吡哆醛、磷酸吡哆胺

1. 结构

维生素 B_6 包括三种结构类似的物质，即吡哆醇、吡哆醛和吡哆胺。化学结构上都是吡啶的衍生物。在体内吡哆醇经磷酸化后可以转变为磷酸吡哆醛。磷酸吡哆醛与磷酸吡哆胺之间又可相互转变，它们的结构式如下所示：

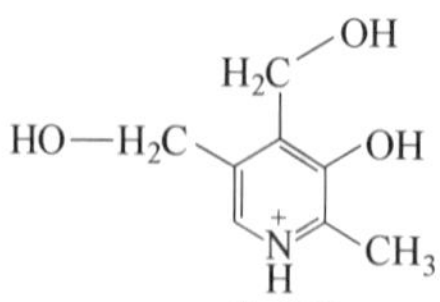

吡哆醇 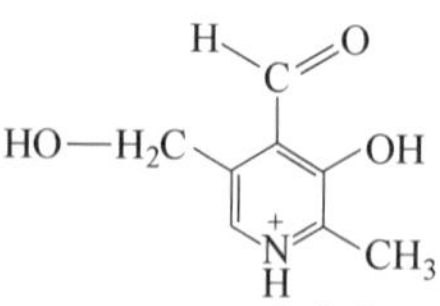　　　　　吡哆醛 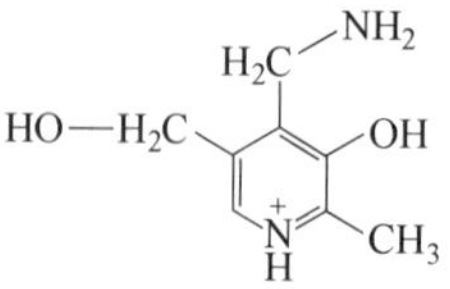　　　　　吡哆胺

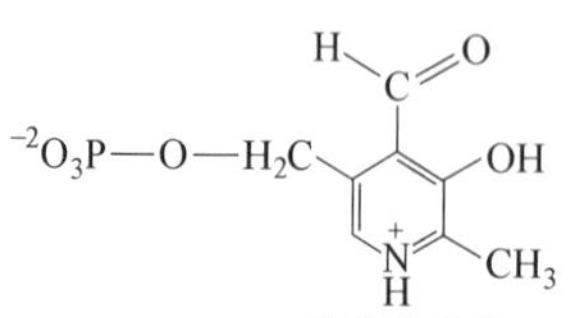

磷酸吡哆醛 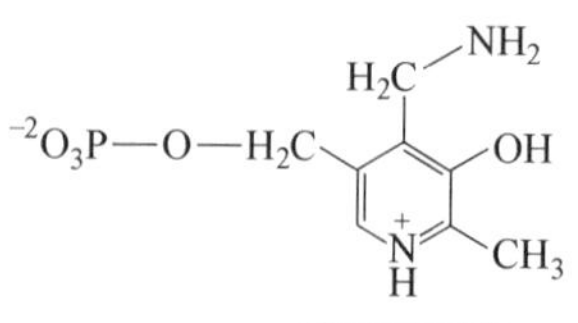　　　　　　　磷酸吡哆胺

2. 功能

磷酸吡哆醛和磷酸吡哆胺是氨基酸代谢的重要辅酶。它们与酶蛋白紧密结合，成为酶活性中心的一部分，其辅酶作用主要有：

（1）作为转氨酶的辅酶参加转氨反应。例如：

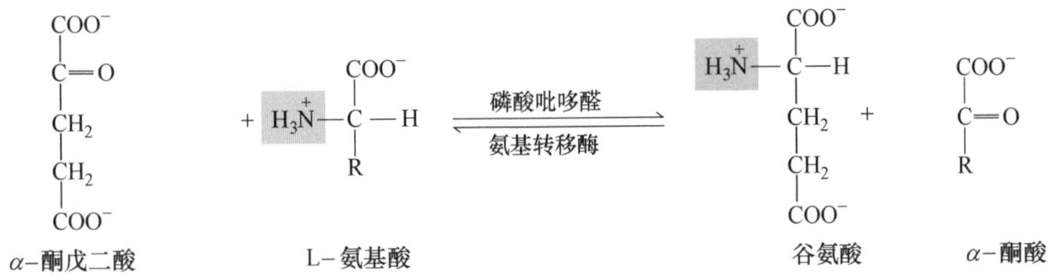

α-酮戊二酸　　　　L-氨基酸　　　　　　　　谷氨酸　　　　α-酮酸

反应中，磷酸吡哆醛起氨基传递的作用，先接受氨基酸上的氨基，形成磷酸吡哆胺，然后，再把氨基转移到另一个酮酸上，生成新的氨基酸。

（2）作为脱羧酶的辅酶参与催化氨基酸脱羧反应。氨基酸脱羧的反应机制还没有完全弄清楚，可能磷酸吡哆醛的醛基与 α - 氨基先形成希夫碱中间产物，后者有利于从氨基酸移去 CO_2 生成胺。

（3）作为丝氨酸转羟甲基酶的辅酶参与转移碳基团的反应。

3. 来源

维生素 B_6 在动植物中分布很广，蜂王浆、麦胚芽、米糠、大豆、酵母、蛋黄、肝、肾、肉和鱼中含量丰富，人体一般不缺乏。

六、维生素 B_7（生物素）

1. 结构

维生素 B_7 又称**生物素**（biotin），生物素是由噻吩环和尿素结合而成的一个双环化合物，左侧链上有一分子戊酸，结构式如下所示：

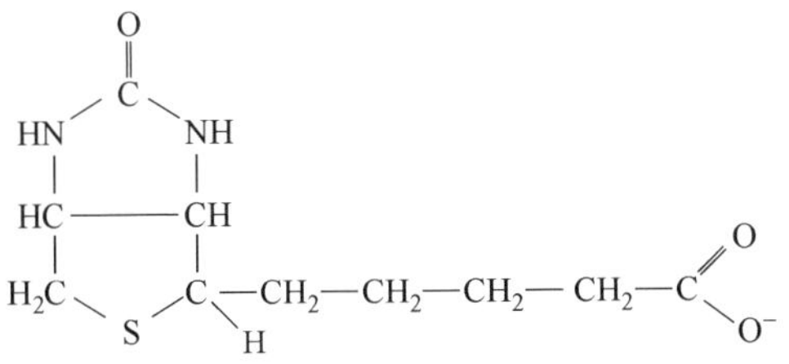

2. 功能

生物素作为羧化酶的辅酶或辅基参与细胞内固定 CO_2 的反应。例如，作为丙酮酸羧化酶的辅酶，乙酰 CoA 羧化酶及丙酰 CoA 羧化酶等酶的辅酶。从猪心中提纯的丙酰 CoA 羧化酶的结晶，经过分析发现生物素是通过其侧链戊酸的羧基与酶蛋白赖氨酸残基的 ε - 氨基形成酰胺键紧密结合。功能部位是尿素环上的一个 N 原子，它能与 COO^- 结合，然后再去羧化底物。生物素与糖、脂肪、蛋白质和核酸的代谢密切相关，因为这些物质代谢中均有产生或利用 CO_2 的反应，如图 5 – 5 所示。

生物素对某些微生物如酵母菌、细菌等的生长有强烈的促进作用。

3. 来源

生物素在动、植物界分布很广，如肝、肾、蛋黄、酵母、蔬菜、谷类中都有。在微生物的培养中，一般利用玉米浆或酵母膏就可以满足微生物对生物素的需求。例如，在谷氨酸发酵生产中，控制培养基中生物素浓度对发酵产物在胞外积累至关重要。人体缺乏生物素时，毛发脱落，皮肤发炎。因肠道中有些微生物能合成生物素，一般不缺乏。未熟的鸡蛋清中有一种抗生物素的蛋白，能与生物素结合而使生物素不能为肠壁吸收。吃生鸡蛋清过多或长期口服抗菌素易患生物素缺乏症。

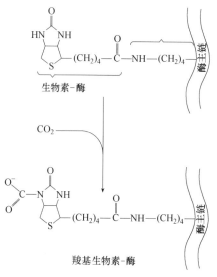

图 5 - 5　生物素与酶蛋白形成肽键

七、维生素 B$_{11}$（叶酸）与辅酶 F

1. 结构

维生素 B$_{11}$ 又称**叶酸**（**folic acid**）、蝶酰谷氨酸，是由 2 - 氨基 - 4 - 羟基 - 6 - 甲基蝶啶、对氨基苯甲酸和 L - 谷氨酸三部分组成的，结构式如下所示：

叶酸

四氢叶酸

2. 功能

生物体内，由二氢叶酸还原酶催化，叶酸连续还原先生成二氢叶酸，再生成**四氢叶酸**（**tetrahydrofolate，THF**），反应需要 NADPH 供氢。四氢叶酸是细胞中一碳基团代谢的辅酶，称为辅酶 F，缩写符号为：CoF 或 THFA 或 FH$_4$。FH$_4$ 分子中的第 5 和第 10 位 N 原子是一碳基团的结合位点。可结合的一碳基团有：甲基、亚甲基、甲酰基、甲川基、羟甲基和甲酰亚胺基等。而且，这些基团在 FH$_4$ 分子上可以互换，丝氨酸是一碳基团的主要供体。几种一碳基团与 FH$_4$ 的结合方式简示如下所示：

以上形式的一碳单位可分别供应不同化合物的生物合成。例如 N^5，N^{10} - 亚甲基 - FH$_4$ 可提供甲基（—CH$_3$）给尿苷酸合成胸苷酸。N^5，N^{10} - 甲川基 - FH$_4$ 可为嘌呤的合成提供碳原子。N^5 - 甲基 - FH$_4$ 可提供甲基给高半胱氨酸生成甲硫氨酸。

由于 FH$_4$ 是许多生物合成反应所必需的辅酶，若细胞内缺乏 FH$_4$，则使多种生物合成受阻，细胞不能生长。因此医药上仿效叶酸的分子结构设计了多种磺胺类药物，例如，

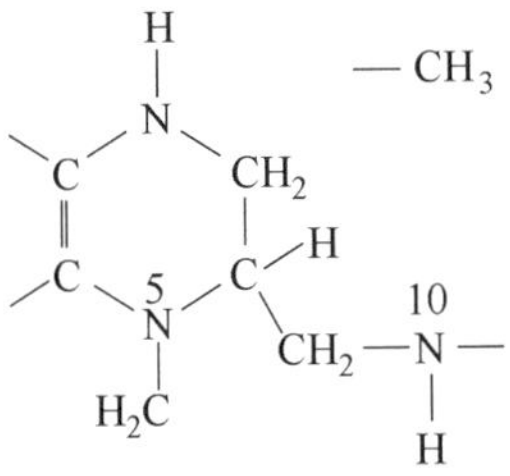

N^5-甲基-FH$_4$ 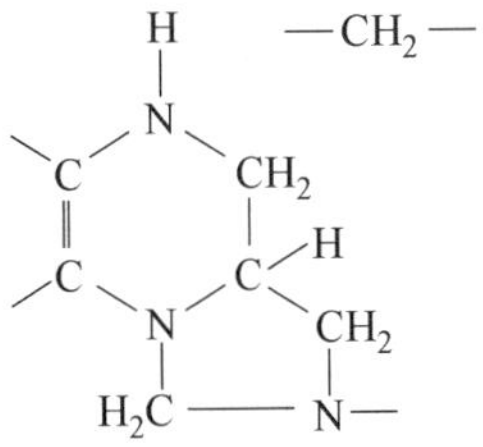　　　　N^5,N^{10}-亚甲基-FH$_4$ 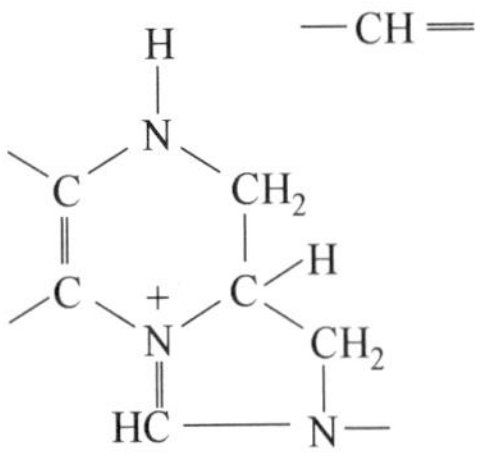　　　　N^5,N^{10}-甲川基-FH$_4$

对磺基苯甲酸是对氨基苯甲酸的结构类似物，它能抑制细菌合成叶酸，从而抑制细菌生长繁殖。

甲氧苄氨嘧啶是二氢叶酸还原酶的抑制剂，可作为磺胺药的增效剂，与磺胺药合用可双重阻断细菌合成四氢叶酸，从而大大增强抑菌效果。

由于叶酸与核酸的合成有关，当叶酸缺乏时，DNA 合成受到抑制，骨髓巨红细胞中 DNA 合成减少，细胞分裂减慢，细胞体积较大，细胞核内染色质疏松，称巨红细胞，这种红细胞大部分在骨髓内成熟前就被破坏造成贫血，称巨红细胞性贫血。因此叶酸在临床上可用于治疗巨红细胞性贫血。

3. 来源

植物和大多数微生物都能合成叶酸。某些微生物不能自行合成，则需要用现成的叶酸作为生长因子。人体和哺乳动物不能合成叶酸，但肠道微生物可以合成。绿叶蔬菜、肝、酵母等食品含叶酸丰富，故人体一般不会发生叶酸缺乏症。

八、维生素 B$_{12}$ 及其辅酶

1. 结构

维生素 B$_{12}$ 结构复杂，是一种与卟啉环结构相近似的钴啉环衍生物，分子中含有钴（Co^{2+}）和氰基（—CN），故又称氰钴胺素或氰钴素，是唯一一种分子中含有金属元素的维生素。

维生素 B$_{12}$ 作为辅酶的主要结构形式是 5'-脱氧腺苷钴胺素。它是维生素 B$_{12}$ 的—CN 基被 5'-脱氧腺苷取代的产物，称为维生素 B$_{12}$ 辅酶，结构式如下所示：

2. 功能

维生素 B$_{12}$ 辅酶参与 3 种类型的反应：① 分子内重排；② 核苷酸还原成脱氧核苷酸（在某些细菌中）；③ 甲基转移。前两种反应由 5'-脱氧腺苷钴胺素调节，而甲基转移是通过甲基钴胺素来实现的。在体内，5'-脱氧腺苷钴胺素参加一些分子内重排（异构化）反应。例如，作为甲基天冬氨酸变位酶的辅酶，参加催化谷氨酸与 β-甲基天冬氨酸转化反应；作为甲基丙二酸单酰 CoA 变位酶的辅酶，参加催化 L-甲基丙二酸单酰 CoA 与琥珀酰 CoA 互变。

维生素 B$_{12}$ 的另一种辅酶形式是甲基钴胺素，它参与生物合成中的甲基化作用。例如胆碱、甲硫氨酸等化合物的生物合成。胆碱是乙酰胆碱和卵磷脂的组成成分。乙酰胆碱和卵磷脂分别是神经递质和生物膜的基本结构物质。因此，维生素 B$_{12}$ 对神经功能有特殊的重要性。

维生素 B$_{12}$ 对红细胞的成熟起重要的作用，这可能和维生素 B$_{12}$ 参与 DNA 的合成有关。

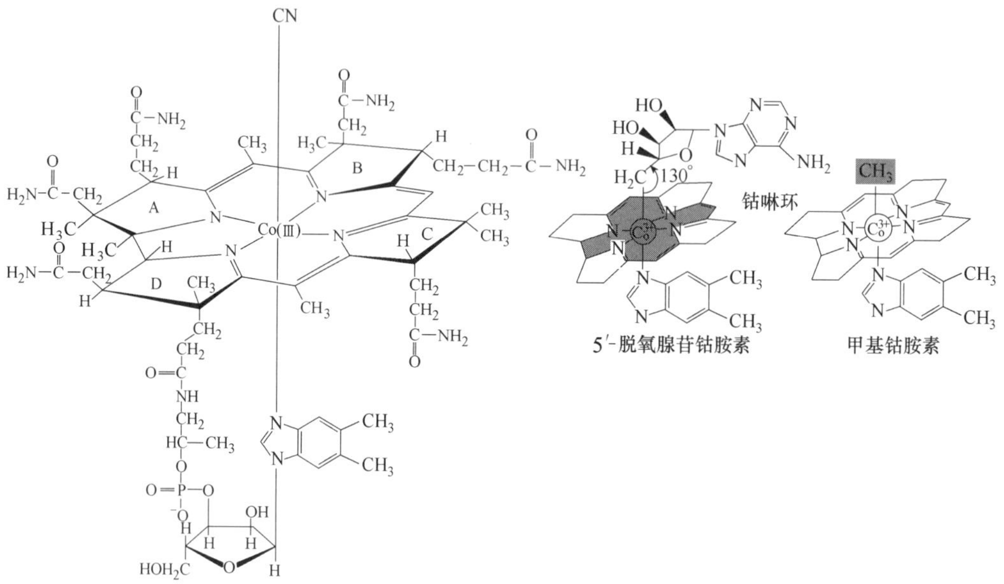

钴啉环

5′-脱氧腺苷钴胺素　　　　甲基钴胺素

缺少维生素 B$_{12}$ 时，巨红细胞的 DNA 合成受阻，不能进行细胞分裂，因而，不能分化成红细胞。临床上用维生素 B$_{12}$ 治疗恶性贫血、神经炎、神经萎缩、烟毒性弱视等病症。

3. 来源

植物和动物均不能合成维生素 B$_{12}$，只能某些微生物能合成。因此，人和动物主要靠肠道细菌合成维生素 B$_{12}$。又因动物肝、肾、鱼、肉和蛋类等食品富含维生素 B$_{12}$，所以人体一般不缺。

九、维生素 C（抗坏血酸）

1. 结构

维生素 C，是一种己糖酸内酯，其分子中第 2、3 位碳原子上的两个烯醇式羟基极易解离出质子（H$^+$）而显酸性，又因能防治坏血病，故得名抗坏血酸。维生素 C 分子中的两个烯醇式羟基易脱氢氧化成脱氢抗坏血酸。在体内，维生素 C 以还原型和氧化型两种形式存在，两者能可逆转化，在氧化还原反应中起递氢体作用。氧化型和还原型维生素 C 同样具有生理功能。但氧化型维生素 C 易水解成古洛酮酸，丧失生理活性，而且水解作用不能逆转。古洛酮酸继续氧化则分解成草酸和 L - 赤藓糖酸。维生素 C 的分子结构及化学变化如下所示：

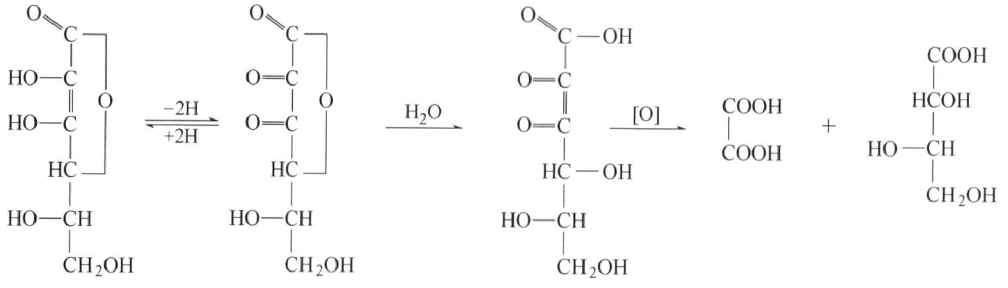

抗坏血酸(还原型)　　脱氢抗坏血酸(氧化型)　　二酮基古洛糖酸　　草酸　　L-赤藓糖酸

2. 功能

维生素 C 的生理功能是多方面的：① 可作为还原剂维持细胞中许多化合物的还原态，如四氢叶酸、巯基酶的—SH 等；② 可促进羟化酶的活性，参加一些重要羟化作用，如前胶原分子中赖氨酸及脯氨酸残基，经羟化后，前胶原分子才能成为胶原蛋白分子，分子之间能交联成为正常的胶原纤维，参加构成骨及毛细血管等结缔组织，所以这些结缔组织的生成或维持完好都需要维生素 C；③ 维生素 C 可与细胞中其他氧化还原体系偶联发挥氧化还原作用，如谷胱甘肽、细胞色素 C、NAD^+ 和 $NADP^+$ 等。此外，维生素 C 的还原性还能将胃中的铁还原成亚铁，以利于吸收。

由于抗坏血酸能够降低食品体系中的氧气含量，可以保护食品中其他易氧化的物质；可以还原邻位醌类而抑制食品加工的酶促褐变，因此，在食品中，抗坏血酸具有广泛的用途。

3. 来源

植物、微生物能合成维生素 C，人和灵长类动物自身不能合成，需靠食物供给。维生素 C 广泛存在于水果、蔬菜中，柑橘、红枣、山楂、番茄、辣椒、松针和新生幼苗中含量丰富。工业上，可利用青霉菌或细菌，以葡萄糖为原料进行发酵生产。

维生素 C 易被氧化，受热易破坏，在中性或碱性溶液中尤甚。遇光或微量金属离子如 Ca^{2+}、Fe^{2+} 都可使其破坏。果蔬加工中提高维生素 C 的保存率是很受重视的技术问题。

十、其他"维生素"——硫辛酸

1. 结构

硫辛酸是一个含硫的八碳酸，在第 6、8 位上有巯基，可脱氢氧化成二硫键，称 6，8 - 二硫辛酸。在细胞中以氧化型和还原型两种形式存在，结构式如下所示：

$$
\underset{\text{硫辛酸}}{\overset{S\!=\!S}{\underset{CH_2}{\overset{}{H_2C}\ \ CHCH_2CH_2CH_2C}}\overset{O}{\underset{O^-}{}}}
\qquad
\underset{\text{二氢硫辛酸}}{\overset{HS\quad HS}{\underset{CH_2}{\overset{}{H_2C}\ \ CHCH_2CH_2CH_2C}}\overset{O}{\underset{O^-}{}}}
$$

2. 功能及来源

硫辛酸是 α - 酮酸氧化脱羧酶系的辅酶和转羟乙醛基的辅酶。起转移酰基和氢的作用，与糖代谢关系密切。硫辛酸是微生物和原生动物的生长限制因子，人体能自行合成，在肝脏及酵母细胞中含量甚高。

硫辛酸既具水溶性又具脂溶性，具有抗氧化性（图 5-6）。目前，国内外已有将硫辛酸应用于不同疾病治疗的体外、动物实验，包括糖尿病、糖尿病性神经病、老年性痴呆等。

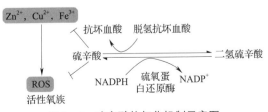

图 5 - 6 硫辛酸抗氧化机制示意图

习题

1. 名词解释

Retinolc，Thiamine pyrophosphate（TPP），Flavin adenine dinucleotide（FAD），Pantothenic acid，Coenzyme A（CoASH），Nicotinamide adenine dinucleotide（NAD），Tetrahydrofolate（THF），Ascorbic acid

2. 请以胡萝卜素为例，说明其对人体视觉功能的影响。

3. 肾骨营养不良也称肾软骨病，是与骨的广泛脱矿物质作用相联系的一种疾病，常发生在肾损伤的病人中。哪一种维生素与骨的矿质化有关？为什么肾损伤会引起脱矿物质作用？

4. 简述具有抗氧化活性的维生素及其特性。

5. 简述维生素 B_1 在体内的辅酶形式及在其参与的机体代谢中发挥的作用。

6. 简述维生素 B_3 在体内的辅酶形式及在其参与的机体代谢中发挥的作用。

7. 简述维生素 B_5 在体内的辅酶形式及在其参与的机体代谢中发挥的作用。

8. 简述维生素 B_6 和转氨基作用的关系。

9. 简述四氢叶酸在机体代谢中的作用。

10. 简述如何预防夜盲症、脚气病与坏血症。

CHAPTER

第六章

核酸化学

　　核酸（nucleic acid）是以核苷酸为基本组成单位的生物信息大分子，天然存在的核酸分为**脱氧核糖核酸**（deoxyribonucleic acid，DNA）和**核糖核酸**（ribonucleic acid，RNA）两大类。在真核生物细胞内，DNA 主要存在于细胞核中，称为染色体 DNA，线粒体和叶绿体等细胞器也含有自身的 DNA；在原核生物细胞内，染色体 DNA 存在于细胞质中。DNA 携带遗传信息，决定着细胞以及个体的遗传。RNA 主要分布在细胞质中，参与遗传信息的转录和表达。病毒中 RNA 也可作为遗传信息的载体。核酸和蛋白质一样，都是生命活动中的生物信息大分子，具有复杂的结构和重要功能。核酸是生物化学与分子生物学研究的重要对象，并由此而诞生了分子生物学这一当今发展最为迅速、最有活力的学科。

　　DNA 是遗传信息的主要携带者，而**基因**（gene）是 DNA 分子中编码 RNA 和蛋白质的序列。一个细胞的全部基因称为**基因组**（genome）。为什么会选择 DNA 而不是选择 RNA 和蛋白质作为遗传信息的载体呢？这也许取决于 DNA 的双螺旋结构、结构的稳定性以及存在于细胞内的完整的 DNA 修复系统。除 RNA 病毒外，RNA 和蛋白质都是 DNA 编码的产物，前者传递或执行编码蛋白质的基因指令，而后者则是基因功能的具体体现者。

第一节　概　　述

一、核酸的发现与发展

　　1863 年瑞士青年科学家 F. Miescher 从脓细胞中分离提取出一种含磷量很高的酸性化合物，称为核素（nuclein）。核素中含有我们今天所指的脱氧核糖核酸。以后陆续证明，动物、植物、微生物以及病毒中都含有核酸，核酸占细胞干重的 5% ~15%。

　　1894 年 O. Hammars 证明了酵母核酸中的糖是戊糖，1929 年由 Levene 和 Jacobs 确定胸腺核酸为 2 - 脱氧 - D - 核糖，在 19 世纪末 20 世纪初 DNA 和 RNA 的碱基也得到鉴定。

　　证明核酸的生物学作用要比发现核酸晚许多，这是因为 1912 年 Levene 提出"四核苷酸假说"。该假说认为核酸中含有等量的 4 种核苷酸，这 4 种核苷酸组成结构单位。

按照这一假说，核酸只是一种简单的高聚物，不可能承担复杂功能，从而使生物学家失去对它的关注。直到 1944 年由 Avery 等完成的著名肺炎球菌转化试验，才证明了使肺炎球菌的遗传性发生改变的转化因子是 DNA 而不是蛋白质，这一发现极大地推动了对核酸结构与功能的研究。

1950 年以后，Chargaff、Markham 等应用纸层析及分光光度计大量测定了各种生物的 DNA 碱基组成后，发现不同生物的 DNA 碱基组成不同，有严格的种特异性，这给四核苷酸学说以致命的打击。同时，他们还发现碱基组成规律：尽管不同生物的碱基组成不同，但总是 A = T，G = C；A + G = T + C，这一规律也称 Chargaff 规则。这一极其重要的发现，为以后 Watson 和 Crick 建立 DNA 双螺旋结构模型提供了重要依据。

1952 年 A. Hershey 和 M. Chase 用 ^{32}P 标记噬菌体的 DNA，^{35}S 标记蛋白质，然后感染大肠杆菌，结果只有 ^{32}P DNA 进入细菌细胞内，^{35}S 蛋白质仍留在细胞外，DNA 是遗传物质才得到公认。

1953 年 Watson 和 Crick 依据 DNA 碱基组成规律和 DNA 的 X 射线衍射图，以及蛋白质的 α – 螺旋结构的启发，提出 DNA 双螺旋结构模型。DNA 双螺旋结构模型的建立说明了基因的结构、信息和功能三者之间的关系，推动了分子生物学的迅猛发展。1958 年 Crick 总结了当时分子生物学的成果，提出了**"中心法则"（central dogma）**，即遗传信息从 DNA 传到 RNA，再传到蛋白质。

20 世纪 60 年代 RNA 研究也取得了大发展。1961 年 F. Jacob 和 J. Monod 提出操纵子学说，并假设了 mRNA 功能；1966 年由 M. W. Nirenberg 等多个实验室共同破译了遗传密码，1970 年 H. M. Temin 等和 D. Baltimore 等从致瘤 RNA 病毒中发现了逆转录酶。

1975 年 F. Sanger 等建立了 DNA 的酶法测序技术，以及限制性内切酶和连接酶的发现，为 20 世纪 70 年代前期诞生 DNA 重组技术奠定了坚实基础。

DNA 重组技术的出现极大地推动了 DNA 和 RNA 的研究。如 1981 年 T. Cech 发现四膜虫 rRNA 前体能够通过自我拼接切除内含子，表明 RNA 也具有催化功能，称之为核酶（ribozyme），这是对"酶一定是蛋白质"传统观点的一次大冲击。1983 年 R. Simon 等发现**反义 RNA（antisenseRNA），它是与 mRNA 具有互补序列的小片段 RNA 分子**。

1986 年著名生物学家、诺贝尔奖获得者 H. Dulbecco 率先提出"人类基因组计划"（简称 HGP）。由美国、英国、日本、法国、德国和中国科学家用 15 年时间（1991—2005 年）完成了"人类基因组计划"。以后我国独自完成了水稻的全基因组的测序任务。2015 年，我国第三代人类基因测序关键技术研究取得重大进展，可在 24h 内完成个体的基因测序，这样便可提前预测潜在遗传疾病。现在生命科学已经进入后基因组时代，在后基因组时代，科学家们的研究重心已从揭示基因组 DNA 的序列转移到在整体水平上对基因组功能的研究。这种转向的第一个标志就是产生了一门称为功能基因组学的新学科，并在功能基因组学的基础上产生了研究细胞内蛋白质组分及其活动规律的蛋白质组学。

二、核酸的分类、分布和功能

核酸分为脱氧核糖核酸（DNA）和核糖核酸（RNA）两大类。生物机体的遗传信息以密码形式编码在核酸分子上，表现为特定的核苷酸序列。DNA 是主要的遗传物质，通过复制而将遗传信息由亲代传给子代；RNA 与遗传信息在子代的表达有关。

（一）脱氧核糖核酸（DNA）

真核细胞中 DNA 分布在核内，组成染色体（染色质）。线粒体和叶绿体等细胞器也含有 DNA；原核细胞中 DNA 集中在核区，在细胞质中还含有一类分子较小的 DNA，例如质粒 DNA；病毒或只含 DNA，或只含 RNA，从未发现两者兼有的病毒。

原核生物染色体 DNA、质粒 DNA、真核生物细胞器 DNA 都是环状双链 DNA。真核生物染色体是线形双链 DNA，末端具有高度重复序列形成端粒结构。

病毒 DNA 种类很多，结构各异。动物病毒 DNA 通常是环状双链或线形双链。前者如乳头瘤病毒、多瘤病毒、杆状病毒和嗜肝 DNA 病毒等，后者如痘病毒和腺病毒的 DNA。植物病毒基因组大多是 RNA，DNA 较少见。噬菌体 DNA 多数是线形双链，如 λ 噬菌体等。

（二）核糖核酸（RNA）

无论是原核生物还是真核生物都有三类 RNA，即**转移 RNA（transfer RNA，tRNA），核糖体 RNA（ribosomal RNA，rRNA）和信使 RNA（messenger RNA，mRNA）**。原核生物核糖体小亚基含 16S rRNA，大亚基含 5S rRNA 和 23S rRNA，高等真核生物核糖体小亚基含 18S rRNA，大亚基含 5S、5.8S 和 28S rRNA。

原核生物的 mRNA 结构简单，由于功能相近的基因组成操纵子作为一个转录单位，产生多顺反子 mRNA；真核生物 mRNA 结构复杂，有 5′-端帽子、3′-端的 poly（A）尾巴，以及非翻译区调控序列，但功能相关的基因不形成操纵子，也不产生多顺反子 mRNA。

20 世纪 80 年代以来，陆续发现许多新的具有特殊功能的 RNA。这些 RNA 大小在 300 个核苷酸左右或更小，统称为小 RNA（small RNA，sRNA）。已知功能的小 RNA 如反义 RNA、核酶等。

病毒和亚病毒 RNA 种类很多，结构也是多种多样。含有正链 RNA 的病毒，如灰质炎病毒。含有负链 RNA 的病毒，如狂犬病病毒和马水泡性口炎病毒。含有双链 DNA 的病毒，如呼肠孤病毒。

（三）核酸的功能

1. DNA 是主要的遗传物质

1944 年 O. Avery 等人首次证明 DNA 是细菌遗传性状的转化因子。他们将纯化有荚膜、菌落光滑的肺炎球菌（S 型）DNA，加到无荚膜、菌落粗糙的细菌（R 型）培养物中。结果发现 S 型的 DNA 能使一部分 R 型细胞转化为有荚膜、菌落光滑的 S 型肺炎球菌。若将 DNA 事先用脱氧核糖核酸酶降解，S 型 DNA 就失去转化能力。肺炎球菌的转化实验证明 DNA 是遗传物质（图 6-1）。

然而，当时大多数生物学家认为 DNA 只是简单聚合物，蛋白质才是遗传物质，并没有认识到 Avery 发现的重要意义，及至 1953 年 Watson 和 Crick 提出 DNA 双螺旋结构模型，才从分子结构上阐明了其遗传功能。

基因是 DNA 结构和功能的最小单位。G. Beadle 和 E. Tatum 发现了基因和酶之间的特殊关系，于是提出了一个基因一个酶之说，后来又拓宽为一个基因一个蛋白质。实际上许多蛋白质是由两个或多个不同多肽链构成的寡聚体。所以这个概念又发展为一个基因一条多肽链。但是，并不是所有的基因最终以多肽链形式表达出来。有些基因编码的产物是不同种类的 RNA（例

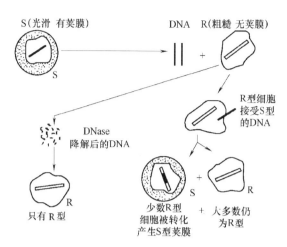

图 6-1　肺炎球菌转化作用示意图

如，tRNA 和 rRNA）。编码多肽链或 RNA 的基因称为结构基因。DNA 分子上也含有其他序列，它们只有纯粹的调节功能。调节序列或调节基因提供信号，这类信号可以指示结构基因的开端和结尾，或者参与结构基因的启动和关闭，或者发挥复制和重组起点的作用。因此，基因是 DNA 上的一段编码某种多肽链或 RNA 的序列，甚至还包括不被转录和不被翻译的具有调节功能的序列。

基因有三个基本属性：一是可通过复制，将遗传信息由亲代传递给子代；二是经转录对表型有一定的效应；三是可突变形成各种等位基因。但有些病毒的基因组是 RNA，这类病毒的基因是 RNA 的一个片段。

2. RNA 参与蛋白质的生物合成

实验表明，由 3 类 RNA 共同控制着蛋白质的生物合成。核糖体是蛋白质合成的场所，过去以为蛋白质肽键的合成是由核糖体的蛋白质所催化，称为转肽酶。1992 年 H. F. Noller 等证明 23S rRNA 具有核酶活性，能够催化肽键形成。rRNA 约占细胞总 RNA 的 80%，它是核糖体的组成成分，并起催化作用。tRNA 占细胞总 RNA 的 15%，它携带氨基酸并起解译作用。mRNA 占细胞总 RNA 的 3% ~5%，它作为信使携带 DNA 的遗传信息，并起蛋白质合成的模板作用。

到目前为止，认为 RNA 有 5 类功能：① 控制蛋白质合成；② 参与 RNA 转录后加工与修饰（核酶）；③ 基因表达与细胞功能的调节；④ 生物催化功能；⑤ 遗传信息的加工。其核心作用是基因表达的信息加工和调节。

第二节　核酸的结构

一、核酸的化学组成

核苷酸（nucleotide）是核酸的基本结构组成单位。核苷酸可分解成核苷（nucleoside）和磷酸，核苷再进一步分解生成碱基（base）和戊糖（pentose）。故核苷酸由碱基、戊糖与磷酸三个组分组成。图 6-2 所示为 DNA 和 RNA 的基本化学组成及其差异。

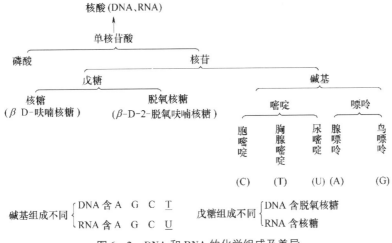

图 6-2　DNA 和 RNA 的化学组成及差异

（一）戊糖

核酸中的戊糖有两类：D - 核糖和 D - 2 - 脱氧核糖。核酸的分类就是根据所含戊糖种类不同而分为核糖核酸（RNA）和脱氧核糖核酸（DNA），核糖和脱氧核糖的结构如下所示：

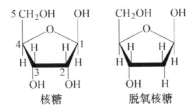

（二）碱基

核酸中碱基分两大类：嘌呤碱与嘧啶碱。常见的嘧啶（pyrimidine）有三类：胞嘧啶（cytosine，C）、尿嘧啶（uracil，U）和胸腺嘧啶（thymine，T）。其中胞嘧啶为 DNA 和 RNA 两类核酸所共有，胸腺嘧啶只存在于 DNA 中，尿嘧啶只存在于 RNA 中，嘧啶结构如下所示：

核酸中常见的嘌呤（purine）有两类：腺嘌呤（adenine，A）和鸟嘌呤（guanine，G），嘌呤碱是由母体化合物嘌呤衍生而来的。应用 X 光衍射分析法已证明了各种嘌呤和嘧啶很接近平面，嘌呤结构如下所示：

（三）核苷

根据核苷中所含戊糖的不同，将核苷分成两大类：核糖核苷和脱氧核糖核苷。核苷是一种糖苷，由戊糖和碱基缩合而成。糖的羟基与碱基的亚氨基通过脱水缩合而成糖苷键。糖的第一位碳原子（C_1）与嘧啶碱的第一位氮原子（N_1）或与嘌呤碱的第九位氮原子（N_9）相连接。所以，糖与碱基间的键是 C—N 键，一般称之为 N-糖苷键，核酸分子中的糖苷键均为 β-糖苷键。X 射线衍射研究表明，核苷中的碱基垂直于糖环平面。为了与碱基中的编号区分开来，糖环中的碳原子标号右上角加撇"′"，腺嘌呤核苷和胞嘧啶脱氧核苷的结构式如下所示：

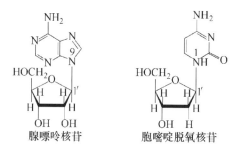

腺嘌呤核苷   胞嘧啶脱氧核苷

（四）核苷酸

核苷中的戊糖羟基被磷酸酯化，就形成核苷酸。因此核苷酸是核苷的磷酸酯。核苷酸分核糖核苷酸与脱氧核糖核苷酸两大类，两种核苷酸的结构式如下所示。

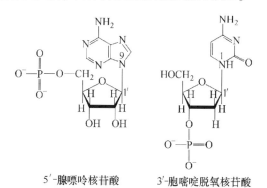

$5'$-腺嘌呤核苷酸 $3'$-胞嘧啶脱氧核苷酸

核糖核苷酸的磷酸酯有三种形式（$2'$、$3'$和$5'$位）；脱氧核糖核苷酸的磷酸酯有两种形式（$3'$和$5'$位）。生物体内存在的游离核苷酸多是$5'$-核苷酸。用碱水解 RNA 时，可得到$2'$与$3'$-核糖核苷酸的混合物。

（五）稀有组分

1. 稀有碱基

稀有组分是稀有碱基和稀有核苷的总称。除了 5 种基本的碱基外，核酸中还有一些含量甚少的碱基，称为稀有碱基。目前已知稀有碱基和核苷近百种，大多数都是甲基化碱基，如植物 DNA 中有很多 5-甲基胞嘧啶（m^5C），一些大肠杆菌噬菌体核酸中，5-羟甲基胞嘧啶（hm^5C）代替了胞嘧啶。此外还有次黄嘌呤（I）、黄嘌呤（X）、二氢尿嘧啶（DHU）和 5-羟甲基胞嘧啶（hm^5C）等。tRNA 中含有的稀有碱基高达 10%。

自然界存在许多重要的嘌呤衍生物。一些生物碱，如茶叶碱（1,3-二甲基黄嘌呤）、可可碱（3,7-二甲基黄嘌呤）、咖啡碱（1,3,7-三甲基黄嘌呤）等都是黄嘌呤（2,6-二羟嘌呤）的衍生物。某些人工合成的核苷具有很重要的生理作用，如氮脱氧胸苷（AZT）和双脱氧次黄嘌呤核苷（DDI）是治疗艾滋病的主要药物。

2. 其他核苷酸

细胞内有一些游离存在的多磷酸核苷酸，它们是核酸合成的前体、重要的辅酶和能量载体。最常见的是腺苷三磷酸（ATP），营养物质在体内氧化产生的能量通常不被生物体直接利用，这些能量可使 ADP 磷酸化生成 ATP，ATP 的能量可被机体直接利用，是细胞合成大分子、物质运输和肌肉收缩等活动的直接能源，所以 ATP 是产能与耗能过程的中间媒介。其他核苷三磷酸也具有传递能量的作用，参与某些代谢过程，如 UTP 参与单糖的相互转换和多糖的合成，CTP 参与磷脂的合成，GTP 参与蛋白质的合成等。

环化核苷酸往往是细胞功能的调节分子和信号分子。重要的有 3′，5′-环化腺苷酸（cAMP）和 3′，5′-环化鸟苷酸（cGMP），如图 6-3 所示。它们是重要的代谢调节物质，许多激素通过它们起作用，所以称为第二信使，激素本身则为第一信使。它们能影响多种酶的活性，并对核酸和蛋白质的合成有调节作用。有实验表明，cAMP 和 cGMP 有相互制约的关系，在调节作用中，两者的比例比各自的浓度更为重要。

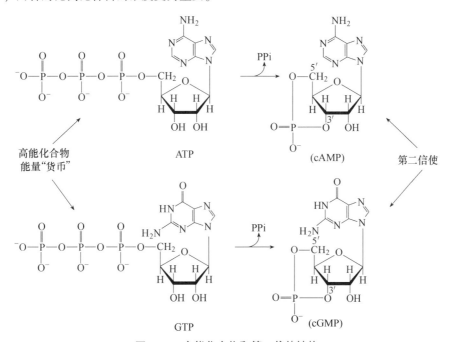

图 6-3　高能化合物和第二信使结构

二、核酸的一级结构

（一）DNA 的一级结构

DNA 的一级结构是指脱氧核糖核苷酸的组成及排列顺序，即碱基序列，如图 6-4 所示。核苷酸以 3′，5′-磷酸二酯键连接成长链，磷酸与糖交替排列构成 DNA 骨架，链的一端有自由的 5′-磷酸基称为 5′-端；另一端有自由 3′-羟基称为 3′-端。习惯上 5′-端写在左侧，3′-端写在右侧，以字母代表核苷或核苷酸。P 在核苷之左表示与 C₅相连，在右表示与 C₃相连。如 5′…PAPCPTPG…3′，多核苷酸链中磷酸基 P 常常省略，仅以字母表示核苷酸的序列，如 5′…ACTG…3′，这两种写法也适用于 RNA。

DNA 的相对分子质量非常大，通常一个染色体就是一个 DNA 分子，最大的染色体 DNA 可超过 10^8 个**碱基对**（**base pair，简称 bp**）。为了阐明生物的遗传信息，首先要测定生物基因组的序列。迄今已经测定基因组序列的生物数以百计，其中包括病毒、大肠杆菌、酵母、线虫、果蝇、拟南芥、玉米、水稻和人类的基因组。病毒基因组较小，但十分紧凑，有些基因是重叠的。细菌的基因是连续的，功能相关的基因组成操纵子，有共同的调节和控制序列，调控序列所占比例较小，很少有重复序列。真核生物的基因多是不连续的，即一个完整的基因被一个或更多个插入片段所间隔，这些插入片段可有几百甚至上千碱基对长，它们转录，但在转录加工时被切除，所以不编码任何蛋白质，这些插入基因不编码的序列称为内含子（intron），把被内含子间隔的编码蛋白质的基因部分称为外显子（exon）。真核生物功能相关的基因也不组成操纵子，调控序列所占比例大，有大量重复序列。越是高等的真核生物其调控序列和重复序列的比例越大。

人类基因组的大小为 3.2×10^9 bp，基因组中超过一半是各种类型的重复序列，只有 28% 的序列能转录成 RNA，用于编码蛋白质的序列仅占基因组的 1.1% ~ 1.4%，即编码蛋白质的基因大约为 31000 个。与人类基因组相比，酵母细胞的编码基因为 6000、果蝇 13000、蠕虫 18000，植物大约为 26000。

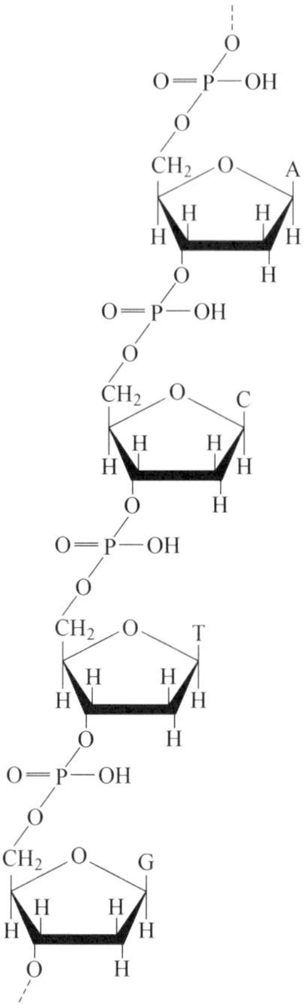

图 6 – 4　DNA 的一级结构

20 世纪 70 年代中期，英国科学家 Sanger 建立了 DNA 一级结构测定的方法，并用他自己发明的方法测得 Φ×174 的 DNA 含 5386 个碱基的顺序。2014 年初，基因测序巨头 Illumina 公司宣布，借助其最新开发的测序平台，使人类全基因组测序成本已经降到 1000 美元以下。而人类基因组计划（1990 年开始）用 15 年时间，耗资 30 亿美元，由六个国家合作才得以完成。此项技术的突破被认为是核酸测序发展的里程碑，这让基因组测序大面积进入学术研究、药物研发、临床诊断以及个性化医疗领域成为可能。

（二）RNA 的一级结构（以 mRNA 为例）

RNA 也是无分支的线性多聚核糖核苷酸，主要由 4 种核糖核苷酸组成，即腺嘌呤核糖核苷酸、鸟嘌呤核糖核苷酸、胞嘧啶核糖核苷酸和尿嘧啶核糖核苷酸。这些核苷酸中的戊糖不是脱氧核糖。从图 6 – 5 看出，RNA 也是以 3′，5′ – 磷酸二酯键连接起来的。

动物、植物和微生物细胞内都含有 rRNA、tRNA 和 mRNA 三种主要 RNA。此外，真核细胞中还有少量核内小 RNA。

mRNA 是以 DNA 为模板合成的，mRNA 又是蛋白质合成的模板。每一种多肽都有一种特定的 mRNA 负责编码，所以，细胞内 mRNA 种类是很多的，但就每一种 mRNA 的含量来说又十分低。

顺反子（cistron）是指 mRNA 分子中对应于 DNA 上一个完整基因的一段核苷酸序列。原核生物以操纵子作为转录单位，产生多顺反子 mRNA，即一条 mRNA 链上有多个编码区，5′ – 端

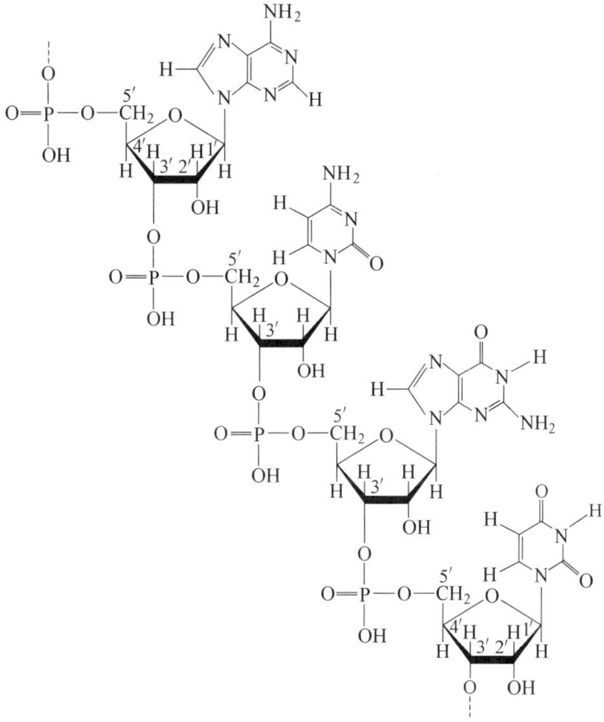

图 6-5 RNA 分子的一段结构式

和 3′-端各有一段非编码区（UTR），其一级结构的通式如图 6-6 所示。原核生物 mRNA 都无修饰碱基。

在原核生物 mRNA 起始密码子 AUG 上游约 10 个核苷酸处，含有一段富含嘌呤核苷酸的序列，这段序列称为**前导序列（leading sequence）**。由于该序列是由 Shine 和 Dalgarno 首先发现的，因此又称为 **SD 序列**。这段序列与翻译起始以及与核糖体小亚基 16S rRNA 的结合有关。

真核生物的 mRNA 都是单顺反子。真核生物 mRNA 的 5′-端有帽子结构，然后依次是 5′-非编码区、编码区、3′-非编码区，3′-端为聚腺苷酸［poly（A）］尾巴。其分子内有时还有极少甲基化的碱基。

绝大多数真核细胞 mRNA 3′-端有一段长 20~250 的聚腺苷酸。poly（A）是在转录后经 poly（A）聚合酶作用添加上去的，它专一作用于 mRNA，对 rRNA 和 tRNA 无作用（即 rRNA 和 tRNA 没有多聚腺苷酸尾巴）。poly（A）尾巴可能与 mRNA 从细胞核到细胞质的运输有关；它还可能与 mRNA 的半寿期有关，因为新生 mRNA 的 poly（A）较长，而衰老的 mRNA poly（A）较短。将 oligo（dT）共价连接在纤维上，作为亲和柱，含有 mRNA 的核酸样品经过这样的层析柱时，mRNA 便结合在柱上，然后改变分离条件，便可将其洗脱下来。

5′-端帽子是一个特殊的结构。它由甲基化鸟苷酸经焦磷酸与 mRNA 的 5′-末端核苷酸相连，形成 5′,5′-磷酸二酯键。这种结构有抗 5′-核酸外切酶的降解作用，在蛋白质合成过程中，它有助于核糖体对 mRNA 的识别和结合，使翻译得以正确起始。

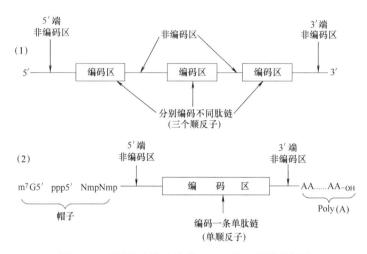

图 6-6　原核和真核生物的 mRNA 的一级结构通式

（1）原核生物 mRNA　　（2）真核生物 mRNA

三、DNA 的空间结构

（一）DNA 碱基组成 Chargaff 规则

Chargaff 等人在 20 世纪 40 年代应用纸层析及紫外分光光度技术测定各种生物 DNA 的碱基组成。结果发现，DNA 的碱基组成具有物种的特异性，不同物种的 DNA 有其独特的碱基组成。而且同一物种不同组织和器官的 DNA 碱基组成是一样的，不受生长发育、营养状况以及环境条件的影响。1950 年 Chargaff 总结出 DNA 碱基组成的规律，也称为 Chargaff 规则：

（1）腺嘌呤和胸腺嘧啶的摩尔数相等，即 A = T；

（2）鸟嘌呤和胞嘧啶的摩尔数也相等，即 G = C；

（3）含氨基的碱基（腺嘌呤和胞嘧啶）总数等于含酮基的碱基（鸟嘌呤和胸腺嘧啶）总数，即 A + C = G + T；

（4）嘌呤的总数等于嘧啶的总数，即 A + G = C + T。

Chargaff 规则暗示 A 与 T，G 与 C 相互配对的可能性，为 Watson 和 Crick 建立 DNA 双螺旋结构提供了重要根据。

（二）DNA 的二级结构

1953 年 Watson 与 Crick 提出 DNA 双螺旋结构模型。主要有三个依据：一是已知核酸化学结构和核苷酸键长与键角的数据；二是上面所述的 Chargaff 规则；三是对 DNA 纤维进行 X 射线衍射分析获得的精确结果，如图 6-7 所示，在中部衍射带上，形成交叉的点表明存在螺旋结构，左边和右边的衍射强带来自重复出现的碱基。

DNA 双螺旋模型的建立不仅揭示了 DNA 的二级结构，也揭示了 DNA 作为遗传物质的分子基础。DNA 双螺旋模型如图 6-8 所示，其要点如下：

（1）两条反向平行的多核苷酸链围绕同一中心轴相互缠

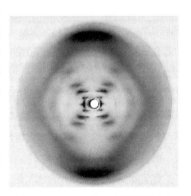

图 6-7　DNA 的 X 射线衍射图

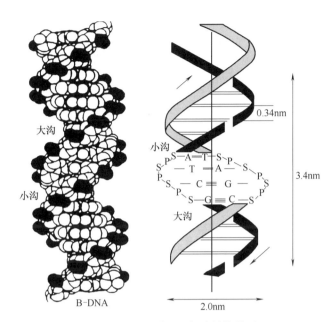

图 6 - 8　DNA 分子双螺旋结构模型

绕；两条链均为右手螺旋。

（2）嘌呤与嘧啶位于双螺旋的内侧，碱基平面与纵轴垂直。磷酸与核糖在外侧，彼此通过 3′，5′-磷酸二酯键相连接，形成 DNA 分子的骨架，糖环平面则与纵轴平行。多核苷酸链的方向取决于核苷酸之间磷酸二酯键的走向，习惯上以 C′₃—C′₅ 为正向。两条链配对偏向一侧，形成一条大沟和一条小沟。大沟足够容纳蛋白质分子，因而对 DNA 和蛋白质的相互作用是很重要的。

（3）双螺旋的平均直径为 2nm，两个相邻的碱基对之间堆积距离为 0.34nm，两个核苷酸之间的夹角为 36°。因此，沿中心轴每旋转一周有 10 个核苷酸。每一转的高度（即螺距）为 3.4nm。

（4）两条核苷酸链依靠彼此碱基之间形成的氢键相联系而结合在一起。根据分子模型的计算，一条链上的嘌呤碱必须与另一条链上的嘧啶碱相匹配，其距离才正好与双螺旋的直径相吻合。碱基之间所形成的氢键，根据对碱基构象研究的结果，A 只能与 T 相配对，形成两个氢键；G 与 C 相配对，形成 3 个氢键，所以 GC 之间的连接较为稳定，如图 6 - 9 所示。

（5）根据碱基配对原则，当一条多核苷酸链的序列被确定后，即可决定另一条互补链的序列。这就表明，遗传信息由碱基的序列所携带。

稳定 DNA 双螺旋结构的作用力在水平方向是配对碱基之间的氢键，A 与 T 之间两个氢键，G 与 C 之间有三个氢键，它们克服两条链间磷酸基团的斥力。在垂直方向上，碱基对上的芳香环疏水作用，以及碱基对间范德华力称为碱基堆积力。它被认为是维持 DNA 结构稳定的主要作用力。

后来，对 DNA 晶体的 X 射线衍射分析得到更为精确的信息，发现由于碱基序列的不同，以致在局部结构上有较大的差异，这些差异是：

（1）两个核苷酸之间的夹角并非是 36°，而是随着序列的不同在 28°～42°之间变动，实际平均每一螺旋含 10.4 个碱基对，如图 6 - 10 所示。

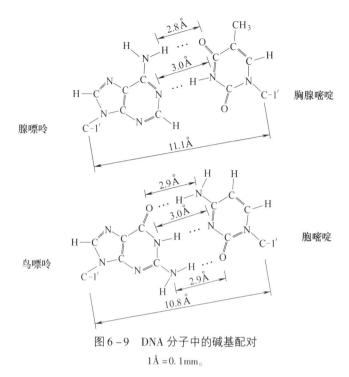

图 6-9　DNA 分子中的碱基配对

1Å＝0.1mm。

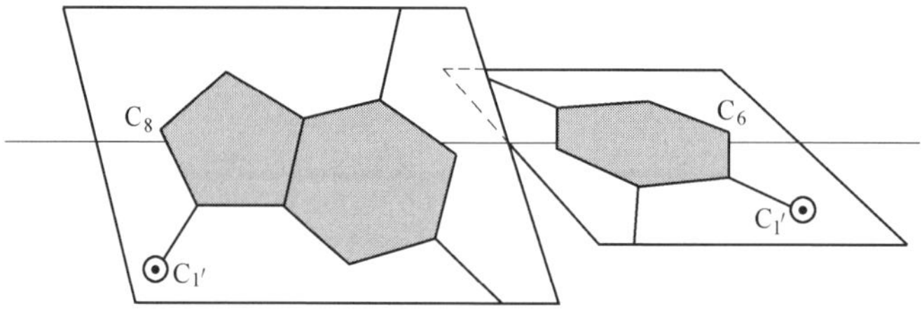

图 6-10　碱基对的螺旋桨状结构

（2）组成碱基对的两个碱基也并非在同一平面上，而是呈螺旋桨叶片的样子。这种结构可提高碱基堆积力，使 DNA 结构更稳定。

DNA 的结构可受环境条件的影响而改变。上述的 DNA 模型是 DNA 钠盐在较高湿度下（92%）制得的纤维的结构，可能比较接近大部分 DNA 在细胞中的构象，该结构称为 B 型。

除 B 型外，通常还有 A 型、C 型、D 型、E 型和 Z 型。其中 A 型和 B 型是 DNA 的两种基本的构象，Z 型则属于左手双螺旋结构，如图 6-11 所示。

A 型 DNA 是在相对湿度为 75% 以下所获得的 DNA 纤维的 X 射线衍射结构，A-DNA 也是右手螺旋，但是螺旋较宽而短，碱基对与中心轴的夹

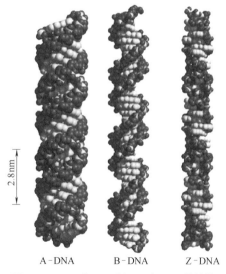

图 6-11　A 型、B 型和 Z 型 DNA 的结构

角为 19°。RNA 分子的双螺旋区以及RNA – DNA 杂交双链具有与 A – DNA 相似的结构。

Z – DNA 是磷酸基在多核苷酸骨架上的分布呈 Z 字形，为此称它为 Z – DNA。Z – DNA 只有一条大沟，而无小沟。

早在双螺旋结构发现不久就观察到 DNA 的一些局部存在三股螺旋（triplex）结构，三股螺旋通常是在嘧啶或嘌呤核苷酸聚集组成镜像重复时易形成。例如，交替出现的 T 和 C 序列。其互补链为重复的 A 和 G 序列，就可能形成三股螺旋，如图 6 – 12 所示。三股螺旋 DNA 存在于基因调控区和其他重要区域，从而显示出它具有重要生物学意义。

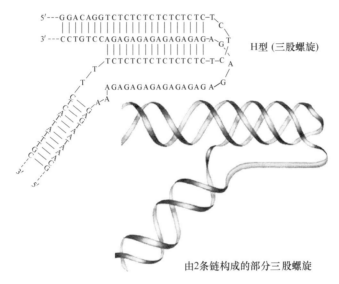

图 6 – 12 DNA 三股螺旋结构

（三）DNA 的三级结构

DNA 的三级结构是指 DNA 双螺旋分子通过扭曲和折叠所形成的特定构象，包括不同二级结构单元间的相互作用、单链与二级结构单元间的相互作用以及 DNA 的超螺旋。

超螺旋的形成不是一种随机的过程，只有当 DNA 处于某种结构张力时才出现。因此，DNA 超螺旋是 DNA 结构张力的一种表现形式。我们可以这样来理解结构张力对 DNA 超螺旋形成的影响。当把一段绳子的一端固定，用手从另一端把两股分开，你会观测到被分开的两股线的头部变得越来越紧，进而产生卷曲，如图 6 – 13 所示。这是因为当两股分开时，一种外加力便引入到绳子的头部，从而驱使卷曲的形成，形成**正超螺旋（positive supercoil）**。

在溶液中 DNA 双螺旋分子处于能量最低的状态，此为松弛态。如果使这种正常的 DNA 分子额外地多转几圈或少转几圈，就会使双螺旋中存在张力，DNA 分子本身就会发生扭曲，用以抵消张力，这种扭曲称为超螺旋，是双螺旋的螺旋。**负超螺旋（negative supercoil）** DNA 是由于两条链的缠绕不足引起的，对于天然右手螺旋双链 DNA 来说，负超螺旋为左手螺旋。负超螺旋 DNA 易解链，使 DNA 的复制、重组和转录等更容易。

生物体内的 DNA 通常与蛋白质结合形成复合物，

图 6 – 13 DNA 形成超螺旋示意图

以**核蛋白**（nucleoprotein）的形式存在。基因组 DNA 与蛋白质结合形成染色体（染色质）。病毒可以看成是游离的染色体。DNA 分子十分巨大，将它组装到有限的空间中需要高度压缩，真核细胞在间期，DNA 组装成染色质，它具有各种活性，如复制和转录，压缩比为 1000～2000。在有丝分裂期，染色质进一步组装成染色体，以便于将 DNA 分配到子代细胞，此时压缩比达 8000～10000，提高 5～10 倍，如图 6-14 所示。

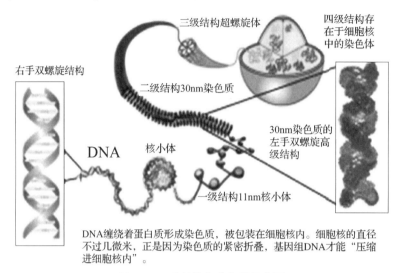

图 6-14　真核染色体包装示意图

四、RNA 的空间结构

天然 RNA 并不像 DNA 那样都是双螺旋结构，而是单链线形分子。只有局部区域为双螺旋结构，这些双链结构是由于 RNA 单链分子通过自身回折使得互补的碱基对相遇，形成氢键结合而成的，同时形成双螺旋结构，不能配对的区域形成**突环**（loop），被排斥在双螺旋结构之外，如图 6-15 所示。RNA 中的双螺旋结构至少需要有 4～6 对碱基才能保持稳定。一般来说，双螺旋区约占 RNA 分子的 50%。下面主要以 tRNA 为例来介绍 RNA 的空间结构。

（一）tRNA 的高级结构

1. tRNA 的二级结构

细胞内 tRNA 的种类很多，约有 50 种，但由于 tRNA 上的反密码子的摆动性，一种 tRNA 可以识别同一种氨基酸的不同密码子，因此各种 tRNA 的总数并不等于氨基酸密码子总数。

tRNA 的二级结构都呈三叶草形（图 6-16），双螺旋区构成了叶柄，突环区好像是三叶草的三片小叶。由于双螺旋结构所占比例甚高，tRNA 的二级结构十分稳定。三叶草形结构由氨基酸臂、二氢尿嘧啶环、反密码环、额外环和 TΨC 环等 5 个部分组成。

（1）**氨基酸臂**（amino acid arm）　由 7 对碱基组成，富含鸟嘌呤，3′-末端为 CCA—OH，接受活化的氨基酸。

图 6-15　RNA 分子自身回折形成双螺旋区

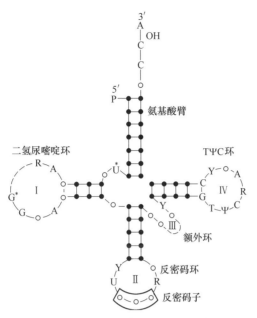

图 6－16　tRNA 三叶草形二级结构模型

（2）**二氢尿嘧啶环（dihydrouridine100p）**　由 8～12 个核苷酸组成，具有两个二氢尿嘧啶，故得名。通过由 3～4 对碱基组成的双螺旋区（也称二氢尿嘧啶臂）与 tRNA 分子的其余部分相连。

（3）**反密码环（anticodon loop）**　由 7 个核苷酸组成。环中部为反密码子，由 3 个碱基组成。次黄嘌呤核苷酸（也称肌苷酸，缩写成 I）常出现于反密码子中。反密码子可识别 mRNA 的密码子。反密码环由 5 对碱基组成的双螺旋区（反密码臂）与 tRNA 的其余部分相连。

（4）**额外环（extra loop）**　由 3～18 个核苷酸组成。不同的 tRNA 具有不同大小的额外环，所以是 tRNA 分类的重要指标。

（5）**假尿嘧啶核苷－胸腺嘧啶核糖核苷环（TΨC 环）**　由 7 个核苷酸组成，通过由 5 对碱基组成的双螺旋区（TΨC 臂）与 tRNA 的其余部分相连。除个别例外，几乎所有 tRNA 在此环中都含有 TΨC。

2．tRNA 的三级结构

tRNA 的二级结构再折叠形成三级结构。应用高分辨率的 X 射线衍射证明 tRNA 具有倒 L 形的三级结构（图 6－17），tRNA 狭窄部分的宽度约为 0.2～0.5nm，这是它的生物学功能所必需的。因为当蛋白质合成时，两分子的 tRNA 必须同时结合在 tRNA 的相互邻近的两个密码子上。tRNA 三级结构是由广泛的堆积作用和螺旋臂间的碱基对来维持的，包括一些只在倒 L 形结构中出现的所谓三级氢键。

（二）rRNA 的高级结构

rRNA 含量大，占细胞 RNA 总量的 80% 左右。大肠杆菌核糖体中有三类 rRNA：5S rRNA、16S rRNA 和 23S rRNA。而动物细胞核糖体 rRNA 有四类：5S rRNA、5.8S rRNA、18S rRNA 和 28S rRNA。许多 rRNA 的一级结构及由一级结构推导出来的二级结构都已阐明。

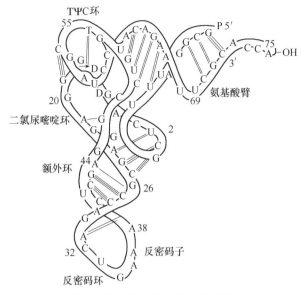

图 6-17　tRNA 的三级结构模型

大肠杆菌 16S rRNA 由 1542 个核苷酸组成。在此基础上提出了二级结构模型。如图 6-18（1）所示，近一半以上的碱基参与了碱基对的形成。在 16S rRNA 的 3′-端附近含有一段与 mRNA 的 SD 序列互补的富含嘧啶的结构，在 16S rRNA 的 3′-端区域也含有与 23S rRNA 3′端一段核苷酸互补的序列，这可能在 30S 亚基与 50S 亚基的结合中起作用。

大肠杆菌 5S rRNA 是由 120 个核苷酸组成的［图 6-18（2）］。在 40~50 碱基之间有一段 5′-CGAAC-3′序列。这段序列刚好同 tRNA 的 TΨC 环上的 5′-GTΨCG-3′序列互补，因此该序列可能与 tRNA 同核糖体的结合有关。大肠杆菌 23S rRNA 的核苷酸顺序已被测定，在靠近 5′-端的附近有一段可以同 5S rRNA 上的 72~83 碱基对互补的序列。同样，在 23S rRNA 的 3′-端也含有与 16S rRNA 的 3′-端互补的一段核苷酸序列。

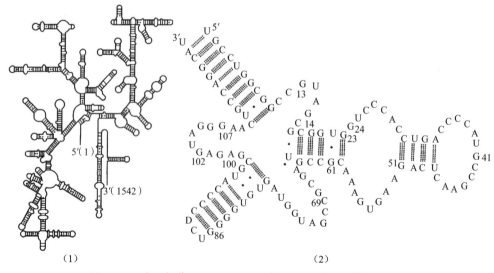

图 6-18　大肠杆菌 16S rRNA（1）和 5S rRNA（2）的二级结构

按照传统的看法，rRNA 是核糖体的骨架，蛋白质的肽键是在核糖体上的肽转移酶催化下合成的。直到 20 世纪 90 年代初，H. F. Noller 等证明大肠杆菌 23S rRNA 能够催化肽键的形成，才证明核糖体是一种核酶，从而根本改变了传统的观点。rRNA 催化肽键合成，核糖体中的蛋白质只是对维持 rRNA 构象起辅助的作用。虽然目前一些 rRNA 二级结构已经测定，但离清楚了解它们的结构特征以及与功能的关系还有相当多的工作要做。

第三节 核酸及核苷酸的性质与研究技术

核苷酸和核酸的化学结构决定着它们的物理化学性质。核苷酸的糖苷键和核酸的磷酸二酯键可被水解。核苷酸具有磷酸基和碱基，因此表现出酸碱性质。核酸的紫外吸收特性是因其含碱基引起的。核酸变性和复性则与其双螺旋结构有关。研究核酸性质有助于了解核酸结构与功能之间的关系。

一、一般理化性质

（一）溶解性

DNA 相对分子质量很大，一般在 $10^6 \sim 10^{12}$，制品为白色絮状物。RNA 相对分子质量较小，一般在 $10^4 \sim 10^5$，制品为白色粉末，核苷酸也是白色粉末。

DNA、RNA 含有戊糖和磷酸基这些易溶于水的成分，因而易溶于水。RNA 钠盐在水中的溶解度可达 4%，相对分子质量为 100 万的 DNA 在水中的溶解度为 1%。DNA、RNA 和核苷酸均难溶于有机溶剂，所以常用乙醇和异丙酮等做沉淀剂来浓缩核酸。

（二）核酸的水解

核酸的嘌呤和嘧啶与戊糖形成 N – 糖苷键，磷酸与核糖或脱氧核糖糖分别形成核糖磷酸酯和脱氧核糖磷酸酯。所有这些糖苷键和磷酸酯键都能被酸、碱和酶水解。

1. 酸水解

糖苷键比磷酸酯键更易被酸水解。将 DNA 在 pH1.6 于 37℃ 对水透析即可完成除去嘌呤，或在 pH2.8 于 100℃ 加热 1h 也可完全除去嘌呤。

水解嘧啶糖苷键常需要较高的温度。常用甲酸（98% ~ 100%）在 175℃ 密封加热 2h 条件下，RNA 或 DNA 可以完全水解，这一方法的缺点是尿嘧啶的回收率较低。改用三氟乙酸在 155℃ 加热 60min（DNA）或 80min（RNA），嘧啶碱的回收率会显著提高。

2. 碱水解

RNA 的磷酸酯键易被碱水解。这是因为 RNA 的核糖上有 2′ – OH，在碱作用下形成 2′，3′ – 环磷酸酯，而脱氧核糖无 2′ – OH，不能形成 2′，3′ – 环磷酸酯，故对碱有一定抗性。

RNA 水解的碱常用 NaOH 和 KOH。碱浓度一般为 0.3 ~ 1mol/L，在室温下水解 18 ~ 24h 即可水解成磷酸三酯，磷酸三酯极不稳定，随即水解成核苷 2′，3′ – 环磷酸酯，该环磷酸酯继续水解产生 2′ – 核苷酸和 3′ – 核苷酸，水解后用 $HClO_4$ 中和。DNA 一般对碱稳定，利用 DNA 和

RNA 对碱稳定性的差别，可以将二者分离开来。

3. 酶水解

作用于核酸磷酸二酯键的酶称为核酸酶。核酸酶根据它作用的底物不同分为核糖核酸酶和脱氧核糖核酸酶。但有些非特异性的磷酸二酯酶对 DNA 和 RNA 都能分解，例如蛇毒磷酸二酯酶和牛脾磷酸二酯酶。根据对底物作用的方式，核酸酶又分为内切酶和外切酶。能够水解核酸内磷酸二酯键的酶称核酸内切酶；从核酸链的一端逐个水解下核苷酸的酶称为核酸外切酶。蛇毒磷酸二酯酶和牛脾磷酸二酯酶都是外切酶，但牛脾磷酸二酯酶是从 5′– OH 开始，逐个水解下 3′– 核苷酸，而蛇毒磷酸二酯酶是从 3′– OH 开始水解成 5′– 核苷酸（图 6 – 19）。

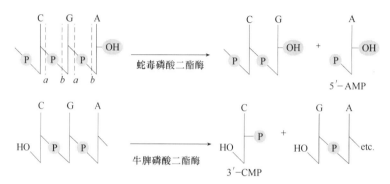

图 6 – 19　磷酸二酯酶对核酸的水解

在细菌中存在一类能识别并水解外源双链 DNA 的核酸内切酶，称为限制性内切酶。其中一类限制性内切酶专一性很强，能识别 DNA 链上 6 对碱基组成的回文序列，交错切割形成具有黏性末端的产物（图 6 – 20）。目前已找到的限制性内切酶已有数千种，在基因工程中广为应用的也有几百种。限制性内切酶已成为基因工程最重要的工具酶。

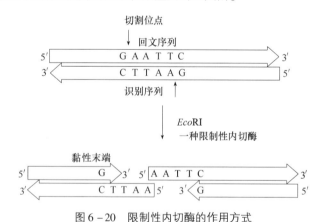

图 6 – 20　限制性内切酶的作用方式

限制性内切酶的命名较为特殊。以 EcoRI 为例，第一个字母 E 为大肠杆菌 E. coli 属名的第一个字母，第 2、3 两个字母 co 为它的种名的头两个字母，第 4 个字母 R 表示所用大肠杆菌的菌株。最后一个罗马字表示该细菌中已分离出的这一类酶的编号。

限制性内切酶往往与一种甲基化酶同时成对地存在，它们具有相同的底物专一性，具有识别相同碱基序列的能力。甲基化酶的甲基供体为 S – 腺苷甲硫氨酸，甲基受体为 DNA 上的腺嘌呤与胞嘧啶。当内切酶作用位点上的某一碱基被甲基化修饰后，限制酶就不能降解这种 DNA

了。所以甲基化酶使细菌自身的 DNA 带上了标志，限制性内切酶专用于降解外来入侵的异种 DNA。

（三）核酸（核糖）的呈色反应

核酸中含有核糖和磷酸，它们可发生颜色反应，可作为定性、定量检测核酸的依据。

1. 核糖的地衣酚反应

RNA 中的核糖经浓 HCl 或浓 H_2SO_4 作用，脱水生成糠醛，糠醛能与地衣酚（3，5 - 二羟基甲苯）反应，缩合成深绿色化合物，其最大吸收峰的波长为 675nm，可以用比色法定量检测 RNA 含量。此反应在 $FeCl_3$ 存在时更灵敏。

2. 脱氧核糖二苯胺的反应

DNA 中的脱氧核糖经 H_2SO_4 作用，脱水生成 ω - 羟基 - γ - 酮基戊醛，该产物与二苯胺试剂在酸性溶液中，100℃加热数分钟，可生成蓝色化合物，其最大吸收峰的波长为 595nm，可用比色法定量测定 DNA 含量，其反应过程如下：

$$\begin{array}{c} CHO \\ | \\ CH_2 \\ | \\ CHOH \\ | \\ CHOH \\ | \\ CH_2OH \end{array} \xrightarrow[-H_2O]{浓\,H_2SO_4} \begin{array}{c} CHO \\ | \\ CH_2 \\ | \\ CHOH \\ | \\ C{=}H \\ | \\ CH_2OH \end{array} \xrightarrow[100℃,5min]{二苯胺} 蓝色化合物$$

上述两种戊糖的颜色反应都具有专一性，因此，可分别用来检测同一样品中 DNA 或 RNA。

3. 核酸中磷酸的定量检测

常规的经典定磷法——钼蓝反应可定量检测核酸中的磷酸。然后再根据已知的核酸含磷量常数计算出核酸的含量。已知 RNA 的含磷量为 9.2%，DNA 的含磷量为 9.5%。

（四）核酸的紫外吸收

紫外吸收是实验室中最常用的定量测定 DNA 或 RNA 的方法。由于嘌呤和嘧啶都具有共轭双键，使碱基、核苷、核苷酸和核酸在 240～290nm 的紫外波段有一强烈的吸收峰，最大吸收值在 260nm 附近，所以可以用紫外分光光度计加以定量及定性测定核酸和核苷酸的含量，如图 6 - 21 所示。

待测核酸样品的纯度也可用紫外分光光度法进行鉴定，因为这种方法既简单又迅速，不需要 DNA 或 RNA 变性。读出 260nm 与 280nm 的吸光度（A），从 A_{260}/A_{280} 的比值即可判断样品的纯度。纯 DNA 的 A_{260}/A_{280} 介于 1.65～1.85 之间，比值过高是由于 RNA 的污

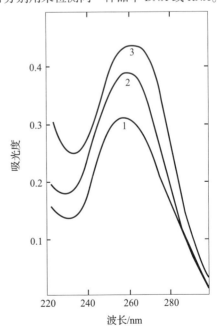

图 6 - 21 DNA 的紫外吸收光谱
1—天然 DNA 2—变性 DNA 3—核苷酸

染，比值过低，可能是蛋白质或酚的污染造成的。对于纯的样品，只要读出 260nm 的 A 值还可算出核酸的含量。通常以 A 值为 1 相当于 $50\mu g/mL$ 双螺旋 DNA，或 $40\mu g/mL$ 单链 DNA（或 RNA），或 $20\mu g/mL$ 寡核苷酸。这个方法既快速，又相当准确，而且不会浪费样品。对于不纯的核酸可以用琼脂糖凝胶电泳分离出区带后，经溴化乙锭染色在紫外灯下粗略地估计其含量。

当核酸变性或降解时，其紫外吸收显著增强，这就是核酸的**增色效应**（**hyperchromic effect**）。当变性的核酸在一定条件下恢复其原有的性质时，其紫外吸收的强度又可恢复到原有的水平，这种现象称为**减色效应**（**hypochromic effect**）。通过增色效应或减色效应可以判断核酸的变性或复性程度。

二、核酸和核苷酸的两性解离

核酸及核苷酸中碱基上有可解离基团，如胞嘧啶的 N_3，嘌呤的 N_1 和 N_7，可接受质子带正电荷。磷酸基团可进行酸碱解离带负电荷。所以，核酸和核苷酸是两性化合物，有等电点。核酸和核苷酸的等电点概念类似于蛋白质和氨基酸。当溶液 pH 等于某种核酸或核苷酸的等电点时，其分子中的酸性基团和碱性基团解离度相等，呈电中性状态。

尿嘧啶和胸腺嘧啶不能进行碱性解离，故其核苷酸不是两性化合物。一些核苷酸的解离平衡常数 pK 如表 6 – 1 所示。

核酸和核苷酸的两性解离性质和等电点，在分离、纯化、分析和制备过程中有重要应用。利用它们在同一 pH 溶液中带电性质不同的特点，可用电泳和离子交换层析方法将它们彼此分离。通过调节溶液 pH，使其达到某种核酸或核苷酸的等电点，便可从其溶液中沉淀析出。

表 6 – 1   核苷酸的解离常数 pK_α

核苷酸名称	碱基 （ =NH$^+$）	烯醇式羟基	磷酸基一级 解离	磷酸基二级 解离
腺嘌呤核苷酸	3.70		0.89	6.01
鸟嘌呤核苷酸	2.30	9.33	0.70	5.92
胞嘧啶核苷酸	4.24		0.80	5.97
尿嘧啶核苷酸		9.43	1.02	5.88
胸腺嘧啶核苷酸		10.0	1.60	6.50

三、酸的变性、复性和核酸杂交

（一）变性

核酸的变性（**denaturation**）指的是核酸双螺旋区的氢键断裂，变成单链，并不涉及共价键的断裂。多核苷酸骨架上共价键（3′, 5′ – 磷酸二酯键）的断裂称核酸的降解。降解引起核酸相对分子质量降低，而变性相对分子质量不变。

引起核酸变性的因素很多。由温度升高而引起的称热变性，由酸碱度改变引起的称酸碱变性。尿素是测定 DNA 序列时，所用的聚丙烯酰胺凝胶电泳法中常用的变性剂；甲醛常用于琼脂糖凝胶电泳，以测定 RNA 的分子大小。

当将 DNA 的稀盐溶液加热到 80～100℃时，双螺旋结构即发生解体，两条链分开，形成无规线团（图6-22）。一系列物化性质也随之发生改变：260nm 区紫外吸光值升高，黏度降低，浮力密度升高等。DNA 变性的特点是爆发式的，变性作用发生在一个很窄的温度范围内，有一个相变的过程。通常把加热变性使 DNA 的双螺旋结构失去一半时的温度称为该 DNA 的**熔点或熔解温度（melting temperature）**，用 T_m 表示。DNA 的 T_m 一般在 82～95℃之间。

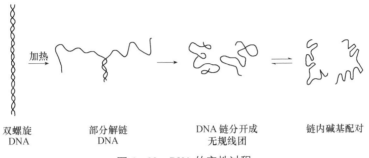

双螺旋　　　　部分解链　　　　DNA链分开成　　　链内碱基配对
DNA　　　　　DNA　　　　　　无规线团

图6-22　DNA 的变性过程

DNA 的 T_m 大小与下列因素有关：

（1）DNA 的均一性　如人工合成的多聚腺嘌呤-胸腺嘧啶脱氧核苷酸，多聚鸟嘌呤-胞嘧啶脱氧核苷酸，熔解过程发生在一个较小的温度范围之内。异质 DNA 熔解的过程发生在一个较宽的温度范围之内。所以 T_m 可作为衡量 DNA 样品均一性的标准。

（2）G-C 含量　因为 G-C 碱基对含有三个氢键，比 A-T 对更为稳定，可以通过测定 T_m 来推算 DNA 的碱基的百分含量。其经验公式为：

$$(G+C)\% = (T_m - 69.3) \times 2.44$$

此公式也可以从 DNA 的 G+C 含量来计算出 T_m。

（3）介质中的离子强度　一般来说离子强度较低的介质中，DNA 的熔解温度较低，而且熔解温度的范围较宽。而在较高的离子强度时，DNA 的 T_m 较高，而且熔解过程发生在一个较小的温度范围之内（图6-23），所以 DNA 制品不应保存在极稀的电解质溶液之中，一般在含盐缓冲溶液中保存较为稳定。

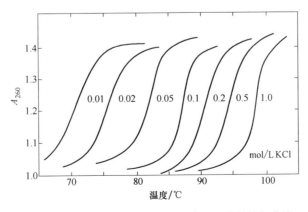

图6-23　大肠杆菌 DNA 在不同浓度 KCl 中的熔解曲线

RNA 分子中有局部的双螺旋区，所以 RNA 也可发生变性，但 T_m 较低。

（二）复性

变性 DNA 在适当条件下，又可使两条彼此分开的链重新缔合为双螺旋结构，这个过程称**复性**（**renaturation**），复性过程如图 6-24 所示。DNA 复性后，许多物化性质又得到恢复。

DNA 复性与许多因素有关，将热变性的 DNA 骤然冷却时，DNA 不可能复性，所以用双链 DNA 片段作为杂交的探针时，在沸水浴中加热数分钟后，要迅速放置冰浴中，以防止复性。变性 DNA 在缓慢冷却时，可以复性，此过程称为**退火**（**annealing**）。DNA 的片段越大，复性越慢。DNA 的浓度越大，复性越快。DNA 内部顺序越复杂，互补的碱基相遇的可能性也越小，复性也越难。

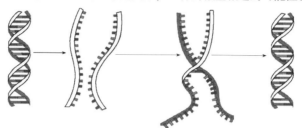

图 6-24 核酸的复性示意图

（三）核酸杂交

不同来源的变性 DNA，若彼此之间有部分互补的核苷酸序列，当它们在同一溶液中进行热变性后退火处理时，分子间部分配对成双链，这个过程称为**杂交**（**hybridization**）。核酸杂交是用已知核酸分子来检测核酸样品是否含有目的核酸分子的一种分子生物学技术。

已知核酸分子用多种方法进行标记后称为探针。用来检测 DNA 的核酸杂交，称 **Southern 印迹法**（**Southern blotting**），其过程如图 6-25 所示。Southern 印迹法是将 DNA 样品经限制性内切酶降解后，用琼脂糖凝胶电泳进行分离。将胶浸泡在碱（NaOH）溶液中使 DNA 进行变性，然后将变性 DNA 转移到硝酸纤维素膜上，在 80℃烤 4~6h，使 DNA 牢固地吸附在硝酸纤维素膜上。然后与放射性同位素标记的变性后的 DNA 探针进行杂交。杂交须在较高的盐浓度及适当的温度（一般 68℃）下进行数小时。

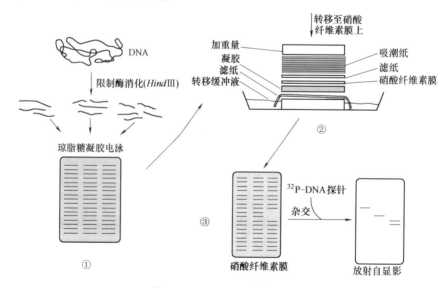

图 6-25 Southern 杂交示意图

Southern 印迹法主要用于基因组 DNA 的定性和定量分析，例如对基因组中特异基因的位点进行检测等。

用来检测 RNA 的杂交方法称 **Northern 印迹法（Northern blotting）**。与 Southern 印迹法类似，Northern 印迹法只是转移的分子由 DNA 变成 RNA。由于 RNA 分子较小，在转移前无须进行限制性内切酶切割，而且，变性的 RNA 的转移效率也比较高。

Northern 印迹法主要用于检测某一组织或细胞中已知的特异 mRNA 的表达水平，也可以比较不同组织和细胞中的同一基因的表达情况。

此外，根据抗原和抗体特异性结合的原理，分析蛋白质的方法称 **Western 印迹法（Western blotting）**。

四、核酸序列测定

DNA 的碱基序列蕴藏着全部遗传信息，测定和分析 DNA 的碱基序列对于了解遗传的本质，即了解每个基因的编码方式无疑是十分重要的。

最初，人们用部分酶解等方法仅能测定 RNA 序列。1965 年 Robert. Holley 花了七年时间才完成了酵母丙氨酰 – tRNA 的 76 个核苷酸的序列测定。1975 年之后，DNA 序列分析的速度很快超过了 RNA 和蛋白质。如今 DNA 的测序工作的自动化及高速度已到了难以置信的地步，2012 年，Ion Proton 公司实现了用 1000 美元在 1d 之内完成整个人类基因组测序的目标。在进行序列测定前，一般需要将一段待测 DNA 分子克隆入质粒或噬菌体中，目前无论是手工测序还是自动化测定 DNA 序列的技术都建立在 Allan Maxam 和 Walter Gibert 的化学裂解法和 Frederick Sanger 的 DNA 末端合成终止法的基础上。

（一）DNA 碱基顺序测定

1. 化学裂解法

化学裂解法也称 Maxam – Gilbert 法。其基本原理是根据某些化学试剂可以使 DNA 链在一个碱基或两个碱基处发生专一性断裂的特性。精确地控制反应强度，可以使一个断裂点仅存在于少数分子中，不同分子在不同位点断裂，从而获得了一系列长度不同的 DNA 片段，再将这些片段经聚丙烯酰胺凝胶电泳分离。在分析前，用放射性核素标记 DNA 的 5′ – 末端，经放射自显影就可以在 X 光胶片上读出 DNA 链的序列了。

2. DNA 链末端合成终止法

DNA 链末端合成终止法也称 Sanger 法，是目前应用最为广泛的方法。它的基本原理是将 2′，3′ – 双脱氧核苷酸（ddNTP）掺入到合成的 DNA 链中，由于脱氧核糖的 3′位碳原子上没有羟基，因此不能与下一位核苷酸反应形成磷酸二酯键，DNA 合成反应终止。在测定时，首先将模板分别放入四个反应管中，分别加入引物和 DNA 聚合酶，将 ^{32}P 或 ^{35}S 标记的 dNTP（仅标记一种）作为底物掺入到新合成的 DNA 链中。反应一定时间后，每一管加入四种 ddNTP 中的一种，就可获得一系列在不同部位终止的长度不同的 DNA 片段。经聚丙烯酰胺凝胶电泳分离这些片段，再通过放射自显影就可以读出 DNA 的序列（图 6 – 26）。

1987 年商品化的自动 DNA 测序仪问世。其原理仍是 Sanger 法，只是采用荧光代替发射性核素标记。用不同荧光标记四种双脱氧核苷酸，然后进行 Sanger 测序反应，反应产物经电泳（平板电泳或毛细管电泳）分离后，通过四种激光激发不同大小 DNA 片段上的荧光分子，使之发射出四种不同波长荧光，检测器采集荧光信号，并依此确定 DNA 碱基的排列顺序。

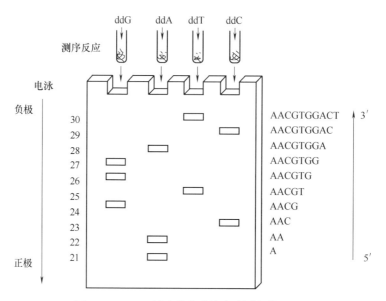

图 6 – 26   DNA 链末端合成终止法测序的原理

DNA 自动测序法的诞生，使测序速度大大加快。在实施人类基因组计划的过程中，DNA 序列分析自动化得到了迅速发展，目前已经出现第三代核酸测序技术，主要是以单分子测序技术为主要特征，有关内容请参考相关书籍。

(二) RNA 碱基顺序测定

DNA 的快速测序获得成功后，同样原理也应用于 RNA 的测序。RNA 的测序方法主要有3 种。

1. 特异性酶切法

从胰脏提取的 RNase A 水解嘧啶核苷酸的键，所产生寡核苷酸的 3′ – 端均为嘧啶核苷酸；米曲霉中提取的 RNase T 特异水解鸟苷酸与相邻核苷酸的键；黑粉菌中提取的 RNase U₂在一定条件下特异水解腺苷酸的键；从多头黏菌中提取的 RNase Phy I 水解 A、G 和 U 3 种核苷酸，但不水解胞苷酸（C）。利用上述 4 种酶可测定 RNA 的序列。

2. 化学裂解法

用化学试剂裂解 RNA 基本原理与 DNA 化学法测序法相似。

3. 逆转录 cDNA 法

将 RNA 逆转录成 cDNA 后可用 DNA 测序法来测定 RNA 序列。

五、DNA 聚合酶链式反应（PCR）

RCR（polymerase chain reaction） 的中文全称为聚合酶链式反应，应用这一技术可以将微量目的 DNA 片段扩增一百万倍以上。PCR 反应理论的提出和技术上的完善对于分子生物学的发展具有不可估量的价值。它以敏感度高、特异性强、产率高和重复性好以及快速简便等优点迅速成为分子生物学研究中应用最为广泛的方法，并使得很多以往无法解决的分子生物学研究难题得以解决。发明这一技术的 K. Mullis 也因此而获得了 1993 年度诺贝尔化学奖。

(一) PCR 技术的工作原理

PCR 的基本原理是以目的 DNA 分子为模板，以一对分别与模板 5′ – 末端和 3′ – 末端互补的寡核苷酸片段为引物，在 DNA 聚合酶作用下，按照半保留复制的机制沿着模板链延伸至完成新的 DNA 合成。重复这一过程，即可使目的 DNA 片段得到扩增（图 6-27）。组成 PCR 反应体系的基本成分包括：模板、特异性引物、耐热性 DNA 聚合酶（如 TaqDNA 聚合酶）、dNTP 以及含有 Mg^{2+} 的缓冲液。

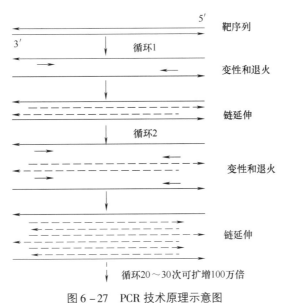

图 6-27 PCR 技术原理示意图

PCR 的基本反应步骤包括：① 变性，将反应体系加热至 95℃，使模板 DNA 完全变性成为单链，同时引物自身以及引物之间存在的局部双链也得以消除；② 退火，将温度下降至适宜温度（一般较 T_m 低 5℃），使引物与模板 DNA 退火结合；③ 延伸，将温度升至 72℃，DNA 聚合酶以 dNTP 为底物催化 DNA 的合成反应。上述三个步骤称为一个循环，新合成的 DNA 分子继续作为下一轮的模板，经多次循环（25~30 次）后即可达到扩增 DNA 片段的目的。

（二）PCR 技术的主要用途

1. 目的基因的克隆

PCR 技术为基因工程技术中获得目的基因片段提供了简便快捷的方法。该技术可用于：① 与反转录反应相结合，直接从组织和细胞的 mRNA 获得目的基因片段；② 利用特异性引物以 cDNA 或基因组为模板获得已知目的基因片段；③ 利用简并引物从 cDNA 文库或基因组文库中获得具有一定序列相似性的基因片段；④ 利用随机引物从 cDNA 文库或基因组文库中克隆基因。

2. 基因的体外突变

利用 PCR 技术可以随意设计引物在体外对目的基因片段进行嵌合、缺失和点突变等改造，成为研究基因结构、改造基因的重要工具。

3. DNA 和 RNA 的微量分析

PCR 技术对模板 DNA 含量要求很低，因而，PCR 技术是对 DNA 和 RNA（反转录成 cDNA）进行微量分析的有效手段。理论上讲，只要存在一分子的模板就可以获得目的片段，实际工作中，一个病菌、一滴血液、一片叶子已足以满足 PCR 的检测需要，因此在基因诊断方面具有广阔的应用前景。

此外，PCR 技术在 DNA 序列测定、基因突变分析中也得到了广泛的应用。

六、DNA 凝胶电泳

用于纯化核酸的凝胶电泳技术，主要是琼脂糖凝胶电泳和聚丙烯酰胺电泳（PAGE）。凝胶电泳兼有分子筛和一般电泳的双重作用。一般电泳速度取决于相对分子质量、带电荷数和分子形状三个因素，但在凝胶中电泳还取决于凝胶的浓度。浓度越大，凝胶孔径越小，适宜较小分子的通过。反之，欲分离较大分子核酸，则选用稀胶电泳。琼脂糖凝胶电泳是核酸检测和纯化最为常用的方法。虽然分辨率较差（可分辨相差 50 个碱基的核酸片段），但操作简单方便（图 6－28）。

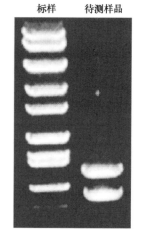

用琼脂糖分离纯化 RNA 时，由于琼脂糖制品中往往带有核糖核酸酶杂质，所以必须加入蛋白质变性剂（称甲醛变性电泳）。聚丙烯酰常采用垂直电泳方法，分辨率高，可把碱基顺序相同而长度只差一个核苷酸的核酸彼此分开，但操作比琼脂糖凝胶电泳复杂，常用于 DNA 测序和蛋白分离等。

凝胶上的样品在紫外光条件下可以用刀把目的片段切割下来，经过一定的处理使胶与 DNA 分离，从而达到纯化核酸的作用。

图 6－28　琼脂糖凝胶电泳图

七、核酸类物质在食品和医药中的应用

核苷酸、核苷及碱基及其衍生物是重要的医药中间体。例如，腺苷酸是体内能量传递物质，具有显著的扩张血管和降压作用；5′－腺苷酸用于生产 ATP、CoA、NADH 和 3′，5′－环腺苷酸和阿糖腺苷等的重要原料。尿苷酸用于治疗肝炎，有改善冠心病、风湿性关节炎症状的作用。5′－氟尿嘧啶为尿嘧啶抗代谢物，抑止胸腺嘧啶脱氧核苷酸合成酶，阻断脱氧尿嘧啶核苷酸转变成为胸腺嘧啶脱氧核苷酸，从而影响 DNA 的生物合成，抑制肿瘤细胞的生长增殖。无环鸟苷是治疗乙肝的抗病毒药物；三氮唑核苷是治疗流感、甲肝、病毒性肺炎等的广谱抗病毒药物；鸟嘌呤核苷三磷酸可以治疗肌肉萎缩和脑震荡等。胞二磷胆碱能促进卵磷脂的生物合成，可改善脑代谢和脑循环，用于脑外伤、抑郁症等精神疾病；聚肌胞苷酸为双链多聚肌苷酸、多聚胞苷酸的简称，是一种有效的人工干扰素诱导剂，注入人体后产生干扰素，使正常细胞产生抗病毒蛋白，干扰病毒繁殖，临床试用于肿瘤、病毒性肝炎疾病。

一些核苷酸在食品中具有呈味作用。如 5′－GMP 和 5′－IMP 因具有磷酸与戊糖的 5′位碳原子形成酯键，碱基 6 位碳原子上有羟基的嘌呤碱而呈鲜味，其鲜味分别相当于味精的 160 倍和 40 倍，并且与味精调合使用风味更佳。还可与经过特殊工艺加工的动物蛋白和植物蛋白及多种氨基酸混合生产出具有特色的鸡精、牛肉精等复合鲜味剂。

在食品中添加呈味核苷酸能消除或抑制异味。某些风味食品中，如牛肉干、肉松、鱼干片中，能减少苦涩味；应用于酱类中，能改善生酱味；应用于制作肉类罐头中，能抑制淀粉味和铁锈味。

核苷酸是核酸的基本结构单位，在食品中含量丰富，一般能满足正常健康成年人的营养需求。但婴幼儿、手术后病人和老年人由于体内合成核苷酸的能力较低，摄食量少，从而有可能

造成体内核苷酸不足的现象。有研究报告表明，添加核苷酸对促进儿童的生长发育，增强智力，提高老年人的抗病、抗衰老能力及手术病人的身体康复均有显著作用。

普通奶粉不含或较少含有核酸，常饮用奶粉的婴儿摄入的核苷酸不足，需将核苷酸添加到以牛奶为基础的代乳品中，对婴幼儿的胃肠道发育、减少腹泻和增强对细菌的抗感染能力有重要作用。

习题

1. 名词解释

Chargaff's rules，DNA denaturation，melting temperature，hyperchromic effect，hypochromic effect，restriction endonucleases，gene，DNA double helix

2. 比较 DNA、RNA 在化学组成上、大分子结构上、生物学功能方面的不同特点。

3. 简述 DNA 分子双螺旋结构模型。

4. 如果人体有 10^{14} 个细胞，每个细胞 DNA 含量为 6.4×10^9 bp，试计算人体 DNA（以双螺旋形式存在）的总长度为多少米？它相当于地球到太阳距离（2.2Gm）的多少倍？

5. 请写出下面 DNA 链的互补链。

5′GCGCAATATTTCTCAAAATATTGCGC3′

6. RNA 有哪些主要类型？比较其结构与功能的特点。

7. 核酸的紫外吸收有何特点？如何定量检测核酸和核苷酸？

8. 什么是核酸杂交，并简述其应用。

9. 简述 PCR 的原理。

Part *3*

第三篇
生物大分子的代谢与调节

CHAPTER

7

第七章

生物能学与代谢概述

第一节　生物能量学原理

一、生物能学的热力学定律

生物体为了维持生存、生长和遗传必须从外界吸收能量，并将其转变成生物功，这是所有活的有机体的基本特征。在生命进化的早期，生物体就具备能量转换的能力，并且具有多种多样的能量转换形式。它们使用燃料中的化学能将简单的小分子前体物质合成为高度有序的大分子复合物；它们将燃料中的化学能转化为浓度梯度、电梯度、肌肉的收缩（运动）和热（维持体温），甚至少数生物（萤火虫和深海鱼）能将燃料中的化学能转化成光；一些生物能进行光合作用，将光能转变为能量的各种形式。

AntoÎne Lavoisi 在法国大革命时期被送上断头台之前就认识到动物将化学燃料（食物）转换成热，这种呼吸过程对生命是必不可少的。他把呼吸作用描述为"…呼吸就是一种缓慢的对碳和氢的燃烧作用，这完全类似在一盏煤油灯和蜡烛中发生的事，从这个角来看，呼吸着的动物是真正的可燃体，它们燃烧并消耗它们自己。"

生命活动都需要能量。生物化学已经揭示了许多"生命烛光"的化学原理。生物能量转换遵守统一的自然法则。生物能量学是定量研究发生在活细胞中的能量转换及这些转换背后化学过程的特性和功能的科学，是建立在热力学基础上的。不同类型的生物，利用不同来源的能量并将其转变为生物能，这些转变过程均**遵循热力学定律**。

（一）细胞需要自由能

细胞是等温系统，它们在一个基本恒定的温度（和恒压）下行使功能，热的流动不是细胞能量的来源，因为热只能从高温物体向低温物体传递时才能做功。细胞能够而且必须利用的能量是自由能。自由能可以预示化学反应的方向、正确的平衡位置以及它们在恒温和恒压下理论上做功的程度。

光合生物细胞（主要是绿色植物细胞）吸收太阳能，将光能转变成化学能（ATP 和 NAD-PH）并释放出氧，同时利用所生成的化学能将 CO_2 和 H_2O 同化成糖。光合生物产生的 O_2 和糖被异养生物所利用。异养生物细胞吸收营养物，将其进行分解代谢，产生为自身所需的能量（ATP 和 NADPH）和合成自身所需的化合物。这就是说，光合生物和异养生物分别能将太阳能和营养物分子转化成自身所需的 ATP 和其他富含能量的、能够在恒温下做生物功的化合物。光合作用是地球上生命得以生存、繁殖和发展的根本源泉，所有生物能的最终来源是太阳能。

（二）生物能的转换服从热力学定律

物理学家和化学家从不同能量形式的相互转换的定量观察得出了热力学两个基本定律，即热力学第一定律和第二定律。

1. 热力学第一定律

热力学第一定律称为能量守恒定律，即一个体系及其周围环境的总能量保持恒定，能量的形式可以发生转变，但不能被消灭。

一个特定体系有两种方法可以从环境得到能量或给予环境能量，一种是热量的传递，另一种是对环境做功或环境对体系做功。生物体系是一个开放体系，其特点是体系和周围环境既有物质交换又有能量传递。在生物体内，绝大多数生化过程都是在压力近似不变的条件下发生的，而且都是在液体或固体中进行的，体积变化很小，可以近似地看成恒压、恒容过程，因此，生物体系中往往忽略内能变化和热焓变化的差别，简称为某一反应伴随着"能量变化"。

2. 热力学第二定律

热力学第二定律是指宇宙总是趋向于越来越无序，在所有自然过程中，宇宙的熵是增加的，故也称"熵增原理"。热力学第二定律是能量传递的方向性定律，可以有多种表述方式，如热不可能从低温物体传到高温物体而不产生其他影响。

生物机体是由众多分子集合构成的。这些构成分子比组成它们的物质具有更高程度的组织化，它们维持和产生有序性。表面看来这与热力学第二定律不符，实际上，生命机体并不违反热力学原理，它们严格遵守热力学第二定律。

将热力学第二定律应用于生物系统时必须对生物系统和它存在的宇宙进行界定。反应系统是物质的集合，这些物质经受特定的化学或物理过程。这个系统可以是一个生物机体，一个细胞，或者两个反应化合物。这个系统和它的环境共同构成了宇宙。某些化学或物理过程可能发生在分离的或封闭的系统中，这样的系统与环境没有物质或能量交换。但是，生命细胞和生命机体却是一个开放的系统，能够与它们的环境进行物质和能量的交换。生命系统与它们的环境从来没有处在平衡中。

有三个热力学状态函数（G、H 和 S）可以用来描述化学反应中的能量变化。吉布斯（Gibbs）自由能（G）表达的是在恒温恒压下做功的能量。自由能可由下式表示：

$$G = H - TS$$

式中，G 是自由能；H 是热含量或焓，是以热表示的总能量；T 为绝对温度；S 是熵，是一种处于混乱或无序状态的能量。当一个反应（系统）进行并伴随自由能释放时，自由能的变化（ΔG）是一个负值，即反应是放能的；在吸能反应中，该系统获得能量，ΔG 是一个正值。焓（H）是该反应系统的热含量，它反映的是反应物和产物的化学键的数目和种类。当一个化学反应释放热时，产物的热含量比反应物的热含量低，ΔH 是一个负值；从环境中获得热量的反应系统是吸热的，ΔH 是一个正值。熵（S）是对一个系统无序性的定量表达。当一个反应的产物与反应物相比，其复杂程度低，而且较无序，即可以说该反应的进行必然伴随着熵的增加。

根据热力学第二定律，所有自然发生的过程，总伴随有自由能的降低，即在反应发生时，必然要释放自由能，使反应趋于平衡。从理论上说，所释放的能量可以被利用，并使之做功。化学反应中自由能的释放或利用体现了产物与反应物之间自由能含量的差别。所以化学反应中的自由能变化可表示如下：

$$\Delta G = G_{产物} - G_{反应物}$$
$$\Delta G = (H - TS)_{产物} - (H - TS)_{反应物}$$
$$= (H_{产物} - H_{反应物}) - T(S_{产物} - S_{反应物})$$
$$\Delta G = \Delta H - T\Delta S$$

任何一个化学反应进行到它的平衡点时，熵总是增加的，ΔS 总是一个正值。反应自发进行时，反应系统的自由能必然降低，一个自发进行的反应系统的 ΔG 总是负的。当反应进行到平衡状态时，没有自由能的变化，即 ΔG 等于零。所以，从处于平衡状态的反应中不可能得到能够做功的能量。在反应的平衡点上也没有熵的变化，这时熵处于最大值。任何物理或化学的反应都有使其熵成为最大值的倾向。

当反应产物的自由能大于反应物的自由能时，即 ΔG 为正值时（$\Delta G > 0$），反应不能自发进行，需要额外供给能量才能进行反应，这种反应称为吸能反应。

热力学第二定律描述的是所有物理和化学过程期间宇宙熵的增加，但它不要求熵的增加发生在该反应系统本身。当生物生长和分化时，在细胞周围内产生的有序（性）被在生长和分化期间它们向环境产生的无序（性）所补偿。生命机体以营养物或阳光的形式从环境中获取自由能以保持（护）它们内部的有序（性），同时以热和熵的形式向它们的环境释放出同样的能量。

二、化学反应中的平衡常数与标准自由能变化

一个化学反应，其系统组成（反应物和产物的混合物）趋向于持续变化至达到平衡为止，即正反应和逆反应的速率相同，系统中没有反应物或产物的净增加。对于一般涉及反应物 A 和 B 以及产物 C 和 D 的化学反应，即

$$aA + bB \Longrightarrow cC + dD$$

反应式中的 a、b、c、d 是反应中所涉及的参与物的分子数。其平衡常数的定义为 K_{eq}：

$$K_{eq} = \frac{[C]^c [D]^d}{[A]^a [B]^b}$$

$$\Delta G = RT \ln \frac{[C]^c [D]^d}{[A]^a [B]^b} - RT \ln K_{eq}$$

这里 [A]、[B]、[C]、[D] 表示在平衡时反应组成物的摩尔浓度。当一个反应未处于平衡态时，向平衡态移动的趋势代表了一种驱动力，其大小可以用反应的自由能变化 ΔG 来表示。若反应是在标准条件下进行，所发生的化学反应的自由能变化称为标准自由能变化，用符号 ΔG^0 表示。标准条件指反应的温度为 25℃，压强为一个大气压，所有反应物和产物的浓度均为 1mol/L。

在物理化学中，H^+ 作为反应物或产物时，规定它的标准浓度为 1.0mol/L，H_2O 的浓度（活度）规定为 1.0。但在生物体中，大多数生化反应是在近中性的水溶液中进行的，反应中的 pH 和水的浓度基本恒定。因此，生物化学家对生理条件下的标准自由能作了一些新的规定，以区别物理化学上的定义。生化系统标准自由能的变化用 $\Delta G^{0'}$ 表示，标准条件为 pH7.0，其他条件与物理化学相同。

标准自由能变化也可以看作标准条件下，产物和反应物所固有的自由能之差，可由

下式表示：

$$\Delta G^{0'} = G^{0'}_{产物} - G^{0'}_{反应物}$$

生物体内的化学反应可以通过 $\Delta G^{0'}$ 的正负值判断在标准条件下反应发生的方向。当 $\Delta G^{0'}$ 为负值时，意味着产物含有比反应物低的自由能，因而在标准条件下反应向形成产物的方向进行；当 $\Delta G^{0'}$ 为正值时，该反应在标准条件下趋向逆反应法相进行；当 $\Delta G^{0'} = 0$ 时，反应处在平衡状态。

表 7 – 1　　　　　在标准条件下，K'_{eq}、$\Delta G^{0'}$ 与化学反应之间的关系

K'_{eq}	$\Delta G^{0'}$	化学反应的方向
>1.0	负值	正向进行
=1.0	零	处在平衡状态
<1.0	正值	逆向进行

注：K_{eq} 是指发生在 pH7.0 时的平衡常数。

三、有机物氧化是细胞重要的能量来源

生物体内的营养物分子主要是糖类、脂质和蛋白质。这些含碳的有机分子的降解和氧化是物质分解代谢的主要内容。糖酵解、脂肪酸的 β – 氧化、氨基酸的氧化分解和柠檬酸循环等代谢过程是这些有机物氧化分解的主要途径。在这些代谢反应中，有机物在酶的催化下氧化脱氢脱电子。代谢物在氧化过程中产生的电子是生物体内主要的能量来源。这些电子以还原型辅酶的形式，经一系列的电子传递过程，最终导致 H_2O 生成。在电子传递过程中释放出来的能量被用来推动 ATP 的生成。**ATP 是生物能的主要形式**，可用于生物体内各种需要能量的反应。

生物体内物质氧化还原反应的电势与标准自由能变化的关系如下：

$$\Delta G^{0'} = -nF\Delta E^{0'}$$

在生物体内的氧化还原反应是在生理 pH 下进行的。为此，将生物体内的氧化还原对的标准电势规定为：氧化型和还原型反应物的浓度为 1.0mol/L、温度为 25℃，pH 取生理的 pH7.0。在这样的标准条件下与标准氢电极（pH 仍为零）偶联，测定的标准氧化还原电势用 $E^{0'}$ 表示。表 7 – 2 所示为生物体内的一些重要的氧化还原对的标准氧化还原电势（$E^{0'}$）。请注意，在 pH7.0 时，即 pH≠0 时标准氢电极的氧化还原电势不是零，而是 $-0.414V$。

表 7 – 2　　　参与生物体内氧化还原反应的一些电对的标准氧化还原电势（$E^{0'}$）

氧化 – 还原反应	$E^{0'}/V$
乙酸 $+3H^+ +2e^- \longleftrightarrow$ 乙醇 $+H_2O$	-0.561
$H^+ + e^- \longleftrightarrow \frac{1}{2}H_2$	-0.421
乙酰乙酸 $+2H^+ +2e^- \longleftrightarrow \beta$ – 羟基丁酸	-0.346
胱氨酸 $+2H^+ +2e^- \longleftrightarrow$ 半胱氨酸	-0.340
$NADP^+ + H^+ +2e^- \longleftrightarrow NADPH$	-0.320
$NAD^+ + H^+ +2e^- \longleftrightarrow NADH$	-0.315
硫辛酸 $+2H^+ +2e^- \longleftrightarrow$ 二氢硫辛酸	-0.29

续表

氧化 – 还原反应	$E^{0'}/V$
$S + 2H^+ + 2e^- \longleftrightarrow H_2S$	– 0.23
$FAD + 2H^+ + 2e^- \longleftrightarrow FADH_2$（游离的辅酶形式）	– 0.219
乙醇 $+ 2H^+ + 2e^- \longleftrightarrow$ 乙醇	– 0.197
丙酮酸 $+ 2H^+ + 2e^- \longleftrightarrow$ 乳酸	– 0.185
草酰乙酸 $+ 2H^+ + 2e^- \longleftrightarrow$ 苹果酸	– 0.166
$FAD + 2H^+ + 2e^- \longleftrightarrow FADH_2$（结合在黄素蛋白中）	~ 0
延胡索酸 $+ 2H^+ + 2e^- \longleftrightarrow$ 琥珀酸	0.031
$CoQ + 2H^+ + 2e^- \longleftrightarrow CoQH_2$	0.045
细胞色素 b（Fe^{3+}）$+ e^- \longleftrightarrow$ 细胞色素 b（Fe^{2+}）	0.077
细胞色素 c_1（Fe^{3+}）$+ e^- \longleftrightarrow$ 细胞色素 c_1（Fe^{2+}）	0.22
细胞色素 c（Fe^{3+}）$+ e^- \longleftrightarrow$ 细胞色素 c（Fe^{2+}）	0.235
细胞色素 a（Fe^{3+}）$+ e^- \longleftrightarrow$ 细胞色素 a（Fe^{2+}）	0.29
细胞色素 a_3（Fe^{3+}）$+ e^- \longleftrightarrow$ 细胞色素 a_3（Fe^{2+}）	0.385
$\frac{1}{2}O_2 + 2H^+ + 2e^- \longleftrightarrow H_2O$	0.815

四、高能键及高能化合物

地球上所有生物所需的能量最终都来自太阳辐射释放出来的能量，只是有些生物是间接利用太阳能。所有生物，包括光能营养生物和化能营养生物，在产生化学能方面却是共通的。一旦以化学能的形式捕获，即可在控制的条件下，从放能反应（即氧化性分解代谢）中释放出能量，推动各种需能的生命过程，有一类小分子物质能够介导放能反应所释放的能量流向需能的生命过程，这一类小分子包括氧化还原反应酶类的辅酶（NAD^+、$NADP^+$ 以及 FAD 和 FMN）和高能化合物。高能化合物通常是指水解时释放出超过 – 25kJ/mol 自由能的化合物，其中，ATP 处在能量保持与传递的中心地位。

在生物体中除了 ATP，还有一些化合物的个别化学键的自由能很高，因此，其结构不稳定、性质活泼，自发水解和基团转移的趋势很强，当它们发生水解或基团转移反应时，释放或转移的自由能很多，这种含自由能很高的化学键，称为高能键，用符号"～"表示。分子中含有高能键的化合物，称为高能化合物。

（一）高能磷酸化合物的概念

磷酸化合物在生物体的能量转换过程中占有重要地位。机体内有许多重要的高能化合物是磷酸化合物，当其磷酰基水解时，释放出大量的自由能，这类化合物为高能磷酸化合物。一般将水解时能释放出 5000cal（20.92kJ）以上自由能的键视为"高能键"。表 7 – 3 所示为一些高能磷酸化合物和乙酰 CoA 的高能键水解可释放出的自由能。生物化学中所用的"高能键"的含义和化学中使用的"键能"含义是完全不同的。化学中"键能"的含义是指断裂一个化学键所需要提供的能量；而生物化学中所说的"高能键"是指该键水解时所释放出的大量自由能。高能键的高能不是"键能"特别高，而是自由能高。在生物体内，并不是所有磷酸化合物都是高能化合物。

表 7-3   某些磷酸化合物以及乙酰 CoA 水解反应的 $\Delta G^{0'}$

磷酸化合物以及乙酰 CoA	水解反应的 $\Delta G^{0'}$/ （KJ/mol）
磷酸烯醇式丙酮酸	-61.9
1，3-二磷酸甘油酸	-49.3
磷酸肌酸	-43.0
ATP （→ADP + Pi）	-30.5
ATP （→AMP + PPi）	-32.2
ADP （→AMP + Pi）	-30.5
AMP （→腺嘌呤核苷 + Pi）	-14.2
PPi （→2Pi）	-33.4

（二）高能磷酸化合物及其他高能化合物的类型

生物体高能化合物的种类是很多的，不只是高能磷酸化合物。根据它们键型的特点，可归纳为以下几种类型：

（1）磷氧键型（-O~P-） 包括酰基磷酸化合物、焦磷酸化合物和烯醇式磷酸化合物。

（2）氮磷键型 如胍基磷酸化合物。

（3）硫酯键型 活性硫酸基。

（4）甲硫键型 活性甲硫氨酸。

但上述高能化合物中含磷酸基团的占绝大多数，在高能磷酸化合物中，主要有以下几种：

（1）磷酸酐键 包括各种多磷酸核苷类化合物，如 ADP、ATP、GDP、GTP、CDP、CTP、UDP、UTP 及 PPi 等，水解后可释放出 30.5kJ/mol 的自由能。

（2）混合酐键 由磷酸与羧酸脱水后形成的酐键，主要有 1，3-二磷酸甘油酸等化合物，在标准条件下水解可释放出 41.8kJ/mol 的自由能。

（3）烯醇磷酸键 如磷酸烯醇式丙酮酸，水解后可释放出 61.9kJ/mol 的自由能。

（4）磷酸胍键 如磷酸肌酸，水解后可释放出 43.9kJ/mol 的自由能。

几种常见的高能化合物如表 7-4 所示。

表 7-4   几种常见的高能化合物

通式	举例	释放能量（pH7.0，25℃）/ [kJ/mol（kcal/mol）]
$R-\overset{\overset{NH}{\|\|}}{C}-\underset{H}{N}\sim PO_3H_2$	磷酸肌酸	-43.9 （-10.5）
$RC\overset{\overset{CH_2}{\|\|}}{-}O\sim PO_3H_2$	磷酸烯醇式丙酮酸	-61.9 （-14.8）

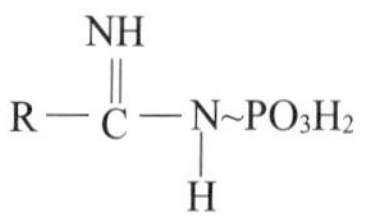

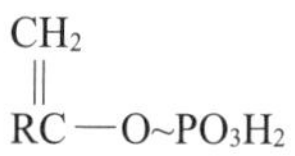

续表

通式	举例	释放能量（pH7.0，25℃）/ [kJ/mol（kcal/mol）]
$\overset{O}{\underset{}{\parallel}}$ RC—O~PO₃H₂	1，3-二磷酸甘油酸	-41.8（-10.1）
$\overset{O}{\underset{}{\parallel}}$ $\overset{O}{\underset{}{\parallel}}$ —P—O~P—OH（OH，OH）	ATP，GTP，UTP，CTP	-30.5（-7.3）
$\overset{O}{\underset{}{\parallel}}$ RC~SCoA	乙酰 CoA	-31.4（-7.5）

　　磷酸肌酸（phosphocreatine，C~P）是骨骼肌和脑组织中能量的贮存形式。磷酸肌酸中的高能磷酸键不能被直接利用，必须先将其高能磷酸键转移给 ATP，才能供生理活动之需。反应过程由磷酸肌酸激酶（CPK）催化完成。其反应过程如下：

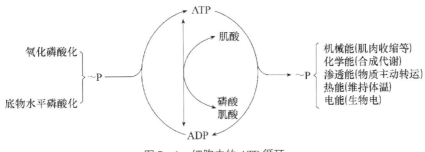

（三）ATP 及其在能量代谢中的特殊作用

　　腺苷三磷酸（ATP）是典型的高能磷酸化合物，是生物界普遍使用的供能物质，有"能量货币"之称。ATP 分子中含有两个高能磷酸酐键（A—P~P~P），均可以水解供能，ATP 水解为 ADP 并供出能量之后，又可通过氧化磷酸化重新合成，从而形成 ATP 循环。因此在能量代谢中具有特殊作用。细胞中的 ATP 循环如图 7-1 所示。

图 7-1　细胞中的 ATP 循环

1. ATP 的结构特性

腺苷三磷酸是一分子腺嘌呤、一分子核糖和三个相连的磷酸基团构成的核苷酸。其结构如下所示：

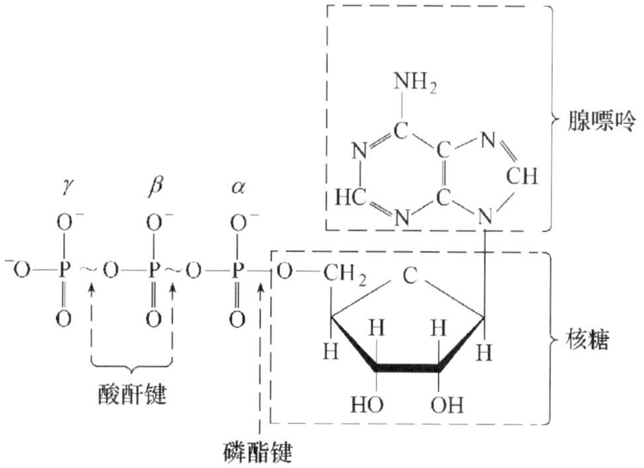

腺苷三磷酸分子中的三个磷酸基团从与分子中的腺苷基团相连的磷酸基团算起，依次分别称为 α、β、γ 磷酸基团，即远离腺苷基团的那个磷酸基团称为 γ 磷酸基团。这三个磷酸基之间以磷酸酐键相连，并以磷酸酯键结合在核糖上。腺嘌呤核苷可以与1、2 和3 个磷酸相连，分别形成腺苷一磷酸（AMP）、腺苷二磷酸（ADP）和腺苷三磷酸（ATP）。

当 ATP 水解为 ADP 和磷酸（Pi）或 ADP 水解为 AMP 和磷酸（Pi）时，会释放出大量的能量，即其酸酐键水解时的 $\Delta G^{0'} = -30.54\text{kJ/mol}$。经考察证明，磷酸基团与腺苷直接相连的磷酸酯键和 β、γ 磷酸基团的所谓"高能键"之间，从电子特性上看，并没有任何特殊之处。但为何 β、γ 磷酸基团的酸酐键却如此容易水解并释放大量的自由能呢？其原因可作如下的分析：腺苷三磷酸中酸酐键的共振稳定性小于磷酸酯键型。这是因为磷酸基团酸酐键缺失的两个电子和它相邻的氧桥争夺 π 电子而引起电子的转移。磷酸酯键不存在争夺电子的现象。

2. ATP 在能量代谢中的特殊作用

由于 ATP 结构的特性，它可以通过磷酸基团的转移实现其对能量的转移。ATP 的 $\Delta G^{0'}$ 在所有含磷酸基团的化合物中处于中间位置，具有居中的磷酸基团转移势能。这使 ATP 能将磷酸基团从高能化合物转移至低能化合物，提升它们的活化能水平，有可能在磷酸基团转移中作为中间传递体起作用。在物质的分解代谢中形成的具有更高磷酸基团转移势能的化合物，例如，磷酸烯醇式丙酮酸、1，3 – 二磷酸甘油酸都是葡萄糖分解的中间产物。葡萄糖分解为乳酸时释放出的大部分自由能，几乎都保留在这两个化合物中。在细胞中，这两个化合物并不直接水解，而是通过特殊激酶的作用，以转移磷酸基团的形式，将捕获的自由能传递给 ADP 从而形成 ATP，这就是葡萄糖在分解过程中产生 ATP 的一种方式。而 ATP 分子又倾向于将它的磷酸基团转移给具有较低磷酸基团转移势能的化合物，例如 D – 葡萄糖和甘油分子，从而依次生成 D – 葡萄糖 – 6 – 磷酸和甘油 – 3 – 磷酸。这就是 ATP 在磷酸基团转移中所起到的中间传递体的作用。可以说它是一个转移磷酸基团的**"共同中间传递体"**。它的作用如图 7 – 2 所示。

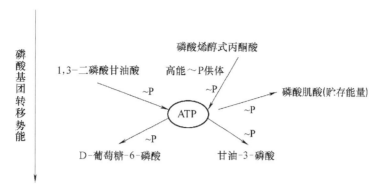

图7-2 ATP在磷酸基团转移中的"共同中间传递体"作用

ATP水解释放出的能量直接参与细胞中的需能过程，而细胞中的氧化过程产生的能量则可以使ADP磷酸化从而使ATP再生。

ATP/ADP系统的作用是作为一种高能磷酸基团的供体和受体，参与能量代谢。参与这个过程的关键，是这个中间物必须处在高能化合物如磷酸烯醇式丙酮酸和1，3 - 二磷酸甘油酸（ATP从中接受一个磷酸基）和低能化合物如D - 葡萄糖 - 6 - 磷酸和甘油 - 3 - 磷酸（ATP向其提供一个磷酸基）之间的位置上。

ATP是细胞中大部分需能反应的直接供能物质，但它并不是能量的贮存物质，它只是能量的载体或能量的传递者。ATP在细胞中的含量很低，ATP/ADP系统在细胞内是维持在动态平衡状态的。高能磷酸基团通常贮存在磷酸肌酸和磷酸精氨酸等被称为磷酸原的高能磷酸化合物（贮能物质）中，在肌酸激酶的作用下，磷酸肌酸很容易将其磷酸基传递给ADP，从而使ATP再生。

第二节 新陈代谢概述

一、生物圈的代谢循环

（一）能量的流动与碳循环

自然界中的生物根据其所利用的碳源和能源，可分为不同的营养类型。

1. 自养生物与异养生物

碳源是为细胞生物合成提供碳素营养的物质。有些生物利用无机物二氧化碳作为碳源，这类生物称为自养生物；有些生物需要现成的有机物作为碳源，称为异养生物。

2. 光能自养型、化能自养型、光能异养型和化能异养型

生物体能够利用的能源主要有光能和化学能。根据不同生物对能源的要求，自养生物又可分为光能自养型和化能自养型，异养生物又可分为光能异养型和化能异养型。光能营养型是直接利用光能，通过光合磷酸化作用合成ATP；化能营养型是利用现成有机物或无机物，通过氧化磷酸化反应合成ATP。生物各种营养类型的特点如表7-5所示。

表 7 – 5   生物营养类型

营养类型		碳源	能源	电子供体	生物举例
自养型	光能自养	CO_2	光	无机物：H_2O、H_2S、S 等	绿色植物、蓝藻、光合细菌
	化能自养	CO_2	无机物氧化	无机物：H_2S、H_2S、Fe^{2+}、NH_3 等	氢细菌、硫细菌、铁细菌
异养型	光能异养	有机物	光	有机物	不需氧紫色细菌、藻类高等动物、大多数微生物、在黑暗中不进行光合作用的植物
	化能异养	有机物	无机物氧化	有机物，如糖、脂、蛋白质等	

3. 需氧生物、厌氧生物和兼性生物

不同生物对分子氧的依赖关系也有很大区别，据此可分为需氧生物、厌氧生物和兼性生物。需氧生物是在有氧条件下才能维持代谢的生物，其代谢活动需要以分子氧作为有机物氧化反应的电子受体。厌氧生物是在无分子氧的环境中生活的，以无机物或有机物为电子受体，不能用 O_2 作为电子受体，而且 O_2 对绝对厌气生物会有毒害作用。兼性生物在有氧、无氧条件下都能生存，有氧时利用氧，无氧时能利用某些氧化型有机物作为电子受体。大多数异养细胞，特别是高等生物细胞都是兼性的，只要有氧存在，就优先利用氧，将燃料分子充分氧化，最大限度地取得能量。

目前，发酵生产中开发利用的微生物菌群基本上都是化能异养型，通过厌气发酵分解现成的有机物取得能量，并以有机或无机化合物作为碳源，维持代谢平衡。通过其代谢活动，积累发酵产品。

（二）氮循环

所有生物还需要氮源，用以合成氨基酸、核酸和其他化合物。氮也通过生物圈进行循环（图 7 – 3）。对于某些物种来说，其能够将大气中的氮气转化为氨，这被称为固氮作用，如

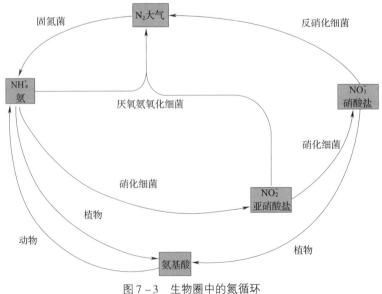

图 7 – 3　生物圈中的氮循环

蓝细菌、很多与某些绿色植物的根系中共生的细菌。其他细菌（硝化细菌）氧化氨为亚硝酸盐和硝酸盐，还有一些（反硝化细菌）则转化硝酸盐产生氮气，重新返回到大气中。植物一般使用氨或可溶性硝酸盐作为唯一氮源，而动物只能以氨基酸或其他有机化合物的形式获取氮，并以还原性的 NH_4^+ 或尿素等含氮有机化合物的形式释放氮。

生物圈中的氮循环使大量的氮发生相互转化，所有生物物种都参与到这个循环中，彼此依赖，维持循环和必需资源的稳定和平衡。

二、新陈代谢的一般概念

新陈代谢简称代谢，是活细胞中进行的所有化学反应的总称。新陈代谢是生物最基本的特征之一，是物质运动的一种形式。

狭义的代谢是指物质在细胞中的合成与分解作用；是细胞内所发生的、有组织的、一系列酶促反应过程，称为中间代谢。这是代谢活动的主体，也是代谢研究的主要内容。广义的代谢泛指生物体与外界不断交换物质的过程，它包括消化、吸收、中间代谢以及排泄等过程。

消化作用是活细胞对胞外大分子营养物质进行酶促降解的生化过程。作为营养物质的外源生物大分子，只有在胞外经酶促降解成单体小分子，才能被细胞吸收，进入中间代谢。动物体内有专门的消化器官完成消化；微生物的消化作用则由分泌到细胞周围介质中的酶或细胞膜上的表面酶催化完成。

生物体的一切生理现象，诸如生长、发育、繁殖、机械运动乃至思维活动，静息状态的呼吸作用等，都是代谢反应的结果。新陈代谢是生命最基本的特征，有生命存在，新陈代谢的过程就存在，新陈代谢一旦停止，死亡也即将来临。

生物体是一个开放体系，在其一生中，永远与外界环境发生着复杂的联系。生物体的生长发育、运动、思维活动等，无一不是通过机体的新陈代谢来实现的。以人体为例，人体内的水（指代谢水），每过一周就有一半为新的水分子所代替；人体中的蛋白质每 80d 就有一半被更新，其中肝脏、血浆内的蛋白质 10d 就更新一半；组成人体的原子，经过一年之后，98% 都可得到更新。

营养物质进入体内后，总是与体内原有的物质混合起来，经过某些化学变化，使体内的各种结构能够生长、发育、修补和更新；同时产生的废物，经由各排泄机构排出体外，即变成环境。这就是生物与环境之间的物质交换过程，一般称为物质代谢或新陈代谢。研究代谢可以说是从分子水平上进一步探讨生命的奥妙和规律。

三、新陈代谢的内容

（一）物质代谢和能量代谢

新陈代谢（metabolism）的内容包括物质代谢和能量代谢两个方面。前者着重讨论各种生物物质（糖、脂、蛋白质及核酸等）在细胞内发生酶促转化的途径及调控机制。它包括细胞自身旧物质的分解和新物质的形成。能量代谢着重讨论光能或化学能在细胞中向生物能（ATP）转化的原理和过程，以及生命活动对能量的利用。能量代谢和物质代谢是同一过程的两个方面。能量转化寓于物质转化过程之中。物质代谢必然伴有能量转化，或者放能，或者吸能。

（二）同化作用和异化作用

新陈代谢包括同化作用和异化作用两个方面的代谢过程。生物有机体把从环境中摄取的物质，经一系列的化学反应转变为自身物质的过程，称为**同化过程或同化作用**（**assimilation**），即从环境到体内，由小分子合成大分子物质的过程。因此，同化作用是一个吸能过程。生物体内的物质经一系列的化学反应、最终变为排泄物的过程称为**异化过程或异化作用**（**catabolism**），即从体内到环境，由大分子物质转交为小分子物质的过程，它是一个释放能量的过程。

在学习新陈代谢时，经常会遇到"合成代谢"和"分解代谢"。合成代谢指活细胞从内、外环境取得原料，合成自身的结构物质、储存物质和生理活性物质等的过程，需要供给能量，属于同化作用的范畴；分解代谢指有机物在细胞内发生分解的过程，释放化学能，并转化成生物能（ATP），属于异化作用的范畴。

同化作用和异化作用经常处于矛盾的斗争之中，一方面的存在以另一方向的存在为前提条件；在生物体内，没有同化作用，就没有异化作用，反之亦然。在同一时间内，生物体内旧的物质在分解而新的物质在合成。生物体内的物质，如蛋白质、糖类和脂类等的合成代谢和分解代谢统称为物质代谢。另外，生命的一切活动必须靠能量来启动，而能量来自体内有机物质的氧化分解。能量包括热能和自由能，后者对生物体有特别重要的意义。能量代谢包括需能反应和放能反应，同化作用是需要能量的物质代谢，异化作用是释放能量的物质代谢。

（三）中间代谢

新陈代谢，即生物体内外环境之间的物质交换过程应包括三个阶段：**消化**（**digestion**）、**吸收**（**absorption**）、**中间代谢**（**intermediary metabolism**）**和排出**（**excretion**）**废物**。如动物将消化吸收的营养物质和体内原有的物质不分彼此地进行利用，一方面进行分解代谢，从中获取能量；一方面进行组织的更新和建造。无论是分解代谢还是合成代谢、是能量代谢还是物质代谢，它们都是由酶催化的连续反应过程，这一系列的酶促反应称为中间代谢。反馈调节的意义就是防止过多产物的形成和堆积。生物化学重点研究中间代谢。

（四）呼吸熵

营养物质在体内氧化分解时要消耗氧，同时放出二氧化碳，二者的比值称为**呼吸熵**（**respiratory quotient，R. Q**）。呼吸熵是一个重要的代谢概念和研究方法。各种营养物质，因结构不同，碳、氢、氧比例不同，所以呼吸熵不同。糖类物质，以葡萄糖为例，其 R. Q = 1；脂肪的 R. Q = 0.70；蛋白质分子大，通过间接的方法，证明其呼吸熵为 0.80。通过呼吸熵的测定，可判断不同生理、病理情况下的能量消耗情况。

在代谢研究中，人们常使用食物的卡价来衡量某种食物在供能方面的情况。食物的卡价指单位质量的营养物质氧化产生的总能量，以 kcal（1kcal = 4.184J）计算称为食物的卡价。实验测知，糖类物质的卡价为 4.1，脂肪的卡价为 9.7，蛋白质的卡价为 5.7；由于蛋白质在体内氧化的终产物除了二氧化碳和水外，还有尿素，尿素再进一步氧化分解可产生 1.3kcal 的能量，这是丢失的能量，故蛋白质的卡价应为 4.4。

新陈代谢既然是在机体内发生的一系列变化过程，与物质在体外的氧化不同。如反应条件温和，是在体温、生理 pH 条件下进行的过程；新陈代谢所包括的化学反应虽多，但具有一定的顺序性；不同的生物，其营养物质不同，代谢途径不同，但基本的代谢过程十分相似。

同化作用和异化作用、分解代谢和合成代谢、物质代谢和能量代谢及它们之间的相互关系可概括如图 7 - 4 所示。

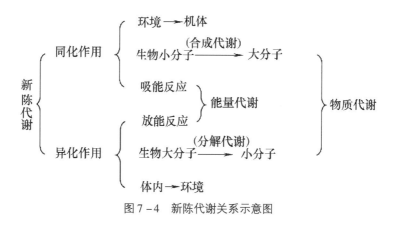

图 7-4　新陈代谢关系示意图

四、代谢的发生过程

(一) 代谢途径的概念

无论物质代谢还是能量代谢，分解代谢还是合成代谢，一般都是由多种酶催化的连续反应过程。所谓代谢途径就是细胞中由相关酶类组成的完成特定代谢功能的连续反应体系。细胞中具有某种代谢途径也就是指具有其酶系。代谢途径的组成可简单示意如下：

$$S \xrightarrow{E1} A \xrightarrow{E2} B \xrightarrow{E3} C \xrightarrow{E4} D \xrightarrow{E5} P$$

式中，S 代表代谢底物，P 代表产物，E 代表酶。从 S 到 P 之间的一系列过渡产物称为中间产物。底物、中间产物、终产物统称为代谢物。不同代谢途径所具有的相同的中间产物称为公共中间产物。通过共同中间产物可实现途径间的互相联系，调节代谢物质的流向，维持细胞中各种物质的代谢平衡。

(二) 分解代谢的一般过程

几乎所有生物都具有分解利用有机物的能力，总览有机营养物质（糖、脂、蛋白质等）分解代谢的发生过程，可以分为四个阶段，如图 7-5 所示。

第一阶段是生物大分子的降解阶段，即消化过程。外源生物大分子通过消化作用降解，内源生物大分子通过胞内酶催化降解，分解为其单体分子，即多糖分解为己糖或戊糖，蛋白质分解为氨基酸，脂肪分解为甘油和脂肪酸等。这些降解反应途径都很短，仅有几种酶催化，不产生可利用的能量。

降解各种生物大分子的酶类都不止一种，单由一种酶一般不能将生物大分子完全降解成单体。如果生物体不能分泌使某种生物大分子完全降解的多组分酶系，它就不能独立地利用这种大分子作为营养源。例如，人体和高等动物不产生纤维素酶，因此不能消化纤维素；酒精酵母不能分泌淀粉糖化酶，因而需要有黑曲霉或其他产糖化酶的微生物先将淀粉原料分解为葡萄糖，才能供其发酵生产酒精。

第二阶段是单体分子的初步降解阶段。细胞都具有特定的分解代谢途径，分别将单糖、氨基酸、脂肪酸等单体分子进行不完全分解。例如葡萄糖的酵解途径（EMP）、脂肪酸的 β - 氧化降解、氨基酸氧化脱氨分解等。各种单体分子不管其结构和性质差别多大，经过第二阶段的有关代谢途径都能巧妙地被降解成少数几种中间产物，主要有丙酮酸和二碳碎片——乙酰基（与CoASH 结合成乙酰 CoA）。因此，第二阶段起到了殊途同归、把多形性的底物分子向一体化结

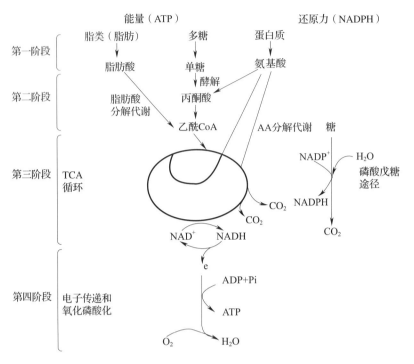

图 7 – 5 有机物质分解代谢的一般发生过程

构集中的作用，为最后纳入同一代谢途径进行完全分解创造了条件。

在不完全降解过程中有部分能量释放，可为细胞提供少量 ATP 和一定数量的还原型辅酶。

各种单体分子除了生成乙酰 CoA 的分解途径之外，还有其他降解途径，例如糖的 HMP、ED 途径等。各种降解途径都有其特定的生理意义，有的还与某些发酵产品的生成和积累有密切关系。

第三阶段是乙酰基完全分解阶段——三羧酸（TCA）循环。三羧酸循环途径是各种营养物质分解所生成的乙酰基集中燃烧的公共途径。经过三羧酸循环，乙酰基完全分解，碳原子氧化成二氧化碳，并有少量能量释放，生成 ATP。大量的化学能从氢原子对 2H（$2H^+ + 2e^-$）的形式转入还原型辅酶分子，还原型辅酶再将氢原子对送入呼吸链进行氧化放能，三羧酸循环在中间代谢中处于特别重要的地位，与生产实践也有密切关系。

第四阶段是氢的燃烧阶段。这是有机物氧化分解的最后一个环节。主要包括电子传递过程和氧化磷酸化作用。在线粒体内膜上由多种色素蛋白组成的呼吸链是使二、三阶段生成的氢原子对（$2H^+ + 2e^-$）完全氧化的组织体系，也是细胞中有机物氧化分解释放能量的主要部位。例如，葡萄糖有氧分解时，90% 以上的化学能是在呼吸链阶段释放的，其中 40% 以上的能量通过伴随发生的氧化磷酸化反应转化为 ATP 的高能键，供生命活动需要。细胞所需 ATP 主要由这里供应。

（三）合成代谢的一般过程

生物合成包括组建生物大分子所需单体分子的合成、生物大分子的合成、细胞结构的组建、生理活性物质及次生物质的合成等。所有生物合成都是需能酶促反应过程。需要核苷三磷酸，主要是用 ATP 供能，也有些生物合成所需能量是由 GTP、CTP 和 UTP 提供的。所有生物合成过程都需还原型辅酶（NADPH）供应还原力。除了营养贮存物质之外，一般正常生理状态下的生物合成都遵循细胞经济学的原理，用多少，合成多少。合成途径的启、闭、快、慢都受细胞调节系统调节。

不同生物类群的生物合成能力有所不同，所用的原材料和能量来源也不尽相同。但是，一切活细胞都需要自行合成本身所需要的种种生物大分子。

总览合成代谢概貌，以蛋白质、多糖、脂类和核酸合成过程为主体，可以分为三个阶段：原料准备阶段、单体分子合成阶段、生物大分子合成阶段。

生物合成所需的碳源、氮源、能量和还原力（NADPH）主要通过分解代谢供应。从这种意义上讲，分解代谢可以视为合成代谢的原料准备阶段。呼吸链水平上的氧化磷酸化源源不断地供应能量。分解代谢的第二、三阶段都可为合成异质性单体分子提供素材和还原力。

一种供应丰富的单体分子，不论是单糖、脂肪酸或者是氨基酸，在细胞内即可直接用于生物大分子的合成，也可分解，参加异质性转化，即由一种营养物质转化为细胞的其他物质。特别是单糖分解生成的丙酮酸、乙酰 CoA，HMP 途径的多种中间产物以及三羧酸循环的中间产物，可分别作为氨基酸、脂肪酸、核苷酸等单体分子生物合成的前体。有的异质性转化还需要某些无机物参加，例如微生物利用糖的分解代谢中间产物合成氨基酸时，需要有无机氮参加。

自养生物所需要的单糖、脂肪酸、氨基酸、核苷酸等各种单体分子及其他生理活性物质，生物自身都能合成。高等动物和人体有几种氨基酸和脂肪酸及维生素等生理活性物质，自身不能合成，需要靠植物和微生物供给。微生物的生物合成能力差别很大，大多数类群都能合成自身所需要的单体分子，有些微生物缺乏合成某些单体分子的能力，这些自身不能合成的单体分子则为其生长限制因子，必须由外界供给。

对于异养生物而言，分解代谢是生物合成的先决条件，具有充足的营养源被分解能为生物合成供应必需的原料和能量。

在单体分子、能量和还原力都具备的条件下，细胞都能进行生物大分子的合成。核酸和蛋白质分子的合成需要由核酸作模板。脂类和多糖的生物合成虽然不需要模板，但参加合成反应的酶仍是 DNA 指导合成的。生物大分子的合成同样受代谢调节机制的调节。

五、代谢的研究方法

代谢研究的方法很多。代谢研究方法的选择，要考虑研究的对象和所要解决的问题。主要有以下几种方法：

（一）同位素示踪法

同位素示踪法也称体内水平的代谢研究，指将含有放射性同位素的物质参与代谢反应，测试该基团在不同物质间的转移情况，来认识代谢过程。原子序数相同、化学性质相同、但质量不同的元素称为某元素的同位素，即同位素的质子数相同，中子数不同。同位素有稳定同位素和放射性同位素两种。天然同位素都是稳定同位素。放射性同位素的核能够自己发生变化，放出带有电荷的粒子或不带电荷的射线。稳定同位素和放射性同位素都可用于代谢研究，但放射性同位素要比稳定同位素应用方便些。

对于所有的元素，都能用人工的方法得到它们的放射性同位素；放射性同位素都有一定的半衰期。生物化学研究中常用的放射性同位素有：氚（^1H，半衰期为 12 年）、碳 14（^{14}C，半衰期为 5100 ~ 5730 年）、磷 32（^{32}P，半衰期为 14d）、碘 131（^{131}I，半衰期为 8d）、钙 45（^{45}Ca，半衰期为 152d）和硫 35（^{35}S，半衰期为 88d）。

同位素示踪法简便、灵敏度高、特异性强，是物质代谢研究中十分重要的方法。

（二）酶抑制剂和拮抗物的应用

应用酶抑制剂和拮抗剂的研究也称体外水平的代谢研究。由于代谢反应都是酶促反应，使用某种酶的抑制剂或抗代谢物，观察某一反应被抑制后的结果，从而推测某物质在体内的代谢变化。这些实验一般在体外进行，所以称为体外水平的代谢研究。

（三）整体水平的代谢研究

整体水平的代谢研究如克诺普（Knoop）以活的动物犬为实验对象，给犬喂不同碳原子数的脂肪酸后对它的排泄物成分进行化学分析，提出了脂肪酸 β – 氧化作用的学说。

（四）器官水平代谢研究

器官水平代谢研究如对排尿素动物尿素合成部位的研究。切除动物的肝脏后，发现动物血液中氨基酸水平和血氨水平均升高，而尿中尿素含量下降，动物不久即死亡，而切除肾脏却无此现象，说明肝脏与尿素合成有关。

（五）细胞、亚细胞水平的代谢研究

新陈代谢所包括的所有反应几乎都是酶催化的过程。将组织匀浆液进行差速离心或密度梯度离心，可分离到不同的亚细胞成分。由于不同的亚细胞成分所含有的酶系不同，功能不同，因而发现了糖类物质、脂类物质的分解代谢主要是在线粒体中进行的，而脂肪酸的合成主要是在胞浆中进行的。一些亚细胞成分及所含的酶系如表 7 – 6 所示。

表 7 – 6　　　　　　　　　一些亚细胞成分及所含的酶系

亚细胞成分	所含的酶	亚细胞成分	所含的酶
线粒体	细胞色素氧化酶，琥珀酸 – Q 还原酶，NADH 脱氢酶，三羧酸循环酶系，脂肪酸氧化酶系等	过氧化物酶体	过氧化氢酶，尿酸氧化酶等
细胞核	DNA 聚合酶，RNA 聚合酶和连接酶等	溶酶体	水解酶类如磷酸酶，核糖核酸酶，溶菌酶，磷脂酶，脂肪酶等
微粒体	甲基化酶，羟化酶（混合功能氧化酶）等		

（六）自由能判断

宏观世界的热力学规律在微观生物体细胞内仍然适用，代谢反应同样需要遵循热力学定律与自由能规律。当体系在恒温、恒压下发生变化时，$\Delta G = \Delta H - T\Delta S = -W$（$W$ 为体系对外所做的功）。当 $\Delta G < 0$ 时，$W > 0$，体系对外做功，该反应可自发进行；当 $\Delta G = 0$ 时，$W = 0$，该反应过程为可逆过程；当 $\Delta G > 0$ 时，$W < 0$，该反应不可自发进行，必须吸收外来能量才能进行，同时，该反应的逆过程可以自发进行。通过以上逻辑判断，能够对代谢的过程和方向性进行推断。

习题

1. 名词解释

free energy, energy – rich bond, energy rich phosphate compounds, metabolism, digestion

2. 在体内 ATP 有哪些生理作用?

3. 熵是重要的热力学参数,可以通俗地表述为系统的混乱度。热力学第二定律表明,宇宙正向着熵值增大的状态发展。但是活的生物体却能从熵值较大或较无序的原料不断地制造熵值较小或高度有序的结构。这种过程是否违背热力学第二定律?

4. 鸡蛋中含有蛋白质、糖和脂。在孵化器中,鸡蛋能够从一个卵细胞转变成一个复杂的生物体。试根据该生态系统及环境、宇宙的熵变,讨论这个不可逆过程。

5. 在 pH 7.0 的标准条件下,ATP 水解释放的自由能为 –30.5kJ/mol。如果环境 pH 变为 5.0,而其他条件不变,ATP 水解释放的自由能是变多还是变少?为什么?

6. 在研究关于酶本质的探索中,生物学家巴斯德和化学家李比希曾发生争论。了解他们的观点,并对比分析他们观点的正确性和局限性。

第八章

糖的分解代谢

葡萄糖是生物体内主要的营养分子和能源分子。1mol 葡萄糖完全氧化成二氧化碳和水，大约释放出 2840kJ 的自由能。葡萄糖不仅是很好的能源物质，而且也是一种多用途的前体。葡萄糖代谢产生的许多中间物可以作为生物合成的起始物。因此，在生物体内，葡萄糖的代谢处在物质代谢的中心位置。异养生物所需要的葡萄糖主要是由淀粉水解产生的。

在高等植物和动物体内，葡萄糖主要有三种不同的去向：① 以多糖（如淀粉、糖原）或蔗糖的形式贮存，或者合成细胞外基质和细胞壁多糖；② 可以经糖酵解途径转变成丙酮酸；③ 经氧化性脱羧转变成磷酸戊糖。葡萄糖代谢的主要途径如图 8-1 所示。本章主要介绍糖的分解代谢途

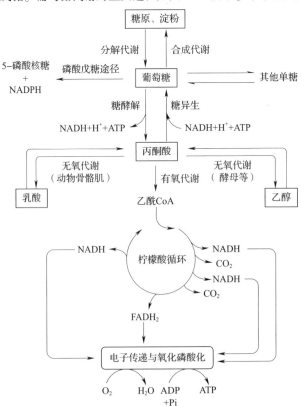

图 8-1　葡萄糖在生物体内的主要代谢途径

径——糖酵解途径、柠檬酸循环和磷酸戊糖途径。糖的合成和糖原的代谢将在第十章中介绍。

第一节　淀粉的降解及其在体内的消化吸收

一、淀粉的降解

糖类物质是生物体的基本营养物质和重要组成部分，是生物体在生命活动中的主要能源和碳源，同时也是现代发酵工业中最常用的原料。食物中含量最多的糖类是淀粉。植物的种子、果实、块根、块茎等中都含有大量的淀粉。淀粉经消化系统水解为葡萄糖后才能被人体吸收。哺乳动物可以将来自食物的淀粉在口腔中经唾液 α **- 淀粉酶**（α **- amylase**）进行局部降解。唾液 α - 淀粉酶是一种淀粉内切酶，它水解糖链内部的 α（$1{\rightarrow}4$）糖苷键。降解的产物在胃部进一步经受非酶促水解后，进入到小肠。经过分泌到小肠的胰 α - 淀粉酶、极限糊精酶以及 α（$1{\rightarrow}6$）糖苷键等酶的协同作用，最终可将淀粉完全水解成葡萄糖。消化产生的葡萄糖经小肠黏膜细胞吸收，进入血液，经血液运输到达各组织，然后经细胞膜上的专一性的载体蛋白转运到细胞内。

淀粉酶除了在哺乳动物体内帮助淀粉的消化吸收外，在食品和发酵工业中常用于淀粉糖的制备。通常将能够催化淀粉（或糖原）分子及其片段中的 α - 葡萄糖苷键水解的酶，统称为淀粉酶。根据其作用特点，淀粉酶大致可分为四种主要类型：α - 淀粉酶、β - 淀粉酶、γ - 淀粉酶和异淀粉酶。

（一）α - 淀粉酶

α - 淀粉酶又称液化酶、淀粉 -1，4 - 糊精酶，它的系统名称为 α -1，4 - 葡聚糖葡聚糖水解酶，编号 EC3. 2. 1. 1。它是一个内切酶，能够从淀粉分子内部随机切断 α -1，4 - 糖苷键（图 8 -2），但是不能水解 α -1，6 - 糖苷键和与非还原性末端相连的 α -1，4 - 糖苷键，因此生成物主要是含有 α -1，6 - 糖苷键的各种分支糊精和少量的 α - 型的麦芽糖和葡萄糖。

α - 淀粉酶的作用特点是底物分子越大（即淀粉链越长），水解效率越高，导致淀粉溶液的黏度迅速下降（故又称液化酶）。当淀粉被水解成为短链糊精时，水解速度迅速下降，进一步水解需要很长时间。

α - 淀粉酶是一个钙金属酶，每分子中含有一个钙离子。哺乳动物的 α - 淀粉酶需要 Cl^- 激活，而植物和微生物的 α - 淀粉酶则不需要。α - 淀粉酶的热稳定性较好，高温 α - 淀粉酶（嗜热芽孢杆菌产）在 110℃ 高温仍能液化淀粉。Ca^{2+}、Na^+、Cl^- 和淀粉底物都能提高该酶的稳定性，当氯化钠和氯化钙同时存在时，效果更显著。

（二）β - 淀粉酶

β - 淀粉酶又称淀粉 -1，4 - 麦芽糖苷酶，它的系统名称为 α -1，4 - 葡聚糖麦芽糖苷酶，编号 EC3. 2. 1. 2。它是一种外切酶，从淀粉分子的非还原性末端，依次切割 α -1，4 - 麦芽糖苷键，沿着淀粉链每次水解掉两个葡萄糖单位，生成 β - 型麦芽糖。由于其只能从淀粉链的外部开始依次进行水解，因此水解速度较慢。该酶不能水解和越过 α -1，6 - 糖苷键，当其作用于

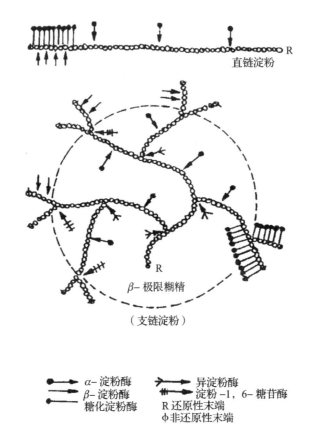

直链淀粉

β-极限糊精

（支链淀粉）

→● α-淀粉酶 → 异淀粉酶
→ β-淀粉酶 → 淀粉-1,6-糖苷酶
糖化淀粉酶 R 还原性末端
φ非还原性末端

图8-2 几种淀粉酶的水解部位

支链淀粉时，遇到分支点即停止作用，剩下的大分子糊精被称为 β-极限糊精。β-淀粉酶在催化淀粉 α-1,4-葡萄糖苷键水解的同时，使生成的游离半缩酸羟基发生转位，使产物由 α-型转变为 β-型，生成 β-麦芽糖，因此，被命名为 β-淀粉酶。

（三）γ-淀粉酶

γ-淀粉酶又称糖化酶、葡萄糖淀粉酶，它的系统名称为 α-1,4-葡聚糖葡萄糖水解酶，编号 EC3.2.1.3。它是一种外切酶，从淀粉分子的非还原性末端，依次切割 α-1,4-葡萄糖苷键，将葡萄糖一个一个水解下来，并且也发生转位作用，产生 β-葡萄糖。同时，该酶的专一性不严格，也可缓慢水解 α-1,6 和 α-1,3 糖苷键。对于支链淀粉，当水解到分支点时，γ-淀粉酶一般先将 α-1,6-葡萄糖苷键断开，然后继续水解，所以能将支链淀粉完全水解成葡萄糖。

（四）异淀粉酶

异淀粉酶又称淀粉-1,6-葡萄糖苷酶，它的系统名称为葡聚糖-6-葡聚糖水解酶，编号 EC3.2.1.33。动、植物和微生物都产生异淀粉酶，根据其来源和作用特点，又被称为脱支酶、Q 酶、R 酶、普鲁蓝酶和苗霉多糖酶等。该酶是一种内切酶，专一性水解支链淀粉或糖原的 α-1,6 糖苷键，生成长短不一的直链淀粉（糊精）。

二、糖类物质在体内的消化吸收

人体唾液中含有 α-淀粉酶，可以催化淀粉的水解，但因食物在口腔中停留的时间短，食物的水解程度不大。当食物进入胃后，随着胃液将食物团浸透，这种酸性条件阻抑了唾液淀粉酶的作用，但食物中的蔗糖成分可在胃的酸性条件下水解为果糖和葡萄糖。

肠腔中含有来自胰腺的 α – 淀粉酶。此酶的作用与唾液中的 α – 淀粉酶相似，都可催化淀粉的 α –（1→4）糖苷键水解，形成葡萄糖、麦芽糖、麦芽寡糖（2~9 个葡萄糖分子）和带有 α –（1→6）糖苷键的寡糖 α – 糊精。小肠黏膜上皮细胞含有丰富的糊精酶，可将 α – 糊精进一步水解为葡萄糖。此外，胰液中还含有麦芽糖酶、蔗糖酶和乳糖酶等，这些酶将麦芽糖、蔗糖和乳糖水解为葡萄糖、果糖和半乳糖等单糖，在小肠上部即可被吸收。

在肠黏膜上皮细胞刷状缘上有特异的载体蛋白选择性地把各种单糖转运入细胞内。因载体蛋白对各种单糖的结合能力不同，故各种单糖的吸收速率不同。单糖的吸收速率：

$$D – 半乳糖 > D – 葡萄糖 > D – 果糖 > D – 甘露糖 > D – 木糖 > L – 阿拉伯糖$$

糖的吸收是消耗能量的主动运输，图 8 – 3 是单糖的跨膜运输示意图。进入肠黏膜上皮细胞的各种单糖，经门静脉进入肝脏，其中一部分转变成肝糖原，一部分经肝静脉进入血液循环运输到全身组织。血中的葡萄糖又称血糖，是糖在体内的运输形式。血糖随血液流经各组织时，也有一部分在各组织中转变为糖原，其中以肌糖原最多。

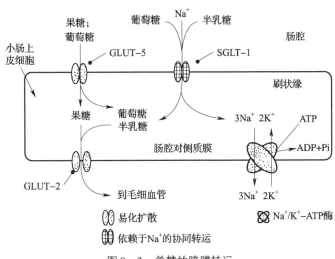

图 8 – 3　单糖的跨膜转运

GLUT—糖转运蛋白　SGLT—糖协同转运蛋白

[知识拓展]

在动物细胞膜上存在几种葡萄糖的转运载体（即转运蛋白，GLUT），它们构成了一个蛋白质家族。每种转运载体由单一肽链（约含 500 个氨基酸残基）构成。在热力学上，这些转运载体能调节葡萄糖跨膜转移。

GLUT1 和 GLUT3 几乎存在于哺乳动物所有组织，担负葡萄糖的基本吸收作用。两者对葡萄糖的 K_m 大约是 1mmol/L，远低于血清葡萄糖的水平。因此，GLUT1 和 GLUT3 能以基本恒定的速度转运葡萄糖。

GLUT2 存在于肝和胰 β 细胞中。该转运载体对葡萄糖有很高的 K_m（是 15~20mmol/L），因此，只有当血液中有很高浓度的葡萄糖存在时，葡萄糖才会在生物学意义上被转运进入这两个组织；胰因感应葡萄糖的水平而调整胰岛素分泌的速度。胰岛素发出信号，从血液中移走葡萄糖，以糖原的形式储存起来，或者转化成脂肪。GLUT2 对葡萄糖的高 K_m 也将保证只有当葡萄糖处在极为丰富的时候才能快速进入肝细胞。

GLUT4 对葡萄糖的 K_m 是 5mmol/ L，它起着将葡萄糖转运到肌肉和脂肪组织中的作用。在胰岛素（它发出食物状况信号）存在下，质膜中 GLUT4 转运载体的数量能快速增加。因此，胰岛素能启动肌肉和脂肪组织对葡萄糖的吸收。持续的运动能增加肌肉质膜中该转运载体的水平。

GLUT5 存在于小肠细胞膜中，主要起着果糖转运载体的作用。

第二节 糖 酵 解

糖酵解（**glycolysis**）是生物体最重要的分解代谢途径之一，它几乎发生在所有的活细胞中。通过该途径，葡萄糖或其他单糖在无氧的情况下经酶催化氧化降解，生成**丙酮酸**（**pyruvate**）并产生 NADH 和少量的 ATP。某些非糖物质（如甘油）也可以间接地通过此途径进行氧化分解，糖酵解是很多哺乳动物组织和细胞（红细胞、脑等）唯一代谢能量来源。糖酵解是糖代谢第一个被阐明的代谢途径。为了纪念 G. Embden，O. Mayerhof 和 Parmas 等人对阐明糖酵解过程所作出的贡献，故将糖酵解途径也称为 **Embden – Mayerhof pathway**，简称 **EMP 途径**。

由于糖酵解和葡萄糖发酵的代谢途径相似，且均**不需要氧的参加**，人们常常把它们混为一谈。早在 1875 年，法国著名的科学家 L. Pasteur 就发现，在无氧条件下，酵母菌能将葡萄糖转化为乙醇和二氧化碳，称为发酵作用。发酵作用是酵母菌及其他厌氧微生物体内所进行的无氧糖代谢过程。发酵和糖酵解，只是它们的最终产物不同。对于发酵，不同的生物体的产物也不同，如乳酸菌将葡萄糖发酵成乳酸；酵母菌将葡萄糖发酵成乙醇。高等动物的肌肉组织，在剧烈活动时处于缺氧状态，糖原或葡萄糖被酵解成丙酮酸，继而还原成为乳酸（详见本节丙酮酸在无氧条件下的去路）。

一、糖酵解途径中的物质及能量变化

1. 糖酵解的反应历程及相关的酶

糖酵解从葡萄糖的磷酸化或糖原的磷酸解开始，经一系列反应生成丙酮酸，总共包括 10 个酶促反应步骤（图 8 – 4）。这 10 步反应可划分成两个阶段：

（1）葡萄糖的活化和降解阶段；

（2）氧化产能阶段，生成 NADH 和 ATP。

（1）己糖磷酸的生成（葡萄糖分子活化，第 1~3 步）

① 进入到细胞中的葡萄糖只有被磷酸化后才能进一步代谢反应。**己糖激酶**（**hexokinase**）能够催化葡萄糖与 ATP 反应，接受来自 ATP 分子上的末端（γ – 位）的磷酸基，生成 **6 – 磷酸葡萄糖**（**glucose – 6 – phosphate，G – 6 – P**），同时消耗一分子 ATP。其反应过程如下：

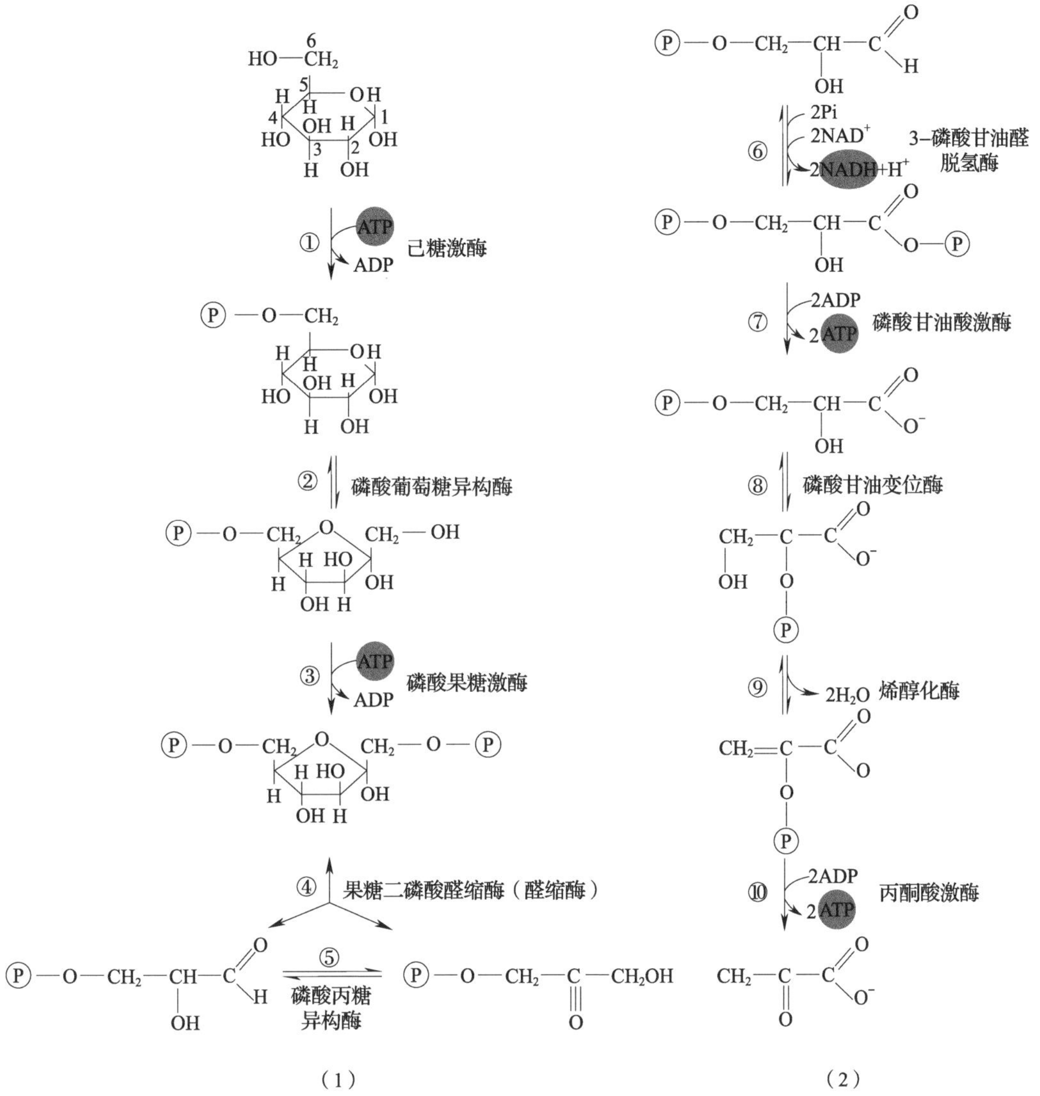

图 8-4　糖酵解（EMP）途径

（1）第一阶段，葡萄糖的磷酸化及降解（六碳糖转变成三碳糖）

（2）第二阶段，3-磷酸甘油醛转变成丙酮酸

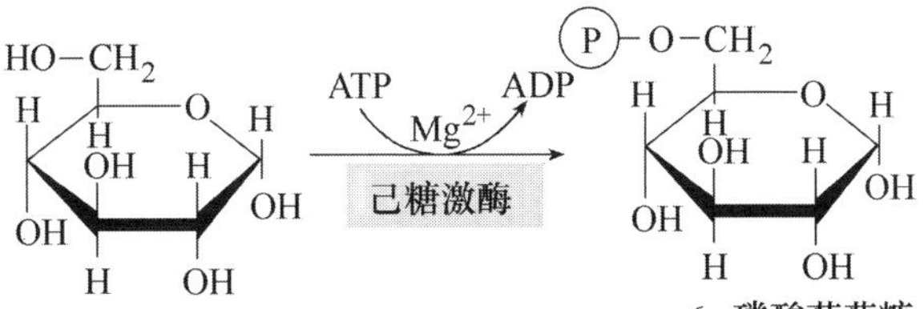

6-磷酸葡萄糖

在生物化学上，磷酸基的转移反应是一个基本的反应。能够催化磷酸基从 ATP 转移到某受体分子的酶称为**激酶（kinase）**。激酶需要两价的金属离子（通常是 Mg），以 Mg^{2+} - ATP 的形式（图 8-5）参与酶促反应。未结合 Mg^{2+} 的 ATP 是激酶的一种潜在竞争性抑制剂。Mg^{2+} 可以掩盖 ATP 分子中磷酸基氧原子的负电荷，使 ATP 的 γ - 位磷原子对葡萄糖 C_6 位的羟基的亲核攻击易于接受。

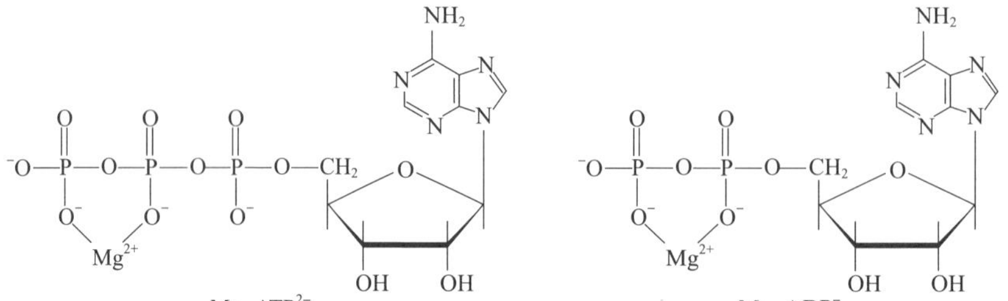

图 8 – 5 　 Mg^{2+} – ATP 和 Mg^{2+} – ADP 复合物

X 射线晶体衍射分析表明，底物葡萄糖能够诱导酵母己糖激酶的构象发生较大的变化。当葡萄糖进入到己糖激酶裂口状的活性部位时，构象的变化导致裂口状活性部位收缩，吞没底物分子（图 8 – 6）。这种构象运动有利于 ATP 靠近葡萄糖的 C_6 位的羟基，同时将水分子从活性部位排出。水分子的排出，减少了活性部位的极性，从而加速了亲核反应的过程。

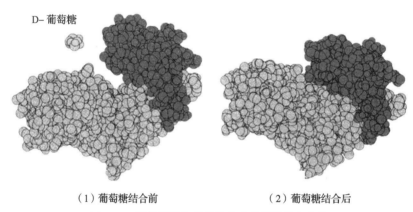

（1）葡萄糖结合前　　　　　　（2）葡萄糖结合后

图 8 –6 　己糖激酶与葡萄糖结合前后的构象变化

己糖激酶广泛存在与生物体中，是组成型酶，专一性不强。该酶也能催化 D – 甘露糖和 D – 果糖的磷酸化反应。对高等动物来讲，其生理功能是确保细胞（即使在血糖浓度较低的情况下），尤其是脑细胞和红细胞能持续地利用葡萄糖供能。

肝细胞含有一种对葡萄糖有较强专一性的**葡萄糖激酶（glucokinase）**，是诱导型酶。它只能催化葡萄糖的磷酸化。它与己糖激酶在动力学性质和调节性质方面有所不同，葡萄糖激酶对葡萄糖的亲和力远小于己糖激酶，前者的 K_m 为 10mmol/L，而后者的 K_m 为 0.1mmol/L，它们之间相差 100 倍。葡萄糖激酶只有在血糖浓度处于较高水平时，它才会被诱导表达并表现出活性，因此，该酶的主要生理功能是使葡萄糖磷酸化为糖原的合成以及脂肪酸的合成做准备，同时清除饱餐后血液中过多的葡萄糖，有助于稳定血糖水平。

②6 – 磷酸葡萄糖在磷酸己糖异构酶的作用下异构化，转变为 6 – 磷酸果糖。

这种醛糖和酮糖的转换是十分必要的，因为在 6 – 磷酸葡萄糖分子中，C_1 位的羰基（在链状结构中）或半缩醛羟基（在环状结构中）不像醇羟基那样易于磷酸化，因此，6 – 磷酸葡萄糖经异构化转变成 6 – 磷酸果糖（F – 6 – P）就为第二次磷酸化做好了准备。其反应过程如下：

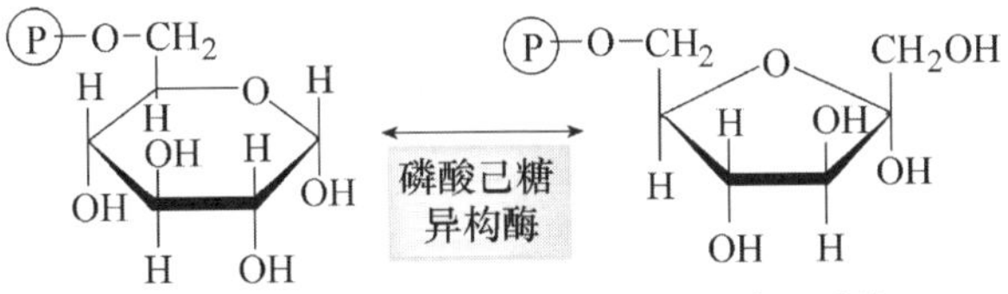

6-磷酸葡萄糖　　　　　　　　6-磷酸果糖

③6-磷酸果糖在磷酸果糖激酸催化下生成1,6-二磷酸果糖，同时消耗一分子 ATP。其反应过程如下：

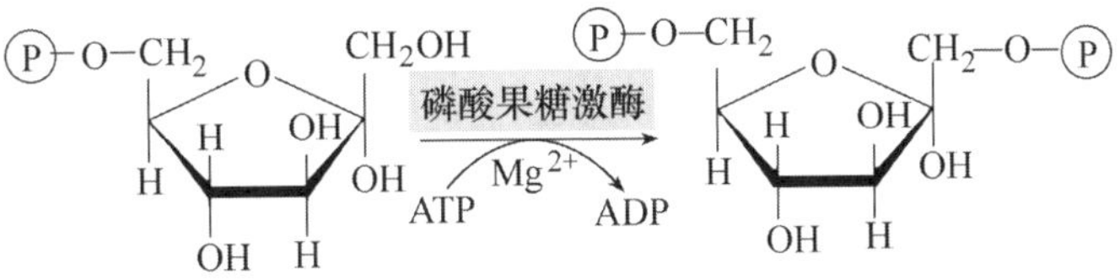

6-磷酸果糖　　　　　　　　1,6-二磷酸果糖

催化这一步反应的酶通常为磷酸果糖激酶-1（phosphofructokinase-1，PFK-1），有别于细胞内同样以 F-6-P 为底物的磷酸果糖激酶-2（PFK-2），PFK-1 的产物是1,6-二磷酸果糖，而 PFK-2 的产物是2,6-二磷酸果糖（F-2,6-BP）。

磷酸果糖激酶催化的反应与己糖激酶类似，该酶催化 F-6-P 的 C_1 位羟基亲核攻击 Mg^{2+}-ATP 的 γ-位磷原子。磷酸果糖激酶处在糖酵解反应顺序的关键调节部位，催化该途径的限速反应步骤。磷酸果糖激酶的活性受到多种效应物的控制。

(2) 磷酸丙糖的生成（己糖降解，第4~5步）

④ 在醛缩酶作用下，1,6-二磷酸果糖裂解成二分子的磷酸丙糖，即3-磷酸甘油醛和磷酸二羟丙酮。其反应过程如下：

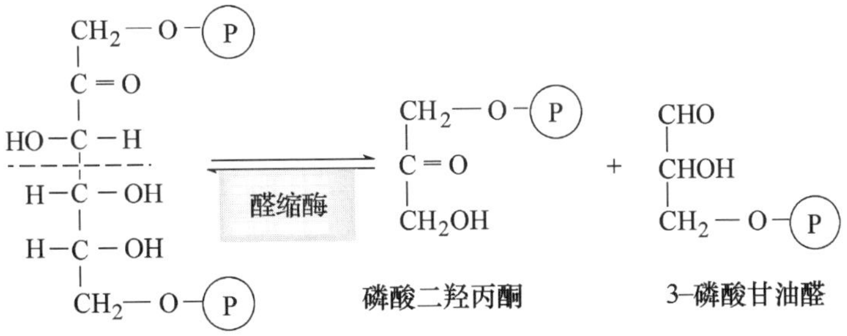

1,6-二磷酸果糖　　　　　　磷酸二羟丙酮　　　　　3-磷酸甘油醛

⑤磷酸二羟丙酮在磷酸丙糖异构酶的作用下很容易转变为3-磷酸甘油醛。其反应过程如下：

磷酸二羟丙酮　　　　　　　　　　　3-磷酸甘油醛

(3) 丙酮酸的生成（氧化产能，第6~10步）

⑥3-磷酸甘油醛在3-磷酸甘油醛脱氢酶的催化，脱氢氧化和磷酸化，生成含一个高能磷酸键的1,3-二磷酸甘油酸。在此反应中脱下的氢原子被其辅酶 NAD^+ 接受而转变为 $NADH + H^+$。

由于细胞只含有限量的 NAD$^+$，因此，该反应中生成的 NADH 必须重新氧化再生成 NAD$^+$，才能保证糖酵解整个反应的继续发生（关于 NAD$^+$ 的再生方法见后续内容）。其反应过程如下：

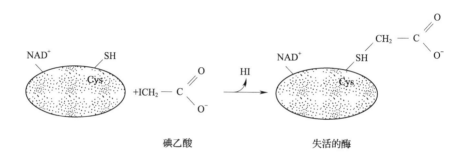

在氧化反应中，醛基转变成了超高能量的酰基磷酸。1，3 – 二磷酸甘油酸的羰基碳所连接的酰基磷酸是磷酸与羧酸的混合酐。这种酐形成所需的能量来自醛基的氧化。

3 – 磷酸甘油醛脱氢酶是一个变构酶，由四个亚基组成，具有负协同效应。位于活性中心的半胱氨酸的—SH 是酶活性中心的必需基团，因此，烷化剂（如碘乙酸）和重金属对该酶有不可逆抑制作用。3 – 磷酸甘油醛脱氢酶失活和催化 3 – 磷酸甘油醛脱氢的机制如图 8 – 7 所示。

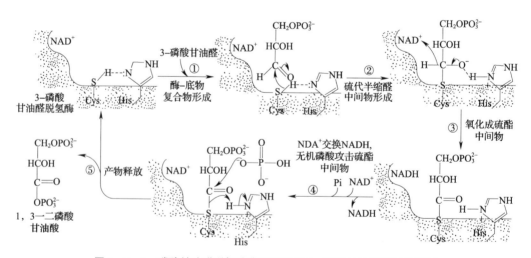

图 8 – 7　3 – 磷酸甘油醛脱氢酶失活和催化 3 – 磷酸甘油醛脱氢的机制

⑦ 1，3 – 二磷酸甘油酸在磷酸甘油酸激酶催化下，将高能磷酸键转给 ADP，生成 ATP，本身则转变为 3 – 磷酸甘油酸。其反应过程如下：

上述两步反应总的结果是醛氧化成羧酸，所释放出来的能量通过偶联形成 ATP 的方式被保存下来。这里引出一个"底物水平磷酸化"的概念。

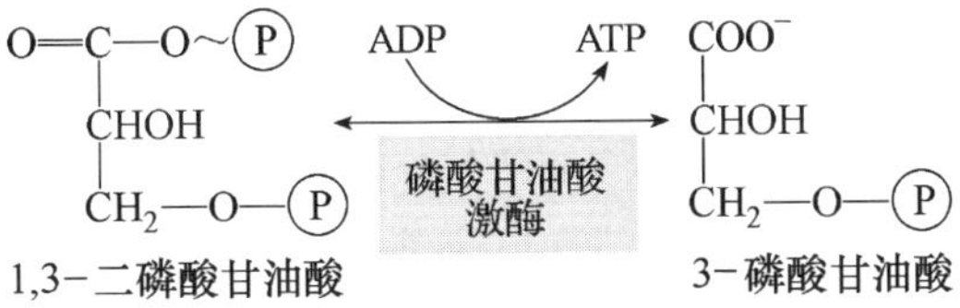

1,3-二磷酸甘油酸　　　　　　　　　　3-磷酸甘油酸

底物水平磷酸化（substrate – level phosphorylation） 是指在底物被氧化的基础上释放出的能量推动 ADP 磷酸化合成 ATP 的反应。底物水平磷酸化与氧化磷酸化（将在第九章第二节中介绍）合成 ATP 是不同的。底物水平磷酸化是直接与代谢途径中的某个特殊的反应相偶联，而氧化磷酸化是电子沿呼吸链传递所产生的质子推动力造成的。

⑧ 3 – 磷酸甘油酸在磷酸甘油酸变位酶作用下转变为 2 – 磷酸甘油酸。其反应过程如下：

3-磷酸甘油酸　　　　　　　　　　　2-磷酸甘油酸

变位酶是一类催化分子内化学基因移位反应的酶，在酶学分类上属于异构酶类。

⑨ 2 – 磷酸甘油酸经脱水，分子内能量重新分布而形成了磷酸烯醇式丙酮酸（PEP）。

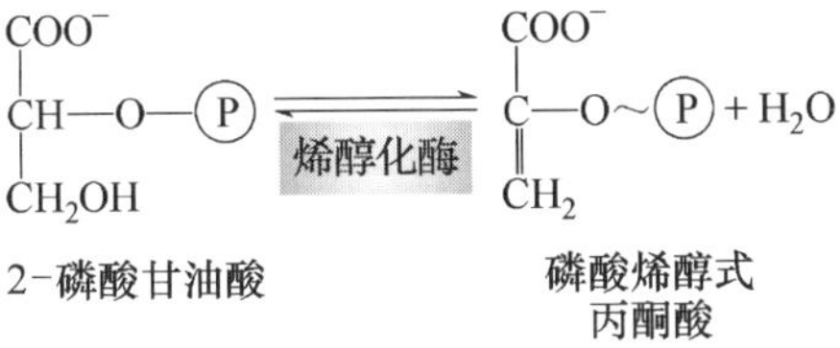

2-磷酸甘油酸　　　　　　　　磷酸烯醇式
　　　　　　　　　　　　　　　丙酮酸

磷酸烯醇式丙酮酸含有一个超高能量的磷酸基，具有很高的转移磷酸基的势能。该反应需要二价的金属离子 Mg^{2+} 或 Mn^{2+}。当磷酸烯醇式丙酮酸水解时，可以释放出很高的自由能（$\Delta G^{0'} = -61.9kJ/mol$）。这是因为在烯醇化酶的催化下，底物分子内部的 C_2 和 C_3 位分别发生了氧化和还原。产物磷酸烯醇式丙酮酸在热力学上是一种高度不稳定的形式，具有强烈的由烯醇式转变成酮式的趋势。

烯醇化酶在与底物结合之前先与 Mg^{2+} 结合成复合物。该酶在氟离子（F^-）和磷酸盐同时存在下失去活性。因为氟离子与磷酸基形成的氟磷酸离子能结合 Mg^{2+}，所以氟化物是烯醇化酶的有效抑制剂。若在酵解途径中加入氟化物，必然造成磷酸甘油酸以及磷酸甘油积累。由于反应被抑制，后续过程不能继续进行，3 – 磷酸甘油醛脱氢酶催化生成的 NADH 没有受氢体，于是迫使磷酸二羟丙酮作为受氢体还原为磷酸甘油。

⑩ 在丙酮酸激酶催化下，磷酸烯醇式丙酮酸分子内的能量转移到 ADP 分子上形成 ATP，自身变为烯醇式丙酮酸，烯醇式丙酮酸可自发转变为丙酮酸。其反应过程如下：

由于磷酸烯醇式丙酮酸是一种超高能量的磷酸化合物，有很高的磷酸基因转移势，当它的

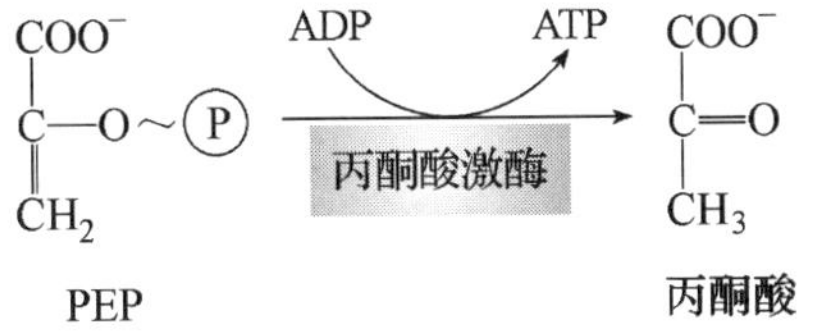

PEP　　　　　　　　　　　　　　　丙酮酸

磷酸基被转移时，足以推动 ATP 的合成。这是糖酵解反应顺序中的第二次底物水平磷酸化。

2. 糖酵解过程中的能量变化

糖的无氧代谢过程是在细胞浆的可溶性部分（胞液）中进行的。胞液中 NAD/NADH 比值约为 108，远较线粒体中 NAD/NADH 比值（10）为大。胞液中保持较多的 NAD，为糖酵解途径的畅通提供了有利条件。

从葡萄糖开始进行的糖酵解，是由 1 分子葡萄糖分解成 2 分子磷酸丙糖，而在每 1 分子磷酸丙糖转变为乳酸时，可由 ADP 生成 2 分子 ATP，因而共生成 4 分子 ATP。减去生成 1, 6 - 二磷酸果糖所消耗的 2 分子 ATP，因此葡萄糖酵解过程净生成 2 分子 ATP（表 8 - 1）。如从糖原开始进行酵解，则由于反应（1）是无机磷酸酵解作用，不消耗 ATP，每一分子糖原中的葡萄糖单位进行酵解时，只消耗一分子 ATP，故净生成 3 分子 ATP。

表 8 - 1　　　　　　　　　　　无氧糖酵解产生的 ATP

产生或消耗 ATP 的反应	ATP 数的增减
① 葡萄糖→6 - P - 葡萄糖	-1
③ 6 - 磷酸果糖→1, 6 - 二磷酸果糖	-1
⑦ 1, 3 - 二磷酸甘油酸→3 - 磷酸甘油酸	2×1
⑩ 磷酸烯醇式丙酮酸→丙酮酸	2×1
总计	净生成 2

糖酵解的全过程，虽有氧化还原反应，但无需氧分子参加，因此，是一个**不需氧的产能途径**。在糖酵解酶系中，除了**己糖激酶、6 - 磷酸果糖激酶及丙酮酸激酶所催化的为不可逆反应**外，其余都是可逆反应，故上述三个酶反应为影响糖酵解进行的**关键反应**。

在有氧条件下，糖酵解产生的还原型辅酶可以氧化磷酸化产生 ATP，故此时葡萄糖酵解过程净生成 5~7 分子 ATP（表 8 - 2）。

表 8 - 2　　　　　　　　　有氧条件下糖酵解产生的 ATP

产生或消耗 ATP 的反应	ATP 数的增减
① 葡萄糖→6 - P - 葡萄糖	-1
③ 6 - 磷酸果糖→1, 6 - 二磷酸果糖	-1
⑥ 3 - 磷酸甘油醛→1, 3 - 二磷酸甘油酸	2×1.5 或 2×2.5
⑦ 1, 3 - 二磷酸甘油酸→3 - 磷酸甘油酸	2×1
⑩ 磷酸烯醇式丙酮酸→丙酮酸	2×1
总计	净生成 5 或 7

二、糖酵解途径的调节

在细胞内的某一代谢反应中，一些酶有着足够高的活性，能将底物快速转变成产物，使反应基本上处于平衡状态；而另一些酶活力相对较低，催化的反应则处在非平衡的状态，这些酶催化反应的速度受到酶活力限制，催化的反应常常是整个途径的限速反应，这样的酶是代谢调节的靶部位。

一般来说，限速反应步骤都是高度放能的。高度放能的反应是处在非平衡状态，因而在细胞生理条件下基本上是不可逆的。在糖酵解的 10 个酶促反应步骤中，大多数酶催化的反应都是接近平衡的，只有己糖激酶、磷酸果糖激酶和丙酮酸激酶催化的反应是高度放能的，基本上是不可逆的，处在糖酵解活性的控制部位上。

在糖酵解途径的三个控制部位中，己糖激酶催化产生的葡萄糖 - 6 - 磷酸也可以通过糖原（例如肌糖原）的降解产生，而且 6 - 磷酸葡萄糖也可进入到糖的其他代谢途径中去，例如进入到磷酸戊糖途径，或者用于糖原的合成（在肝和骨髓肌中）。因此，己糖激酶催化的反应不可能成为糖酵解最主要的控制点。丙酮酸激酶催化糖酵解的最后一步反应，因而也不可能成为控制葡萄糖进入糖酵解途径的主要控制点。由于磷酸果糖激酶催化的产物 1, 6 - 二磷酸果糖的代谢去向只能是进入糖酵解反应顺序，因此，磷酸果糖激酶处在最关键的控制部位上，是糖酵解最重要的调节酶。

（一）己糖激酶活性的调节

动物体中至少存在四种专一性及活性不同的己糖激酶同工酶，其中三种己糖激酶存在于肌肉、脑、脂肪组织中，与作用物亲和力较高，但特异性较低，能催化多种己糖（包括葡萄糖、果糖和半乳糖）的磷酸化。它们的活性受到细胞内 6 - 磷酸葡萄糖的反馈抑制。还有一种同工酶仅存在于肝细胞中，只能对葡萄糖起作用，且与作用物的亲和力较低（K_m 较大），这就是前面提到的葡萄糖激酶。葡萄糖激酶的活性会受到血糖水平和胰岛素的诱导合成和调节。葡萄糖激酶有一个很重要的特征是它的酶活力不被产物 6 - 磷酸葡萄糖抑制，但却被 6 - 磷酸葡萄糖的异构体 6 - 磷酸果糖部分抑制。

己糖激酶各种同工酶不同的抑制特性在糖代谢调节上具有重要意义。当血糖浓度大幅度升高时，胰岛素分泌量增多，它一方面诱导肝细胞膜上的葡萄糖转运蛋白的表达，使细胞内葡萄糖增多；同时又诱导和激活葡萄糖激酶，使 G - 6 - P 也相应增多，高浓度的 G - 6 - P 反馈抑制己糖激酶的活性，而不抑制葡萄糖激酶，故 G - 6 - P 大多数并不进入糖酵解，而是用来合成糖原。

己糖激酶虽然不处在糖酵解的关键控制部位上，但是葡萄糖只有经该酶催化转变成 6 - 磷酸葡萄糖才能进一步地代谢转变，也才有进入糖酵解途径代谢的可能。因此，己糖激酶也是糖酵解的一个重要的控制部位。

（二）磷酸果糖激酶活性的调节

磷酸果糖激酶（PFK）是糖酵解最重要的限速酶，"把守"着糖酵解途径的入口，直接控制进入糖酵解途径的葡萄糖和其他几种己糖的流量。因此，机体对它的调控是最复杂、也是最精妙的。

磷酸果糖激酶是一个复杂的多亚基蛋白，调节其活性的主要手段是别构调节。有两组别构效应物能够改变酶的活性。一组是负效应物，包括 ATP、柠檬酸和质子（低 pH），它们能够抑制 PFK - 1 的活性；另一组是正别构效应物，包括 AMP、ADP 和 2, 6 - 二磷酸果糖，它们能够刺激 PFK - 1 的活性。

1. ATP 和 AMP 的调节

磷酸果糖激酶是一种变构酶，具有两种不同的构象状态，即 R 态和 T 态，且两者处于平衡态。ATP 是磷酸果糖激酶的一种底物，也是该酶的一种别构抑制剂。PFK - 1 分子有两个 ATP 结合位点，一个是在酶活性中心，另一个是在别构中心。它们与 ATP 的亲和力不一样，前者对 ATP 的亲和力较高。当细胞能荷较低时，ATP 只会与 PFK - 1 的活性中心结合，这时绝大多数酶处于 R 态，该状态对底物 F - 6 - P 与酶亲和力较大，糖酵解可以正常的速率进行，并使糖氧化分解产生足够的 ATP；当细胞能荷较高时，ATP 就有机会与酶的别构中心结合，一旦 ATP 结合到酶的别构中心，使酶的构象发生变化，迅速从 R 态转变成 T 态，处于 T 态的酶对底物 F －6－P的亲和力较低，从而使得酶的催化活性受到抑制。

在骨骼肌中，糖酵解运转的速度取决于细胞内的能量水平，即取决于 [ATP] / [AMP] 的比值。当 AMP 和 ADP 水平较高时，它们通过别构调节减弱由 ATP 造成的抑制，从而导致糖经酵解反应的流量升高，ATP 被合成并补充到 ATP 库中，因而，AMP 和 ADP 是该酶和糖酵解的有效激活剂。

2. 柠檬酸的别构抑制

磷酸果糖激酶的调节主要受能量水平的控制，在肝脏中磷酸果糖激酶的活性受到更多的因素的影响。柠檬酸是丙酮酸在有氧下被氧化的中间物，实际上也是一种细胞能量状态的"指示剂"。当细胞内其他燃料（如脂肪酸和酮体）大量氧化时，产生大量的 ATP，导致细胞能荷大幅提高，三羧酸循环将被削弱（详见本章第三节），柠檬酸因此而积累。柠檬酸是磷酸果糖激酶－1 的一种别构效应物。高浓度的柠檬酸能增大 ATP 对磷酸果糖激酶的抑制效应，进而减少葡萄糖经酵解反应的流量。胞液中的柠檬酸水平升高时，意味着生物合成所需的碳骨架是丰富的，也不需要降解更多的葡萄糖用于此目的。

3. 2，6－二磷酸果糖的别构激活

早在 1980 年，Henry－Gery 等人发现，肝对血糖浓度变化的响应是通过一种重要的信号分子 2，6－二磷酸果糖（简称 F－2，6－BP）。进一步研究发现，磷酸果糖激酶有两种同工酶，分别称为磷酸果糖激酶Ⅰ（PFK－1）和磷酸果糖激酶Ⅱ（PFK－2）。2，6－二磷酸果糖是由磷酸果糖激酶Ⅱ（PFK－2）催化 6－磷酸果糖（F－6－P）产生的，它是磷酸果糖激酶Ⅰ的变构激活剂。2，6－二磷酸果糖可在果糖二磷酸酶 2 的作用下又转变为 6－磷酸果糖（图 8－8）。而磷酸果糖激酶Ⅰ（PFK－1）催化 6－磷酸果糖产生的 1，6－二磷酸果糖可被果糖二磷酸酶 1 水解为 6－磷酸果糖。

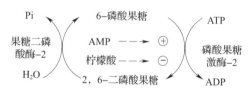

图 8－8　2，6－二磷酸果糖的合成与降解

磷酸果糖激酶Ⅱ和果糖二磷酸酶－2（FB-Pase）都是共价修饰酶，其脱磷酸化和磷酸化的共价修饰受血糖和激素的调节。

当血糖水平低时，刺激胰高血糖素的分泌，触发 cAMP 级联放大效应，导致磷酸果糖激酶Ⅱ和果糖二磷酸酶 2 分子中丝氨酸残基的磷酸化，磷酸果糖激酶Ⅱ活性降低；而磷酸化的果糖二磷酸酶 2 被激活，因此，2，6－二磷酸果糖水平下降，使磷酸果糖激酶Ⅰ的活性受到影响，酵解速度下降。

当血糖水平高时，6－磷酸果糖激活磷酸果糖激酶Ⅱ，促进 2，6－二磷酸果糖的形成；同时它又抑制果糖二磷酸酶 2，抑制 2，6－二磷酸果糖的水解，其结果是使 2，6－二磷酸果糖水平升高，激活磷酸果糖激酶Ⅰ。高浓度的 2，6－二磷酸果糖抑制果糖二磷酸酶 1，净结果是促进了 1，6－二磷酸果糖的生成，促进糖酵解的进行。其过程如图 8－9 所示。

（三）丙酮酸激酶活性的调节

丙酮酸激酶是糖酵解途径中的第三个调节酶。它是一个具有四个亚基的变构酶，ATP 是其重要的别构效应物。在肌肉组织细胞中，高浓度的 ATP 可以通过减少丙酮酸激酶对它的底物磷酸烯醇式丙酮酸的亲和力来抑制丙酮酸激酶的活性。另外，长链脂肪酸、乙酰 CoA、丙氨酸等也能够抑制丙酮酸激酶的活性。乙酰 CoA 可以通过脂肪酸、某些氨基酸及糖的分解代谢产生，进入柠檬酸循环将产生大量 ATP，其浓度的升高表明细胞含有丰富的可经柠檬酸循环产生 ATP 的燃料分子，从而减少对糖酵解产生 ATP 的依赖。

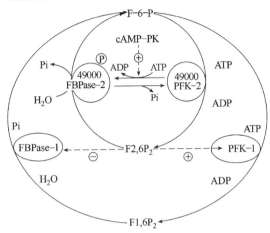

图 8 - 9 磷酸果糖激酶活性的调节

三、糖酵解的生理意义

（1）糖酵解是单糖分解代谢的一条最重要的基本途径。

（2）组织和细胞在无氧的情况下获得有限的能量。

糖酵解是生物界普遍存在的供能途径。但少数组织，即使在有氧条件下，仍能进行糖酵解以获得能量供应的一部分。据报道，表皮中 50% ~75% 的葡萄糖可经酵解产生乳酸，其他如视网膜、睾丸、肾髓质和血细胞等在有氧时也都能进行酵解作用。成熟的红细胞则仅靠糖酵解以获得能量。

在某些情况下，糖酵解有特殊的生理意义，例如激烈运动时，能量的需求增加，糖分解加速，此时即使呼吸和循环加快以增加氧的供应量，仍不足以满足体内糖完全氧化时所需要的氧量。这时肌肉处于相对缺氧状态，糖酵解过程随之加强，以补充运动所需的能量。故在激烈运动后，血中乳酸浓度成倍地升高。

在病理情况下，例如严重贫血、大量失血缺氧，组织细胞也可增强糖酵解以获得能量。

（3）在有氧条件下，糖酵解是单糖完全分解成 CO_2 和 H_2O 的必要准备阶段。

四、丙酮酸在无氧条件下的去路

1. 丙酮酸还原成乳酸

在 3 - 磷酸甘油醛脱氢生成 1，3 - 二磷酸甘油酸时，NAD 被还原成 NADH，NADH 必须再生成 NAD，而且其再生速率要与酵解速率相适应，酵解才能持续进行。在无氧条件下，NAD 的再生是由乳酸脱氢酶催化丙酮酸转变成乳酸的反应来完成的，而乳酸是酵解的最终产物。其反应过程如下：

$$
\begin{array}{ccc}
COO^- & \xrightarrow[\text{乳酸脱氢酶}]{NADH+H^+ \quad NAD^+} & COO^- \\
| & & | \\
C=O & & CHOH \\
| & & | \\
CH_3 & & CH_3 \\
\text{丙酮酸} & & \text{乳酸}
\end{array}
$$

2. 生醇发酵

生醇发酵的基本过程见图 8 – 1，生醇发酵的起始物为葡萄糖或淀粉。某些微生物体内存在专一性水解淀粉的酶可将淀粉转化为葡萄糖。在酵母菌细胞中有丙酮酸脱羧酶，它催化丙酮酸脱羧生成乙醛，后者接受 3 – 磷酸甘油醛脱下的 2H 被还原为乙醇。生醇发酵的产物是乙醇，副产物是二氧化碳。

研究发现，在用酵母菌的无细胞抽提液所进行的生醇发酵过程中必须有无机磷酸的存在，否则生醇发酵的速度下降。这是由于生醇发酵和糖酵解过程中有许多磷酸化合物生成，如 1，3 – 二磷酸甘油酸等，而正常细胞内有无机磷酸的存在。

在有氧条件下，丙酮酸进入三羧酸循环。

第三节　三羧酸循环

糖类物质如葡萄糖或糖原在有氧条件下彻底氧化，产生二氧化碳和水，并释放出能量的过程称为糖的有氧氧化。人们发现，肌肉糜在有氧存在时，没有乳酸的生成，也没有丙酮酸的累积，但仍有能量放出，为什么？著名生物化学家 H. Kreb 等为阐明在有氧情况下丙酮酸的代谢，作了大量的研究工作，提出了糖的有氧氧化途径，为此获 1953 年诺贝尔奖。

糖的有氧氧化与糖的无氧酵解有一段共同途径，即葡萄糖→丙酮酸，所不同的是在生成丙酮酸以后的反应。在有氧情况下，丙酮酸在丙酮酸脱氢酶系的催化下，氧化脱羧生成乙酰 CoA，后者再经**三羧酸循环（tricarboxylic acid cycle）**氧化成 CO_2 和 H_2O。

在有氧情况下，肌糖原酵解的产物乳酸也可能转变成丙酮酸。例如，血乳酸可被心肌等组织利用作为能源，是人体在激烈运动后的恢复期所进行的一个反应。在这段恢复时间，呼吸仍加快加深，乳酸重新氧化成丙酮酸，后者再进一步氧化成水和 CO_2。

一、糖的有氧氧化反应过程

糖的有氧氧化可归纳为三个阶段，如图 8 – 10 所示。

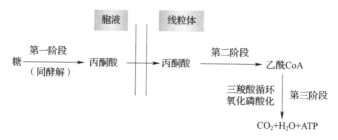

图 8 – 10　糖的有氧氧化的三个阶段

第一阶段是糖转变为丙酮酸，此阶段与糖酵解途径完全相同，在细胞液中进行。

第二阶段是丙酮酸进入线粒体，在其中氧化脱羧转变为乙酰 CoA。催化丙酮酸转变为乙酰 CoA 的酶是丙酮酸脱氢酶系。该酶系是由丙酮酸脱羧酶（也称依赖于 TPP 的丙酮酸脱氢酶）、硫辛酸乙酰移换酶、二氢硫辛酸脱氢酶组成的一个多酶复合体。参加这酶系的辅酶有硫胺素焦磷酸（TPP）、硫辛酸、CoA 和辅酶Ⅰ（NAD）。在电子显微镜下可观察到这种复合体的存在。丙酮酸脱氢酶系催化的反应过程见图 8 – 11（1）。其反应式如下：

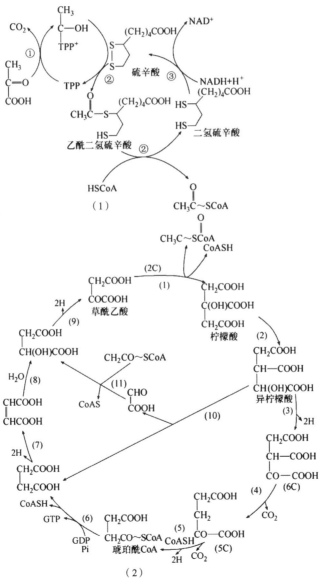

第三阶段是乙酰 CoA 进入三羧酸循环彻底氧化。这个循环以乙酰 CoA 与草酰乙酸缩合成含有三个羧基的柠檬酸开始，故称为三羧酸循环。循环的第一个产物是柠檬酸，故这个循环也称柠檬酸循环，如图 8 – 11（2）所示。

图 8 – 11　（1）丙酮酸转变为乙酰 CoA 和（2）三羧酸循环

（1）2C 的乙酰基与 4C 的草酰乙酸缩合成含 6C 的柠檬酸。其反应式如下：

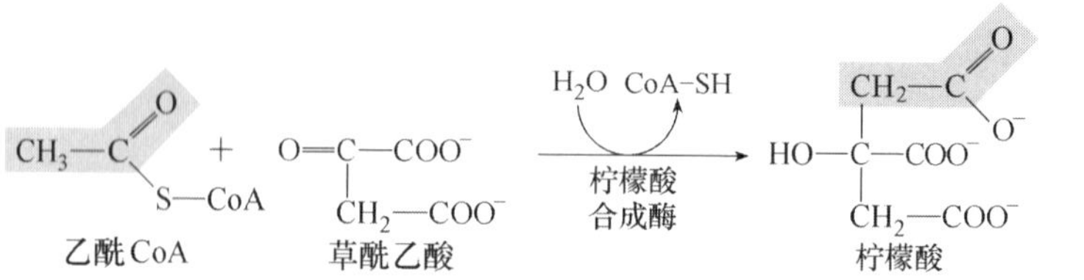

（2）（3）柠檬酸异构化后，形成异柠檬酸。其反应式如下：

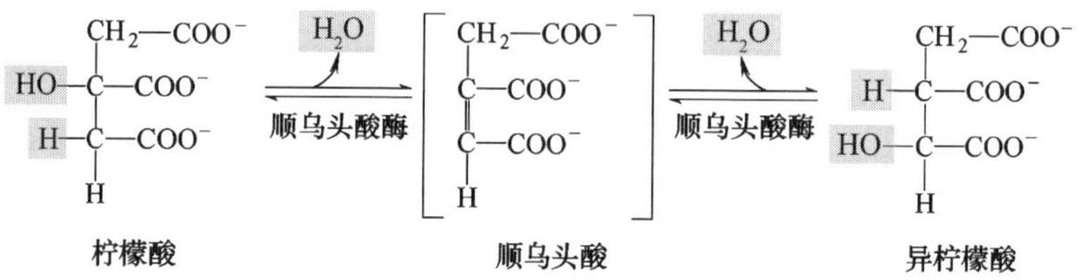

顺乌头酸酶（aconitase）含有一个**铁硫中心**，它既在活性中心结合底物的过程中起作用，也在催化加水或脱水的过程中起作用。

（4）异柠檬酸脱氢脱羧成为 5C 的 α - 酮戊二酸。其反应式如下：

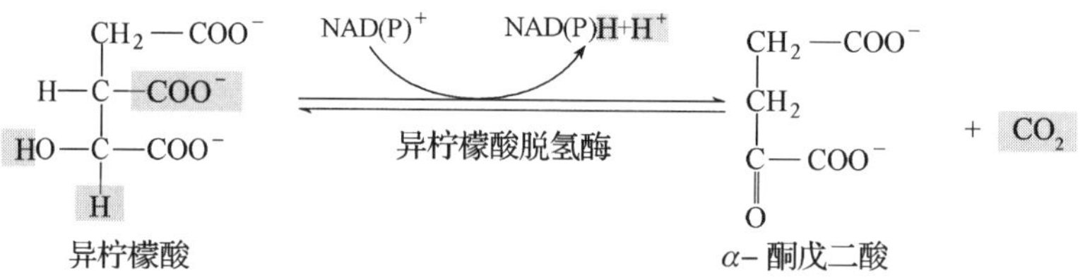

（5）（6）α - 酮戊二酸氧化脱羧，生成含 4C 的琥珀酸。其反应式如下：

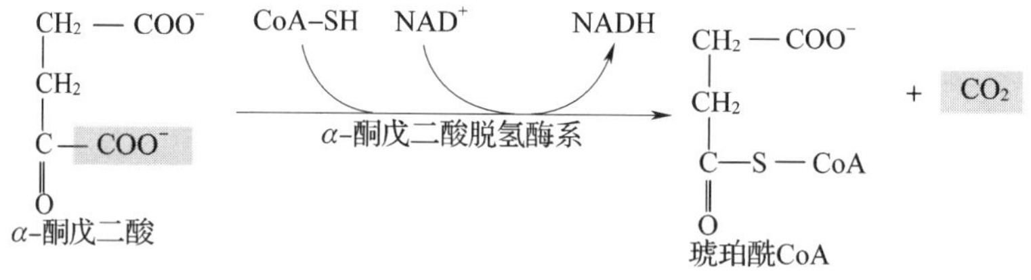

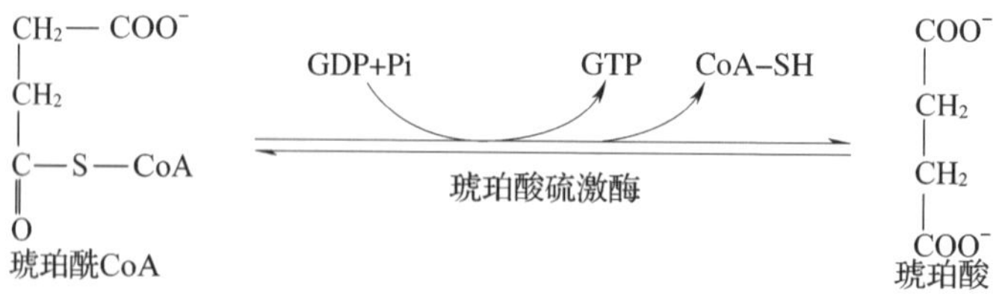

（7）琥珀酸脱氢生成延胡索酸。其反应式如下：

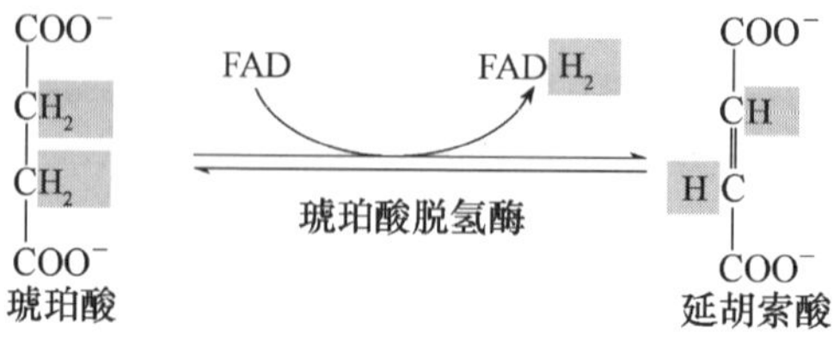

（8）延胡索酸加水形成苹果酸。其反应式如下：

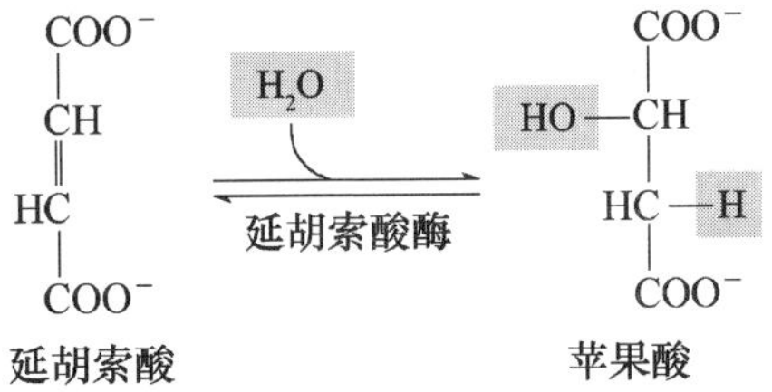

$$\begin{array}{ccc}
\text{COO}^- & & \text{COO}^- \\
| & \text{H}_2\text{O} & | \\
\text{CH} & \longrightarrow & \text{HO—CH} \\
\| & \text{延胡索酸酶} & | \\
\text{HC} & & \text{HC—H} \\
| & & | \\
\text{COO}^- & & \text{COO}^- \\
\text{延胡索酸} & & \text{苹果酸}
\end{array}$$

（9）苹果酸脱氢形成草酰乙酸。其反应式如下：

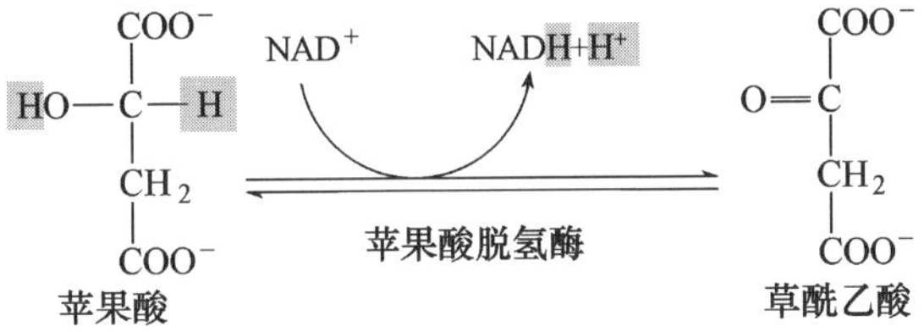

$$\begin{array}{ccc}
\text{COO}^- & \text{NAD}^+ \quad \text{NADH+H}^+ & \text{COO}^- \\
| & & | \\
\text{HO—C—H} & \longrightarrow & \text{O=C} \\
| & \text{苹果酸脱氢酶} & | \\
\text{CH}_2 & & \text{CH}_2 \\
| & & | \\
\text{COO}^- & & \text{COO}^- \\
\text{苹果酸} & & \text{草酰乙酸}
\end{array}$$

草酰乙酸在一开始参加到循环中，最终又从循环中生成，因此总量没有减少，而每循环一圈，仅用去了 1 分子乙酰基中的 2C 单位，形成 2 分子的 CO_2。此外在循环过程中有多次脱氢氧化，故可生成和释放能量。

参与三羧酸循环全过程的酶及辅助因子见表 8 – 3。

表 8 – 3　　　　　　　　　参与三羧酸循环过程的酶及辅助因子

反应	酶	酶的辅助因子	反应	酶	酶的辅助因子
1	柠檬酸合成酶		6	琥珀酸硫激酶	
2	顺乌头酸酶	Fe^{2+}	7	琥珀酸脱氢酶	FAD，Fe^{2+}
3	异柠檬酸脱氢酶	NAD^+ 或 $NADP^+$，Mn^{2+}	8	延胡索酸酶	
4	异柠檬酸脱氢酶		9	苹果酸脱氢酶	NAD^+
5	α – 酮戊二酸脱氢酶系	TPP，NAD^+，CoA，FAD，Mg^{2+}，硫辛酸			

下面讨论有关三羧酸循环的三个重要问题：

① 循环中有**两次脱羧**反应［反应（4）和（5）］，由异柠檬酸脱氢酶催化的脱羧是属于一种特定的氧化脱羧类型；异柠檬酸脱氢酶催化异柠檬酸脱氢转变为草酰琥珀酸，后者进一步脱羧生成 α – 酮戊二酸。另一种形式的脱羧和前述丙酮酸脱氢酶系所催化的反应相似；该酶系由 α – 酮戊二酸脱羧酶、硫辛酸琥珀酰基转换酶和二氢硫辛酸脱氢酶组成。首先 α – 酮戊二酸脱羧酶催化 α – 酮戊二酸脱羧生成琥珀酰 CoA，后者与 GDP 和无机磷酸反应生成 GTP 和琥珀酸［反应（6）］；GTP 末端的高能磷酸可转给 ADP 生成 ATP。

② 循环中有**四次脱氢**反应［反应（3）、（5）、（7）和（9）］放出四对氢原子。其中三对以 NAD 为受氢体，一对以 FAD 为受氢体［反应（7）］，分别化成 NADH 和 $FADH_2$，NADH 和 $FADH_2$ 经呼吸链氧化最终生成水并放出能量储存在 ATP 分子内。实验证明，一分子 NADH，H^+ 经呼吸链氧化生成水的过程中可生成 2.5 分子 ATP，而一分子 $FADH_2$ 经呼吸链氧化可生成 1.5 分子 ATP。

③ 三羧酸循环的中间代谢物，从理论上讲，可以循环使用而不被消耗。但是，由于循环中的某些组成成分还有其他的代谢途径，如草酰乙酸和氨结合，形成天冬氨酸；α – 酮戊二酸与氨结合则形成谷氨酸，因而循环的组成成分，必须不断更新，才能保证循环的正常运转。

糖有氧氧化三个阶段的变化反应可归纳如下：

糖原或葡萄糖降解成为丙酮酸。此时每分子葡萄糖（6C）或相当于一个葡萄糖单位的糖原转变为 2 分子丙酮酸（3C）。

$$C_6H_{12}O_6 \rightarrow 2CH_3COCOOH + 4H \qquad\qquad (8-1)$$

丙酮酸通过氧化脱羧反应变成乙酰 CoA。

$$2CH_3COCOOH + 2HSCoA \rightarrow 2CH_3CO\sim SCoA + 4H + 2CO_2 \qquad\qquad (8-2)$$

乙酰 CoA 通过三羧酸循环彻底降解为二氧化碳。

$$2CH_3CO\sim SCoA + 6H_2O \rightarrow 4CO_2 + 16H + 2HSCoA \qquad\qquad (8-3)$$

以上每一阶段脱下的氢都通过递氢体传递，最终与氧结合生成水分子。

$$12\ (2H)\ + 6O_2 \rightarrow 12H_2O \qquad\qquad (8-4)$$

将式（8 – 1）至式（8 – 4）相加，即表示每分子葡萄糖相当于一个葡萄糖单位的糖原有氧氧化的总反应：

$$C_6H_{12}O_6\ + 6O_2 \rightarrow 6H_2O + 6CO_2$$

此结果与葡萄糖分子在体外燃烧结果相同。

二、葡萄糖有氧氧化生成的 ATP

通过上述讨论可以看出 1 分子葡萄糖通过 EMP – TCA 循环彻底氧化可以净生成 30 ~ 32 分子 ATP。具体内容见表 8 – 4。

表 8 – 4　　　　　　　　　　葡萄糖有氧氧化时 ATP 的生成

反应过程	生成 ATP 数
葡萄糖→6 – 磷酸葡萄糖	– 1
6 – 磷酸果糖→1, 6 – 二磷酸果糖	– 1
3 – 磷酸甘油醛→1, 3 – 二磷酸甘油酸	2×1.5 或 2×2.5
1, 3 – 二磷酸甘油酸→3 – 二磷酸甘油酸	2×1
磷酸烯醇式丙酮酸→烯醇式丙酮酸	2×1
丙酮酸→乙酰 CoA	2×2.5
异柠檬酸→α – 酮戊二酸	2×2.5
α – 酮戊二酸→琥珀酰 CoA	2×2.5
琥珀酰 CoA→琥珀酸	2×1
琥珀酸→延胡索酸	2×1.5
苹果酸→草酰乙酸	2×2.5
总计	30 或 32

三、三羧酸循环的生理意义

① **为机体提供能量**：每摩尔葡萄糖彻底氧化成 H_2O 和 CO_2 时，净生成 30mol 或 32mol（糖原则生成 31~33mol）ATP。因此在一般生理条件下，各种组织细胞（除红细胞外）皆从糖的有氧氧化获得能量。糖的有氧氧化不但产能效率高，而且逐步释能，并逐步储存于 ATP 分子中，因此能的利用率也极高。

② **三羧酸循环是三大营养物质的共同氧化途径**：乙酰 CoA，不但是糖氧化分解的产物，也是脂肪酸和氨基酸代谢的产物，因此三羧酸循环实际上是三大有机物质在体内氧化供能的共同主要途径。据估计人体内 2/3 的有机物质通过三羧酸循环而分解。

③ **三羧酸循环是三大物质代谢联系的枢纽**：糖有氧氧化过程中产生的 α-酮戊二酸、丙酮酸和草酰乙酸等与氨结合可转变成相应的氨基酸；而这些氨基酸脱去氨基又可转变成相应的酮酸而进入糖的有氧氧化途径。同时脂类物质分解代谢产生的甘油、脂肪酸代谢产生的乙酰 CoA 也可进入糖的有氧氧化途径进行代谢。

四、有氧氧化的调节及巴斯德效应

除对酵解途径三个关键酶的调节外，还对丙酮酸脱氢酶复合体、柠檬酸合酶、异柠檬酸脱氢酶和 α-酮戊二酸脱氢酶复合体四个关键酶存在调节。

（1）丙酮酸脱氢酶系的活性受多种因素的调节。

① 该酶系的产物乙酰 CoA 是它的抑制剂。丙酮酸脱羧酶存在有活性与无活性两种状态。无活性的丙酮酸脱羧酶是它的磷酸化形式，后者受磷酸酶催化，脱去磷酸，转变为有活性的丙酮酸脱羧酶。当 ATP/ADP 比值高时，会降低丙酮酸脱氢酶系的活性。

② NADH/NAD 比值高，也抑制丙酮酸脱氢酶系的活性。

（2）柠檬酸合成酶　当细胞中 ATP 和柠檬酸水平高时抑制其活性。

（3）异柠檬酸脱氢酶　受 ATP 抑制和 ADP、AMP 激活。

（4）α-酮戊二酸脱氢酶　受它催化反应的产物琥珀酰 CoA 和 NADH 的抑制，也受到 ATP 与 ADP、AMP 比值的调节。

（5）巴斯德效应　在生醇发酵过程中，如果有氧的存在，3-磷酸甘油醛脱氢产生的 NADH 不能用于乙醛的还原，因此乙醇产量下降，此现象最初由巴斯德发现，故称为巴斯德效应。

五、回　补　途　径

当三羧酸循环的中间物因用于其他物质合成而浓度减少，从而影响该循环正常运行时，存在其他能为三羧酸循环补充中间产物的代谢途径，以保证三羧酸循环的正常运行，这些途径被称为回补途径。

1. 丙酮酸羧化成草酰乙酸

在动物体内，最重要的回补途径是丙酮酸羧化转变成草酰乙酸。这一反应是由丙酮酸羧化酶催化的。丙酮酸羧化酶最先在细菌中发现，后来证明动物、植物、微生物中普遍存在，是寡聚酶，有 4 个亚基，各需一分子生物素和一个二价金属离子（Mg^{2+}）作辅基，CoA 是其变构激活剂，反应需要 ATP 供能：

$$\underset{\text{丙酮酸}}{\underset{|}{\overset{\text{COOH}}{\underset{|}{\overset{|}{\text{C}=\text{O}}}}}}\ +\text{CO}_2+\text{ATP}+\text{H}_2\text{O}\ \xrightarrow{\text{丙酮酸羧化酶、生物素},\text{Mg}^{2+}}\ \underset{\text{草酰乙酸}}{\overset{\text{O}=\text{C}-\text{COOH}}{\underset{|}{\text{CH}_2-\text{COOH}}}}+\text{ADP}+\text{Pi}$$

2. 磷酸烯醇式丙酮酸转变成草酰乙酸

在植物、细菌、人脑和心脏中还存在磷酸烯醇式丙酮酸羧化激酶,可催化磷酸烯醇式丙酮酸羧化生成草酰乙酸,并产生 GTP:

$$\underset{\text{磷酸烯醇式丙铜酸}}{\overset{\text{COOH}}{\underset{|}{\overset{|}{\underset{\|}{\text{C}-\text{O}\sim\text{\textcircled{P}}}}}}}+\text{CO}_2+\text{GDP}\ \xrightarrow{\text{Mg}^{2+}}\ \underset{\text{草酰乙酸}}{\overset{\text{O}=\text{C}-\text{COOH}}{\underset{|}{\text{CH}_2-\text{COOH}}}}+\text{GTP}$$

但此酶对草酰乙酸的亲和力大,而对二氧化碳的亲和力很小,故此酶更适合于催化磷酸烯醇式丙酮酸的生成。

3. 苹果酸酶催化丙酮酸羧化为苹果酸

苹果酸酶是真核细胞中的一种酶,它催化丙酮酸还原羧化成苹果酸,反应不需要 ATP,但需要 $NADH+H^+$:

$$\underset{\text{丙酮酸}}{\underset{|}{\overset{\text{COOH}}{\underset{|}{\overset{|}{\text{C}=\text{O}}}}}}\ +\text{CO}_2+\text{NADPH}+\text{H}^+\ \xrightarrow{\text{苹果酸酶}}\ \underset{\text{苹果酸}}{\overset{\text{HO}-\text{CH}-\text{COOH}}{\underset{|}{\text{CH}_2\text{COOH}}}}+\text{NADP}^+$$

4. 乙醛酸循环(glyoxylate pathway/cycle)

许多植物、微生物能够在乙酸或产生乙酰 CoA 的化合物中生长,同时种子发芽时可以将脂肪转化成糖。这是因为它们具有异柠檬酸裂解酶和苹果酸合成酶,存在着一个类似于 TCA 循环的乙醛酸循环,前者催化异柠檬酸裂解生成琥珀酸和乙醛酸,后者催化乙醛酸与乙酰 CoA 合成苹果酸。这种循环是 TCA 循环的修改形式,但是不存在于动物中。其反应式如下:

$$\underset{\text{异柠檬酸}}{\overset{\text{HOCHCOOH}}{\underset{|}{\overset{|}{\underset{|}{\text{CHCOOH}}}{\text{CH}_2\text{COOH}}}}}\ \xrightarrow{\text{异柠檬酸裂解酶}}\ \underset{\text{琥珀酸}}{\overset{\text{CH}_2\text{COOH}}{\underset{|}{\text{CH}_2\text{COOH}}}}+\underset{\text{乙醛酸}}{\overset{\text{COOH}}{\underset{|}{\text{CHO}}}}$$

$$\underset{}{\overset{\text{COOH}}{\underset{|}{\text{CHO}}}}+\text{CH}_3\overset{\overset{\text{O}}{\|}}{\text{C}}\sim\text{SCoA}\ \xrightarrow{\text{苹果酸合酶}}\ \underset{\text{苹果酸}}{\overset{\text{HOCH}-\text{COOH}}{\underset{|}{\text{CH}_2\text{COOH}}}}$$

这两个反应与柠檬酸循环的四步反应(10、1、2、3)构成一个循环路线称为乙醛酸循环(图 8-12)。该循环反应一圈的净效果是利用两分子乙酰 CoA 合成了一个琥珀酸分子,为 TCA 补充一个成员。总反应式为:

$$2CH_3\overset{O}{\overset{\|}{C}}\sim SCoA+NAD^++2H_2O \longrightarrow \underset{\text{琥珀酸}}{\begin{array}{c}CH_2—COOH\\ |\\ CH_2—COOH\end{array}}+2CoASH+NADH+H^+$$

乙醛酸循环对植物和有些微生物特别重要，借此附属路线可以利用脂肪酸或乙酸作为唯一能源和碳源获得生物能量，合成糖类化合物和氨基酸、蛋白质，维持正常生长。没有乙醛酸循环，则脂肪酸分解生成乙酰 CoA，进入 TCA 则完全分解，不能合成糖类。**动物组织无乙醛酸循环，故不能将脂肪酸转变成糖类。**

5. 其他回补途径

除上述回补途径之外，某些能生成 TCA 中间产物的代谢反应都可为 TCA 循环回补新的成员。例如天冬氨酸、谷氨酸以及它们的酰胺，脱氨后的碳架草酰乙酸（或反丁烯二酸）和 α – 酮戊二酸皆可进入 TCA 循环；异亮氨酸、缬氨酸和苏氨酸、甲硫氨酸也会形成琥珀酸进入 TCA 循环。

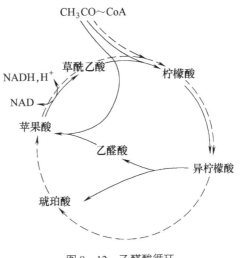

图 8 – 12　乙醛酸循环

第四节　磷酸戊糖途径（HMP）

EMP – TCA 循环是各种生物体普遍存在的一条葡萄糖氧化分解途径，是主要的产能途径。但是，研究发现，当用碘乙酸或氟化钠抑制酵解途径时，呼吸作用仍能消耗葡萄糖。这说明细胞中还存在另外的葡萄糖降解途径。用 ^{14}C 分别标记葡萄糖的 C_1 和 C_6，制得 C_1 标记葡萄糖（C_1 – G）和 C_6 标记葡萄糖（C_6 – G）。如果 EMP – TCA 循环是唯一的分解途径，则降解 C_1 – G 和 C_6 – G 生成 CO_2 的速度应该相同（葡萄糖分子经 EMP – TCA 降解时，生成 CO_2 的先后顺序是：C_3 和 C_4、C_2 和 C_5、C_1 和 C_6）。然而，实验结果却是 C_1 – G 比 C_6 – G 更容易生成标记的 CO_2。还发现 6 – 磷酸葡萄糖降解生成 CO_2 的同时也产生 5 – 磷酸核酮糖。1953 年，Racker 等人终于阐明了糖代谢的磷酸戊糖支路，它与 EMP 途径不同，是从只带一个磷酸基的 6 – 磷酸葡萄糖分子开始降解的，所以，称为单磷酸己糖支路（**hexose monophosphate pathway**，**HMP**），又叫磷酸戊糖途径或磷酸戊糖通路等名称。已经证明，这是动物、植物、微生物细胞中普遍存在的另一条重要的葡萄糖分解途径，其酶系在细胞液中。

一、HMP 途径的生化过程

HMP 途径的生化过程可分为两个阶段：第一阶段是氧化降解阶段，G – 6 – P 经脱氢脱羧生成 5 - 磷酸核酮糖、CO_2 和还原型辅酶Ⅱ（NADPH）；第二阶段是磷酸戊糖分子重排阶段，由六分子戊糖重新组合成五分子己糖。HMP 途径的基本生化过程如图 8 - 13 所示。

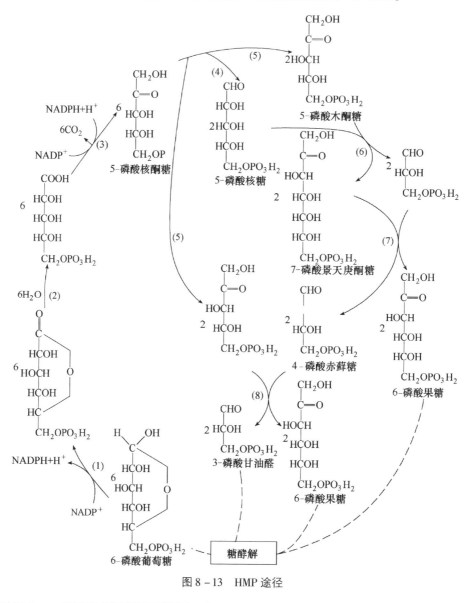

图 8 - 13　HMP 途径

对图 8 - 13 所示反应历程扼要说明如下：

第一阶段：6 - 磷酸葡萄糖（G - 6 - P）氧化降解阶段，由图中前三步反应组成。

反应（1）：6 - 磷酸葡萄糖脱氢酶以 NADP 为辅酶催化 G - 6 - P 脱氢生成 6 - 磷酸葡萄糖酸内酯和还原型辅酶 NADPH + H⁺。该反应不可逆，是 HMP 途径的限速反应。酶活主要受 [NADP]/[NADPH] 比值的调节。NADP 起激活作用。产物 NADPH + H⁺ 起反馈抑制作用。其反应式如下：

反应（2）：6 - 磷酸葡萄糖酸内酯水解酶催化内酯水解，生成 6 - 磷酸葡萄糖酸。因为磷酸葡萄糖酸内酯很不稳定，也可自发水解。内酯酶能加快反应进程。其反应式如下：

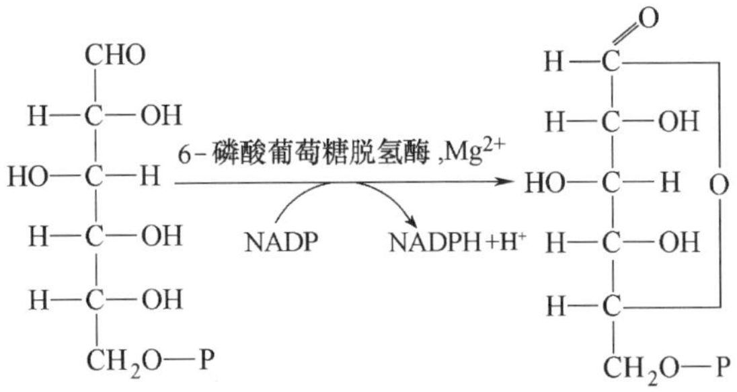

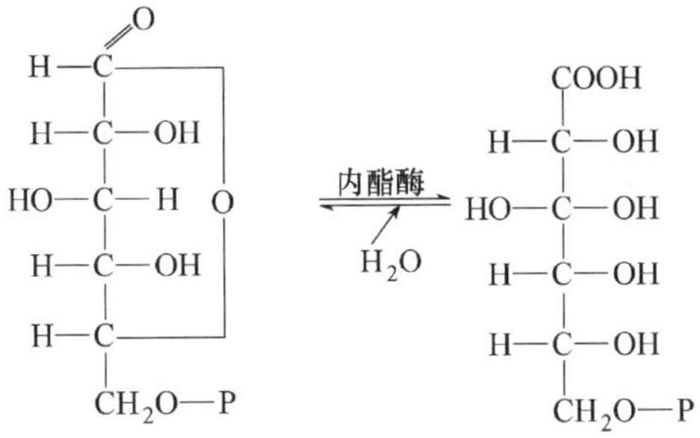

反应（3）：6-磷酸葡萄糖酸脱氢酶以 NADP 作辅酶催化6-磷酸葡萄糖酸脱氢脱羧，生成5-磷酸核酮糖（Ru-5-P）、CO_2 和 NADPH + H^+。

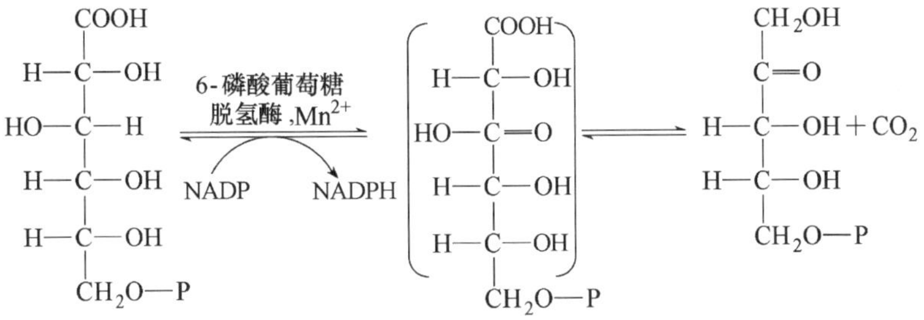

第二阶段：磷酸戊糖分子重排阶段，主要是由异构反应、转酮反应和转醛反应组成的。5-磷酸核酮糖先经异构化反应分别生成5-磷酸核糖和5-磷酸木酮糖，然后再经转酮反应和转醛反应生成 F-6-P 和3-磷酸甘油醛。

1. 磷酸戊糖异构化反应

反应（4）：由磷酸戊糖异构酶催化5-磷酸核酮糖发生同分异构反应，生成5-磷酸核糖。

反应（5）：由磷酸戊糖差向异构酶催化5-磷酸核酮糖发生差向异构，生成5-磷酸木酮糖。

上述三种磷酸戊糖的互相转化反应，与酵解途径中磷酸己糖异构酶及磷酸丙糖异构酶催化的醛糖与酮糖间的转化反应，形式类似。反应机制可能通过烯醇式中间产物，即5-磷酸核酮糖经1,2-醇式中间产物到5-磷酸核糖；经2,3-烯醇式中间产物到5-磷酸木酮糖。其反应式如下：

2. 转酮反应与转醛反应

反应（6）：由转酮酶催化，将5-磷酸木酮糖上的二碳单位（羟乙醛基）转移到醛糖的第一碳原子上，生成 7 - 磷酸景天庚酮糖和 3 - 磷酸甘油醛。反应需要 TPP 作辅酶。其反应式如下：

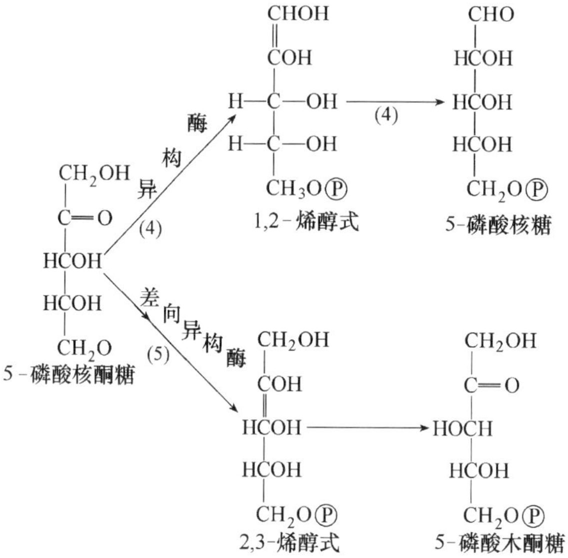

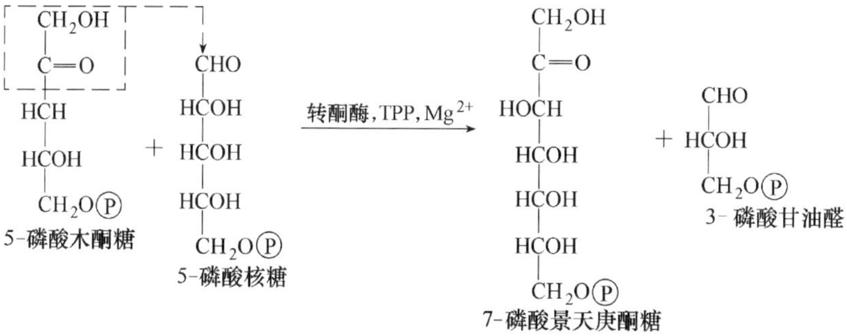

反应（7）：由转醛酶催化，将 7 - 磷酸景天庚酮糖的二羟丙酮基转移到 3 - 磷酸甘油醛的醛基上，生成 6 - 磷酸果糖和 4 - 磷酸赤藓糖。其反应式如下：

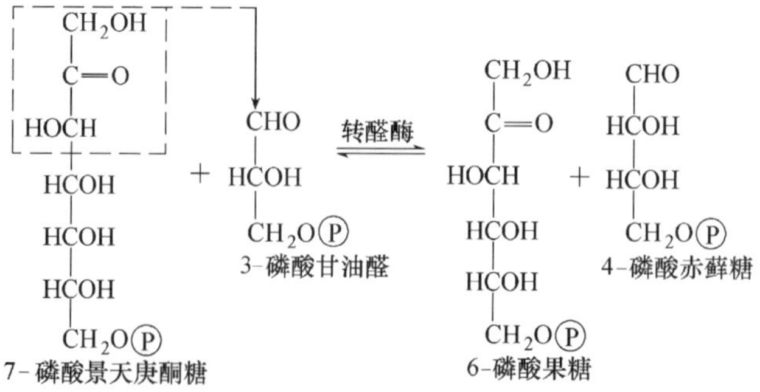

反应（8）：生成的 4 - 磷酸赤藓糖又和另一分子 5 - 磷酸木酮糖发生转酮反应，生成 F - 6 - P 和 3 - 磷酸甘油醛。其反应式如下：

如果 6 分子 6 - 磷酸葡萄糖同时经 HMP 途径降解，则总反应式为：

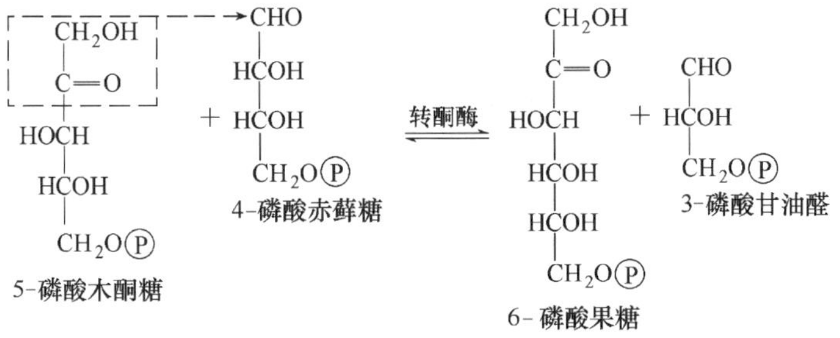

$$6 \times G - 6 - P + 12NADP \rightarrow 4 \times F - 6 - P + 12NADPH + 6CO_2 + 2 \times 3 - 磷酸甘油醛$$

所生成的 2 分子 3 - 磷酸甘油醛可逆 EMP 途径再合成 1 分子 F - 6 - P。5 分子 F - 6 - P 经磷酸己糖异构酶催化又得到 5 分子 G - 6 - P。后者再进入 HMP 途径。因此，6 分子 G - 6 - P 经磷酸己糖支路降解的结果，相当于净消耗 1 分子葡萄糖，产生 12 分子 NADPH + H⁺ 和 6 分子 CO_2，总反应式为：

$$6 \times G - 6 - P + 12NADP \rightarrow 5 \times G - 6 - P + 12（NADPH + H^+）+ 6CO_2$$

6 分子 CO_2 并非出自一个葡萄糖分子，而是分别产生于 6 个 G - 6 - P 分子的第一位 C 原子。这正是本节开始所说 C_1 标记葡萄糖比 C_6 标记者易生成标记 CO_2 的原因所在。

二、HMP 途径的生理意义

葡萄糖经 HMP 途径降解的生物学意义，主要不是作为产能途径，而是为生物合成提供素材。具体贡献有：

（1）产生大量的 NADPH + H⁺，**为生物合成提供还原力**　例如脂肪酸、氨基酸、核苷酸、固醇类物质等生物合成途径中所需要的大量 NADPH，主要是靠 HMP 途径供应的；NADPH 使红细胞中的还原性谷胱甘肽再生，对维持红细胞的还原性有重要作用。

（2）中间产物作为生物合成的前体　HMP 途径中生成 C_3、C_4、C_5、C_6、C_7 等各种长短不等的碳链，这些中间产物都可作为生物合成的前体。其中，5 - 磷酸核糖是核苷酸、组氨酸、色氨酸等分子的前体；C_3、C_4 可作为芳香族氨基酸的前体。这些前体直接关系到核酸和蛋白质大分子的合成。

（3）核苷酸还是构成多种核苷酸类辅酶的成分。辅酶则直接关系着细胞中的各种代谢。

（4）在特殊情况下，HMP 也可为细胞提供能量　NADPH + H⁺ 的电子转交给 NAD，经呼吸链氧化产能，按氧化 1 分子葡萄糖计算，可产生 30 分子 ATP，扣除开始消耗的约 1 分子，净得 29 分子 ATP，与 EMP - TCA 途径相当。

（5）HMP 途径是戊糖代谢的主要途径　戊糖，如 D - 核糖、L - 阿拉伯糖、D - 木糖等在自然界分布较广，能被某些微生物利用，其代谢方式，一般都是以磷酸戊糖形式进入 HMP 途径，并进一步与 EMP、TCA 循环等途径联结。

鉴于 HMP 途径在多种生物合成方面都有重要的作用，所以，微生物如果具有 HMP 途径，则自身生物合成能力强，对营养要求就低。如果不具有 HMP 代谢途径，则多种辅酶和生活物质不能自行合成，对营养要求就高。

三、HMP 途径的调节

磷酸戊糖途径与酵解、有氧氧化之间也存在着调节关系。6 - 磷酸葡萄糖是磷酸戊糖途径、糖酵解及有氧氧化途径（简称酵解－氧化途径）的分支点，因此可用6－磷酸葡萄糖在两条途径中进行变化的相对量，来计算某一组织中各条途径的强度比例。例如，曾用肝切片做试验，发现有总量25%的6－磷酸葡萄糖进入酵解－氧化途径，而仅2%的6－磷酸葡萄糖进入磷酸戊糖途径，其余73%用于形成肝糖原和葡萄糖。从上述结果，可以认为，在一般情况下，肝中磷酸戊糖途径的强度只有酵解－氧化途径的8%。但如在保温体系中，加入碘乙酸抑制3－磷酸甘油醛脱氢酶的活性，以阻断酵解－氧化途径，则磷酸戊糖途径会显著加强。

6－磷酸葡萄糖脱氢酶催化的反应是磷酸戊糖途径中的限速步骤。细胞中 NADPH/NADP 比值与该酶的活性密切相关。NADP 水平高，磷酸戊糖途径加强。

习题

1. 名词解释

amylase，Embden－meyerhof pathway，glycolytic pathway，hexose monophosphate pathway，glucose－6－phosphate，fermentation，aerobic oxidation，tricarboxylic acid cycle，glyoxylate pathway/cycle

2. 淀粉酶一般可分为几种？它们的作用特点如何？

3. 磷酸戊糖途径的生物学意义是什么？

4. 为什么输液输葡萄糖溶液不输6－磷酸葡萄糖？

5. 一个真核细胞可以利用葡萄糖（$C_6H_{12}O_6$）和己酸（$C_6H_{14}O_2$）作为细胞呼吸的燃料。依据它们的结构式，哪种物质在完全燃烧成二氧化碳和水时释放的能量更多？

6. 柠檬酸是影响细胞内某些代谢途径的重要信号分子。当肝细胞内的柠檬酸水平发生变化时，它能调节糖的分解代谢和脂肪酸的生物合成。请解释柠檬酸水平的升高怎样调节这些代谢反应，进而影响糖转变成脂肪酸的合成。

7. 肌细胞从葡萄糖到乳酸的变化中所释放的能量仅约为葡萄糖完全氧化成二氧化碳和水释放的自由能的7%，这是否意味着缺氧状态下肌肉中的糖酵解是一种对葡萄糖的浪费？为什么？

8. 把大豆、小麦、食盐和几种微生物包括酵母混合在一起，经过8~12个月的发酵，可以生成酱油，其富含乳酸和乙醇。这两种化合物是如何生成的？为了避免酱油有强烈的醋味（醋是低浓度的乙酸），发酵罐中必须隔绝氧气，为什么？

9. 肿瘤细胞往往缺乏大范围的毛细血管网状结构，且必须在氧供应受限制的条件下运作。请解释为什么肿瘤细胞会吸收更多的葡萄糖和过量产生某些糖酵解酶。

10. 在一组实验中观测到一个有趣的现象：将少量的草酰乙酸或者苹果酸加入到切碎的鸽胸肌悬浮液后刺激了制备物中氧的消耗。而最令人惊奇的是，消耗的氧气量远远高于使加入的草酰乙酸和苹果酸完全氧化所需的氧气量。为什么草酰乙酸或苹果酸的加入会刺激氧气的消耗？为什么所消耗的氧气会大大超过草酰乙酸或苹果酸完全氧化所需的氧气量？

CHAPTER

第九章

生物氧化

生物体的生存和生长除需要各种有机物质和无机物质外，还必须获得大量的能量，以满足生物体内各种复杂的化学反应的需要。一些生物体如高等植物和光合细菌以太阳光的辐射能作为能源，而另一些生物体如动物和大多数微生物，则以营养物分子中的化学能作为能源。生物体以不同的方式将这些能量转化成生物大分子的合成、主动运输和运动等需能过程能够利用的能量贮存形式，用于维持生命活动。

本章将分别叙述生物氧化的概念、方式和特点，生物氧化体系及高能化合物的形成等问题。

第一节 概 述

一、生物氧化的概念

能源物质（糖、脂、蛋白质等有机物）在活细胞内氧化分解，产生 CO_2 和 H_2O，释放化学能并转化为生物能的生化过程称为**生物氧化**（biological oxidation）。高等动物通过肺进行呼吸，吸入氧气、排出 CO_2。吸入的 O_2 用以氧化摄入体内的营养物质，获得能量，所以生物氧化又称呼吸作用。由于微生物是以细胞直接进行呼吸，故又称细胞呼吸或细胞氧化。

二、生物氧化的方式

（一）有氧氧化和无氧氧化

生物氧化在有氧和无氧的条件下都能进行，因此可以分为有氧氧化和无氧氧化两种方式，它们之间的主要区别是氧化过程中电子的受体不同。

需氧生物和兼性好氧生物在有氧条件下，以氧作为最终电子受体来氧化底物所进行的氧化过程，称为**有氧氧化**（aerobic oxidation）。如一分子葡萄糖彻底氧化成二氧化碳和水，要失去 12 对电子，这 12 对电子的最终受体是 6 个氧分子，生成 6 个二氧化碳和 6 个水。这种方式的氧化彻底，释放的能量多。

厌氧生物和兼性好氧生物在无氧条件下，最终的电子受体不是氧，而是分解代谢中产生的某种中间产物，或者是某些外源性电子受体，如硝酸盐、亚硝酸盐等。这种不需要氧参与的生物氧化过程称为**无氧氧化**（**anaerobic oxidation**）。即无氧氧化中以一些氧化型物质作为最终的电子受体，实际上是发酵过程。如以葡萄糖为碳源进行的乙醇发酵，是以乙醛作为最终电子受体形成发酵产物乙醇。这种氧化不完全、产能少。

需氧生物的某些细胞或组织在某种条件下也能进行无氧氧化，如在剧烈运动时，由于氧气的供给相对不足，造成动物的肌肉细胞处于相对的厌氧条件，葡萄糖不能彻底氧化成二氧化碳和水，而是进行了乳酸发酵，即葡萄糖氧化过程失去的电子是以其代谢的中间产物（两个丙酮酸）作为最终受体，形成两个乳酸，电子只在分子内的碳原子之间传递，能量的利用率很低，大部分能量还保存在发酵产物分子中。

（二）生物氧化过程和方式

生物氧化的过程实际上就是有机分子在生物体内进行氧化反应，分解成二氧化碳和水并释放出能量形成 ATP 的过程，其一般过程包括脱氢、脱羧和水的生成，并伴随着 ATP 的形成。主要方式如下：

1. 脱氢

脱氢是生物氧化的主要方式。氧化反应有以下几种形式：

失电子氧化：如氢在呼吸链中的氧化。

加氧氧化：如氨基酸氧化酶催化的氧化脱氨。

脱氢氧化：如琥珀脱氢酶催化的反应。

其中，脱氢氧化是在生物体中能源物质氧化的主要反应形式。进行生物氧化的代谢物分子大多是有机物，它们在氧化时除了失去电子外，还要失去质子，一个电子和一个质子相当于一个氢原子，所以生物氧化反应往往以脱氢为主，并且总是同时包含两个电子的转移。

2. 脱羧

生物氧化过程中有机物中的碳最终是通过脱羧形成 CO_2 的。依据代谢物和氧化分解途径不同，二氧化碳的形成有以下几种方式：

（1）α – 直接脱羧；

（2）β – 直接脱羧；

（3）α – 氧化脱羧；

（4）β – 氧化脱羧；

3. 水的生成

生物氧化过程的最后阶段是分子氧作为电子的最终受体，接受生物氧化中有机物分子中失去的电子和质子形成水。这一过程往往需要一系列的电子传递过程，并伴随着 ATP 的生成。

三、生物氧化的特点

在化学本质上，生物氧化和物质在体外的氧化都是相同的，都是电子的得失，一种物质失去电子被氧化，另一种物质得到电子被还原，氧化和还原总是同时发生。

但与体外的氧化还原反应比较，虽然有机物的氧化终产物都是二氧化碳和水，二者所进行的方式却大不相同，生物氧化具有一些不同的特点：

1. 生物氧化是在温和的条件下进行的

生物体的体温及 pH 都是比较温和的，生物氧化在细胞内酶的催化下进行。

2. 底物的氧化分阶段逐步进行，能量是逐步释放的

通过酶的催化作用，有机分子发生一系列的化学变化，在此过程中逐步氧化并释放能量。这种逐步分次的放能方式，不会因氧化过程中能量骤然释放而损害机体，同时使释放的能量得到有效的利用。与此相反，有机分子在体外燃烧需要高温，而且一次性地产生大量的光和热。

3. 释放的化学能转换成 ATP

在生物氧化过程中释放的能量通常都贮存在一些特殊的高能化合物中（如 ATP），通过这些物质的转移作用满足机体吸能反应的需要。电子由还原型辅酶传递到氧的过程中，形成大量的 ATP，占全部生物氧化产生能量的绝大部分。例如，一个葡萄糖分子氧化时生成 30 个 ATP 分子，其中 26 个是还原型辅酶氧化时得到的。

4. 受调节控制

生物氧化过程受到细胞的精确调控，这种调控决定了生物体中生物氧化速率能正好满足生物体对 ATP 的需要。

第二节　呼吸链及氧化磷酸化

需氧细胞内糖、脂肪、氨基酸等通过各自的分解途径，所形成的还原型辅酶，包括 NADH 和 $FADH_2$，通过电子传递途径被重新氧化。还原型辅酶上的氢原子以质子形式脱下，其电子沿着一系列的电子载体转移，最后转移到分子氧。质子和离子型氧结合而成水。在电子传递过程中释放出的大量自由能则使 ADP 磷酸化生成 ATP。上述代谢过程实际上包含着电子传递和氧化磷酸化两个方面的反应。

一、线粒体的结构

线粒体是真核生物重要的细胞器，真核生物的电子传递和氧化磷酸化都是在细胞的线粒体内膜发生的作用。原核生物则是在浆膜发生的。

线粒体普遍存在于动、植物细胞内，是需氧细胞产生 ATP 的主要部位。各种类型的细胞有其特有的线粒体数目和特性，其数目可达到数百到数千，例如鼠肝细胞大约有 800 个线粒体。细胞内线粒体的位置常处于需要 ATP 的结构附近，或处于细胞进行氧化作用所需燃料如脂肪滴附近。昆虫飞翔肌细胞的线粒体规则地排列在肌原纤维周围，这有利于细胞对 ATP 的利用。在细胞溶胶中线粒体所占的比例相当可观，在肝细胞中占 20%，在心肌细胞中超过 50%。

线粒体的形状随不同种细胞而异，例如，褐色脂肪细胞的线粒体呈球状或近似球状，肝细胞的线粒体呈足球状，肾细胞的线粒体呈圆筒状，成纤维细胞的线粒体为线状，酵母细胞线粒体的形状极不规则，且带有长的突起。

线粒体的结构如图 9 - 1 所示。

线粒体含有两层膜，中间有膜间腔。外膜平滑稍有弹性，大约由一半脂类和一半蛋白质构成，外膜的蛋白质含有线粒体孔道蛋白，构成外膜孔道，能通过相对分子质量小于 4000 ~ 5000

的物质，包括质子。内膜含有大约 20% 的脂和 80%（76%）的蛋白质，其蛋白质比例比细胞的其他任何膜含量都高。内膜是细胞溶胶和线粒体基质之间的主要屏障。内膜有许多向内的折叠称为嵴，嵴的数目和结构随细胞的类型不同而各不相同。嵴的存在大大增加了内膜的面积，这扩大了它产生 ATP 的能力。肝脏细胞线粒体内膜相当于外膜的 5 倍，线粒体内膜的总面积相当于细胞膜的 17 倍。心脏和骨骼肌线粒体的嵴相当于肝脏细胞嵴的 3 倍，这可能反映了肌肉细胞对 ATP 的大量需求。

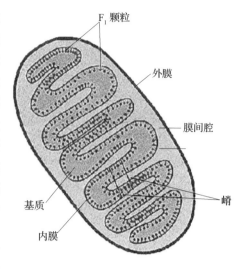

图 9 - 1　线粒体的结构

内膜嵴和嵴之间构成分隔的区室，区室中有胶状的基质。有的基质构成网状，明显地附着在内膜的内表面。线粒体基质的体积和结构随着呼吸作用的进行不断地发生变化。用负染法和电子显微镜可观察到线粒体内膜的内表面是一层排列规则的球形颗粒。球的直径为 8～9nm，并带有一细柄，长约 5nm，宽约 3nm，与嵴相连。这种颗粒称为内膜球体，只存在于线粒体内膜的内表面。内膜还含有许多富含蛋白质的跨膜颗粒，这些颗粒包括从 NADH 和 $FADH_2$ 到氧的电子传递链中的电子，在 ATP 的合成中起重要作用，有些颗粒是物质的跨膜运送者。

因为有些分子例如 ADP、Pi 及 ATP 等都不能透过线粒体内膜，这些颗粒能够使 ADP 和 Pi 从细胞溶胶通过它进入线粒体基质，又能使 ATP 等分子从线粒体基质进入到细胞溶胶。内膜含有的约 20% 脂主要构成其磷脂双层，这大大降低了内膜对质子的通透性，从而使形成一种跨线粒体内膜的质子动力成为可能。

膜间腔与细胞溶液相接触，也含有酶类，如腺苷酸激酶以及其他酶类。

线粒体内膜的功能包括 3 个方面，并且每种反应都限制在线粒体内膜的一定部位：第一方面是丙酮酸以及脂肪酸氧化为 CO_2，同时使 NAD^+ 和 FAD 还原为 NADH 和 $FADH_2$，这发生在线粒体基质或面向基质的内膜蛋白质上；第二方面是电子从 NADH 和 $FADH_2$ 传至线粒体内膜上，并同时形成跨膜质子泵；第三方面是将贮存于电化学质子梯度的能量由内膜上的 F_0F_1 ATP 酶（F_0F_1ATPase）复合物合成 ATP。

二、呼吸链的概念及类型

呼吸链又称**电子传递链（electron transport chain）**，是由存在于线粒体内膜上的一系列能接受氢或电子的中间传递体所组成。代谢物（糖类、脂类和蛋白质等物质）在分解代谢过程中产生的还原型辅酶在线粒体内经一系列传递体的传递作用，最终将氢传递给被激活的氧分子而生成水。由于参与这一系列催化作用的酶和辅酶一个接一个地构成了链状反应，因此常将这种形式的氧化过程称为呼吸链。

这些传递体包括递氢体和递电子体，同时还需要多种酶的参与。凡参与呼吸链传递氢原子或电子的辅酶或辅基分别称为递氢体和递电子体。

1. 呼吸链的类型

代谢物上的氢原子被脱氢酶激活脱落后，经过一系列的传递体，最后传递给被激活的氧分子而生成水。在具有线粒体的生物中，典型的呼吸链有两种，即 **NADH 呼吸链**和 **FADH₂ 呼吸链**。这是根据代谢物上脱下氢的初始受体不同而区分的。

生物体内的呼吸链还有多种形式，有的是中间传递体的成员不同。

2. 呼吸链的组成

呼吸链主要由存在于线粒体内膜上的几个大的蛋白质复合物构成（图 9－2），它们是 NADH 脱氢酶（也称为 NADH – 辅酶 Q 还原酶或复合物Ⅰ）、琥珀酸脱氢酶（也称琥珀酸盐 – 辅酶 Q 还原酶或复合物Ⅱ）、细胞色素 b 和细胞色素 c_1 复合物（也称细胞色素还原酶、辅酶 Q – 细胞色素 c 还原酶或复合物Ⅲ）和细胞色素氧化酶（也称细胞色素 c 氧化酶或复合物Ⅳ）。电子从 NADH 到氧是通过复合物Ⅰ、Ⅲ、Ⅳ的联合作用；而电子从 FADH₂ 到氧是通过复合物Ⅱ、Ⅲ、Ⅳ的联合作用。

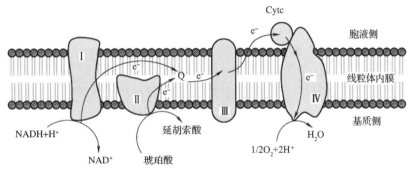

图 9－2 呼吸链的组成及复合体的排列顺序

3. 呼吸链的主要成员及作用

（1）NADH – CoQ 还原酶（复合物Ⅰ） NADH – CoQ 还原酶是一种与**铁硫蛋白（iron – sulfur protein）**结合成复合物的黄素蛋白（图 9－3），属于不需氧黄素酶（黄酶），其辅基是 FAD 或 FMN（黄色），至少由 34 条肽链构成。它结合 NADH，并将其氧化为 NAD^+，脱下的 2H 被该酶的辅基 FMN 或 FAD 接受。FMN 接受 2H，转变为 FMNH₂。FMNH₂ 中的电子通过铁硫蛋白被传递到呼吸链的下一个成员辅酶 Q，即 FMNH₂ 或 FADH₂ 被 CoQ 氧化。

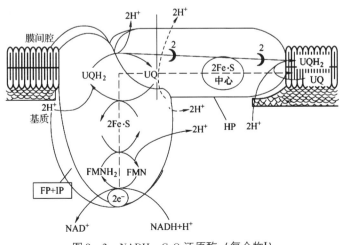

图 9－3 NADH – CoQ 还原酶（复合物Ⅰ）

铁硫蛋白是存在于线粒体内膜上的一种与电子传递有关的非血红素铁蛋白，最早从厌氧菌中发现，后来在高等植物中也发现了类似的蛋白质。它们存在于叶绿体中，参与光合作用中的电子传递。

铁硫蛋白类的分子中含非卟啉铁和对酸不稳定的硫，其作用是借铁的变价互变进行电子传递。

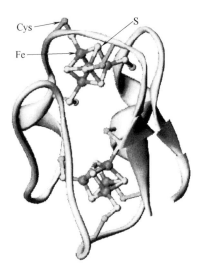

$$Fe^{3+} + e^- \rightarrow Fe^{2+}$$

因其活性部分含有两个活泼的硫和两个铁原子，故也称铁硫中心。铁硫蛋白（Fe-S）共有9种同工蛋白；分子中含有由半胱氨酸残基硫原子及无机硫原子与铁离子形成的铁硫中心（铁硫簇），一次可传递一个电子至CoQ，见图9-4。

已知的铁硫蛋白有多种，最简单的是单个铁四面与蛋白质中的半胱氨酸的硫络合；第二类是 Fe_2S_2，含有两个铁原子与两个无机硫原子及四个半胱氨酸；第三类为 Fe_4S_4，含有四个铁原子与四个无机硫及四个半胱氨酸；还有 Fe_3S_4，含有三个铁原子与四个无机硫及三个半胱氨酸（图9-5）。

图9-4 铁硫蛋白

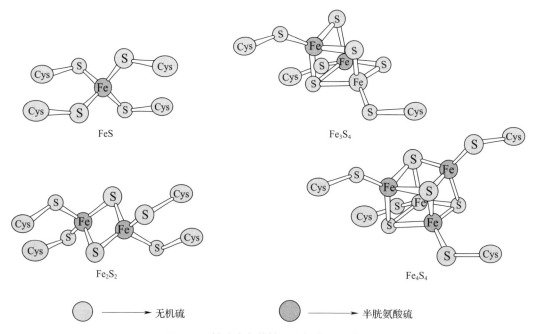

图9-5 铁硫中心的铁原子与硫原子关系

铁硫蛋白在生物界广泛存在。在线粒体内膜上常与黄素酶或细胞色素结合成复合物而存在。在从 NADH 到氧的呼吸链中，有多个不同的铁硫中心，有的在 NADH 脱氢酶中，有的与细胞色素 b 及细胞色素 c_1 有关。

代谢物上的氢，在相应的以 NAD 或 NADP 为辅酶的脱氢酶（该类酶均为不需氧脱氢酶，即不以氧为直接受氢体，如乳酸脱氢酶、3-磷酸甘油醛脱氢酶等）作用下被脱下来，脱下的氢被该酶的辅酶接受而转变为 NADH 或 NADPH。

辅酶 Q（泛醌，CoQ，Q）是游离存在于线粒体内膜中的脂溶性辅酶，在线粒体内膜中是一种均一的流动库，**可以结合到膜上，也可以游离状态存在**。由多个异戊二烯连接形成较长的疏水侧链（哺乳动物体内的 n 为 10，故又称为 Q_{10}），氧化还原反应时可在醌型与氢醌型之间相互转变。其反应过程如下：

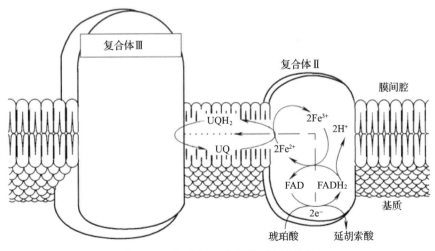

$$\text{泛醌（醌型）} \underset{H^++e}{\rightleftharpoons} \text{泛醌 H·（半醌型）} \underset{H^++e}{\rightleftharpoons} \text{二氢泛醌（氢醌型）}$$

它以不同的形式在电子传递链中起传递电子的作用。它不只接受 NADH – Q 还原酶脱下的电子和氢原子，还接受线粒体其他黄素酶类脱下的电子和氢原子。如琥珀酸 – Q 还原酶、脂酰 – CoA 脱氢酶以及其他黄素酶类脱下的电子和氢原子。可以说 **CoQ 在电子传递链中处于中心地位，是电子传递过程中的电子集聚地**。它在呼吸链中是一种和蛋白质结合不紧密的辅酶。这使它在黄素蛋白类和细胞色素类之间能够作为一种特殊灵活的电子载体起作用。

（2）琥珀酸盐 – 辅酶 Q 还原酶（复合物Ⅱ） 琥珀酸盐 – 辅酶 Q 还原酶（复合物Ⅱ），是嵌在线粒体内膜的酶蛋白（图 9 – 6）。完整的酶还包括柠檬酸循环中使琥珀酸氧化为延胡索酸的琥珀酸脱氢酶。$FADH_2$ 作为该酶的辅基在传递电子时并不与酶分离，只是将电子传递给琥珀酸脱氢酶分子的铁 – 硫聚簇。这个铁 – 硫聚簇含有 2Fe – 2S、3Fe – 3S 和 4Fe – 4S。电子经过铁 – 硫聚簇又传递给 CoQ，从而进入了电子传递链。琥珀酸 – Q 还原酶的 CoQ 辅基和 NADH 还原酶中的辅基已证明具有完全相同的结构和性质。

琥珀酸 – Q 还原酶以及其他的酶，将电子从 $FADH_2$ 转移到 CoQ 上的标准氧还电势变化不能产生足够的自由能用以合成 ATP。因此，这一步反应没有 ATP 的形成。但是，这一步反应的重要意义在于，它保证 $FADH_2$ 上的具有相对高转移势能的电子进入电子传递链。

图 9 – 6 琥珀酸 – Q 还原酶（复合物Ⅱ）

（3）辅酶 Q – 细胞色素 c 还原酶（复合物Ⅲ）　　细胞色素（cytochromes，Cyt）是一类含有铁卟啉辅基的电子传递蛋白。各种细胞色素的辅基结构略有不同（见图 9 – 7），它们与蛋白质多肽链连接的方式也不同。根据所含辅基还原状态时的吸收光谱的差异而将细胞色素分为若干种类。迄今发现的有 30 多种，但在细胞内参与生物氧化的细胞色素有 a、b、c 三大类。在呼吸链中，它们负责将电子从 CoQ 传递到氧，其作用机制是通过铁卟啉中铁原子的氧化还原而往复传递电子，因而属于电子传递体，且为单电子传递体。

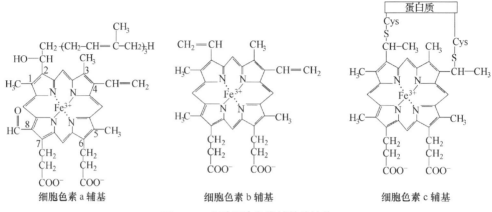

图 9 – 7　几种细胞色素辅基的结构

在高等动物的线粒体内膜上常见的细胞色素有五种，它们是：细胞色素 b、细胞色素 c、细胞色素 c_1、细胞色素 a 和细胞色素 a_3。线粒体中的细胞色素绝大部分和内膜紧密结合，只有细胞色素 c 结合较松，易于分离纯化，结构较清楚。细胞色素 c 和细胞色素 c_1 的血红素辅基与蛋白质的两个半胱氨酸残基侧链通过硫酯键相连。

细胞色素 b 和细胞色素 c 的结构分别如图 9 – 8 和图 9 – 9 所示。

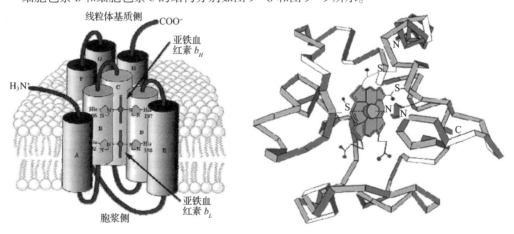

图 9 – 8　细胞色素 b 的结构　　　　　　图 9 – 9　细胞色素 c 的结构

细胞色素还原酶（复合物Ⅲ）含有细胞色素 b、细胞色素 c_1 和一个 FeS 蛋白，可能还有其他蛋白（图 9 – 10）。当 $CoQH_2$ 提供它的两个电子给呼吸链的下一个成员细胞色素 b 时，质子（H^+）被释放到溶液中，细胞色素 b 接受电子，其血红素辅基中的铁由三价变为二价。在这个复合物中，电子由细胞色素 b 经铁硫蛋白（FeS 蛋白），再到细胞色素 c_1 而传递。

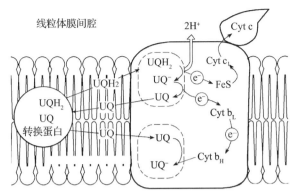

图 9 – 10 细胞色素还原酶（复合物Ⅲ）

细胞色素类在呼吸链中传递电子的顺序为：

$$Cyt\ b \rightarrow Cyt\ c_1 \rightarrow Cyt\ c \rightarrow Cyt\ a \rightarrow Cyt\ a_3$$

从上可知，Cytb 接受从 CoQ 传来的两个电子，通过它，又将电子经 FeS 蛋白传给 $Cytc_1$，$Cytc_1$ 将其接受的电子传给 Cytc。**细胞色素 c 是一个表面膜蛋白，位于线粒体内膜外侧的表面上。**它可与细胞色素 b 和细胞色素 c_1 复合物结合，接受一个电子，并经自身的铁原子价数的变化将接受的电子传递给呼吸链的下一个成员细胞色素氧化酶。

（4）细胞色素氧化酶（复合物Ⅳ） 细胞色素氧化酶（复合物Ⅳ）含有细胞色素 a 和细胞色素 a_3，是一个跨膜蛋白。细胞色素 a_3，又称细胞色素氧化酶，因为只有它可以氧为直接的电子受体；细胞色素 a 和细胞色素 a_3 结合紧密，至今尚未将 a、a_3 分开，故有人将其统称为细胞色素 aa_3 复合物。细胞色素 aa_3 复合物把还原态细胞色素 c 的电子传递给氧，因而这个复合物又称细胞色素 c 氧化酶或亚铁细胞色素 c 氧化还原酶。

细胞色素 a 和细胞色素 a_3 分子中除含有铁外，都含有铜原子（图 9 – 11）。在电子传递过程中，分子中的铜可发生一价和二价的互变，使电子最终传给氧，使氧激活，与质子结合生成水。因此细胞色素氧化酶可传递 4 个电子（来自于 4 分子细胞色素 c）到氧，生成 2 分子水。

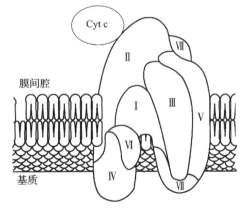

图 9 – 11 细胞色素氧化酶（复合物Ⅳ）

4. 呼吸链中传递体的排列顺序

呼吸链中氢的传递和电子的传递是有着严格的顺序和方向的。这些顺序和方向是根据四个方面的实验而得到的结论：① 各种电子传递体标准氧化还原电位的数值；② 在体外将电子传递体拆开和重新组成呼吸链；③ 特异抑制剂阻断实验；④ 还原状态呼吸链缓慢给氧实验。

（1）标准氧化还原电位（$\Delta E^{0'}$） 在氧化 – 还原反应中，如果反应物的组成原子或离子失去电子，则该物质称为还原剂；如果反应物的组成原子或离子得到电子，则该反应物称为氧化剂。氧化还原反应包括一个矛盾的两个方面：一种物质作为还原剂失去电子，本身被氧化；另一种物质作为氧化剂得到电子本身被还原。换言之，氧化还原反应是同时进行的，一种物质被氧化，必有另一种物质被还原。氧化还原反应是电子从还原剂转移到氧化剂的过程。氧化还原反应还可以更广义地理解为：某种物质的电子占有程度降低即是氧化，升高即是还原。

最简单的氧化还原反应是金属锌在铜离子溶液中的氧化还原反应，使化学能变为电能的典型例子是化学电池，如由锌极和铜极组成的原电池称为铜锌原电池，锌原子失去电子，本身被氧化，电子由锌极流向铜极，Cu^{2+}获得电子，本身被还原。

生物体内的氧化还原反应，其基本原理和化学电池一样。也可以将生物体内的氧化剂与还原剂看成化学电池，其氧化剂为呼吸链末端上的氧，其还原剂为呼吸链始端的氢原子。

标准氧化还原电位（$\Delta E^{0'}$）值越大，说明越易构成氧化剂处于呼吸链的末端，$\Delta E^{0'}$值越小，则越易构成还原剂而处于呼吸链的始端。在常温常压下，电子总是从低氧化还原电位向高氧化还原电位方向移动。呼吸链本身就是一个氧化还原体系，其组成和顺序排列也遵循电化学的原理。呼吸链上的各组分的位置与其失电子趋势的强弱有关，即供电子的倾向越大，越易成为还原剂而处于呼吸链的前列。因此呼吸链中各组分的排列顺序是依 $\Delta E^{0'}$ 的大小来排列的。呼吸链中各氧化还原对的标准氧化还原电位值见表 9 - 1。

表 9 - 1 　　　　　　　　　　呼吸链中各氧化还原对的标准氧化还原电位

氧化还原对	$E^{0'}/V$
$NDA^+/NADH + H^+$	- 0. 32
$FMN/FMMH_2$	- 0. 30
$FAD/FADH_2$	- 0. 06
Cyt b Fe^{3+}/Fe^{2+}	0. 04 （或0. 10）
$Q_{10}/Q_{10}H_2$	0. 07
Cyt c_1 Fe^{3+}/Fe^{2+}	0. 22
Cyt c Fe^{3+}/Fe^{2+}	0. 25
Cyt a Fe^{3+}/Fe^{2+}	0. 29
Cyt a_3 Fe^{3+}/Fe^{2+}	0. 55
$1/2\ O_2/H_2O$	0. 82

（2）在体外将电子传递体拆开和重新组成　通过匀浆、超声波和去污剂等处理方法，可以破坏线粒体膜，然后分离仍然具有某一部分传递作用的膜碎片，可以分离出电子传递链中的各个复合物。

（3）呼吸链特异抑制剂对电子传递的阻断作用　凡能够切断呼吸链中某一部位电子流的物质和化学药品，统称为呼吸链电子传递的抑制剂。这些抑制剂可强烈地抑制呼吸链中的一些酶类，以致使呼吸链中断。所以这些物质和化学药品大多对人类或哺乳类动物乃至需氧生物具有极强的毒性。但人们利用其作用的专一性来特异地切断呼吸链中的某一部位的电子传递，但加入一种抑制剂后，位于抑制剂作用位点"上游"的传递体应当是还原形式，位于抑制剂作用位点"下游"的传递体应当是氧化形式，用以研究呼吸链的组成。重要的电子传递抑制剂有：

① 鱼藤酮、阿米妥和杀粉蝶菌素：鱼藤酮为农药鱼藤精的一种主要成分，它们都可抑制从 NADH 到 CoQ 的电子传递。其结构如下所示：

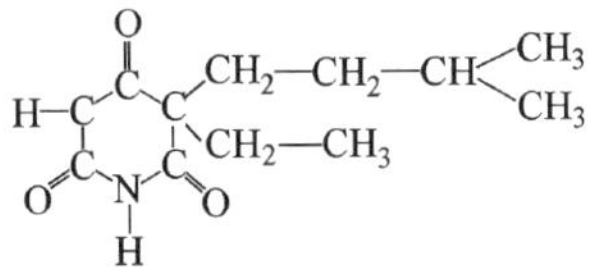

阿米妥
（amytal）

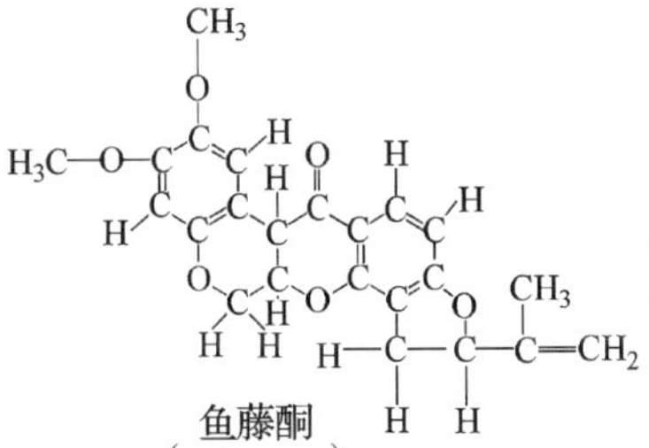

鱼藤酮
（rotenone）

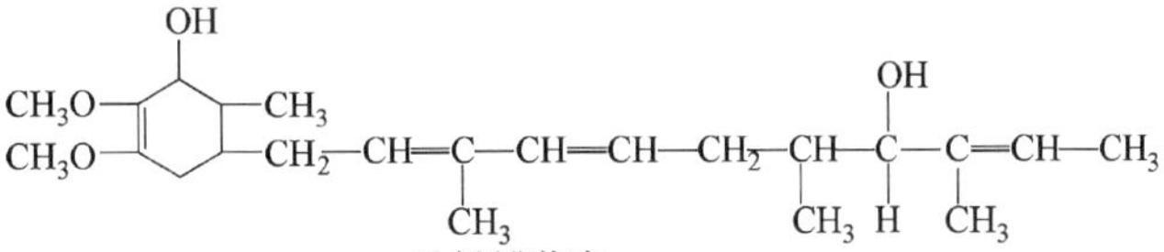

杀粉蝶菌素
（piericidin）

② 抗霉素 A：能抑制细胞色素 b 到细胞色素 c_1 之间的电子传递。维生素 C 可缓解这种抑制作用，因为维生素 C 可直接还原细胞色素 c，电子流可以从维生素 C 传递到 O_2 从而可消除抗霉素 A 的抑制作用。抗霉素 A 的结构如下所示：

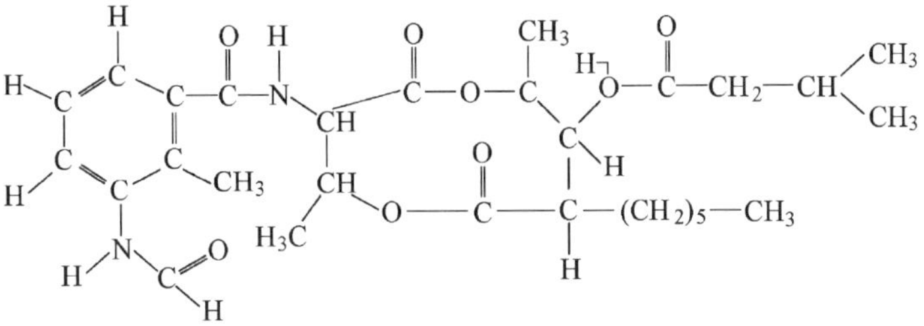

抗霉素 A 的结构

③ 氰化物、叠氮化合物和一氧化碳：三者都能抑制从细胞色素氧化酶到分子氧之间的电子传递。氰化物和叠氮化合物都可与传递体分子中的 Fe^{2+} 起作用，一氧化碳可抑制 Fe^{2+} 的形成。

上述的各种抑制剂对电子传递的抑制部位可用图 9 – 12 表示。

NADH ⟶ NADH—Q ⊣⊢ QH₂ ⊣⊢ 细胞色素 c_1 ⟶ 细胞色素 c ⟶ 细胞色素 ⊣⊢ O_2
　　　　还原酶　　鱼藤酮　抗霉素 A　　　　　　　　　　　　　　氧化酶　　CN⁻
　　　　　　　　阿米妥　　　　　　　　　　　　　　　　　　　　　　　　N₃⁻
　　　　　　　　　　　　　　　　　　　　　　　　　　　　　　　　　　　　CO

图 9 – 12　各种抑制剂对电子传递的抵制部位

（4）还原状态呼吸链缓慢给氧实验　所有传递体都处于还原状态时（预先将线粒体悬浮液进行厌氧处理），通入氧气，用快速分光光度技术测定各种电子传递体辅基的差光谱，可以得到它们氧化顺序的信息。其原理是不同的电子传递体的辅基以及各种传递体的还原型和氧化型的光吸收强度都具有差异，可以用于检测分析，进而用于判断呼吸链中各传递体的排列顺序。

5. 两种典型的呼吸链及其排列顺序

根据呼吸链中各组成成分的标准氧化还原电位及其他实验分析，呼吸链的排列顺序为：

$$NAD^+ \longrightarrow [FMN（Fe–S）] \longrightarrow \overset{FAD}{\downarrow} CoQ \longrightarrow Cytb（Fe–S）\longrightarrow Cyt\ c_1 \longrightarrow Cyt\ c \longrightarrow Cyt\ aa_3 \longrightarrow 1/2 O_2$$
　-0.32　　　　　-0.30　　　　　+0.04　　　+0.07　　　　+0.22　　+0.25　　+0.29　　+0.82

研究表明，细胞中存在的两种典型的呼吸链及其组成为：

（1）NADH 氧化呼吸链　NADH 氧化呼吸链负责传递以 NAD 为辅酶的不需氧脱氢酶氧化底物得来的电子，从 NADH 至分子氧的整个电子传递过程发生在三个连续的膜结合传递体（复合物Ⅰ、复合物Ⅲ和复合物Ⅳ）上，还涉及脂溶性的辅酶 Q 和水溶性的细胞色素 c，电子传递的顺序是：

$$代谢物 \rightarrow NADH \rightarrow 复合物Ⅰ \rightarrow Q \rightarrow 复合物Ⅲ \rightarrow Cyt\ c \rightarrow 复合物Ⅳ \rightarrow O_2$$

（2）琥珀酸（$FADH_2$）氧化呼吸链　琥珀酸（$FADH_2$）氧化呼吸链负责传递以 FAD 为辅基的不需氧脱氢酶（以琥珀酸脱氢酶为代表）氧化底物得来的电子，电子从 $FADH_2$ 到分子氧的传递顺序为：

$$代谢物 \rightarrow 复合物Ⅱ（FADH_2） \rightarrow Q \rightarrow 复合物Ⅲ \rightarrow Cyt\ c \rightarrow 复合物Ⅳ \rightarrow O_2$$

由此可以看出两种呼吸链的关系为：

它们的主要区别是从代谢物上脱氢的酶及氢的初始受体不同，而两条链的后半部分（从辅酶 Q 一直到分子氧）的电子传递体的组成是相同的。

三、底物水平磷酸化和氧化磷酸化

在生物氧化过程中，氧化放能反应常常有吸能的磷酸化反应偶联发生。偶联反应将氧化释放的一部分自由能用于无机磷参加的高能磷酸键生成反应，这种氧化放能反应与磷酸化吸能反应的偶联可在两种水平上发生：底物水平磷酸化和电子传递磷酸化。

1. 底物水平磷酸化

底物水平磷酸化（substrate level phosphorylation）　是指代谢物在氧化分解过程中脱氢氧化时，分子内能量重新分布，集中较高的自由能，形成了某些高能磷酸键，它可转移给 ADP 形成 ATP，这种底物分子氧化反应与磷酸化反应偶联生成 ATP 的反应过程称为底物水平磷酸化。如糖酵解途径中 3 - 磷酸甘油醛转变成的 1，3 - 二磷酸甘油酸、三羧酸循环中 α - 酮戊二酸氧化脱羧生成的琥珀酰 CoA 等，这些高能化合物可与 ADP 反应生成 ATP。底物磷酸化也是生物捕获能量的一种方式，底物水平磷酸化在有氧和无氧条件下都能进行，其特殊意义在于它是无氧条件下兼性生物细胞或厌氧微生物从有机物取得生物所需能量的主要来源。

2. 氧化磷酸化

不需氧脱氢酶脱下的氢原子对，在有氧条件下，通过电子传递链的氧化过程中，逐步释放自由能，驱动磷酸化偶联反应，利用 ADP 和无机磷合成 ATP。这种在电子传递（氧化）过程中，偶联的 ADP 被磷酸化形成 ATP 的酶促过程，称为**氧化磷酸化（oxidative phosphorylation），又称电子传递磷酸化**。氧化磷酸化是体内生成 ATP 的一种主要方式。

（1）电子传递过程中 ATP 的生成部位　根据大量的实验证明，从 NADH 到分子氧的电子传递中，有三处能使氧化还原过程释放的能量转化为 ATP，从 $FADH_2$ 到分子氧，有两处能使氧化还原过程释放的能量转化为 ATP，这些部位可称为氧化磷酸化的偶联部位，见图 9 - 13。

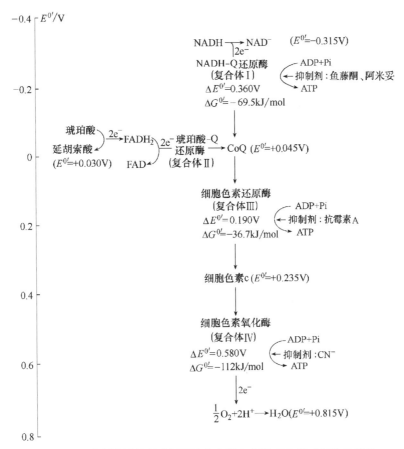

图 9－13 电子传递链标准氧还势自由能变化和 ATP 形成部位示意图

其释放自由能的部位有三处: 第 1 个部位是由复合物I将 NADH 上的电子传递给 CoQ 的过程, 第 2 个部位是由复合物III执行的, 将分子由 CoQ 传递给细胞色素 c 的过程, 第 3 个部位是复合物IV执行的, 将电子从细胞色素 c 传递给氧的过程。这三个部位也正是 ATP 合成的部位。

但是, ATP 合成是一个复杂的过程。ATP 的合成是线粒体内膜上和电子传递完全不同的、具有特殊装备的分子集群执行的。它是多种酶的复合物, 最初被称为线粒体 ATP 酶, 这是由于该酶最先被发现的是它的水解反应而得名。但是它在线粒体内的真正作用是合成 ATP, 为强调该酶的实际合成作用, 现在普遍称其为 ATP 合酶, 又称复合物V。ATP 合酶和电子传递酶类完全不同, 电子传递所释放出的自由能必须通过一种保留形式使 ATP 合酶能够利用, 这种能量的保存和 ATP 合酶对它的利用称为能量偶联或能量转换。

(2) 氧化磷酸化的作用机制　氧化与磷酸化作用如何偶联尚不够清楚。目前主要有三个学说, 即化学偶联学说、结构偶联学说与化学渗透学说, 其中得到较多支持的是化学渗透学说。三种学说的要点如下:

化学偶联假说: 化学偶联假说是 1953 年 Edward Slater 最先提出的, 他认为电子传递过程产生一种活泼的高能共价中间物, 它随后的裂解驱动氧化磷酸化作用。这种例证可见于糖酵解作用中 ATP 的合成。甘油醛－3－磷酸被 NAD＋氧化释放的能量供给形成甘油酸－1, 3－二磷酸的需要。甘油酸－1, 3－二磷酸是一个活泼的具有高能磷酸基团的酰基磷酸化物, 它的高能磷酸基因随后在磷酸甘油酸激酶的作用下转移给 ADP 而生成 ATP。虽然在糖酵解作用中可看到这种情况，但是在氧化磷酸化作用中一直未能找到任何一种活泼的高能中间产物。

构象偶联假说：这一假说是 1964 年 Paul Boyer 最先提出的，他认为电子沿电子传递链传递使线粒体内膜蛋白质组分发生了构象变化，形成一种高能形式，这种高能形式通过 ATP 的合成而恢复其原来的构象。这一学说和化学偶联学说一样，至今未能找到有力的实验证据，但是在 ATP 的合成过程中仍可能包含有不同形式的构象偶联现象。

化学渗透学说（**chemiosmotic hypothesis**）：这一学说是 1961 年由英国生物化学家 Peter Mitchell 最先提出的，他认为电子传递释放的自由能和 ATP 合成是与一种跨线粒体内膜的质子梯度相偶联的，即电子传递的自由能驱动 H^+ 从线粒体基质跨过内膜进入到膜间腔，从而形成跨线粒体内膜的 H^+ 电化学梯度，这个梯度的电化学电势驱动 ATP 的合成。图 9 – 14 所示为化学渗透假说的示意图。

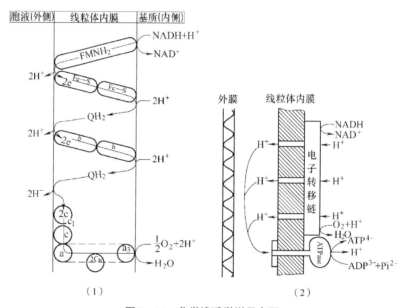

图 9 – 14 化学渗透学说示意图

(1) 化学渗透学说中呼吸链上氧化还原环节可能的构形图   (2) 质子移动的氧化磷酸化机制

化学渗透学说可以解释许多关键的现象，得到许多实验证据。例如：

① 氧化磷酸化需要完整的线粒体内膜。

② 线粒体内膜对离子例如 H^+、OH^-、K^+ 和 Cl^- 等是不可通透的，这些离子的自由扩散导致质子梯度的消失。

③ 能增高内膜对质子渗透性的化合物能破坏跨膜的质子梯度，结果导致电子的传递可以继续发生，而 ATP 的合成被抑制，即电子的传递与氧化磷酸化反应解偶联。反过来，如果增高内膜外侧的酸性，将会促进 ATP 的合成。

④ 电子的传递导致 H^+ 跨完整的线粒体内膜从基质向膜间空间转移。

⑤ 大量直接或间接实验证据表明，膜表面不仅能滞留大量质子，而且在一定条件下，质子沿膜表面迅速地转移，其速度超过在大量水相中的速度。

Mitchell 的化学渗透假说曾获得 1978 年的诺贝尔化学奖。迄今虽然能量偶联的具体分子机制尚未能完全阐明，但是跨膜质子电化学梯度产生的质子化学电势和质子跨膜循环在能量偶联中起关键作用已经成为共识。

虽然化学渗透假说能够解释氧化磷酸化过程的大部分问题，但仍有一些问题尚未得到完满的解决。例如 H^+ 究竟是怎样通过电子传递链而被逐出的，当前虽然已经有些设想，但还有许多问题有待解决。

（3）ATP 的合成机制　呼吸链中复合物 I、复合物 III 和复合物 IV 都有离子泵的功能，借助电子传递产生的自由能将 H^+ 从基质泵入膜间腔。然而 H^+ 在质子驱动力的作用下返回基质时却只能通过唯一的质子通道 ATP 合酶的 F_0 部位，返回的质子流驱动了 ATP 的合成。

ATP 合酶（复合物 V）的结构主要有 F_1 和 F_0 两个单元组成（图 9 – 15）。F_1 单元位于线粒体内膜的基质侧表面，由 5 种亚基组成，为 $\alpha_3\beta_3\gamma\delta\varepsilon$，是 9 聚体。它含有 ATP 合成酶活性，负责催化 ATP 的合成。其中 F_0 单元为疏水的内在蛋白质，镶嵌在线粒体内膜中，呼吸链围绕其周围。它由 3 种疏水性亚基组成，为 $a_1b_2c_{9-12}$，这些亚基在内膜中形成了跨膜的质子通道，F_1 单元与嵌入膜内的 F_0 单元连接，形成面向基质的球状体。β 亚基为催化亚基，具有酶活力，δ 和 ε 亚基连接着 α、β 和 c 亚基。c 亚基是一种反平行跨膜螺旋形成的发夹结构，10 个 c 亚基环形组合在一起形成质子通道，b 亚基的跨膜区域与 a 亚基相连，另一端的亲水区域通过 δ 亚基与 $(\alpha\beta)_3$ 复合物连接，起到稳定的支架作用。

ATP 合成机制——结构变化机制：关于 ATP 的合成机制，Paul Boyer 提出结合变化机制，并于 1997 年获得诺贝尔化学奖。

当质子通过 F_0 单元返回基质时，触发了 c 亚基的旋转，c 亚基带动了 γ、ε 以至 $(\alpha\beta)_3$ 复合物一起旋转，使 α 和 β 亚基发生构象变化，从而导致 ATP 的合成。ATP 合酶的 F_1 单元有三种构象，即紧张态（T 态）、松散态（L 态）和开放态（O 态），三种构象互相转变（图 9 – 16）。T 态为活性状态，且与配基的亲和力高；L 态和 O 态都是非活性状态，与配基的亲和力低。在合成的过程中，ADP 和 Pi 结合在 L 位；质子流驱动构象变化，L 位转变为 T 位，同时原 T 位转变为 O 位，原 O 位转变为 L 位；进入 T 位的 ADP 和 Pi 合成 ATP，并随着进一步的构象改变被释放出去。ADP 和 Pi 再依次进入 L 位合成 ATP。

合成的 ATP 在线粒体内膜上 ATP – ADP 转位酶作用下离开线粒体，同时 ADP 进入线粒体再次参加 ATP 的合成。

（4）P/O 比　P/O 比是指应用某一物质作为呼吸底物，每消耗 1mol 氧原子时，使无机磷渗入到 ATP 中的摩尔数，即每消耗 1mol 原子氧时生成的 ATP 的摩尔数，或指每对电子经呼吸链传递给氧原子所生成的 ATP 摩尔数。

从呼吸链电子传递的过程可以看出，每对电子通过 NADH – 辅酶 Q 还原酶有 4 个质子从基质泵出；每对电子通过细胞色素 bc_1 复合物也有 4 个质子从基质泵出；而每对电子通过细胞色素氧化酶有 2 个质子从基质泵出。这样，当一对电子从 NADH – 辅酶 Q 还原酶传递到氧，共有 10

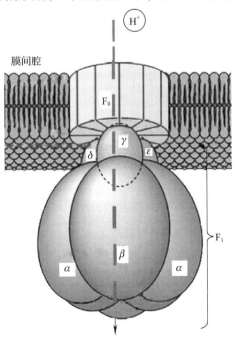

图 9 – 15　ATP 合酶的结构模型

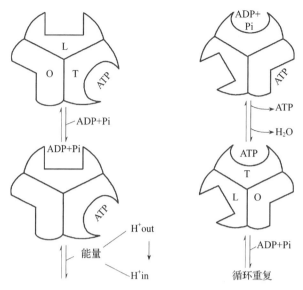

图 9 – 16　ATP 合酶结构变化模型

个质子从基质排至线粒体内膜外侧。已知每合成1molATP 需3 个质子通过 ATP 合成酶，同时，产生的 ATP 从线粒体基质进入胞质还需要消耗1 个质子，故**每形成1 个 ATP 需要4 个质子**；这样，一对电子从 NADH 到氧将产生2.5 个 ATP $[(4+2+4)/4]$，P/O 比为2.5；而一对电子从 $FADH_2$ 到氧将产生 1.5 个 ATP $[(2+4)/4]$，P/O 比为1.5。在本书物质代谢氧化放能的计算中都采用此值。

3. 氧化磷酸化的解偶联和电子传递的抑制

一些影响氧化磷酸化的试剂可以根据它们的不同影响方式分成三种类型：解偶联剂、氧化磷酸化作用抑制剂和离子载体抑制剂（图 9 – 17）。

电子传递抑制剂：如前所述有鱼藤酮、抗霉素 A、氰化物等。

解偶联剂：有些抑制剂并不阻断呼吸链的电子传递，而是抑制由 ADP 和 Pi 生成 ATP 的磷酸化作用，使之不能产生 ATP。这种抑制剂被称为氧化磷酸化的解偶联抑制剂。2，4 – 二硝基

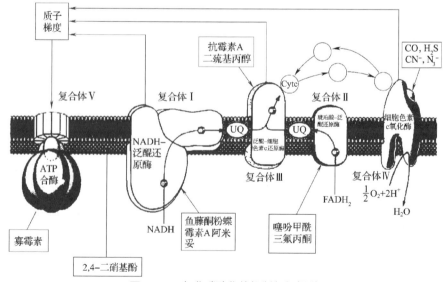

图 9 – 17　氧化磷酸化的抑制与解偶联

苯酚是最早发现的一个解偶联抑制剂。现在已发现多种解偶联剂，它们大多是一些带有酸性基团的芳香环类。这种试剂的特点是能够刺激线粒体对氧的需要，但不引起 ATP 的形成。

氧化磷酸化抑制剂：如寡霉素，既抑制氧的利用又抑制 ATP 的生成。

离子载体抑制剂：通过增加线粒体内膜对一价阳离子的通透性而破坏氧化磷酸化作用，如缬氨霉素、短杆菌肽等。

4. 氧化磷酸化作用的调控

ATP/ADP 对氧化磷酸化具有调控作用。当机体消耗 ATP 时，胞液中的 ADP 转运到线粒体基质中，同时将 ATP 运到线粒体外。当 ADP 和 Pi 进入线粒体增多时，氧化磷酸化速度加快，使 NADH 迅速减少而 NAD^+ 增多，间接促进 TCA 循环，产生更多的 NADH，结果又使氧化磷酸化速度加快。反之，如果 ATP 水平高而 ADP 不足，则氧化磷酸化速度减慢，NADH 堆积，导致 TCA 循环速度减慢，ATP 合成减少。这种调节作用可以使人体适应生理需要，合理地使用能量。ADP 浓度对氧化磷酸化速度的调控现象称为呼吸控制（图 9-18）。

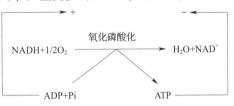

图 9-18 ATP/ADP 对氧化磷酸化的调节

四、线粒体外 $NADH + H^+$ 的氧化

NAD 和 $NADH + H^+$ 都不能自由通过线粒体内膜，需要通过两条穿梭系统进入线粒体氧化。

（一）磷酸甘油穿梭系统

已知胞液和线粒体内部存在 α-磷酸甘油脱氢酶，但它们的辅酶不同。胞液中的 α-磷酸甘油脱氢酶以 NAD 为辅酶，可催化磷酸二羟丙酮加氢还原为 α-磷酸甘油；后者能自由进入线粒体，进入线粒体内的 α-磷酸甘油在线粒体 α-磷酸甘油脱氢酶催化下脱氢又转变为磷酸二羟丙酮，脱下的氢由该酶的辅酶 FAD 接受，FAD 接受 2H 转变为 $FADH_2$；这样胞液中的 $NADH + H^+$ 便间接地转变为线粒体内的 $FADH_2$，$FADH_2$ 可进入呼吸链彻底氧化（图 9-19）。

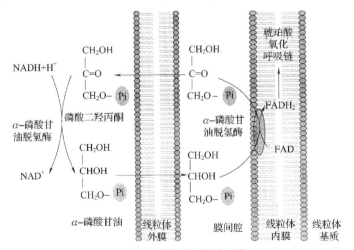

图 9-19 磷酸甘油穿梭系统

（二）苹果酸-天门冬氨酸穿梭系统

如图 9-20 所示，在苹果酸脱氢酶的作用下，草酰乙酸接受 $NADH + H^+$ 中的 2H 转变为苹

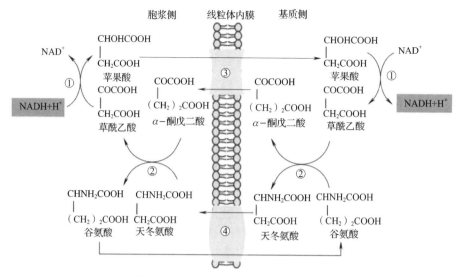

图 9 - 20 苹果酸 - 天冬氨酸穿梭体系

果酸；苹果酸进入线粒体后，在苹果酸脱氢酶的作用下又转变为草酰乙酸。苹果酸脱下的氢被苹果酸脱氢酶的辅酶 NAD 接受，NAD 接受 2H 变成 NADH + H$^+$，这样胞液中的 NADH + H$^+$ 就生成了线粒体内的 NADH + H$^+$，后者可进入呼吸链氧化。为了维持胞液中草酰乙酸的水平，草酰乙酸必须返回胞液，但草酰乙酸不能自由进出线粒体。线粒体中存在谷草转氨酶，可催化谷氨酸和草酰乙酸之间的氨基移换作用，使草酰乙酸转变为天门冬氨酸，后离开线粒体进入胞液；胞液中也存在谷草转氨酶，可催化天冬氨酸和 α - 酮戊二酸之间的氨基移换作用，使天冬氨酸又转变为草酰乙酸。这样，胞液中的 NADH + H$^+$ 就转变成了线粒体中的 NADH + H$^+$。

习题

1. 名词解释

biological oxidation, electron transport chain or respiratory chain, oxidative phosphorylation, substrate level phosphorylation, iron - sulfur protein, chemiosmotic hypothesis

2. 在有氧条件下，骨骼肌细胞和肝细胞在糖酵解中产生的 NADH 经跨膜转运系统进入线粒体内产生的 ATP 分子数存在差异，为什么？

3. 缬氨霉素是一种由链霉菌产生的抗菌素。将其加入到活跃呼吸的线粒体中，发现 ATP 的产生减少，氧消耗速度增高，热被释放，跨线粒体内膜的 pH 梯度增高。试分析缬氨霉素是氧化磷酸化的解偶联剂还是抑制剂？

4. 2, 4 - 二硝基苯酚解偶联剂曾经被用作减肥药，试分析其能够用作减肥辅助剂原理。解偶联剂已经从医生的处方单上消失了，因为服用解偶联剂后有些病人丧命了，这又是为什么？

5. 泛醌往往被称为辅酶（CoQ）。它什么样的特征使得它的行为像一种辅酶？泛醌什么部位经受氧化还原？它的类异戊二烯侧链有什么样的功能？

6. 虽然 ATP 的合成需要 Pi，但 ATP 合成的速度主要取决于 ADP 的浓度而不是 Pi，为什么？

7. 为什么鱼藤酮的摄入对于某些昆虫和鱼是致死性的？为什么抗霉素 A 是有毒的？假设它们在阻断各自作用的电子传递链位点的效率是相同的，哪一种毒性更大？为什么？

第十章
糖的合成及糖原的代谢

第一节 糖 异 生

由非糖物质转变为葡萄糖和糖原的过程称为糖异生作用。这些非糖物质主要是生糖氨基酸、乳酸、甘油、丙酮酸。在生理情况下，肝脏是糖异生的主要器官（约占90%），饥饿和酸中毒时，肾脏也可成为糖异生的重要器官（约占10%）。

一、糖异生的途径

从丙酮酸生成葡萄糖的具体反应过程称为糖异生途径，其基本上是糖酵解的逆过程。糖酵解途径中的大多数反应是可逆的，但由己糖激酶（或葡萄糖激酶）、磷酸果糖激酶和丙酮酸激酶这三个关键酶催化的反应是放能的不可逆反应，又称为能障。**在糖异生中它们由另一些酶来催化绕过这三个能障，需要 ATP 供能，以保证合成途径的进行**（图 10-1）。

（一）丙酮酸转变成磷酸烯醇式丙酮酸

糖酵解的逆反应中，由丙酮酸羧激酶催化转变成磷酸烯醇式丙酮酸是一个需能的反应，在糖异生作用中，是通过两步反应来迂回绕过"能障"的，它涉及丙酮酸羧化酶和磷酸烯醇式丙酮酸羧激酶。丙酮酸羧化酶存在于线粒体中，其首先催化丙酮酸羧化生成草酰乙酸；而磷酸烯醇式丙酮酸羧激酶存在于线粒体和胞液中，其进一步将草酰乙酸催化转变为磷酸烯醇式丙酮酸（图 10-2）。

（二）6-磷酸葡萄糖酶和1，6-二磷酸果糖酶

由己糖激酶和磷酸果糖激酶催化的两个反应的逆过程是需要能量的，必须借助不同酶的催化。在糖异生作用中，它们是由存在于肝脏中的两个特异的磷酸酶水解己糖磷酸酯完成的，即6-磷酸葡萄糖酶和1，6-二磷酸果糖酶。6-磷酸葡萄糖酶催化6-磷酸葡萄糖水解产生葡萄糖，1，6-二磷酸果糖酶使1，6-二磷酸果糖水解为6-磷酸果糖。

在以上酶的作用下，实现了酵解途径的逆过程。糖异生的主要原料是乳酸、甘油、丙酮酸和生糖氨基酸。乳酸在乳酸脱氢酶作用下转变为丙酮酸，丙酮酸进一步转变成磷酸烯醇式丙酮

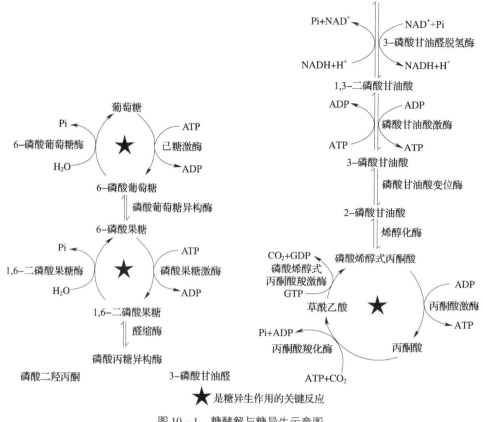

★ 是糖异生作用的关键反应

图 10 - 1　糖酵解与糖异生示意图

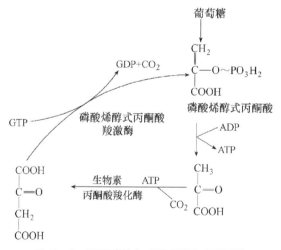

图 10 - 2　丙酮酸转变成磷酸烯醇式丙酮酸

酸，最终生成糖；甘油在甘油激酶作用下转变为磷酸甘油，经脱氢氧化成磷酸二羟丙酮，再循环酵解逆过程合成糖；生糖氨基酸则通过多种渠道成为糖酵解代谢中的中间产物，然后生成糖。

二、糖异生作用的代谢物跨膜转运

丙酮酸羧化酶只在线粒体基质中发现，而磷酸烯醇式丙酮酸羧激酶在肝细胞内的定位随生物种类的不同而不同。例如，在兔的肝中，该酶存在于线粒体中；在大鼠的肝中，该酶存在于胞被中；而在人体以及许多其他哺乳动物的肝中，该酶在细胞的这两个区域中几乎等量存在。丙酮酸羧化酶位于线粒体中，意味着以丙酮酸或者乳酸为起始物的糖异生作用需要丙酮酸从胞液进入到线粒体中。但是，**线粒体内膜对丙酮酸是不可通透的**，线粒体内膜的特殊载体可以将丙酮酸转运到线粒体中。当丙酮酸在线粒体内被羧化而转变成草酰乙酸后，却没有相应的转运载体把草酰乙酸从线粒体基质转移到胞液中。因此，**草酰乙酸必须转变成在内膜存在相应载体的其他代谢物才能进入到胞液，再重新生成草酰乙酸**。

草酰乙酸从线粒体基质进入胞液有三种路线（图10-3）。路线的选择取决于磷酸烯醇式丙酮酸羧激酶的定位以及糖异生作用起始物的性质（丙酮酸或乳酸）。当乳酸作为起始物时，胞液中的乳酸经乳酸脱氢酶催化转变成丙酮酸，并产生糖异生作用后续反应所需的 NADH（3-磷酸甘油醛脱氢酶催化的反应，糖酵解的逆反应）。在该途径中，胞液还原型的辅酶仍保留在胞液中。当磷酸烯醇式丙酮酸羧激酶存在于线粒体中时，图10-3（1）途径是活跃的，线粒体中产生的磷酸烯醇式丙酮酸可通过一种三羧酸载体转运到胞液中去。当磷酸烯醇式丙酮酸羧激酶只在胞液中存在时，草酰乙酸在线粒体天冬氨酸转氨酶催化下生成天冬氨酸，后者经线粒体内膜上的载体转运，进入到胞液，再经胞液天冬氨酸转氨酶催化，重新生成草酰乙酸［图10-3（2）］。

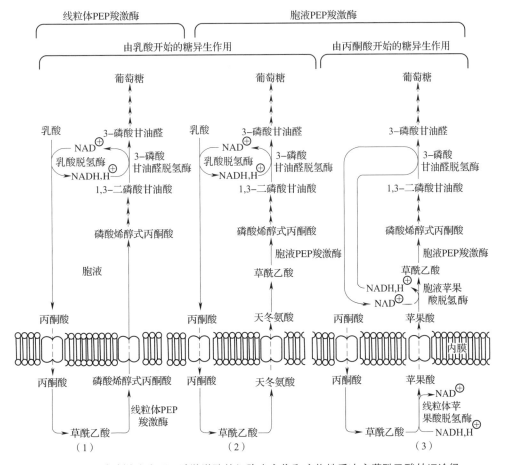

图 10-3 磷酸烯醇式丙酮酸羧激酶的细胞内定位和底物性质决定草酰乙酸转运途径

当糖异生作用的前体是丙酮酸而不是乳酸时，3 – 磷酸甘油醛脱氢酶需要的 NADH 不能通过乳酸脱氢酶提供。在这种情况下，线粒体中的草酰乙酸在苹果酸脱氢酶催化下，利用基质中的 NADH 将其还原成苹果酸。然后，苹果酸被转运进入胞液，在胞液苹果酸脱氢酶的催化下，重新生成草酰乙酸和 NADH ［图 10 – 3（3）］（注意，这里只是转移了电子而不是 NADH）。这一途径同时也为 3 – 磷酸甘油醛脱氢酶提供了还原力。草酰乙酸的不同转运途径使糖异生作用的氧化态底物的还原与胞液 NADH 的产生相一致。

三、糖异生的调节

糖异生作用和糖酵解作用有密切的相互协调关系，如果酵解作用活跃，则糖异生作用必受一定限制。如果糖酵解的主要酶受到抑制，则糖异生作用酶的活性就受到促进。这种相互制约又相互协调的关系主要由两种途径不同酶的活性和浓度起作用，因为每条途径的酶浓度和活性都是受到调控的。底物浓度和能量水平是主要调节因子（图 10 – 4）。葡萄糖的浓度对糖酵解起调节作用。乳酸浓度以及其他葡萄糖前体的浓度对糖异生都起调节作用。

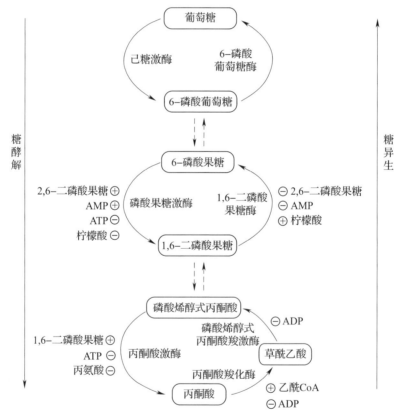

图 10 – 4　细胞能量水平决定糖异生和糖酵解的活性

1. 磷酸果糖激酶和 1，6 – 二磷酸果糖酶的调节

在代谢过程中，当 AMP 的水平高时，表明能量水平较低，需要合成更多的 ATP。AMP 激活磷酸果糖激酶，加快糖酵解的速度，同时抑制 1，6 – 二磷酸果糖酶的活性，关闭糖异生作

用；反之，当 ATP 和柠檬酸水平高时，表明能量水平较高，不需要制造更多的 ATP。高水平的 ATP 和柠檬酸抑制磷酸果糖激酶的活性，降低糖酵解的速率，同时，柠檬酸激活 1，6 - 二磷酸果糖酶的活性，加快糖异生作用的速率。

当饥饿时，机体血糖含量下降，刺激血液中的胰高血糖素水平升高。胰高血糖素有启动 cAMP 级联反应的作用（见糖原代谢的调节和糖酵解章节），使二磷酸果糖酶 2 和磷酸果糖激酶 II 都发生磷酸化，结果导致果糖二磷酸酶 2 受到激活，同时磷酸果糖激酶 II 受到抑制。2，6 - 二磷酸果糖是一个信号分子，它对磷酸果糖激酶和 1，6 - 二磷酸果糖酶具有协同调控作用（见图 10 - 5）。

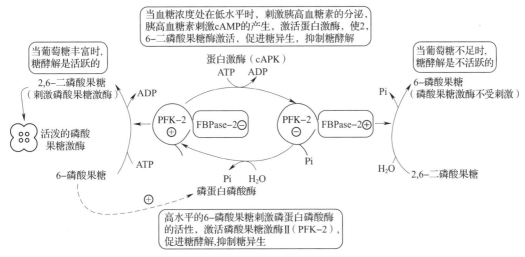

图 10 - 5 血糖水平对磷酸果糖激酶 II 和 2，6 - 二磷酸果糖酶活性的影响

2. 丙酮酸激酶、丙酮酸羧化酶和磷酸烯醇式丙酮酸羧激酶的调节

高水平的 ATP 和丙氨酸抑制丙酮酸激酶，因此当 ATP 和生物合成中间产物充足时，糖酵解被抑制，同时高水平乙酰 CoA 活化丙酮酸羧化酶，有助于糖异生作用的进行；反之，当细胞的供能状态低迷时，高水平的 ADP 抑制丙酮酸羧化酶和磷酸烯醇式丙酮酸羧激酶的活性，关闭糖异生作用，糖酵解作用开始。1，6 - 二磷酸果糖激活丙酮酸激酶，当糖酵解加速时，丙酮酸激酶的活性相应提高。

当机体处于饥饿状态时，为首先保证供应脑和肌肉足够的血糖，肝脏中的丙酮酸激酶受到抑制，从而限制了糖酵解作用的进行。而胰高血糖素的分泌加强，进入血液后激活 cAMP 的级联效应使丙酮酸激酶由于磷酸化而失去活性。

3. 底物循环提供了代谢控制的机制

由催化单向反应的酶催化两个作用物互变的循环称为底物（作用物）循环，曾被称为"无效循环"（futile cycle）。在糖酵解和糖异生过程中，由己糖激酶和磷酸果糖激酶催化的两个反应的逆过程是由存在于肝脏中的 6 - 磷酸葡萄糖酶和 1，6 - 二磷酸果糖酶催化的，它们就属于作用物循环；如果磷酸果糖激酶和 1，6 - 二磷酸果糖酶同时起作用，那么就构成了底物循环。在底物循环中，1，6 - 二磷酸果糖和 6 - 磷酸果糖相互转变，只有 ATP 的净消耗：

$$6-\text{磷酸果糖}+ATP \longrightarrow 1,6-\text{二磷酸果糖}+ADP$$
$$1,6-\text{二磷酸果糖}+H_2O \longrightarrow 6-\text{磷酸果糖}+Pi$$

净反应：　　　　　　$ATP+H_2O \longrightarrow ADP+Pi$

这种底物循环的运转，要消耗能量 ATP，表面看起来没有使细胞受益，似乎没有意义，但实际上，底物循环为控制代谢物的浓度和代谢调节提供了一种重要的手段。

四、乳酸循环

当肌肉剧烈运动时，在氧供应不足的情况下，糖酵解过程中产生的 NADH 超过呼吸链氧化它再生 NAD⁺的能力，于是大量产生的 NADH 在乳酸脱氢酶的催化下将糖酵解产生的丙酮酸还原成乳酸，该反应使 NAD⁺再生以保证糖酵解的继续进行并产生 ATP，生成的乳酸随血液从肌肉转运到肝脏，被肝型乳酸脱氢同工酶催化重新生成丙酮酸，丙酮酸经糖异生作用生成葡萄糖，这种循环过程被称为**乳酸循环或 Cori 循环**（图 10-6）。

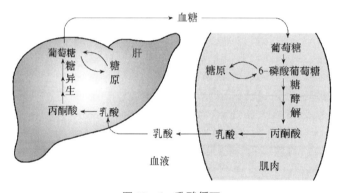

图 10-6　乳酸循环

五、糖异生作用的生理意义

（1）维持血糖浓度的相对恒定　血糖的正常浓度为 80~120mg/100mL，即使禁食数周，血糖浓度仍可保持在 70mg/100mL 左右，这对保证某些主要依赖葡萄糖的组织维持其功能具有重大意义。体内有些组织消耗糖量很大，例如人脑每天约消耗 120g，肾髓质、血细胞反视网膜等约 40g，休息状态的肌肉每天也消耗 30~40g，仅这几个组织的耗糖量每天即在 200g 左右。可是人体贮存可供利用的糖仅 150g，而且贮存糖量最多的肌肉只供本身氧化供能消耗，如果靠肝糖原的分解维持血糖浓度则不到 12h 即全部耗净。

（2）糖异生作用与乳酸的利用有密切关系　剧烈运动时，肌糖原酵解生成大量乳酸。乳酸经血液运送到肝脏，可再合成肝糖原和葡萄糖。对于回收乳酸分子中的能量，更新肝糖原，防止乳酸酸中毒的发生等都有一定意义。

（3）协助氨基酸代谢　实验证明，进食蛋白质后，肝中糖原含量增加。禁食晚期，糖尿病或皮质醇过多时，由于组织蛋白分解，血浆氨基酸增多，糖的异生作用增强，可见氨基酸变糖可能是氨基酸代谢的一个重要途径。

（4）补充肝糖原。

第二节　糖原的代谢

一、糖原的合成代谢

在糖原分子中的葡萄糖，93% 以 $\alpha-（1\rightarrow4）$ 糖苷键相连，7% 以上通过 $\alpha-（1\rightarrow6）$ 糖苷键相连。

糖原分支都有两个优点：① 溶解度增加；② 在分支外围末端的葡萄糖残基没有还原性，称为非还原端。糖原分支多，非还原端也多。非还原端的数量多则使糖原分子中可以同时有许多部位进行代谢。

除葡萄糖外，其他单糖如果糖和半乳糖等也能合成糖原。动物体内由葡萄糖等单糖合成糖原的过程称为糖原的合成作用。由葡萄糖合成糖原，包括四步反应（图 10 - 7）。

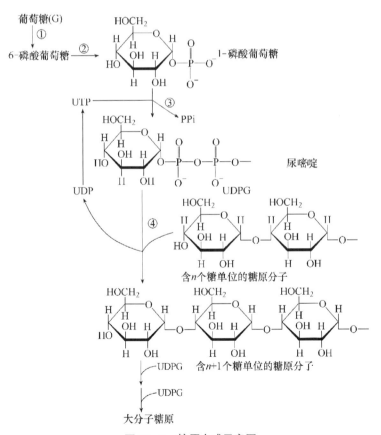

图 10 - 7　糖原合成示意图

① 己糖激酶或葡萄糖激酶（肝中）　② 磷酸葡萄糖变位酶
③ 尿苷二磷酸葡萄糖（UDPG）焦磷酸化酶　④ 糖原合成酶

可见糖原的合成是以体内原有的小分子糖原为引物，逐步加入葡萄糖残基，其中尿苷二磷酸葡萄糖（UDPG）是葡萄糖的活化形式，是葡萄糖活性供体。新加入的葡萄糖残基以 $\alpha - (1\rightarrow4)$ 糖苷键连接糖原引物的非还原端，并可同时在糖原引物的几个分支上增加葡萄糖残基。糖原的合成是一个消耗 ATP 的反应，每增加一分子葡萄糖残基需要消耗一分子 ATP 和一分子 UTP，即消耗 2 个高能磷酸键。

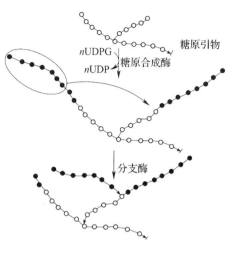

当糖原分子中以 $\alpha - (1\rightarrow4)$ 糖苷键相连的支链延长到 6 个以上的葡萄糖残基时，分支酶可将特定部位的 $\alpha - (1\rightarrow4)$ 糖苷键断裂，并把断下的寡糖部分转移到另一分支的适当位置，使它们之间以 $\alpha - (1\rightarrow6)$ 糖苷键相连接。分支酶每次可转移约含 6 个葡萄糖残基的寡糖链，如图 10 - 8 所示。

图 10 - 8　分支酶在糖原合成中的作用

二、糖原的分解代谢

经糖原磷酸化酶、转移酶和脱支酶（也称去分支酶）三个酶的共同作用把糖原分解为 1 - 磷酸葡萄糖和葡萄糖，过程如图 10 - 9 所示。其中，磷酸化酶是糖原分解的关键酶。

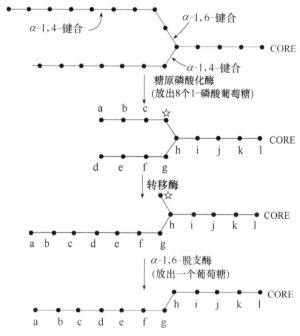

图 10 - 9　糖原转变为 1 - 磷酸葡萄糖和葡萄糖的过程

☆为作用位点，CORE 为糖原核心

三、糖原代谢调节

葡萄糖是脑组织的主要代谢燃料，血液葡萄糖的浓度必须维持在大约 5mmol/L，葡萄糖也是肌肉收缩的主要能量来源。调节糖原的合成与降解是控制体内葡萄糖浓度的重要手段。如果糖原的合成和降解同时发生，结果只能是导致 UTP 无谓的消耗。

糖原合成与分解是两条相反的途径，它们都是根据机体的需要由一系列的调节机制进行调控，二者的协同调控对维持血糖水平的稳定具有重要意义。糖原代谢的控制受糖原磷酸化酶和糖原合酶这两种酶的交互调节，它们分别是两条途径的限速酶，这两种酶的交互调节主要体现在它们的别构调节和共价修饰调节上。

（一）糖原磷酸化酶和糖原合酶的别构调节

葡萄糖和 6 - 磷酸葡萄糖是两种酶的别构调节剂，它们是糖原合酶的变构激活剂，同时也是糖原磷酸化酶的变构抑制剂，同时对两条途径进行相反作用的调节。

（二）糖原磷酸化酶和糖原合酶的共价修饰调节

糖原磷酸化酶和糖原合酶有活性的 a 形式和低（或无）活性的 b 形式，它们之间是通过修饰酶（或称转换酶）来实现对该酶蛋白的磷酸化和去磷酸化的。磷酸化和去磷酸化对糖原磷酸化酶和糖原合酶活性的影响正好相反。糖原磷酸化酶有活性 a 形式是磷酸化的；无活性 b 形式是去磷酸化的；而糖原合酶的活性 a 形式是去磷酸化的；无活性 b 形式是磷酸化的。

1. 磷酸化修饰调节

糖原磷酸化酶和糖原合酶的 a 形式和 b 形式的酶促共价修饰的相互转换是一种由激素控制的过程。这种控制系统比单纯的别构系统能对更多的效应物做出反应。如果修饰酶本身也受到别构控制的话，那么某种修饰酶的别构效应物的浓度发生微小的变化（例如接受来自激素的刺激），就会引起被修饰酶的活性极大改变。这种酶促级联反应具有放大效应（图 10 - 10）。

糖原磷酸化酶和糖原合酶的磷酸化反应受肾上腺素或胰高血糖素刺激的酶促级联反应调节。级联调节的最初的反应是：激素经靶细胞膜上的专一性受体以及 G 蛋白的偶联作用，激活腺苷酸环化酶，后者催化 ATP 转变成细胞内第二信使 cAMP。cAMP 水平的升高导致一系列的级联反应。

当靶细胞内的 cAMP 水平升高时，它激活蛋白激酶 A。蛋白激酶 A 催化糖原磷酸化酶激酶和糖原合酶磷酸化，使糖原磷酸化酶激酶激活，但使糖原合酶失活。激活后的糖原磷酸化酶激酶催化糖原磷酸化酶 b 磷酸化，使其转变成有活性的 a 形式。随后，有活性的糖原磷酸化酶催化糖原降解，产生的 1 - 磷酸葡萄糖转变成 6 - 磷酸葡萄糖后，或是进入糖酵解途径（在肌肉中），为肌肉运动提供能量；或是释放出葡萄糖（在肝脏），进入循环的血液，以维持血糖的浓度（图 10 - 10）。

胰岛素的作用与胰高血糖素不同，它使 cAMP 减少，因而，当血糖升高时，由于胰岛素水平上升，糖原的分解受到抑制。

在细胞内也存在糖原合酶激酶，其中最重要的一种称为糖原合酶激酶Ⅲ（GSK - 3），催化糖原合酶的磷酸化，使其转变成无活性的 b 形式（图 10 - 11）。

2. 脱磷酸化调节

磷酸蛋白磷酸酶 1 对糖原合成与分解进行协同调控。磷酸蛋白磷酸酶 1 可以同时催化糖原合酶、糖原磷酸化酶和磷酸化酶激酶（催化糖原磷酸化酶 b 的磷酸化）的脱磷酸化作用。结果是使糖原合酶激活，而糖原磷酸化酶和磷酸化酶激酶的活性被抑制（或失活），导致糖原合成途径开放，糖原分解途径关闭。

胰岛素调节血糖的另一机制就是通过磷酸蛋白磷酸酶 1 对上述三种酶进行脱磷酸化调节。

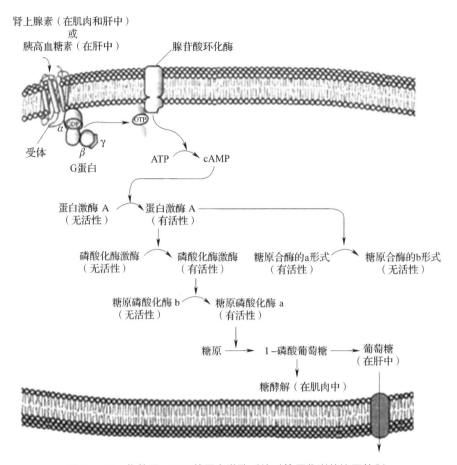

图 10-10　依赖于 cAMP 的蛋白激酶系统对糖原代谢的协同控制

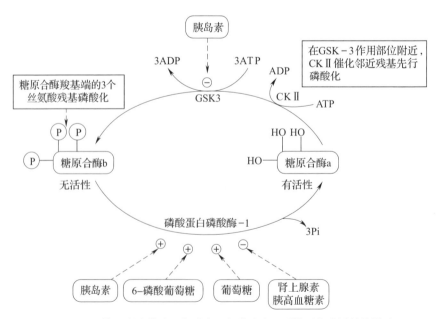

图 10-11　糖原合酶激酶Ⅲ和磷酸蛋白磷酸酶 1 对糖原合酶活性的影响

糖原分解与合成两个对立途径中的关键酶受同一调节系统控制，有非常重要的生理意义。当机体受到某些因素影响，如体内的血糖浓度下降时，促使肾上腺素及胰高血糖素分泌增加，这两种激素通过 cAMP‑蛋白激酶系统，一方面活化了肝细胞中的磷酸化酶，使糖原分解加速，另一方面促使肝脏、肌肉和脂肪细胞中糖原合成酶失活，抑制了糖原的合成，这样更有利于迅速将葡萄糖释放到血液中。

第三节　糖代谢各途径之间的联系

一、糖代谢各途径之间的联系

细胞中，各种代谢途径既各自独立，又互相联系。糖代谢途径也是一样，彼此有些共同使用的酶和公共中间产物，是实现互相联系的交叉点。各途径又有自己专用的关键酶调节控制该途径的速率，保持代谢途径的独立性。通过各途径的调控和彼此的联系，可实现代谢底物的合理流向。

如前所述，糖类物质有几条不同的代谢途径，例如，糖原的合成与分解、糖酵解与糖异生、磷酸戊糖途径、三羧酸（柠檬酸）循环等，在细胞内有其各自不同的代谢特点，合成代谢及分解代谢往往在一个细胞内同时进行。各条代谢途径之间，可通过共同的中间代谢物发生联系，这些枢纽性中间代谢物主要包括 6‑磷酸葡萄糖、磷酸二羟丙酮（3‑磷酸甘油醛）、丙酮酸、乙酰 CoA、柠檬酸循环的中间产物如草酰乙酸、α‑酮戊二酸等。

6‑磷酸葡萄糖是糖酵解、磷酸戊糖途径、糖异生、糖原合成及糖原分解的共同中间代谢物。在肝细胞中，通过 6‑磷酸葡萄糖使上述糖代谢的各条途径得以沟通。

3‑磷酸甘油醛是糖酵解、磷酸戊糖途径及糖异生的共同中间代谢产物；脂肪分解产生的甘油通过甘油激酶催化也可以形成 3‑磷酸甘油醛；另外，生糖氨基酸经脱氨基作用以后也可转变为 3‑磷酸甘油醛。

丙酮酸是糖酵解、糖的有氧氧化和生糖氨基酸氧化分解代谢的共同中间代谢物。糖酵解时丙酮酸还原为乳糖；有氧氧化时则生成乙酰 CoA。另外，丙酮酸在丙酮酸羧化酶的作用下形成草酰乙酸。生糖氨基酸异生为糖也需要经过丙酮酸的形成及转变。

分解代谢中间代谢产物乙酰 CoA 可通过共同的代谢途径——柠檬酸循环、氧化磷酸化氧化为 CO_2 和 H_2O，并释放能量。

草酰乙酸、α‑酮戊二酸等柠檬酸循环中间产物，除参加三羧酸循环外，还可为生物体内合成某些物质提供碳骨架。如草酰乙酸、α‑酮戊二酸分别合成天冬氨酸、谷氨酸；某些生糖氨基酸经代谢转变也可生成草酰乙酸、α‑酮戊二酸等代谢中间物，并通过糖异生作用生成葡萄糖。丙酮酸也可以通过羧化作用生成草酰乙酸，补充柠檬酸循环的中间产物有助于柠檬酸循环的顺利进行。

二、血糖及其调节

(一) 血糖的来源与去路

血糖浓度是由其来源和去路两方面的动态平衡决定的（图10-12）。血糖的主要来源是食物中的淀粉经消化吸收后的葡萄糖，在不进食情况下，血糖主要来源于肝糖原的分解作用或糖异生作用。血糖的去路有以下四个方面：① 在组织器官中氧化分解以供应能量；② 在各组织器官如肝脏、肌肉、肾脏等中合成糖原而储存；③ 转变为脂肪储存；④ 转变成其他糖类物质。

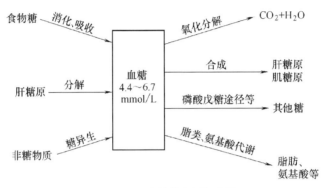

图10-12　血糖的来源与去路

(二) 血糖水平的调节

血糖浓度在24h内稍有变动。饭后血糖可以暂时升高，但正常人很少超过160~180mg/100mL。当血糖浓度低于160mg/100mL时，肾小管细胞几乎可以把滤入原尿中的葡萄糖全部重吸收。所以用一般检验尿糖的方法，从尿中测不出糖。如果血糖浓度高于180mg/100mL，超过肾小管重吸收的能力，就可出现糖尿现象。通常将160~180mg/100mL血糖浓度称为肾糖阈（即尿中出现糖时血糖的最低界限）。肾糖阈是可变的，例如长期糖尿病患者的肾糖阈比正常人稍高。因空腹时血糖浓度比较恒定，故临床上在空腹时测定血糖。正常人血糖浓度为80~120mg/100mL。

维持血糖水平的稳定，主要通过激素的调节，激素对血糖水平的调节实际上涉及激素对糖代谢的总体调控。参与血糖水平调节的激素主要有以下几种。

1. 胰岛素

胰岛素是唯一降血糖的激素。高血糖时，胰岛素通过抑制糖原合酶激酶Ⅲ的活性，抑制了糖原合酶的磷酸化而使其激活。同时，胰岛素通过对磷酸蛋白磷酸酶的激活，使糖原磷酸化酶去磷酸化而失活，糖原合酶去磷酸化而激活。最终促进糖原合成，抑制糖原分解，降低血糖。胰岛素可诱导己糖激酶、磷酸果糖激酶Ⅰ和丙酮酸激酶的合成，从而促进葡萄糖的分解，降低血糖；还可以通过抑制糖异生途径中酶的活性来控制血糖浓度。

胰岛素可刺激葡萄糖转运体的移动和释放，促进葡萄糖进入肌肉和脂肪等组织的细胞，对葡萄糖的氧化利用、糖原合成和糖转变成脂肪都有促进作用，其总的结果表现为降低血糖。

心肌缺氧时，载体转运加快，以增加缺氧心肌的葡萄糖供应，并对促进其中无氧酵解有重要意义。酵解产生ATP的数量虽少，但可供缺氧心肌维持较低水平生理活动所需的能量。肌肉收缩时可以加快载体转运，而且在胰岛素不足时也不减少，这可能与肌肉收缩可以提高组织对胰岛素的敏感性有关。这一机制可以解释为什么糖尿病患者运动时，葡萄糖的利用得到改善，而能使血糖降低。

2. 胰高血糖素

胰高血糖素是体内主要升高血糖的激素。低血糖时，胰腺分泌胰高血糖素，通过 cAMP 第二信使级联放大系统的调节，抑制肝糖原的合成，促进肝糖原的分解。同时抑制糖酵解，促进糖异生作用，使血糖升高。

3. 糖皮质激素

糖皮质激素升高血糖的激素。

4. 肾上腺素

肾上腺素是强有力的升高血糖激素。在应激状态下，胰高血糖素大量分泌，肾上腺素促进肝糖原降解和糖的异生作用，抑制肝细胞中的糖酵解，使血糖升高；同时促进肌糖原的降解和肌细胞中的糖酵解作用，为肌肉收缩提供能量。

(三) 血糖水平异常

空腹血糖水平高于 $7.22 \sim 7.78$ mmol/L 称为高血糖；当血糖浓度高于 $8.89 \sim 10.00$ mmol/L 时，可出现糖尿，此血糖值称为肾糖阈；高血糖见于糖尿病、肾脏疾病、情绪激动等。

🔍 习题

1. 名词解释

gluconeogenesis, glycogen biosynthesis, cori cycle, effector

2. 糖酵解和糖异生都是不可逆的，因此两者同时进行并不存在热力学上的障碍。如果两条途径同时并以相同速率进行，会导致什么结果？细胞中通过什么机制阻止这两种途径同时发生？什么机制决定了在某一时间哪一条途径应该进行？

3. 生下小羊后，母羊的乳房几乎利用了它所合成的 80% 的葡萄糖。葡萄糖用来生产羊奶，主要是用于合成乳糖和 3 - 磷酸甘油，后者用来合成羊奶中的三酰甘油。当冬天食物的质量不高时，羊奶产量将下降，母羊有时会得酮症，即血浆中酮体化合物浓度升高。为什么会发生这种变化？绵羊酮症的一种标准治疗方式是喂食大量的丙酸（在反刍动物中它很容易转化为琥珀酰 CoA），这种治疗是怎样发挥效果的？

4. 喝酒（乙醇），特别是劳累或几个小时没有进食之后，会引起血液中葡萄糖缺乏，这种症状称为低血糖症。乙醇在肝脏中代谢的第一步是氧化为乙醛，由肝脏中的乙醇脱氢酶催化：

$$CH_3CH_2OH + NAD^+ \longrightarrow CH_3CHO + NADH + H^+$$

请解释这个反应如何抑制乳酸向丙酮酸转化，为什么这会导致低血糖症？

5. 在进行紧张的运动时，肌糖原降解成丙酮酸，然后丙酮酸被还原为乳酸。在恢复时，乳酸被转移到肝，在那里它被氧化成丙酮酸，然后丙酮酸用来合成葡萄糖。丙酮酸的还原和乳酸的氧化都是由同一种乳酸脱氢酶催化。请解释为什么代谢物在该酶催化下的流动方向却是相反的？

第十一章
脂质代谢

第一节　脂肪的消化、吸收、转运和储存

脂质在消化过程中的水解和吸收，都与糖类和蛋白质有很大不同。这与脂质的脂溶性密切相关。

一、食物性脂质的消化和吸收

正常人每天从食物中消化的脂质主要是三酰基甘油（又称脂肪，占 90% 以上），此外，还有少量的磷脂、胆固醇和一些游离脂肪酸等。由于口腔中缺少消化脂类的酶，胃中虽有少量脂肪酶，但 pH 过低而没有活性，所以食物性脂质在口腔和胃中不能被消化。脂质的消化及吸收主要在小肠中进行。脂质不溶于水，必须在小肠经胆汁中胆汁酸盐乳化并分散成细小的微团（micelles）后，才能被酶消化。胆汁酸盐是较强的乳化剂，能降低油与水相之间的界面张力，使脂肪及胆固醇酯等疏水的脂质乳化成细小微团，增加消化酶对脂质的接触面积，有利于脂肪及类脂的消化与吸收。

消化脂质的酶主要是由胰腺分泌的。胰腺分泌后进入十二指肠消化脂质的酶有：胰脂酶（pancreatic lipase）、磷脂酶 A_2（phospholipase A_2）、胆固醇酯酶（cholesteryl esterase）以及辅脂酶（colipase）。胰脂酶特异催化三酰基甘油的 1、3 位酯键水解，生成 2 - 酰基甘油及 2 分子游离脂肪酸。胰脂酶必须吸附在乳化脂肪微团的水油界面上，才能作用于微团内的三酰基甘油。食物中的脂肪必须乳化后，才能被胰脂酶催化水解。此反应需要辅脂酶协助，将脂肪酶吸附在水界面上，有助于胰脂酶发挥作用。胰磷脂酶 A_2 催化磷脂 2 位酯键水解，生成脂肪酸及溶血磷脂；胆固醇酯酶促进胆固醇酯水解生成游离胆固醇及脂肪酸。

脂肪及类脂的消化产物包括 2 - 单酰甘油、脂肪酸、胆固醇、溶血磷脂等可与胆汁酸盐乳化成极性更大、体积更小的混合微团（mixed micelles）。这种微团易于穿过小肠黏膜细胞表面的水屏障，被肠黏膜细胞吸收。

脂质消化产物的吸收主要在十二指肠下段和空肠上段。甘油及中短链脂肪酸（碳链长度

6~10C) 无须混合微团协助，直接吸收入小肠黏膜细胞后，进而通过门静脉进入血液。长链脂肪酸（碳链长度 12~26C）、2－单酰甘油及其他脂质消化产物随微团吸收入小肠黏膜细胞后，在光面内质网**脂酰 CoA 转移酶**（acyl－CoA transferase）的催化下，由 ATP 供能，2－单酰甘油与 2 分子脂酰 CoA 重新合成三酰基甘油。胆固醇和溶血磷脂重新酯化成胆固醇酯和磷脂，再与粗面内质网合成的**载脂蛋白**（apolipoprotein，apo）等结合成**乳糜微粒**（chylomicron，CM，结构见图 11－1），经淋巴系统进入血液循环，被其他细胞所利用。图 11－2 是脂质在肠道中消化与转运示意图。

由此可见，食物中脂质的吸收与糖的吸收不同，大部分脂质通过淋巴直接进入体循环，而不通过肝。因此食物中脂质主要被肝外组织利用，肝利用外源脂质很少。

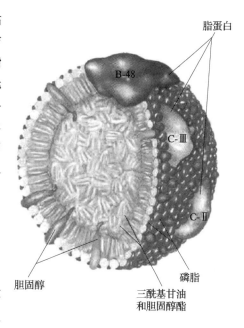

图 11－1 乳糜微粒的分子结构

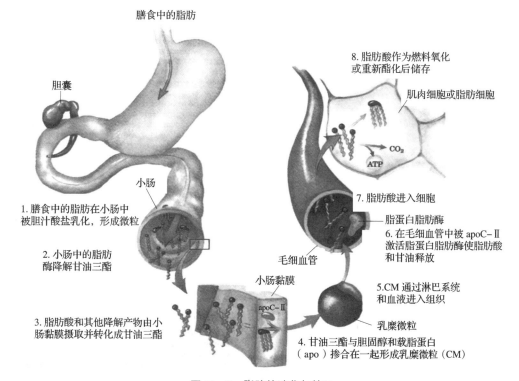

图 11－2 脂肪的消化与转运

消化脂质的胰液和胆汁均分泌入十二指肠，因此，小肠上段是脂质消化的主要场所。故当发生肝胆疾病时，若胆管堵塞，进入肠道的胆汁酸减少，肠道中的脂质不能完全消化吸收而随粪便排出，从而导致脂肪泻。

二、载脂蛋白与脂质的转运

在脂质代谢中，参与合成代谢或分解代谢的脂质均通过血液运输。血浆中所含的脂质统称为**血脂**（blood lipid），它包括：① 三酰基甘油及少量的二酰基甘油和单酰基甘油；② 磷脂，主要是卵磷脂，还有溶血卵磷脂、脑磷脂和神经磷脂等；③ 胆固醇和胆固醇酯；④ 游离脂肪酸。除游离脂肪酸与血清白蛋白结合运输外，其他脂质物质与血浆中一类特殊的运载蛋白——载脂蛋白（apo）结合，以脂蛋白形式运输。在人体和动物体中，小肠可吸收脂类的水解产物，包括脂酸（70%）、甘油、β-甘油一酯（25%）以及胆碱、部分水解的磷脂和胆固醇等。其中甘油、甘油一酯同脂酸在小肠黏膜细胞内重新合成甘油三酯。新合成的脂肪与少量磷脂和胆固醇混合在一起，并被一层脂蛋白包围形成乳糜微粒（图11-1），然后从小肠黏膜细胞分泌到细胞外液，再从细胞外液进入乳糜管和淋巴，最后进入血液（图11-2）。

血浆中的载脂蛋白种类较多，已从人血浆中分离出18种。主要包括apoA、B、C、D、E等五类，其中apoA分为AⅠ、AⅡ、AⅣ；apoB分为B100、B48（即相对分子质量分别为100×10^3和48×10^3）；apoC分为CⅠ、CⅡ、CⅢ等。血浆脂蛋白不是单一分子形式，其脂质和蛋白质的组成差异很大。通常根据超速离心时密度不同，可将血浆脂蛋白分为**高密度脂蛋白**（high density lipoprotein，HDL）、**低密度脂蛋白**（low density lipoprotein，LDL）、**极低密度脂蛋白**（very low density lipoprotein，VLDL）和**乳糜微粒**（chylomicron，CM）4类。血浆脂蛋白的化学组成和功能见表11-1。

表11-1　　　　　血浆脂蛋白的化学组成和功能

分类		HDL	LDL	VLDL	CM
性质	密度	1.063~1.210	1.006~1.063	0.95~1.006	<0.95
	颗粒直径/nm	7.5~10	20~25	25~80	80~500
组成/%	蛋白质	40~55	20~25	5~10	1.5~2.5
	脂质	50	75~80	90~95	98~99
	甘油三酯	5	10	50~70	80~95
	磷脂	25	20	15	5~7
	胆固醇	20	45~50	15	1~4
	游离	5	8	5~7	1~2
	酯化	15~17	40~42	10~12	3
载脂蛋白	apoAⅠ	65~70	—	<1	7
组成/%	apoAⅡ	20~25	—	—	5
	apoAⅣ	—	—	—	10
	apoB$_{100}$	—	95	20~60	—
	apoB$_{48}$	—	—	—	9
	apoCⅠ	6	—	3	1
	apoCⅡ	1	微量	6	15

续表

分类		HDL	LDL	VLDL	CM
	apoCⅢ 0 ~ 2	4	—	40	41
	apoD	3	—	—	—
	apoE	2	<5	7 ~ 15	微量
合成部位		肝、肠、血浆	血浆	肝细胞	小肠黏膜细胞
功能		逆向转运胆固醇至肝	转运内源性胆固醇至肝外组织	转运内源性甘油三酯及胆固醇	转运外源性甘油三酯及胆固醇

血浆中各种脂蛋白具有相似的基本结构。它们都具有微团结构，非极性的三酰基甘油、胆固醇酯等位于脂蛋白的内核，外周为亲水性的载脂蛋白、胆固醇和磷脂等的极性基团，这样使脂蛋白颗粒具有较强的水溶性，可以在血液中运输。CM 和 VLDL 主要以三酰基甘油为内核，LDL 和 HDL 则以胆固醇酯等为内核。

1. 乳糜微粒

乳糜微粒（CM） 是最大的脂蛋白，在肠黏膜细胞中形成，主要转运外源性三酰基甘油及胆固醇酯。将外源性三酰基甘油转运至心、肌肉和脂肪等肝外组织而利用，同时将食物中外源性胆固醇转运至肝。CM 经淋巴进入血液后，在肌肉、脂肪等组织毛细血管内皮细胞表面的**脂蛋白脂肪酶（lipoprotein lipase，LPL）**作用下，逐步水解三酰基甘油，所释放的脂肪酸和甘油为心肌、骨骼肌、脂肪组织及肝等摄取利用。将外源性甘油三酯转运至心、肌肉和脂肪等肝外组织而利用，同时将食物中胆固醇转运至肝。CM 的特点是含有大量脂肪（98%），而蛋白质含量很少。CM 中的脂肪来自食物，因此，它是外源性脂肪的主要运输形式。

2. 极低密度脂蛋白

极低密度脂蛋白（VLDL） 主要在肝生成，是转运内源性三酰基甘油的主要形式。肝细胞含有的三酰基甘油，加上 apoB100、apoE 以及磷脂、胆固醇等形成 VLDL。此外，小肠黏膜细胞也能生成少量 VLDL。VLDL 分泌进入血液，经血液运送，到达肌肉、脂肪等组织毛细血管。

VLDL 的三酰基甘油可以由糖在肝脏中转化而来，也可以由脂肪动员而来，因此，它是内源性脂肪的主要运输形式。

3. 低密度脂蛋白

低密度脂蛋白（LDL） 是将肝合成的（即内源性）胆固醇转到肝外组织的主要形式，以保证组织细胞对胆固醇的需求。血浆中形成的 LDL 主要通过 LDL 受体途径降解，少部分可被单核吞噬细胞系统中的巨噬细胞清除。LDL 受体广泛分布于肝、肾上腺、动脉壁细胞等组织的细胞膜上。当血浆中的 LDL 与 LDL 受体结合后，则受体聚集成簇，内吞入细胞并与溶酶体融合。在溶酶体蛋白水解酶作用下，LDL 中的载脂蛋白被水解为氨基酸，胆固醇酯被胆固醇酯酶水解为游离胆固醇和脂肪酸。游离胆固醇可抑制内质网甲羟戊二酸单酰 CoA（HMG – CoA）还原酶，从而抑制细胞本身胆固醇的合成，也可在转录水平上阻抑细胞 LDL 受体蛋白质的合成，减少细胞对 LDL 的进一步摄取。LDL 受体突变将导致 LDL 不能有效地被细胞吸收利用，血浆中的 LDL 会严重超标，加速或诱发动脉粥样硬化。由于 LDL 中的胆固醇与动脉粥样硬化有关，通常称为"坏胆固醇"。

4. 高密度脂蛋白

高密度脂蛋白（HDL）的重要功能是参与胆固醇的逆向运输，即将肝外组织中的胆固醇转运至肝。HDL 在肝或小肠中生成，其中脂质以磷脂为主，载脂蛋白包括 apoA、apoC、apoD 和 apoE 等。HDL 的主要功能是将肝外组织释放的胆固醇转运到肝，该过程称为胆固醇的逆向转运。这样可以防止胆固醇在血中聚积，防止动脉粥样硬化，血中 HDL 的浓度与冠状动脉粥样硬化呈负相关。因此，HDL 被认为是血液中的"清道夫"，而它上面的胆固醇常称为"好胆固醇"。图 11 - 3 是脂蛋白转运与代谢示意图。

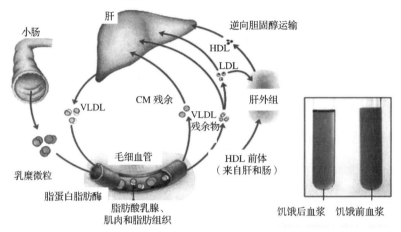

图 11 - 3　脂蛋白转运与代谢

三、储脂的动员

储存在脂肪组织中的脂肪，被脂肪酶逐步水解为游离脂肪酸和甘油，经血液运输到达其他组织细胞，以供氧化作用，该过程称为**脂肪的动员（lipid mobilization）**（图 11 - 4）。在脂肪动

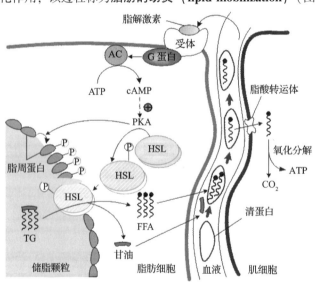

图 11 - 4　脂肪动员示意图

AC—腺苷酸环化酶　PKA—依赖 cAMP 的蛋白激酶 A　HSL—激素敏感脂肪酶

FFA—游离脂肪酸　TG—三酰基甘油　脂解激素—肾上腺素、胰高血糖素、去甲肾上腺素

员过程中，脂肪细胞内激素敏感的三酰基甘油脂肪酶（hormone - sensitive triglyceride lipase，HSL）是一种在脂肪分解代谢中起着控制脂肪降解速度的关键酶。

HSL 的活性受多种激素调控。当禁食、饥饿或交感神经兴奋时，肾上腺素、胰高血糖素、去甲肾上腺素等分泌增加。这些激素与脂肪细胞膜上相应的受体作用后，激活腺苷酸环化酶，促进环腺苷酸（cAMP）合成，进而激活依赖 cAMP 的蛋白激酶 A，后者促使无活性的 HSL 磷酸化而活化，从而使三酰基甘油水解成甘油二酯和脂肪酸。能够促进脂肪动员的激素称为脂解激素，如肾上腺素、胰高血糖素，促肾上腺皮质激素（adrenocorticotropic hormone，ACTH）及促甲状腺激素（thyroid - stimulating hormone，TSH）等。胰岛素、前列腺素 E_2 等作用相反，能够抑制脂肪的动员，称为抗脂解激素。

脂肪降解产生的游离脂肪酸和甘油释放进入血液。血浆清蛋白具有结合游离脂肪酸的能力（每分子清蛋白可结合 10 分子脂肪酸），然后由血液运送到全身各组织，主要供心、肝、骨骼肌等摄取利用。甘油溶于水，直接由血液运送至肝、肾、肠等组织。主要是在肝甘油激酶作用下，转变为 3 - 磷酸甘油，然后脱氢生成磷酸二羟丙酮。磷酸二羟丙酮或通过糖酵解途经分解，或通过糖异生作用转变为葡萄糖。脂肪细胞及骨骼肌等组织因甘油激酶活性很低，故不能很好地利用甘油。

第二节　脂肪酸代谢

无论是体内储脂还是从食物中吸收的三酰基甘油，最终被酶水解成甘油和脂肪酸进行进一步代谢。其反应过程如下：

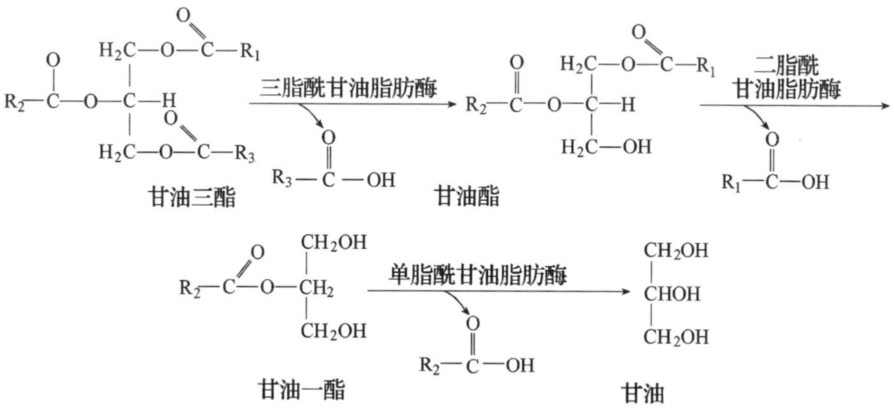

一、甘油的代谢

在脂肪细胞中，因为没有甘油激酶，所以无法利用脂解产生的甘油，只有通过血液运至肝脏，甘油才能被磷酸化和氧化生成磷酸二羟丙酮，再经异构化生成 3 - 磷酸甘油醛（图 11 - 5），然后可经糖酵解途径转化成丙酮酸继续氧化，或经糖异生途径生成葡萄糖。

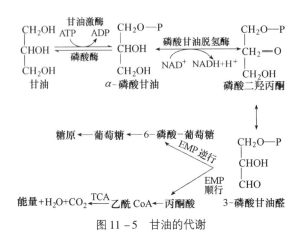

图 11-5 甘油的代谢

对于甘油氧化代谢，在有 ATP 存在时，经甘油激酶催化，生成 α-磷酸甘油。然后，在以 NAD^+ 为辅酶的磷酸甘油脱氢酶催化下生成磷酸二羟丙酮，但产量甚微。该可逆反应主要倾向是生成 α-磷酸甘油。为此，α-磷酸甘油须穿梭进入线粒体，在其内膜外表面的以 FAD 为辅基的磷酸甘油脱氢酶催化下生成磷酸二羟丙酮，它再穿梭进入胞液，进行酵解，或进行糖异生作用。磷酸甘油也可能用于脂酰甘油或甘油磷脂生物合成。这些反应主要在肝中进行。由于脂肪组织缺少甘油激酶，所以甘油必须随血进入肝，才能进行上述代谢。

二、脂肪酸的氧化分解

脂肪酸的分解有 β-氧化、ω-氧化、α-氧化等不同方式。

（一）β-氧化——分解代谢的主要途径

脂肪酸通过酶催化 α 与 β 碳原子间键的断裂、β-碳原子上的氧化，相继切下二碳单位而降解的方式称为 **β-氧化（β-oxidation）**。脂肪酸的 β-氧化在细胞线粒体基质中进行。β-氧化是脂肪酸分解的主要代谢途径。每次 β-氧化降解由脱氢、加水、脱氢和硫解四步反应组成。

1. 饱和偶碳脂肪酸的 β-氧化降解作用

脂肪酸进入细胞后，首先被活化，形成脂酰 CoA，然后再进入线粒体内氧化。饱和偶碳脂肪酸的 β-氧化降解作用见图 11-6。

（1）脂肪酸的活化　在细胞质中，脂肪酸由脂酰 CoA 合成酶催化，由 ATP 供能，与 CoASH 反应生成代谢活泼的脂酰 CoA，见图 11-7。

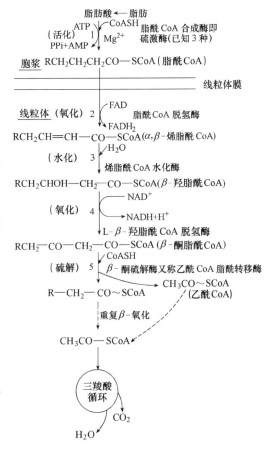

图 11-6　饱和偶碳脂肪酸的 β-氧化降解作用

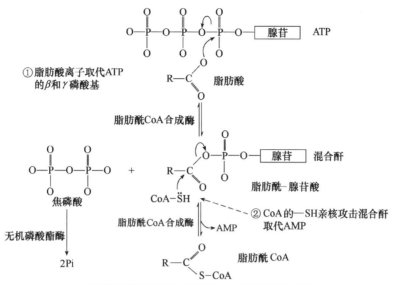

①脂肪酸离子取代ATP
的β和γ磷酸基

脂肪酰CoA合成酶

无机磷酸酯酶

②CoA的—SH亲核攻击混合酐
取代AMP

脂肪酰CoA合成酶

由脂肪酸形成脂酰CoA的标准自由能变化是31.4kJ/mol
ATP水解形成AMP和PPi的标准自由能变化是 −32.5kJ/mol

图 11 - 7　脂肪酸的活化

目前已证实至少有三种硫激酶可以分别激活碳链长短不同的脂肪酸，如：

① 乙酰硫激酶以乙酸为底物，存在于线粒体内膜。

② 辛酰硫激酶以辛酸为底物，但作用范围为 $C_4 \sim C_{12}$ 酸，存在于线粒体内膜。

③ 十二酰硫激酶以十二酸为底物，但作用范围为 $C_{12} \sim C_{18}$ 酸。该酶存在于内质网。

内质网脂酰 CoA 合成酶（也称硫激酶），可活化具有 12 个碳原子以上的长链脂肪酸。线粒体脂酰 CoA 合成酶，可活化 4 ~ 10 个碳原子的中链或短链脂肪酸，它所催化的反应需要 ATP 参加。中链或短链脂肪酸可以直接穿过线粒体膜进入线粒体内膜。

（2）脂酰 CoA 的跨膜运输　在细胞质中合成的脂酰 CoA 不能自由穿过线粒体内膜进入线粒体，肉毒碱（简称肉碱，L – β – 羟基 – γ – 三甲基胺基丁酸）可以作为载体，将脂酰基转运至线粒体内，见图 11 – 8。

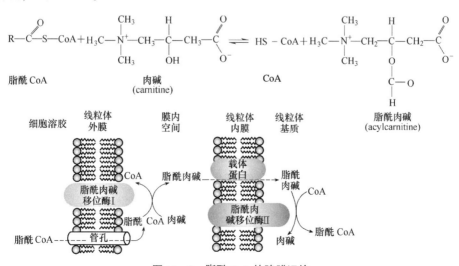

图 11 – 8　脂酰 CoA 的跨膜运输

（3）脂酰 CoA 的 β - 氧化降解　当脂酰 CoA 进入线粒体后，接着进行 β - 氧化降解，其过程见图 11 - 9。

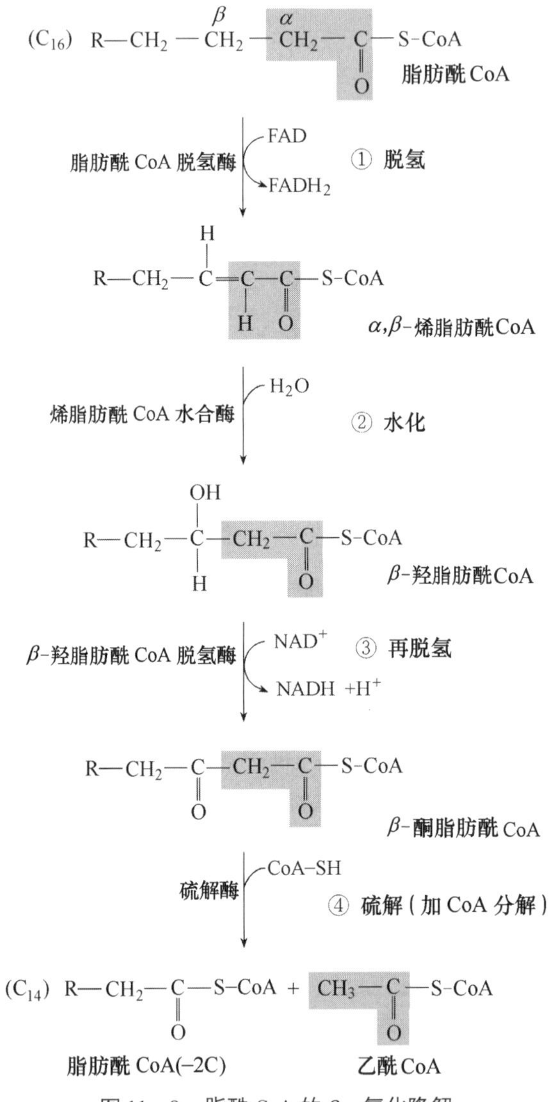

图 11 - 9　脂酰 CoA 的 β - 氧化降解

如图 11 - 9 所示，脂肪酸经过脱氢（$FADH_2$）、水合、脱氢（$NADH + H^+$）、硫解四步反应，完成一次 β - 氧化，生成一个乙酰 CoA、一个 $FADH_2$ 和一个 $NADH + H^+$。

第一步：第一次脱氢。

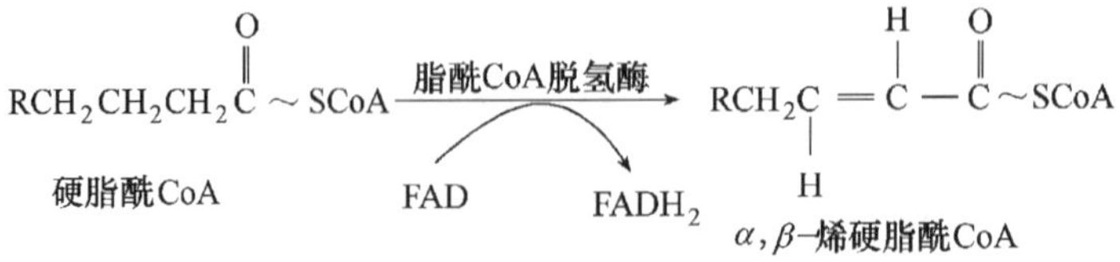

该反应由脂酰 CoA 脱氢酶作用。

第二步：加水。

$$\underset{\alpha,\beta-\text{烯硬脂酰辅酶 A}}{\begin{array}{c} RCH_2 \\ | \\ \beta\ CH \\ | \\ \alpha\ CH_2 \\ | \quad O \\ \diagup \diagup \\ C \sim SCoA \end{array}} + H_2O \quad \xrightarrow[\longleftarrow]{\text{烯脂酰水合酶}} \quad \underset{\beta-\text{羟硬脂酰辅酶 A}}{\begin{array}{c} RCH_2 \\ | \\ \beta\ CHOH \\ | \\ \alpha\ CH_2 \\ | \quad O \\ \diagup \diagup \\ C \sim SCoA \end{array}}$$

该反应由烯脂酰 CoA 水合酶作用。

第三步：第二次脱氢。

$$\underset{\beta-\text{羟硬脂酰辅酶 A}}{RCH_2 - \overset{OH}{\underset{|}{CH}} - CH - \overset{O}{\overset{\|}{C}} \sim SCoA} \underset{\begin{array}{c} NAD^+ \quad\quad NADH+H^+ \end{array}}{\overset{\text{羟脂酰CoA脱氢酶}}{\rightleftharpoons}} \underset{\beta-\text{酮硬脂酰辅酶 A}}{RCH_2 - \overset{O}{\overset{\|}{C}} - CH^2 - \overset{O}{\overset{\|}{C}} \sim SCoA}$$

该反应由 L（＋）－β－羟脂酰 CoA 脱氢酶作用，需 NAD^+ 作辅酶。

第四步：硫解。

$$\underset{\beta-\text{酮硬脂酰辅酶 A}}{RCH_2 - \overset{O}{\overset{\|}{C}} - CH_2 - \overset{O}{\overset{\|}{C}} \sim SCoA} \underset{CoASH}{\overset{\text{硫解酶}}{\longrightarrow}} \underset{\begin{array}{c}\text{中间产物}\\\text{(脂酰－酶)}\end{array}}{RCH_2 C \sim SE} + \underset{\text{乙酰CoA}}{CH_3 C \sim SCoA}$$

该反应由硫解酶作用。

到这里生成的脂酰 CoA 比原来降解了 2 个碳单位，新生成的脂酰 CoA 可以进一步再进行 β－氧化，可见 β－氧化的终产物为乙酰 CoA。整个氧化过程可用图 11 – 10 表示。

脂肪酸的彻底氧化可产生大量能量，一分子脂酰 CoA 每经一次 β－氧化作用，产生一分子乙酰 CoA、一分子 $FADH_2$ 及一分子 $NADH + H^+$。如一分子软脂酸经 β－氧化彻底氧化的过程中，经 7 次 β－氧化，可降解成 8 分子乙酰 CoA、7 分子 $FADH_2$、7 分子 NADH 与 H^+，净生成 106（$8 \times 10 + 7 \times 4 - 2$）分子 ATP。

2. 饱和奇碳脂肪酸的 β－氧化降解

饱和奇碳脂肪酸的 β－氧化与饱和偶碳脂肪酸的 β－氧化降解过程基本相同，只是最后产生的丙酰 CoA 的去路不同。动物机体能经一系列酶促反应将丙酰 CoA 转化为琥珀酰 CoA，进入三羧酸循环（图 11 – 11）。植物机体能将丙酰 CoA 酶促转化为丙二酰 CoA，再脱羧形成乙酰 CoA，进入三羧酸循环。

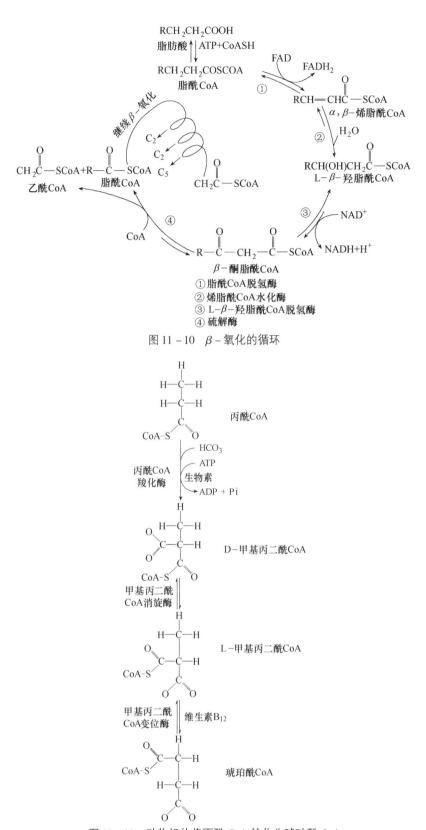

①脂酰CoA脱氢酶
②烯脂酰CoA水化酶
③L-β-羟脂酰CoA脱氢酶
④硫解酶

图 11-10 β-氧化的循环

图 11-11 动物机体将丙酰 CoA 转化为琥珀酰 CoA

3. 不饱和脂肪酸的氧化

不饱和脂肪酸的 β – 氧化降解过程与饱和脂肪酸的 β – 氧化降解过程基本相同，只是因为不饱和脂肪酸分子中含有顺式结构的双键，所以在氧化过程需要有另外的酶参加（$\Delta^{3,4}$ – 顺→$\Delta^{2,3}$ – 反烯脂酰 CoA 异构酶、β – 羟脂酰 CoA 差向酶）。如油酸、亚油酸和亚麻酸的 β – 氧化（图 11 – 12、图 11 – 13 和图 11 – 14）。

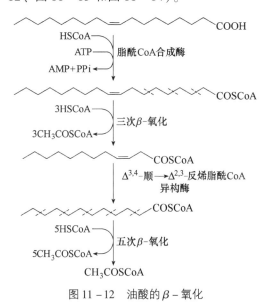

图 11 – 12　油酸的 β – 氧化

（二）α – 氧化

1956 年，Stumpf 首先在植物种子和叶子组织中发现 α – 氧化，之后也有人在脑和肝细胞中发现它。α – 氧化每循环一次得到的是减少一个碳的脂肪酸（图 11 – 15）。

（三）ω – 氧化

1932 年，Verkade 等人曾将制备的辛酸、壬酸、癸酸和 11 碳酸组成的三脂酰甘油饲喂动物，甚至自己食用，收集尿并检验尿中脂肪酸降解产物，发现 11 碳酸能产生 11C、9C 和 7C 二羧酸（图 11 – 16），这表明 ω 碳在内质网中被氧化。ω 碳被氧化后接着进行 β – 氧化，不断释出乙酰 CoA。有人已在动物肝的微粒体中找到 ω – 氧化的有关酶类。

三、酮体的代谢

（一）酮体的合成

在肝脏线粒体中脂肪酸一旦降解，生成的乙酰 CoA 可以有几种代谢结果。最主要的当然是进入柠檬酸循环及进一步的电子传递系统，最终完全氧化为 CO_2 及 H_2O；其二是作为类固醇的前体，生成胆固醇，它在胆固醇生物合成中是起始化合物；其三是扮演脂肪酸合成前体的角色；其四是转化为乙酰乙酸、D – β – 羟丁酸和丙酮，这三个化合物统称为**酮体（ketone body）**。

酮体合成主要是肝脏的功能。酮体中丙酮的生成量相当小，生成后即被吸收。乙酰乙酸和 D – β – 羟丁酸则经血流进入肝外组织，在那里被氧化，经柠檬酸循环提供更多能量给那些组织使用，例如骨、心肌和肾皮质。脑组织一般只用葡萄糖作为燃料，但饥饿时，葡萄糖供给不足，它可接受使用乙酰乙酸或 D – β – 羟丁酸。

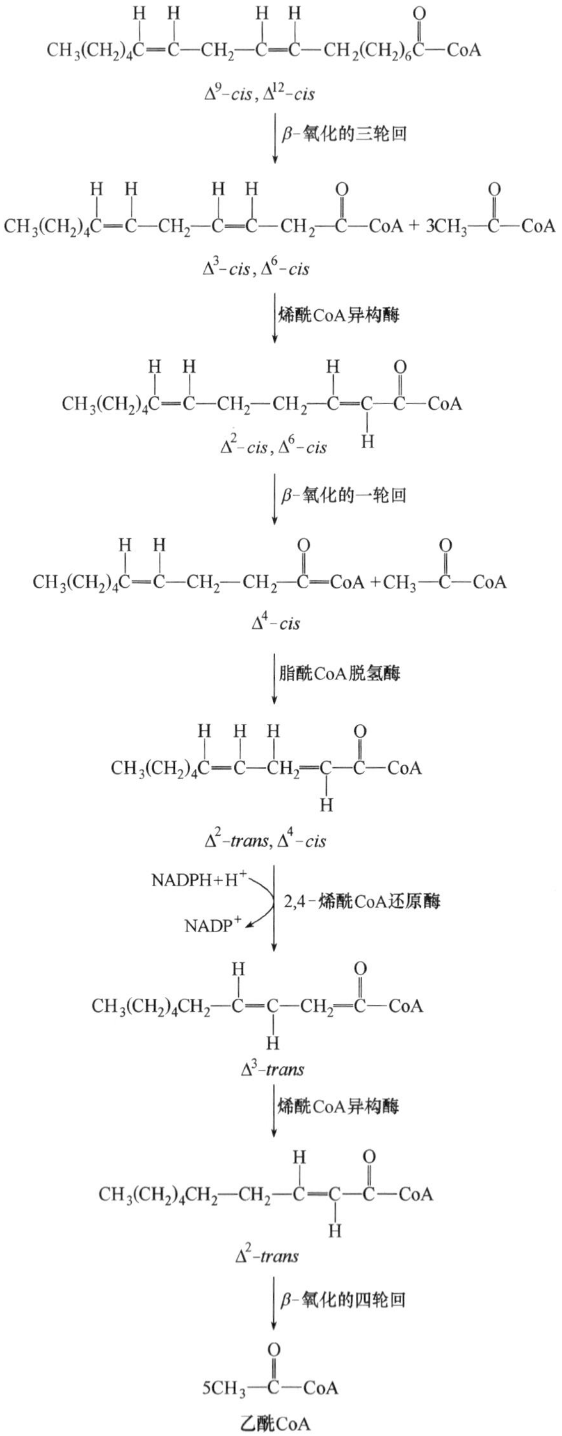

图 11-13 亚油酸的 β-氧化

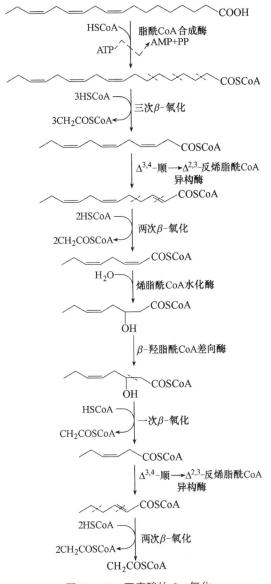

图 11-14　亚麻酸的 β-氧化

图 11-15　α-氧化

在肝脏线粒体中，决定乙酰 CoA 去向的是草酰乙酸，它带动乙酰 CoA 进入柠檬酸循环，但在某种情况（如饥饿、糖尿病）下，草酰乙酸离开柠檬酸循环，去参与葡萄糖合成。这时草酰乙酸浓度十分低下，乙酰 – CoA 进入柠檬酸循环的量也随之变得很少，这有利于进入酮体合成途径。当乙酰 – CoA 不经柠檬酸循环被氧化时，由于酮体自肝脏输出到肝外组织，在肝外组织转变为乙酰 – CoA，因此脂肪酸在肝中的氧化仍保持继续进行。

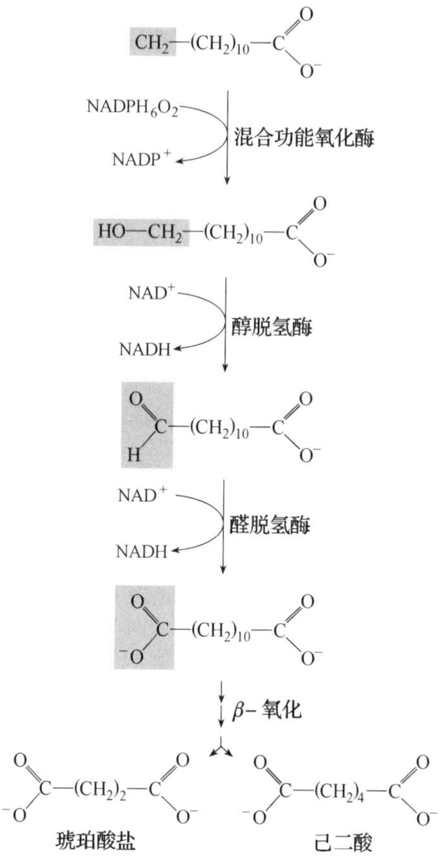

如图 11 – 17 所示，在肝脏基质中乙酰乙酸（acetoacetate）形成的第 1 步是 2 个分子乙酰 CoA 在硫解酶作用下缩合成为乙酰乙酰 CoA。这是 β – 氧化最后一步的逆向反应，只有当乙酰 CoA 水平升高时才发生。第 2 步是乙酰乙酰 CoA 与乙酰 CoA 在 HMG – CoA 合酶催化下，再缩合形成 β – 羟 – β – 甲基戊二酰 – CoA（β – hydroxy – β – methyl-glutaryl – CoA，HMG – CoA）。反应的第 3 步就是 HMG – CoA，在 HMG – CoA 裂解酶（HMG – CoA lyase）催化下的裂解，形成乙酰 – CoA 和乙酰乙酸。这样形成的游离乙酰乙酸经线粒体基质酶 D – β – 羟丁酸脱氢酶（D – β – hydoxybutyrate dehydogenase）作用被还原为 D – β – 羟丁酸。这步反应的

图 11 – 16　ω – 氧化

酶是立体专一的，它只对 D – 异构体有效，与可以催化 L – 3 – 羟脂酰 – CoA 的 L – 3 – 羟脂酰 – CoA 脱氢酶完全不同，后者是 β – 氧化途径中所必需的。乙酰乙酸还可自动脱羧形成丙酮。对于健康人，由乙酰乙酸脱羧形成丙酮的量是极微少的。

严重饥饿或未经治疗的糖尿病人体内可产生大量的乙酰乙酸，其原因是饥饿状态和胰岛素水平过低都会耗尽体内糖的贮存。肝外组织不能自血液中获取充分的葡萄糖，为了取得能量，肝中的葡糖异生作用就会加速，肝和肌肉中的脂肪酸氧化也同样加速，同时并动员蛋白质的分解。脂肪酸氧化加速产生出大量的乙酰 CoA，葡糖异生作用使草酰乙酸供应耗尽，而后者又是乙酰 CoA 进入柠檬酸循环所必需的，在此情况下乙酰 CoA 不能正常地进入柠檬酸循环，而转向生成酮体的方向。这时，① 血液中出现大量丙酮，它是有毒的。丙酮有挥发性和特殊气味，常可从患者的气息嗅到，可借此对疾患作出诊断。② 血液中出现的乙酰乙酸和 D – β – 羟丁酸，使血液 pH 降低，以致发生"酸中毒"（acidosis），另外尿中酮体显著增高，这种情况称为"酮病"（ketosis）。上述的血液或尿中的酮体过高都可导致昏迷，有时甚至死亡。

（二）酮体的分解

在肝外组织中，D – β – 羟丁酸被 D – β – 羟丁酸脱氢酶催化，氧化成为乙酰乙酸。乙酰乙酸与 CoA 相接而被活化，这步反应是由柠檬酸循环中间产物琥珀酰 CoA 供给 CoA。乙酰乙酰 CoA 被硫解酶裂解，生成两个分子的乙酰 CoA（图 11 – 18），进入柠檬酸循环，由此提供能量给肝外组织。

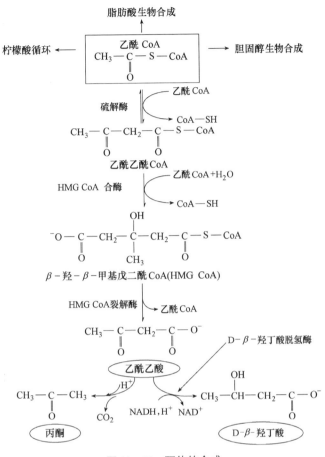

图 11 -17 酮体的合成

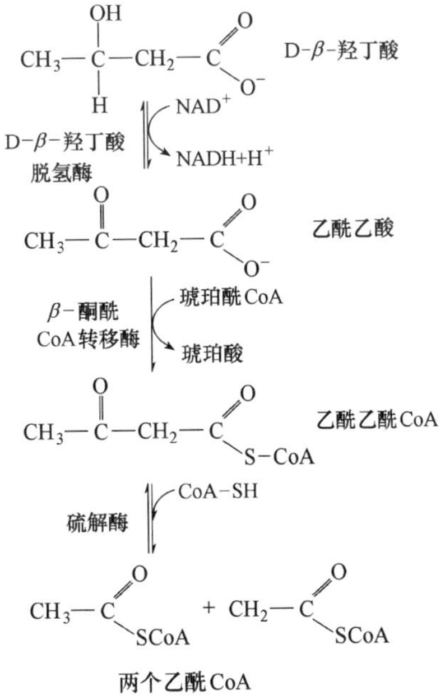

图 11 -18 酮体的分解

第三节 脂肪酸和三酰基甘油的生物合成

生物体所需的脂肪酸有两种来源：一靠外源，动物和微生物可直接利用油脂分解产生的脂肪酸作为生物合成所需要的原料；二靠自身合成，一般生物都能利用糖类或者更简单的含碳物作为碳源，合成自身所需的脂肪酸，例如，油类作物以 CO_2 作为碳源，微生物以糖类或乙酸作为碳源，动物也能以糖类或氨基酸作为碳源。已知猪、鸭等家禽、家畜的饲料主要是糖类物质，但它们可以大量合成脂肪。用同位素示踪实验，也证实了这一事实。当用 ^{14}C 标记葡萄糖饲喂这类动物后，动物体脂含有 ^{14}C 标记。

一、脂肪酸的合成部位

肝脏、脂肪组织和乳腺等多种组织的细胞浆中都含有合成脂肪酸的酶系。肝脏是人体合成脂肪酸的主要部位，其合成能力是脂肪组织的 8~9 倍。而脂肪组织是脂肪储存的场所，除了本身从糖合成脂肪酸外，主要是摄取食物消化吸收和肝脏合成的脂肪。

二、脂肪酸合成不是脂肪酸 β – 氧化的逆过程

自从 1904 年克努普发现脂肪酸 β – 氧化途径，继而证实，在一定条件下，β – 氧化各反应可逆。这给人们以错觉，即脂肪酸的合成是脂肪酸 β – 氧化的逆过程。直到 1957 年人们分离到两个有关的酶系统后，才确定脂肪酸合成并非是 β – 氧化的逆转。

脂肪酸 β – 氧化是在线粒体中进行的，其逆过程可以合成脂肪酸，但数量甚微，而大量脂肪酸合成主要在胞液中进行的，需要 CO_2 和柠檬酸参加。除反应场所不同外，两者的催化反应的酶系、酰基载体、中间产物、供氢体等也各不相同，故脂肪酸的合成不是 β – 氧化的逆反应。

在生物体系中某一物质的降解和合成是由两条不同途径进行的，这是一条原则。在生物体中，某一物质的降解和合成机制不能同时活跃。不然的话，只会在降解和合成的循环中无谓地消耗 ATP。因此，降解和合成不同途径有利于对它们进行有效的调控。

三、脂肪酸合成的碳源

（一）合成脂肪酸的前体

鉴于大多数脂肪酸含有偶数碳原子（4~20C），早就有人提出脂肪酸是由高度活泼的二碳化合物缩合而成的假设，用含同位素乙酸（$CD_3^{13}COOH$）喂大鼠，发现大鼠肝脏脂肪酸分子含有这两种同位素，D 出现在甲基及碳链中，而 ^{13}C 则出现于碳链的间位碳（$CD_3^{13}CH_2CD_2^{13}COOH$）。这说明从乙酸可以合成脂肪酸。经进一步的研究，阐明了脂肪酸的前体为乙酰 ~ SCoA。

（二）乙酰 ~ SCoA 的来源

乙酰 ~ SCoA 是脂肪酸合成的主要原料，凡是能生成乙酰 ~ SCoA 的物质都可以作为脂肪酸合成的原料。它们主要来自三个方面：

（1）脂肪酸 β – 氧化的产物；

（2）葡萄糖代谢中丙酮酸氧化脱羧产物；

（3）生酮氨基酸代谢产物。

四、脂肪酸合成的氢源

NADPH + H$^+$ 是脂肪酸合成过程中必要的供氢物质，它有两个主要来源，视细胞类型而异。

（1）在肝脏细胞和哺乳动物的乳腺细胞中，脂肪酸合成所需的 NADPH + H$^+$ 主要来自磷酸戊糖途径：

$$6 - 磷酸葡萄糖 + H_2O + NADP^+ \rightarrow 6 - 磷酸葡萄糖酸 + NADPH + H^+$$

（2）在脂肪细胞中，NADPH + H$^+$ 主要来自苹果酸酶催化反应：

$$苹果酸 + NADP^+ \rightarrow 丙酮酸 + CO_2 + NADPH + H^+$$

这些产生 NADPH + H$^+$ 的反应都在胞浆中进行，其中 NADPH + H$^+$ 与 NADP$^+$ 比值很高，约 75，这为脂肪酸合成提供了强的还原环境。

五、脂肪酸的生物合成途径

生物体内由乙酰 CoA 合成脂肪酸的主要途径有：① 非线粒体酶系合成途径：即胞浆酶系合成饱和脂肪酸途径。该途径的终产物是软脂酸，故又称为软脂酸合成途径，它是脂肪酸合成的主要途径。② 线粒体酶系合成途径：又称饱和脂肪酸碳链延长途径。

（一）非线粒体酶系合成饱和脂肪酸途径

1. 软脂酸合成酶系

该途径是由 7 个酶组成的多酶反应体系，核心成分是酰基载体蛋白（ACP），其余 6 个酶分子按顺序排列在 ACP 的周围（图 11 - 19）。

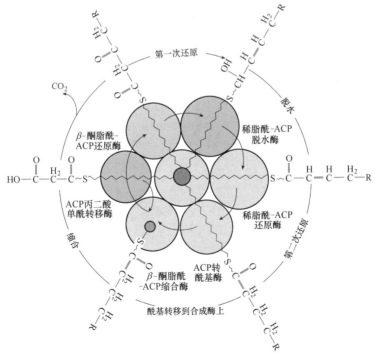

图 11 - 19 脂肪酸合成酶系

ACP 结合一个 4′ – 磷酸泛酰巯基乙胺（4′ – P – PaSH），作为辅基的 4′ – P – PaSH 有一个柔性长链，其游离末端的—SH 能与脂酰基以硫脂键结合。

2. 脂肪酸合成原料的准备

（1）乙酰 CoA 的跨膜运输 饱和脂肪酸的合成是在细胞浆中进行的，而脂肪酸合成的原料乙酰 CoA 是由脂肪酸的 β – 氧化或丙酮酸脱羧而来，这两个过程都是在线粒体中进行的。由于乙酰 CoA 不能自由穿过线粒体膜进入胞浆，因此需要相应的运送机制将乙酰 CoA 转运到细胞浆中（图 11 – 20）。

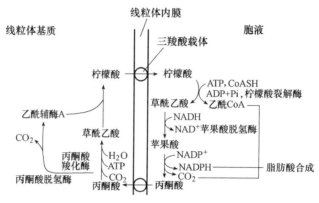

图 11 – 20 乙酰 CoA 的跨膜运输

非光合的真核生物用于脂肪酸合成的乙酰 ~ SCoA 大都是在线粒体基质内生成，而脂肪酸合成是在胞浆中进行的，乙酰 ~ SCoA 不易透过线粒体内膜进入胞液，故必须通过相应的柠檬酸穿梭机制才能使乙酰 ~ SCoA 转运出线粒体。

（2）乙酰 ~ SCoA 羧化成丙二酸 ~ SCoA 乙酰 CoA 作为原料参加脂肪酸合成之前必须羧化成丙二酸单酰 CoA。催化该反应的乙酰 CoA 羧化酶（图 11 –21），其辅基是生物素，该酶

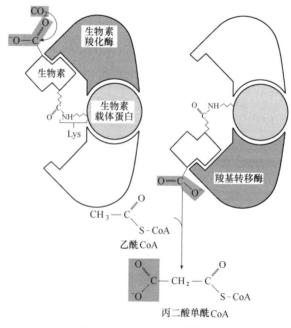

图 11 –21 乙酰 CoA 羧化酶

包括生物素羧基载体蛋白（BCCP）、生物素羧化酶（BC）和羧基转移酶（CT）三个亚基。生物素的羧基以酰胺键与生物素羧基载体蛋白中赖氨酸的 ε - 氨基相连，生物素羧化酶催化生物素羧基载体蛋白上的生物素羧化，羧基转移酶将活化的 CO_2 转移到乙酰 CoA 上，形成丙二酸单酰 CoA（图 11 - 22）。

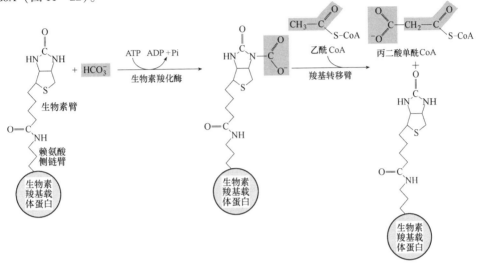

图 11 - 22　乙酰 CoA 羧化酶催化机制

此过程反应式如下：

$$CH_3CO \sim SCoA + HCO_3^- + H^+ + ATP \rightarrow HOOCCH_2CO \sim SCoA + ADP + Pi$$

由乙酰 ~ SCoA 羧化酶催化的不可逆反应，该酶是脂肪酸合成的限速酶。丙二酰 ~ SCoA 除了用于合成脂肪酸以外，在代谢上没有其他用途，所以可以通过调控乙酰 ~ SCoA 羧化酶活性来调节脂肪酸合成，而且不会干扰其他代谢途径；在反应中所用的碳原子来自比二氧化碳活泼的碳酸氢盐（HCO_3^-），形成的羧基是丙二酸单酰 CoA 的远端羧基，即游离羧基；乙酰 ~ SCoA 羧化酶的辅基为生物素，生物素起着将 CO_2 传递给乙酰 ~ SCoA 的作用。

生物素在细胞内的浓度会影响脂肪酸的合成，进而影响甘油磷脂的生物合成，乃至生物膜的组建。因此，在新型发酵中，可以通过控制培养基中生物素的含量改变膜透性，提高发酵产品产量；ATP 提供的能量存在于形成的丙二酰 ~ SCoA 中，以备脂肪酸合成之需。

乙酰 CoA 羧化酶是脂肪酸合成途径中的一个调节酶。控制生物素的量可改变细胞膜的通透性。软脂酸合成多酶复合体催化合成软脂酸时，需要乙酰 CoA 或其他短链的脂酰 CoA 作为引物，在引物的羧基上每次加长一个二碳单位（—C—C—），引物最终成为合成的脂肪酸的甲基末端。二碳单位的供体不是乙酰 CoA，而是丙二酸单酰 CoA。

脂肪酸合成中 ACP 是酰基的载体。在脂肪酸合成前，酰基均从乙酰 CoA 转移到 ACP 上。

3. 软脂酸合成的反应历程

软脂酸合成总的反应过程见图 11-23。

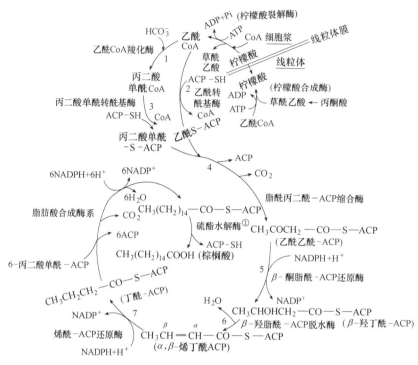

图 11-23 软脂酸合成

（1）β-酮脂酰-ACP 合成反应 该反应由 β-酮脂酰-ACP 合酶（E_3）催化，反应过程复杂，除合酶之外，还需要酰基载体蛋白（ACP）、ACP 转酰基酶（E_1）和丙二酸单酰 CoA~ACP 转酰基酶（E_2）参加。由酰基载体蛋白将引物乙酰 CoA（或其他脂酰基 CoA）的脂酰基和丙二酸单酰基转运到 β-酮脂酰-ACP 合酶上。这一过程通过下列反应完成：

① $\overset{\cdot}{C}H_3\overset{O}{\overset{\|}{C}}\sim SCoA + ACP\cdot SH \xrightarrow[\text{CoASH}]{\text{ACP转酰基酶 }(E_1)} \overset{\cdot}{C}H_3\overset{O}{\overset{\|}{C}}\sim SACP$

引物：乙酰 CoA   乙酰 ACP

② $\overset{\cdot}{C}H_3\overset{O}{\overset{\|}{C}}\sim SACP + HS\cdot E_3 \xrightarrow{\beta\text{-酮脂酰-ACP 合酶}} \overset{\cdot}{C}H_3\overset{O}{\overset{\|}{C}}\sim S\cdot E_3 + ACPSH$

乙酰 ACP   中间复合物

③ $HOOCCH_2\overset{O}{\overset{\|}{C}}\sim SCoA + ACP\cdot SH \xrightarrow[\text{CoASH}]{\text{丙二酸单酰CoA-ACP转酰基酶 }(E_2)} HOOCCH_2\overset{O}{\overset{\|}{C}}\sim SACP$

丙二酸单酰 CoA   丙二酸单酰 ACP

④ $\overset{\cdot}{C}H_3\overset{O}{\overset{\|}{C}}\sim S\cdot E_3 + HOOCCH_2\overset{O}{\overset{\|}{C}}\sim SACP \xrightarrow{CO_2} \overset{\cdot}{C}H_3\overset{O}{\overset{\|}{C}}-CH_2-\overset{O}{\overset{\|}{C}}\sim SACP$

E_3 中间复合物   丙二酸单酰 ACP β-酮脂酰-ACP

（2）β-酮脂酰-ACP 还原反应 酰基载体蛋白将 β-酮脂酰基摆动到 β-酮脂酰-ACP 还原酶上（E_4）上，由 NADPH + H^+ 供氢，催化还原生成 β-羟脂酰-ACP。其反应式如下：

$$\overset{\bullet}{C}H_3\overset{\overset{\displaystyle O}{\|}}{C}-CH_2-\overset{\overset{\displaystyle O}{\|}}{C}\sim SACP \xrightarrow[\text{NADP·2H} \quad E_4 \quad \text{NADP}^+]{} \overset{\bullet}{C}H_3\overset{\overset{\displaystyle OH}{|}}{C}-CH_2-\overset{\overset{\displaystyle O}{\|}}{C}\sim SACP$$

$$\beta\text{-羟脂酰-ACP}$$

（3）β – 羟脂酰 – ACP 脱水反应 ACP 的柔性臂携带 β – 羟脂酰基再摆动到 β – 羟脂酰 – ACP 脱水酶（E_5）上，E_5 催化 β – OH 和 α – H 脱水，生成 α，β – 烯脂酰 – ACP。该烯脂酰基是反式结构。其反应式如下：

$$\overset{\bullet}{C}H_3\overset{\overset{\displaystyle OH}{|}}{C}-CH_2-\overset{\overset{\displaystyle O}{\|}}{C}\sim SACP \xrightarrow{E_5} CH_3\overset{\overset{\displaystyle H}{|}}{C}=\overset{\overset{\displaystyle O}{\|}}{\underset{\underset{\displaystyle H}{|}}{C}}-C\sim SACP$$

$$\beta\text{-烯脂酰-ACP}$$

（4）β – 烯脂酰 – ACP 还原反应 该反应由 β – 烯脂酰 – ACP 还原酶（E_6）催化。ACP 的辅基携带烯脂酰基摆动到该酶分子上，由 NADPH + H$^+$ 供氢，发生还原反应，生成饱和脂酰基 – ACP。其反应式如下：

$$\overset{\bullet}{C}H_3\overset{\overset{\displaystyle H}{|}}{C}=\overset{\overset{\displaystyle O}{\|}}{\underset{\underset{\displaystyle H}{|}}{C}}-C\sim SACP \xrightarrow[\text{NADP·2H} \quad E_6 \quad \text{NADP}^+]{} \overset{\bullet}{C}H_3\overset{\bullet}{C}H_2CH_2\overset{\overset{\displaystyle O}{\|}}{C}\sim SACP$$

$$\text{脂酰-ACP}$$

经过以上四步反应，在饱和脂酰基的羧基端加长了一个 C_2 单位。ACP 携带加长的饱和脂酰基摆动到 E_3 上，交给 E_3 的—SH，然后，再到 E_2 上接受一个丙二酰基，回到 E_3 进行第二次合成，再经 E_4、E_5、E_6 完成第二次加长。照此重复，经七次循环即可合成十六碳饱和脂肪酰 – ACP。最后，由硫酯酶催化释放出软脂酸，或者从 ACP 上转移给 CoASH，成脂酰 CoA，直接参加磷脂酸的生物合成。经过 7 次循环，即可生成 16 个碳的软脂酸。总反应式：

8 乙酰 CoA + 14 NADPH + H$^+$ + 7 ATP + H$_2$O→软脂酸 + 8CoA + 14 NADP$^+$ + 7ADP + 7 Pi

（二）线粒体酶系合成途径——饱和脂肪酸碳链延长途径

线粒体、内质网和微粒体都有能使短链饱和脂肪酸的碳链延长的酶系，典型的延长途径见图 11 – 24。

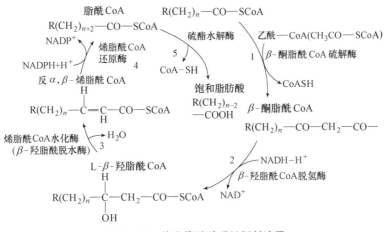

图 11 – 24 饱和脂肪酸碳链延长途径

其反应式如下：

$$(1)\quad CH_3C{\sim}SCoA + RCH_2C{\sim}SCoA \xrightarrow[\text{CoASH}]{\text{硫解酶}} RCH_2C{-}CH_2{-}C{\sim}SCoA$$

（各碳原子上均有 O 双键）

$$(2)\quad RCH_2C{-}CH_2C{\sim}SCoA \xrightarrow[]{\text{NAD·2H} \quad \beta\text{-羟脂酰CoA脱氢酶} \quad \text{NAD}^+} RCH_2\overset{OH}{C}H\,CH_2C{\sim}SCoA$$

$$(3)\quad RCH_2\overset{OH}{C}H{-}CH_2C{\sim}SCoA \xrightarrow[]{\beta\text{-羟脂酰CoA水合酶} \quad N_2O} RCH_2C{=}C{-}C{\sim}SCoA$$

$$(4)\quad RCH_2\overset{H}{\underset{H}{C}}{-}C{\sim}SCoA \xrightarrow[]{\text{NADP·2H} \quad \text{烯脂酰CoA还原酶} \quad \text{NADP}^+} RCH_2CH_2CH_2C{\sim}SCoA$$

它们与软脂酸合成酶系有几点不同：

（1）它是以乙酰 CoA 为单体（二碳单位的供体），而不是丙二酸单酰 – CoA。

（2）β – 酮脂酰 CoA 还原反应是以 $NADH + H^+$ 提供还原力，而不是 $NADPH + H^+$。

（3）反应过程中的各种酰基都是以 CoA – SH 为载体，而不是 ACP – SH。

该反应体系类似于 β – 氧化的逆反应，但又不完全相同，β – 氧化的脂酰 CoA 脱氢酶是以 FAD 为辅基的，而脂肪酸的碳链延长反应是以 $NADPH + H^+$ 作为烯脂酰 CoA 还原酶的辅酶。

（三）单烯不饱和脂肪酸的合成

Δ^9 – 单烯不饱和脂肪酸是通过脱饱和的酶复合物催化饱和脂肪酸脱饱和作用而生成的。其反应过程如下：

$$CH_3(CH_2)_{16}{-}COOH \xrightarrow[O_2 \quad 2H_2O]{NADH+H^+ \quad NAD^+} CH_3(CH_2)_7{-}CH{=}CH{-}(CH_2)_7{-}COOH$$

硬脂酸   油酸

$H^+ + NADH$ — $E{-}FAD$ — Fe^{2+} — Fe^{3+} — 油脂酰CoA+$2H_2O$

NADH–细胞色素b_5还原酶   细胞色素b_5 脱饱和酶

NAD^+ — $E{-}FADH_2$ — Fe^{3+} — Fe^{2+} — 硬脂酰CoA + O_2

这是一个氧化脱氢过程，该途径一般是在脂肪酸的第 9、10 位碳上脱氢，形成 Δ^9 – 单烯不饱和脂肪酸。单烯不饱和脂肪酸的合成也可以通过 β – 氧化、脱水途径合成。其反应式如下：

$$CH_3(CH_2)_6{-}\overset{\beta}{C}H_2{-}\overset{\alpha}{C}H_2{-}COOH \xrightarrow{\beta\text{-氧化}}$$

十碳脂酸

$$CH_3(CH_2)_6{-}\overset{H}{\underset{OH}{C}}{-}CH_2{-}COOH \xrightarrow{\text{脱水}} CH_3(CH_2)_6{-}\overset{\beta}{C}H{=}\overset{\alpha}{C}H{-}COOH$$

β – 羟十碳脂酸   烯十碳脂酸

$$\xrightarrow{\text{碳链延长}} CH_3(CH_2)_7{-}CH{=}CH{-}(CH_2)_7{-}COOH$$

油酸

六、脂肪酸合成与分解代谢的主要区别

脂肪酸合成与 β - 氧化分解代谢的主要区别见表 11 - 2。

表 11 - 2　　　　　　脂肪酸合成与 β - 氧化分解代谢的主要区别

特　征	β - 氧化分解	从头合成途径
代谢部位	细胞线粒体内	细胞胞液内
活性载体	HSCoA	HS - ACP
酶类	分散分布的四种	以 ACP 为核心七种酶组合在一起的多酶复合物或多功能酶
受氢体或供氢体	FAD、NAD$^+$	NADPH
对 CO_2 要求	无	必需
中间代谢物	乙酰 ~ SCoA	乙酰 ~ SACP、丙二酰 ~ SACP
中间产物	脂酰 ~ SCoA	脂酰 ~ SACP
β - 羟中间物构型	L - β - 羟脂酰 ~ SCoA	D - β - 羟脂酰 ~ SACP
能量变化	产生 33ATP（7FADH$_2$ + 7NADP - 2ATP）	消耗 49ATP（7ATP + 14NADPH）
产物	乙酰 ~ SCoA	软脂酸

以上的区别使得软脂酸的合成与氧化分解过程可以同时在细胞内独立进行。

七、三酰基甘油的合成

脂酰 CoA 和 L - α - 磷酸甘油是合成三酰基甘油的前体物质。

（一）合成的部位

肝脏和脂肪组织是合成三酰基甘油最活跃的组织。小肠黏膜在吸收脂类后，也能合成大量的三酰基甘油，高等植物也能大量合成三酰基甘油。微生物含三酰基甘油很少。

（二）合成的前体

三酰基甘油的合成不能直接以游离的甘油和脂肪酸反应生成，因为甘油和脂肪酸反应活性低。高等动、植物合成三酰基甘油的主要原料是 L - α - 磷酸甘油和脂酰 ~ SCoA，通过磷酸甘油转酰基酶催化逐步缩合而成。

1. L - α - 磷酸甘油的来源

（1）糖代谢生成糖和糖异生过程中产生的磷酸二羟丙酮，在 α - 磷酸甘油脱氢酶催化作用下，还原为 L - α - 磷酸甘油（3 - 磷酸甘油）。其反应式如下：

$$磷酸二羟丙酮 + NADH + H^+ \rightarrow L - \alpha - 磷酸甘油 + NAD^+$$

脂肪组织和肌肉中主要以这种方式生成 L - α - 磷酸甘油。

（2）甘油的再利用　肝外组织（包括脂肪组织和肌肉组织等）脂肪分解产生的甘油，由于甘油激酶的活性很低，不能被再利用，通常随血液运输到甘油激酶活性很高的肝、肾等组织中，在甘油激酶的催化下，甘油与 ATP 作用生成 L - α - 磷酸甘油。其反应式如下：

$$甘油 + ATP \rightarrow L - \alpha - 磷酸甘油 + ADP + Pi$$

2. 脂酰 ~ SCoA 的来源

植物、微生物多酶复合体系合成的脂肪酸是以脂酰 CoA 的形式释放到细胞液中的，它可直接用于合成三酰基甘油（脂肪）。其他来源的脂肪酸需要由脂酰 CoA 合成酶催化生成脂酰 CoA。

（1）脂肪酸合成系统　脂肪酸合成时可以直接以脂酰 ~ SCoA 形式释放到细胞浆中，用于三酰基甘油的合成。

（2）脂肪酸的再利用　游离的脂肪酸在脂酰 - SCoA 合成酶催化下，合成脂酰 ~ SCoA。其反应式如下：

$$RCOOH + CoA - SH + ATP \rightarrow RCO \sim SCoA + AMP + PPi$$

（三）三酰基甘油的合成

三酰基甘油的合成主要分四步，如图 11 - 25 所示。

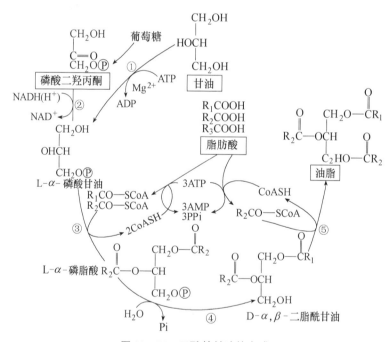

图 11 - 25　三酰基甘油的合成

1. 合成溶血磷脂酸

L - α - 磷酸甘油与脂酰 ~ SCoA 在甘油磷酸脂酰转移酶的催化下，生成单脂酰甘油磷酸，又称为溶血磷脂酸。其反应式如下：

$$L - \alpha - 磷酸甘油 + R_1CO \sim SCoA \rightarrow 单脂酰甘油磷酸 + CoA - SH$$

2. 合成磷脂酸

溶血磷脂酸在甘油磷酸脂酰转移酶的催化下，再与另一分子脂酰 ~ SCoA 结合，生成磷脂酸。

在磷脂酸中的 C_1 上结合的脂肪酸多为饱和脂肪酸，而 C_2 上结合的脂肪酸多为不饱和脂肪酸。细胞内磷脂酸含量极微，但它是合成三酰基甘油和磷脂的重要前体。

3. 磷脂酸水解

磷脂酸在磷脂酸磷酸酶催化下，水解去掉磷酸，生成 1，2 - 甘油二酯。

4. 三酰基甘油的合成

1，2 - 甘油二酯在甘油二酯转酰基酶的催化下，与第三个脂酰 ~ SCoA 作用，生成三酰基甘油。

第四节 磷脂的代谢

磷脂是细胞和细胞膜的主要成分。对调节细胞膜的透过性起着重要作用，可促进三酰基甘油和胆固醇在水中的溶解度，对血液凝固也有一定促进作用。现将磷脂的分解代谢和合成代谢分述如下。

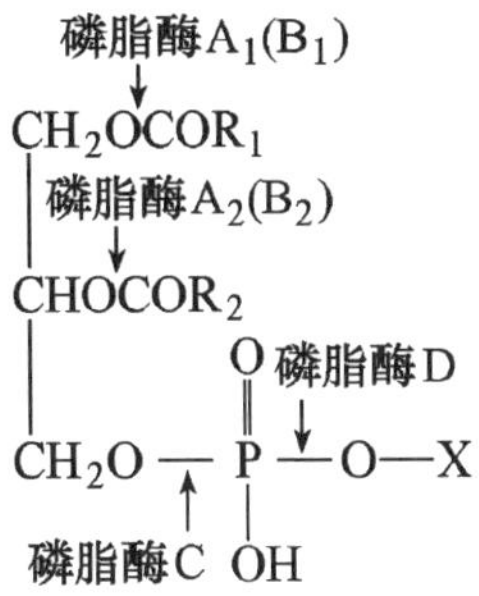

一、磷脂的分解代谢

降解磷脂的酶称为**磷脂酶（phospholipase）**。这些磷脂酶根据裂解酯键的位置不同名称各异。磷脂酶 A_1（B_1）和 A_2（B_2）可切下磷脂的脂肪酸部分，磷脂酶 C 和 D 水解的部位见图 11 - 26。它们将甘油磷脂完全水解后的产物为甘油、脂肪酸、磷酸和氮碱。后者在体内可进一步代谢利用。

图 11 - 26 磷脂酶的水解位点，X 代表氮碱（如胆碱、氨基乙醇、丝氨酸）

二、磷脂的合成代谢

甘油磷脂是生物膜的重要组成成分。真核生物细胞中，甘油磷脂的合成主要发生在光面内质网的表面和线粒体内膜，一些新合成的磷脂就留在那里，大多数被转运到细胞其他位置。肝、肠、肾、肌肉、脑组织都能合成磷脂，肝的合成力较大（肝>肠>肾>肌肉>脑）。血浆中的磷脂大多是在肝脏中合成。脑组织的磷脂含量很高，但它合成磷脂的效率最慢。

磷脂的生物合成研究表明，中间产物磷脂酸是合成各种甘油醇磷脂（包括磷脂酰胆碱、磷脂酰乙醇胺、磷脂酰丝氨酸、磷脂酰肌醇和心磷脂）的关键物质，而胞嘧啶衍生物 CTP 和 CDP 也是合成所有磷脂的关键物质。图 11 - 27 所示为磷脂酸的生物合成途径。

甘油磷脂合成的第一阶段和第二阶段的反应与三酰基甘油合成途径一样（图 11 - 28），两个脂酰基与 3 - 磷酸甘油的 C_1 和 C_2 以酯键连接生成磷脂酸。通常 C_1 结合的脂肪酸是饱和的；C_2 结合的脂肪酸是不饱和的。而合成磷脂第三阶段的反应有两种机制（图 11 - 29），机制 1：磷脂酸被活化成 CDP - 二酰基甘油（CDP - DG），然后在相应的合酶催化下，与非活化的头部

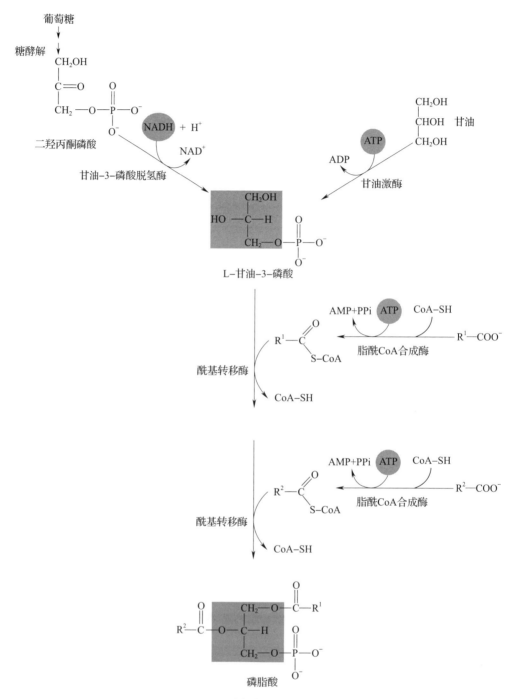

图 11-27 磷脂酸的生物合成途径

X 基团反应，生成各种甘油磷脂；机制 2：X 基团被活化成 CDP-X，然后在转移酶的作用下与二酰基甘油反应，将 X 连带一个磷酸基团转移至二酰基甘油上，生成甘油磷脂。磷脂酰胆碱的生成过程如图 11-30 所示。

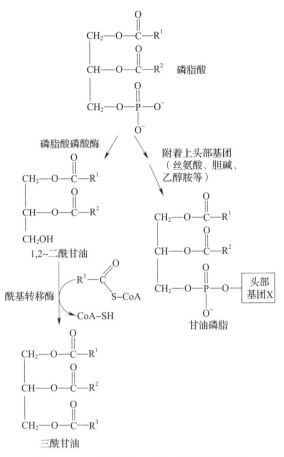

图 11 - 28 三酰基甘油和甘油磷脂的合成

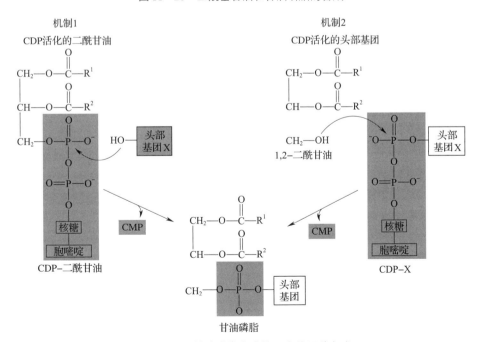

图 11 - 29 甘油磷脂合成第三步的两种方式

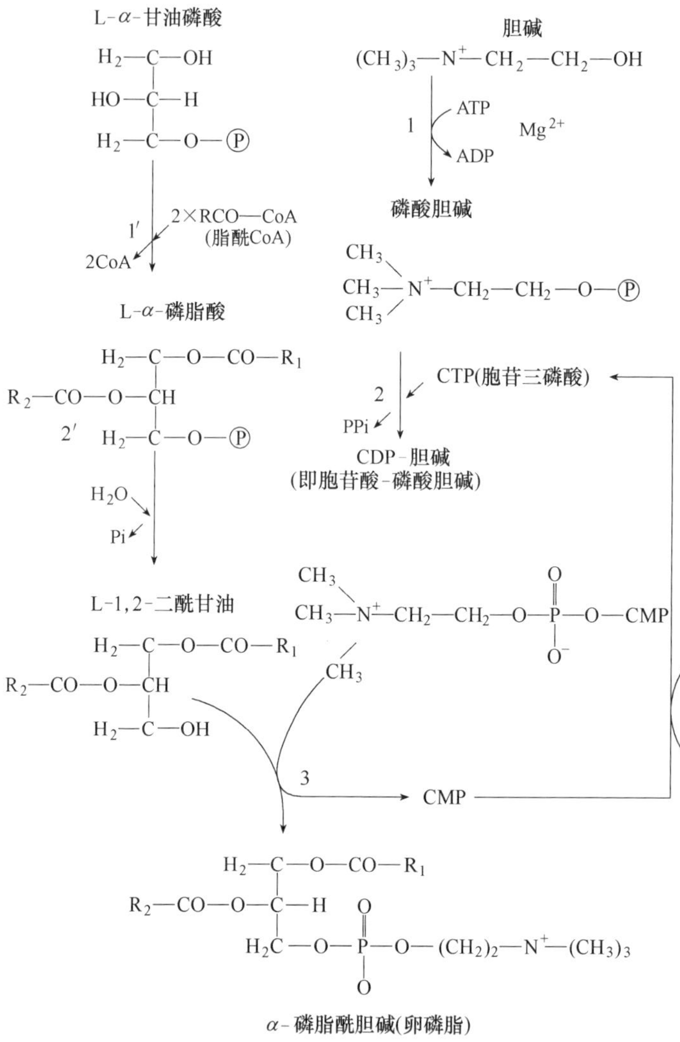

图 11 - 30　磷脂酰胆碱的生成

第五节　胆固醇的代谢

　　我们现有的固醇代谢知识，仅限于动物固醇中的胆固醇，胆固醇的代谢途径还不清楚。植物固醇的代谢，也只知道麦角固醇在体外经紫外线照射可变为维生素 D_2，以及粗链孢霉可从乙酸合成麦角固醇。为此，本节只能就胆固醇的吸收合成和分解略作介绍。

一、胆固醇的吸收

人体及动物小肠能吸收胆固醇，不能吸收植物固醇。胆固醇的吸收一定伴随脂肪的吸收进行，是不饱和脂酸的载体。部分胆固醇在吸收时与脂酸结合成胆固醇酯。自由胆固醇同胆固醇酯同样可被吸收。胆汁酸盐和脂肪可促进胆固醇的吸收。

被吸收的胆固醇与脂肪同一途径进入乳糜管，再到血循环，可转变成多种物质，主要为胆酸类及固醇激素。皮肤的 7 – 脱氢胆固醇经紫外线照射可变为维生素 D_3。胆固醇是细胞膜和神经纤维的成分。

70kg 体重的男性约含 140g 胆固醇。肾上腺含胆固醇约 10%，脑及神经组织含 2%，肝 0.3%，皮 0.3%，小肠 0.2%。

成人正常血液每 100mL 血清含胆固醇 130～250mg。

二、胆固醇的生物合成

机体中的胆固醇来源于食物和生物合成。肝脏是胆固醇合成的主要场所，占全身合成总量的 3/4 以上。胆固醇的生物合成是从乙酰 CoA 缩合开始，乙酸及其前体都可转变成胆固醇。从同位素示踪实验的结果可知，乙酸及其前体（如乙醇及丙酮酸等）皆可能变为胆固醇。其反应过程如下：

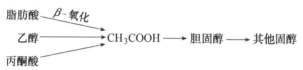

用 $^{13}CH_3 – ^{14}COOH$ 做胆固醇生物合成试验，发现乙酸的甲基碳（^{13}C）是胆固醇的第 1、3、5、7、9、13、15、17、18、19、21、22、24、26 和 27 位这 15 个碳的碳源，羧基碳（^{14}C）是胆固醇第 2、4、6、8、10、11、12、14、16、20、23 和 25 位这 12 个碳的碳源。又经类似方法证明了乙酸是 3 – 甲基 – 3，5 – 二羟戊酸（mevalonic acid，MVA）的前身。MVA 是鲨烯（squalene）的前身，而鲨烯又是胆固醇的直接前身。这就为胆固醇的生物合成提供了两个关键性中间产物。根据现有的实践证明，胆固醇的生物合成，可分为 3 个阶段：

第一阶段：乙酸 → 3 – 甲基 – 3，5 – 二羟戊酸（MVA）。

第二阶段：MVA → 鲨烯。

第三阶段：鲨烯 → 胆固醇。

3 个阶段共有 16 个以上的反应步骤。各反应的化学过程现都已比较清楚。为简明起见，将各化学途径总结如图 11 – 31 所示。

三、胆固醇的降解和转化

胆固醇的环核结构不在动物体内完全分解为最简单的化合物排出体外，但其支链可被氧化。更重要的是胆固醇可转变成各种生理活性物质，其转化见图 11 – 32。

胆固醇代谢对人类来说极为重要，因为除可转变为许多生理活性物质外，某些疾病如心血管硬化和胆结石病等，也可能由于胆固醇代谢失常而引起。

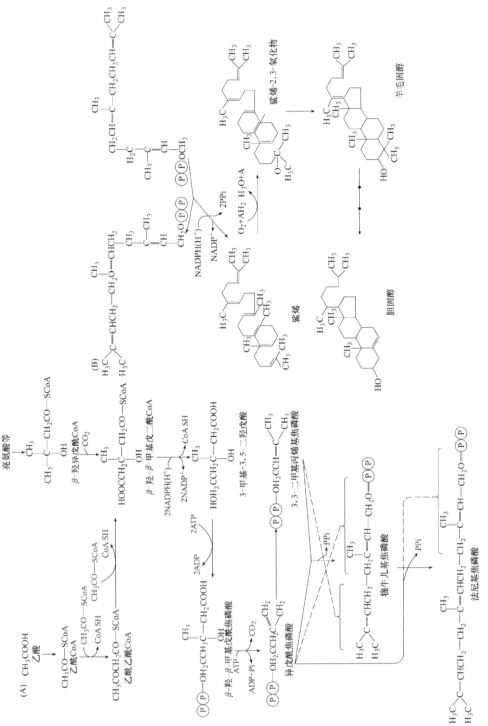

图 11 – 31 胆固醇的合成

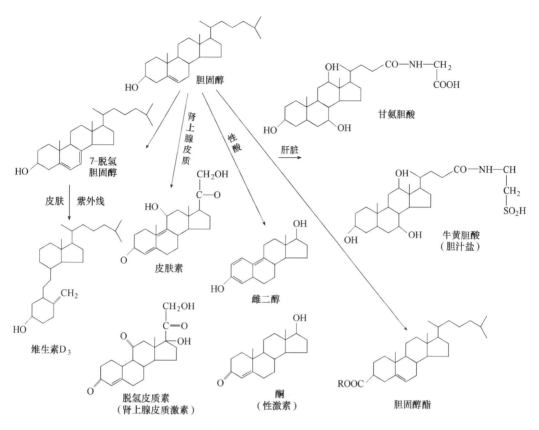

图 11 - 32 胆固醇的转化

第六节 脂代谢紊乱

脂代谢紊乱表现为以下几种情况。

一、脂肪酸与酮尿症

在肝脏中长链脂肪酸经 β - 氧化能产生大量乙酰 CoA，它除氧化外，也可两两结合形成乙酰乙酰 CoA。脂肪酸 β - 氧化的 4C 阶段也可产生乙酰乙酰 CoA。它经肝细胞线粒体中活性很强的两种酶，即 β - 羟 - β - 甲基戊二酰 CoA 合酶和裂合酶催化能转变为乙酰乙酸。它再还原和脱羧可分别生成 β - 羟丁酸和少量丙酮，即酮体包含的三种物质。在糖尿病或禁食情况下，脂肪动员增多，酮体形成也随之增多。如酮体形成大于酮体利用，将出现酮血、酮尿。由于酮体呈酸性，出现酸中毒。糖尿病常并发酮血症、酮尿症，甚至酸中毒。

二、甘油磷脂与脂肪肝

正常情况下肝脂含量不多（约4%），其中脂肪仅占1/4。当肝脏脂蛋白合成或肝脏脂肪酸氧化发生障碍时，不能及时将肝细胞脂肪运出或氧化利用，造成脂肪在肝细胞中堆积，造成脂肪肝，引起肝细胞机能异常。

三、胆固醇与动脉粥样硬化

动脉粥样硬化的发生、发展，可能与脂类，特别是胆固醇的代谢紊乱密切相关。临床病理检查发现，动脉粥样硬化斑块中含有大量胆固醇酯。临床实践证实高胆固醇病人，动脉粥样硬化病的发病率也高。

第七节　脂代谢调节

一、激素对脂类代谢的调节

机体可以通过神经及体液系统来调节脂类的代谢，改变脂类合成和分解代谢的强度，以适应机体的需要。动物实验证明，切除大脑半球的小狗，其肌肉及骨中的脂肪含量均减少，但肝脂略有增加，肝中胆固醇也显著增加。说明大脑在调节脂类代谢上具有重要作用，视丘下部与脂代谢有关，因为动物视丘下部受损伤可使动物肥胖。对脂类代谢影响较大的激素有胰岛素、肾上腺素、高血糖素、生长素、促肾上腺皮质激素（ACTH）、甲状腺素、促甲状腺素（TSH）、前列腺素等。这些激素中，除胰岛素、前列腺素抑制脂肪动员和脂解作用（lipolysis）外，其他的激素都具有促进脂肪动员和脂解作用。

肾上腺素、去甲肾上腺素、高血糖素可激活脂肪组织的腺苷酸环化酶，cAMP 含量增加，cAMP 作为第二信使激活蛋白激酶，使对激素敏感的脂肪酶磷酸化，使其转变成活化型脂肪酶，从而促使脂肪的分解。

胰岛素、前列腺素等可抑制腺苷酸环化酶，从而影响 cAMP 的合成，产生抗脂肪分解的效应。胰岛素还有促进脂肪合成的作用，主要表现在以下两个方面：一是胰岛素促进脂肪酸、葡萄糖通过细胞膜，加速酵解和磷酸戊糖支路代谢，为脂肪合成提供原料；二是胰岛素能增强合成脂肪有关的酶的活性。例如，胰岛素能诱导乙酰 CoA 羧化酶，脂肪酸合成酶及 ATP – 柠檬酸裂解酶的合成。胰岛素能加强脂肪组织的脂蛋白脂酶的活性，促进脂肪酸进入脂肪组织，再加速合成脂肪而贮存，故易导致肥胖。

胰高血糖素通过增加 cAMP 使乙酰 CoA 羧化酶磷酸化而降低其活性，故抑制脂肪酸的合成。肾上腺素、生长素也能抑制乙酰 CoA 羧化酶，从而影响脂肪酸合成。

激素分泌失常，即会导致脂类代谢紊乱。

二、代谢物调节脂肪酸的合成

代谢物调节脂肪酸的合成，进而影响脂肪的合成。进食高脂肪食物后，或饥饿而脂肪动员加强时，肝细胞内脂酰 CoA 增多，可别构抑制乙酰 CoA 羧化酶，从而抑制体内脂肪酸的合成；进食糖类，糖代谢加强，$NADPH + H^+$ 及乙酰 CoA 供给增多，有利于脂肪酸的合成，同时，糖代谢加强，使细胞内 ATP 增多，可抑制异柠檬酸脱氢酶，造成异柠檬酸及柠檬酸堆积，透出线粒体，可别构激活乙酰 CoA 羧化酶，使脂肪酸合成增加。此外，大量进食糖类也能增强各种合成脂肪有关的酶的活性而使脂肪合成增强。

第八节　脂代谢与糖代谢之间的关系

生物机体内，各类物质代谢，相互影响，相互转化。现将生物体内四类主要有机物质：糖、脂类、蛋白质和核酸相互转变的关系，总结如图 11−33 所示。

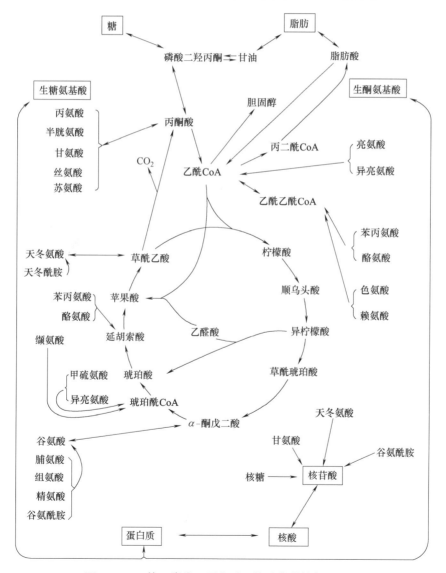

图 11−33　糖、脂类、蛋白质及核酸代谢的相互关系

从图 11-33 可以看出，糖、脂类、蛋白质和核酸等物质在代谢过程中都是彼此影响、相互转化和密切相关的。三羧酸循环不仅是各类物质共同的代谢途径，而且也是它们之间相互联系的渠道。而丙酮酸、酰基 CoA、α-酮戊二酸和草酰乙酸等代谢物则是各类物质相互转化的重要中间产物。

糖与脂类物质能互相转变。糖转变为脂类的大致步骤为：糖先经酵解过程，生成磷酸二羟丙酮及丙酮酸。磷酸二羟丙酮可还原为甘油。丙酮酸经氧化脱羧后转变为乙酰 CoA，然后再缩合生成脂肪酸。脂类分解产生的甘油可以经过磷酸化生成 α-甘油磷酸，再转变为磷酸二羟丙酮。后者通过酵解过程逆行即可生成糖。至于脂肪酸转变为糖的过程，则有一定的限度。脂肪酸通过 β-氧化，生成乙酰 CoA。在植物或微生物体内，乙酰 CoA 可缩合成三羧酸循环中的有机酸，如经乙醛酸循环生成琥珀酸，琥珀酸再参加三羧酸循环，转变成草酰乙酸，由草酰乙酸脱羧生成丙酮酸，丙酮酸即可转变成糖。但在动物体内，不存在乙醛酸循环。通常情况下，乙酰 CoA 都是经三羧酸循环而氧化成二氧化碳和水，生成糖的机会很少。虽然同位素实验表明，脂肪酸在动物体内也可以转变成糖，但在这种情况下，需要有其他来源补充三羧酸循环中的有机酸。

在某些病理状态下，也可以观察到糖代谢与脂类代谢之间的密切关系。例如，糖尿病患者的糖代谢发生了障碍，同时也常伴有不同程度的脂类代谢紊乱。由于糖的利用受阻，体内必须依靠脂类物质的氧化来供给能量，因此，大量动用体内贮存的脂肪，运到肝脏组织内进行氧化，结果产生大量酮体，必须经血液运到其他组织，如肌肉组织，再被氧化。酮体本身多为酸性物质，血液中酮体增高时，常有发生酸中毒的危险。当饥饿时，体内无糖可供利用，也会产生与糖尿病相类似的情况，大量动用脂肪，并造成酮体过多。

习题

1. 名词解释

apolipoprotein，lipid mobilization，fat acid β-oxidation，phospholipase

2. 脂肪酸作为水的来源：在骆驼的驼峰里并不贮存水，而是贮存大量的脂肪物质，它们实际上是由大的脂肪沉积组成的。这些脂肪沉积是如何用作水的来源的呢？计算骆驼从 1kg 脂肪中可以产生的水的总量（以 L 为单位）。

3. 饮食不含糖类的高脂肪食品的后果：假设你只能依靠很少或不含糖类的鲸或者海豹的油脂生存。

（1）这种糖类的缺少对于使用脂肪获取能量将产生什么影响？

（2）如果你的饮食中完全去除了糖类，是摄取奇数碳还是偶数碳的脂肪酸更好？为什么？

4. 乙酰 CoA 羧化酶的调节：乙酰 CoA 羧化酶是脂肪酸合成过程中的基本调节点。这种酶有以下特点：

（1）加入柠檬酸或异柠檬酸，酶的 v_{max} 可以提高到原来的 10 倍。

（2）此酶以两种可逆形式存在，它们的活性有显著的不同：

单体（无活性）⟷纤维状聚合物（有活性）

柠檬酸与异柠檬酸优先与纤维状聚合物结合，棕榈酰 CoA 则优先和单体结合。试解释这些特点是如何与脂肪酸合成过程中乙酰 CoA 羧化酶的调节机制相一致的。

5. 肉碱在脂肪酸 β - 氧化中起到什么作用？β - 氧化的实质怎样？β - 氧化的过程有哪几个主要步骤？参与的酶有哪些？

6. 1mol 软脂酸通过 β - 氧化彻底氧化可产生多少 mol ATP？

7. 缺乏维生素 B_{12} 对脂肪酸的氧化带来什么样的后果？什么样的代谢中间产物将会积累？

8. 脂肪酸合成的原料主要是丙二酸单酰 CoA，它是如何得来的？其合成酶系有哪些成分？

9. 作用于磷脂的四种磷脂酶是如何分解磷脂的？卵磷脂的合成从哪里开始？CTP 在磷脂的合成中起什么作用？

第十二章

蛋白质的降解与氨基酸的代谢

蛋白质是细胞的首要结构物质，生物体的一切生命现象都与蛋白质密切相关。蛋白质的新陈代谢是生物体生长、发育、繁殖和一切生命活动的基础。生物体内各种蛋白质经常处于动态更新之中，蛋白质有自己的存活时间，短到几分钟，长到几周。不论何种情况，细胞总是不断地从氨基酸合成蛋白质，又把蛋白质降解为氨基酸。从表面上看，这样的转化似乎是一种浪费，实际上它有二重功能，其一是排除那些不正常的蛋白质。不正常的蛋白质一旦积累将对细胞有害，其二是通过排除积累过多的酶和调节蛋白，使细胞代谢的井然有序得以维持。蛋白质的这种周转代谢是生物体表现生命活力的重要过程。

蛋白质周转（protein turnover）泛指在特定的代谢库内蛋白质被更新或替代这一代谢过程，即可能是蛋白质合成或蛋白质降解的结果，也可能是同一蛋白质在不同空间分布的转换。生物体必须从环境中摄取合成蛋白质的原料，先合成氨基酸，再合成自身的蛋白质；体内的蛋白质也不断地分解成氨基酸，所以氨基酸代谢是蛋白质代谢的基础。蛋白质的代谢包括蛋白质的分解代谢和蛋白质的生物合成。蛋白质的分解代谢是指蛋白质分解为氨基酸及氨基酸继续分解为含氮的代谢产物、二氧化碳和水并释放出能量的过程。蛋白质的周转代谢使各种代谢途径的调节得以容易地实现。

本章的主要内容是蛋白质分解和氨基酸代谢，且以氨基酸代谢为中心。此外，蛋白质的营养与饮食卫生关系密切，氨基酸的代谢缺陷时会导致某些疾病的产生，也在本章讨论。有关蛋白质的生物合成将在第十七章中介绍。

第一节　蛋白质的降解

食物中的含氮物质主要是蛋白质，正常成人每日最低分解蛋白质约 20g，由于食物蛋白质与人体蛋白质组成的差异，故每日食物蛋白质的最低需要量为 30 ~ 50g。为了长期保持氮总平衡，正常成人每日蛋白质的生理需要量应为 80g。蛋白质在体内代谢后产生的含氮物质主要经尿、粪、汗排出，因而，通过测定人体每天从食物摄入的氮含量和每天排泄物（包括尿、粪、汗等）中的氮含量，可评价蛋白质在体内的代谢情况。

正常成年人体内蛋白质的合成与分解处于动态平衡中，每日摄入氮量与排出氮量大致相等，表示体内蛋白质的合成量与分解量大致相等，基本上没有氨基酸和蛋白质的储存，这种动态平衡的现象称为**氮的总平衡（nitrogen balance）**，即摄入氮＝排出氮；正在成长的儿童、孕妇及处于病后恢复期的患者，其每日摄入氮量大于排出氮量，说明一部分外源氮被保留在体内用于组织构成，即体内蛋白质的合成量大于蛋白质的分解量，这种状态称为氮的正平衡，即摄入氮＞排出氮；对于长期饥饿或患有消耗性疾病（结核、肿瘤）的患者，其每日摄入氮量小于排出氮量，表明蛋白质摄入量不能满足需要或组织蛋白的分解过盛，这种状态称为氮的负平衡，即摄入氮＜排出氮。氮平衡是一种人体实验，体内蛋白质的代谢情况可以根据该实验来评价。

在哺乳动物体内，从食物中摄入的外源蛋白质也需要降解成氨基酸和寡肽后才能被吸收利用，而且生物体内细胞蛋白质在新陈代谢的周转中需要降解，现将两种情况分述如下。

一、食物蛋白质的消化和氨基酸的吸收

（一）蛋白质的消化

外源蛋白质主要来源于食物，主要通过细胞外途径降解（消化）。食物蛋白质在消化道中被降解为氨基酸的过程是一系列复杂的蛋白酶解过程，蛋白质的消化部位是胃和小肠（主要在小肠）。哺乳动物的胃、小肠中含有胃蛋白酶、胰蛋白酶、胰凝乳蛋白酶、弹性蛋白酶、羧肽酶、氨肽酶。当食物蛋白质进入胃后，在胃酸环境下变性并被胃蛋白酶水解为多肽，然后进入小肠，被胰脏和小肠分泌的胰蛋白酶、胰凝乳蛋白酶、弹性蛋白酶、羧肽酶、氨肽酶等降解为更小的肽和氨基酸，并被肠黏膜细胞吸收入血。肠黏膜细胞还可吸收二肽或三肽，吸收作用在小肠的近端较强，因此肽的吸收先于游离氨基酸。被吸收的氨基酸（与糖、脂一样）一般不能直接排出体外，需经历各种代谢途径。蛋白质的消化过程见图 12-1。

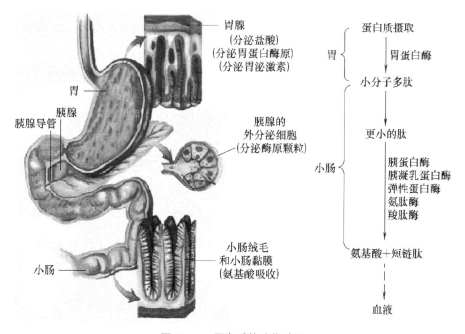

图 12-1　蛋白质的消化过程

胃蛋白酶、胰蛋白酶、糜蛋白酶和弹性蛋白酶都是水解肽链内部肽键的内肽酶，而羧肽酶A、羧肽酶B和氨肽酶是外肽酶，其作用从肽链的最外端开始，氨肽酶从肽链的 N 端开始水解作用，羧肽酶从肽链的 C 端开始水解作用。胃蛋白酶的最适 pH 在 1.5～2.5，适于胃内环境，其活性中心含天冬氨酸，属天冬氨酸蛋白酶类。胰蛋白酶、糜蛋白酶和弹性蛋白酶的最适 pH 在 7.0 左右，适于小肠环境，其活性中心含丝氨酸，属丝氨酸蛋白酶类。各种蛋白酶对肽键两旁的氨基酸种类均有一定的要求，即各有其特异性。

消化酶类在合成之初往往以没有活性的酶原形式存在，后被激活，如图 12-2 所示。胰蛋白酶原在肠激酶的作用下被激活，成为有活性的胰蛋白酶，激活后的胰蛋白酶又可将糜蛋白酶原、弹性蛋白酶原和羧肽酶原等激活，从而将食物中的蛋白质降解。

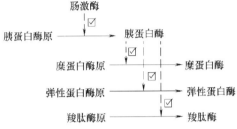

图 12-2　消化酶原类及其酶原激活

（二）氨基酸的吸收

蛋白质消化的终产物主要为氨基酸，还包括少量的小肽，主要为二肽和三肽。氨基酸和小肽都可被小肠黏膜吸收，但小肽吸收进入小肠黏膜细胞后，即被胞质中的肽酶（二肽酶、三肽酶）水解成游离氨基酸，然后离开细胞进入血循环，因此门静脉血中几乎没有小肽。

1. 氨基酸的吸收机制

（1）通过耗能需 Na^+ 的主动转运吸收　氨基酸不能自由通过细胞质膜。肠黏膜上皮细胞的黏膜面的细胞膜上有若干种特殊的运载蛋白（载体），能与某些氨基酸和 Na^+ 在不同位置上同时结合，结合后可使运载蛋白的构象发生改变，从而将膜外（肠腔内）氨基酸和 Na^+ 都转运入肠黏膜上皮细胞内。Na^+ 则被钠泵打出至胞外，造成黏膜面内外的 Na^+ 梯度，有利于肠腔中的 Na^+ 继续通过运载蛋白进入细胞内，同时带动氨基酸进入。因此，肠黏膜上氨基酸的吸收是间接消耗 ATP，而直接的推动力是肠腔和肠黏膜细胞内 Na^+ 梯度的电位势。氨基酸的不断进入使得小肠黏膜上皮细胞内的氨基酸浓度高于毛细血管内，于是氨基酸通过浆膜面相应的载体而转运至毛细血管血液内。

黏膜面的氨基酸载体是 Na^+ 依赖的，而浆膜面的氨基酸载体则不依赖 Na^+。现已证实前者至少有 6 种，各对某些氨基酸起转运作用：① 中性氨基酸，短侧链或极性侧链（丝氨酸、苏氨酸、丙氨酸）载体；② 中性氨基酸，芳香族或疏水侧链（苯丙氨酸、酪氨酸、甲硫氨酸、缬氨酸、亮氨酸、异亮氨酸）载体；③ 亚氨基酸（脯氨酸、羟脯氨酸）载体；④ β-氨基酸（β-丙氨酸、牛磺酸）载体；⑤ 碱性氨基酸和胱氨酸（赖氨酸、精氨酸、胱氨酸）载体；⑥ 酸性氨基酸（天冬氨酸、谷氨酸）载体。

肾小管对氨基酸的重吸收也是通过上述机制进行的。

（2）通过 γ-谷氨酰基循环吸收　1969 年 Meister 发现小肠黏膜和肾小管还可通过 γ-谷氨酰基循环吸收氨基酸。谷胱甘肽在这一循环中起着重要作用。这是一个主动运送氨基酸通过细胞膜的过程，氨基酸在进入细胞之前先在细胞膜上 γ-谷氨酰基转移酶的催化下，与细胞内的谷胱甘肽作用生成 γ-谷氨酰氨基酸，然后再经 γ-谷氨酸环化转移酶、5-氧脯氨酸酶的催化，将氨基酸释放出来并生成谷氨酸，生成的谷氨酸重新合成谷胱甘肽，进行下一次氨基酸的转运，如图 12-3 所示。

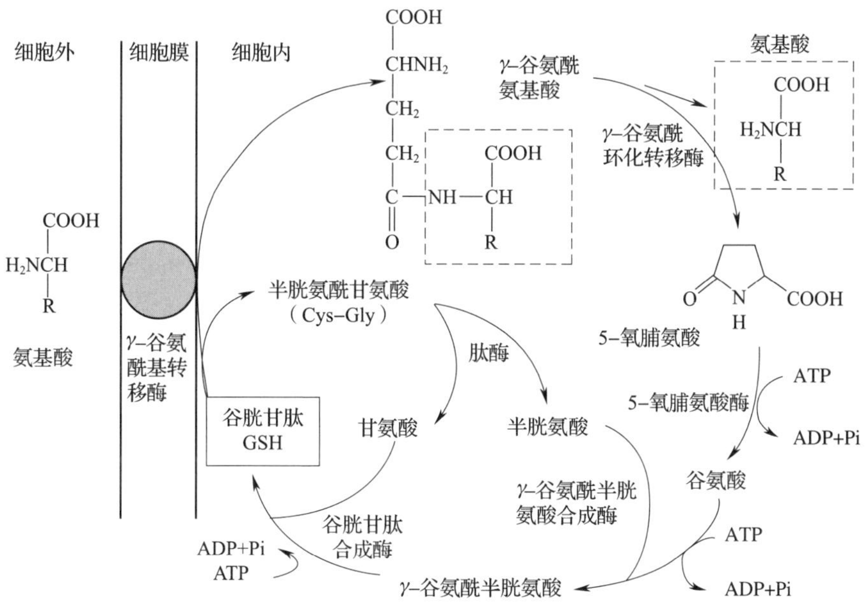

图 12-3 γ-谷氨酰基循环对氨基酸的转运作用

2. 肽的吸收机制

小肽利用肠黏膜细胞上的二肽或三肽的转运体系进行吸收，也是一种耗能的主动吸收过程。

（三）蛋白质的腐败作用

未被消化的蛋白质及未被吸收的氨基酸和小肽等消化产物，在大肠下部受肠道细菌的分解作用，发生一些化学变化的过程称为腐败作用。未被消化的蛋白质先被肠道细菌的蛋白酶水解为氨基酸，然后再继续受肠菌中的其他酶类的催化。

腐败分解作用包括水解、氧化、还原、脱羧、脱氨、脱巯基等反应。腐败作用产生的有毒物质除了胺（腐胺、尸胺、酪胺）和氨以外，还包括酚类、吲哚、甲烷、CO_2、有机酸和硫化氢等，这些物质大部分随粪便排出，小部分可被肠道吸收，进入肝脏予以解毒处理。

二、内源蛋白质的降解

体内蛋白质处于不断更新的状态，即内源蛋白的降解和重新合成是一个动态平衡。蛋白质寿命通常用半衰期（$t_{1/2}$）表示，即蛋白质降解一半所需的时间。蛋白质的稳定性遵循 N 端法则（N-end rule），即当蛋白质 N 端为精氨酸、赖氨酸、组氨酸 3 个碱性氨基酸或苯丙氨酸、色氨酸、酪氨酸、亮氨酸、异亮氨酸 5 个大的疏水氨基酸时，蛋白质在细胞中的半衰期很短。

细胞有选择地降解体内非正常蛋白质，绝大多数的非正常蛋白质由于某种化学修饰或变性等而容易发生降解。如血红蛋白与缬氨酸类似物 α-氨基-β-氯代丁酸结合，得到的产物在组织红细胞中的半存活期约为 10min，而正常血红蛋白可延续红细胞的存活期，最长可达 120d。再如在大肠杆菌中 β-半乳糖苷酶的 amber 与 ochre 突变株，其半存活期仅为几分钟，非突变的该酶却是绝对稳定的。

真核细胞对于内源蛋白质降解有两种途径，一种溶酶体途径，另一种是依赖于 ATP 的非溶酶体途径——泛素途径。后者与一般情况下多肽水解是放能过程不同，需要 ATP 供能。

（一）溶酶体途径

溶酶体（lysosome）是亚细胞器，它含有约 50 种水解酶，包括多种蛋白酶（称为组织蛋白酶）。溶酶体内部 pH 维持在 5.0 左右，它含的酶的最适 pH 通常是酸性，故即使偶然有酶从溶酶体渗漏，在细胞质的 pH 下，溶酶体的各种酶大部分都是无活性的。溶酶体降解蛋白质是无选择性的。半衰期较长的蛋白质一般可经此途径降解。许多正常的和病理的活动经常伴随溶酶体活性的升高。糖尿病会刺激溶酶体的蛋白质分解。很多慢性炎症，例如类风湿性关节炎，都会引起溶酶体酶的细胞外释放。这些释放出来的酶会损坏周围的组织。

（二）泛素途径

研究发现，缺少溶酶体的网织红细胞可以选择性地降解非正常蛋白质，而且无氧条件下蛋白质的分解受到阻断，从而发现了存在有依赖于 ATP 的蛋白质水解体系。该体系水解蛋白质时需要一个由 76 个氨基酸残基构成的碱性单体蛋白的参与，由于该蛋白无所不在，而且在真核细胞中含量丰富，故称为**泛素或泛肽（ubiquitin，Ub）**。

泛素的作用是以单体或多聚体的形式对非正常蛋白质进行标记和激活。标记位点通常是蛋白质上的赖氨酸残基侧链的 ε – 氨基，通过异肽键与泛素 C 端的甘氨酸相连，同一蛋白质中可能多个赖氨酸位点被修饰。泛肽化修饰是一种非常普遍的蛋白质修饰方式，主要针对半衰期短的内源蛋白。泛素介导的蛋白质降解途径是目前已知最重要的、有高度选择性的内源蛋白质降解途径。

泛素降解途径是依赖于 ATP 的反应过程。泛肽与选择性降解蛋白质的连接分三步进行（图 12 – 4）。首先，泛素分子 C 端的 Gly 羧基通过硫酯键泛素活化酶（E_1）的巯基结合，该反应需要 ATP 供能；之后，活化的泛素分子转移到泛素结合酶（E_2）的半胱氨酸巯基上；然后，再在泛素 – 蛋白连接酶（E_3）催化下将泛素共价连接到靶蛋白分子上（需要降解的蛋白质），形成泛素 – 靶蛋白复合物。该复合物随后在"泛肽 – 连接的降解酶"（ubiqu itin – conjugating enzyme，UCDEN）催化下发生降解。UCDEN 只降解被泛肽标记了的蛋白质。在泛素 – 靶蛋白复合物水解之前，泛素 – C 末端水解酶将泛素从靶蛋白上解离下来，供循环利用。

泛素途径介导细胞内某些多余的或异常蛋白的降解，不但可以排除不正常的蛋白质，避免其积聚而引起对细胞的毒性，而且可以排除累积过多的酶和调节蛋白，维持细胞代谢的井然有序。另外，泛素途径也参与某些重要蛋白翻译后的修饰和改造，调节其功能。因此，泛素途径是调节细胞内蛋白水平与功能的重要机制。泛素途径的调节异常与多种疾病的发生有关，如某些正常情况下通过此途径降解的癌基因蛋白若不能及时地从细胞中清除则会诱导细胞恶变。

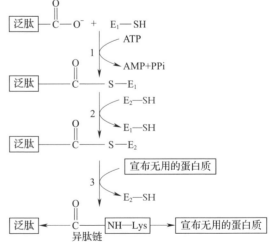

图 12 – 4　泛肽与选择性降解蛋白质的连接

三、氨基酸代谢库

食物蛋白质经消化吸收，以氨基酸形式进入血液循环及全身各组织（外源性氨基酸），与体内组织蛋白质降解生成的氨基酸以及其他物质经代谢转变而来的氨基酸（内源性氨基酸）混合在一起，分布于细胞内液、血液和其他体液中参与代谢，总称为**氨基酸代谢库**（metabolic pool，图 12 - 5）。

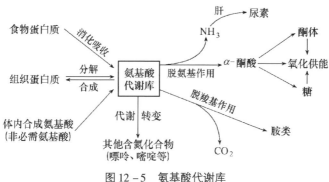

图 12 - 5　氨基酸代谢库

综上所述，要维持体内氮平衡，保证机体自身蛋白的正常合成，不仅要有充足的食物蛋白，还要注意必需氨基酸的含量和配比，要合理调整饮食结构，避免偏食，否则会严重影响体内蛋白质的合成，从而影响正常的生长发育。

第二节　氨基酸的一般代谢

一、体内蛋白质的转换与更新

血浆中氨基酸的浓度取决于内源性蛋白质的分解释放与各种组织利用之间的稳态平衡。人体每天更新机体总蛋白质的 1% ~2%，其中主要是肌肉蛋白质，其释放的游离氨基酸占体内氨基酸库中氨基酸总量的一半以上。氨基酸分解代谢过程主要在肝脏进行，肝脏对氨基酸代谢过程中生成的氨的处理方面起着至关重要的作用，这是由于肝脏中存在将氨合成尿素的酶，因此肌肉和肝脏对维持血液循环中氨基酸水平起重要的作用。

氨基酸的主要功能是构成体内各种蛋白质和其他某些生物分子，氨基酸的供给量若超过所需时，过多部分并不能储存或排出体外，而是作为燃料或转变为糖或脂肪。此时，它的 α - 氨基必须先脱去（脱氨基作用），剩下的碳骨架则转变为代谢中间产物，如乙酰 CoA、乙酰乙酰 CoA、丙酮酸或三羧酸循环中的某个中间产物。一般来讲，组织蛋白质分解生成的内源性氨基酸中约 85% 可被再利用以合成组织蛋白质。

二、氨基酸的脱氨基作用

氨基酸分解代谢的基本反应是**脱氨基作用（deamination）**，氨基酸脱氨基后生成氨和相应的酮酸。体内有四种脱氨基方式。

（一）转氨基作用

转氨基作用（transamination） 是在氨基转移酶（转氨酶）的催化下，一分子 α – 氨基酸的氨基转移到另一分子 α – 酮酸的酮基上，生成产物氨基酸，原来的氨基酸则转变为 α – 酮酸。转氨酶绝大多数的 α – 酮酸底物是 α – 酮戊二酸，生成谷氨酸，如下所示：

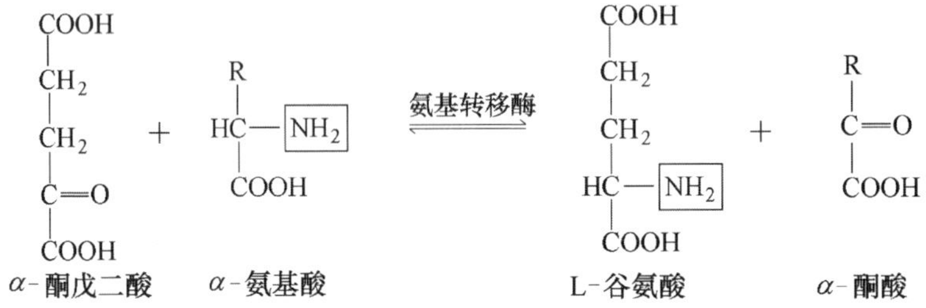

转氨酶种类多、分布广、活性高，在细胞质和线粒体中都存在，不同的氨基酸需要不同的氨基酸转移酶催化。

转氨酶催化可逆反应，平衡常数接近 1.0，说明催化的反应可以向左右两个方向进行。但是，在生物体内与转氨作用相偶联的是氨基酸的氧化分解作用，如谷氨酸的氧化脱氨基作用，这种偶联反应最终使氨基酸的转氨基作用向一个方向进行。

转氨酶均以磷酸吡哆醛为辅酶。磷酸吡哆醛是维生素 B_6 的衍生物，在转氨反应中起着传递氨基的作用（图 12 – 6）。氨基酸与磷酸吡哆醛反应生成希夫碱（醛亚胺），经双键移位、水解，放出相应的酮酸和磷酸吡哆胺，上述生成的磷酸吡哆胺在转氨酶的作用下，以相同的方式，把来自氨基酸的氨基转递给 α – 酮戊二酸，生成谷氨酸，而磷酸吡哆胺又再恢复成磷酸吡哆醛。该过程机制类似于打乒乓球，即：底物的一部分转移给酶，然后经酶转给另一个底物，故称为乒乓反应机制。

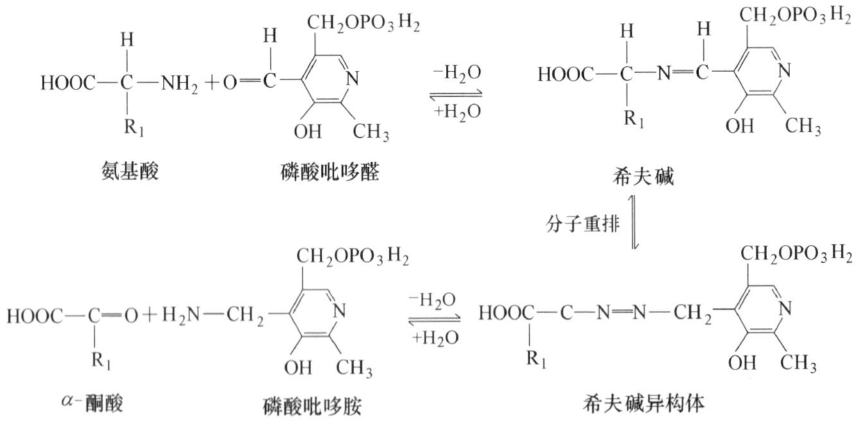

图 12 – 6 磷酸吡哆醛传递氨基的乒乓反应机制

很多转氨酶需要以 α – 酮戊二酸为氨基受体，而对另一底物氨基的供体并无严格的专一性，这主要是由于 α – 酮戊二酸接受氨基后生成谷氨酸，可借助高活性的谷氨酸脱氢酶最终将氨基脱去（见氧化脱氨基作用）。

体内重要的转氨酶有丙氨酸氨基转移酶 ALT（又称谷丙转氨酶 GTP）和天冬氨酸氨基转移

酶 AST（又称谷草转氨酶 GOT）。ALT 催化丙氨酸与 α-酮戊二酸之间的氨基转换，生成丙酮酸和谷氨酸；AST 催化天冬氨酸与 α-酮戊二酸之间的氨基转换，生成草酰乙酸和谷氨酸。二者都是细胞内酶，在正常人血清中含量甚微，若因疾病造成组织细胞破损或细胞膜通透性增加，则它们在血清中的浓度大大增高，例如，ALT 在肝中活性较高，患有肝疾病如传染性肝炎患者可表现为血清 ALT 明显升高；AST 在心肌中活性较高，患有心肌疾病如心肌梗死患者可表现为血清 AST 活性明显升高。因此，临床上两者可分别作为判断这两个组织功能正常与否的辅助指标。ALT 和 AST 在组织中的分布情况如表 12-1 所示。

表 12-1　　　　　　　　　　　ALT 和 AST 在组织中的分布情况

组织	丙氨酸氨基转移酶 ALT 卡门单位/每克湿组织	天冬氨酸氨基转移酶 AST 卡门单位/每克湿组织
心	7100	156000
肝	44000	14200
骨骼肌	4800	99000
肾	19000	91000
胰腺	2000	28000
脾	1200	14000
肺	700	10000
血清	16	20

（二）氧化脱氨基作用

氧化脱氨基作用（oxidative deamination）包括脱氢和水解两步反应，其中脱氢反应需要酶的催化，而水解反应则不需要酶的催化。

催化氧化脱氨基的酶包括 L-氨基酸氧化酶和 D-氨基酸氧化酶，它们都是需氧脱氢酶，以 FAD 或 FMN 为辅基，脱下的氢原子交给 O_2，生成 H_2O_2。因为 L-氨基酸氧化酶在体内各组织器官中分布不广泛，活性也不高，而 D-氨基酸氧化酶的活性虽高，但体内缺乏 D-氨基酸，所以此两种氨基酸氧化酶对氧化脱氨基所起作用不大。在氨基酸代谢中，催化氨基酸氧化脱氨作用的酶只有 L-谷氨酸脱氢酶起重要作用（图12-7）。L-谷氨酸脱氢酶广泛存在于动植物和微生物体内，而且特异性强、活性高。该酶属不需氧脱氢酶，催化 L-谷氨酸氧化脱氨基生成

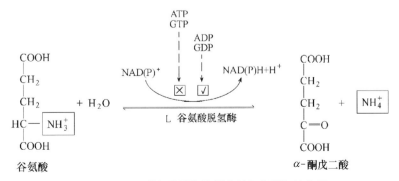

图 12-7　L-谷氨酸脱氢酶催化的氧化脱氨基作用

α-酮戊二酸，辅酶是 NAD^+ 或 $NADP^+$，反应可逆。一般情况下，反应偏向于谷氨酸的合成，如在发酵工业中，味精（谷氨酸钠）的生产就是利用微生物体内的谷氨酸脱氢酶将 α-酮戊二酸转变为谷氨酸。但是，当谷氨酸浓度高，氨浓度低时，则有利于 α-酮戊二酸的生成，即催化 L-谷氨酸氧化脱氨。

L-谷氨酸脱氢酶存在于线粒体基质中，在人体肝脏中含量最为丰富，其次是肾、脑、心、肺等，但在骨骼肌中缺乏。L-谷氨酸脱氢酶是别构酶，由六个相同的亚基组成，相对分子质量为 330000。ATP、GTP 是其别构抑制剂，而 ADP、GDP 是其别构激活剂，所以当能量水平低时，氨基酸的氧化分解增强。

（三）联合脱氨基作用

虽然转氨基作用是体内普遍存在的一种脱氨基方式，但它仅仅是将氨基转移到 α-酮酸分子上生成另一分子 α-氨基酸，从整体上看，氨基并未脱去，因此转氨基作用不是体内主要的脱氨基方式；而氧化脱氨基作用仅限于 L-谷氨酸，其他氨基酸由于其氧化酶种类不多、活性不高、分布不广，并不能直接经这一途径脱去氨基，因此氧化脱氨基作用也不是体内主要的脱氨基方式。事实上，体内绝大多数氨基酸的脱氨基作用既经转氨基作用，又通过氧化脱氨基作用，是上述两种方式联合作用的结果，这种方式称为**联合脱氨基作用**（combined deamination）。联合脱氨基作用是体内主要的脱氨基方式，反应可逆，也是体内合成非必需氨基酸的重要途径。

联合脱氨基作用有两种。在肝、肾、脑等器官中进行的是转氨酶和 L-谷氨酸脱氢酶的联合脱氨基作用，如图 12-8 所示。在肌肉中由于缺乏 L-谷氨酸脱氢酶，而腺苷酸脱氨酶活性较高，采取另外一种联合脱氨基的方式，称为嘌呤核苷酸循环。嘌呤核苷酸循环在肝、肾、脑中也可以进行。

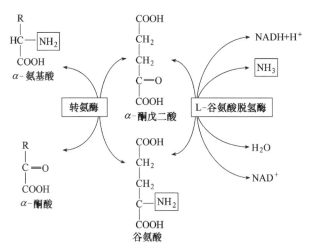

图 12-8 转氨酶和 L-谷氨酸脱氢酶的联合脱氨基（肝、肾、脑）

嘌呤核苷酸循环的过程如图 12-9 所示。氨基酸通过转氨基作用将氨基转移给草酰乙酸生成天冬氨酸，后者再和次黄嘌呤核苷酸（IMP）反应生成腺苷酸代琥珀酸，然后裂解出延胡索酸，同时生成腺嘌呤核苷酸（AMP），AMP 再由腺苷酸脱氨酶催化脱去氨基生成 IMP，从而最终完成了氨基酸的脱氨基作用。IMP 可以再参加循环。嘌呤核苷酸循环实际上也是另一种形式的联合脱氨基作用。

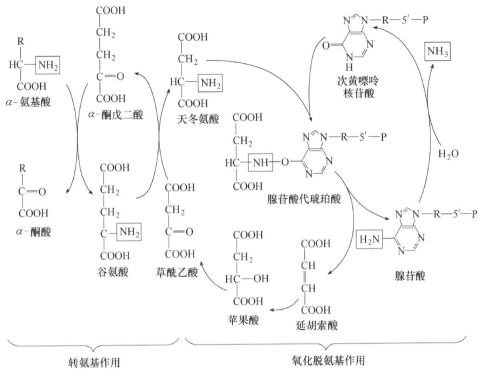

图 12 - 9　嘌呤核苷酸循环的联合脱氨基（肌肉、肝、肾、脑）

（四）非氧化脱氨基作用

非氧化脱氨基作用（non - oxidative deamination）包括脱水脱氨基和直接脱氨基作用。

脱水脱氨基作用是指一些含羟基的氨基酸，如丝氨酸可在专一的丝氨酸脱水酶的作用下脱水脱氨基生成丙酮酸，苏氨酸可在苏氨酸脱水酶的作用下脱水脱氨基生成 α - 酮丁酸。

谷氨酰胺和天冬酰胺可在谷氨酰胺酶和天冬酰胺酶的作用下，直接脱掉酰胺基生成相应的氨基酸和氨。这两种酶广泛存在于动植物细胞中，并且具有高度的专一性。

三、氨的代谢

氨对生物机体有毒且能渗透进细胞膜与血脑屏障，对细胞尤其是中枢神经系统来说是有害物质，高等动物的脑对氨极为敏感，血液中 1% 的氨会引起中枢神经中毒，故氨在体内不能积聚。通常情况下，细胞内氨浓度很低。正常人除门静脉血液外，血液中氨的浓度一般不超过 $60\mu mol/L$（小于 0.1mg/100mL）。严重肝病时，可引起血氨浓度升高，是导致肝性脑昏迷的主要原因。

各种来源的氨，包括氨基酸脱氨基产生的氨以及其他来源的氨，除一小部分用于合成含氮化合物外，大部分氨需经过特殊的转动方式运送到肝脏，在肝脏合成尿素后随尿排出体外。

（一）体内氨的来源

1. 体内各组织中氨基酸的脱氨作用

氨基酸经脱氨基后产生氨和 α - 酮酸。此外，氨基酸脱羧基后所产生的胺，经胺氧化酶作用，也可分解产生氨。

2. 肾小管上皮细胞分泌的氨

肾小管上皮细胞中的谷氨酰胺在谷氨酰胺酶的作用下水解成谷氨酸和氨，这些氨一般不释放进血液，而是分泌到肾小管管腔中与尿液中 H^+ 结合后再以铵盐形式随尿排出，但 pH 值较高时，氨将被吸收入血液。代谢性酸中毒时，肾脏增加了其对谷氨酰胺的分解，加速氨的排出，以缓解酸中毒。

3. 肠道吸收的氨

肠道中除氨基酸的腐败作用产生氨外，尚有另一个来源，即血液中的尿素约有 25% 可扩散渗透进入肠道，受肠道细菌的尿素酶的作用水解生成氨，被重吸收进入体内，再到达肝脏合成尿素，这就是尿素的肠肝循环。平均每天约有 7g 尿素渗入肠道，而粪便中几乎不含尿素，这是由于渗入肠道的尿素全部被肠道细菌分解成氨而吸收。

自肠道吸收入体内的氨，是体内血氨的重要来源之一，正常人可将氨在肝脏合成尿素后排出。食用普通膳食的正常人每天排尿素约 20g，严重肝脏疾病患者因其处理血氨的能力下降，常可引起肝昏迷，因此临床上常给予肠道抑菌药物以减少肠道中氨的产生。此外，在肠道 pH 较高时，氨以 NH_3 的形式存在，较易被吸收入血液；当肠道 pH 较低时，氨以 NH_4^+ 形式存在，将随尿被排出，因此通过酸性灌肠处理可以降低肠道对氨的吸收。

（二）　氨在体内的运输

氨是有毒物质，机体最主要的处理氨的措施是在肝脏中转变成无毒的尿素再经肾脏排出体外。但各组织产生的氨是不能以游离氨的形式经血液运输至肝脏的，而是以无毒的谷氨酰胺和丙氨酸两种形式运输的。

1. 以谷氨酰胺的形式转运氨

以谷氨酰胺的形式转运氨（glutamine transporting ammonia）的方式主要是从脑、肌肉等组织向肝或肾运氨。在脑组织中，谷氨酰胺在固定氨和转运氨方面均起着重要作用。在脑、肌肉等组织中，谷氨酰胺合成酶的活性较高，它催化氨与谷氨酸反应生成谷氨酰胺，反应需要消耗 ATP。谷氨酰胺是中性无毒物，由血液运送至肝或肾，再经肝或肾中谷氨酰胺酶催化，水解释放出氨并产生谷氨酸（图 12 – 10）。

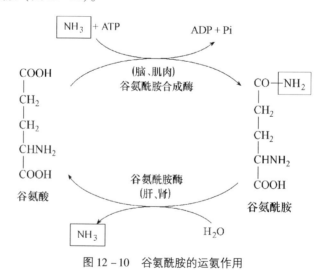

图 12 – 10　谷氨酰胺的运氨作用

谷氨酰胺的合成和分解是由不同的酶（谷氨酰胺合成酶和谷氨酰胺酶）催化的不可逆反应。由谷氨酰胺分解生成的氨可在肝脏中合成尿素，或在肾脏中生成铵盐后随尿排出，少量的谷氨酰胺在各组织中也可被直接利用，例如，参与嘌呤核苷酸合成。由此可见，谷氨酰胺既是氨的解毒产物，又是氨的暂时储存及运输形式（图 12-11），故正常情况下，谷氨酰胺在血液中浓度远远高于其他氨基酸。

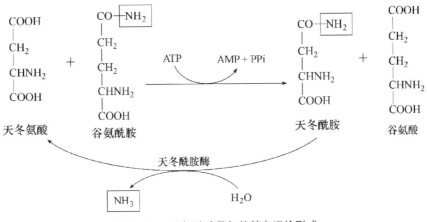

图 12-11 谷氨酰胺是氨的储存运输形式

在蛋白质进行大量的代谢过程中，蛋白质分解成氨基酸和酰胺，如种子萌发过程中，叶子还没有完全长开时，代谢的氨主要形成酰胺，豆芽的鲜味主要是形成了许多酰胺的结果，光照生长的豆芽酰胺生成的少，暗处生长的豆芽酰胺含量高，所以暗处生长的豆芽味鲜。

2. 葡萄糖 - 丙氨酸循环

肌肉中的氨是如何运输到肝脏的呢？在骨骼肌中，氨和丙酮酸作用（转氨基或联合脱氨基方式）生成丙氨酸，丙氨酸是中性无毒物，通过血液运至肝脏后再经联合脱氨基作用释放出氨用于合成尿素，丙氨酸脱氨生成的丙酮酸则在肝脏中经糖异生作用转变成葡萄糖，葡萄糖再运至肌肉中，在肌肉收缩时又转变成丙酮酸，加氨再转变为丙氨酸，此即**葡萄糖 - 丙氨酸循环**（**glucose - alanine cycle**）。通过这一循环，可使肌肉中的氨以无毒的丙氨酸形式运输到肝，与此同时，肝脏又为肌肉组织提供了能生成丙酮酸的葡萄糖。所以丙氨酸也是氨的一种暂时储存和运输的形式（图 12-12）。

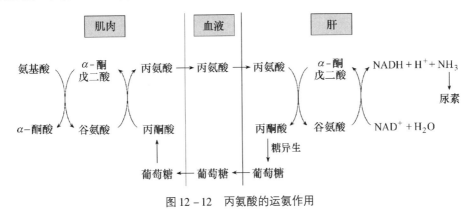

图 12-12 丙氨酸的运氨作用

丙氨酸是糖异生中的关键性氨基酸。在肝脏，从丙氨酸合成葡萄糖的速率远远超过其他氨基酸，直到丙氨酸浓度达到生理水平的 20~30 倍时，肝脏将丙氨酸异生成葡萄糖的能力才达到饱和。

（三）尿素的合成 – 体内氨的主要去路

1. 人类及其他哺乳动物主要以尿素的形式排氨

体内代谢产生的氨少部分可用于合成谷氨酰胺或者其他含氮化合物，也可以用以合成其它氨基酸而被储存或再利用，但体内大部分氨作为废物排出体外。

不同动物排氨的方式不同。大部分水生脊椎动物，例如硬骨鱼和两栖动物的幼体（水生阶段）以 NH_4^+ 的形式排氨，将 NH_4^+ 释放在水环境，被水稀释；大部分陆生脊椎动物，例如哺乳类、两栖动物的成体（陆生阶段）通过尿液排泄尿素，这些动物体内的水比水生动物少，但比鸟类和爬行类多；鸟类和爬行动物将氨基 N 转化形成嘌呤，然后嘌呤经分解代谢产生半固体的尿酸进行排泄。

氨在不同动物体内代谢后的产物如下：

氨(铵离子)　　　　　尿素　　　　　　　　尿酸

人类及其他哺乳动物主要以尿素的形式排出氨。尿素无毒性、水溶性强，是氨或蛋白质中的氮的最主要终产物，成人排出氮的80% ~90%是尿素中的氮。

2. 尿素合成的过程——鸟氨酸循环

尿素（urea） 在体内合成的全过程称**鸟氨酸循环（ornithine cycle）**，又称尿素循环或 Krebs – Henseleit 循环，在 1932 年由 Krebs 等提出，他们认为尿素是由 1 分子 CO_2 和 2 分子 NH_3 经过此循环而生成的。用核素标记的 $^{15}NH_4Cl$ 饲犬，则随尿排出的尿素分子中含有 ^{15}N，若用核素标记的 $NaH^{14}CO_3$ 饲犬，则随尿排出的尿素分子中含有 ^{14}C，这些实验确证尿素可由 NH_3 及 CO_2 合成。此外，还证实了鸟氨酸、瓜氨酸和精氨酸都参与了尿素的合成，并可循环使用，故称鸟氨酸循环。

尿素是无毒中性化合物，经鸟氨酸循环可解氨毒。

根据近代的研究证实，鸟氨酸循环的详细过程比较复杂，根据鸟氨酸循环中不同反应进行的场所，可将其分为线粒体内进行的反应和细胞质内进行的反应，共四步，现分述于下。

（1）线粒体内进行的反应

① 氨基甲酰磷酸的合成：来自外周组织或肝脏自身代谢所生成的 NH_3 及 CO_2，首先在肝细胞内合成氨基甲酰磷酸，此反应由存在于线粒体中的氨基甲酰磷酸合成酶 I （carbamoyl – phosphate synthetase I） 催化，并需 ATP 提供能量。由于反应消耗了两个高能磷酸键，所以是不可逆反应。

氨甲酰磷酸合成酶 I 是肝线粒体中最丰富的酶之一，占线粒体基质内总蛋白质的20%以上。氨基甲酰磷酸合成酶 I 是一个别构酶，该酶只有在别构激活剂 N – 乙酰谷氨酸 （N – acetyl-glutamic acid，AGA） 存在时才能被激活，AGA 与酶结合可诱导酶的构象改变，进而增加合成酶对 ATP 的亲和力。氨基甲酰磷酸合酶 I 的活性是由其别构激活剂 AGA 的稳态浓度所决定的。

细胞内有两种氨基甲酰磷酸合成酶，即合成酶 I 和 II，它们催化反应所生成的产物都是氨基甲酰磷酸，但两者处于不同的代谢途径中。合成酶 I 位于肝细胞线粒体中，以 CO_2 和 NH_3 合成氨基甲酰磷酸，进而参加尿素合成；合成酶 II 位于生长迅速的组织细胞的胞质中，它以谷氨酰胺作为氮源，也催化氨基甲酰磷酸的合成，但这里生成的氨基甲酰磷酸与嘧啶合成有关（见本书核苷酸代谢章节的嘧啶合成部分）。氨甲酰磷酸的生成的反应式：

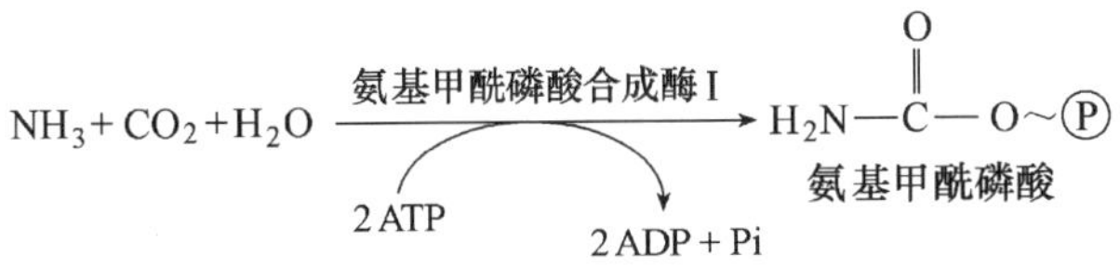

$$NH_3 + CO_2 + H_2O \xrightarrow[\substack{2\,ATP \\ 2\,ADP+Pi}]{\text{氨基甲酰磷酸合成酶 I}} H_2N-\overset{\overset{O}{\|}}{C}-O\sim\textcircled{P}$$
氨基甲酰磷酸

② 瓜氨酸的合成：由于酸酐键的存在，氨基甲酰磷酸具有很高的转移势能，在线粒体内经鸟氨酸氨基甲酰转移酶（ornithine carbamoyltransferase，OCT）的催化，与来自胞质的鸟氨酸在线粒体内反应，将氨基甲酰转移至鸟氨酸而生成瓜氨酸（citrulline），瓜氨酸离开线粒体进入胞质。瓜氨酸生成的反应式：

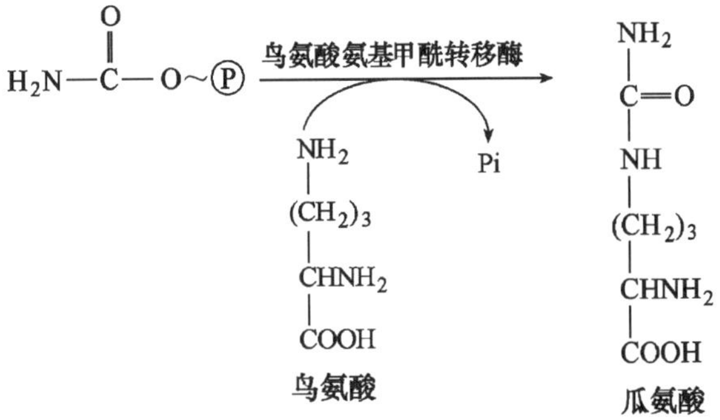

（2）细胞质内进行的反应

① 精氨酸的合成：瓜氨酸在线粒体内合成后，即被转运到线粒体外，在胞质中经精氨酸代琥珀酸合成酶（argininosuccinate synthetase，ASAS）的催化，与天冬氨酸结合生成精氨酸代琥珀酸，后者再受精氨酸代琥珀酸裂解酶（argininosuccinate lyase，ASAL）的作用，裂解为精氨酸及延胡索酸。

精氨酸生成的反应式：

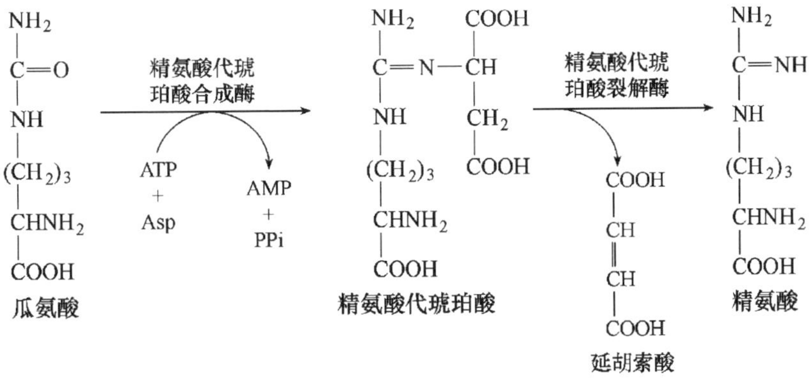

在上述反应中，天冬氨酸起着供给氨基的作用，而其本身又可由草酰乙酸与谷氨酸经转氨基作用再生。谷氨酸的氨基可来自体内多种氨基酸，因此多种氨基酸的氨基可通过天冬氨酸而

参加尿素合成。

② 精氨酸水解生成尿素：在胞质中形成的精氨酸受精氨酸酶（arginase）的催化生成尿素和鸟氨酸，尿素进入血液通过肾脏随尿排出体外，鸟氨酸再进入线粒体合成瓜氨酸，如此周而复始地促进尿素的生成，因此尿素循环也称鸟氨酸循环。其反应过程如下：

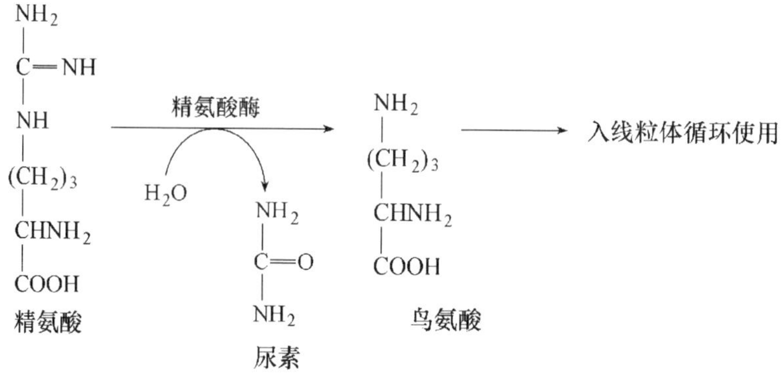

在上述反应中，鸟氨酸、赖氨酸均可与精氨酸竞争和精氨酸酶结合，是精氨酸酶强有力的抑制剂。

尿素合成的总反应可表示如下：

$$NH_3 + CO_2 + 天冬氨酸 + 3ATP + 2H_2O \longrightarrow 尿素 + 延胡索酸 + 2ADP + AMP + 4Pi$$

3. 鸟氨酸循环的特点

（1）尿素的生物合成是一个循环的过程。在反应开始时消耗的鸟氨酸在反应末又重新生成，整个循环中没有鸟氨酸、瓜氨酸、精氨酸代琥珀酸或精氨酸的净丢失或净增加，只消耗了氨、CO_2、ATP 和天冬氨酸。

（2）尿素分子中的两个氮，一个来自游离的氨基，另一个来自天冬氨酸，而天冬氨酸又可由其他氨基酸通过转氨基作用生成。由此可见，尿素分子中的两个氮虽然来源不同，但均直接或间接来自各种氨基酸的氨基。

（3）通过鸟氨酸循环形成一分子尿素可清除两分子氨和一分子 CO_2。尿素属中性无毒物质，所以尿素的合成不仅可消除氨的毒性，还可减少 CO_2 溶于血液所产生的酸性。

（4）机体将有毒的氨转换成尿素的过程是消耗能量的。合成氨基甲酰磷酸时消耗了两分子ATP，而在合成精氨琥珀酸时表面上虽然消耗了一分子 ATP，但由于生成了 AMP 和焦磷酸，这一过程实际上是水解了两个高能磷酸键，所以相当于消耗了两分子 ATP，因此生成一分子尿素实际上共消耗四分子 ATP。

（5）在鸟氨酸循环中形成的延胡索酸使鸟氨酸循环和三羧酸循环紧密联系在一起，如图12-13所示。① 在线粒体中，通过草酰乙酸和谷氨酸之间转氨基作用生成的天冬氨酸能转移到胞质，在胞质中天冬氨酸作为鸟氨酸循环中的氨基供体；② 精氨酸代琥珀酸裂解生成的延胡索酸可转变为苹果酸，苹果酸进一步氧化生成草酰乙酸，这两个反应与三羧酸循环中的反应相似，但前者是由胞质中的延胡索酸酶和苹果酸脱氢酶催化的。理论上说，鸟氨酸循环和三羧酸循环互相连接，这里的草酰乙酸既可进入三羧酸循环，也可经转氨作用再次形成天冬氨酸进入鸟氨酸循环。然而，每一个循环是独立运转的，它们之间的联系程度取决于关键性的中间产物，如延胡索酸、苹果酸、草酰乙酸等在线粒体和胞质之间的转运情况，即这些中间产物既可在胞质中被进一步代谢，也可转移到线粒体中参与三羧酸循环。

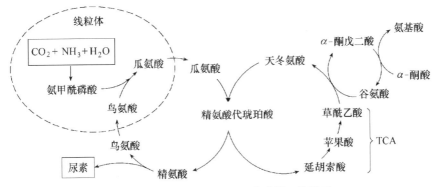

图 12-13　鸟氨酸循环与三羧酸循环的联系

4. 尿素合成的调控

（1）食物蛋白质的影响　高蛋白膳食使尿素合成速度加快，排泄的含氮物中尿素占 80% ~ 90%，低蛋白膳食使尿素合成速度减慢，排泄的含氮物中尿素可低至 60% 或更低。动物实验表明，饮食变化大时可以使动物体内鸟氨酸循环中的酶浓度改变达到 10 ~ 20 倍。饥饿时合成尿素的酶的水平上升，毫无疑问，增高的酶浓度是用以处置因蛋白质分解的增加而伴随的过量氨的生成。

（2）氨基甲酰磷酸合成酶 I 的影响　氨基甲酰磷酸为尿素分子中氮的主要来源，它的合成由氨基甲酰磷酸合成酶 I 所催化，AGA 是此酶的别构激活剂。氨基酸分解代谢加强引起谷氨酸浓度增高，乙酰 CoA 与谷氨酸经 AGA 合成酶的催化合成 AGA，AGA 别构激活氨基甲酰磷酸合成酶 I，使尿素合成加快。

（3）鸟氨酸循环的中间产物的影响　鸟氨酸循环的中间产物如鸟氨酸、瓜氨酸、精氨酸的浓度均可影响尿素的合成速度，例如供给充足的精氨酸就可有足够的鸟氨酸以加速循环的进行。

（4）鸟氨酸循环中的酶系的影响　鸟氨酸循环的各种酶系中以精氨酸代琥珀酸合成酶的活性最低，因此是尿素合成的限速酶。

正常人肝中尿素合成酶的相对活力见表 12-2。

表 12-2　　　　　　　　　　　正常人肝中尿素合成酶的相对活力

酶	编号	相对活力
氨基甲酰磷酸合成酶	1	4.5
鸟氨酸氨基甲酰转移酶	2	163.0
精氨酸代琥珀酸合成酶	3	1.0
精氨酸代琥珀酸裂解酶	4	3.3
精氨酸酶	5	149

5. 尿素合成代谢与疾病的关系

尿素主要在肝脏中合成，其他器官如肾和脑等虽也能合成，但其量甚微。动物实验发现，若将犬的肝脏切除，则血液及尿中的尿素含量显著降低；急性肝坏死患者的血液及尿中含尿素也极低。尿素主要通过肾脏排泄，如肾排泄功能障碍，必然导致血尿素增高，故临床常测定血尿素氮（blood urea nitrogen，BUN）来反映肾功能。

尿素循环是机体排泄氨的主要途径。各种因素（肝功能的严重损伤或尿素合成酶系的遗传缺陷等）导致尿素循环障碍时，均可使血液中氨的浓度升高，造成高氨血症，高氨血症还能引起脑功能障碍，称肝性脑昏迷或氨中毒。这可能和以下因素有关：① 脑组织仅能合成极少量尿素，故在脑组织中解除氨毒性的主要机制是由氨与谷氨酸生成谷氨酰胺。当血氨浓度升高时，原先由机体供给脑组织的血谷氨酸显然就不足以将过量的氨转变成谷氨酰胺，此时，脑组织必须动用组织中的 α - 酮戊二酸和谷氨酸，在谷氨酸脱氢酶和谷氨酰胺合成酶的作用下先后形成谷氨酸和谷氨酰胺来消除过高浓度的氨。前一反应消耗 NADH，后一反应消耗 ATP，此两反应进行时严重干扰了脑组织中的能量代谢，即过量的、有毒的氨明显地减少了脑组织中 ATP 的含量。② α - 酮戊二酸和谷氨酸水平的降低影响三羧酸循环和 γ - 氨基丁酸（一种重要的抑制性神经递质，由谷氨酸脱羧形成）的合成，导致脑细胞的损伤。因此，脑组织对氨的敏感性反应不仅包括 ATP 生成减少，同样涉及神经递质的耗尽。

图 12 - 14 为高氨血症引起肝性脑昏迷的作用机制示意图。

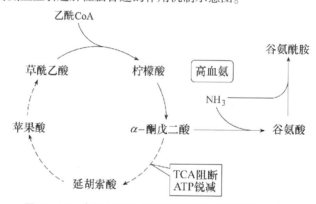

图 12 - 14　高氨血症引起肝性脑昏迷的作用机制示意图

临床上常根据不同的发病原因采取不同的措施来治疗，如限制高蛋白的摄入，补给谷氨酸或适量的精氨酸等。但是，肝昏迷发病机制十分复杂，还需要进一步的研究。

四、α - 酮酸的代谢

氨基酸经脱氨基后所生成的 α - 酮酸可以合成非必需氨基酸、转变成糖或脂肪，或者通过转变成三羧酸循环的中间产物而氧化供能。

（一）合成非必需氨基酸

α - 酮酸可以经转氨基作用或还原加氨作用，合成非必需氨基酸。某一种 α - 酮酸也可在代谢中转变成其他 α - 酮酸后再经氨基化生成另一种非必需氨基酸。

（二）氧化供能

氨基酸脱氨基后可通过转变成三羧酸循环的中间产物而进入循环，氧化供能。脊椎动物中氨基酸脱氨进入三羧酸循环的代谢去向，如图 12 - 15 所示。乙酰 CoA 是进入柠檬酸循环的主要入口物质，异亮氨酸、亮氨酸、色氨酸的碳骨架分解后直接形成乙酰 CoA；丙氨酸、半胱氨酸、甘氨酸、丝氨酸、色氨酸先转变为丙酮酸，再形成乙酰 CoA；亮氨酸、色氨酸、赖氨酸、酪氨酸、苯丙氨酸通过形成乙酰乙酰 CoA 再形成乙酰 CoA。苯丙氨酸、酪氨酸也可通过另一条途径，即经延胡索酸进入柠檬酸循环。异亮氨酸、甲硫氨酸、缬氨酸、苏氨酸转变为琥珀酰 CoA，进入柠檬酸循环。精氨酸、谷氨酰胺、组氨酸、脯氨酸先转变为谷氨酸，然后形成 α - 酮戊二酸。异亮氨酸、甲硫氨酸、缬氨酸、苏氨酸经琥珀酰 CoA 途径进入柠檬酸循环。天冬氨酸、天冬酰胺可转变为草酰乙酸而进入柠檬酸循环。因此，构成蛋白质的 20 种氨基酸通过转变为乙酰 CoA、α - 酮戊二酸、琥珀酰 CoA、延胡索酸、草酰乙酸 5 种物质都能进入柠檬酸循环，最后氧化为 CO_2 和 H_2O。

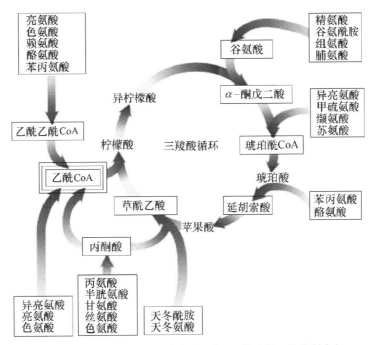

图 12 – 15 脊椎动物中氨基酸脱氨进入三羧酸循环的代谢去向

（三）转变成糖或脂肪

在早期（1920—1940 年）营养学的研究中分别用各种氨基酸饲养人工糖尿病犬，发现某些氨基酸可以增加尿中葡萄糖的排泄量，有的增加尿中酮体的排泄量，有的可同时增加葡萄糖和酮体的排泄量，这证明氨基酸在体内可以转变成糖类或脂肪（或酮体）。20 世纪 40 年代进行同位素氨基酸的实验，更证实了这些转变的存在。

各种氨基酸的碳骨架差异很大，所生成的 α - 酮酸各不相同，其分解代谢途径也不相同，但是最后都可与糖、脂肪的中间代谢产物尤其是三羧酸循环的中间产物相联系，于是转变成糖、脂肪或酮体。

根据氨基酸降解产物的不同，可分为**生糖氨基酸、生酮氨基酸**和**生糖兼生酮氨基酸**（表 12 – 3）。凡能在分解过程中转变为丙酮酸、α - 酮戊二酸、琥珀酰 CoA、延胡索酸和草酰乙酸的氨基酸都称为生糖氨基酸，因为丙酮酸和这些 TCA 中间物都可转变为葡萄糖；凡能在分解过程中转变为乙酰 CoA 和乙酰乙酰 CoA 的氨基酸称为生酮氨基酸，因为此两种物质在肝脏可转变为酮体；也有一些氨基酸，既可转变为酮体，也可转变为葡萄糖，称为生糖兼生酮氨基酸。蛋白质、糖、脂肪三类物质之间可以互相转变，而三羧酸循环是三者互变的重要枢纽。

表 12-3 生糖与生酮氨基酸的分类

类别	氨基酸
生糖氨基酸	甘氨酸、丝氨酸、缬氨酸、组氨酸、精氨酸、羟脯氨酸、丙氨酸、谷氨酸、谷氨酰胺、甲硫氨酸、天冬氨酸、天冬酰胺、脯氨酸、半胱氨酸
生酮氨基酸	亮氨酸、赖氨酸
生糖兼生酮氨基酸	异亮氨酸、苯丙氨酸、酪氨酸、苏氨酸、色氨酸

注：苏氨酸在某些生物体内可通过丙酮酸分解成乙酰 CoA。

第三节 由氨基酸衍生的其他重要物质

一、氨基酸与一碳单位

（一）一碳单位的概念

机体在合成嘌呤、嘧啶、肌酸、胆碱等化合物时，需要某些氨基酸的参与，这些氨基酸在分解代谢过程中产生的仅含有一个碳原子的有机基团，称为**一碳单位（one carbon group）**或一碳基团。体内的一碳单位有：甲基（—CH_3，methyl）、甲烯基（—CH_2—，methylene）、甲炔基（—C=，methenyl）、甲酰基（—CHO，formyl）和亚氨甲基（—CH=NH，formamino）等。凡是这种涉及一个碳原子有机基团的转移和代谢的反应，统称为一碳单位代谢。在代谢过程中，一碳单位不能以游离形式存在，常与四氢叶酸（tetrahydrofolic acid，FH_4）结合在一起转运，参与各种生物活性物质的修饰（如甲基化）或嘌呤嘧啶的合成代谢。因此，FH_4 是一碳单位的载体，也可以看作是一碳单位代谢的辅酶。一碳单位与 FH_4 结合后成为活性一碳单位，参与代谢，尤其在核酸的生物合成中占重要地位。

（二）一碳单位的来源及互变

一碳单位来自丝氨酸、甘氨酸、甲硫氨酸、色氨酸和组氨酸的分解代谢。如甘氨酸在甘氨酸裂解酶系催化下裂解生成 N^5，N^{10}-甲烯四氢叶酸、NH_3 和 CO_2 等。

一碳单位与 FH_4 结合的位点在 FH_4 的 N^5 和 N^{10} 上，不过 FH_4 并非活性甲基的唯一载体，体内更重要的活性甲基载体是 S-腺苷甲硫氨酸（S-adenosyl-methionine，SAM）。当进行甲基化修饰时，由于 FH_4 的转移势能不够高，不能将甲基直接转移到甲基受体分子上，而是将甲基转移给同型半胱氨酸（高半胱氨酸）形成甲硫氨酸，再经 ATP 进一步活化，形成 S-腺苷甲硫氨酸后才能将甲基转移至甲基受体分子上。

一碳单位的互变见图 12-16，一碳单位不仅是甲硫氨酸合成时甲基的供给者，更重要的是合成嘌呤的原料之一。故一碳单位在核酸生物合成中占有重要地位。正如乙酰 CoA 在联系糖、脂和蛋白质代谢中所起的枢纽作用一样，一碳单位在氨基酸和核酸代谢方面起重要的连接作用。

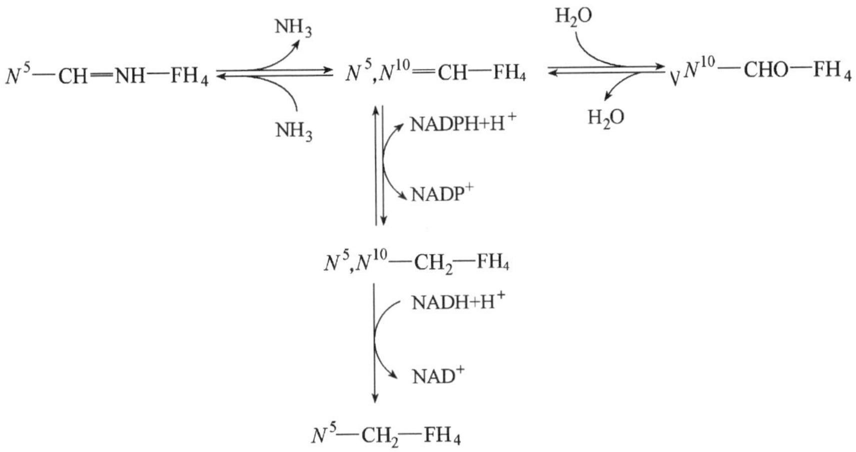

$$N^5-CH=NH-FH_4 \xrightleftharpoons[NH_3]{NH_3} N^5,N^{10}=CH-FH_4 \xrightleftharpoons[H_2O]{H_2O} N^{10}-CHO-FH_4$$

$$N^5,N^{10}=CH-FH_4 \xrightleftharpoons[NADP^+]{NADPH+H^+} N^5,N^{10}-CH_2-FH_4$$

$$N^5,N^{10}-CH_2-FH_4 \xrightleftharpoons[NAD^+]{NADH+H^+} N^5-CH_2-FH_4$$

图 12 - 16 一碳单位的互变

二、氨基酸与生物活性物质

一些氨基酸本身具有生物活性，如谷氨酸和天冬氨酸是脑、脊髓中广泛存在的兴奋性神经递质，而甘氨酸是抑制性神经递质，它们在神经活动中起重要作用。由氨基酸衍生的生物活性物质列举如下。

（一）氨基酸脱羧作用产生具有生物活性作用的胺

氨基酸除脱去氨基的分解代谢途径外，也可以脱去羧基产生二氧化碳和相应的胺类，称为氨基酸的脱羧基作用（decarboxylation）。催化此反应的酶是氨基酸脱羧酶类（amino acid decarboxylases），其辅酶为磷酸吡哆醛（组氨酸脱羧不需要此辅酶）。其反应式如下：

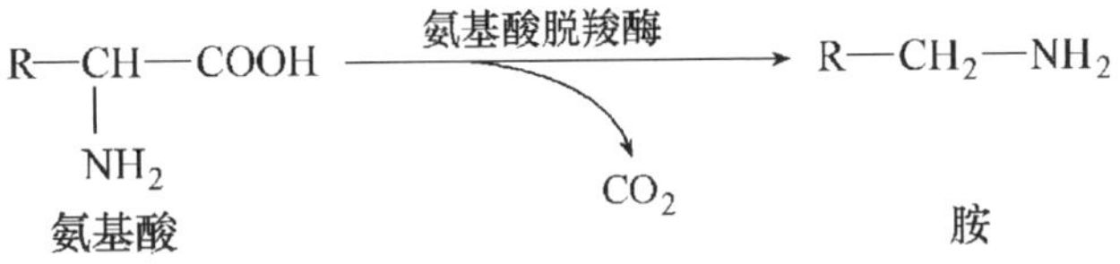

$$\underset{\text{氨基酸}}{R-\underset{\underset{NH_2}{|}}{CH}-COOH} \xrightarrow[CO_2]{\text{氨基酸脱羧酶}} \underset{\text{胺}}{R-CH_2-NH_2}$$

氨基酸脱羧后形成的 CO_2 大部分可以直接排出细胞外，小部分参与固定反应而被固定成为细胞内的组成成分（如糖代谢的丙酮酸羧化支路）。

氨基酸的脱羧基作用从量上讲并不占主要地位，但有些氨基酸可脱羧产生具有重要生理作用的胺类衍生物，如 γ - 氨基丁酸、5 - 羟色胺、牛磺酸、组胺和多胺等，其结构如下：

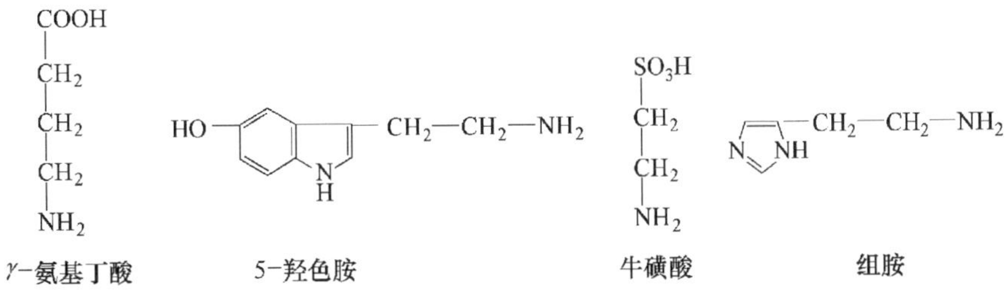

$$\underset{\gamma\text{-氨基丁酸}}{\overset{COOH}{\underset{|}{\underset{CH_2}{\underset{|}{\underset{CH_2}{\underset{|}{\underset{CH_2}{\underset{|}{NH_2}}}}}}}}} \qquad \underset{\text{5-羟色胺}}{} \qquad \underset{\text{牛磺酸}}{} \qquad \underset{\text{组胺}}{}$$

（1）γ - 氨基丁酸 $\pmb{\gamma}$ **- 氨基丁酸**（$\pmb{\gamma}$ **- aminobutyricacid，GABA**）由谷氨酸脱羧形成。脑组织中的谷氨酸脱羧酶活性很高，因而该组织中 γ - 氨基丁酸浓度较高。γ - 氨基丁酸是抑制性神经递质，其作用是抑制突触传导，对中枢神经有抑制作用。

（2）5－羟色胺　**5－羟色胺（5－hydroxytryptamine）**由色氨酸羟化后脱羧形成。5－羟色胺是脊椎动物的一种神经递质，在大脑皮质及神经突触内含量很高。在外周组织，5－羟色胺是一种血管收缩剂和平滑肌收缩刺激剂。

（3）牛磺酸　**牛磺酸（taurine）**由半胱氨酸经氧化、脱羧后生成。牛磺酸是强极性物质，其与胆汁酸结合，乳化食物。

（4）组胺　**组胺（histamine）**由组氨酸脱羧生成。组胺是一种血管舒张剂，在体内分布广泛，主要存在于胃黏膜、肝脏和肌肉等组织中。组胺具有很强的扩血管作用，并能使毛细血管通透性增加。在机体的炎症及创伤部位常有组胺释放。组胺还具有促进平滑肌收缩及刺激胃酸和胃蛋白酶分泌的作用。组胺在神经组织中是感觉神经的一种递质，与外周神经的感觉传导有关。

（5）多胺　**多胺（polyamines）**由精氨酸和鸟氨酸参与形成。多胺是指一类具有3个或3个以上氨基的化合物，主要有精脒（spermidine）和精胺（spermine）。精氨酸水解产生鸟氨酸后，鸟氨酸脱羧生成腐胺，腐胺转化生成精脒和精胺。

亚精胺和精胺是细胞生长调节物质，能促进核酸和蛋白质的生物合成，故其最重要的生理功能与细胞增殖及生长相关，这是因为多胺带有多个正电荷，能吸引DNA和RNA之类的多聚阴离子，从而刺激DNA和RNA合成。已有的研究表明：在一些生长旺盛的组织和肿瘤组织中，和多胺合成有关的酶活性很高，多胺含量也很高。其反应过程如下：

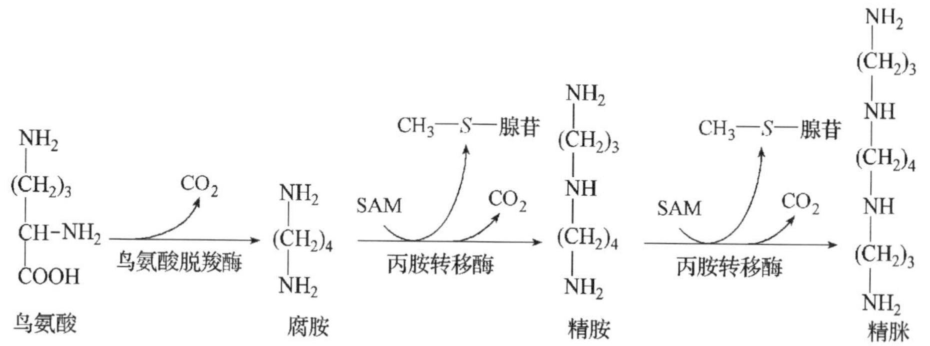

综上所述，由于许多胺具有生理活性（细胞间信息物质），类似于激素，就像一把双刃剑，在微量时具有调节作用，但过量时会造成伤害，因此其必须在体内迅速生物转化。胺在肝内经胺氧化酶作用被代谢为醛，再由醛氧化酶作用生成酸，进而氧化生成二氧化碳和水而被灭活，如下所示：

$$\underset{\text{胺}}{R{-}CH_2{-}NH_2} \xrightarrow{\text{胺氧化酶}} \underset{\text{醛}}{R{-}CHO} \xrightarrow{\text{醛氧化酶}} \underset{\text{酸}}{R{-}COOH} \longrightarrow CO_2+H_2O$$

（二）氨基酸的其他具有生物活性的衍生物

氨基酸除可经脱羧作用生成具有生物活性的胺之外，还可以衍生出其他具有生物活性作用的物质。

酪氨酸是体内黑色素的前体物质，与黑色素合成有关。酪氨酸还可生成多巴、多巴胺、去甲肾上腺素、肾上腺素等四种儿茶酚胺类物质，前二者是神经递质，后二者是激素。

由色氨酸可衍生出烟酸和吲哚乙酸，前者是重要的辅酶NAD和NADP的前体，后者是一种植物生长激素。

精氨酸、甘氨酸和甲硫氨酸形成磷酸肌酸和肌酸，磷酸肌酸在贮存和转移磷酸键能中起重要作用。它们存在于动物的肌肉、脑、血液中。精氨酸在一氧化氮合酶的作用下生成瓜氨酸和一氧化氮，一氧化氮是重要的生物信使分子，可促进血管平滑肌的松弛，在神经系统中也有重要功能。

谷胱甘肽（glutathione，GSH）是由谷氨酸分子中的 γ – 羧基与半胱氨酸及甘氨酸在体内合成的三肽，它的活性基团是半胱氨酸残基上的巯基。GSH 有还原型和氧化型，两种形式可以互变。GSH 在维持细胞内巯基酶的活性和使某些物质处于还原状态（例如使高铁血红蛋白还原成血红蛋白）时本身被氧化成 GS – SG，后者可由细胞内存在的谷胱甘肽还原酶使之再还原成 GSH，NADPH 为其辅酶。此外，红细胞中的 GSH 还和维持红细胞膜结构的完整性有关，若 GSH 显著降低则红细胞易破裂。在细胞内，GSH/GS – SG 的比例一般维持在 100/1 左右。

第四节　氨基酸的合成代谢

氨基酸虽然能分解提供能量，但它的主要生化特性在于其为蛋白质合成提供合成单元。氨基酸是合成蛋白质的原料，所以氨基酸的合成是氨基酸代谢的重要部分。

不同生物合成氨基酸的能力不同。高等植物有能力合成其所需的全部氨基酸，而且既可利用氨又可利用硝酸作为合成氨基酸的氮源。微生物合成氨基酸的能力有很大差异，例如大肠杆菌可以合成全部所需氨基酸，而乳酸菌却需要从外界获取某些氨基酸。人体自身不能合成或合成速度不足以满足需要，必须由食物蛋白质提供的氨基酸有 8 种，称为**必需氨基酸（essential amino acids）**，包括苯丙氨酸、甲硫氨酸、赖氨酸、苏氨酸、色氨酸、亮氨酸、异亮氨酸、缬氨酸。此外，组氨酸和精氨酸在婴幼儿和儿童时期因体内合成量常不能满足生长发育的需要，也须由食物提供，故称为半必需氨基酸。除上述必需氨基酸和半必需氨基酸外，其他组成蛋白质的氨基酸均为非必需氨基酸。非必需氨基酸（non – essential amino acids）是指体内能够自行合成满足需要，不必由食物供给的氨基酸。

一、氨基酸生物合成的碳源

氨基酸生物合成的直接碳源（碳骨架）是糖酵解、柠檬酸循环和磷酸戊糖途径的中间代谢物，包括丙酮酸、磷酸烯醇式丙酮酸、3 – 磷酸甘油酸、α – 酮戊二酸、草酰乙酸、5 – 磷酸核糖和 4 – 磷酸赤藓糖。根据碳骨架来源的不同，氨基酸生物合成路径可分为六大类，如表 12 – 4 所示。

表 12 – 4　　　　　　　基本蛋白质氨基酸生物合成的碳骨架来源分类

代谢途径	碳骨架前体	氨基酸
柠檬酸循环	α – 酮戊二酸	谷氨酸、谷氨酰胺、脯氨酸、精氨酸
	草酰乙酸	天冬氨酸、天冬酰胺、甲硫氨酸、苏氨酸、赖氨酸

续表

代谢途径	碳骨架前体	氨基酸
糖酵解	丙酮酸	丙氨酸、缬氨酸、亮氨酸、异亮氨酸
	3－磷酸甘油酸	丝氨酸、甘氨酸、半胱氨酸
	磷酸烯醇式丙酮酸	苯丙氨酸、酪氨酸、色氨酸
磷酸戊糖途径	4－磷酸赤藓糖	
	5－磷酸核糖	组氨酸

不同的生物利用上述碳骨架前体的能力不同，故其氨基酸合成能力有所差异。在动物体内不能合成必需氨基酸，而微生物和植物一般可通过较为复杂的代谢途径合成它们，为动物提供必需的氨基酸营养。

二、氨基酸生物合成的共同途径

各种氨基酸生物合成途径是不同的，基本合成方式一般分为转氨基作用、还原氨基化和氨基酸间相互转化三种。

1. 转氨基作用

转氨基作用是由 α－酮酸转变成氨基酸的重要反应，由转氨酶（或氨基转移酶）催化，使一种氨基酸的氨基转移给 α－酮酸，形成新的氨基酸（见脱氨基作用）。转氨基作用既使氨基酸脱氨基又使 α－酮酸氨基化，因此是糖代谢与氨基酸代谢的桥梁。

除赖氨酸、苏氨酸、脯氨酸、羟脯氨酸外（例如，由于相应于赖氨酸的 α－酮酸不稳定，所以赖氨酸不能通过转氨作用生成），大多数氨基酸都可以经转氨基作用由相应的酮酸生成，因此转氨基作用是体内合成非必需氨基酸的重要途径。

转氨基作用已见于许多细菌，如大肠杆菌、变形杆菌、固氮菌及酵母和霉菌中。在细菌或其浸出物中，许多氨基酸如甘氨酸、丝氨酸、苏氨酸、胱氨酸、半胱氨酸、缬氨酸、脯氨酸、组氨酸、鸟氨酸、瓜氨酸、精氨酸、赖氨酸、亮氨酸、异亮氨酸、酪氨酸、色氨酸等都可与 α－酮戊二酸作用，生成谷氨酸和相应的酮酸。相反，也可以通过谷氨酸和这许多酮酸之间的转氨基作用，形成各种新的氨基酸，使氨基酸种类增加，有利于蛋白质的合成。

谷氨酸和 α－酮戊二酸在氨基转移中起着重要作用。转氨基作用是氨基酸合成代谢及分解代谢中的极重要反应。

2. 还原氨基化

α－酮酸和氨作用生成 α－亚氨基酸，α－亚氨基酸被还原成 α－氨基酸，这一反应称为还原氨基化作用。该反应可以看作是氨基酸氧化脱氨基作用的逆反应。

用 ^{15}N 标记的 NH_3 来研究还原氨基化的实验证明，生物体内最先发生还原氨基化作用的 α－酮酸是 α－酮戊二酸，催化这一反应的酶是 L－谷氨酸脱氢酶，它的辅酶在动物体内为 NAD^+ 或 $NADP^+$，在植物体内为 $NADP^+$。

因为生物体中普遍存在 L－谷氨酸脱氢酶，而且这种酶的活力很强，所以还原氨基化作用是许多生物直接由 α－酮酸和 NH_3 形成 α－氨基酸的主要途径。

3. 氨基酸间的相互转化

通过还原氨基化或转氨基作用，由糖代谢途径的一些中间代谢物生成相应的氨基酸，以这些氨基酸作起始物，可合成另一些氨基酸，即氨基酸间可相互转化。

例如，从谷氨酸可以合成脯氨酸、瓜氨酸、鸟氨酸和精氨酸，从天冬氨酸可以合成二氨基庚二酸、赖氨酸、甲硫氨酸和苏氨酸。苏氨酸又能转变成异亮氨酸，丝氨酸又能形成半胱氨酸。因此，除缬氨酸和亮氨酸、芳香族氨基酸以及组氨酸有其特殊合成途径外，大多数氨基酸都可以分别从谷氨酸、天冬氨酸和丝氨酸转变而来。

氨基酸在代谢过程中，通过相互转化而保持一定的平衡关系，当外界供给某些氨基酸时即可转变成另一些氨基酸。

三、氨基酸合成代谢的调节

氨基酸的一个主要用途是合成蛋白质。由于氨基酸不能在体内贮存，生物细胞严格控制单个氨基酸的合成速率，且有一整套完善的机制协调不同氨基酸间的合成比例。氨基酸的合成调控包括两种方式：第一种是控制酶活力的方式，即产物反馈控制，是氨基酸生物合成调节的最有效的方式；第二种是控制酶合成量的方式，主要是酶编码基因的表达调控，总的原则是：当某种氨基酸生物合成过量时，该合成途径酶，尤其是关键酶的基因表达被控制；当氨基酸合成产物浓度下降时，有关编码基因则解除抑制，从而合成增加产物浓度所需要的酶。

第五节　氨基酸代谢缺陷与疾病

由于每一个氨基酸的碳链部分的结构不同，因此除上述一般代谢途径外，尚有特殊的代谢途径，一般讲，非必需氨基酸代谢途径较简单，而必需氨基酸代谢途径则较复杂。氨基酸特定代谢途径如出现缺陷，将会导致机体产生不同的病态表现。本节以芳香族氨基酸苯丙氨酸和酪氨酸的代谢为例，讨论氨基酸代谢缺陷与疾病的关系，如图 12 - 17 所示。

一、苯丙氨酸代谢缺陷与疾病的关系

苯丙氨酸在体内经苯丙氨酸羟化酶（phenylalanine hydroxylase）催化生成酪氨酸，然后再生成一系列代谢产物。苯丙氨酸羟化酶存在于肝脏，是一种混合功能氧化酶，该酶催化苯丙氨酸氧化生成酪氨酸，反应不可逆，即酪氨酸不能还原生成苯丙氨酸，因此，苯丙氨酸是必需氨基酸而酪氨酸是非必需氨基酸。

若苯丙氨酸羟化酶先天性缺失，则苯丙氨酸羟化生成酪氨酸这一主要代谢途径受阻，于是大量的苯丙氨酸走次要代谢途径，即转氨生成苯丙酮酸，导致血中苯丙酮酸含量增高，并从尿中大量排出，这即是**苯丙酮酸尿症（phenylketonuria，PKU）**，苯丙酮酸的堆积对中枢神经系统有毒性，使患儿智力发育受障碍，这是氨基酸代谢中最常见的一种遗传疾病，其发病率为 8 ~ 10/10 万，患儿应及早用低苯丙氨酸膳食治疗。PKU 现在已可进行产前基因诊断。

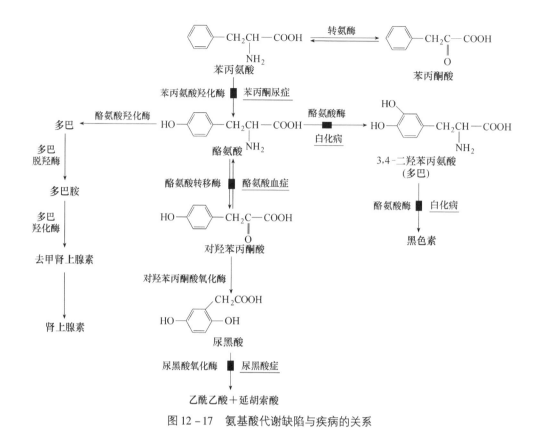

图 12-17 氨基酸代谢缺陷与疾病的关系

二、酪氨酸代谢缺陷与疾病的关系

酪氨酸的进一步代谢涉及某些神经递质、激素及黑色素的合成。如酪氨酸是合成去甲肾上腺素和肾上腺素（儿茶酚胺类激素）及甲状腺素的原料。酪氨酸经酪氨酸羟化酶作用可生成多巴，再经多巴脱羧酶作用生成多巴胺，多巴胺是一种神经递质，脑中多巴胺减少产生帕金森症，多见于老年人。

酪氨酸在体内经酪氨酸酶作用可以合成黑色素，若合成过程中的酶系先天性缺失则黑色素合成障碍，患者皮肤、毛发等均发白，称为白化病（albnism），发病率约为 3/10 万。

酪氨酸还可转氨生成对羟苯丙酮酸，再转变成尿黑酸，最后氧化分解生成乙酰乙酸和延胡索酸，所以酪氨酸和苯丙氨酸都是生糖兼生酮氨基酸。若酪氨酸转氨酶先天性缺失，则酪氨酸在血液中过量累积，产生酪氨酸血症。若将尿黑酸进一步氧化的尿黑酸氧化酶系先天性缺失，则尿黑酸堆积，使排出的尿迅速变黑，出现尿黑酸症（alkaptonuria），此遗传疾病较罕见，发病率仅约为 0.4/10 万。

🔍 习题

1. 名词解释

protein turnover, essential amino acids, combined deamination

2. 试从蛋白质营养价值角度分析儿童偏食的害处。

3. 简述内源蛋白质降解的泛素途径及其生物学意义。

4. 磷酸吡哆醛是维生素 B_6 的衍生物，参与氨基酸多种代谢反应，简述其参与转氨酶催化的反应机制。

5. 人类主要以尿素的形式排出氨，简述鸟氨酸循环。

6. 为什么转氨基作用对氨基酸分解和生物合成代谢都十分重要？

7. 氨基酸脱氨基后生成的碳骨架转变为哪些中间代谢物质进入柠檬酸循环？

8. 一碳单位结合于四氢叶酸，参与核酸的合成，列举一碳单位的种类及各自氨基酸来源。

9. 为什么丙氨酸是生糖氨基酸，而赖氨酸是生酮氨基酸？

10. 请写出谷氨酸氧化为 CO_2 和 H_2O 的代谢途径，并计算 1mol 谷氨酸彻底氧化生成多少 ATP？

第十三章
核酸的降解和核苷酸代谢

核酸的基本结构单位是核苷酸。核酸代谢与核苷酸代谢密切相关。核苷酸是生物体内一类重要的物质：它们是合成 DNA 和 RNA 的前体；其衍生物是许多生物合成的活性中间物，如 UDPG 是合成糖原、糖蛋白的活性原料，CDP - 二酰基甘油是合成磷脂的活性原料；ATP 是能量代谢中的通用高能化合物；AMP 是主要辅酶 NAD$^+$、FAN 和 CoA 的组分；某些核苷酸是代谢的调节物质，如 cAMP、cGMP 等。认识和了解核苷酸在体内的代谢活动是十分必要的。

第一节 核酸的降解

核酸首先在磷酸二酯酶（核酸酶）的作用下降解为核苷酸；后者在磷酸单酯酶（核苷酸酶）的作用下，进一步降解为核苷和磷酸。核苷在核苷水解酶的作用下降解为含氮碱基和戊糖，或在核苷磷酸化酶的作用下磷酸解为含氮碱基和磷酸戊糖。磷酸和戊糖可再被利用，碱基可被代谢和利用。

食物中的核酸多与蛋白质结合而以核蛋白的形式存在，核蛋白经胃酸作用，分解成蛋白质和核酸（DNA 和 RNA）。核酸在小肠被胰核酸酶（包括 DNase 和 RNase）降解为核苷酸和寡聚核苷酸。肠黏膜释放的磷酸二酯酶（phosphodiesterase）协同胰核酸酶进行消化，将核酸水解为单核苷酸，肠黏膜细胞中还有核苷酸酶（nuncleotidase 或 phosphomonoester-ase），将核苷酸水解为核苷和磷酸。脾、肝等组织中的核苷酶（包括核苷水解酶和核苷磷酸化酶）进一步将核苷水解为碱基和戊糖，或者将核苷磷酸解为碱基和磷酸戊糖。食物核酸的降解如图 13 - 1 所示。

在核酸的降解过程中需要许多酶的参与。所有生物细胞中都含有多种核酸水解酶，它们在核酸的分解更新、消除异常核酸及消除外源核酸等方面具有重要的作用。根据这些酶的作用位点是核酸链中的磷酸二酯键还是核酸链两端的磷酸基将它们分为磷酸二酯酶和磷酸单酯酶。

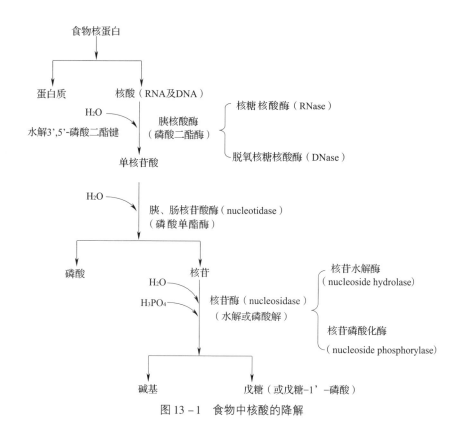

图 13 - 1　食物中核酸的降解

一、磷酸二酯酶及其分类

核酸降解的第一步反应是在磷酸二酯酶的作用下水解，因此该酶又被称为核酸水解酶。磷酸二酯酶作用于核酸大分子中连接核苷酸的 $3'$, $5'$ - 磷酸二酯键，生成寡聚核苷酸和单核苷酸。

磷酸二酯酶种类很多，可根据水解的底物种类、作用键、作用位置及水解特异性等情况进行分类。

1. 按水解底物分类

根据水解底物是 RNA 还是 DNA，或者 RNA、DNA 都能作为底物被水解，可将磷酸二酯酶分为 RNA 酶（RNase）、DNA 酶（DNase）和核酸酶。

2. 按水解作用键分类

磷酸二酯酶按作用键也可分为两种，一种作用于磷酸二酯键的 $3'$ - 磷酸酯键一侧，生成 $5'$ - 磷酸和 $3'$ - 羟基末端；另一种水解 $5'$ - 磷酸酯键，生成 $3'$ - 磷酸和 $5'$ - 羟基末端。

3. 按水解位置分类

在磷酸二酯酶中，又可分为从核酸链末端逐个切下核苷酸的核酸外切酶以及从核酸分子内部切断多核苷酸链的核酸内切酶。

核酸外切酶作用于核酸链的一端（ $3'$ - 端或 $5'$ - 端），逐个水解下核苷酸，它们是非特异性的水解磷酸二酯键的酶。如蛇毒磷酸二酯酶可以从 RNA 或 DNA 单链的 $3'$ - 羟基端开始，逐个地切断 $3'$, $5'$ - 磷酸二酯键的 $3'$ - 磷酸酯键，水解产生 $5'$ - 单核苷酸；牛脾磷酸二酯酶切割方向则与之相反，其从 RNA 或者 DNA 单链的游离 $5'$ - 羟基端开始，逐个地切断 $3'$, $5'$ - 磷酸二酯键的 $5'$ - 磷酸酯键，水解产生 $3'$ - 单核苷酸。

核酸内切酶特异地水解核酸分子内部的磷酸二酯键，它们是特异性强的水解磷酸二酯键的酶，包括核糖核酸酶和脱氧核糖核酸酶。核糖核酸内切酶主要有 RNase A，来源于胰脏，也称牛胰核糖核酸酶，具有一定的专一性，其作用于 RNA 中嘧啶核苷酸 C 或 U 位点，切断—CPN—或—UPN—之间的 5′–磷酸酯键，生成嘧啶核苷 – 3′–磷酸或末端为嘧啶核苷 – 3′–磷酸的寡核苷酸。RNase T 是从米曲霉制备得到的核糖核酸内切酶，其专一性切开 RNA 中嘌呤核苷酸 3 – P 与相邻核苷酸之间的 5′–磷酸酯键，产物是嘌呤核苷 – 3′–磷酸和末端为嘌呤核苷 3′–磷酸的低聚核苷酸。脱氧核糖核酸内切酶最主要的是 DNase I 和限制性 DNA 内切酶。DNase I 来源于牛胰脏，它水解双链或单链 DNA，产物为 5′ – P 末端和 3′ – OH 末端的寡核苷酸片段（双链或单链）的混合物。

4. 按水解特异性分类

在核酸内切酶中还分为从多核苷酸链任意位点切割的非特异性核酸内切酶和从特定位点切割的特异性核酸内切酶。

限制性内切酶——基因工程中的工具酶。

限制性 DNA 内切酶是属于有高度特异性的 DNA 内切酶，它能专一识别并切割双链 DNA 上特定碱基顺序，产物仍为双链 DNA 片段，其 5′ – 端为磷酸基，3′ – 端为羟基。细菌利用此酶水解入侵的外源 DNA，从而限制了外源 DNA，对自己起到保护作用，因此被称为限制性内切酶，也称限制酶。

细菌除具有限制酶外，还具有一种对自身 DNA 起修饰作用的甲基化酶，甲基化酶和限制酶对底物的识别和作用部位是相同的，但甲基化酶首先使该部位的碱基甲基化，从而使限制酶对这种修饰过的 DNA 不再起作用。在细胞中，限制酶的生物学功能是降解外源侵入的 DNA，但不降解自身细胞中的 DNA，因为自身 DNA 的酶切位点经甲基化修饰而受到保护。

限制性内切酶的作用特点包括：① 专一性很强；② 对底物 DNA 有特异的识别和切割位点，这些位点通常是 4 ~ 6 碱基对组成的对称性回文结构（回文结构是指 180°旋转对称的结构。即 DNA 一条链上的核苷酸序列旋转 180°后，与其互补链上对应的一段核苷酸顺序相重复），并在识别序列内或旁侧切割双链 DNA，切割后形成黏性末端或平末端。如果剪切发生在对称性回文结构的中心位置上，则形成平末端；如果不直接彼此相对，产生的是一个交错的断口，则形成 5′或 3′突出的末端，称为黏性末端。例如，限制性内切酶 *Eco*R I 识别如图 13 – 2 所示的六核苷酸序列，切割后产生黏性末端。

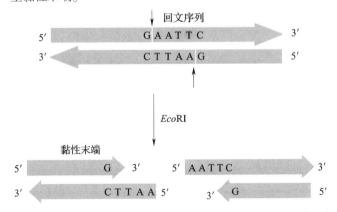

图 13 – 2 *Eco*R I 识别的六核苷酸回文序列及其作用后产生的黏性末端

限制性内切酶的命名是用其来源物种的三字母名（斜体字）来表示的，如 *Eco* = *E. coli*，*Hin* = *H. in fluenzae*。如果需要，或者限制性表型是由质粒或噬菌体赋予的，可用更多的字母表示株系或载体（如 *Eco*R、*Hin*d、*Bam*H）。如果同一细胞中多于一个限制性体系存在，它们就用罗马数字加以区别，如 *Eco*R I、*Hin*d Ⅲ。一个限制性修饰体系的内切酶和对应的甲基化酶可用前缀 R 和 M 分别定义，如 R. *Bam* H I，M. *Bam* H I。

限制酶是分析 DNA 的解剖刀，是 DNA 体外重组技术和进行大分子 DNA 分析的重要工具，它们的发现和应用促进了基因工程的研究和生物技术的发展，由于在基因工程上的重要作用而受到重视。

而有些限制性内切酶，如 *Bal* Ⅱ，它在所识别序列的对称性回文结构中心切断 DNA 链，形成平末端，如图 13 - 3 所示。

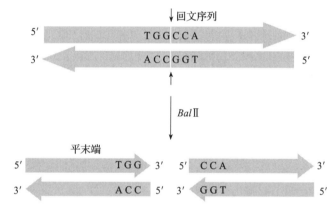

图 13 - 3　*Bal* Ⅱ识别的六核苷酸回文序列及其作用后产生的平末端

二、磷酸单酯酶

磷酸单酯酶（核苷酸酶）作用于多核苷酸链两端的磷酸单酯键，水解产生磷酸。

第二节　核苷酸的分解代谢

一、嘌呤核苷酸的分解代谢

（一）嘌呤核苷酸分解代谢途径

不同生物对嘌呤碱的分解能力不同，代谢产物也不同。人和猿类及一些排尿酸的动物（鸟类、某些爬行类和昆虫）体内嘌呤的代谢产物为尿酸。多数哺乳动物将尿酸进一步代谢为尿囊素，硬骨鱼将尿囊素代谢为尿囊酸，两栖类和软骨鱼将尿囊酸代谢为尿素，海洋无脊椎动物将尿素代谢为 NH_4 排出（图 13 -4）。

体内嘌呤核苷酸的分解代谢主要在肝脏、小肠及肾脏中进行。嘌呤核苷酸的代谢首要的是水解脱氨，脱氨作用可以在核苷、核苷酸或碱基的水平进行。动物组织腺嘌呤脱氨酶含量极少，

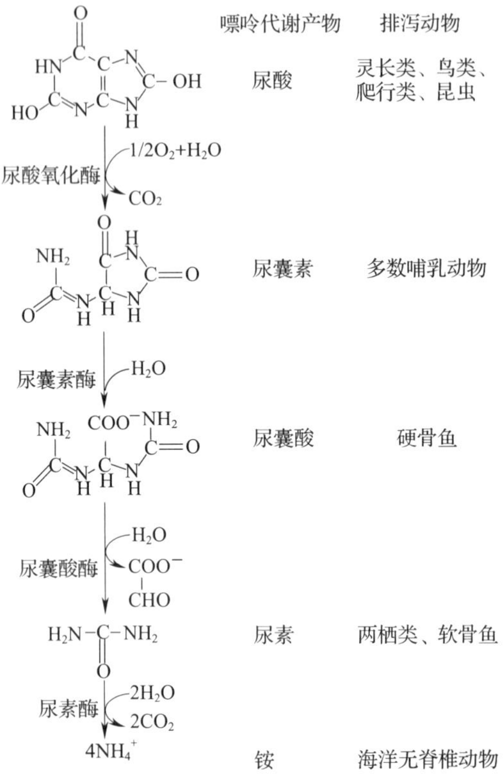

图 13 – 4　不同生物体内嘌呤代谢的产物

而腺嘌呤核苷脱氨酶及腺嘌呤核苷酸脱氨酶的活性较高，因此腺嘌呤的脱氨分解主要在核苷或核苷酸水平进行。鸟嘌呤脱氨酶分布广，鸟嘌呤脱氨分解主要在该酶的作用下在碱基水平进行（图 13 – 5）。

AMP 在腺苷酸脱氨酶作用下脱氨生成 IMP，再在核苷酸酶作用下水解成次黄嘌呤核苷和磷酸，AMP 也可以在核苷酸酶作用下水解成磷酸和腺嘌呤核苷，腺嘌呤核苷再经腺嘌呤核苷脱氨酶作用生成次黄嘌呤核苷。次黄嘌呤核苷经嘌呤核苷磷酸化酶（purine nucleoside phosphorylase，PNP）生成次黄嘌呤和 1 – 磷酸核糖。1 – 磷酸核糖可转变成 5 – 磷酸核糖，进入磷酸戊糖途径或再合成 5 – 磷酸核糖 – 1 – 焦磷酸（PRPP）。次黄嘌呤既可进入补救合成途径，也可进一步分解，即次黄嘌呤在黄嘌呤氧化酶的催化下氧化成黄嘌呤，在同一酶的催化下进一步氧化成终产物尿酸。而 GMP 分解生成的鸟嘌呤氧化成黄嘌呤，再变成尿酸。

（二）嘌呤核苷酸分解代谢异常与疾病

1. 嘌呤核苷酸分解代谢酶基因缺陷与免疫疾病

腺嘌呤核苷脱氨酶（adenosine deaminase，ADA）基因缺陷是一种常染色体隐性遗传病，由于基因突变造成该酶活性下降或消失，常导致 AMP、dAMP 和 dATP 蓄积。dATP 是核糖核苷酸还原酶的别构抑制剂，能减少 dGDP、dCDP 和 dTTP 合成，从而使 DNA 合成受阻。由于正常情况下淋巴细胞中腺苷酸脱氨酶活性较高，而当 ADA 基因缺陷时，可造成严重损害，导致细胞免疫和体液免疫反应均下降，甚至死亡，即严重联合免疫缺陷症（severe combined immunodeficiency，SCID）。ADA 基因突变引起的 SCID 是第一个进行基因治疗的病种，即在体外将正常的 ADA 基因转导患者的淋巴细胞，再回输体内。

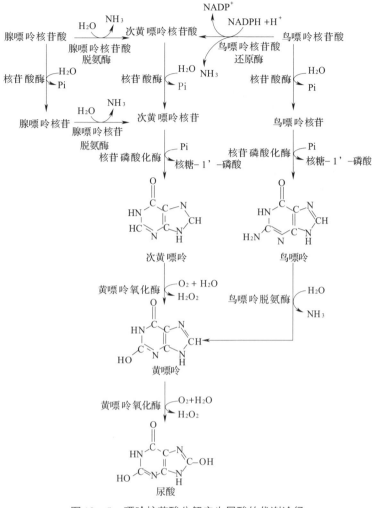

图13-5　嘌呤核苷酸分解产生尿酸的代谢途径

嘌呤核苷磷酸化酶（purine nucleoside phosphorylase，PNP）基因缺陷是一种罕见的常染色体隐性遗传病。纯合子 PNP 基因缺陷的患儿表现为 T 细胞免疫缺陷，原因是 PNP 不能发挥正常作用，所以患儿体内鸟苷、脱氧鸟苷、次黄苷及脱氧次黄苷浓度均增加，脱氧鸟苷转化成 dGTP，造成 dGTP 堆积。dGTP 是核糖核苷酸还原酶的别构抑制剂，导致 dCDP 及 dCTP 下降，最终 DNA 合成不足，影响胸腺细胞增殖，造成 T 细胞免疫缺陷。

2. 嘌呤核苷酸分解代谢异常与痛风症

人体内嘌呤核苷酸分解代谢的终产物为尿酸，尿酸经肾脏排泄。正常人血浆尿酸含量为 0.12~0.36mmol/L，其中男性为 0.27mmol/L，女性为 0.21mmol/L。痛风症（gout）患者由于体内嘌呤核苷酸分解代谢异常，可致血中尿酸水平升高，以尿酸或尿酸钠形式积累。二者水溶性均较差，当血浆尿酸含量大于 0.48mmol/L 时将析出尿酸钠结晶，形成的晶体沉积于关节、软组织、软骨及肾脏等处，导致关节肿胀、疼痛或关节炎，肾小管中沉积过量的尿酸会导致尿路结石及肾疾病等（图13-6）。痛风症多见于成年男性，它的确切病因并未研究清楚。

目前公认为原发性痛风症是由于嘌呤代谢过程中某种酶的遗传性缺陷所引起的疾病。如 HGPRT 活性降低，则嘌呤碱不能通过补救合成途径合成核苷酸再利用，累积的嘌呤碱将通过分解途径成为尿酸。此外，体内如产生大量 PRPP 则会促使嘌呤的从头合成加快，也导致嘌呤分解产物尿酸的增多。继发性痛风症是由于肾功能减退，尿酸排出功能降低，尿酸排出减少造成的。此外进食高嘌呤膳食或体内核酸大量分解（白血病、恶性肿瘤）以及肾脏疾病都会对尿酸排泄产生障碍。

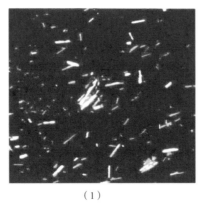
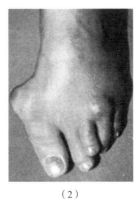

（1）　　　　　　　　　　（2）

图 13 - 6　(1) 痛风的尿酸钠结晶　　(2) 痛风患者足关节变形

对于痛风病的治疗原则有两种方案，一是用促进尿酸排泄的药物，二是用抑制尿酸形成的药物，例如别嘌呤醇（allopurinol）。别嘌呤醇是黄嘌呤氧化酶的强烈抑制剂，在体内氧化成别黄嘌呤，后者能与黄嘌呤氧化酶结合成不可逆的复合物，从而抑制黄嘌呤氧化酶所催化的反应，减少尿酸的形成。当黄嘌呤氧化酶被抑制时，排出的嘌呤代谢产物便是黄嘌呤和次黄嘌呤，它们在水中的溶解度比尿酸大，因此不会结晶沉淀。别嘌呤醇还可以与 PRPP 结合形成别嘌呤醇核苷酸，其对于嘌呤核苷酸从头合成的酶具有反馈抑制作用，因此也可以减少嘌呤核苷酸的合成。次黄嘌呤及其竞争性抑制剂别嘌呤醇的分子结构如下：

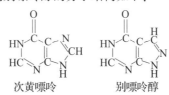

次黄嘌呤　　　　　　别嘌呤醇

痛风患者应采用低嘌呤饮食，禁用动物内脏、沙丁鱼、凤尾鱼、鲭鱼、小虾、扁豆、黄豆、浓肉汤及菌藻类等含嘌呤高的食物，此外应忌酒，并采用低蛋白低脂饮食。

二、嘧啶核苷酸的分解代谢

嘧啶核苷酸分解代谢先脱去磷酸及核糖，余下的嘧啶碱进一步开环裂解后生成 β - 氨基酸。胞嘧啶分解生成 β - 丙氨酸、NH_3 及 CO_2，胸腺嘧啶则降解成 β - 氨基异丁酸、NH_3 和 CO_2。

与嘌呤碱的分解产物尿酸不同，嘧啶碱的降解终产物均为开环化合物并易溶于水，由嘧啶核苷酸分解成的 β - 氨基酸可直接随尿排出或进一步分解，故嘧啶代谢异常的疾病较少。

胞嘧啶和尿嘧啶的分解代谢如图 13 - 7 所示。

胸腺嘧啶的分解代谢如图 13 - 8 所示。

胞嘧啶分解生成 β - 丙氨酸，胸腺嘧啶降解成 β - 氨基异丁酸。这些 β - 氨基酸可以进一步代谢后进入糖代谢途径。嘧啶的分解代谢总结如图 13 - 9 所示。

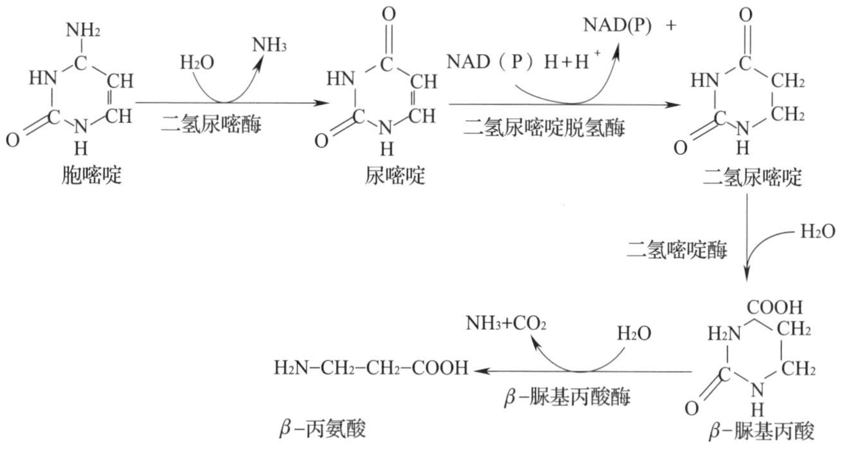

图 13 - 7　胞嘧啶和尿嘧啶的分解代谢

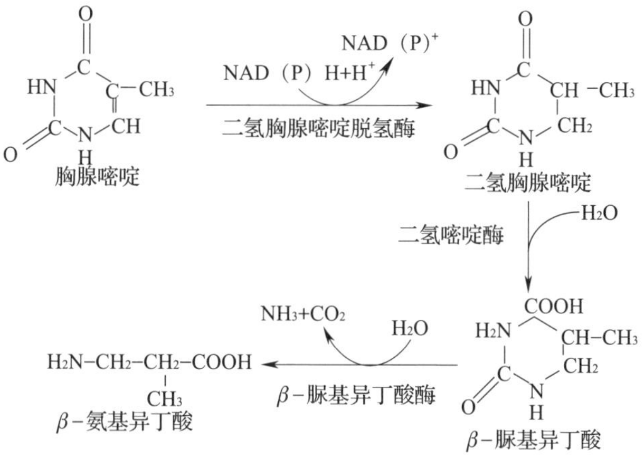

图 13 - 8　胸腺嘧啶的分解代谢

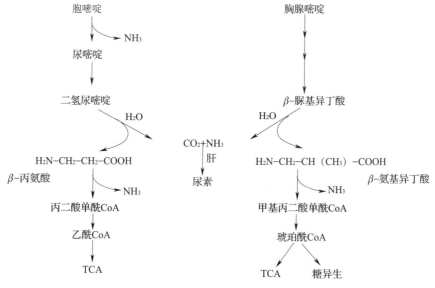

图 13 - 9　嘧啶的分解代谢总图

第三节 核苷酸的合成代谢

与组成蛋白质的氨基酸不同，无论是核糖核苷酸还是脱氧核糖核苷酸都很少能被细胞直接从外界摄取，主要是在体内合成。核苷酸不是营养必需物质。

体内核苷酸的合成有两条途径：① 利用 5 – 磷酸核糖、氨基酸、一碳单位和 CO_2 等简单物质为原料，经过一系列酶促反应合成核苷酸，该途径称为**从头合成途径**（**de novo synthesis pathway**），这是核苷酸的主要合成途径，主要在肝脏进行，小肠和胸腺也可从头合成核苷酸，但脑、骨髓则无法通过此途径合成核苷酸；② 利用游离的碱基或核苷，经过简单的反应过程，合成核苷酸，该途径称为**补救合成途径**（**salvage synthesis pathway**），这虽然是次要合成途径，但脑、骨髓只能通过此途径合成核苷酸，因此也很重要。

一、嘌呤核苷酸的合成

（一）嘌呤核苷酸的从头合成途径

嘌呤环结构中 C 和 N 的来源是 J. Buchanan 和 G. Robert Greenberg 等在鸟类的实验研究中通过同位素示踪实验测定出来的。早期的研究通过用放射性同位素碳或氮标记的化合物饲喂鸽子，每次只标记一种物质，将鸽子排泄的尿酸纯化并降解，降解产物进行放射性元素检测，从而确定了尿酸的嘌呤环中各元素的来源。

关于嘌呤核苷酸的生物合成途径在 20 世纪 50 年代中期阐明。

1. 嘌呤核苷酸的合成原料

（1）嘌呤碱的合成原料　同位素示踪实验证明：嘌呤环上各原子来源于一些简单的化合物。如图 13 – 10 所示，**嘌呤环中第一位氮来自于天冬氨酸的 α – 氨基，一碳单位 N^{10} – 甲酰四氢叶酸提供 C – 2，谷氨酰胺提供 N – 3 和 N – 9，甘氨酸提供 C – 4、C – 5 及 N – 7，CO_2 提供 C – 6，一碳单位 N^5，N^{10} – 甲炔四氢叶酸提供 C – 8。**

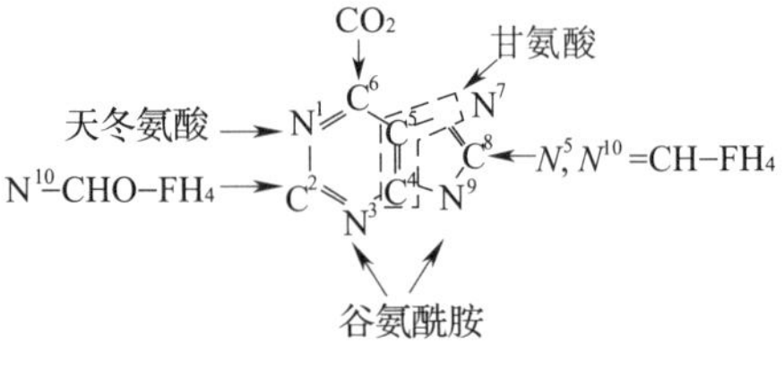

图 13 – 10　嘌呤环上各原子的来源

（2）磷酸戊糖的活化　磷酸戊糖来自糖的磷酸戊糖代谢途径，当磷酸戊糖活化为 5 – 磷酸核糖 – 1 – 焦磷酸（PRPP）后，才可以接受碱基成为核苷酸。5 – 磷酸核糖 – 1 – 焦磷酸（PRPP）活化的反应式如图13 – 11 所示，该反应由 PRPP 合成酶催化，反应需要镁离子并消耗 ATP。

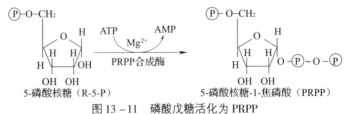

图 13 – 11　磷酸戊糖活化为 PRPP

2. 次黄嘌呤核苷酸（IMP）的从头合成过程

嘌呤核苷酸从头合成的主要特点是在 5 – 磷酸核糖 – 1 – 焦磷酸（PRPP）的基础上把一些简单的原料逐步接上去而成嘌呤环。

嘌呤核苷酸的从头合成的第一步或定向步骤是谷氨酰胺提供酰胺基取代 5 – 磷酸核糖 – 1 – 焦磷酸（PRPP）C_1 的焦磷酸基，从而形成 5 – 磷酸核糖胺（PRA），催化此反应的酶为谷氨酰胺磷酸核糖酰胺转移酶（glutamine phosphoribosyl amidotransferase），此酶是一种别构酶，是调节嘌呤核苷酸合成的重要酶。该步反应是 IMP 生物合成的第一个限速步骤，产物 5 – 磷酸核糖胺十分不稳定，在 pH7.5 的条件下半衰期仅 30s（图 13 – 12）。嘌呤环就是在该结构上逐步形成的。

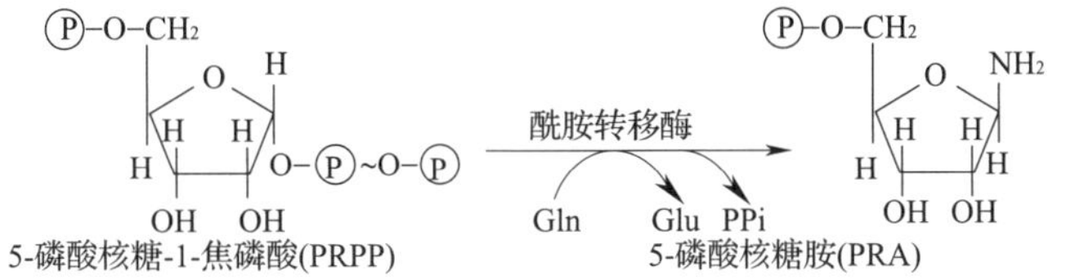

图 13 – 12　次黄嘌呤核苷酸的从头合成途径（1）——PRA 的生成步骤

第二步反应是五元咪唑环的形成。首先，来自甘氨酸的三个原子插入到 5 – 磷酸核糖胺结构中，在此过程中，消耗 1 分子 ATP 来活化甘氨酸的羧基（以酰基磷酸形式）以加速反应。已插入的甘氨酸中的氨基又被 N^5，N^{10} – 甲炔四氢叶酸甲酰化，接着由谷氨酰胺提供一个 N，然后脱水和闭环生成五元咪唑环，即 5 – 氨基咪唑核苷酸（AIR），嘌呤环中的五元环部分先被合成。反应过程见图 13 – 13。

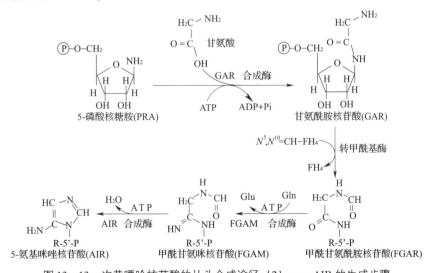

图 13 – 13　次黄嘌呤核苷酸的从头合成途径（2）——AIR 的生成步骤

第三步反应包括 AIR 的羧基化、天冬氨酸的加合及随后延胡索酸的去除反应，使天冬氨酸的氨基留下，再次由 N^{10} – 甲酰四氢叶酸提供甲酰基，最后脱水并环化产生嘌呤核苷酸的第二个环，这样就得到从头合成嘌呤核苷酸的第一个中间产物——次黄嘌呤核苷酸（IMP）。反应过程见图 13 – 14。

上述反应都由相应的酶催化，并且有不少步骤消耗 ATP。合成 IMP 的酶在细胞中是以大的多酶复合物的形式存在的。由复合物形成的酶与酶间的连续催化反应通道可能在产生不稳定中间产物如 5 – 磷酸核糖胺时起重要作用。

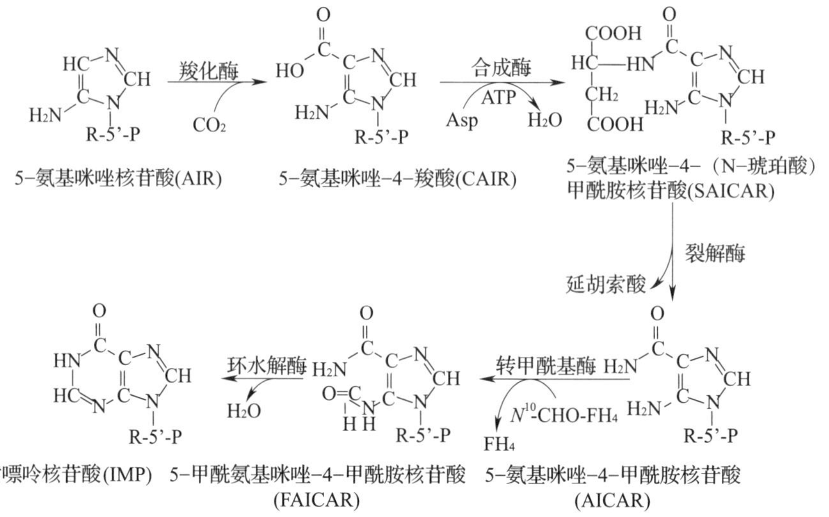

图 13 - 14　次黄嘌呤核苷酸的从头合成途径（3）——由 AIR 生成 IMP

3. 从头合成途径生成其他嘌呤核苷酸——AMP 和 GMP 的合成

根据合成的先后顺序可将嘌呤核苷酸的从头合成分为两个阶段。第一阶段是合成次黄嘌呤核苷酸（IMP）；第二阶段是在次黄嘌呤核苷酸的基础上合成腺嘌呤核苷酸（AMP）和鸟嘌呤核苷酸（GMP）。

IMP 是合成 AMP 和 GMP 的前体，由 IMP 转变成 AMP 和 GMP 的过程见图 13 - 15。在腺苷酸代琥珀酸（AMPS）合成酶及 AMPS 裂解酶的连续作用及 GTP 供能条件下，天冬氨酸的氨基取代 IMP 的 C_6 的氧，即生成 AMP，该反应过程中腺苷琥珀酸高能磷酸键的来源不是 ATP 而是 GTP；若 IMP 先氧化成黄嘌呤核苷酸（XMP），然后由 GMP 合成酶催化并由 ATP 供能，XMP 的 C_2 的氧便被氨基取代而成 GMP，该反应中氨基的供体在细菌中是直接利用 NH_3，动物细胞则以谷胺酰胺的酰胺基作为氨基供体。

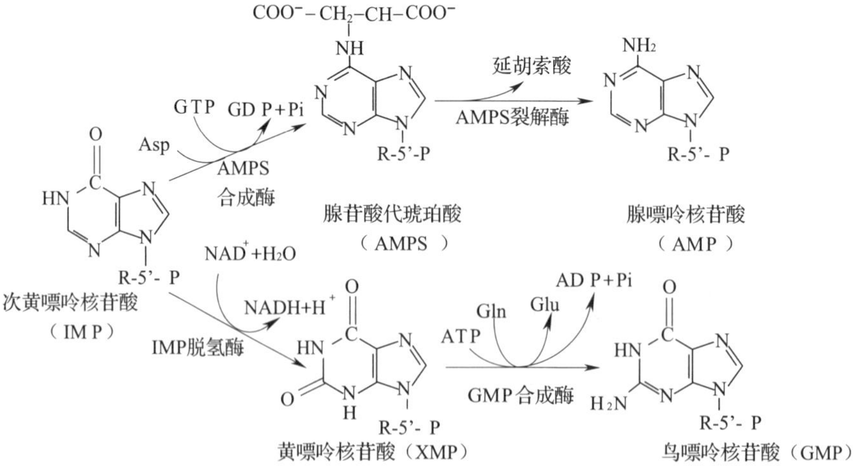

图 13 - 15　AMP 和 GMP 的生物合成

需要说明的是，AMP 和 GMP 是不能直接转换的，但 AMP 可在腺苷酸脱氨酶催化下脱去氨基，生成 IMP，然后再利用 IMP 合成 GMP；GMP 可在鸟苷酸还原酶催化下加氢脱氨基，生成 IMP，然后再利用 IMP 生成 AMP。反应式如图 13 - 16 所示。

4. 嘌呤核苷酸从头合成途径的特点

嘌呤核苷酸从头合成途径的特点有：嘌呤核苷酸是在 5 – 磷酸核糖 – 1 – 焦磷酸（PRPP）分子上逐步合成的，先合成 IMP，再转变成 AMP 或 GMP；PRPP 是重要的中间代谢物，它不仅参与嘌呤核苷酸的从头合成，而且参与嘧啶核苷酸的从头合成及两类核苷酸的补救合成（见本章嘧啶核苷酸合成部分），是 5 – 磷酸核

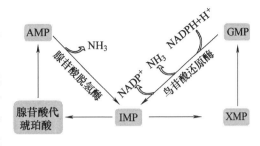

图 13 – 16　AMP 和 GMP 的间接转换

糖的活性供体；PRPP 合成酶和酰胺转移酶为关键酶；IMP 的合成需 5 个 ATP，6 个高能磷酸键；AMP 的合成还需要 1 个 GTP，而 GMP 的合成还需要 1 个 ATP；AMP 和 GMP 的水平保持相对平衡。

5. 嘌呤核苷酸从头合成的调节

嘌呤核苷酸的从头合成途径受**反馈抑制（feedback inhibition）**调节和交叉调节，抑制物及作用部位如下所述。

（1）PRPP 合成酶　PRPP 浓度是从头合成过程的最主要决定因素。PRPP 合成的速度又依赖磷酸戊糖的存在和 PRPP 合成酶的活性。PRPP 合成酶受嘌呤核苷酸的别构调节，其中，IMP、AMP 和 GMP 可对 PRPP 合成酶反馈抑制以调节 PRPP 的水平。

（2）谷氨酰胺磷酸核糖酰胺转移酶　IMP 对催化嘌呤核苷酸合成的定向步骤的酶即谷氨酰胺磷酸核糖酰胺转移酶有反馈抑制，而 AMP 和 GMP 对 IMP 的反馈抑制有协同作用；PRPP 增加可促进谷氨酰胺磷酸核糖酰胺转移酶活性，加速 PRA 生成。

（3）GMP 与 AMP 的相互作用　GMP 在细胞中的积累会抑制由 IMP 合成 XMP 的 IMP 脱氢酶活性，从而抑制 GMP 的生成，但不会影响 AMP 的合成；过量 AMP 会抑制合成腺苷琥珀酸的腺苷琥珀酸合成酶活性，但不影响 GMP 的合成，从而使这两种核苷酸合成速度保持平衡。另外，GTP 是 AMP 合成时必需的能源，而 ATP 是 GMP 合成时必需的能源，这种作用使腺嘌呤核苷酸和鸟嘌呤核苷酸的合成既满足需要，又不至于浪费，并且得以保持浓度的平衡。

（二）利用现有的嘌呤和磷酸核糖合成嘌呤核苷酸——补救合成途径

虽然从头合成途径是大多数细胞内嘌呤核苷酸的主要合成途径，但嘌呤核苷酸从头合成酶系在哺乳动物的某些组织（脑、骨髓）中不存在，细胞只能直接利用细胞内或饮食中核酸分解代谢产生的游离嘌呤碱或嘌呤核苷重新合成嘌呤核苷酸，称为补救合成。补救合成同样由 PRPP 提供磷酸核糖。

1. 补救合成的两条途径

（1）嘌呤碱与 PRPP 直接合成嘌呤核苷酸　嘌呤碱可与 PRPP 直接合成嘌呤核苷酸。有两种磷酸核糖转移酶催化此种补救合成，活性较低的腺嘌呤磷酸核糖转移酶（adenine phosphoribosyl transferase，APRT）和活性较高的次黄嘌呤 – 鸟嘌呤磷酸核糖转移酶（hypoxanthine – guanine phosphoribosyl transferase，HGPRT）（图 3 – 17）。上述两种酶所催化反应的平衡有利于核苷酸的形成，因为所释放出的焦磷酸迅速被细胞内的焦磷酸酶水解。IMP 和 GMP 对 HGPRT 有反馈抑制作用，AMP 反馈抑制 APRT 的活性。

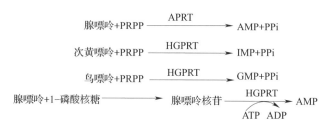

图 13 – 17　嘌呤核苷酸补救合成的两种途径

（2）腺嘌呤核苷通过腺苷激酶（adenosine kinase）的作用可变成 AMP 而重新利用　反应过程为腺嘌呤与 1 – 磷酸核糖在核苷磷酸化酶作用下生成腺嘌呤核苷，再由腺苷激酶催化生成腺嘌呤核苷酸。除腺苷激酶外，其他激酶是缺乏的，因此该激酶途径是不重要的。

补救合成比从头合成简单，消耗 ATP 少，节省能量，且可节省一些氨基酸的消耗。

2. 补救合成途径异常与疾病

补救合成中所需的酶缺失可以导致疾病的产生。如自毁容貌综合征是由于 HGPRT（次黄嘌呤 – 鸟嘌呤磷酸核糖转移酶）基因缺陷导致 HGPRT 活性严重不足或完全缺乏，是一种罕见的 X 染色体连锁的隐性遗传病，也称为 Lesch – Nyhan 综合征。患儿在二三岁时即开始出现症状，如尿酸过量生成，智力迟钝，此外他们由于中枢神经系统的损伤而有很强的敌意和自我伤害的倾向，会通过咬自己的手指、脚趾和嘴唇进行自我毁伤，患儿很少活到成年。

自毁容貌综合征的严重后果证明了补救合成途径的重要性。核酸的降解产生嘌呤碱，在缺乏 HGPRT 的情况下，次黄嘌呤和鸟嘌呤不能通过补救合成途径被利用（图 13 – 17），使得补救合成途径的另一反应物 PRPP 浓度升高，而高浓度的 PRPP 又加速了嘌呤通过从头合成途径的过量产生（图 13 – 12、图 13 – 13、图 13 – 14），引起尿酸浓度的升高（图 13 – 5）和对组织的痛风样伤害。脑组织只能依赖于补救途径合成核苷酸，因此自毁容貌综合征患者脑合成嘌呤核苷酸能力低下，嘌呤碱过量累积，造成中枢神经系统损伤严重。

这种疾病是人类基因疗法的课题之一，科学家正研究将有功能的 HGPRT 基因借助基因工程的方法转移至患者的细胞中，以达到基因治疗的目的。

二、嘧啶核苷酸的合成

与嘌呤核苷酸一样，体内嘧啶核苷酸的合成也有两条途径，即从头合成途径及补救合成途径。

（一）嘧啶核苷酸的从头合成途径

嘧啶核苷酸的从头合成途径主要在肝细胞胞液中进行。

1. 嘧啶碱的合成原料

同位素示踪实验证明，**嘧啶环是以天冬氨酸、谷氨酰胺和二氧化碳为前体物质合成的**，如图 13 – 18 所示。

2. 嘧啶核苷酸的从头合成过程

与嘌呤核苷酸的从头合成途径从 PRPP 开始不同，嘧啶核苷酸的从头合成过程是先合成六元嘧啶环，然后与 PRPP 结合生成乳清苷酸，再生成尿苷酸，其他嘧啶核苷酸则由尿苷酸转变而来。

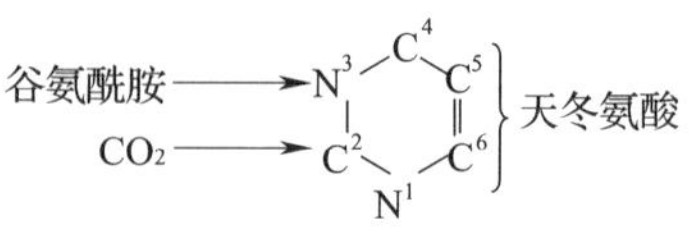

图 13 – 18　嘧啶环上各原子的来源

（1）尿嘧啶核苷酸的从头合成过程 首先，由氨甲酰磷酸合成酶Ⅱ催化谷氨酰胺和二氧化碳反应生成氨甲酰磷酸和谷氨酸，反应由 ATP 提供高能磷酸基，如图 13-19 所示。

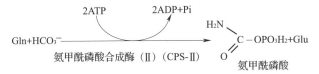

图 13-19 嘧啶从头合成途径中氨甲酰磷酸的生成

在真核生物中，上述反应是在胞液中的氨基甲酰磷酸合成酶Ⅱ（carbamoyl phosphate synthetase Ⅱ，CPSⅡ）催化下由谷氨酰胺、CO_2 及 ATP 合成氨甲酰磷酸的，而在肝线粒体中的氨基甲酰磷酸合成酶Ⅰ催化下合成的氨甲酰磷酸是用于尿素合成的（表 13-1）。这两种酶催化反应的不同点还有氨基甲酰磷酸合成酶Ⅰ催化合成的尿素中氮的来源为氨。谷氨酰胺的侧链酰胺是在合成酶Ⅱ分子中的一个部位内被水解，尽管在合成酶Ⅰ中也存在着同样的部位，但其却未显示出类似于合成酶Ⅱ的催化活性。在合成酶Ⅰ中，该部位是和该酶的别构激活剂 N-乙酰谷氨酸结合。在细菌中，仅靠单一种氨基甲酰磷酸合成酶就能利用氨甲酰磷酸完成嘧啶和精氨酸（尿素合成中间产物）的生物合成。

表 13-1 两种氨甲酰磷酸合成酶的比较

	氨甲酰磷酸合成酶Ⅰ（CPS-Ⅰ）	氨甲酰磷酸合成酶Ⅱ（CPS-Ⅱ）
分布	线粒体（肝）	胞液（各种细胞）
氮源	氨	谷氨酰胺
变构激活剂	N-乙酰谷氨酸（AGA）	无
变构抑制剂	无	UMP（哺乳动物）
功能	尿素合成	嘧啶合成

从氨甲酰磷酸开始的尿嘧啶核苷酸从头合成全过程由五步反应组成，如图 13-20 所示，除了二氢乳清酸脱氢酶位于线粒体内膜上外，参加催化反应的其余酶均位于胞液中，因此该过程主要在细胞的胞液中进行。

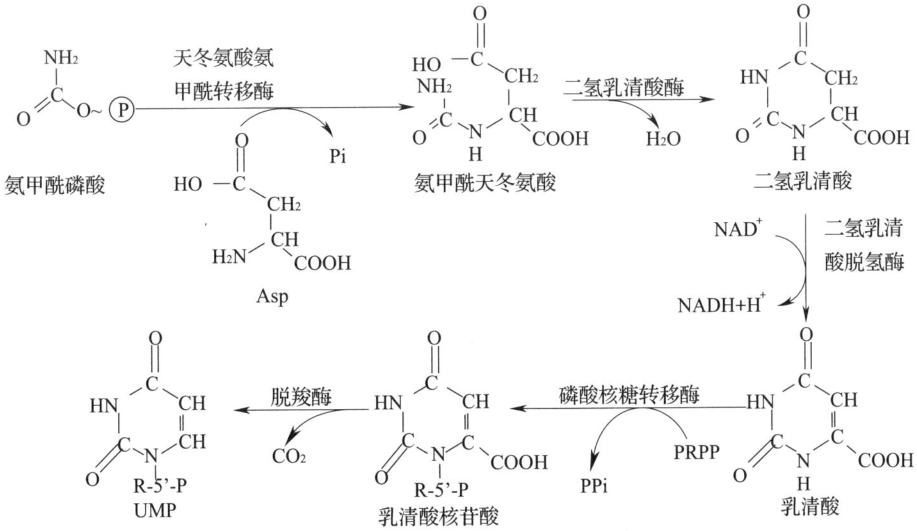

图 13-20 尿嘧啶核苷酸从头合成过程

哺乳动物嘧啶核苷酸的合成是由多功能酶催化的，现知氨甲酰基磷酸合成酶Ⅱ、天冬氨酸氨甲酰转移酶及二氢乳清酸酶三者是在同一个三功能蛋白上（分子质量为240ku），这个蛋白包含3条相同的多肽链，每条多肽链上都含有催化三个反应的活性部位。

在二氢乳清酸酶的催化下，氨甲酰天冬氨酸脱水闭环形成二氢乳清酸。二氢乳清酸继续被氧化成嘧啶衍生物乳清酸，该反应的最终电子受体是 NAD^+。一旦乳清酸形成，由 PRPP 提供的 5 - 磷酸核糖侧链在乳清酸磷酸核糖转移酶的催化下与乳清酸反应形成乳清酸核苷酸，乳清酸核苷酸在乳清酸脱羧酶的作用下脱羧形成尿苷酸。乳清酸磷酸核糖转移酶和乳清酸脱羧酶这两个酶也位于同一条多肽链上，这种多功能酶的形式有利于以相同的速度参与嘧啶核苷酸的合成。

遗传性乳清酸尿（orotic aciduria）是一种罕见的常染色体隐性遗传病，是由于乳清酸磷酸核糖转移酶（OPRT）和乳清酸脱羧酶（OMP 脱羧酶）基因缺陷造成的乳清酸积存过多，临床特征是生长停滞，严重贫血以及尿中有大量乳清酸。

（2）胞嘧啶核苷酸的合成是在核苷三磷酸水平上进行的　生物细胞的胞嘧啶核苷酸从头合成途径是在核苷三磷酸水平上进行的，即由尿嘧啶核苷三磷酸（UTP）氨基化转变生成胞嘧啶核苷三磷酸（CTP），其他如尿嘧啶、尿嘧啶核苷、尿嘧啶核苷一磷酸（UMP）和尿嘧啶核苷二磷酸（UDP）都不能转变成相应的胞嘧啶化合物。

尿嘧啶核苷一磷酸（UMP）先后在尿苷酸激酶和二磷酸核苷酶的催化下消耗 ATP 而磷酸化形成 UTP。UTP 在 CTP 合成酶的催化下接受氨基而生成 CTP，此氨基化反应所需氨基在细菌中直接由 NH_3 提供，哺乳动物细胞则以谷胺酰胺的酰胺基作为氨基供体，如图 13 - 21 所示。两种细胞的氨基供体虽然不同，但这两个氨基化反应都需要消耗一个 ATP。

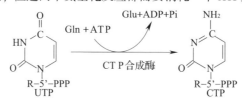

图 13 - 21　哺乳动物胞嘧啶核苷三磷酸（CTP）的合成

（3）脱氧胸腺嘧啶核苷酸（dTMP）的合成是在一磷酸水平上进行的　dTMP 的合成是在一磷酸水平上进行的。即由脱氧尿嘧啶核苷一磷酸（dUMP）甲基化转变生成脱氧胸腺嘧啶核苷酸（dTMP）（图 13 - 22）。

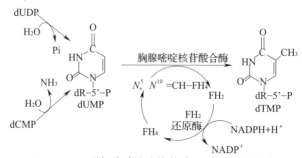

图 13 - 22　脱氧胸腺嘧啶核苷酸（dTMP）的合成

dTMP 是由 dUMP 的 C_5 甲基化而形成的。催化此反应的酶是胸腺嘧啶核苷酸合酶（thymidylate synthase）。甲基由 N^5，N^{10} - 甲炔 FH_4 提供。反应中形成的 FH_2 须经二氢叶酸还原酶的作用变

成 FH_4，才能重新载带甲基。

dUMP 可由 dUDP 转换而来，在核苷单磷酸激酶催化下，dUDP 与 ADP 反应生成 dUMP 和 ATP；dUMP 也可由 dCMP 经脱氨而形成。

3. 嘧啶核苷酸从头合成的调节

原核生物和真核生物中，嘧啶核苷酸从头合成途径所需的酶不同，因而途径所受的调控也不一样。

在原核生物中，第一个调节部位是天冬氨酸氨基甲酰转移酶（asparate carbamoyl transferase，ACTase），该酶是目前研究得最彻底的别构酶之一，嘧啶从头合成途径可生成的反应终产物 CTP 是其别构抑制剂，反馈抑制该酶的活性。ACTase 由 6 个调节亚基和 6 个催化亚基组成，催化亚基结合底物分子，调节亚基结合别构抑制剂 CTP，整个酶分子及其亚基均存在活化和非活化两种构象。当 CTP 逐渐积累并结合于调节亚基时，该酶便发生构象变化，这种变化传递给催化亚基，使其转变为非活化构象。ATP 是别构激活剂，可阻止 CTP 诱导产生的酶构象变化。CTP 合成酶催化的反应受 CTP 的反馈抑制。

氨甲酰基磷酸合成酶在真核生物及原核生物中都是反馈抑制的调控点，受 UMP 的反馈抑制，但可被 PRPP 激活。

PRPP 合成酶是嘧啶与嘌呤两类核苷酸合成过程中共同需要的酶，它可同时接受嘧啶核苷酸及嘌呤核苷酸的反馈抑制。

嘧啶核苷酸从头合成的调节如图 13 – 23 所示。

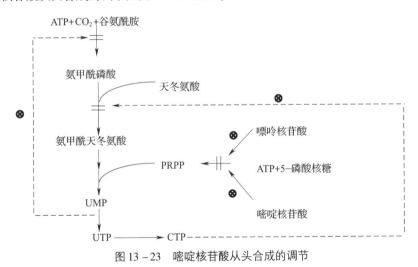

图 13 – 23　嘧啶核苷酸从头合成的调节

（二）嘧啶核苷酸的补救合成途径

嘧啶核苷酸的补救合成途径主要由嘧啶磷酸核糖转移酶（pyrimidine phosphoribosyl transferase）催化尿嘧啶、胸腺嘧啶等与 PRPP 合成一磷酸嘧啶核苷酸，但该酶不能利用胞嘧啶为底物（图 13 – 24）。

另外，嘧啶核苷激酶可使相应嘧啶核苷磷酸化生成核苷酸。尿嘧啶核苷可以在尿苷激酶作用下生成尿嘧啶核苷一磷酸，胞嘧啶核苷也可作为尿苷激酶的底物发生磷酸化作用而生成胞嘧啶核苷一磷酸。胸腺嘧啶核苷在胸苷激酶作用下生成胸腺嘧啶核苷一磷酸。该激酶途径是重要的。

嘧啶+PRPP ——嘧啶磷酸核糖转移酶——→ 磷酸嘧啶核苷+PPi

尿嘧啶核苷+ATP ——尿苷激酶——→ UMP+ADP

胸腺嘧啶核苷+ATP ——胸苷激酶——→ TMP+ADP

图 13 – 24　嘧啶核苷酸的补救合成途径

三、嘌呤核苷酸与嘧啶核苷酸生物合成的比较

嘌呤核苷酸与嘧啶核苷酸生物合成途径有相同的地方，也存在明显的差异，现总结如表 13 – 2 和图 13 – 25 所示。

表 13 – 2　　　　　　　嘌呤核苷酸与嘧啶核苷酸合成异同点的比较

	嘌呤核苷酸	嘧啶核苷酸
相同点	1. 合成原料基本相同； 2. 合成部位对高等动物来说主要在肝脏； 3. 都有 2 种合成途径（从头合成和补救合成）； 4. 都是先合成一个与之有关的核苷酸，然后在此基础上进一步合成其他核苷酸	
不同点	1. 在 PRPP 基础上逐步合成嘌呤环； 2. 最先合成的嘌呤核苷酸是 IMP； 3. 以 IMP 为基础，直接在一磷酸水平上完成 AMP 和 GMP 的合成	1. 先合成嘧啶环，再与 PRPP 结合； 2. 最先合成的嘧啶核苷酸是 UMP； 3. 以 UMP 为基础，分别在三磷酸和脱氧一磷酸水平上完成 CTP 和 dTMP 的合成

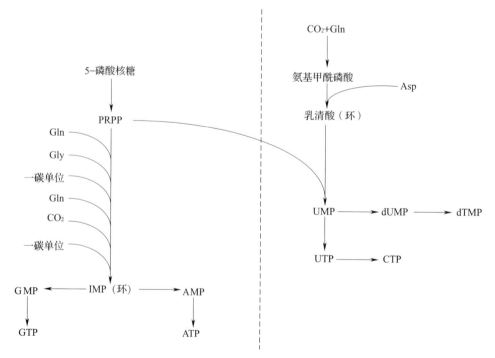

图 13 – 25　嘌呤核苷酸与嘧啶核苷酸生物合成途径的比较

四、核苷二磷酸、三磷酸的生成

用于核酸生物合成的底物核苷酸通常需要转化为核苷三磷酸的形式，这种转化方式在所有细胞中都很普遍。

(一) 腺嘌呤核苷二磷酸（ADP）与腺嘌呤核苷三磷酸（ATP）的生成

AMP 受到腺苷酸激酶催化及 ATP 供能磷酸化形成 ADP，如此形成的 ADP 经核苷二磷酸激酶作用及 ATP 供能虽然可以转变为 ATP，但该步反应实际没有意义。

ADP 通过氧化磷酸化或底物水平磷酸化转变为 ATP（图 13 – 26）。

$$AMP \xrightarrow{\text{腺苷酸激酶}} ADP \xrightarrow{\text{氧化磷酸化或底物水平磷酸化}} ATP$$

图 13 – 26　ADP 与 ATP 的生成

(二) 其他嘌呤核苷二磷酸（NDP）与嘌呤核苷三磷酸（NTP）的生成

其他核苷二磷酸是由核苷一磷酸在核苷一磷酸激酶的作用下，由 ATP 供能并引发合成反应而生成的。细胞将 ADP 再磷酸化为 ATP 的高效性使反应向生成产物的方向进行（图 13 – 27）。

$$ATP + NMP \xrightarrow{\text{核苷一磷酸激酶}} ADP + NDP$$

$$ATP + NDP \xrightarrow{\text{核苷二磷酸激酶}} ADP + NTP$$

图 13 – 27　NDP 与 NTP 的生成

在核苷二磷酸激酶的作用下，核苷二磷酸再度磷酸化转变为核苷三磷酸。由于即使在厌氧条件下细胞中 ATP 的浓度都比其他核苷三磷酸大得多，因此 ATP 作为磷酸供体。

五、脱氧核糖核苷酸的合成

(一) 脱氧核糖核苷二磷酸（dNDP）的生成

同位素示踪实验表明：脱氧核糖核苷酸中的脱氧核糖并不是先形成后再合成为脱氧核苷酸，而是在二磷酸核苷酸（NDP，N 代表 A、G、C、U 四种碱基）水平上直接还原，即核糖核苷酸必须先行转化为二磷酸核苷酸（NDP）水平，再以氢取代其 NDP 核糖分子中 C_2 的羟基而成脱氧核苷酸（dNDP）（图 13 – 28）。

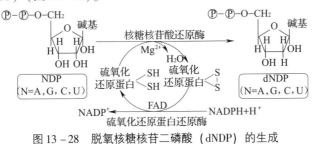

图 13 – 28　脱氧核糖核苷二磷酸（dNDP）的生成

脱氧胸腺嘧啶核苷酸不能由胸腺嘧啶核苷二磷酸还原生成，它只能由尿嘧啶脱氧核苷酸（dUMP）甲基化产生。

核糖核苷酸还原酶是一种别构酶，由 R_1 和 R_2 两个亚基组成。酶的活性部位处于 R_1 和 R_2 的交界面上，只有 R_1 和 R_2 结合时才具有活性。每个 R_1 调节亚基上有两个不同的结合部位，其中一个位点为总活性调节部位,能调节整个酶的活性,其通过结合 ATP 来激活酶,也可通过结合 dATP 使酶失活;另一个位点为底物特异性部位,受结合的效应分子的影响来改变酶的底物特异性。此外,R₁ 还含有巯基(—SH),供直接还原核糖之用。核糖核苷酸还原酶结构示意见图 13-29。

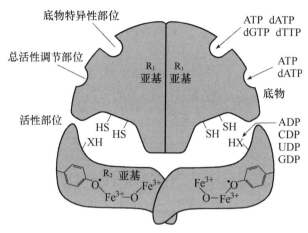

图 13-29　核糖核苷酸还原酶结构示意图

核糖核苷酸还原酶的活性受一些别构调节剂的调节(图 13-30)。dATP 是所有四种底物还原酶的抑制剂,当 dATP 结合至总活性调节部位时,该酶活性降低,反映脱氧核苷酸过剩。ATP 能消除此反馈抑制。

当 dATP 或 ATP 结合至底物特异性部位时,促进嘧啶核苷酸 UDP 及 CDP 的还原。dTTP 则促进 GDP 的还原,同时抑制 UDP 和 CDP 的进一步还原。dGTP 促进 ADP 的还原,也抑制 UDP、CDP 和 GDP 的进一步还原。

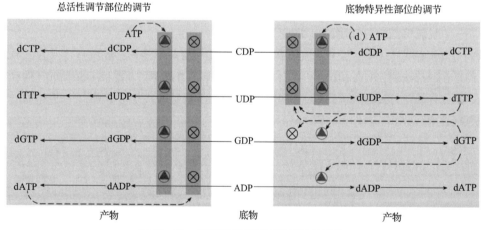

图 13-30　核糖核苷酸还原酶活性的调节

核糖核苷酸还原酶可在这些效应因子诱导下具有多种不同特异性的分子构象状态,各具有不同的催化活性,从而调节不同脱氧核苷酸的生成。通过这种机制就构成了 DNA 合成前体的一个动态平衡库,从而使合成 DNA 的 4 种脱氧核苷酸底物得到适当的比例。若产物不平衡会影响 DNA 的合成,严重者可导致疾病。

在 DNA 合成旺盛、分裂速度较快的细胞中,核糖核苷酸还原酶体系活性较强。

（二）脱氧核糖核苷三磷酸（dNTP）和脱氧核糖核苷一磷酸（dNMP）的生成

DNA 合成的底物为四种 dNTP，二磷酸脱氧核苷（dNDP）可由激酶的催化和 ATP 供能而形成相应的三磷酸脱氧核苷（dNTP）。其反应式如下：

$$dNDP+ATP \xrightarrow{\text{激酶}} dNTP+ADP$$

所有的 dNDP 在磷酸酶的作用下都可以脱去一个磷酸根而生成 dNMP。其反应式如下：

$$dNDP \xrightarrow{\text{磷酸酶}} dNMP+Pi$$

嘌呤核苷酸与嘧啶核苷酸的生物合成小结如图 13-31 所示。

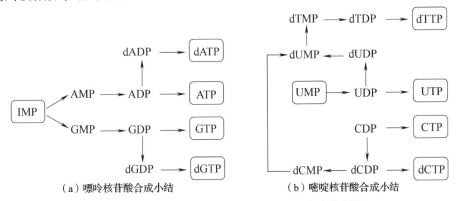

（a）嘌呤核苷酸合成小结　　　　　（b）嘧啶核苷酸合成小结

图 13-31　嘌呤核苷酸与嘧啶核苷酸生物合成的小结

🔍 习题

1. 名词解释

RNase，dNase，restriction endonuclease，de novo synthesis pathway，salvage synthesis pathway，one carbon unit

2. 在饥饿时，机体会用蛋白质和氨基酸作为能源。氨基酸脱氨基产生碳骨架进入葡萄糖代谢途径，并进入三羧酸循环产生 ATP。然而，核苷酸一般不会作为能源降解，细胞生物学上的什么发现支持这一观点？核苷酸的什么结构特点使它成为一个低效能源？

3. 指出下图中腺嘌呤环中相应原子的来源。

4. 简述 PRPP 参与嘌呤和嘧啶核苷酸代谢中的重要作用。

5. 什么是痛风症？为什么人比其他多数哺乳动物容易患痛风症？

6. 别嘌呤醇是黄嘌呤氧化酶的抑制剂，在临床上用来治疗痛风症，请解释它的生化机制。尽管肾脏损伤发生的概率大大小于不用别嘌呤醇治疗，但用别嘌呤醇治疗的病人会在肾内形成黄嘌呤结石，解释这一现象。尿酸、黄嘌呤、次黄嘌呤在尿中的溶解度分别为 0.15 g/L、0.05 g/L 和 1.4 g/L。

第十四章
物质代谢的联系与代谢调节综述

14

生物界，包括人类、动物、植物和微生物，其结构特征和生活方式多种多样，千变万化。然而，它们的新陈代谢有着共同的规律。所有细胞都是由四类生物大分子（多糖、脂类复合物、蛋白质和核酸）、为数有限的生物小分子、无机盐和水所组成。生物大分子具有高度特异性，生物之间的差别是由它们的生物大分子所决定的。多糖和脂质复合物的结构特异性由合成它们的酶所决定。蛋白质和核酸的合成除需要底物、能量和酶外，还需要模板，它们的结构信息来自 DNA 和 RNA 模板。因此，核酸被称为信息分子。细胞从环境中取得物质和能量，用以构建自身的组成结构，同时分解已有的成分加以再利用，并将不被利用的代谢产物排出胞外。

细胞是如何经济有效地转化各类物质的？

前面几章重点讨论各类物质在细胞中的代谢过程，也介绍了一些代谢过程中底物和产物通过别构机制以及共价修饰的方式（如磷酸化等）对代谢过程中的关键酶进行调节控制。实际上，生物机体的新陈代谢是一个完整统一的过程，并存在复杂的调节机制。生物体内的代谢调节在三种不同的水平上进行，即分子水平调节、细胞水平调节和多细胞整体水平调节。所有这些调节都是在基因产物蛋白质和 RNA 的作用下进行的，也就是说与基因表达调控有关。本章就细胞代谢调节总的原则和方法略作一概述，着重介绍生物体内器官的代谢特征与联系、各种代谢途径间的调节网络以及细胞结构对代谢的控制。有关基因表达的调控在第十八章中介绍。

第一节　代谢的整体性和器官的代谢特征

为了全面了解单个代谢途径及其调节的重要意义，我们必须在有机体的整体环境下了解这些途径。复杂的多细胞有机体一个本质特征是细胞分化与分工。哺乳动物特定的组织和器官有其特定的生理功能，在代谢功能上也有各自的特点。每一个器官都有与其生理功能相适应的一整套代谢途径。几乎所有的动物细胞基本上都有一套普通中心代谢途径的酶。下面首先简单介绍一下与代谢相关的几个重要器官的作用。

一、小　　肠

小肠最显著的作用是营养物质的消化和吸收。碳水化合物、脂质和蛋白质在小肠中被降解成能够被吸收的糖、脂肪酸、甘油和氨基酸，后者通过肠上皮细胞被吸收进入血液和淋巴系统，然后运送到全身。小肠也是谷氨酰胺代谢的主要场所。谷氨酰胺是肠上皮细胞的主要能源物质。

二、肝　　脏

肝脏是脊椎动物加工和分配营养的中心器官。消化系统产生的单糖和氨基酸等营养物质由小肠黏膜吸收入血液，经门静脉入肝进行加工分配。而食物中的三酰基甘油在小肠黏膜吸收形成乳糜微粒通过淋巴系统和血液进入脂肪组织进行代谢。

肝脏进行着非常复杂的代谢活动，除了进行关键的糖、脂和氨基酸代谢外，肝脏还控制和调节血液的化学组成并合成血浆蛋白质。肝细胞将来自饮食的营养物质转化为其他组织需要的燃料和前体物，并通过血液将其输出分配到身体的各个部分。供给肝脏的营养物质的种类和数量受多种因素的影响，包括饮食的种类和两餐之间的时间间隔、肝外组织中不同的器官及它们的活动状态对燃料和前体物的需求。为了适应整个机体的变化和需求，肝脏具有很强的代谢适应性。它能够调节两餐之间营养供给的波动。当饮食富含蛋白质时，肝细胞就含有高水平的与氨基酸分解和糖异生有关的酶。在一次高糖饮食后的几小时内，与糖异生有关的酶水平下降，而糖类分解代谢必需的酶的合成水平升高。其他组织也能调节其代谢活动以适应环境的变化，但没有一种组织具有肝脏那么强的适应性，也没有一种组织在机体整体代谢中像肝脏那样发挥如此重要的作用。肝脏在加工外来分子时还有一个非常重要的保护作用——解毒。

肝脏的大多数活动都涉及 6 – 磷酸 – 葡萄糖的转换。6 – 磷酸 – 葡萄糖是糖类代谢中的重要中间物，6 – 磷酸 – 葡萄糖既可以聚合成糖原、脱磷酸转变成血糖、通过乙酰 CoA 途径合成脂肪酸；可以经糖酵解或三羧酸酸循环产生 ATP，还可以通过戊糖磷酸途径形成戊糖和 NADPH。肝脏的 6 – 磷酸 – 葡萄糖大多数来自于膳食中的碳水化合物、糖原的分解以及肌肉中产生的乳酸在肝脏中进入糖异生。图 14 – 1 所示为 6 – 磷酸 – 葡萄糖在肝脏中的代谢通路。

在代谢中肝脏对血糖起着重要的调节作用。肝脏有两个葡萄糖磷酸化的酶即己糖激酶和葡萄糖激酶。与己糖激酶不同，葡萄糖激酶对葡萄糖的亲和力很低，对葡萄糖的 K_m 值很高（5 ~ 10mmol/L）；而己糖激酶的 K_m 值为 0.1mmol/L，对葡萄糖的亲和力较高。当血糖水平较高时，葡萄糖激酶与己糖激酶竞争葡萄糖，生成 6 – 磷酸 – 葡萄糖，该物质是葡萄糖合成糖原的中间物，从而启动肝脏合成糖原。肾上腺素、胰高血糖素和胰岛素是影响肝脏糖代谢和调节血糖稳定的主要激素。

肝脏也是脂肪酸代谢转化的主要中心（图 14 – 2）。能量需求较低时，脂肪酸参与三酰基甘油的合成，形成肝脂肪，并转移到脂肪组织以脂肪的形式储存（图 14 – 2①）。当能量需求较高时，三酰基甘油水解产生的脂肪酸在肝脏中降解成乙酰 CoA，并进一步经 TCA 循环彻底氧化产生 ATP（图 14 – 2②）；或生成酮体输出到心和脑等肝外组织作为能源物质（图 14 – 2③）。胆固醇也是在肝脏中由二碳单位乙酰 CoA 合成的（图 14 – 2④）。图 14 – 2⑤ 涉及血液中脂蛋白的代谢，详见第十一章。一些游离脂肪酸与血清白蛋白结合，并被血液带至心脏和骨骼肌。心脏和骨骼肌吸收并氧化游离脂肪酸，将其作为主要燃料（图 14 – 2⑥）。

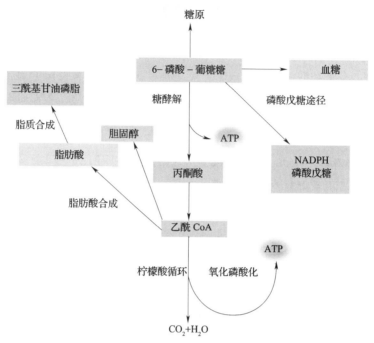

图 14-1　6-磷酸-葡萄糖在肝脏中的代谢通路

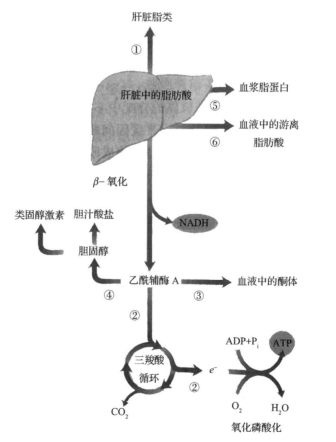

图 14-2　肝脏中的脂代谢

　　肝脏除了碳水化合物和脂肪的能量代谢的中心功能外，还有一些其他功能。如肝脏能够利用氨基酸作为代谢能源，氨基酸首先通过转氨酶转变成酮酸，脱下来的氨在尿素循环中转变成尿素。生糖氨基酸的碳骨架用于葡萄糖的合成；而生酮氨基酸的碳骨架则出现在酮体中。图14-3较为全面地描述了肝脏中氨基酸的代谢情况。① 在肝细胞中，它们作为蛋白质合成的前体。② 氨基酸可通过血液从肝脏运输到其他器官，作为其他组织蛋白合成的前体。③ 一些氨基酸是肝脏和其他组织中核苷酸、激素及其他含氮化合物生物合成的前体。④ 不需作为生物合成前体的氨基酸可以脱氨基和降解产生乙酰 CoA 和三羧酸循环中间物。三羧酸循环中间物可经过④a糖异生途径转化成葡萄糖和糖原。乙酰 CoA 可经过三羧酸循环④b被氧化并产生 ATP，或转化或脂贮存起来④c。由氨基酸降解产生的氨可转化成尿素被排出体外④d。

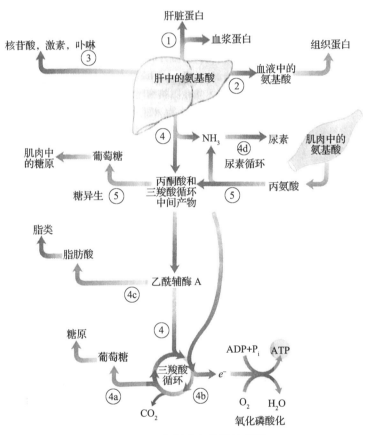

图 14 - 3　肝脏中氨基酸的代谢

　　肝脏也是机体重要的脱毒器官。肝细胞的内质网富含各种酶，可将一些生物活性物质如激素、药物和有毒物质转化成无害或低毒的副产物。肝脏疾病会导致严重的代谢紊乱，特别是氨基酸代谢。肝硬化时，肝脏不能够将氨转化成尿素排除，血 NH_4^+ 升高。氨对中枢神经系统具有毒性，导致肝昏迷。

三、骨　骼　肌

　　骨骼肌的代谢主要是用来产生 ATP 作为肌肉收缩和松弛的能源。骨骼肌根据需要常以一种间歇的方式做机械功。依据肌肉的活跃程度，骨骼肌可以利用脂肪酸、酮体或葡萄糖作为燃料。

在静息肌肉中，骨骼肌的耗氧量占总耗氧量的 30% ~ 50% ，主要燃料是来自脂肪组织的游离脂肪酸和来自肝脏的酮体，它们被氧化分解生成乙酰 CoA，乙酰 CoA 进入三羧酸循环彻底氧化降解成 CO_2，脱下来的电子经电子传递链传递给氧生成水，同时偶合氧化磷酸化生成 ATP。适度活跃的肌肉利用葡萄糖以及脂肪酸和酮体。葡萄糖经糖酵解降解为丙酮酸，后者经氧化脱羧产生乙酰 CoA，然后进入三羧酸循环彻底氧化降解成 CO_2。在剧烈运动时，骨骼肌的耗氧量占机体总耗氧量的90%，此时对 ATP 需要量非常大，单单依靠有氧呼吸和血液流动不能及时提供氧气和燃料用于产生 ATP。在这种情况下，贮存于肌肉中的糖原通过酵解变为乳酸同时提供一定量的 ATP。肌肉中贮存的糖原在静息状态下可达肌肉总重的 2% 。运动时肾上腺素的分泌大大促进骨骼肌利用血糖和肌糖原作为燃料以支持骨骼肌的活动。肾上腺素刺激肝糖原转变为血糖以及肌肉组织中糖原的降解。在肌肉静息恢复期，肌肉中的乳酸经血液带到肝脏，在肝脏中经糖异生能够再次转变成葡萄糖或糖原。图 14 - 4 所示为骨骼肌与肝脏间的协同代谢示意图。

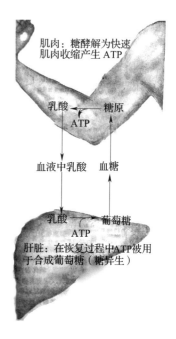

图 14 - 4　骨骼肌与肝脏间的协同代谢

肌肉收缩时所消耗的 ATP 是由肌酸激酶催化磷酸肌酸生成的（图 14 - 5），故磷酸肌酸是在肌肉收缩过程中 ATP 的直接来源。

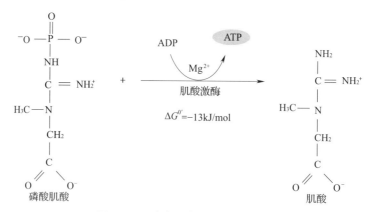

图 14 - 5　磷酸肌酸是 ATP 的储存库

当肌肉收缩时，运动神经脉冲引起 Ca^{2+} 从特定的内膜间隔（肌细胞横小管和横纹肌纤维内质网）释放时，Ca^{2+} 涌入肌浆（肌质），与肌钙蛋白 C（调节蛋白）结合。肌钙蛋白 C 启动一系列反应，直至肌球蛋白的粗纤维沿肌动蛋白细丝滑动。这个机械运动是由 ATP 水解释放的能量驱动的，其结果是肌肉缩短。肌肉松弛时，通过 Ca^{2+} - 转运 ATP 酶将 Ca^{2+} 泵入横纹肌纤维内质网，每转移 2 个 Ca^{2+} 消耗 1 个 ATP。肌肉松弛期间消耗的 ATP 与收缩几乎一样多。

与三羧酸循环和氧化磷酸化不同，糖酵解的活性可以爆发，6 - 磷酸 - 葡萄糖的代谢流瞬时可以增加2000倍。这个过程是由 Ca^{2+} 肾上腺素激活的。在剧烈运动中，几乎没有器官之间的相互协助。

在禁食、长时间饥饿和过度运动时，一些骨骼肌蛋白被降解成氨基酸，后者经血液带入肝脏进行糖异生；或氨基酸脱氨后的碳骨架可作为能源物质（图 14 – 6）。许多碳骨架可转变成丙酮酸，丙酮酸经转氨反应生成丙氨酸。丙氨酸经循环系统从骨骼肌中带入到肝脏再脱氨转化成丙酮酸，后者可以作为糖异生的底物。虽然肌肉中的蛋白质可以作为机体运动的能源，但是很不经济，也会影响机体的健康。

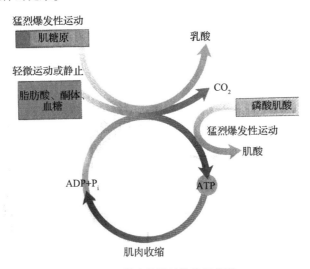

图 14 – 6　肌肉收缩时的能量代谢

四、心　　肌

心肌与骨骼肌不同，心肌总是按照一定的节律不停地收缩和舒张，以维持血液在全身流动。心脏完全处于有氧代谢状态，是绝对耗氧的组织。心肌中的线粒体比骨骼肌中多很多，几乎占了细胞体积的一半。在正常情况下，心肌主要依赖脂肪酸作为能源，乙酰 CoA 通过三羧酸循环和氧化磷酸化产生能量 ATP。心肌也利用一些其他能源物质如葡萄糖、酮体、丙酮酸和乳酸（原则上只有在饥饿时利用酮体），这些物质的利用与骨骼肌类似。心脏组织贮存的能源物质很少，有少量的磷酸肌和非常有限的糖原，这些能量可以满足心肌几秒钟的收缩之用。

五、脂 肪 组 织

脂肪组织是一个无定型组织，它广泛分布在体内，如血管周围、腹腔、乳腺以及皮下。长期以来人们一直认为它的主要功能是储存脂肪。然而它是控制食欲和能量需求动态平衡相关激素分泌的内分泌组织。脂肪组织是由不能进行复制的脂肪细胞构成。而脂肪细胞的数量随着脂肪细胞的前体细胞的分裂而增加。肥胖的人拥有更多的脂肪细胞。贮存的脂肪细胞中的三酰基甘油占脂肪组织的65%，基本上都是以油滴的形式存在。在不缺乏氮、矿物质和维生素的情况下，一个 70kg 的成年男子所储存的脂肪足以满足其 3 个月的能量需求（6000kJ/d）。

虽然脂肪细胞的主要作用是以三酰基甘油的形式贮存能量和脂肪酸，但它自身的代谢能力也很强，三酰基甘油的平均更新时间只有几天。脂肪细胞有活跃的细胞呼吸，通过糖酵解、三羧酸循环和氧化磷酸化将葡萄糖转化成能量。根据机体的生理状况，脂肪组织将剩余的营养物质（如葡萄糖、丙酮酸和乙酰 CoA）转化成脂肪酸和三酰基甘油，形成大脂肪粒贮存起来。如果膳食中葡萄糖水平较高，葡萄糖转化成乙酰 CoA 用于合成脂肪酸。然而，大部分用于合成三酰基甘油的脂肪酸是在肝细胞中合成的，而不是在脂肪细胞。脂肪细胞贮存来自肝脏合成和肠道吸收的脂肪酸。在大多数情况下，脂肪细胞由于缺乏甘油激酶，它们虽然不能直接循环利用脂肪细胞中三酰基甘油水解后生成的甘油，但可以利用糖酵解产生的磷酸二羟丙酮（DHAP），后者可还原成 3 - 磷酸甘油用于合成三酰基甘油。在脂肪细胞中也需要给磷酸戊糖途径提供葡萄糖以产生 NADPH。

但机体需要燃料时，贮藏在脂肪组织中的三酰基甘油在脂肪细胞中被脂肪酶水解释放脂肪酸，后者经血流运至骨骼肌和心脏。肾上腺素可大大加快从脂肪组织释放脂肪酸的速度，它刺激三酰基甘油脂肪酶的活化。

"褐色脂肪" 是一种特殊的脂肪组织，该组织含有大量的三酰基甘油以及富含细胞色素的线粒体，外观呈褐色，故称为褐色脂肪。在人类、新生无毛的哺乳动物和冬眠的哺乳动物的颈部和背部都有褐色脂肪。脂肪组织的线粒体有非常活跃的电子传递和质子驱动系统。线粒体的内膜上有一种解耦联蛋白——**产热素（thermogenin）**，它是一种激素，也是一个被动的质子通道，H^+ 通过它回流到线粒体基质中，降低了线粒体内膜两侧的质子梯度，阻止了 ATP 的合成。氧化释放的能量以热的形式散发。因此，褐色脂肪是专门氧化脂肪酸产热而不是合成 ATP 的。适应于寒冷生活的动物在褐色脂肪线粒体内膜蛋白质中含有高达 15% 的产热素。

六、脑

机体的大部分代谢最终是由大脑指导的。人体感受到的各种信息汇集在大脑的某些区域，这些区域有的直接控制运动神经的活性；下丘脑和垂体控制大多数人体激素的活性。就像心脏一样，大脑不能直接提供能量给其他组织和器官。

大脑自身的新陈代谢有以下几个方面的特点：

（1）成年哺乳动物的大脑通常只用葡萄糖作为能源物质，葡萄糖通过糖酵解和三羧酸循环氧化，提供脑所需要的几乎全部 ATP。动作电位是神经系统信息传递的主要机制。细胞膜上的 Na^+K^+ ATP 酶在 ATP 驱动下刺激神经元细胞泵入 2 个 K^+ 和泵出 3 个 Na^+ 离子，由此引起的跨膜电势的瞬时改变，这作为一个电信号（动作电位）由神经元的一端向另一端传递。

（2）大脑具有非常活跃的好氧代谢。在静息状态下，质量仅占体重 2% 的脑组织其氧的消耗占机体全部耗氧量的 20%。有趣的是，这个耗氧水平与思维活动无关，即使在睡眠状态也是如此。

（3）大脑几乎不含糖原，所以需要血液源源不断地将葡萄糖输送进来。如果血糖浓度急剧下降至低于临界水平，即使是很短一段时间，大脑功能通常就会发生严重甚至是不可逆转的变化，这也是低血糖会发生晕厥的原因。

（4）尽管大脑不能直接利用血液中的游离脂肪酸和脂滴作为燃料，但当必要时，它能利用肝细胞中由脂肪酸形成的酮体。图 14 - 7 所示为 β - 羟丁酸在肝外组织的代谢途径。在长期禁食或饥饿期间，当肝糖原耗尽后，大脑经过乙酰 CoA 氧化 β - 羟丁酸变得十分重要，这样可以使大脑利用体脂肪作为能源，从而减少肌肉蛋白的损失。但非常饥饿时，肌肉蛋白才通过肝脏的糖异生作用转变成葡萄糖成为大脑最终的能源。

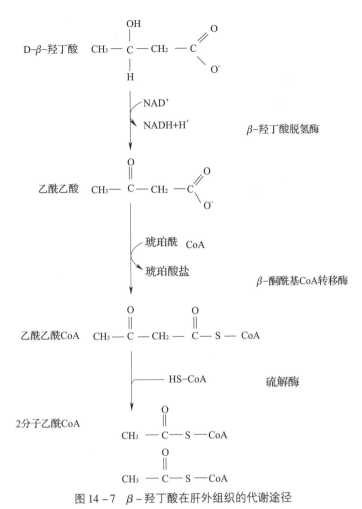

图 14-7　β-羟丁酸在肝外组织的代谢途径

七、肾　　脏

肾脏在维持机体内环境的稳定方面具有重要作用。主要功能：① 血浆的过滤，除去血浆中的一些可溶性废物，如尿素和某些外源物质；② 从滤过液中对电解质、糖和氨基酸的再吸收；③ 血液的 pH 和机体水含量的调节。

肾脏产生的能量主要用于物质的转运过程。肾脏的能量主要由脂肪酸和葡萄糖提供。在正常情况下，由糖异生生成的葡萄糖仅用于某些肾脏细胞内。在饥饿和酸中毒时糖异生速度加快。肾脏利用谷氨酰胺和谷氨酸（分别经谷氨酰胺酶和谷氨酸脱氢酶）产生的氨来调节 pH。

八、血　　液

血液运输氧气、携带养料、代谢物和激素，起着沟通各个组织的桥梁作用（好比城市管网系统，见图 14-8）。

血液直接介导所有组织之间的代谢相互作用。血液携带营养物质从小肠到肝脏，从肝和脂肪组织到其他器官；血液将来自于组织的废物运输到肾脏排出。氧气通过血液从肺到组织，组织产生的二氧化碳由血液运回肺呼出。血液也将激素信号由一个组织运输到另一个组织。

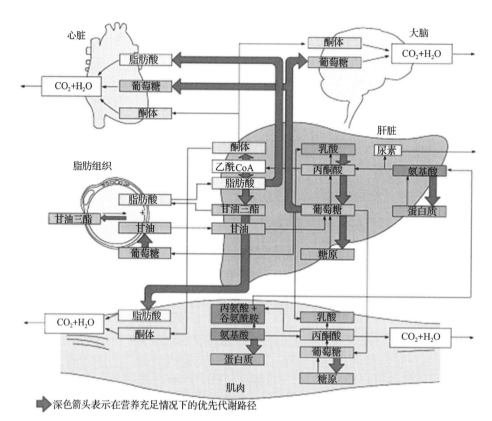

图 14 - 8　人体主要器官的代谢关系

有机体的整个代谢活动是由循环血液中的激素来调节的。血液中血糖的浓度是由肾上腺素、胰高血糖素、胰岛素等激素调节的。摄食和剧烈运动引起的血糖波动会引起体内激素水平的变化，激素控制着各种器官的代谢、相互的协调。例如，肾上腺素通过从糖原和其他前体动员血糖为机体剧烈活动做准备；低血糖导致胰高血糖素的释放，从而刺激肝糖原的释放并使肝脏和肌肉中的燃料转变为脂肪酸，以节约葡萄糖供大脑使用。长期禁食会使三酰基甘油成为主要燃料，肝脏能把脂肪酸转变为酮体并运送到包括大脑在内的其他组织中。高血糖诱导胰岛素的释放，胰岛素能加快组织对葡萄糖的吸收，并且能促进转变为糖原和三酰基甘油，后者作为能源储备。表 14 - 1 所示为脊椎动物器官中的能量代谢情况。

表 14 - 1　　　　　　　　　　大多数脊椎动物器官中的能量代谢

器官	储能物质	供能物质	产物中的含能物质
大脑	无	葡萄糖（饥饿时为酮体）	无
骨骼肌（休息状态）	糖原	脂肪酸	无
骨骼肌（剧烈运动状态）	无	糖原分解为葡萄糖	乳酸
心肌	糖原	脂肪酸	无
脂肪组织	三酰基甘油	脂肪酸	脂肪酸甘油
肝脏	糖原 三酰基甘油	氨基酸 葡萄糖 脂肪酸	脂肪酸 葡萄糖 酮体

第二节　细胞代谢的调节网络

细胞是一个动态稳定的系统，它是靠营养物质提供能量和构建细胞物质的原料来维系的。代谢是生物体与外界物质交换过程中体内所经历的一切化学变化，是生物体为维持生命活动发生在活细胞内的所有化学反应的总称，是一切生命活动的基础。代谢包括物质代谢、能量代谢和信息代谢三个方面。物质代谢包括合成代谢和分解代谢，分解代谢产生细胞所需的化学能和小分子原料；合成代谢利用分解代谢产生的能量和基础物质合成生物大分子的构件以及生物大分子。细胞中分解代谢和合成代谢是相伴进行的，它们均由许多复杂而相关的代谢途径所组成。正常情况下，细胞内的这些代谢途径不仅能保持各自的独立性，而且不同的代谢途径间还能相互协调、相互制约，有条不紊地按一定的方向、速度有规律地进行。图14-9所示为一个典型的异养细胞的代谢概貌。

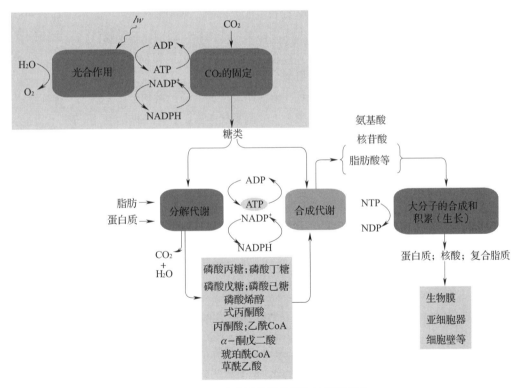

图14-9　一个典型的异养细胞的代谢概貌

一、物质代谢的相互联系

细胞内有数百种小分子在代谢中起着关键的作用，由它们构成了成千上万种生物大分子。如果这些分子各自单独进行代谢而互不相关，那么代谢反应将变得无比庞杂，以至细胞无法容纳。细胞代谢的原则和方略是：将各类物质分别纳入各自的共同代谢途径，以有限的几类反应转化种类繁多的分子，这些反应包括氧化还原反应、基团转移反应、水解与合成反应以及异构反应等。不同的代谢途径可通过交叉点上关键的中间代谢物而相互作用和相互转化。这些共同的中间代谢物使各代谢途径得以沟通，形成经济有效、运转良好的代谢网络通路。其中三个最关键的中间代谢物是 6 – 磷酸 – 葡萄糖、丙酮酸和乙酰 CoA。

（一）代谢物的相互转变

生物体内各种物质代谢是相互联系、相互影响和相互转化的，当某种物质代谢失调时，就会立即影响其他的代谢。现将细胞内四类主要有机物质，糖、脂类、蛋白质和核酸相互转变关系，分别叙述如下。

1. 糖类与脂质的相互转化

生物体内，糖转变为脂质首先是葡萄糖经过酵解过程生成磷酸二羟丙酮及丙酮酸。磷酸二羟丙酮可还原为甘油。丙酮酸经氧化脱羧后转变为乙酰 CoA，然后再缩合生成脂肪酸。糖代谢生成的乙酰 CoA 和 NADPH 也用于体内胆固醇的合成。脂类分解产生的甘油可以经过磷酸化生成 α – 磷酸甘油，再转变为磷酸二羟丙酮。后者沿酵解逆行可转变成糖。

脂肪酸能否转变为糖在不同的生物体中是不同的。植物、微生物体内脂肪酸通过 β – 氧化，生成乙酰 CoA，乙酰 CoA 通过乙醛酸循环途径生成琥珀酸，琥珀酸再进入三羧酸循环转变成草酰乙酸，由草酰乙酸脱羧生成丙酮酸，丙酮酸即可转变为糖。然而，在动物体内，由于缺乏乙醛酸循环途径，乙酰 CoA 不能直接生成丙酮酸，故脂肪酸几乎不能转变成糖，除非有其他来源的物质帮助补充三羧酸循环中消耗的有机酸。

在某些病理状况下，也可以观察到糖代谢与脂类代谢之间的密切关系。例如，糖尿病患者的糖代谢发生了障碍，同时也常伴有不同程度的脂类代谢紊乱。由于糖的利用受阻，体内必须依靠脂类物质的氧化来供给能量，因此，大量动用体内贮存的脂肪，运到肝脏组织内进行氧化，结果产生大量酮体，必须经血液运输到其他组织，如肌肉组织，再被氧化。酮体本身为酸性物质，血液中酮体增高时，常常发生酸中毒的危险。当节食长时间，身体饥饿时，体内无糖可供利用，也会产生与糖尿病相类似的情况，大量动用脂肪，并造成酮体过多。

2. 糖类和氨基酸的相互转化

糖是生物机体重要的碳源和能源，可用于合成各种氨基酸的碳链结构，后经氨基化或转氨后，即生成相应的氨基酸。糖在分解过程中能产生丙酮酸可经三羧酸循环转变为草酰乙酸和 α – 酮戊二酸，这三种酮酸都可以通过转氨作用分别形成丙氨酸、天冬氨酸和谷氨酸。高等动物体内能够自身合成 12 种非必需氨基酸，其余 8 种必需氨基酸必须从食物摄取。此外，糖代谢中产生的 ATP 等，也可用于氨基酸和蛋白质的合成。

组成蛋白质的 20 种氨基酸大多数（除亮氨酸、赖氨酸两个生酮氨基酸外）可通过脱氨基作用生成相应的 α – 酮酸在体内转变为糖，如丙氨酸转变成丙酮酸、天冬氨酸转变成草酰乙酸、谷氨酸转变成 α – 酮戊二酸，它们可经草酰乙酸转变为磷酸烯醇式丙酮酸，然后异生为糖。精氨酸、组氨酸和脯氨酸均可转变为谷氨酸，进一步脱氨基生成 α – 酮戊二酸。其他一些生糖氨基酸均可以通过脱氨后转化成三羧酸循环和糖酵解途径的中间产物而转化成糖。

3. 氨基酸与脂质的相互转化

脂质分子中的甘油可转变为丙酮酸、草酰乙酸及 α – 酮戊二酸，然后接受氨基而转变为丙氨酸、天冬氨酸及谷氨酸。脂肪酸通过 β – 氧化生成乙酰 CoA，进一步转化为草酰乙酸和 α – 酮戊二酸，从而与天冬氨酸和谷氨酸相联系。值得注意的是，在人和动物体内，这种由脂肪酸合成氨基酸碳链结构的可能性是受限制的。当乙酰 CoA 进入三羧酸循环用于形成氨基酸时，需要消耗三羧酸循环中的有机酸，由于动物体内不存在乙醛酸循环，无法补充三羧酸循环中的有机酸，合成反应将不能进行。脂质转变为氨基酸（非必需氨基酸）数量极为有限，仅脂肪、磷脂分解生成的甘油可通过 3 – 磷酸甘油醛沿糖代谢途径生成一些中间代谢产物，进而转变为某些非必需氨基酸。实际上，在具有乙醛酸循环途径的植物和微生物体内，脂肪酸氧化分解产物乙酰 CoA 可转变为琥珀酸，后者可补充三羧酸循环中的有机酸，进而可合成相应的氨基酸。例如，含有大量油脂的植物种子，在萌发时，由脂肪酸和铵盐形成氨基酸的过程进行得极为强烈。

生酮氨基酸和生糖生酮氨基酸分解后均可生成乙酰 CoA。乙酰 CoA 经还原缩合反应合成脂肪酸进而合成脂肪；乙酰 CoA 也是胆固醇合成的原料；氨基酸也可以作为合成磷脂的原料，如丝氨酸脱羧可转变为乙醇胺，乙醇胺由 S – 腺苷甲硫氨酸提供甲基生成胆碱，丝氨酸、乙醇胺及胆碱分别是合成磷脂酰丝氨酸、脑磷脂及卵磷脂的原料。

4. 核苷酸与氨基酸、糖类、脂质代谢的关系

核酸是细胞中重要的遗传物质，它通过控制蛋白质的合成，影响细胞的组成成分和代谢类型。一般来说，核酸不是重要的碳源、氮源和能源，虽然生物机体也能利用其中的碳、氮和能量。

许多核苷酸在代谢中起着重要的作用，例如，ATP 是能量和磷酸基团转移的重要物质。UTP 参与单糖的转化和多糖的合成。CTP 参与卵磷脂的合成。GTP 供给合成蛋白质多肽链时所需要的能量。此外，许多重要的辅酶，例如，CoA、烟酰胺核苷酸和异咯嗪腺嘌呤二核苷酸等，都是腺嘌呤核苷酸的衍生物，腺嘌呤核苷酸还可以转变为组氨酸。

另一方面，核酸本身的合成，又受到其他物质特别是蛋白质的作用和控制。核苷酸合成时所需的 5 – 磷酸核糖由磷酸戊糖途径提供。核苷酸组成中嘌呤及嘧啶碱基的元素来源于氨基酸及其代谢产物一碳单位。例如，甘氨酸、天冬氨酸、谷氨酰胺参与嘌呤和嘧啶环的合成。核酸的合成除需要酶催化外，还需要多种蛋白质因子参与作用。

综上所述，可以看出，糖、脂类、蛋白质和核酸等物质在代谢过程中都是彼此影响、相互转化和密切相关的。三羧酸循环不仅是各类物质共同的代谢途径，而且也是它们之间相互联系的渠道。现将四类物质的主要代谢关系总结如图 14 – 10 和图 14 – 11 所示。

（二）沟通不同代谢途径的中间代谢物

生物体内，不同的物质具有不同的代谢途径，同一物质也往往有几条代谢途径，例如，糖、脂质、氨基酸及核苷酸在细胞内有其各自不同的代谢特点，合成代谢及分解代谢往往在一个细胞内同时进行。各条代谢途径之间，可通过一些枢纽性中间代谢物发生联系，或相互协调、或相互制约，从而确保生命正常。这些枢纽性中间代谢物主要包括 6 – 磷酸 – 葡萄糖、磷酸二羟丙酮（3 – 磷酸甘油醛）、丙酮酸、乙酰 CoA、柠檬酸循环的中间产物如草酰乙酸、α – 酮戊二酸等。

6 – 磷酸葡萄糖是糖酵解、磷酸戊糖途径、糖异生、糖原合成及糖原分解的共同中间代谢物。在肝细胞中，通过 6 – 磷酸 – 葡萄糖使上述糖代谢的各条途径得以沟通。

3 – 磷酸甘油醛是糖酵解、磷酸戊糖途径及糖异生的共同中间代谢产物；脂肪分解产生的甘油通过甘油激酶催化也可以形成 3 – 磷酸甘油醛；另外，生糖氨基酸经脱氨基作用

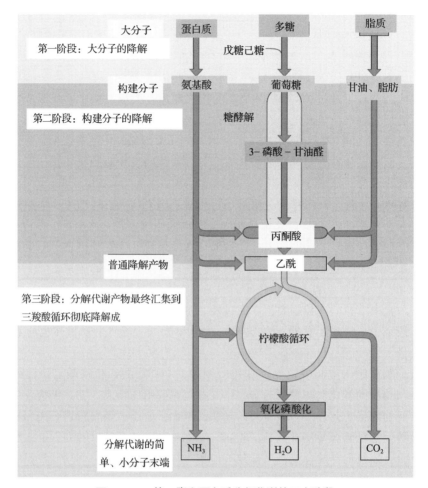

图 14 – 10 糖、脂和蛋白质分解代谢的三个阶段

以后也可转变为 3 – 磷酸甘油醛。所以, 3 – 磷酸甘油醛可以联系糖、脂质及氨基酸代谢。

丙酮酸是糖酵解、糖的有氧氧化和生糖氨基酸氧化分解代谢的共同中间代谢物。糖酵解时丙酮酸还原为乳糖;有氧氧化时则生成乙酰 CoA。另外,丙酮酸在丙酮酸羧化酶的作用下形成草酰乙酸。生糖氨基酸异生为糖也需要经过丙酮酸的形成及转变。

糖、脂肪及氨基酸的分解代谢中间代谢产物乙酰 CoA 可通过共同的代谢途径——柠檬酸循环、氧化磷酸化氧化为 CO_2 和 H_2O,并释放能量;乙酰 CoA 也是脂肪酸、胆固醇合成的原料;在肝脏,乙酰 CoA 还可用于合成酮体。因此,乙酰 CoA 是联系糖、脂肪及氨基酸代谢的重要物质。

草酰乙酸、α – 酮戊二酸等柠檬酸循环中间产物,除参加三羧酸循环外,还可为生物体内合成某些物质提供碳骨架。如草酰乙酸、α – 酮戊二酸分别合成天冬氨酸、谷氨酸;柠檬酸可用于合成脂肪酸;琥珀酰 CoA 与甘氨酸一同合成血红素等。反之,某些氨基酸经代谢转变也可生成草酰乙酸、α – 酮戊二酸等代谢中间物。糖代谢产生的丙酮酸也可以生成草酰乙酸。补充柠檬酸循环的中间产物有助于柠檬酸循环的顺利进行。

综上所述,通过共同的中间代谢物,使不同代谢途径间相互沟通。由于代谢途径并非完全不可逆,所以除少数必需脂肪酸、必需氨基酸外,糖、脂质及氨基酸大多数可以相互转变。

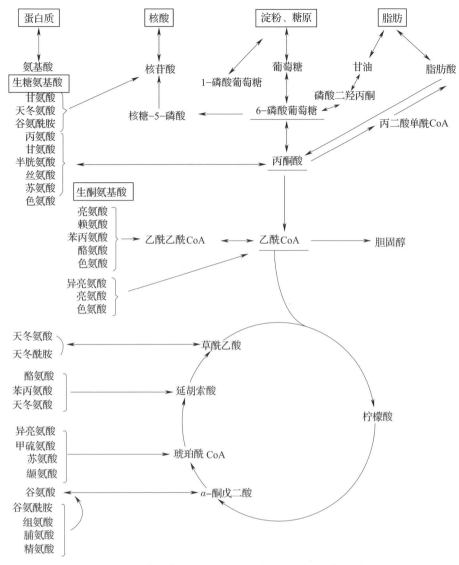

图 14 – 11　糖、脂类、蛋白质和核酸代谢的相互联系示意图

(三) 代谢途径交叉形成网络

虽然分解代谢和合成代谢基本上采用不同的途径，但是许多代谢环节还是双方都可以共同利用的。这种可以公用的代谢环节称为两用代谢途径。三羧酸循环可以看作是两用代谢途径的典型例证。例如，不同氨基酸分解代谢的结果可形成柠檬酸循环中的中间产物，柠檬酸循环中的 α – 酮戊二酸是谷氨酸脱去氨基的产物，三羧酸循环中的草酰乙酸是天冬氨酸脱去氨基的产物等。因此，α – 酮戊二酸、草酰乙酸既是氨基酸以及蛋白质分解代谢的产物，又可以作为合成氨基酸以及蛋白质的前体物质。α – 酮戊二酸、草酰乙酸作为柠檬酸循环中的成员，又可以进一步被氧化分解最后形成 CO_2 和水。两用代谢途径的存在，使机体细胞的代谢的灵活性增加了。三羧酸循环不仅是各类物质共同的代谢途径，而且也是它们之间相互联系的渠道。通过这些共同的中间代谢物及代谢途径使各部分代谢途径得以沟通，形成经济有效、运转良好的代谢网络通路。

二、生物体代谢特点

生物的种类虽然是多种多样的，它们的结构特征和生活方式也是纷繁复杂的，然而，无论是构成其生命的基本组成（蛋白质、核酸、糖等），还是它们的代谢，以及遗传信息的物质基础（DNA、RNA）、含义（遗传密码）和流向（中心法则）等基本上都是相同的。生命的本质在分子水平上是一致的、统一的。

代谢的基本要略在于形成ATP、还原力和构造单元，以用于生物合成。代谢过程中，各类物质分别被纳入各自的以及共同的代谢途径，以尽可能少的反应，转化种类繁多的分子。代谢是由两个相反的过程——分解代谢和合成代谢组成的。无论是从外界环境获得的还是自身贮存的有机营养物，都是需要通过一系列的反应步骤，转变成较小的、较简单的物质。分解代谢可分为3个阶段：

第一阶段，大分子营养物质如蛋白质、多糖、脂等降解成小的单体——构件分子，例如氨基酸、葡萄糖、甘油和脂肪酸等。

第二阶段，构件分子进一步代谢只生成少数几种分子，这些分子的结构比构件分子简单，其中有两个重要的化合物——丙酮酸和乙酰CoA。另外，蛋白质的分解代谢中，氨基酸经脱氨作用可生成氨。

第三阶段，乙酰CoA进入柠檬酸循环，分子中的乙酰基被氧化成CO_2和H_2O。

物质代谢的同时，也产生了大量的化学能，这些能量一般都是以核苷三磷酸（如ATP或GTP）和还原型辅酶（如NADH和$FADH_2$）的形式保存的。这些能量是生物体的生长、发育，机体运动等一切生命活动所必需的。与分解代谢相反，生物体利用小分子或者大分子的结构元件建造自身大分子的过程称为合成代谢。

（一）分解代谢和合成代谢的单向性

分解代谢和合成途径的许多中间产物都一样，貌似代谢途径中的许多反应都可逆进行，实际上整个代谢过程是单向的，分解代谢和合成代谢各有其自身的途径，在一条代谢途径中，某些关键部位的正逆反应往往是由两种不同的酶所催化。因此，这些反应被称为相对立的单向反应。这种分开机制可使生物合成和降解途径或者正向反应和逆向反应分别处于热力学的有利状态。生物合成是一个吸能反应，它通过与一定数量ATP的水解相偶联而得以进行。降解则是放能反应。这些吸能反应和放能反应均远离平衡点，从而保证了反应的单向进行。例如，糖酵解途径中由己糖激酶和磷酸果糖激酶催化的两个反应，它们的正向反应和逆向反应是分开进行的。其反应过程如下：

（1）葡萄糖+ATP $\xrightarrow{\text{己糖激酶}}$ 6-磷酸-葡萄糖+ADP

（2）6-磷酸-葡萄糖+H2O $\xrightarrow{\text{6-磷酸-葡萄糖酶}}$ 葡萄糖+Pi

（1）6-磷酸-果糖+ATP $\xrightarrow{\text{磷酸果糖激酶}}$ 1,6-二磷酸-果糖+ADP

（2）1,6-二磷酸-果糖+H2O $\xrightarrow{\text{1,6-二磷酸果糖酶}}$ 6-磷酸-果糖+Pi

再例如，脂肪酸的合成沿丙二酸单酰 CoA 途径；脂肪酸降解沿 β – 氧化途径进行。糖原的合成和降解也分别由不同反应进行。这对代谢控制极为重要。脂肪酸的合成与降解反应如下：

$$（1）乙酰CoA+CO+ATP \xrightarrow{\text{乙酰CoA羧化酶}} 丙二酸单酰CoA+ADP+Pi$$

$$（2）丙二酸单酰CoA \xrightarrow{\text{丙二酸单酰CoA脱羧酶}} 乙酰CoA+CO_2$$

（二）ATP 是通用的能量载体

绿色植物和光合细菌能够利用太阳能，一般生物只能利用分解代谢所产生的化学能。复杂的有机物如葡萄糖由于其高度的有序结构而含有较高的势能。当葡萄糖被氧化降解成简单的终产物 CO_2 和 H_2O 时，有较多可被利用的自由能释放。如果这些释放的自由能不被捕捉或贮存起来，就将以热能的形式散发到周围环境中去。在活细胞的分解代谢中，由葡萄糖和其他有机物释放的自由能通过与腺苷三磷酸（ATP）高能磷酸键的合成偶联而被贮存。然后由 ATP 将能量传递给需能的过程，随着能量的转移，它的末端的磷酸基被脱落下来。由此可见，ATP 是细胞主要的能量传递者（图 14 – 12）。

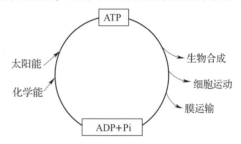

图 14 – 12 ATP 携带能量将能源传递给细胞的过程

（三）NADPH 以还原力形式携带能量

分解代谢释放的自由能传递给生物合成的第二种方式是以 NADPH 还原力形式。一般来说细胞的有机成分比代谢终产物的还原程度高。生物合成是一个还原性的反应过程。还原型烟酰胺腺嘌呤二核苷酸磷酸（NADPH）是还原性生物合成的氢和电子供体。NADH、NADPH、$FMNH_2$ 和 $FADH_2$ 是生物氧化过程中氢和电子携带者，它们都可通过呼吸链氧化产生 ATP。但 NADH 和 NADPH 的产生途径和生化功能不相同，NADPH 主要用于还原性生物合成。

（四）具有共同的代谢池

无论来自体外或体内的物质，在进行中间代谢时，是不分彼此的，它们可以参加到共同的代谢池中去。例如，无论是由氨基酸转变成的糖还是由甘油转化成的糖，在同一糖代谢池中，混为一体，在参与各组织的代谢时机会均等。

（五）动态平衡

体内糖、脂、氨基酸及核苷酸的代谢总是处于一种动态平衡或稳态平衡状态。纵然体内的物质面临多条代谢通路，但它们总是能适时获得补充或者被消耗，使其中间代谢产物不致堆积或匮乏。

（六）整体性

体内各物质代谢之间不是孤立的，而是相互联系的，它们或者相互转变，或者相互制约，构成其整体性。不同的物质在代谢时，常可利用或共享同一代谢通路，或者分享部分代谢通路。例如，从糖、脂和氨基酸分别生成的乙酰 CoA，均可由三羧酸循环彻底氧化；也可用以合成脂肪酸。另一方面，当脂肪酸分解代谢旺盛时所生成的大量乙酰 CoA 及长链脂肪酰 CoA，则可分别抑制丙酮酸脱氢酶及柠檬酸合酶，以制约糖的分解代谢。

（七）代谢调节

体内各种物质面临多条代谢途径，它们的流向经神经的整体调节、激素调节和细胞水平调节等机制进行调控，使其有条不紊地进入生物体的代谢活动中去。

第三节　代　谢　调　节

生物体内的代谢调节可在不同的水平进行。单细胞生物主要通过细胞内代谢物的浓度的变化，对酶的活性及含量进行调节，这种调节称为细胞水平的调节。高等动物不仅有完整的内分泌系统，而且还有功能复杂的神经系统，内分泌系统分泌的激素可对其他细胞发挥代谢调节作用，这种调节称为激素水平的调节。神经系统通过神经纤维及神经递质直接对靶细胞发生作用（神经调节），或通过激素的分泌来调节某些细胞的代谢及功能（神经－体液调节），并通过各种激素的相互协调而对生物体进行综合调节，这种调节称为整体水平的调节。本节主要介绍细胞水平的调节。

一、细胞水平的代谢调节

细胞水平的代谢调节的实质是酶的调节，主要是通过细胞内区域化分布、酶的别构调节、酶的化学修饰及酶含量的改变等方面来调节。

（一）酶的区域化分布与代谢途径的分割控制

生物分为原核生物和真核生物两大类，它们分别由原核细胞和真核细胞构成。两类细胞均具有精细的结构，特别是真核生物的细胞，具有膜包围的各种细胞器，如核、内质网、线粒体、高尔基体和溶酶体等。组成细胞结构的基本生物大分子是核酸、蛋白质、脂类和多糖。生物大分子彼此特异地结合而成超分子复合物，这些复合物再装配成细胞本身的结构和细胞器。生物大分子装配所需的信息可能完全包含在大分子内（如多聚体酶、多酶复合体、核糖体、拼接体和简单的病毒颗粒等），但也有一些细胞结构装配所需信息除大分子携带外，还必须由先存结构提供，例如染色体、细胞壁和膜等。这种装配是在原有结构的基础上加入新的成分，原有结构对装配起着指导作用。所有这些结构都是由大分子相互作用所能达到的最小自由能状态所决定。蛋白质在装配后立即定位于细胞的特定部位，各类酶也同样在细胞中有各自的空间分布，或是与细胞的某些结构（膜、颗粒和纤维）相结合，或是存在于胞液内。因此，酶催化的代谢得以有条不紊、各不相扰地进行，而且相互协调和制约，受到精确的调节。

1. 酶的空间分布

酶的空间分布是指细胞内的不同部位分布着不同的酶，称为酶的区域化分布。这个特性决定了细胞内的不同部位（细胞器）进行着不同的代谢，例如，糖酵解酶系和糖原合成、分解酶系存在于胞液中；三羧酸循环酶系和脂肪酸 β － 氧化酶系位于线粒体中；核酸合成酶系则绝大部分集中在细胞核内。生物膜是生物进化的产物，原核细胞除质膜外没有膜系结构，而真核细胞内由于各种膜系结构的存在，使细胞形成各种胞内区域，这是形成酶的区域化分布的结构基础。

一些重要的酶在细胞内的分布如表 14 －2 所示。

表 14-2　　　　　　　　　　一些重要的酶在细胞内的分布

亚细胞区域		酶	相关代谢
细胞膜		ATP 合成酶、腺苷酸环化酶等	能量及信息转换
细胞核		DNA 聚合酶、RNA 聚合酶等	DNA 复制、转录
细胞浆		糖酵解酶系、磷酸戊糖途径酶系、糖原合成和分解酶系、脂肪酸合成酶系、HMP 酶系、谷胱甘肽合成酶系、氨酰 tRNA 合成酶系等	糖分解、糖原合成和分解、脂肪酸合成、谷胱甘肽合成、氨基酸活化
线粒体	外膜	单胺氧化酶、脂酰转移酶等	胺氧化、脂肪酸活化
	膜间隙	腺苷酸激酶、NDP 激酶、NMP 激酶等	核苷酸代谢
	内膜	呼吸链及氧化磷酸化酶系等	呼吸链电子转移
	基质	TCA 酶系、脂肪酸-氧化酶系、氨基酸氧化脱氨及转氨酶系	糖、脂肪及氨基酸的有氧氧化
内质网		蛋白质合成酶系、加单氧酶系等	蛋白质合成、加氧反应
溶酶体		各种水解酶类	糖、脂、蛋白质的水解
过氧化氢体		过氧化氢酶、过氧化物酶	处理过氧化氢
叶绿体		卡尔文循环酶系、光合电子传递酶系	光合作用

酶的区域化分布在各种代谢途径区域化中，有以下几个方面的意义：

避免各种代谢途径之间的相互干扰，为代谢调节控制创造了有利条件，使某些调节因素可以比较专一地作用于某一区域的酶活力，而不至于影响其他区域的酶活力。

酶的区域化分布还使得有些代谢物必须通过跨膜转运或载体的输送方能到达相应的部位，从而形成特殊的调节机制。例如，脂肪酸的 β-氧化在线粒体中进行，线粒体中的脂酰 CoA 的浓度影响着脂肪酸 β-氧化的速度，而脂酰 CoA 从胞液进入线粒体有赖于肉碱的存在，肉碱在调节脂肪酸 β-氧化中起着重要的作用。相反，脂肪酸的合成在胞液中进行，合成脂肪酸所需的乙酰 CoA 又来自于线粒体，但线粒体中的乙酰 CoA 进入胞液要通过柠檬酸-丙酮酸循环来控制。

2. 生物膜对代谢的调节和控制作用

在真核细胞中，膜结构占细胞干重的 70% ~80% 。细胞除质膜外还有广泛的内膜系统，这些膜系统将细胞分割成许多特殊区域，形成各种细胞器。原核细胞缺乏内膜系统，但某些细胞的质膜内陷形成中体或质膜体。

各种膜结构对代谢的调节和控制作用有以下几种形式：

① 控制跨膜离子浓度梯度和电位梯度：由于生物膜的选择透过性，造成膜两侧的离子浓度梯度和电位梯度，因此当离子逆浓度梯度转移时，需要消耗自由能，而离子沿浓度梯度转移时，则释放自由能。细胞质膜和线粒体内膜可利用质子浓度梯度的势能合成 ATP 和吸收磷酸根等物质。在动物细胞以及某些植物、真菌和细菌的细胞中，钠离子流可驱动氨基酸和糖的主动运输。神经肌肉的兴奋传导则与跨膜离子流产生膜电位有关。

② 控制细胞的物质运输：细胞膜由于具有高度的选择透性，使细胞不断从外界环境中吸收有用的营养成分，并排出代谢废物，从而调节细胞内该物质的代谢，维持细胞内环境

的稳定。

③ 内膜系统对代谢途径的分割作用：内膜系统将细胞分成许多功能特异的分割区，各自以封闭的选择透性膜为界。这些分割区成为分开的亚细胞反应器，其内包含有一套浓集的酶类和辅助因子，因而有利于酶促反应的进行。而且，细胞内的分割可防止互不相容或竞争性的酶促反应彼此间的干扰。

④ 膜与酶的可逆结合：有些酶能可逆地与膜结合，并以其膜结合型和可溶型的互变来影响酶的性质，和调节酶活力。这类酶称为双型酶，以区别于膜上固有的组成酶。双型酶对代谢状态变动的应答迅速，调节灵敏，是细胞代谢调节的一种重要方式。就目前所知，这类酶大多是代谢途径中关键的酶或调节酶。例如，糖酵解途径中的己糖激酶、磷酸果糖激酶、醛羧酶及3 - 磷酸甘油醛脱氢酶；氨基酸代谢中的谷氨酸脱氢酶、酪氨酸氧化酶，以及一些参与共价修饰的蛋白激酶、蛋白磷酸酯酶等。

(二) 酶水平调节

酶几乎参与生物体内的所有新陈代谢过程，要使新陈代谢按照一定的规律有条不紊地进行，必须使酶的调节作用正常地进行。而酶的调节分为酶活力的调节和酶量的调节。

1. 酶活力的调节

细胞中酶活力的调节方式多种多样，对于单一酶的活力调节主要有激活剂和抑制剂对酶活力的调节、共价修饰酶的活力调节和变构酶的活力调节。有关这方面的内容在第四章第六节中已做叙述。另外，在糖、脂、氨基酸和核苷酸代谢章节中也对代谢途径中的关键酶的酶活力调节进行了较为详细的叙述，在此不再赘述。

2. 酶量的调节

酶量的调节就是指对酶的合成、阻遏和降解的调节。通过酶的合成和降解，生物体内酶的组成和含量发生变化，因而对代谢起调节作用。生物体内如果新出现了某种酶，可能是该酶的基因由关闭状态转向打开；如果原有的某种酶逐渐消失了，可能是该酶的基因表达停止了；如果酶的基因一直在表达，而该酶的量却逐渐下降，可能是该酶的降解加速了，或者是缺少酶的辅助因子而无法组装该酶，或酶原转化为酶的过程受阻。

根据环境对酶合成的影响不同可以将酶分为两大类：一种是**构成酶或组成酶（constitutive enzymes）**，外界环境因素对这种酶的合成速率影响不大，如 RNA 聚合酶、DNA 聚合酶、糖酵解途径的各种酶等。表达这种酶的基因称为管家基因或者组成型基因，这种基因在细胞中的表达是持续性的，不会受到环境的影响。而另一种酶，它的合成量受环境营养条件以及细胞内有关因子的影响，受环境影响而增加合成量的称为**诱导酶（induced enzyme）**，相反受环境影响而降低合成量的称为阻遏酶。诱导酶和阻遏酶的合成均涉及基因表达，是在诱导剂或阻遏剂的作用下调节基因活性，从而促进或抑制基因表达的。有关酶量的基因表达调控详见第十八章的第三节。

3. 酶蛋白的降解

细胞内酶的含量一方面与酶的合成有关，另一方面也与其降解有关。许多代谢的关键酶和受到严格调控的酶都会迅速降解，如鸟氨酸脱羧酶（多胺合成的限速酶），受激素和营养条件控制的丝氨酸脱氢酶、色氨酸氧化酶、酪氨酸氨基转换酶，糖代谢的关键酶 PEP 羧激酶，调控细胞周期的周期蛋白等，都属于周转迅速的蛋白质。显然，只有保持高的周转率，酶量的调控才有意义。

酶的降解是由蛋白水解酶催化的。细胞内含有各种蛋白水解酶，而且大部分蛋白水解酶是广谱性的，因此细胞对蛋白水解酶的活动有严格的控制，包括：控制蛋白水解酶的合成与分解；控制蛋白水解酶抑制剂的浓度；控制蛋白水解酶原的活化过程；通过区域化作用限制蛋白水解酶的活动范围。

不同酶的降解率是不同的。已知蛋白质氨基末端的氨基酸决定蛋白质的半衰期，这就是 N 末端规律。N 端为 Met、Ser、Ala、Thr、Val、Gly 或 Cys 的蛋白质，半衰期大于 20h；而 N 端为 Arg、Lys、His、Phe、Tyr、Trp、Leu、Asn、Glu、Asp 或 Glu 的蛋白质只有 2 ~ 30min 的半衰期。此外，富含 Pro、Glu、Ser 和 Thr 残基保守序列的蛋白质半衰期也很短。

（三）酶的反馈调节

代谢底物、中间产物及终产物常常可以作为影响关键酶的效应物，对关键酶的活性起到促进或者抑制作用，这就是前馈或反馈调节。代谢底物或者代谢途径中早期的中间产物对途径后面某一步反应酶活性的影响叫做前馈；在更多情况下，一个代谢途径的终产物（或某些中间产物）对关键酶的活性产生更重要的影响，这称为反馈。如果终产物浓度增高，刺激关键酶的活性，称为正反馈或反馈激活；反之，终产物的积累抑制关键酶的活性，称为负反馈或反馈抑制。在细胞内的反馈调节中，广泛地存在负反馈，正反馈的例子较少见。

反馈抑制，是反馈调节中最普遍、最重要的形式。反馈抑制是指在序列反应中终产物对反应序列前头的酶的抑制作用，从而使整个代谢反应速度降低，降低或抑制终产物生成速度。受反馈抑制的酶一般为别构酶。如大肠杆菌以天冬氨酸和氨甲酰磷酸为原料合成 CTP 的序列反应中，当 CTP 的浓度升高后，就会抑制反应序列的第一个酶，即天冬氨酸甲酰基转移酶。该酶含有催化亚基和调节亚基两个亚基，CTP 浓度高时结合于调节亚基抑制酶活，CTP 浓度降低时，抑制减弱，酶活性上升（图 14 - 13）。

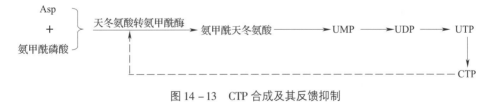

图 14 - 13　CTP 合成及其反馈抑制

根据代谢途径的不同可分为线性反馈与分支代谢反馈，在分支代谢反馈中又有不同类型。所谓线性代谢是指由一定的代谢底物开始，一个反应接着一个反应，前一个反应的产物是后一个反应的底物，形成连续的、线性的代谢途径，直到整个代谢终产物的形成。随着终产物的积累，对整个途径产生反馈抑制作用。在线性反馈调节中又有直接反馈抑制和连续反馈抑制之分。图 14 - 13 所示 CTP 的合成是不分支的线性代谢途径，末端 CTP 一种产物就能起到反馈抑制作用，称单价反馈抑制。在脂肪酸的合成中，终产物脂肪酸或脂酰 CoA 的积累，反馈抑制关键酶乙酰 CoA 羧化酶；胆固醇合成中，终产物胆固醇对关键酶羟甲基戊二酸单酰 CoA 还原酶的反馈抑制，都是直接反馈的例子。连续反馈或逐级反馈的例子有糖酵解途径中，作为终产物之一的 ATP 不是直接抑制第一个关键酶己糖激酶，而是首先抑制磷酸果糖激酶，这样必然造成 6 - 磷酸葡萄糖的积累，它再反馈抑制己糖激酶，最后才使整个代谢停止。因此，在分支代谢途径中，会出现几个末端产物，限速酶活性可受两种或两种以上末端产物的抑制，这种情况称为二价或多价反馈抑制。

目前已总结出多种调控模式，下面仅就主要有 4 种抑制机制进行简单的介绍。

（1）协同反馈抑制作用　协同反馈抑制作用又称多价反馈抑制。当一条代谢途径中有两个以上终产物时，每一终产物单独存在并不对整个代谢途径起抑制作用，只有几个最终产物同时过多时才能对途径中第一个酶产生抑制作用，这种调节方式称为协同反馈抑制。其反馈抑制模式如图 14-14 所示。不少微生物都具有这种调节作用。例如，在多黏芽孢杆菌中，在天冬氨酸族氨基酸合成过程中的第一个酶，即天冬氨酸激酶，是一组同工酶，受到赖氨酸、苏氨酸、甲硫氨酸的多价反馈抑制作用（图 14-15）。天冬氨酸激酶的活力必须在赖氨酸、苏氨酸同时过多的情况下才被严重抑制。表 14-3 的数据可以说明协同反馈抑制作用。

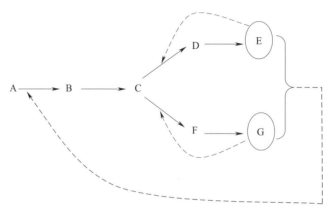

图 14-14　协同反馈调节模式

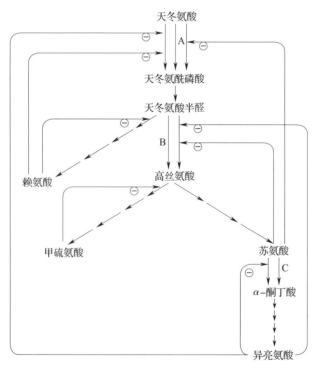

图 14-15　天冬氨酸族氨基酸生物合成的反馈调节

A—天冬氨酸激酶　B—高丝氨酸脱氢酶　C—苏氨酸脱氨酶

表 14 - 3   终产物对假单胞杆菌天冬氨酸激酶的协同调节作用

加或不加终产物	天冬氨酸激酶的相对活力
不加	100
L - Thr（5mmol）	110
L - Lys（5mmol）	120
L - Thr（5mmol）+ L - Lys（5mmol）	4

（2）顺序反馈抑制　顺序反馈抑制又称逐步反馈抑制，其反馈抑制模式如图 14 - 16 所示。顺序反馈抑制中终产物首先分别反馈抑制各自代谢支路上的第一个酶，从而使中间产物积累，然后终产物以及中间产物再对共同途径的第一个酶产生反馈抑制。这种调节方式首先发现于枯草芽孢杆菌的芳香族氨基酸合成。从图 14 - 17 可见，色氨酸、苯丙氨酸、酪氨酸分别反馈调节其支路代谢的酶，当这三个分支途径都被抑制时，造成中间产物分支酸和预苯酸积累，这两个中间产物又反馈抑制公共途径的限速酶 7 - 磷酸 - 2 - 酮 - 3 - 脱氧庚糖酸合成酶（DAHP 合成酶）。此外，分支酸变位酶和莽草酸激酶都有同工酶，而且前者不被反馈抑制，可被阻遏，莽草酸激酶则被分支酸和预苯酸协同抑制。枯草杆菌的顺序反馈抑制机制经这样加以补充就成为很完善的调节系统了。

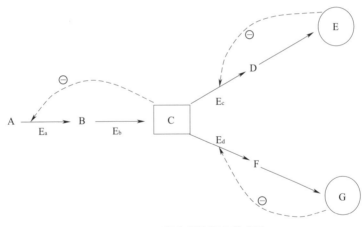

图 14 - 16　顺序反馈调节模式图

（3）积累反馈抑制　几个最终产物中任何一个产物过多时都能对某一酶发生部分抑制作用，但要达到最大效果，则必须几个最终产物同时过多，各终产物的反馈抑制有累积作用，这样的调节方式称为积累反馈抑制。如图 14 - 18 所示，E 和 G 分别对限速步骤 A—B 的酶有反馈抑制作用，E 抑制其活力的 30%，G 抑制其活力的 40%，E、G 同时过量时，则酶活力共抑制 30% +（1 - 30%）×40% = 58%，若 G 先过量，E 后过量，则抑制其总活力仍是 58%。大肠杆菌的谷氨酰胺合成酶的调节是最早观察到积累反馈抑制的例子。谷氨酰胺是合成甘氨酸、丙氨酸、组氨酸、色氨酸、AMP、CTP、氨基甲酰磷酸和 6 - 磷酸葡萄糖胺的前体，谷氨酰胺合成酶是上述物质合成途径中的第一个酶，它的合成受这 8 种终产物的积累反馈抑制，当这些物质单独过量时，都可部分抑制谷氨酰胺酶的活性，当它们同时都过量时，谷氨酰胺酶的活性几乎全部被抑制。如图 14 - 19 所示。

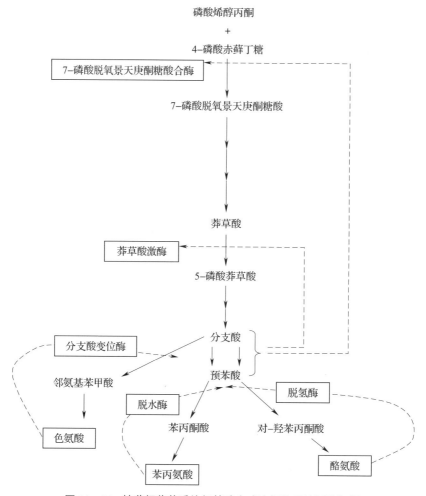

图 14-17 枯草杆菌芳香族氨基酸合成途径的反馈调节机制

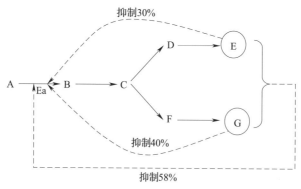

图 14-18 积累反馈抑制模式图

（4）同工酶反馈抑制 同工酶反馈抑制的特点是几个终产物能抑制分支点之前某一由同工酶催化的反应步骤，但每一种终产物只抑制同工酶中的一种酶（图 14-20）。如果所有终产物均过量，则同工酶活性全部被抑制，其效果与协同反馈抑制相同。由天冬氨酸出发合成赖氨酸、甲硫氨酸、苏氨酸、异亮氨酸的序列反应即是同工酶反馈抑制的例子（图 14-15）。其第一

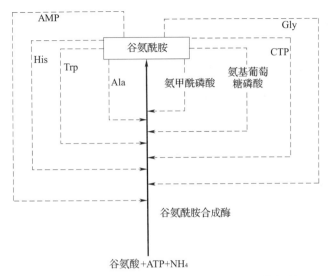

图 14 – 19　大肠杆菌谷氨酰胺合成酶的积累反馈抑制

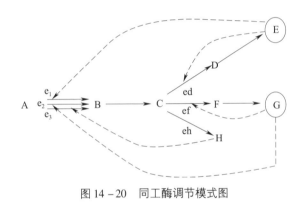

图 14 – 20　同工酶调节模式图

步反应是由天冬氨酸转变为天冬酰胺磷酸，催化该反应的天冬氨酸激酶是一组同工酶，能分别受过量产物的抑制。

以上分支代谢途径的调节主要存在于微生物中。之所以有多种不同的调节方式，是生物长期进化的结果。虽然它们在调节效果上存在差异，但从总体上而言它们有着共同的特点，即保证细胞内分支代谢的几种产物浓度不因某个产物浓度过高而降低，不因一产物的过量而影响其他产物的生成。

二、激素对代谢的调节

激素是一类高等生物体内分泌细胞合成并分泌的调节细胞生命活动的化学物质。它由生物体内特殊的组织或腺体产生，直接分泌到体液中，作为一种信号物质将代谢的信息传递给机体的其他组织器官，指导细胞物质代谢沿着一定的方向进行。

虽然激素在体内的含量很少，但是它所起到的调节作用是非常特殊和无法替代的，只有各种激素的作用保持平衡才能使机体进行正常的代谢及生理功能，否则将影响机体的正常发育和健康，甚至引起死亡。

（一）激素的分类

高等动物激素按其化学本质可分为 3 类，各类激素见表 14－4 至 14－7。

表 14－4 　　　　　　　　　　　　 氨基酸衍生物激素

激素	分泌腺体	化学本质	生理生化功能
甲状腺素			促进蛋白质、脂肪和胆固醇的合成，促进糖原异生作用，促进糖原分解和骨骼中钙代谢，加强脂肪动员、分解，加速胆固醇转化为胆酸，维持机体正常生长，强化交感神经
三碘甲状腺原氨酸	甲状腺	含碘氨基酸	
肾上腺素去加肾上腺素	肾上腺髓质	酪氨酸衍生物	使心跳加快加强，动脉血压升高，使心脏平滑肌松弛，促进糖原、脂肪分解
5－羟色胺	肠道的肠嗜铬细胞	色氨酸衍生物	刺激平滑肌、血管和气管收缩，增高动脉血压，可能作为神经体液传导物质
松果腺素	松果腺		抑制促黄体生成素分泌

表 14－5 　　　　　　　　　　　　 肽与蛋白质类激素

激素	分泌腺体	化学本质	生理生化功能
甲状旁腺激素	甲状旁腺	蛋白质	加强破骨细胞活动，使骨组织溶解，释放钙、磷入血，升高血钙水平
降钙素	甲状旁腺副滤泡的 C 细胞	32 肽	加强成骨细胞活动，促进骨组织钙化，降低骨钙水平
胰岛素	胰岛 β－细胞	蛋白质	促进葡萄糖利用，糖原合成，促进蛋白质、脂肪的合成代谢
胰高血糖素	胰岛 α－细胞	29 肽	促进肝糖原分解，增加血糖
催产素	下丘脑神经细胞中合成，贮存在垂体后叶	9 肽	刺激子宫和乳腺平滑肌收缩，利于催产催乳
加压素			使小动脉收缩，提高血压，有减少排尿的作用
促甲状腺激素		糖蛋白	促进甲状腺的生长和分泌，从而影响全身代谢
促卵泡激素			促进卵泡发育，促进精子生成和释放
促黄体生成素			促进卵泡分泌雌性激素
促肾上腺皮质激素	垂体前叶	39 肽	促进肾上腺皮质的生长与分泌
生长激素		蛋白质	促进 RNA 的生物合成，促进蛋白质的合成，促进肌肉、骨骼、结缔组织和内脏的生长
催乳素			刺激乳腺分泌乳汁
脂肪酸释放素		多肽	促进脂肪水解

续表

激素	分泌腺体	化学本质	生理生化功能
内啡肽	垂体中叶	22 肽	促进皮色素的形成和控制皮色素颗粒在细胞内的分布
		32 肽	麻醉、降体温
促甲状腺激素释放激素		3 肽	促进甲状腺素释放
促肾上腺皮质激素释放激素		9~10 肽	促进 ACTH 释放
促性腺激素释放激素		10 肽	促进卵泡及黄体生成素释放
生长素释放激素		10 肽	促进生长素释放
生长素释放抑制激素	下丘脑	14 肽	抑制生长素释放
促黑激素释放激素		5 肽	促进黑激素释放
促黑激素释放抑制激素		3 肽，5 肽	抑制黑激素释放
催乳素释放激素		肽类	促进催乳素释放
催乳素释放抑制激素			抑制催乳素释放
促胰液素	空肠及十二指肠下端细胞	27 肽	促进胰液分泌，刺激肝脏分泌胆汁
促胰酶素		33 肽	促使胆囊收缩，促进胰液中酶活力升高
肠抑胃素	十二指肠黏膜	多肽	抑制胃液分泌和胃的活动
胃泌素	胃幽门黏膜	17 肽	刺激胃分泌胃酸
绒毛膜促进腺激素	胎盘	蛋白质	功能类似孕酮
耻骨松弛素		糖蛋白	使耻骨联合松弛，便于分娩时胎儿通过
胸腺素	胸腺	肽类	控制幼儿 T 淋巴细胞的发育和增强免疫力
促红细胞生成素	肾脏	糖蛋白	刺激红细胞的生成和成熟
血管紧张素	血浆	肽类	使皮肤、肌肉血管收缩，使心、肾等内脏血管扩张，有增高血压的作用
神经生长因子	颌下腺	蛋白质	促进交感神经元和某些感觉神经元细胞的分裂和分化
表皮生长因子			促进表皮和上皮细胞的生长
脑啡肽	脑	5 肽	抑制痛觉

表 14 – 6 固醇类激素

激素	分泌腺体	化学本质	生理生化功能
糖皮质激素	肾上腺皮质		促进蛋白质的合成，糖异生作用，抑制葡萄糖进入细胞、脂肪组织和氧化，使血糖水平升高
盐皮质激素			调节机体内的水盐代谢
性激素			调节性腺机能
睾酮	睾丸	类固醇	促使精子生成发育，促使男性副性器官发育，并维持其正常的活动
			促进糖原、蛋白质的合成，促进糖转化成脂肪，降低血糖水平，抑制脂肪、脂肪酸分解
			促进肌肉发育和骨骼生长
雌二醇	卵巢的卵泡		促进和调节性器官的发育，副性征出现
			促进蛋白质的合成，减少葡萄糖的利用，促进胆固醇降解和排泄
			促进水、钠在体内的储留
孕酮	卵巢的黄体及胎盘		保证受精卵的种植和维持妊娠，促进周围组织蛋白分解，减少葡萄糖利用，促进水、钠在体内的储留

表 14 – 7 脂肪酸衍生物激素

激素	分泌腺体	化学本质	生理生化功能
前列腺素	精囊、肺、脑、心、肾、胃和肠等	二十碳不饱和脂肪酸衍生物	舒张血管、降低血压，增加毛细血管通透性
			刺激子宫等内脏平滑肌的收缩，用于催产和人工流产
			抑制胃酸和胃蛋白酶分泌，用来治疗胃溃疡，抑制组织中脂肪分解
			降低神经系统兴奋性

（二）激素的受体

激素的作用特点在于有较高的组织特异性和效应特异性，不同的激素作用于各自的一种或者几种靶细胞或者靶组织，以复杂的相关层次发挥调节作用。靶细胞或靶组织中能识别激素并与之特异性结合，从而启动各种生物效应的分子，称为该激素的受体。

1. 激素与受体结合的特征

（1）结合有特异性　激素通过特定的结构部位与受体的特定结构域结合，这与二者的构象或构型有关。

（2）结合具有高度的亲和力　体液中很低浓度的激素也能与相应的受体结合而表达其生物效应。

（3）激素与受体间通过氢键、盐键及疏水作用等进行非共价结合，是可逆的。因此，与激素结构类似的化合物能与天然激素竞争受体的结合，有些具有拟激素的作用，有些则有拮抗激素的作用。

（4）结合曲线呈可饱和状态，在正常激素浓度范围内，其结合量一般与激素的生物效应相关。

2. 激素受体的分类

激素受体可分为细胞膜受体和细胞内受体两大类。

（1）膜受体　作用于膜上的激素在与膜上的特异性受体结合后，形成不同的第二信使。这些第二信使包括 cAMP、肌醇三磷酸（IP3）和二酰基甘油（DAG）。现分别对其作用过程作简要介绍。

① 环腺苷酸：环腺苷酸（cAMP）是由腺苷酸环化酶催化 ATP 水解并环化形成的，是肾上腺素、胰高血糖素、加压素、降血钙素等激素的第二信使。

激素与靶细胞膜上的受体结合，激活受体，活化的受体可活化 G 蛋白，再进一步激活腺苷酸环化酶（AC），AC 催化 ATP 转化成 cAMP，使细胞内的 cAMP 浓度增高。cAMP 对细胞的调节作用是通过激活 cAMP 依赖性蛋白激酶或蛋白激酶 A 系统来实现的。蛋白激酶 A 是由两个调节亚基和两个催化亚基组成的，但是完整组装状态的酶处于非活性状态，用 R_2C_2 表示，R 是调节亚基，C 是催化亚基。当细胞质中的 cAMP 浓度增加时，4 分子的 cAMP 就会与 R_2C_2 中的 2 个 R 亚基反应生成 $2R(cAMP)_4$，并释放出 2 个 C 亚基，此时游离的 C 亚基具有蛋白激酶的催化活性。

具有催化活性的蛋白激酶催化亚基能使许多蛋白质和酶磷酸化，磷酸化一般都发生在位于活性部位的丝氨酸或苏氨酸残基上。

② 肌醇三磷酸和二酰基甘油：近年来的研究表明，体内的跨膜信息传递方式中还有一种以肌醇三磷酸（IP3）和二酰基甘油（DAG）为第二信使的双信号途径。该系统可单独调节细胞内的许多反应，又可与 cAMP 蛋白激酶系统及酪氨酸蛋白激酶系统相偶联，组成复杂的网络，共同调节细胞的代谢和基因表达。

这两个第二信使于内质网释放的钙离子以及膜上的钙离子通道开放相关。当像肾上腺素那样的激素作用于肌肉、心脏和肝脏细胞膜上的受体后，经 G 蛋白传导作用可激活位于质膜的磷脂酶 C（PLC），然后激活的 PLC 催化位于质膜面的细胞质一侧的磷脂酰肌醇 – 4，5 – 二磷酸（PIP2）水解生成 IP3 和 DAG。IP3 的作用将导致细胞质中的钙离子浓度增加。当水溶性的 IP3 从质膜扩散到内质网时，就与内质网上的 IP3 受体结合，开启内质网上的钙离子通道，使得内质网腔内含有的高浓度钙离子释放到细胞质中，结果提高了细胞质中钙的水平。另外，IP3 也可以打开质膜上的钙离子通道，使胞外钙离子内流。DAG 是蛋白激酶 C 激活剂，可能在细胞分裂和增殖时起重要作用。似乎大量的生长因子都是通过磷酸化和蛋白激酶 C 起作用的。

也有一些受体与 G 蛋白无关，作用于称为受体酪氨酸激酶的跨膜糖蛋白，通过自磷酸化导致一系列生理效应。酪氨酸蛋白激酶（TPK）在细胞的生长、增殖、分化等过程中起重要的调节作用，并与肿瘤的发生有密切的关系。细胞中的 TPK 包括两大类：一类位于细胞质膜上，称为受体型 TPK，属于催化型受体；另一类位于胞浆中，属于非受体型 TPK。当配体与单跨膜螺旋受体结合后，催化型受体大多数发生二聚化，二聚体的 TPK 被激活，彼此可使对方的某些酪氨酸残基磷酸化，这一过程称为自身磷酸化。而非催化型受体的某些酪氨酸残基则被非受体型 TPK 磷酸化。受体型 TPK 和非受体型 TPK 虽都能使蛋白质底物的酪氨酸残基磷酸化，但它们的信息传递途径不同。

（a）受体型 TPK – Ras – MAPK 途径：催化型受体与胰岛素受体、表皮生长因子受体及某些原癌基因结合后，发生自身磷酸化，并磷酸化中介分子 Grb2 和 SOS，使其活化，进而激活 Ras 蛋白。Ras 蛋白是由一条多肽链组成的单体蛋白，由原癌基因 ras 编码而得名。活化的 Ras 蛋白可进一步活化 Raf 蛋白，Raf 蛋白具有丝氨酸蛋白激酶活性，它可激活有丝分裂原激活蛋白激酶（MAPK）系统。MAPK 系统是一组酶兼底物的蛋白分子，具有广泛的催化活性，其中最重要的是可催化细胞核内许多反式作用因子的丝氨酸残基磷酸化，导致基因转录的开始和关闭。此外，受体型 TPK 活化后还可通过激活腺苷酸环化酶、多种磷脂酶等发挥调控基因表达的作用。

（b）JAKs-STAT 途径：一部分生长因子、大部分细胞因子和激素，如生长激素、干扰素、红细胞生成素、粒细胞集落刺激因子和一些白细胞介素等，其受体分子缺乏酪氨酸蛋白激酶活性，但它们能借助细胞内的一类具有激酶结构的连接蛋白 JAKs 完成信息转导。当配体与非催化型受体结合后，能活化各自的 JAKs，JAKs 再通过激活信号转导子和转录激动子而最终影响到基因的转录调节。由于在 JAKs-STAT 通道中，激活后的受体可与不同的 JAKs 和不同的 STAT 结合，因此该途径传递信号更具多样性和灵活性。该途径最先在干扰素信号传递研究中发现，它与 Ras 通路相互独立，但表皮生长因子等却可通过这两条途径来发挥作用。

（2）细胞内受体　类固醇类激素和甲状腺激素的作用方式不同于其他类型的激素。类固醇激素如雌激素、孕酮和皮质醇，由于疏水性太强，很难溶于血液中，所以它们都是通过特异的载体蛋白从释放地运输到靶组织。由于它们的疏水性，很容易经简单的扩散通过质膜进入细胞内。这类激素的受体大多位于核内，在核内与特异的受体蛋白结合形成激素-受体复合物。该复合体通过结合于激素效应元件的特异的 DNA 序列发挥激素的作用，改变基因的表达，所以这种作用机制称为基因调节学说。

激素结合改变了受体蛋白的构象，使得它们能够与特异的转录因子相互作用。激素-受体复合物或增强或抑制与激素效应元件相连的特异基因的表达（转录成 mRNA），进而影响基因表达的蛋白产物的合成。有的激素的受体是在细胞质中，这样的激素首先进入细胞内，在细胞质中与特定的受体结合形成激素-受体复合物，然后该复合物进入细胞核内，通过作用于 DNA 发挥激素的作用。

三、整体调节

高等动物不仅有完整的内分泌系统，而且还有功能复杂的神经系统。在中枢神经的控制下，或者通过神经递质对效应器直接发生影响，或者通过改变某些激素的分泌，调控某些酶的活性来调节某些细胞的功能状态，并通过各种激素的互相协调而对整体代谢进行综合调控，这种调控称为整体水平的调控。

神经调节与激素调节比较，神经系统传递信息是依靠一定的神经通路，以电位变化的形式传布，所以神经系统的作用短而快；信息的传递则依靠体液，所以激素的作用缓慢而持久。激素调节往往是局部性的，协调组织与组织间、器官与器官间的代谢，而神经系统的调节则具有整体性，协调全部代谢。由于大多数激素的合成和分泌是直接或间接地受神经系统的支配，因此激素调节受控于神经调节，而神经调节则通过激素调节而发挥作用。整体水平的调控方式有以下两种。

（一）直接调节

直接的调节发生时间短促，瞬时可以完成，是在某些特殊情况（如应急、情绪紧张）下，人或动物的交感神经兴奋，由神经细胞（或称神经元）的电兴奋引起的动作电位或神经脉冲，可使血糖浓度升高，并引起糖尿；若用物理刺激动物的丘脑下部和延脑的交感中枢，也能引起血糖升高，原因在于外界刺激通过神经系统促进肝细胞中糖原的分解。这个过程可在 1ms 内完成。

丘脑下部的损伤可引起肥胖症，如摘除大脑两半球的实验动物，肝中的脂肪含量增加，这些是中枢神经系统调解脂代谢的例子。

动物条件反射对代谢的影响也是大脑神经直接控制的。例如，当一个人很渴时联想到突然有一颗酸梅送进口里，就促使口腔分泌大量的唾液而使口腔细胞水分代谢有所改变。

（二）间接调节

神经系统对代谢的调控在更多情况下是通过交感神经和副交感神经影响各内脏系统及内分泌腺，从而改变它们的物质代谢。它包括以下两种方式。

1. 神经系统直接调节下的内分泌系统

例如，肾上腺髓质受中枢 - 交感神经的支配而分泌肾上腺素，胰岛的 β - 细胞受中枢 - 迷走神经的刺激而分泌胰岛素。

2. 神经系统通过脑下垂体控制的内分泌系统

该调节方式的一般模式为：中枢神经系统→丘脑下部→脑下垂体→内分泌腺→靶细胞，这是一种多元控制多级调节的机制。例如，甲状腺素、性激素、肾上腺素、肾上腺皮质激素、胰高血糖素等的分泌都是这种调节方式。

下面以应激为例说明物质代谢的整体调节。

应激是人体受到创伤、严寒、缺氧、中毒、烧伤和严重感染等强刺激时以及恐慌、强烈情绪激动等所做出的一系列反应的总称。出现的反应如下：

（1）血糖水平的升高　应激时交感神经兴奋引起肾上腺素和胰高血糖素分泌增加以及胰岛素分泌减少，引起细胞内 cAMP 含量增加，激活蛋白激酶，使肝糖原磷酸化酶及糖原合酶磷酸化，促进糖原分解、抑制糖原合成；同时，肾上腺皮质激素和胰高血糖素又使糖异生加强，不断补充血糖；此外，肾上腺皮质激素及生长激素降低周围组织对糖的利用，均可使血糖升高。这对保证大脑、红细胞的供能有重要意义。

（2）脂肪动员增强　应激时交感神经兴奋，肾上腺素和胰高血糖素分泌增多，作用于脂肪细胞可通过 cAMP - 蛋白激酶激活三酰基甘油脂肪酶，引起脂肪动员增强，血浆中游离脂酸升高，成为心肌、骨骼肌及肾等组织能量的主要来源。

（3）蛋白质分解加强　应激时皮质醇及肾上腺素分泌增加，胰岛素分泌减少，使肌肉蛋白质分解加强，释放大量的氨基酸入血，为肝脏糖异生提供原料；同时尿素合成及尿素氮的排泄增加，出现负氮平衡。

🔍习题

1. 名词解释

metabolism, metabolic pathway, catabolism, anabolism, allosteric regulation, covalent modification, feedback inhibition, adipose

2. 3 - 磷酸 - 甘油是三酰基甘油生物合成的关键中间产物，但脂肪组织中缺乏甘油激酶，因而不能直接利用甘油，那么脂肪组织如何获得合成三酰基甘油的 3 - 磷酸 - 甘油？

3. 锻炼时氧气的消耗较大，静坐的成年人每10s仅消耗0.05L氧气。一个百米短跑运动员，在10s内大约要消耗1L氧气。比赛结束后，运动员还要比平时多做深呼吸，相同时间内比静坐的人多消耗4L氧气。问：(1) 为什么短跑中消耗的氧气会剧烈增加？(2) 为何短跑结束之后，氧气的消耗量仍居高不下？

4. 甲状腺素导致的产热：甲状腺素主要参与调节体内的基础代谢率。动物肝脏组织产生过量的甲状腺素时观察到氧气的消耗和热量的输出均会增加，但是组织中ATP的浓度却保持正常。对甲状腺素导致的产热现象已经提出了几种解释。

(1) 一种是认为过量的甲状腺素引起了线粒体中氧化磷酸化解偶联。这一说法能解释观察到的现象吗？

(2) 另外一种解释认为甲状腺素的刺激会增加组织里ATP的利用率。这一解释合理吗？为什么？

5. 生物体是从哪几方面实现对代谢途径调控的？

Part **4**

第四篇
基因信息的传递

　　现代生物学已充分证明，DNA 是生物遗传的主要物质基础。生物机体的遗传信息以密码的形式编码在 DNA 分子上，表现为特定的核苷酸排列顺序，并通过 DNA 的复制由亲代传递给子代。在后代的生长发育过程中，遗传信息自 DNA 转录给 RNA，然后翻译成特异的蛋白质，以执行各种生命功能，使后代表现出与亲代相似的遗传性状。

　　在某些情况下 RNA 也可以是遗传信息的基本携带者。例如，RNA 病毒能以自身核酸分子为模板进行复制，致癌 RNA 病毒还能通过逆转录的方式将遗传信息传递给 DNA。

　　本篇将分别叙述遗传信息表达的各个环节：复制、转录、翻译的机制，基因突变和修复等问题。

.

第十五章
DNA的生物合成

20 世纪 40 年代，虽然揭示了 DNA 是遗传物质，但直到 J. Watson 和 F. Crick 揭示它的结构，我们才清楚 DNA 怎样作为模板复制和传递遗传信息。DNA 复制的基本过程以及复制所涉及的酶在所有生物中基本相同。

本章我们首先介绍原核生物 DNA 复制的一般过程和所涉及酶的作用机制，反转录机制，然后简要介绍真核生物 DNA 复制的特点。当 DNA 受到内外因素影响而造成损伤时，可能会引发突变。然而无论原核生物还是真核生物都有着强有力的修复系统，DNA 复制、DNA 损伤的修复等都是生物的基本功能。

第一节　DNA 的复制

无论原核生物还是真核生物，在细胞增殖阶段染色体 DNA 都要进行复制，一旦复制完成，随即细胞发生分裂，并伴随着复制好的基因组以染色体形式分配到两个子代细胞中。细胞分裂结束后，又开始新一轮的 DNA 复制。染色体外的遗传物质，如真核细胞线粒体和叶绿体 DNA 以及细菌质粒 DNA 等也有基本相似的复制过程。

一、DNA 半保留复制的理论

1953 年 Watson 和 Crick 在提出 DNA 双螺旋结构模型后就提出了 DNA 半保留复制的设想，在复制过程中首先碱基间氢键须破裂并使双链解旋分开，然后每条链可作为模板在其上合成新的互补链，结果由一条链可以形成互补的两条链，如图 15 - 1 所示。这样新形成的两个 DNA 分子与原来 DNA 分子的碱基顺序完全一样。在此过程中，每个子代分子的一条链来自亲代 DNA，另一条链则是新合成的，这种方式称为**半保留复制（semiconservative replication）**。

1958 年 Meselson 和 Stall 利用氮的同位素 ^{15}N 标记大肠杆菌 DNA，首先证明了 DNA 的半保留复制。他们让大肠杆菌在以 $^{15}NH_4Cl$ 为唯一氮源的培养基中连续培养 15 代，使所有 DNA 分子标记上 ^{15}N。^{15}N - DNA 的密度比普通 ^{14}N - DNA 的大，在氯化铯梯度离心时，这两种 DNA 形成不同的区带。如果将 ^{15}N 标记的大肠杆菌转移到普通培养基（含 ^{14}N 的氮源）中培养，经过一代之后，所有 DNA 的密度都介于 ^{15}N – DNA 和 ^{14}N – DNA 之间，即形成了一半含 ^{15}N，另一半含 ^{14}N 的杂合分子。两代后，^{14}N 分子和 ^{14}N – ^{15}N 杂合分子等量出现。若再继续培养，可以看到 ^{14}N – DNA 分子增多。当把 ^{14}N – ^{15}N 杂合分子加热时，^{14}N 链和 ^{15}N 链分开。这就充分证明了，在 DNA 复制时原来的 DNA 分子可被分成两个亚单位，分别构成子代分子的一半，这些亚单位经过许多代复制仍然保持着完整性。

DNA 的半保留复制机制可以说明 DNA 在代谢上的稳定性。DNA 与细胞其他成分相比要稳定得多。但是这种稳定性是相对的，在细胞内外各种物理、化学和生物因子的作用下，DNA 会发生损伤，需要修复；在复制和转录过程中 DNA 也会有损耗，而必须进行更新。在发育和分化过程中，DNA 的特定序列还可能进行修饰、删除、扩增和重排。从进化的角度上看，DNA 又是处在不断变异和发展之中。

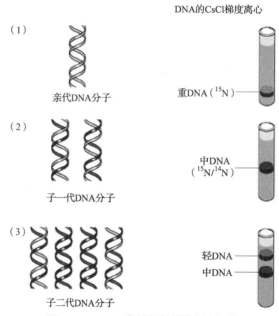

图 15 – 1　DNA 半保留复制的实验证明

二、参与 DNA 复制的酶

DNA 由脱氧核糖核苷酸聚合而成，与 DNA 聚合反应有关的酶和蛋白质共有 30 多种，其中最主要的是 DNA 聚合酶和 DNA 连接酶。

（一）DNA 聚合反应

DNA 聚合反应是 DNA 聚合酶催化 dATP、dGTP、dCTP 和 dTTP 四种脱氧核苷三磷酸合成 DNA 的过程。DNA 的聚合反应可表示如下：

$$
\begin{matrix}
n_1 \text{ dATP} \\
+ \\
n_2 \text{ dGTP} \\
+ \\
n_3 \text{ dCTP} \\
+ \\
n_4 \text{ dTTP}
\end{matrix}
+ \text{DNA} \xrightleftharpoons[\text{Mg}^{2+}]{\text{DNA聚合酶}}
\left[
\begin{matrix}
\text{dAMP} \\
| \\
\text{dGMP} \\
| \\
\text{dCMP} \\
| \\
\text{dTMP}
\end{matrix}
\right]_n
\text{— DNA} + (n_1+n_2+n_3+n_4)\text{PPi}
$$

在 DNA 聚合酶催化下，脱氧核糖核苷酸被加到已有核酸链的游离 3′ – OH 上，同时释放出无机焦磷酸，如图 15 - 2 所示。

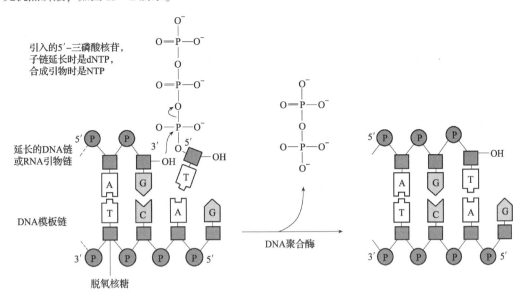

图 15 - 2　DNA 聚合酶催化链的延伸反应

DNA 聚合反应的特点：① 以四种脱氧核苷三磷酸为底物；② 反应需要接受模板的指导；③ 反应需要有 3′ - OH 的引物存在；④ DNA 引物的伸长方向是 5′ - 3′；⑤ 产物 DNA 的性质与模板相同。

（二）大肠杆菌 DNA 聚合酶

自 1956 年 Kornberg 等首先从大肠杆菌提取液中发现 DNA 聚合酶以来，共在大肠杆菌中发现五种不同的 DNA 聚合酶，它们分别称为 DNA 聚合酶 I、II、III、IV 和 V。前三种 DNA 聚合酶催化的反应有许多共同点，但也有差别，其共同特点是：① 要求单链 DNA 作为模板，模板的方向为 3′→5′。② 以四种脱氧核苷三磷酸为底物。③ 反应起始依赖于游离 3′ - OH 的小段 RNA 或 DNA 作引物。④ 新链延伸方向为 5′→3′。⑤ 具有 3′→5′ 外切核酸酶活力。在聚合反应中，若出现错配碱基，可在下一个核苷酸加入之前先将错配碱基切除，然后继续聚合起到自我校正作用。⑥ 反应均需 Mg^{2+} 激活。关于原核生物的几种 DNA 聚合酶的差别见表 15 -1 所示。

表 15 - 1　　　　　　　　大肠杆菌三种 DNA 聚合酶的特性

	DNA 聚合酶I	DNA 聚合酶II	DNA 聚合酶III
相对分子质量	103000	88000	830000
亚基数目	1	≥7	≥10
3′→5′外切核酸酶活力	+	—	+
聚合速度/（核苷酸数/min）	1000 ~ 1200	2400	15000 ~ 60000
功能	引物切除，DNA 损伤修复	DNA 损伤修复	DNA 聚合作用

DNA 聚合酶的 3′−5′核酸外切酶活力对 DNA 复制的忠实性极为重要。如果没有这种活性，DNA 复制的错误将会大大增加。在无 3′−5′核酸外切酶的校对功能时，DNA 聚合酶 I 掺入核苷酸的错误率为 10^{-5}，具有校对功能后，错误率降低至 5×10^{-7}。DNA 聚合酶 Ⅳ和V是在 1999 年发现的，这两种 DNA 聚合酶是当 DNA 有许多严重损伤，而正常 DNA 聚合酶在损伤部位不能形成正确碱基配对停止复制时，它们可引入错误碱基使 DNA 复制得以继续。

（三）真核生物 DNA 聚合酶

在真核生物中存在五种 DNA 聚合酶，它们分别以 α、β、γ、δ 和 ε 命名，真核生物 DNA 聚合酶和细菌 DNA 聚合酶的基本性质相同。它们的性质如表 15−2 所示。DNA 聚合酶 α 和 δ 共同完成 DNA 的复制任务。DNA 聚合酶 α 是一个典型的多亚基酶，其结构和性质在所有真核细胞中都相似，一个小亚基具有引物酶的活性，合成短片段的 RNA 引物，用于滞后链上合成冈崎片段；大亚基具有聚合酶活性，但作为一个复制酶它的功能是不完善的，它的最大亚基聚合酶活性仅属中等；它不具有 5′→5′外切（校对）酶活性，对 DNA 复制的高保真性不稳定。DNA 聚合酶 δ 是一个杂合的四聚体，既具有高的持续合成能力，又具有校正功能，是真核生物 DNA 复制的主要 DNA 聚合酶。在复制叉上，DNA 聚合酶 α 合成引物，DNA 聚合酶 δ（相当于大肠杆菌的聚合酶Ⅲ）分别合成前导链和滞后链。DNA 聚合酶 ε 和 β 参与 DNA 的修补合成，DNA 聚合酶 γ 是线粒体的 DNA 聚合酶。

表 15−2 哺乳动物的 DNA 聚合酶

	DNA 聚合酶 α（I）	DNA 聚合酶 β（Ⅳ）	DNA 聚合酶 γ（M）	DNA 聚合酶 δ（Ⅲ）	DNA 聚合酶 ε（Ⅱ）
定位	细胞核	细胞核	线粒体	细胞核	细胞核
亚基数目	4	1	2	2	>1
外切酶活性	无	无	3′→5′外切酶	3′→5′外切酶	3′→5′外切酶
引物合成酶活性	有	无	无	无	无
持续合成能力	中等	低	高	高	高
功能	引物合成	修复	线粒体 DNA 合成	核 DNA 合成	修复

注：酵母相应的 DNA 聚合酶以括号内数字表示。

（四）DNA 连接酶

DNA 聚合酶只能催化多核苷酸链的延长反应，不能使链之间连接。环状 DNA 的复制表明，必定存在一种酶，能催化链的两个末端之间形成共价连接。1967 年发现了 DNA 连接酶。这个酶催化双链 DNA 切口处的 5′−磷酸基和 3′−OH 生成磷酸二酯键。连接反应需要能量，细菌以 NAD 作为能量来源，动物和噬菌体则以 ATP 作为能量来源。ATP 或 NAD 先与 DNA 连接酶反应，形成一个共价结合的 AMP−酶复合物，然后，复合物上的 AMP 再转移到 DNA 链的裂缝处，使断口的 5′−末端磷酸基活化，形成 3′−5′磷酸二酯键，AMP 又被释放出来，反应过程如图 15−3所示。

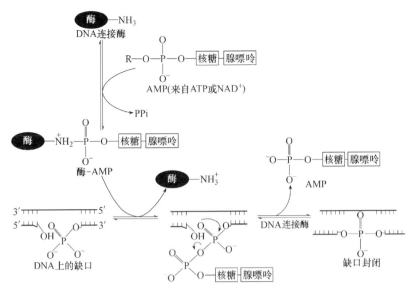

图 15 - 3　DNA 连接酶连接反应机制

此外，参与 DNA 复制过程的酶还有旋转酶、解链酶、引发酶和单链结合蛋白等，将在叙述复制过程中再讲述它们的作用。

三、复制的起始点和方式

（一）复制的起始

在细胞内，DNA 的复制是在其分子的特定部位开始的。这个特定的部位称为**复制起点**（**origin of replication**），用 **Ori** 表示。在一个基因组中，能独立进行复制的单位称**复制子**（**replicon**）。复制是在起始阶段进行控制的，DNA 一旦复制开始，它就会继续下去，直到整个复制子完成复制。大肠杆菌染色体 DNA 复制起始区由 245bp 组成，含有两组短的重复：三个 13bp 的序列和四个 9bp 序列。9bp 序列被称为 Dna A 盒，其上含有 Dna A 蛋白结合的位点。这对于 DNA 复制机构的装配和细胞分裂期将复制好的染色体均匀分配到两个子代细胞中都是十分重要的。13bp 序列富含 AT 使双链 DNA 易于解链，有利于模板链的暴露，如图 15 - 4 所示。

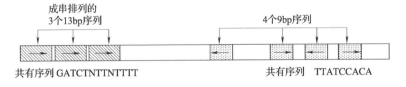

图 15 - 4　大肠杆菌复制起点成串排列的重复序列

研究表明，酿酒酵母 17 号染色体上约有 400 个复制起点，每个复制起点的序列称为自主复制序列（autonomously replication sequence，ARS）。ARS 在复制起始步骤中是一种复制必需的元件。不同真核生物的 ARS 序列大致相似，具有共同（或一致）的序列：5′A/TTTTATA/GTTTA/G3′。这些共同序列的作用与原核生物复制原点的 9bp 序列相似。

（二）复制的方式

1. DNA 定点起始双向复制

定点起始双向进行是 DNA 的复制主要方式。DNA 复制时，从复制点开始，两条链解开，已解开的两条链与未解开的双链间形成一个叉子的结构称为**复制叉**（**replicating fork**）。DNA 复制就是在复制叉中进行的。若从起点开始形成两个复制叉，新链同时向相反两个方向延伸，称双向复制。若从起点开始只形成一个复制叉，新链向一个方向延伸，称单向复制。对称复制是指两条链同时进行复制，若一条链先复制，待另一条链复制完成另一条才开始复制，则称不对称复制，如图 15 – 5 所示。

图 15 – 5　单向复制和双向复制示意图

复制大多是双向、对称进行的。然而也有例外，如枯草杆菌染色体 DNA 的复制虽是双向的，但是两个复制叉移动的距离不同，一个复制叉仅在染色体上移动五分之一距离，然后停下来等待另一复制叉完成五分之四距离。质粒 R6K 两个复制叉的移动也是不对称的，第一个复制叉到达五分之一距离即停下来，从反方向开始形成第二个复制叉并完成其余部分的复制。除定点起始双向复制模式外，还存在其他形式的 DNA 复制方式。

2. 滚环式复制

这是一种特殊的单向复制方式。例如，ΦX174 噬菌体 DNA 复制型（即 RF 型）分子采取的是滚环式复制模式（图 15 – 6）。在复制时，首先在靠近正链 DNA 起点的位置被一种核酸内切酶切开，暴露出 3′ – OH 端。接着以负链 DNA 为模板，以含游离 3′ – OH 的正链为引物，合成与负链互补的正链。连续复制产生出多正链串联式连接的长正链。最后由专一性的内切酶分段切割，释放出单个正链。新合成的正链又可包装到噬菌体颗粒中。

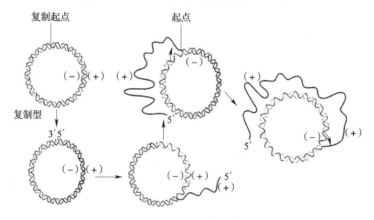

图 15 – 6　DNA 的滚环复制

3. D – 环复制模式

某些 DNA 的复制采取的是另外一种特殊的方式，即 D – 环复制模式。例如，线粒体 DNA 即是以这种方式复制的。如图 15 – 7 所示，这种复制模式有两个位置不同的复制起点，一个是前导链的复制起点，另一个是后随链（或滞后链）的复制起点。先导链先于后随链启动复制，且复制速度较快。随着先导链的复制，后随链的模板链逐渐被新合成的链替换，因此，在电子显微镜下可以观察到一个被替换的环（链），即 D – 环。D – 环扩大至整个 DNA 链 1/3 处时，暴露出后随链复制的起点，此时后随链才开始复制。这表明两条新链合成是不同步的。

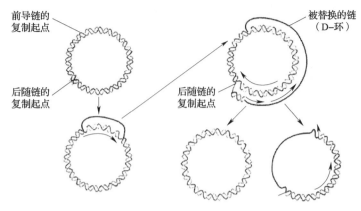

图 15 – 7　DNA 的 D – 环复制

四、复　制　过　程

（一）模板 DNA 的解链和解旋

由于 DNA 复制是半保留方式，要求模板为单链状态，所以复制时 DNA 双螺旋必须解链和解旋。解链和解旋是伴随着复制同时进行的，即边解链、解旋，边复制。

大肠杆菌 DNA 复制叉的形成需要多种蛋白质和酶的参与（表 15 – 3）。这些蛋白质和酶合理而精巧地分布在复制叉上，它们既可解离、聚合，又可以彼此协调形成一个高度有效的完整复合体。该复合体称为 **DNA 复制体（replisome）**。

表 15 – 3　　　　参与 DNA 复制起始和复制叉形成所需的蛋白质

蛋白质	相对分子质量	亚基数	功能
Dna A 蛋白	52000	1	识别序列，在复制起始区部位的特定位置打开双螺旋
Dna B 蛋白（解旋酶）	300000	6	利用 ATP 水解能量解开双链 DNA
Dna C 蛋白	29000	1	传送 Dna B 至解旋的复制起点
HU（类组蛋白）	19000	2	组蛋白样蛋白质，能同 DNA 结合的蛋白质，促进起始
Dna G（引物酶）	60000	1	合成 RNA 引物
SSB（单股结合蛋白）	75600	4	结合单股 DNA
DNA 聚合酶Ⅲ	791500	17	新股延长
DNA 聚合酶Ⅰ	103000	1	切除引物、填补缺口
DNA 连接酶	74000	1	连接
RNA 聚合酶	454000	5	促进 Dna A 蛋白的活性
DNA 拓扑异构酶Ⅱ（DNA 促旋酶）	400000	4	解除因 DNA 解旋产生的正的超螺旋

当 DNA 复制起始时，Dna A 蛋白结合到 *Ori* C 的四个 9 bp 重复序列部位，HU（类组蛋白）的结合引起链弯曲，并形成起始复合物；ATP 水解产生的化学能引起 DNA 双螺旋解链，使 13bp 重复序列解开，形成 45bp 的"开放复合物"并形成复制叉（图 15 – 8① 和② ）。Dna B 蛋白（也称解螺旋酶，helicase）六聚体结合到"开放"的 *Ori* C 部位（需要 Dna C 蛋白的参与），进一步使 DNA 解旋（图 15 – 8③ ）。接着，单股 DNA 结合蛋白（SSB）结合到分开的 DNA 链上，阻止分开的链重新结合（图 15 – 8④ ）。

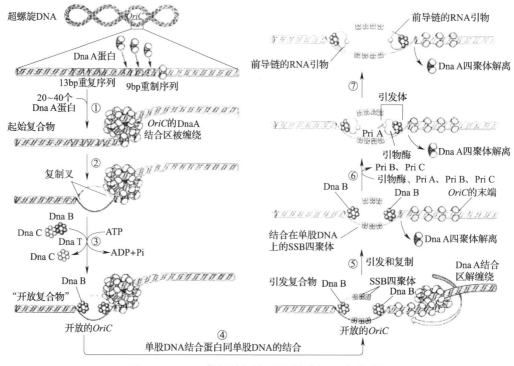

图 15 – 8　DNA 复制的起始：形成复制叉、合成引物

如前所述，大肠杆菌 DNA 复制的起始是从特定的复制起点 *Ori* C 开始的。复制开始时，解链酶与复制起始区的 DNA 结合，利用该酶水解 ATP 的能量，打开碱基对之间的氢键，进行解链。解链后，在复制叉中 DNA 聚合酶以每条单链为模板合成新链。随着 DNA 解链的不断进行，新链不断延伸。由于 DNA 分子是双螺旋结构，所以解链的结果必然会使复制叉前面未解链区螺旋过度扭曲，产生正超螺旋，致使解链到一定程度就难以继续进行，如图 15 – 9 所示。

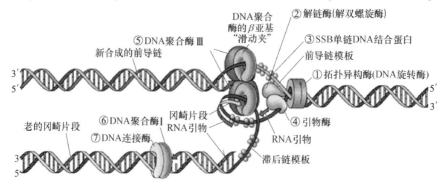

图 15 – 9　复制过程示意图

近年来发现了两种参与解旋的酶，一种称转轴酶（拓扑异构酶Ⅰ），它能迅速地切断双链中的一条，断链的末端会自动地绕螺旋轴转动，释放因解链造成的正超螺旋的张力。超螺旋解除后，该酶可把断口封闭。另一种称旋转酶（拓扑异构酶Ⅱ），它能利用其水解 ATP 提供的能量将特定部位 DNA 双链同时切断，并向 DNA 分子引入负超螺旋，以抵消解链产生的正超螺旋张力，之后将断口封闭，从而使解链继续进行。

（二）半不连续复制

已知 DNA 分子的两条链的方向是相反的，一条是 3′→5′，另一条是 5′→3′。DNA 聚合酶要求模板的方向都是 3′→5′，这如何解释实验观察到的在同一条复制叉中两条新链的合成是同步进行的现象呢？

1968 年，冈崎等人发现，以复制叉向前移动的方向为标准，3′→5′走向的一条模板链，在其上 DNA 新链能以 5′→3′连续合成，称为**先导链（leading strand）**；另一条 5′→3′走向的模板链在其上新链也是 5′→3′方向合成，但是与复制叉移动的方向相反。所以，随着复制叉的移动，**合成出许多不连续的片段，称冈崎片段（Okazaki fragments）**，最后连成一条完整的 DNA 链。因此这样合成的新链称为**后随链（lagging strand）**。原核生物中冈崎片段的长度为 1000 ~ 2000 个核苷酸；真核生物中约 200 个核苷酸。因此 DNA 在复制过程中是**半不连续复制（semi – discontinuous replication）**，如图 15 – 10 所示。

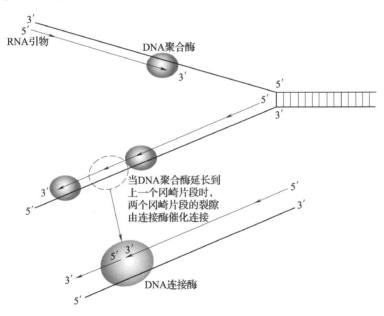

图 15 – 10 DNA 半不连续复制示意图

（三）引物合成

新链的合成都需要 RNA 引物，**引发体（primosome）**引发 RNA 引物的合成。引发体是由多种蛋白构成的蛋白复合物，包括 Dna B 蛋白和 Dna G 蛋白（**引物酶，primase**）以及其他蛋白质因子（图 15 – 8⑤ 和⑥）。引发体中的 Pri A 与 Dna B 蛋白协同作用促进解旋，同时激活 Dna G。Dna G 蛋白只有与引发体结合并被激活才能合成 RNA 引物（图 15 – 8⑦）。

（四）DNA 链的延伸

当 RNA 引物合成之后，便为 DNA 合成做好了准备，在 DNA 聚合酶Ⅲ的催化下即可催化

DNA 的合成。由于所有 DNA 聚合酶催化新链合成的方向都是 5′→3′，这对于 3′→5′方向的模板链来说，5′→3′方向新链的合成连续进行是很自然的事；而对于 5′→3′模板链来说，新链仍然是按照 5′→3′方向合成，只能以倒退着的方式合成冈崎片段。这样势必造成两条新链合成的不同步。即需要两分子的 DNA 聚合酶才能解决这样的问题。但是，事实上，先导链和冈崎片段的合成都发生在同一个复制体中。复制体是由多种蛋白质构成的，包括 DNA 聚合酶Ⅲ全酶的两个核心酶。核心酶通过 τ 二聚体使其和 γ 复合物共同构成一个单元进行 DNA 的复制（图 15 – 11）。为了让复制体作为一个单一的单位沿复制叉的方向移动，后随链的模板（即 5′→3′方向的模板）必须打环。在 DNA 聚合酶Ⅲ全酶的催化下，把 dNTP 单体加到引物 3′ – OH 端上，按模板的指令以 5′→3′方向继续使 DNA 新链延伸，直到前一个 RNA 引物 5′ – 端为止（图 15 – 11）。

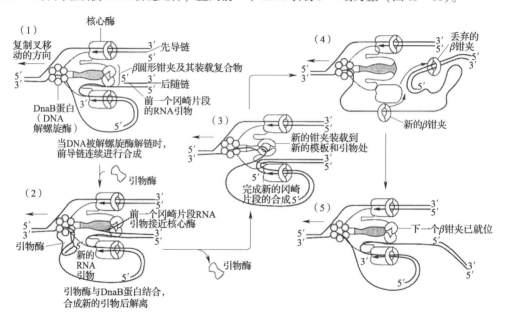

图 15 – 11　先导链和后随链 DNA 的合成

（五）合成终止

DNA 聚合酶Ⅰ以其 5′→3′外切酶活力将 RNA 引物切除，引物切除后留下的空缺也由 DNA 聚合酶Ⅰ从下一个冈崎片段的 3′ – OH 端开始，按模板要求延伸 DNA 链，将缺口补齐，再由 DNA 连接酶将相邻冈崎片段连接起来，成为完整的新链，复制过程如图 15 – 9 所示。

综上所述，DNA 复制的全过程可总结为八个步骤：① 首先是解链酶结合于复制起始区，局部解开 DNA 双链。然后单链结合蛋白结合到已解开的单链上，以避免已解开的单链重新相互配对，同时保持它不受核酸酶的水解；② 引发体结合于被打开的 DNA 单链上，合成 RNA 引物；③ 转轴酶、旋转酶在复制叉前面特定位点解旋，以释放复制叉前进过程中产生的张力；④ DNA 聚合酶Ⅲ进入复制起点，它识别 3′ – OH 末端，并结合到 DNA 模板上，以四种脱氧核苷三磷酸为底物，按碱基互补原则，催化与模板互补的脱氧核苷酸 5′ – 磷酸基以磷酸酯键连接到引物的 3′ – OH 上，同时释放焦磷酸使链延伸；⑤ 聚合反应继续到新链与前一个冈崎片段的 RNA 引物 5′ – 端相遇时，DNA 聚合酶Ⅲ脱离；⑥ DNA 聚合酶Ⅰ以其 5′→3′外切酶活力切除 RNA 引物，产生的空缺也由 DNA 聚合酶Ⅰ的 5′→3′聚合酶活力补齐；⑦ 冈崎片段之间的裂缝由 DNA 连接酶连接起来，成为连续的新链；⑧ 新合成的子链和它的亲代模板链缠绕成双螺旋。

五、真核生物 DNA 复制的特点

真核生物染色体 DNA 比原核生物 DNA 要大得多，它的组织结构也更为复杂。总的来说，真核生物 DNA 复制的基本过程与机制与原核生物 DNA 的复制是相同的，包括复制起始、延伸和终止。但由于真核生物 DNA 为线状分子，复制的终止比较特殊，涉及端粒的复制。

真核生物 DNA 复制的特点简要概述如下：① 真核生物细胞 DNA 与组蛋白构成核小体，每个核小体上的 DNA 约相当于两个负的超螺旋。复制的冈崎片段长约 200bp，恰好相当于一个核小体 DNA 的长度；而原核生物 DNA 不存在核小体的结构。② 真核生物基因组庞大。例如人的基因组为 3×10^9 bp，其 DNA 复制速度比原核生物要慢得多。细菌 DNA 复制叉移动的速度为 50000bp/min，哺乳动物复制叉移动的速度只有 1000～3000bp/min，二者相差几十倍。③ 真核生物 DNA 上存在多个复制子。经计算，每个哺乳动物细胞中有 50000～100000 个复制子，酿酒酵母每个染色体有 40 个复制子，人类平均每个染色体有 1000 个复制子。而原核生物 DNA 一般只有一个（或几个）复制子。真核生物 DNA 的多复制子可以同时启动复制，因此可以合成长链 DNA。④ 真核细胞周期控制着 DNA 复制的时间。原核生物在快速生长时，在 DNA 复制起始点上，可以连续发动复制多次，而真核生物染色体 DNA 的复制子在每个细胞周期仅起始复制一次。只有在快速生长时，采用更多的起始点同时复制。在复制速度不变的情况下，利用更多的复制起始点发动复制以提高其总复制速度。

第二节　DNA 的损伤（突变）与修复

一、引起 DNA 损伤的因素

（一）物理因素

1. 紫外线

紫外线（尤其是波长为 200～300nm）的照射可导致 DNA 分子中相邻两个胸腺嘧啶形成共价二聚体。由于嘧啶二聚体的存在，阻碍了 DNA 聚合酶的复制，引起碱基错配，造成基因突变，如图 15–12 所示。

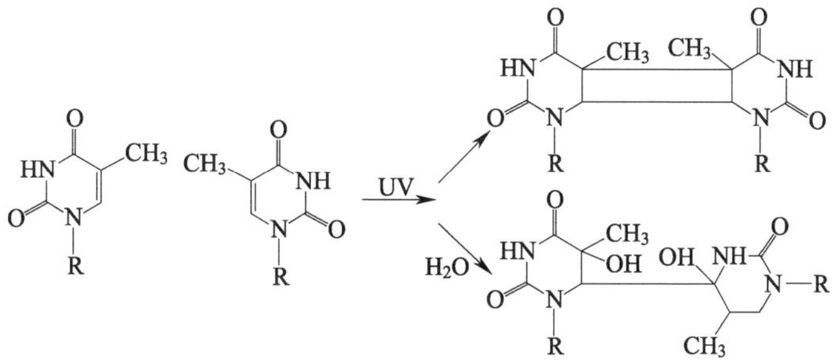

图 15–12　胸腺嘧啶二聚体的形成

2．电离辐射

电离辐射指受到 X、α、β 或 γ 射线的照射。DNA 吸收射线粒子后，分子发生电离，接着发生结构上的变化。辐射损伤程度决定于吸收射线的剂量和计量率、射线的性质，以及生物体的敏感性。低剂量辐射能引起突变，高剂量辐射能引起 DNA 的直接断裂致细胞死亡。另外，DNA 周围介质受辐射产生的自由基、过氧化物等也可以与 DNA 碱基或其他基团作用，导致结构改变发生突变。

（二）化学因素

引起基因突变的化学因素是指那些能与 DNA 分子发生化学反应并能发生诱变的物质，称诱变剂。主要包括亚硝酸、碱基类似物、羟胺、烷化剂及某些染料等。它们引起基因突变的机制各不相同，下面加以简要分析。

（1）亚硝酸作用于核酸的碱基可引起氧化脱氨，使碱基上原来是氨基的位置转变为酮基，即可使 A 转变为 I，C 变为 U，G 变为 X（黄嘌呤）。随着 DNA 的复制，原来的 AT 对可变为 GC 对；原来的 GC 对可变成 AT 对。

（2）碱基类似物主要有胸腺嘧啶的类似物 5 - 溴尿嘧啶（5 - BU）和腺嘌呤类似物（2 - AP）。因为它们在结构上与正常碱基类似，所以在复制时可代替正常碱基而渗入到 DNA 中去。当第二代复制时 5 - BU 除与 A 配对外还可与 G 配对；2 - AP 除与 T 配对外还可与 C 配对，因而经过几代 DNA 复制，原来的 AT 对可变为 GC 对，或 GC 对变为 AT 对（图 15 - 13）。

（3）烷化剂主要有硫酸二甲酯和硫酸二乙酯等。烷化剂可使 DNA 的脱氧核糖及碱基烷基化，引起突变。如嘌呤的 N_7 被烷基化后易导致嘌呤与脱氧核糖之间的糖苷键断裂，嘌呤脱落。嘌呤 C_2 酮基氧原子被烷基化后，易引起嘧啶的脱落。碱基一旦脱落，会造成复制时新进入的碱基无配对依据，发生碱基错配，甚至额外插入或丢失碱基，引起突变。

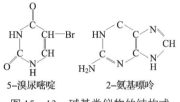

5-溴尿嘧啶　　　　2-氨基嘌呤

图 15 - 13　碱基类似物的结构式

（4）某些抗菌素、色素和染料的作用。一些带有稠环结构的抗生素、色素和染料，如放线菌素 D、吖啶橙和溴乙啶等，其分子的杂环平面可嵌入到 DNA 分子的两个碱基对之间，使 DNA 分子扭曲变形，并可产生局部解链区而使分子增长。嵌入的杂环可起到附加碱基的作用，复制时子链容易在此位点上插入额外碱基，引起插入突变或称移码突变。

（三）生物因素

能够引起基因突变的生物因素有噬菌体或病毒感染、转位因子的作用，以及 DNA 复制错误等。

一些温和噬菌体感染宿主细胞时，可将其 DNA 整合到宿主细胞染色体 DNA 上，当它从宿主染色体 DNA 上脱离时，切割的位点不同于整合位点，往往会带走宿主染色体 DNA 上的邻近基因，造成宿主染色体基因的丢失。同时，当这些噬菌体再去感染其他宿主时，会将原宿主基因一起带到新的宿主细胞使后者的基因额外增加。

大肠杆菌和许多其他生物 DNA 中都含有可转移位置的 DNA 片段，称之为转位因子。转位因子的长度可达几百到几千个碱基对。转位因子在转位过程中以某种复杂的方式复制，产生新的转位因子。结果一套复制物仍保留在原来的位置，另一套复制物可出现在染色体 DNA 的其他区域。转位因子也可以在染色体之间、染色体与质粒或噬菌体 DNA 之间转移。当该顺序转位到某一基因内部时，则造成该基因突变。

此外，有缺陷的 DNA 聚合酶会导致复制中较高的碱基错配率，引起突变。正常的 DNA 聚合酶也会因复制时的高速度出现个别碱基错配现象，错误频率为 $10^{-9} \sim 10^{-12}$，这是基因自发突变的原因之一。

二、DNA 损伤的类型

(一) 错配

错配指的是 DNA 分子上的某一碱基发生置换，又称点突变。自发突变和不少化学诱变都能引起碱基错配。例如，亚硝酸盐可使 C→U，原来的 C - G 配对变为 U - G，DNA 上没有 U，经复制后，G - C 最后变为 A - T 配对。错配发生在基因的编码区，可能导致所编码的氨基酸改变。

(二) 缺失、插入和移框

例如烷化剂使 G 碱基 N_7 位甲基化，使其脱落而缺失。缺失或插入都可导致移框突变，移框突变是指三联体密码的阅读方式发生改变，造成蛋白质氨基酸排列顺序发生改变，其后果是翻译出的蛋白质可能完全不同（图 15 - 14）。3 个或 $3n$ 个核苷酸插入或缺失，不一定能引起移框突变。

(三) 重排

DNA 分子较大片段的交换称为重组和重排。移位的 DNA 可以在新位点上颠倒方向（倒位），也可以在染色体之间发生交换重组。

三、细胞的 DNA 修复系统

目前已经知道，细胞对 DNA 损伤的修复系统有五种：错配修复、直接修复、切除修复、重组修复和易错修复。

(一) 错配修复

DNA 的错配修复机制是在研究大肠杆菌时被阐明的。DNA 复制后，在短期内（几分钟内）新合成链的 GATC 序列中腺嘌呤未被甲基化，而模板链是被甲基化的。如果复制过程中发生错配，细胞错配修复系统能够将未甲基化的链切除，并以甲基化的模板链进行修复。

Mut S 二聚体识别并结合到 DNA 的错配碱基部位，接着 Mut L 二聚体与 Mut S 结合形成 Mut SL 复合物。Mut SL 由 ATP 提供能量沿 DNA 双链向两方向移动，直至遇到 GATC 序列为止，DNA 由此形成突环。此时 Mut H 核酸内切酶结合到 Mut SL 上，并在新链 GATC 位点的 5′ - 端切开。核酸外切酶切除核酸链（可达 1000 个核苷酸），直至将错配碱基切除（图 15 - 15）。切除链的过程中，解螺旋酶Ⅱ和 SSB 帮助链的解开，并由 DNA 聚合酶Ⅲ和 DNA 连接酶合成并连接完

5′·····GCA	GUA	CAU	GUC·····
丙	缬	组	缬

GAG	UAG	AUG	UC·····
谷	酪	蛋	丝

实线:原来密码的读法
虚线:缺失C后的密码读法

图 15 - 14 缺失突变示意图

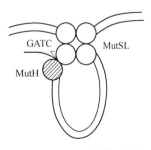

图 15 - 15 DNA 的错配修复

成修复任务。

真核生物的 DNA 错配修复机制与原核生物大致相同。人类的 *h MSH* 2 和 *h MLH* 1 基因编码的蛋白质与大肠杆菌对应的 Mut S 和 Mut L 一样，能够识别错配碱基和 GATC 序列，若这两个基因发生突变可能导致癌变。

（二）直接修复

紫外线照射可使 DNA 的同一条链上的相邻胸腺嘧啶碱基之间形成二聚体（T͡T）。其他嘧啶碱基之间也能形成二聚体（C͡T、C͡C）。胸腺嘧啶二聚体的修复有多种类型，常见的有光修复和暗修复。光修复是一种高度专一的直接修复方式，它只作用于紫外引起的 DNA 嘧啶二聚体，从低等单细胞生物一直到鸟类都有光复活酶（高等哺乳动物未发现），该酶能被可见光激活，专一识别并作用于紫外线引起的嘧啶二聚体，将二聚体分解为单体状态，使 DNA 恢复正常，如图 15－16 所示。而高等哺乳动物更重要的是暗修复，即切除含嘧啶二聚体的核苷酸链，然后再修复合成。

（三）切除修复

切除修复是指在一系列酶的作用下，将 DNA 分子中受损伤部分切除，并以完整的那一条链为模板，合成出切去的部分，使 DNA 恢复正常结构的过程。这是比较普遍的一种修复机制，它对多种损伤均能起修复作用。参与 DNA 切除修复的酶主要有：特异的修复内切酶、核酸外切酶、DNA 聚合酶及连接酶等。

（四）重组修复

有损伤部位的 DNA 也可以先复制再修复。例如，含有嘧啶二聚体，烷基化引起的交联和其他结构损伤的 DNA 仍然可以进行复制，但是复制酶系在损伤部位无法通过碱基配对合成子代 DNA 链，它就跳过损伤部位，重新合成引物和 DNA 链，结果子代链在损伤相对应处留下缺口。这种遗传信息有缺损的子代 DNA 分子可通过遗传重组而加以弥补，即从同源 DNA 的母链上将相应核苷酸序列片段移至子链缺口处，然后用再合成的序列来补上母链的空缺（图 15－17）。此过程称为重组修复，因为发生在复制之后，又称为复制后修复。

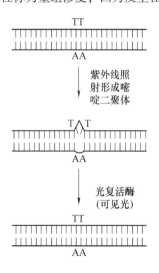

图 15－16　光修复示意图

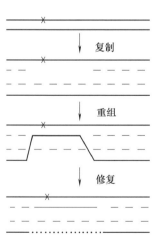

图 15－17　重组修复示意图

（×表示 DNA 受损伤的部位；－－－－－表示新合成的 DNA 链；

……表示重组后缺口处再合成的 DNA 链）

在重组修复过程中，DNA 链的损伤并未除去。当进行下一次复制时，复制经过损伤部位时所产生的缺口还需通过同样的重组过程来弥补。但是，随着复制的不断进行，若干代后，即使损伤始终未从亲代链中除去，而在后代细胞群中也已被稀释，实际上消除了损伤的影响。

（五）SOS 修复

SOS 反应是细胞 DNA 受到损伤或复制系统受到抑制的紧急情况下，为求得生存而出现的应急效应。SOS 反应能诱导切除修复和重组修复中某些关键酶和蛋白质的产生，使这些酶和蛋白质在细胞内的含量升高，从而加强切除修复和重组修复的能力。此外，SOS 反应还能诱导产生缺乏校对功能的 DNA 聚合酶，它可促使四种 dNTP 中任一种与模板损伤部位的碱基配对，掺入到新生的子链上。这种受损伤的母链虽可复制，但以增加复制错误概率为代价，其结果是提高了生物的存活率，却增加了变异率。

第三节　依赖 RNA 的 DNA 合成（反向转录）

以 RNA 为模板合成 DNA，这与通常转录过程中遗传信息流从 DNA 到 RNA 的方向相反，故称为**反转录（reverse transcription）**。1970 年，Temin 从致癌病毒中分离到催化反转录反应的酶，从而进一步丰富和发展了中心法则，如图 15－18 所示。

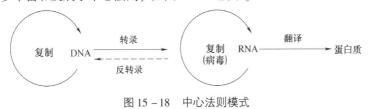

图 15－18　中心法则模式

一、反转录酶的性质

致癌 RNA 病毒是一类能引起鸟类、哺乳动物等患白血病和肉瘤以及其他肿瘤的病毒。致癌 RNA 病毒的反转录酶有 α、β 两个亚基，它们均由病毒 RNA 所编码。反转录酶催化的 DNA 合成反应要求有模板和引物，模板和引物可以是 RNA，也可以是 DNA。以 4 种脱氧核苷三磷酸作为底物，此外还需要适当浓度的 2 价阳离子（Mg^{2+} 和 Mn^{2+}），DNA 链的延长方向为 $5'{\rightarrow}3'$，这些性质都与 DNA 聚合酶相类似。

由于绝大多数真核生物的 mRNA 分子 $3'$ － 末端都有一段多聚腺苷酸（poly A），因此加入寡聚 dT 后，mRNA 就可以成为反转录酶很好的模板。实验室经常利用这一方法合成出与 mRNA 互补的 DNA（cDNA）。

此外，反转录酶除了聚合酶活力外，它尚有核糖核酸酶 H 的活力，专门水解 RNA － DNA 杂合分子中的 RNA。

二、反转录过程

致癌 RNA 病毒的基因组是单链 RNA（正链），在自身的反转录酶催化下合成双链 DNA，此过程为：① 以正链 RNA 为模板，tRNA 为引物，反转录成负链 DNA；② 由反转录酶的外切活力切除 DNA – RNA 杂交分子中正链 RNA。以负链 DNA 为模板合成正链 DNA，形成的双链 DNA 称为前体病毒（图 15 – 19）。

双链 DNA 形成后环化，并依靠前病毒两端的两段特异重复序列在整合酶的作用下整合到宿主染色体 DNA 上，随宿主染色 DNA 复制而复制，并可将病毒 DNA 传递给子代宿主细胞。在适当条件下，病毒 DNA 随着宿主染色体 DNA 的转录，翻译出病毒蛋白，包装成新的病毒粒子，并通过出芽的方式从宿主细胞中释放出来。

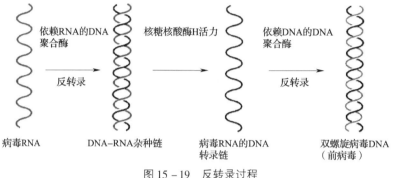

图 15 – 19 反转录过程

第四节 DNA 的重组

DNA 分子内或分子间发生遗传信息的重新组合，称为遗传重组（genetic recombination）。DNA 重组广泛存在于各类生物，真核生物多发生在减数分裂时同源染色体之间的交换。细菌及噬菌体的基因组为单倍体，来自不同亲代两组 DNA 之间可通过多种形式进行遗传重组。

DNA 重组对生物进化起着关键的作用。生物进化以不断产生可遗传的变异为基础。重组的意义是它能迅速增加群体的遗传多样性，使有利突变与不利突变分开，通过优化组合积累有意义的遗传信息。此外，DNA 重组还参与许多生物学过程，它为 DNA 损伤提供修复机制。某些生物的基因表达受 DNA 重组的调节，生物发育过程也受到基因加工的控制。

根据对 DNA 分子序列和蛋白质的需求可以把遗传重组分为四类：同源重组（homologous recombination）、位点专一性重组（site – specific recombination）、转座重组（transposition）和异常重组（illegitimate recombination）。

同源重组是发生在 DNA 同源序列之间的，真核生物非姊妹染色体的交换，姊妹染色单体的交换，细菌以及一些低等真核生物的转化，噬菌体的转导，细菌的结合，噬菌体的重组都是同源重组。发生同源重组需要的 DNA 片段较大，需要序列相同或者相近。某些序列发生重组的概率较高，我们称之为重组热点。大肠杆菌的同源重组过程需要 Rec A 蛋白，在其他的细菌中也存在有类似的蛋白，因此细菌中的同源重组又称依赖 Rec A 重组（Rec A dependent recombination）。

位点专一性重组发生在两条 DNA 链的特异位点上。λ 噬菌体基因组整合到宿主细菌基因组中就属于位点专一性重组。它需要有限的同源序列和位点专一性蛋白因子参与。

转座作用是转座成分从染色体的一个区段转移到另一个区段，或者从一条染色体转移到另一条染色体。在转座过程中不依赖同源序列，也不需要 Rec A 蛋白，由于转座作用总是伴随着转座成分的复制，故也称其为复制重组（replicative recombination）。

异常重组不需要同源序列，也不需要 Rec A 蛋白，但对其机制尚不清楚。

一、同源重组的机制及重组模型

在减数分裂第一次分裂前期的两条非姊妹染色体之间发生了断裂 – 重接交叉结构，然后交叉结构发生歧化，完成了重组过程。这种假设认为卷曲的染色体在减数分裂过程中受到了物理张力的作用，使染色体发生断裂。断裂的地方可以通过交叉重接来释放这种张力，这样便产生了两个重组的染色体。而另一个假设是在配对的染色体复制过程中父本的染色单体在复制时会转到母本一方，以母本染色体为模板来复制，当母本的染色单体复制达到同一点时转向父本一方，以父本为模板来复制。复制完成后在交叉处断裂重接，这种假设被称为拷贝选择（copy choice）。不过在组织培养细胞中用染色体法观测染色体和利用标记噬菌体进行实验都发现重组与 DNA 复制无关，重组过程也可以发生在非复制的 DNA 分子之间。断裂重接和 Holliday 交叉形成同源重组涉及 DNA 分子的断裂和重接过程，如图 15 – 20 所示。

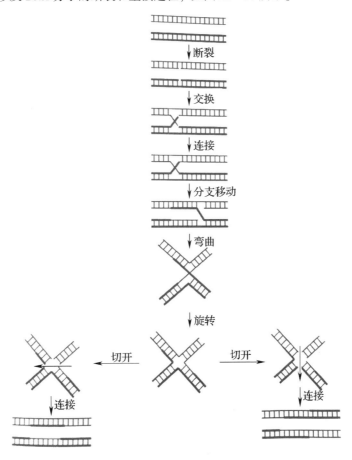

图 15 – 20　同源重组分子机制（两同源 DNA 分别以粗线和细线表示）

Holliday 交叉（Holliday junction）是以英国生物学家 Robin Holliday 的姓氏命名的一种发生在 DNA 分子之间的"交叉"（cross – over）结构。1964 年 Robin Holliday 推测，参与同源重组的 DNA 分子之间通过形成交叉"中间体"，并造成彼此之间的交换。后来这一推测得到证实，因此，同源重组 DNA 分子双方的交叉被定名为 Holliday 交叉。Holliday 交叉的形成是同源重组进行到第二阶段的重要标志。整个过程需要酶催化。在原核生物细胞中需要 Rec A 和 Ruv AB 等蛋白质催化，而在真核生物细胞中则是 RAD51 等。Rec A 负责催化"链交换"，形成交叉之后，可以利用支链迁移催化活性稳固所建立的交叉，之后 Ruv AB 的解旋酶活性可进一步促进交叉向纵深方向移动，形成更加稳固的"十字交叉"，Ruv AB 可推动 Holliday 交叉沿整个基因组分子移动（原核），Holliday 交叉必须得到精确的拆分，否则会妨碍 DNA 分子向子代细胞中的分配。人群中出现的染色体三体综合征就是因为在减数分裂同源重组过程中同源染色体之间形成交叉没有被拆分所致。这个过程被称为 non – disjunction，它可以用改进的 Holliday 来描述。

该模型中的重组过程分为如下步骤（图 15 – 21）：

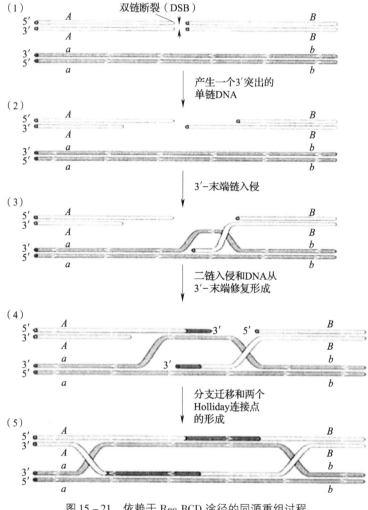

图 15 – 21　依赖于 Rec BCD 途径的同源重组过程

1. 切割

联会配对的两条 DNA 中的一条在任意的位点上由某些 DNA 内切酶割出一个单链切口。这类酶也很有可能是在发生联会时的蛋白因子，它们具有核酸内切酶活性，负责切口的发生。

2. 链的置换

切口处形成的 5′ – 端局部解链，酶系统利用切口处的 3′ – OH 合成新链，填补解链后形成的单链空缺。原有的链被逐步地排挤置换出来。

3. 单链入侵

由链置换产生的单链区段侵入到参与联会的另一双链 DNA 中。

4. 环状 DNA 单链切除

侵入的单链 DNA 与参与联会的另一条 DNA 分子的互补链形成碱基配对，同时把与侵入单链的同源链置换出来，由此产生 D 形环状结构。D 形环状结构的单链区随后被 5′→3′外切酶切除降解。

5. 链同化

D 形环状结构切除中产生的 3′ – OH 断头与侵入单链的 5′ – P 在 DNA 连接酶的作用下共价连接，形成非对称异源双链区。异源双链区往往含有错配的碱基，这些错配碱基对面临着细胞内修复系统的修复作用，而修复的结构就有可能造成基因的转换。

6. 异构化

链同化过程中 DNA 经过一定的扭曲旋转，形成 Holliday 中间体。

7. 分支迁移

两条 DNA 分子之间形成交叉点可以沿 DNA 移动，这一过程称支链迁移。迁移实际上是两条分子之间交叉的同源单链互相置换的结果，迁移的方向可以朝向 DNA 分子的任意一端。支链迁移使两条 DNA 分子中都出现异源双链区，此时称之为对称性异源双链区。异源双链区的修复时间和方式与基因转换的发生与否有密切关系。

8. Holliday 结构

重组的 DNA 分子在交换过程中的中间物含有四股 DNA 分子。其为了装换配对而形成的交叉连接结构称为 Holliday 结构。Holliday 结构中的 DNA 分子主链可以自由地转动，使一条 DNA 链从一个双螺旋转移到另一个双螺旋，但又不丢失碱基（图 15 – 21）。

9. 连接分子的拆分

Holliday 的形成只是完成重组的一半，要完成整个重组过程就需要拆分 Holliday 结构，恢复到两个双链的分子状态。内切酶会在交叉点处作用形成一个切口，然后 DNA 连接酶将其连接。但是由于两条 DNA 分子实际上一直处在不断的异构化过程中，切口可能在两对同源链中的任意一对上。如果切口发生在形成 Holliday 结构中一直保持完整的一对同源单链上，这样所有四条单链都发生过断裂，这样产生的结果是释放出两条重组的 DNA 分子。一条亲体双螺旋分子和另一条亲体分子共价相连，中间有一段异源双链区域，这种重组称为交换重组（reciprocal recombination）。如果切口发生在重组过程中曾被切开过的一对同源单链上，那么原来一直保持完整的另一对同源链将继续保持完整。这样切割释放出两条原来的亲代 DNA 分子，无交互重组发生。但每条分子上有一段异源双链区。如果两个遗传学位点处在这段异源双链区两侧，将在表现型上观测不到重组的发生。

重组过程的完成需要通过切断交叉点附近的 DNA 链以拆分 Holliday 联接体。拆分以两种方式之一完成，形成两种截然不同的 DNA 产物（图 15 – 22）。

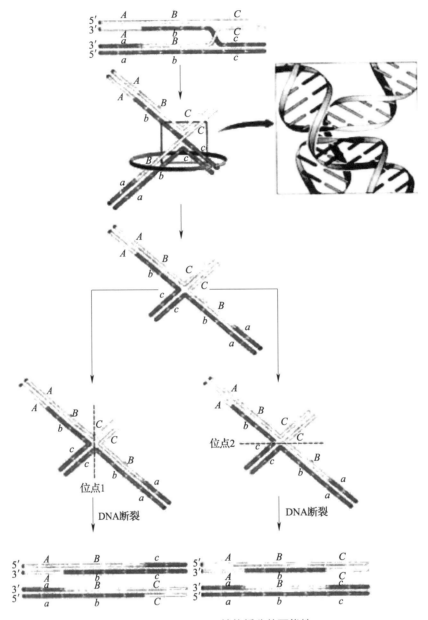

图 15-22　Holliday 结构拆分的可能性

　　Holliday 模型揭示了同源重组的关键步骤，它解释了同源重组的一个简单但在遗传学历史上又极为重要的模型。虽然现在已经证明大多数重组涉及新的 DNA 合成（Holliday 模型没有提及），但 Holliday 模型仍然很好地解释了 DNA 链侵入，支链的迁移和 Holliday 联接体拆分等步骤。

二、转化中的重组

（一）细菌转化

前文介绍的 Rec A 介导的单链入侵结合、支链迁移和错配修复也同样构成了细菌转化中的重组机制。外源 DNA 和染色体 DNA 重组在肺炎双球菌的转化中了解得最早也最为清楚。关于肺炎双球菌的转化过程及其分子生物学中的重要意义前面已经论述，现将细菌转化中的重组模式以图解的方式表示（图 15 - 23）。从图中可以看出，外源 DNA 被吸收到细胞中，其中一条链被降解，只有一条链与受体 DNA 相互作用。这一条链为什么能抗核酸酶的降解还不清楚，很可能是这个单链被单链结合蛋白结合而受到保护。单链入侵的过程与 Rec A 蛋白介导的配对一样。被替换的单链被切断，经支链迁移、修剪配对除去自由末端，连接酶连接切口，结果产生一个含有错配区的双链，供体的标志能否在受体中出现，根据错配修复能否发生而定，如果错配修复能发生，那么要看究竟是供体还是受体的碱基被去除，对于一些高效能标志，错配能被改正为与供体基因型相匹配，但很少被修复。在不被修复这种情况下，随着细胞的分裂会产生一个供体基因型和一个受体基因型的细胞。由于选择培养基只允许重组体生长，所以形成的菌落只有重组体组成。对低效能标志来说，错配修复常除去来自于供体的错配碱基，而细胞只保留受体基因型。自从肺炎双球菌中发现转化以来，在其他种属中也发现转化。在能转化的细菌中也只有少数菌株可作为有活性的转化受体，这些菌种也只有在生长状态的一定阶段才变成可转化状态，即所谓的感受态。

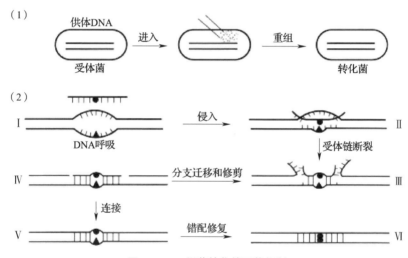

图 15 - 23 细菌转化的可能机制

一定的外界因素也可以使普通不出现感受态的受体出现感受态。例如用 Ca^{2+} 和改变温度可以使 E. coli 细胞容易接受外源 DNA，用于转化的外源 DNA 分子的相对分子质量比较大，相对分子质量小于 10^6 时，转化频率很低，一般要达到 10^7 左右的 DNA 分子转化频率较高；双链 DNA 分子的转化频率也高。来自质粒的双链环状超螺旋 DNA 分子也可使感受态细胞、Ca^{2+} 处理的细胞和原生质体转化，但必须具备自己的复制原点。

（二）酵母中的转化

酵母中的转化机制与肺炎球菌中的十分不同，曾用一种带有一小段酵母 DNA 的 E. coli 质粒为供体，酵母细胞作为受体来研究酵母的转化。酵母 DNA 缺少复制原点，而细菌的复制原点在酵母中是失活的，因此在 E. coli 质粒中的那段酵母 DNA 要在酵母细胞中表现必须发生重组，下述酵母转化的特点与其他转化系统是明显不同的。

（1）整个质粒被掺入到细胞中，交换只发生在酵母 DNA 同源序列之间，交换的位置可以发生在同源区域中的任何地方。

（2）在酵母中转化效率远低于在肺炎球菌中的转化效率，但如果用限制性内切酶把质粒中的酵母 DNA 序列切断，转化效率可以提高几千倍，相反，双链断开的 DNA 在肺炎球菌以及所有已知的细菌转化系统中转化效率降低很多倍。

（3）双链断开的 DNA 除了提高转化效率外，还产生一种交换位点的倾向性。例如，如果质粒上含有两个酵母基因 A 和 B，当在质粒的 A 基因处切断双链 DNA，那么，质粒 DNA 就被插入到酵母染色体的基因 A 中，如果在 B 中切开，质粒就插入酵母染色体的 B 基因中，在上述两种情况中都会使转化的酵母细胞具有两个基因 A 和两个基因 B，这个结果说明在重组过程中，需要双链 DNA 断裂被修复和在断裂附近发生交换（图 15 - 24）。

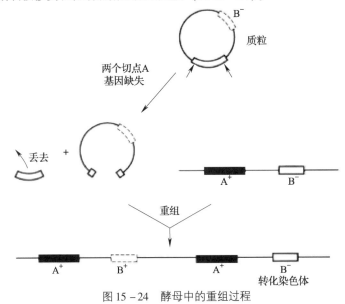

图 15 - 24　酵母中的重组过程

三、同源双链 DNA 分子之间的交换

（一）噬菌体的转导与整合

转导（transduction）是由噬菌体将一个细胞的基因传递给另一个细胞的过程。它是细菌之间传递遗传物质的方式之一。其具体含义是指一个细胞的 DNA 通过病毒载体的感染转移到另外一个细胞中。

噬菌体的整合属于位点特异性重组过程（图 15 - 25）。特异性位点称作附着点（attachment site，att）。

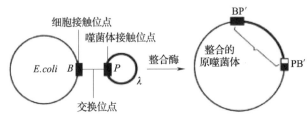

图 15 - 25　噬菌体的整合重组

在大肠杆菌 DNA 上的 att 位点为 attB，含有 B、O、B′三个序列组分，λDNA 上的 att 位点称 attP，由 P、O 和 P′三个序列组分构成。其中只有 O 序列是相同的，是位点发生特异性重组的位

点。整合后产生的重组位点为 attBOP′和 attPOB′。

这个反应依靠整合酶催化，整合酶是 λDNA 的 *int* 基因产物。整合酶只能催化 BOB′和 POP′之间的重组反应，但是不能催化 BOP′和 POB′之间的重组。因此，只有整合酶的时候，这种整合过程不可逆。Int 是一种 DNA 结合蛋白，对 POP 序列有强烈的亲和力，同时它具有Ⅰ类拓扑异构酶的活性。整个反应还需要另外一种蛋白质，被称为整合寄生虫因子（integration host factor）。

噬菌体的整合位点的核心是 O 序列，O 序列又称为核心序列（core sequence），这一序列全长 15bp（GCTTTTTTATACTAA），富含 A－T 碱基对，无碱基回文对称性。λDNA 整合涉及核心序列的断裂和重接。断裂在双链的不同位置发生，形成黏性末端。同位素实验标记证明，两个核心序列中的断裂完全相同，重接过程不需要合成新的 DNA。

（二）细菌结合转移中的重组

虽然许多实验证明供体菌 Hfr 与受体菌 F⁻进行结合转移到受体菌中的染色体 DNA 是单股，但在与受体菌染色体发生同源重组之前先进行了复制，因此供受体 DNA 发生重组时也是双链 DNA 之间的交换重组（图 15 – 26）。

（三）转导中的重组

无论是专一性转导还是普通性转导，转导的 DNA 片段都是双股 DNA 分子与染色体之间的重组。转导中的重组和转化中的重组不一样，在转导重组中染色体 DNA 双链都必须打开。

转导分两种类型，一种是转导噬菌体只能转导细菌染色体上某一特定基因片段，这种转导称为专一性（或称限制性）转导，专一性转导最早由 Lederberg 发现，他用紫外线照射野生型大肠杆菌 *E.coli*（λ），得到裂解液，再去感染 *E.coli* K12

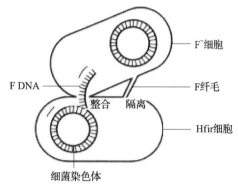

图 15 – 26　细菌结合转移

的各种非溶源的突变株，发现只有 gal⁻突变株有 10⁻⁶的概率转导成了 gal⁺，其他突变体均不被转到成野生型，说明 λ 噬菌体只转导供体菌染色体上的特定基因，所以称为专一性转导。

λ 噬菌体整合位点附近刚好是半乳糖（*gal*）基因，在某种条件下整合的 λ 噬菌体可从染色体上隔离下来，错误隔离后产生带有 *gal* 基因同时缺失了 λ 本身一部分基因的 λ 噬菌体基因组（图 15 – 27），这种由于错误隔离产生的 λ 噬菌体就是转导型噬菌体，也称 λdg。用这种方法得到的 λ 裂解液转导频率很低（10⁻⁶），称为低频转导（LFT）。如果用 λdg 和 λ 同时感染 *E.coli* K12，可得到双重溶源菌 λdg/λ，诱导这种双重溶源菌所得到的裂解液中有 50% 是转导型噬菌体，称为高频转导（HFT），双重溶源菌的形成如图 15 – 28 所示。

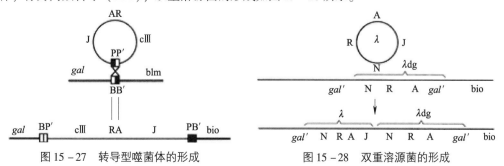

图 15 – 27　转导型噬菌体的形成　　　　图 15 – 28　双重溶源菌的形成

普遍性转导是在 P1 和 P22 中发现的。P1 和 P22 能转导任一基因，所以称为普遍性转导。因为 P1 是在细胞质中溶源（就像质粒和细菌共存一样），P1 转导型噬菌体的形成是由于错误包装。当诱导 P1 溶源菌时，P1 噬菌体在宿主细胞中复制，将宿主染色体打成片段，包装时，将与 P1 基因组大小一致的染色体片段包入 P1 头部，这样就形成转导型的噬菌体。

P1 噬菌体头部容量能够包装 *E. coli* 染色体上 2 分钟的长度，所以在染色体上两个相距很近的基因可以同时被转导，这称为共转导（cotransduction）。两个基因相距越近共转导频率就越高，越远则共转导频率越低，所以可以用测定共转导频率来测定两个相距很近基因之间的距离。根据这个原理 Yanofsky 和 Lennox 等绘制了 *E. coli* trp 区段的精细结构遗传图。

配对保证了染色体在第一次减数分裂过程中正确排序。减数分裂中同源重组需要多种酶和蛋白参与。

SpoII 蛋白可引起染色体 DNA 的双链断裂进而启动减数分裂重组。其作用机制类似于 λ 噬菌体的整合酶；NRX 是一个多亚基的 DNA 核酸酶，MRX 负责催化断裂区域，产生 3′端单链末端。Dmc1 是减数分裂重组中功能专一性蛋白，其作用类似于 Rec A 蛋白（图 15 – 29）。

多种蛋白共同作用促进减数分裂重组（参与双链的断裂、DNA 3′– 端单链末端的生成和参与减数分裂重组过程中的链交换的酶和蛋白质）。它们联合作用像一个很大的复合体行使其功能。大型 DNA – 蛋白质复合物被称作重组工厂。Rad2 是一种与 Rad1 相互作用的必要重组蛋白。Rad2 通过抵抗 RPA（真核细胞中主要的单链结合蛋白）的作用而启动 Rad51 蛋白丝的组装。因此，Rad52 与大肠杆菌的 Rec BCD 蛋白有相似活性，Rec BCD 蛋白可借助 Rec A 结合在原本被 SSB 所结合的单链 DNA 上。

四、同源重组的酶和蛋白质

（一）Rec A 蛋白和 Rec BCD 酶

Rec A 可与单链结合并且这一过程是协同作用的，一个 Rec A 蛋白分子可以结合 8 个核苷酸，结合后其长度可以达到原来长度的 150%。Rec A 蛋白介导单链入侵和 Holliday 结构的形成，促进 DNA 单链的交换（图 15 – 30）。Rec A 蛋白可能引起交换区域形成四链螺旋区。Rec A 蛋白与单链 DNA 相结合，以便促进链的交换。

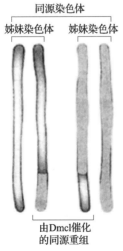

图 15 – 29　同源染色体的重组参与

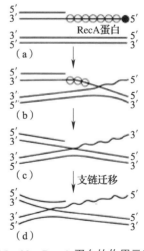

图 15 – 30　Rec A 蛋白的作用示意图

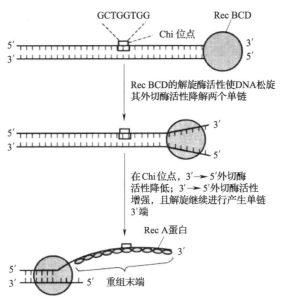

图 15 – 31　Rec BC 酶的作用示意图

Rec BC 酶具有解旋酶活性和核酸酶活性。它能够在单链 DNA 上产生一个切口，为 Rec A 蛋白提供单链末端，从而介导单链侵入同源双螺旋。Rec BC 酶首先结合在双链 DNA 的自由末端，水解 ATP 供能沿着双螺旋向前推进，当解旋的 DNA 链上有 Chi 位点时，将约离 Chi4 ~ 6 碱基处的单链切断，产生单链末端（图 15 – 31）。

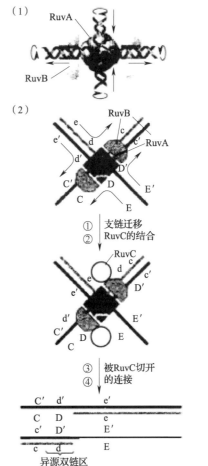

据报道，*E. coli* DNA 上约有一千拷贝的 Chi 序列，或者说每 5 个基因就有 1 个 Chi 作为 Rec BC 酶的作用位点。在正常细胞中，DNA 没有自由末端，因此 Rec BC 酶并不作用于 Chi 序列。但在 F⁺ 或 Hfr 和 F⁻ 细菌结合时，F⁺ 或 Hfr 细菌可将一个具有自由末端的 DNA 送入 F⁻ 细菌，F⁻ 菌体内 Rec BC 酶立即与之结合从而介导重组。其他情况如噬菌体 P1 转导细菌和噬菌体 λ 感染细胞时均可出现 DNA 自由末端，并借助于 Rec BC 酶而发生重组。

（二）参与同源重组的其他蛋白质

1. Ruv 蛋白

Ruv 蛋白参与同源重组中支链迁移和 Holliday 结构中交叉点的迁移，使大肠杆菌 Ruv A 和 Ruv B 蛋白有效地催化。Ruv A 专一地识别 Holliday 交叉点，Ruv B 的解旋酶活性对支链迁移的发生是必需的。

近期的研究已经清楚地了解到这两种蛋白的作用。有活性的 Ruv A 以四聚体形式与 Holliday 交叉点结合，使交叉点形成非折叠状态的四方形平面构象并保持四

图 15 – 32　Ruv A、B、C 在重组中的作用

条 DNA 单链处于分离态。Ruv B 蛋白的结合诱导两个环状（ring‑like）六聚体 Ruv B 蛋白对 Ruv A 复合物周围的双链 DNA 上相对的两个位点结合 [图 15‑32（1）]，水解 ATP 供能，Ruv B 六聚体起分子泵作用，推动两个双链 DNA 分子进入 Ruv A 复合物。分开四条 DNA 链，然后将两个双链异源双螺旋区从 Ruv A 复合物中挤压出去，接着就是支链迁移。两个 Ruv C 核酸内切酶结合到 Ruv A/Ruv B 复合物上，并在相对 180°的两个位点切开 DNA；连接酶连接后产生重组（或非重组）的含异源双链区的 DNA 分子 [图 15‑32（2）]。

2. 真核同源重组酶

所有真核生物包括人类细胞产生的重组相关蛋白在结构功能上都与大肠杆菌中的 Rec A、Rec BCD、Ruv A、Ruv B、Ruv C 类似。例如人和酵母中的 RAD51 蛋白，它在催化同源 DNA 片段配对、介导单链入侵以及顺序的同源方面都与 Rec A 类似，而且在细菌和真核细胞中发现有同源蛋白。由此可见，在所有类型的细胞里参与同源重组的分子和同源重组的机制几乎是类似的。

3. Cre 蛋白和其他重组酶

Cre 蛋白和其他重组酶催化位点专一性重组。重组酶识别位点专一性重组中两个 DNA 分子中相对短的独特顺序并催化两个分子连接。在原核和真核细胞中已经发现了几种位点专一性重组。

专一位点重组研究的最为充分的例子除 λ 噬菌体在宿主染色体特殊位点的整合外，由噬菌体 P1 编码的 Cre 蛋白催化位点专一性重组的机制也了解得较为清楚。当 P1 复制时，产生很长的多聚体 DNA；通过多聚体分子上 lox P 位点的重组产生 P1 单体分子。这一重组机制已在基因敲除中广泛应用（图 15‑33）。

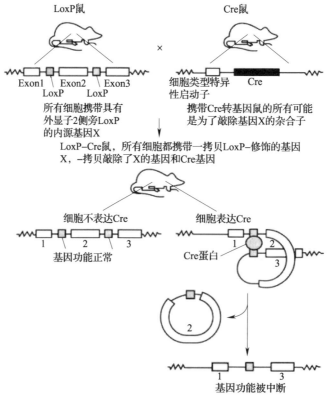

图 15‑33　Cre 蛋白在基因敲除中的作用

　　Cre 蛋白与 λ 噬菌体的整合酶在结构与功能上都非常类似，甚至连 P1 单体分子从多聚体割离机制也与 λ 原噬菌体的割离类似。

习题

　　1. 名词解释：

Okazaki fragments, semiconservative replication, single – strand binding protein, polymerase chain reaction, genetic central dogma

　　2. 简述 DNA 双螺旋结构及其在现代分子生物学发展中的意义。

　　3. 阐述胸腺嘧啶二聚体的形成导致 DNA 的损伤机制及其修复机制。

　　4. 简述 DNA 的碱基切除修复机制。

　　5. DNA 复制一般采用哪些方式？

　　6. 列出参与原核生物 DNA 复制的酶和蛋白因子体系。

　　7. 简述大肠杆菌 DNA 复制过程。

第十六章

RNA的生物合成

16

贮存在 DNA 中的决定生物特征的遗传信息只有通过转录和翻译，表达成蛋白质分子，才能体现出它的生命意义，执行生命功能。生物体以 DNA 为模板合成 RNA 的过程称为转录，是生物界 RNA 合成的主要方式。通过转录，遗传信息从染色体的贮存状态转送至细胞质，从功能上衔接 DNA 和蛋白质这两种生物大分子。某些 RNA 病毒，其 RNA 既是蛋白质合成的直接模板，又是遗传物质，当它感染宿主细胞后，以其 RNA 为模板指导合成 RNA 新链，这种合成方式称 RNA 的复制合成。

第一节 依赖 DNA 的 RNA 合成（转录）

转录（transcription） 是从 DNA 模板上定点起始、定点终止的，每次只转录 DNA 分子上的一段序列，包括一个或几个基因的长度。转录的模板是 DNA 双链中的一条链，或者某些区域以这条链为模板，另一些区域以另一条链为模板，对应的链只复制，无转录功能。对于特定的基因来说，**DNA 分子用于转录的链称为模板链（template strand）**，与模板链对应的链称为编码链（coding strand）。转录生成的 RNA 链一般还需要进一步加工，才能成为有生物活性的（成熟的）RNA。

转录的忠实性是指一个特定的基因转录具有相对固定的起点和终点，而且严格遵守碱基互补配对规则。但是转录的忠实性远低于 DNA 复制（转录差错率约 $1/10^6$，而 DNA 复制差错率为 $1/10^8 \sim 1/10^{10}$），原因主要是转录没有校正机制，RNA 聚合酶缺少 3′ – 外切核酸酶活性的校对功能。由于细胞 RNA 不能自我复制，即使转录偶有差错也不会遗传，一定程度上机体可以承受。其原因有：一是由于遗传密码的兼并性导致转录的错误并不一定会导致蛋白质氨基酸序列的差错；二是转录产物是多拷贝的，不可能每一个拷贝都出错。

一、RNA 聚合酶（又称转录酶）

转录的发现始于 RNA 聚合酶的发现。1960 年 Weiss 和 Hurwitz 分别从细菌和动物中分离得到 RNA 聚合酶（RNA polymerase）。该酶需要以 4 种核糖核苷三磷酸（NTPs）作为底物，DNA

为模板，Mg^{2+}能促进聚合反应。RNA 链的合成方向也是 5′→3′，第一个核苷酸带有 3 个磷酸基，其后每加入一个核苷酸脱去一个焦磷酸，形成磷酸二酯键，焦磷酸迅速水解的能量驱动聚合反应。与 DNA 聚合酶不同，RNA 聚合酶无须引物，它能直接在模板上合成 RNA 链；RNA 聚合酶能够局部解开 DNA 的两条链，所以转录时无须将 DNA 双链完全解开，RNA 聚合酶无校对功能，如图 16 - 1 所示。

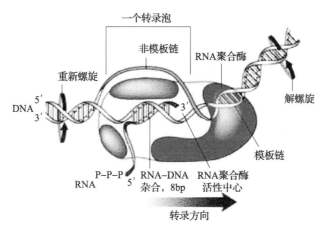

图 16 - 1 大肠杆菌 RNA 聚合酶进行转录

大肠杆菌 RNA 聚合酶有全酶和核心酶（core enzyme）两种形式。核心酶由两个 α 亚基、一个 β 亚基、一个 β' 亚基和一个 ω 亚基组成。核心酶加上 σ 亚基组装成全酶（即 $\alpha_2\beta\beta'\sigma\omega$），$\alpha$ 亚基与启动子上游原件结合，β 和 β' 亚基是 RNA 聚合酶的催化亚基，构成酶的活性中心，核心酶只能使已开始合成的 RNA 链延长，但不具有起始合成 RNA 的能力。ω 亚基的功能与变性的 RNA 聚合酶的体外复性有关。σ 亚基帮助核心酶识别转录起始位点。不同的 σ 亚基识别不同的启动子，调节基因的转录。RNA 聚合酶的转录速度在 37℃约为 50 个核苷酸/s。

在电子显微镜下观察 RNA 聚合酶，其外形犹如右手，拇指与食指间的凹槽可结合 DNA。单独核心酶存在时凹槽闭合，与 σ 因子结合后即张开，DNA 可落入凹槽内。当酶遇到启动子时凹槽闭合，同时 DNA 双链被局部解开，然后模板链上开始合成 RNA 链。

真核生物 RNA 聚合酶主要有三类，相对分子量大致在 500000，通常有 8 ~ 14 个亚基，并含有 Zn^{2+}。真核生物 RNA 聚合酶Ⅰ转录 45S rRNA 前体，经转录后加工产生 5.8S rRNA、18S rRNA 和 28S rRNA。RNA 聚合酶Ⅱ转录所有 mRNA 前体和大多数核内小 RNA（snRNA）。RNA 聚合酶Ⅲ主要转录 tRNA、5S rRNA 和一部分 snRNA。真核生物 RNA 聚合酶中没有细菌 σ 因子的对应物，因此必须借助各种转录因子才能选择和结合到启动子上。

二、转录过程（以原核生物为例）

转录过程可分为起始、延伸和终止三个阶段。

（一）转录起始

RNA 的转录是从 DNA 模板上特定部位开始的。**启动子（promotor）** 是指 RNA 聚合酶识别、结合和开始转录的一段 DNA 序列。从转录起点上游约 - 10 处找到 6bp 的保守序列 TATAAT，称为 Pribnow 框（box），或称为 - 10 序列，它含有较多的 A - T 碱基对，因而双链分开所需的能量也较低，有助于 DNA 的解链。约在 - 35 位置又有一个保守序列 TTGACA，称

为 –35 序列，是 –35 序列提供了 RNA 聚合酶 σ 因子识别的信号。启动子的结构是不对称的，它决定了转录的方向，如图 16 – 2 所示。

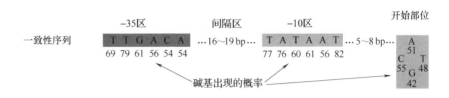

图 16 – 2　大肠杆菌启动子结构示意图

转录的起始就是 RNA 聚合酶与启动子的 –35 序列识别，在这一区段，酶与模板结合较为松弛，然后酶移向 –10 序列并跨入转录起始点，并局部打开 DNA 双螺旋，形成转录泡，约 17 个碱基。此时，两个与模板配对的相邻核苷酸在 RNA 聚合酶的作用下生成磷酸二酯键，并释放焦磷酸，不需要引物的参与，第一个核苷三磷酸通常是三磷酸鸟苷或腺苷，通常在形成 6 ~ 10 个磷酸二酯键后，σ 亚基从 RNA 聚合酶的全酶中脱落，核心酶沿 DNA 模板继续前移，进入延长阶段。

（二）转录延长

σ 亚基从核心酶上脱落后，核心酶的构象随之发生改变，因而与模板的结合由特异性变为非特异性，而且变得松弛，有利于酶迅速向下游移动，转录起始形成的二聚核苷酸有游离 3′ – OH。底物三磷酸核苷的 α – 磷酸可在酶的催化下与 3′ – OH 起反应，生成磷酸二酯键，脱落的 β、γ 磷酸基成为无机磷酸。此反应与复制的延长基本相似。不同的是遇到模板为 A 时，转录产物加入的是 U 而不是 T。随着 RNA 链的延伸，产物 RNA 与模板链形成长约 8bp 的 RNA/DNA 杂化双链，同时 RNA 的 5′脱离模板，核心酶移动过后的两条单链恢复原来的双螺旋。这是因为 RNA/DNA 杂化双链分子中是 A – U 配对的，这种配对是很不稳定的。新生 RNA 分子的第一位核苷酸的 5′ – 三磷酸基团并不释放 PPi，在转录过程中保持完整。电子显微镜观察，发现原核生物在同一 DNA 模板上有多个转录同时进行，而且发现转录尚未完成翻译已经开始。真核生物由于有核膜，使转录和翻译隔成不同的区间，因而没有这种现象。

转录的忠实性不仅依赖 RNA 聚合酶的高度选择性，而且与转录过程中的校对机制有关。过去认为 RNA 聚合酶缺乏 3′ – 外切核酸酶活性而没有校对功能，实际上无论是 DNA、RNA 或蛋白质的合成都有校对功能，能对错误掺入加以纠正，只不过 RNA 聚合酶的校对作用十分有限。转录校对有两种方式：一是借助焦磷酸水解去除错误掺入的核苷酸（即聚合反应的逆反应）。由于 RNA 聚合酶遇到错配核苷酸时停留时间较长，为切除提供了机会。另一种校对机制是聚合酶催化的转录反应熄火，酶向后倒退，通过 GreA 和 GreB 蛋白切除 3′端包括错配的核苷酸在内的几个核苷酸，然后重新开始转录。

（三）转录终止

转录到特定位点终止，DNA 模板上含有转录终止信号，称终止子。所有原核生物的终止子在终止点前均有一个回文结构，其产生的 RNA 可形成发夹结构。该结构可使 RNA 聚合酶减慢移动或暂停 RNA 的合成。由于终止子的结构不同，转录终止有两种不同的机制：一种是不依赖 ρ 因子的终止，又称简单的终止子，是原核生物转录终止的主要方式；另一种是依赖 ρ 因子的终止。

不依赖 ρ 因子的终止子除能形成富含 dG－dC 的回文结构外，在转录终点前还有一系列 dA 脱氧核苷酸（约 6 个）；回文结构使 RNA 聚合酶与 RNA 的结合降低，并减慢转录的速度或暂停，多聚 dA 与多聚 U 形成的 RNA/DNA 杂化分子不稳定，使合成的 RNA 从模板中解离，转录终止，如图 16－3 所示。

依赖 ρ 因子的终止子必须在 ρ 因子存在时才发生终止作用。依赖 ρ 因子的终止子的回文结构中不含有富 G－C 区，回文结构以后也无寡聚 dA。ρ 因子是一种相对分子量约为 46000 的蛋白质，通常以六聚体形式存在，并具有解链酶和 ATP 酶活性。ρ 因子能识别 RNA 聚合酶本身不能识别的终止信号。据此推测，ρ 因子结合在

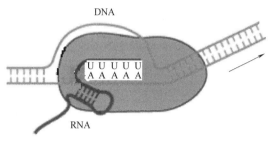

图 16－3　不依赖 ρ 因子的终止子终止机制

新产生的 RNA 链上，它依靠水解核苷三磷酸的能量，推动其沿着 RNA 链移动。RNA 聚合酶遇到终止子时发生暂停，使 ρ 因子得以追上 RNA 聚合酶。ρ 因子与 RNA 聚合酶结合，引起酶构象的改变使 RNA 脱落，并使 RNA 聚合酶与该因子一起从 DNA 上脱落下来。最近发现 ρ 因子具有 RNA－DNA 解螺旋酶活力，进一步说明该因子的作用机制。

RNA 聚合酶识别终止子需要一些特殊的辅助因子。Nus A 能够促进 RNA 聚合酶在终止子位置上的停顿，提高终止效率。Nus B 与 S10 形成二聚体，共同作用于 RNA 聚合酶，促进对终止子的识别。Nus G 与各个 Nus 因子和 RNA 聚合酶形成复合物的装配有关。

三、转录后的加工

刚转录出的 RNA 需要经过一系列的变化，包括链的裂解，5′－端与 3′－端的切除和特殊结构的形成，核苷的修饰和糖苷键的改变，以及拼接和编辑等过程，才转变为成熟 RNA 分子。此过程称 **RNA 转录后加工（post－transcriptional processing）**。

原核生物的 mRNA 一经转录通常立即进行翻译，除少数例外，一般不进行转录后加工。但 tRNA 和 rRNA 都要经过一系列加工才能成为有活性的分子。真核生物由于存在细胞核结构，转录与翻译在时间上和空间上都被分隔开来，其 mRNA 前体的加工极为复杂，而且真核生物的大多数基因都被内含子所分隔而成为断裂基因，在转录后需通过拼接使编码区成为连续序列。在真核生物中还能通过不同的加工方式，表达出不同的信息。因此，对于真核生物来讲，RNA 的加工尤为重要。

（一）原核生物 RNA 的加工

1. 原核生物 rRNA 前体的加工

大肠杆菌共有 7 个 rRNA 的转录单位，它们分散在基因组的各处。每个转录单位由 16S rRNA、23S rRNA、5S rRNA 以及一个或几个 tRNA 的基因所组成，如图 16－4 所示。转录和加工同时进行，不易分离得到一个完整的前体。RNaseⅢ是一种负责 RNA 加工的核酸内切酶，它的识别部位为特定的 RNA 双螺旋区。16S rRNA 和 23 S rRNA 的两侧序列互补，形成茎环结构，RNaseⅢ切割产生 16S 和 23 S rRNA 前体。5S rRNA 前体在 RNase E 作用下产生，它可识别 5S rRNA 前体两端形成的茎环结构。各前体两端的多余附加序列进一步由核酸酶切除。可能 rRNA 前体被核酸内切外切酶切割前还需甲基化修饰，参与甲基化的酶有 RNase M16、M23 和 M5 等。

甲基供体为 S – 腺苷甲硫氨酸（SAM），其功能是保护 rRNA 免受核酸酶的降解。一般 5S rRNA 没有修饰成分，不进行甲基化。不同细菌 rRNA 前体的加工过程基本类似。

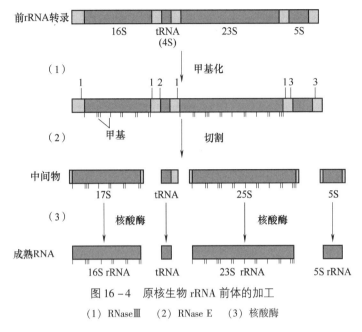

图 16 – 4 原核生物 rRNA 前体的加工

（1）RNaseⅢ （2）RNase E （3）核酸酶

2. 原核生物 tRNA 前体的加工

大肠杆菌基因组共有 tRNA 的基因约 60 个。也就是说，某些反密码子可以不只一个 tRNA 分子，或某些 tRNA 基因不只一个拷贝。tRNA 的基因大多成簇存在，或与 rRNA 的基因，或与编码蛋白质的基因组成混合转录单位。tRNA 前体的加工包括：① 由核酸内切酶在 tRNA 两端切断；② 由核酸外切酶从 3′ – 端逐个切去附加的顺序进行修剪；③ 在 tRNA 3′ – 端加上 – CCA$_{OH}$；④ 核苷酸的修饰和异构化。

与 DNA 限制性内切酶不同，RNA 核酸内切酶不能识别特异的序列，它所识别的是加工部位的空间结构。大肠杆菌 RNase P 是一类切断 tRNA 5′ – 端的内切加工酶。Rnase P 是含有蛋白质和 RNA 两部分的酶。

加工 tRNA 前体 3′ – 端的成熟先由 RNase F 从靠近 3′ – 端处切断，然后外切酶 RNase D 进一步进行修剪完成。

所有成熟 tRNA 分子的 3′ – 端都有 CCA$_{OH}$ 结构，因为由它来接受相应的氨基酸。细菌的 tRNA 前体存在两类不同的 3′ – 端序列。一类其自身具有 CCA 三核苷酸，当附加序列被切除后即显露出该末端结构；另一类其自身并无 CCA 序列，必须外加 CCA。添加 CCA 是在 tRNA 核苷酰转移酶催化下进行的，由 CTP 和 ATP 供给胞苷酸和腺苷酸。

成熟的 tRNA 分子中存在众多的修饰成分，其中包括各种甲基化碱基和假尿嘧啶核苷。tRNA 修饰酶具有高度特异性，每一种修饰核苷都有催化其生成的修饰酶。

（二）真核生物 mRNA 的加工

真核生物 rRNA 和 tRNA 前体加工过程与原核生物有些相似，但 mRNA 前体需经复杂加工过程，这与原核生物大不相同。所以，我们仅介绍真核生物 mRNA 的加工。

真核生物 mRNA 由 RNA 聚合酶 Ⅱ 催化转录生成单顺反子 mRNA。真核生物的 mRNA 的原初转录物是相对分子质量极大的前体，在核内加工过程中形成分子大小不等的中间物，它们被称为**核内不均一 RNA（heterogeneous nuclear RNA，hnRNA）**，hnRNA 链长是成熟 mRNA 的 4～5 倍。hnRNA 经一系列加工转变为成熟 mRNA。

由 hnRNA 转变成 mRNA 的加工过程包括：① 5′-端形成特殊的帽子结构（$m^7G^{5'}$ PPPNmp-Np）；② 在链的 3′-端切断并加上多聚腺苷酸［poly（A）］尾巴；③ 通过拼接除去内含子；④ 核苷甲基化。

1. 5′-端加帽

真核生物的 mRNA 都有 5′-端帽子结构，原初转录的 hnRNA 分子 5′-端为三磷酸嘌呤核苷（pppPu），转录起始后不久从 5′-端三磷酸脱去一个磷酸，然后与 GTP 反应生成 5′，5′-三磷酸相连的键，并释放出焦磷酸，最后以 S-腺苷甲硫氨酸（SAM）进行甲基化产生所谓的帽子结构，如图 16-5 所示。5′-端帽子的确切功能还不十分清楚，推测它能在翻译过程中起识别作用以及对 mRNA 起稳定作用，原核生物 mRNA 无帽子结构。

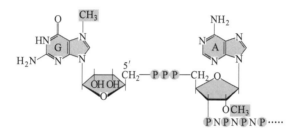

图 16-5　真核生物的 mRNA5′-帽子结构

2. 3′-末端的产生和多聚腺苷酸化

核内 hnRNA 转录后，可能是 RNase Ⅲ切断 hnRNA，由多聚腺苷酸聚合酶催化其 3′-端多聚腺苷酸化，它不依赖 DNA 模板。高等真核生物的 mRNA 在靠近 3′-端 11～30 个核苷酸都有一段非常保守的序列 AAUAAA，一般认为，这一序列为链的切断和多聚腺苷酸化提供了信号。多聚腺苷酸尾巴有防止核酸外切酶对 mRNA 信息序列降解的作用，如图 16-6 所示。

3. mRNA 的内部甲基化

真核生物 mRNA 分子内部往往有甲基化的碱基，主要是 N^6-甲基腺嘌呤（m^6A）。这类修饰成分在 hnRNA 中已经存在。据推测，mRNA 的内部甲基化可能对 mRNA 前体的加工起识别作用。

4. hnRNA 的拼接

大多数真核基因都是断裂基因，断裂基因的转录产物需通过拼接，去除内含子，使编码区成为连续序列，这是基因表达调控的一个重要环节。内含子具有多种多样的结构，拼接机制也是多种多样的。

现在已知的 RNA 拼接方式有 4 种，包括类型 I 自我拼接、类型 II 自我拼接、核 mRNA 的拼接体的拼接和核 tRNA 的酶促拼接。

类型 I 自我拼接须鸟苷酸（或鸟苷）辅助，它的游离 3′-羟基与内含子的 5′-磷酸基发生转酯反应；紧接着由第一个外显子产生的 3′-羟基攻击第二个外显子的 5′-磷酸基。因为在磷酸酯的转移过程中并不发生水解作用，磷酸酯键的能量被贮存起来，所以不需要供给能量。在两次转酯反应中产生的线状内含子片段可以发生环化，如图 16-7 所示。类型 I 自我拼接的内

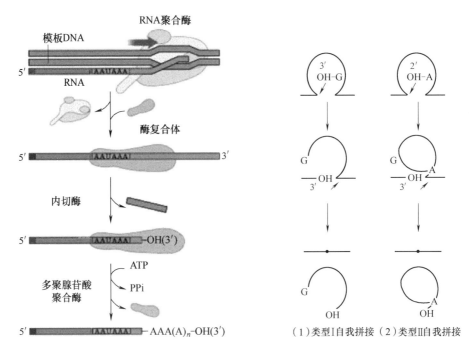

图 16 – 6　真核 mRNA3′ – 末端多聚腺苷酸化　　　图 16 – 7　类型 I、类型 II 自我拼接机制

含子分布很广，存在于真核生物的细胞器基因，低等真核生物核的 rRNA 的基因中。

　　类型 II 自我拼接与类型 I 自我拼接的区别在于转酯反应无须游离鸟苷酸（或鸟苷）发动，而是由内含子靠近 3′ – 端的腺苷酸 2′ – 羟基攻击 5′ – 磷酸基引起的。类型 II 内含子只见于某些真菌线粒体和植物叶绿体基因。类型 I 和类型 II 在自我剪切和拼接的过程不需蛋白参与，而由 RNA 作为酶起作用，所以称核酶。

　　hnRNA 的拼接过程与类型 II 内含子 RNA 的拼接十分相似，其差别在于前者由拼接体完成，后者由内含子自我催化完成。拼接体是由尿嘧啶含量较高的核内小 RNA（称 U 系列 snRNA）、被拼接的 RNA 与多个蛋白构成的复合体。mRNA 前体的内含子种类众多，需要 snRNA 和辅助蛋白的帮助才能将各种 hnRNA 的内含子切除。

　　tRNA 前体的拼接过程分两步进行。第一步是由一个特殊核酸内切酶断裂磷酸二酯键，切去插入序列，反应不需要 ATP。第二步需要 ATP，由 RNA 连接酶催化使切开的 tRNA 两部分共价连接。

第二节　病毒 RNA 的复制

　　某些 RNA 病毒的遗传物质是 RNA，所以，其 RNA 的合成是通过 RNA 复制的方式来完成的。噬菌体 Qβ 的 RNA 复制可以说明这个过程和特点。

　　噬菌体 Qβ 中 RNA 占 30%，其余为蛋白质，其 RNA 是由 4500 个核苷酸组成的一条单链分子，具有 mRNA 的功能（通常将具有 mRNA 功能的链称为正链），编码噬菌体 $Q\beta$ 的成熟蛋白、外壳蛋白和 RNA 复制酶的 β 亚基，其 RNA 复制是依靠 RNA 复制酶来完成的。

$Q\beta$RNA 复制酶有四个亚基，噬菌体 $Q\beta$ 本身只编码 β 亚基，其余三个 α、γ、δ 亚基来自于宿主。现已清楚 α 亚基是核糖体 S_1 蛋白，γ 和 δ 亚基是蛋白合成系统中的延伸因子 Tu 和 Ts。所以，当 $Q\beta$RNA 感染进入细菌后，首先合成复制酶 β 亚基，然后与宿主细胞内三种亚基结合成有活性的完整 RNA 复制酶，装配好的复制酶识别并结合到正链 RNA 的 $3'$－末端，以正链 RNA 为模板合成出负链 RNA，合成一直进行到另一末端，负链 RNA 便从模板上释放。RNA 复制酶又结合到新合成的负链 RNA 的 $3'$－端末端，以负链 RNA 为模板合成出正链 RNA，正链可作为模板指导合成病毒蛋白，病毒蛋白和正链 RNA 再包装成新的 $Q\beta$ 噬菌体，如图 16－8 所示。

RNA 复制酶对模板有高度专一性，它们只识别病毒自身 RNA，对宿主细胞和其他病毒的 RNA 均无反应。

由于病毒所含 RNA（正链或负链）的情况不同，RNA 病毒的 RNA 合成可分成几种不同类型：

（1）病毒含正链 RNA 和复制酶　如 $Q\beta$ 噬菌体。

（2）病毒含负链 RNA 和复制酶　如狂犬病毒，它们进入宿主细胞后，借助病毒带入的复制酶合成正链 RNA，再以正链 RNA 为模板合成病毒蛋白和复制负链 RNA。

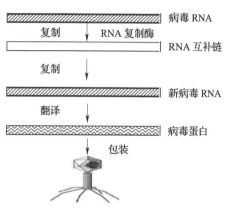

图 16－8　噬菌体 $Q\beta$RNA 的合成

（3）病毒含双链 RNA 和复制酶　如呼肠孤病毒，进入细胞后，利用其复制酶合成正链 RNA，以正链 RNA 为模板合成病毒蛋白及合成负链 RNA，再形成双链 RNA。

（4）反转录病毒　它们的 RNA 合成需经前病毒阶段（参见 DNA 反转录合成）。

习题

1. 名词解释

transcription, core enzyme, introns, RNA polymerase, RNA processing

2. 简述大肠杆菌 RNA 聚合酶的结构特点。

3. 简述原核生物的转录过程。

4. 什么是启动子、终止子？

5. 简述 $Q\beta$ 噬菌体的 RNA 复制。

第十七章

蛋白质的生物合成

蛋白质生物合成是遗传信息表达的最终阶段，蛋白质合成也称翻译，翻译后经过折叠和修饰才能成为有生物活性的天然蛋白质。蛋白质生物合成在细胞各种生物合成中机制是最复杂的，细胞用于合成蛋白质消耗的能量可占到所有生物合成总能耗的90%，可见蛋白质合成在细胞生命过程中有至关重要的核心作用。各种细胞需要不断以极高的速度合成新蛋白质以满足代谢需要及适应对环境的变化。

第一节 遗 传 密 码

一、遗传密码及其破译

20 世纪中叶已经知道 DNA 是遗传信息的携带分子，并通过 RNA 控制蛋白质的合成，于是科学家们的注意力被吸引到核酸分子如何指导蛋白质的氨基酸排列顺序。核酸分子中只有 4 种碱基，要为蛋白质分子的 20 种氨基酸编码，不可能是一对一的关系，两个碱基决定一个氨基酸也只能编码 16 种氨基酸，如果用三个碱基决定一个氨基酸，$4^3 = 64$ 就足以编码 20 种氨基酸，推测三联体密码子的可能性最大。应用生物化学和遗传实验证实了上述的推测。由三个碱基编码一个氨基酸，称为三联体密码子，并通过大量实验破译了 64 组密码子的含义。

1961 年 Nirenberg 等将大肠杆菌破碎，离心除去细胞碎片，上清液含有蛋白质合成所需各种成分。将上清液保温一段时间，内源 mRNA 被降解，该系统自身蛋白质的合成即停止。当补充外源 mRNA 以及 ATP、GTP 和氨基酸等成分，再在 37℃ 保温就能合成新的蛋白质。Nirenberg 等实验使用的多聚核糖核苷酸为均聚尿核苷酸（poly U），它能指导多聚苯丙氨酸的合成。由此推断密码子 UUU 代表 Phe。用同样的方法证明 CCC 指导 Pro，Lys 的密码子是 AAA，这三个密码子最早得到破译。

之后，科学家 M. Nireber 及其他学者用重复顺序的多核苷酸为模板，采用核糖体结合技术进行破译密码的工作，到 1966 年最终完成并编制了遗传密码表（表 17 - 1）。

表 17 - 1　　　　　　　　　　　　　　遗传密码表

第一位碱基5′	第二位碱基				第三位碱基3′
	U	C	A	G	
U	Phe（苯丙）	Ser（丝）	Tyr（酪）	Cys（半胱）	U
	Phe（苯丙）	Ser（丝）	Tyr（酪）	Cys（半胱）	C
	Leu（亮）	Ser（丝）	终止密码	终止密码	A
	Leu（亮）	Ser（丝）	终止密码	Trp（色）	G
C	Leu（亮）	Pro（脯）	His（组）	Arg（精）	U
	Leu（亮）	Pro（脯）	His（组）	Arg（精）	C
	Leu（亮）	Pro（脯）	Gln（谷胺酰）	Arg（精）	A
	Leu（亮）	Pro（脯）	Gln（谷胺酰）	Arg（精）	G
A	Ile（异亮）	Thr（苏）	Asn（天冬酰）	Ser（丝）	U
	Ile（异亮）	Thr（苏）	Asn（天冬酰）	Ser（丝）	C
	Ile（异亮）	Thr（苏）	Lys（赖）	Arg（精）	A
	Met（甲硫）	Thr（苏）	Lys（赖）	Arg（精）	G
G	Val（缬）	Ala（丙）	Asp（天冬）	Gly（甘）	U
	Val（缬）	Ala（丙）	Asp（天冬）	Gly（甘）	C
	Val（缬）	Ala（丙）	Glu（谷）	Gly（甘）	A
	Val（缬）	Ala（丙）	Glu（谷）	Gly（甘）	G

二、遗传密码的特点

1. 遗传密码不重叠、无标点

在 64 组密码子中有两种特殊的密码子：一种是 AUG，它既是甲硫氨酸（Met）的密码子，又是肽链合成的起始密码子；另一种是 UAG、UAA 和 UGA，这三组密码子不编码任何氨基酸，指示肽链合成的终止位点，称它们为**终止密码子（stop codon）**。密码不重叠是指 mRNA 上的核苷酸顺序从起始密码子开始，每三个碱基编码一个氨基酸，碱基的使用不发生重复；无标点是指相邻密码子之间无空位，就像文章中的语句之间没有标点一样。例如，假设 mRNA 的一段序列为 GAUUACAGAUGG……，那么阅读密码时应为 GAU UAC AGA UGG……。

要正确阅读密码，需从起点密码子开始，一个碱基不漏地读下去，直到碰到终止密码子为止。中间若插入或删去一个或两个碱基就会使这以后的读码发生错误，称移码。由移码引起的突变称为移码突变。目前已经证明，在绝大多数生物中基因是不重叠的，但在少数病毒中，部分基因的遗传密码却是重叠的。

2. 密码具有通用性

密码的通用性是指各种低等和高等生物，包括病毒、细菌及真核生物，基本上共用同一套遗传密码。例如，将兔网织红细胞的核糖体（结合有 mRNA）与大肠杆菌的氨基酰 - tRNA 及其他蛋白质合成因子一起进行反应，合成的是兔血红蛋白，说明大肠杆菌 tRNA 上的反密码子可以正确阅读兔血红蛋白 mRNA 的编码序列。以后大量的实验证明生物界有一套共同的遗传密码，这说明生物有共同的起源。但近年来发现这个结论并不完全适用于真核生物的线粒体遗传体系。如 UGA 是一个终止密码子，但是在人的线粒体中是编码色氨酸的，这种例外情况可能代表一种较原始的密码系统。

3. 密码子的简并性

从密码子表可以看出，除色氨酸与甲硫氨酸外，18 种氨基酸有两种以上的不同密码子，它们称同义密码。一种氨基酸有多种同义密码的现象称为密码简并性。密码的简并性往往表现在密码子的第三位碱基上，它们的前两位碱基都相同，只是第三位碱基不同。如甘氨酸的密码子是 GGU、GGC、GGA 和 GGG，密码子的简并性对防止有害突变具有重要意义。

4. 密码子的摆动性

tRNA 上的反密码子与 mRNA 上的密码子的碱基反向互补配对识别时，密码子的第一、二位碱基与反密码子的配对是标准的 A – U、G – C 配对，而密码子的第三位碱基与反密码子的第一位碱基配对不很严格，这种现象称为密码子的摆动性。如反密码子的第一位碱基 G 可以与 C、U 配对，U 可以和 A 或 G 配对，I（次黄嘌呤核苷酸）可以与 U、C、A 配对。反密码子的第一位没有 A，A 被 I 所取代。密码子的摆动性大大提高了 tRNA 阅读 mRNA 的能力，由于密码子的摇摆性，细胞内只需要 32 种 tRNA，就能识别 61 个编码氨基酸的密码子。

5. 密码的防错系统

密码子中碱基顺序与其相应氨基酸物理化学性质之间相互关联。氨基酸的极性通常由密码子的第二位（中间）碱基决定。例如，① 中间碱基是 U 或 C，它编码的是非极性、疏水的和支链的氨基酸或具有不带电荷的极性侧链。② 中间碱基是 A 或 G，其相应氨基酸常在球蛋白外周，具有亲水性。

密码子的第二个碱基和第三个碱基这样编排，其结果或是仍编码相同的氨基酸，或是以物理化学性质最接近的氨基酸取代，从而使基因突变可能造成的危害降至最低程度。这就是说，密码子的编排具有防错功能，是生物在进化过程中获得的最佳选择。

第二节　核　糖　体

核糖体（ribosome）是细胞内合成蛋白质的场所，在蛋白合成的复杂过程中，它起到了把 tRNA、mRNA 以及多种酶和蛋白因子的作用协调起来的蛋白质合成工厂的作用。目前已对核糖体的种类、组成和结构有了较清楚的了解。

一、核糖体的组成与结构

核糖体是一个巨大的核糖核蛋白体。它是由几十种蛋白质和数种 rRNA 组成的一种亚细胞结构。核糖体由大亚基和小亚基组成，大亚基的大小约为小亚基的 2 倍。不同生物中，两者的质量比例不同。如在大肠杆菌中，两者比例约为 2∶1，在其他生物中比例约为 1∶1。

在原核细胞中，大小亚基结合形成 70S 核糖体。其中大亚基沉降系数为 50S，由 34 种蛋白质（用 L1 ~ L34 表示）和 23S rRNA、5S rRNA 组成；小亚基沉降系数为 30S，由 21 种蛋白质（用 S1 ~ S21 表示）和 16S rRNA 组成。目前，通过对构成核糖体亚基的 55 种蛋白质测序可知，小亚基大多数蛋白质为球状蛋白，带有 28% 的 α - 螺旋和 20% 的 β - 折叠，除 S1、S2 与 S6 是酸性蛋白质外，其他均为碱性蛋白质。大亚基中只有 L7 和 L12 是酸性蛋白，其他均为碱性蛋白。

真核生物的核糖体值约是 80S，由 40S 和 60S 两个亚基组成。大亚基沉降系数为 60S，由 49 种蛋白质和 28S、5.8S 和 5S rRNA 组成；小亚基沉降系数为 40S，由 33 种蛋白质和 18S rRNA 组成。原核和真核生物的结构如表 17 - 2 所示。

表 17 - 2　　　　　　　　　　　　核糖体的结构组成

核糖体的种类	亚基	rRNA（S）	蛋白质分子数目
原核细胞核糖体（以大肠杆菌为例）	70S ↗30S ↘50S	16S rRNA / 5S rRNA / 23S rRNA	21 / 34
真核细胞核糖体	80S ↗40S ↘60S	18S rRNA / 5S rRNA / 28 ~ 29S rRNA / 5.8S rRNA（哺乳类）	~30 / ~50

应用电镜及其他物理学方法已经提出了大肠杆菌 30S、50S 及 70S 核糖体的结构模型（图 17 - 1）。70S 核糖体为一椭圆球体（13.5nm × 20.0nm × 40.0nm），30S 亚基像一个动物的胚胎，将 30S 亚基分成头部与躯干两部分。50S 亚基好像一把特殊的椅子，三边带有突起，中间空穴相抱，它的头部与 50S 亚基中含蛋白质较多的一侧相结合。两亚基接合面上留有相当大的空隙，蛋白质生物合成可能就在这空隙中进行。

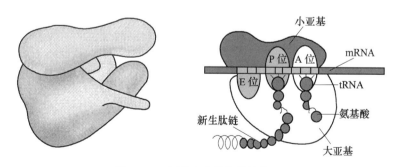

图 17 - 1　原核生物核糖体结构模式

二、核糖体的功能

核糖体是蛋白质装配的主要场所。核糖体的大小亚基及它们的结合部位存在许多与蛋白质合成装配有关的位点或结构域，这些结构域至少要满足以下三个功能部位（图 17 - 1）。

（1）结合肽酰－tRNA 的部位（peptidyl site）（P 位）　是起始氨酰－tRNA 进入部位和结合肽酰－tRNA 的位置，在原核核糖体中大部分位于 30S，小部分位于 50S 亚基。

（2）结合氨酰－tRNA 的部位（aminoacyl site）（A 位）　是新进入的氨酰－tRNA 结合的位置，主要在 50S 大亚基中。

（3）脱氨酰－tRNA 释放部位（exit site）（E 位）　是卸载的 tRNA 预备退出核糖体的部位。

P 位和 A 位各含有 mRNA 的一个密码子。

此外，核糖体大亚基具有催化肽键形成的肽基转移酶（peptidyl transferase）活性部位，位于 P 位和 A 位连接处。大亚基上还有在肽酰－tRNA 移位过程中水解 GTP 的部位。

除了这些功能以外，核糖体还具有识别并结合 mRNA 特异的起始部位，能沿着 mRNA 移动以解读全部信息的能力。

原核生物核糖体可以游离形式存在，也可以与 mRNA 结合形成串状的多聚核糖体。平均每个细胞约有 2000 个核糖体。真核细胞中的核糖体既可游离存在，也可以与细胞内质网相结合，形成粗面内质网。每个真核细胞所含核糖体的数目为 $10^6 \sim 10^7$ 个。线粒体、叶绿体及细胞核内也有自己的核糖体。

第三节　蛋白质合成的过程

蛋白质合成可分为合成前的准备、多肽链的合成过程及合成后的加工等几个阶段。

一、蛋白质合成前的准备

氨基酸在掺入蛋白质之前，首先要活化成氨基酰－tRNA。氨基酸与 tRNA 分子的结合使得氨基酸本身被活化，有利于肽键的形成，同时，tRNA 可以携带氨基酸到 mRNA 的指定部位，使得氨基酸能够被掺入到多肽链合适的位置。这样，不仅为蛋白质的合成解决了能量问题，而且还解决了专一性问题。氨基酰－tRNA 的形成是在氨基酰－tRNA 合成酶的催化下进行的，活化所需要的能量由 ATP 提供。对应于 20 种氨基酸的每一种氨基酸，大多数细胞都只含有一种与之对应的氨基酰－tRNA 合成酶，每一种氨基酰－tRNA 合成酶既能识别相应的氨基酸，又能识别与此氨基酸相对应的一个或多个 tRNA 分子。tRNA 分子氨基酸臂的 G－U 碱基对及 7 对碱基螺旋区等结构是氨基酰－tRNA 合成酶的特异性识别的重要位点。此外氨酰基－tRNA 合成酶还有校正活性，用于水解非正确组合的氨基酸和 tRNA 之间形成的共价联系，提高翻译的正确率。

细胞内氨基酰－tRNA 合成酶有氨基酸和 tRNA 两种底物的专一结合位点，每种氨基酰－tRNA合成酶能将特定的 tRNA 通过高能酯键结合起来。酯化反应分两步进行：首先在该酶催化下，由 ATP 供能将专一氨基酸活化，生成氨基酰～AMP。第二步是氨基酰－tRNA 合成酶将活化的氨基酸转移到专一的 tRNA 分子上，形成氨基酰－tRNA，如图 17－2所示。

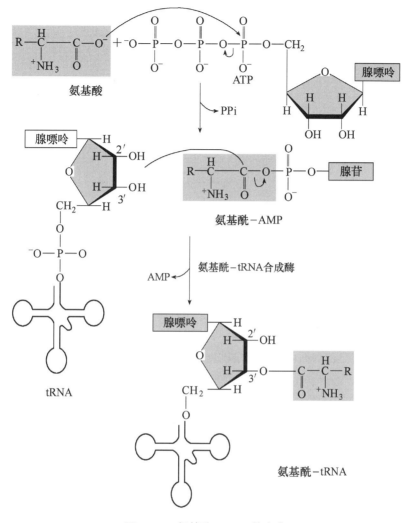

图 17-2 氨基酰-tRNA 的合成

两步的总反应式为:

$$\text{氨基酸} + \text{tRNA} + \text{ATP} \xrightarrow{\text{氨基酰-tRNA 合成酶}} \text{AA} \sim \text{tRNA} + \text{AMP} + \text{PPi}$$

氨基酸一旦与 tRNA 结合成氨基酰-tRNA 后,进一步的去向就由 tRNA 来决定了。tRNA 凭借自身的反密码子与 mRNA 上的密码子相识别,而把所携带的氨基酸定位在肽链的一定位置上。

二、肽链的合成过程

(一)起始氨基酸和起始 tRNA

蛋白质翻译的起始氨基酸是甲硫氨酸,甲硫氨酸是掺入肽链的起始还是内部,由它结合的 tRNA 所决定。通常,携带起始甲硫氨酸的 tRNA 简写为 $\text{tRNA}_i^{\text{Met}}$,它对选择在 mRNA 上在什么位置开始翻译起重要作用。另一种携带甲硫氨酸掺入到蛋白质内部的 tRNA 写作 tRNA^{Met},如图 17-3 所示。

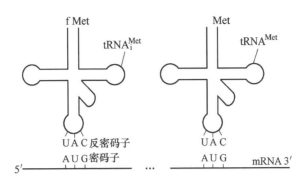

图 17 - 3　密码子和反密码子的识别

原核生物肽链合成起始氨基酸都是甲酰甲硫氨酸（fMet）。fMet 是甲酰四氢叶酸提供甲酰基，甲酰化酶催化甲硫氨酸的 α - 氨基甲酰化产生的（f 表示甲酰化）。这样可使得参与起始的 $tRNA_i^{Met}$ 不参与肽链的延伸过程。

起始复合物的形成：如图 17 - 4 所示，首先形成 30S 起始复合物，再形成 70S 起始复合物。30S 起始复合物的形成中有核糖体 30S 小亚基、mRNA、N - 甲酰甲硫氨酰 ~ $tRNA_i^{Met}$、**起始因子**

（initiation factor，IF） IF_1 和 IF_2、IF_3 及能源物质 GTP 参加。IF_1 和 IF_2 促进 $tRNA_i^{Met}$ 结合到 mRNA - 30S 亚基复合物上。IF_3 的功能是使前面已结束蛋白质合成的核糖体的 30S 和 50S 亚基分开。

形成过程为：首先 mRNA 与核糖体 30S 小亚基结合，先形成 mRNA - 30S 复合物，IF_3 就解离开来。mRNA 5′ - 端起始密码前约 10 个核苷酸处有一段富含嘌呤的序列称为 **SD 序列（Shine - Dalgarno sequence）**，它是 mRNA 与核糖体的结合部位，因为这段 SD 序列与核糖体上 16S rRNA 3′ - 端富含嘧啶的序列互补，二者互补结合可保证肽链合成起始时，mRNA 上的起始密码子 AUG 定位于小亚基的恰当位置上。

接着 fMet ~ $tRNA_i^{Met}$ 通过其反密码子与起始密码 AUG 识别并结合，30S - mRNA - fMet ~ $tRNA_i^{Met}$ 起始复合物就形成了。

30S 亚基再与 50S 大亚基结合，这一结合使得 IF_1 及 IF_2 离开核糖体，形成了有翻译功能的 70S 起始复合物，同时使结合在 IF_2 上的 GTP 发生水解。原核生物的大小亚基的结合需要一分子的 GTP 水解以提供能量。

在 70S 起始复合物上有两个 tRNA 结合位点：一个是氨基酰 - tRNA 结合位点，称 A 位；另一个是肽酰 - tRNA 结合位点，称 P 位。fMet ~ $tRNA_i^{Met}$ 处于 P 位，空着的 A 位准备接受下一个氨基酰 - tRNA。

真核生物蛋白质合成的起始与原核系统类似，但

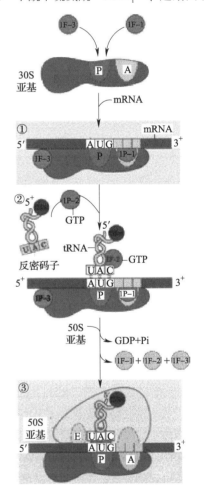

图 17 - 4　肽链合成的起始

需要更多的蛋白质因子（eIF）参与。eIF－3 使得 40S 小亚基与大亚基分开，也是通过 GTP 的水解使大小亚基结合。然而与原核不同的是：在真核生物的 mRNA 中，最靠近 5′－端没有类似的 SD 序列。Met～tRNA$_i^{Met}$先与小亚基结合，同时与 eIF－2 及 GTP 形成四元复合物，四元复合物的其中一个因子 eIF－4 能够特异性地与 mRNA 5′－端帽子结构结合，结合后核糖体小亚基就开始向 3′－端移动至第一个 AUG，这种移动由 ATP 水解来提供能量。

（二）肽链的延伸

此阶段包括氨基酰－tRNA 的进入、肽键的形成和核糖体移位三个步骤，如图 17－5 所示。

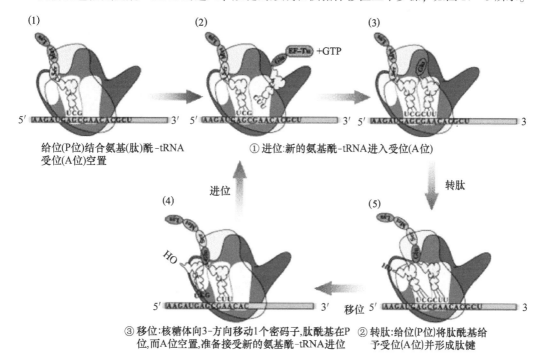

图 17－5　肽链的延伸过程

（1）一个新进入的氨基酰－tRNA 结合到 70S 核糖体的 A 位（简称进入）　新进入的氨基酰－tRNA 的反密码子必须与处于 A 位的 mRNA 上的密码子反向互补。氨基酰－tRNA 与核糖体的结合由氨基酰－tRNA 结合因子催化，这个因子可与结合有氨基酰－tRNA 和 GTP 的核糖体形成四元复合物，同时 GTP 水解为结合提供能量。

随着氨基酰－tRNA 与核糖体的结合，EF－Tu 与 GDP 形成复合物离开核糖体。第二个延长因子 EF－Ts 则负责催化 EF－Tu－GTP 复合物的再形成，为结合下一个氨基酰－tRNA 作准备。在真核系统的延伸因子为 EF－1，它同时具备了 EF－Tu 及 EF－Ts 的性质。

（2）转肽　处于 A 位的氨基酰－tRNA 上的 α－氨基与 P 位上 fMet～tRNA 上的 α－羧基间反应生成肽键，这是由 50S 亚基上的转肽酶催化完成的，转肽所需的能量由氨基酰－tRNA 本身的高能酯键水解提供。转肽后，A 位上的 tRNA 携带的是二肽酰基，P 位上的 tRNA 成为空载，空载的 tRNA 接着从核糖体上脱落，如图 17－6 所示。

（3）移位　肽键形成后，核糖体沿 mRNA 5′→3′方向移动一个密码子的距离。结果，原来在 A 位上的二肽酰－tRNA 移动到 P 位，A 位又重新空出，准备接受下一个氨基酰－tRNA 的进入。移位有延伸因子 G（也称移位酶）参与，并需由 GTP 供能。

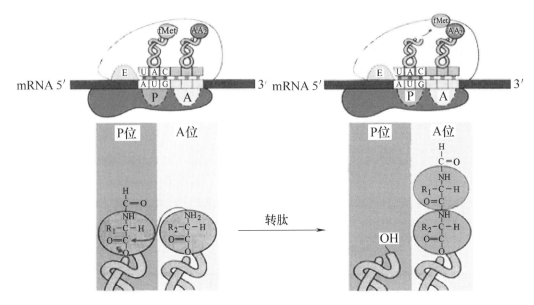

图 17-6 肽键的生成

以上三个步骤即进入、转肽和移位重复进行，每重复一次，肽链上就增加一个氨基酸，直到 mRNA 上的终止密码出现在核糖体的 A 位时为止。

三、肽链合成的终止

肽链的合成过程同时也是核糖体沿 mRNA 5′→3′方向移动，并翻译 mRNA 上密码子的过程。当核糖体移动到终止密码子时，并没有相应于终止密码的氨基酰 – tRNA 可以进入 A 位，这一过程除了需要终止密码子外，还需要终止因子的参加。终止因子 RF$_1$ 识别终止密码 UAG、UAA；RF$_2$ 识别 UAA、UGA，RF$_3$ 促进 RF$_1$、RF$_2$ 的识别。RF$_1$、RF$_2$ 结合到核糖体后，使转肽酶的构象转变表现水解酶活力，催化肽酰基与 tRNA 间酯键水解，合成的肽链便从核糖体上释放。空载 tRNA 接着从核糖体脱落，核糖体便解离成 50S 和 30S 两个亚基，离开 mRNA，一条肽链合成便停止。

四、多核糖体的结构

实验发现细胞内一条 mRNA 可以结合多个核糖体，呈念珠状，称为**多聚核糖体（polyribosome）**，如图 17 –7 所示。由于在蛋白质合成中核糖体总是结合于 mRNA 5′–端，从起始密码 AUG 开始，沿 5′→3′方向翻译密码子，合成多肽链，当移动一段距离后，第二个核糖体又可以和已空出的 mRNA 5′–端结合，沿 5′→3′方向进行翻译。如此一条 mRNA 上可同时结合多个核糖体，它们各自合成一条完整的多肽链。多核糖体的结构大大提高了 mRNA 的翻译效率。

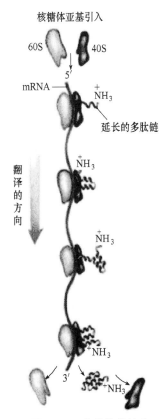

图 17 –7 多核糖体结构

第四节　肽链合成后的加工

从 mRNA 翻译得到的蛋白质多肽链大多数是没有生物活性的初级产物。只有经过翻译后的加工过程才能成为有活性的终产物。概括来讲，多肽链翻译后的加工包括折叠和修饰两个部分。

一、新生多肽链的折叠

折叠是指多肽氨基酸序列（一级结构）形成具有正确三维空间结构（三级结构）的过程。新生肽链一般是边合成边折叠，并且不断调整其已折叠的结构。新生多肽链一级结构中氨基酸侧链的性质与形成特定的空间构想密切相关。例如牛胰岛素是我国首次（1965 年）人工合成的蛋白质。当牛胰岛素的一级结构合成以后，多肽链便自行折叠盘曲形成具有一定空间结构和生物学活性的胰岛分子。此外，细胞内至少有两类蛋白质参与体内的折叠过程，称为**助折叠蛋白**（**folding helper**）。

第一类是酶，如蛋白质二硫键异构酶（protein disulfide isomerase，PDI）可以识别和水解非正确配对的二硫键，加速二硫键的正确形成。肽基脯氨酸异构酶（peptidyl prolyl cis/trans isomerase，PPI）催化肽－脯氨酰基之间肽键的旋转反应。这些反应与新生肽链的正确折叠密切相关，且能加速蛋白质折叠过程。

第二类是分子伴侣。它们是一类广泛存在于原核生物和真核生物中能帮助新生肽链正确折叠和组装，自身却不是终产物分子组成成分的蛋白质。分子伴侣促进一个反应的进行，而本身却不出现于最终产物，具有类似于酶的特征，但它与酶又有很大差异。同一个分子伴侣可以促进多种氨基酸序列完全不同的多肽链折叠成为空间结构、性质和功能都不同的蛋白质，故它对靶蛋白的专一性不高。此外，有时分子伴侣的作用只是阻止肽链的错误折叠，而不是促进其正确折叠。

目前已鉴定出许多分子伴侣，其中研究最多的有两个蛋白质家族：胁迫－70（stress－70）家族和伴侣素（chaperonins）家族。不同来源的胁迫－70 蛋白的 N－端结构域高度保守，具有ATP 酶活性。热休克蛋白 70（heat shock protein 70，Hsp70）是研究最多的家族成员之一。现已知，Hsp70 除参与蛋白质的折叠外，还参与蛋白质的组装、跨膜、分泌与降解。

二、蛋白质的修饰

肽链合成后多数还要经过加工处理才能转变为具有生物活性的蛋白分子，这个过程称为后修饰作用。总结起来有以下几种情况。

（一）N－端甲酰基及多余氨基酸的切除

按蛋白质合成的机制来说，细胞中的蛋白质 N－端的第一个氨基酸总是甲酰甲硫氨酸（原核）或甲硫氨酸，但事实上成熟的蛋白质第一个氨基酸绝大多数不是这两种氨基酸。这是由于脱甲酰酶除去了 N－端的甲酰基，氨肽酶切除了 N－端的一个或几个多余氨基酸。此过程常在延伸中的肽链约有 40 个氨基酸长度时就开始了。

（二）蛋白质内部某些氨基酸的修饰

氨基酸被修饰的方式是多样的。例如胶原蛋白中的一些脯氨酸、赖氨酸被羟化，成为羟脯氨酸和羟赖氨酸；组蛋白中某些氨基酸被乙酰化；细胞色素 C 中有些氨基酸被甲基化；糖蛋白中有些氨基酸被糖基化。被修饰的部分通常是丝氨酸或苏氨酸侧链上的羟基，天冬氨酸、谷氨酸侧链上的羧基，天冬酰胺侧链上的酰胺基，精氨酸、赖氨酸侧链上的氨基，以及半胱氨酸上的巯基等。这些修饰作用都是在专一的修饰酶催化下完成的。

（三）切除非必需肽段

有些酶、激素等需经此种加工。如一些消化酶，胃蛋白酶、胰蛋白酶等，初合成的产物是无活性的酶原，需在一定条件下水解去除一段肽才能转变成有活性的酶。

（四）二硫键的形成

蛋白质分子中常含有多个二硫键，这是特定部位的两个半胱氨酸侧链上的巯基在专一氧化酶作用下形成的。

🔍 习题

1. 名词解释：

stop codon, initiation factor, ribosome, folding helper

2. 何为遗传密码？遗传密码有何特点？

3. 简述氨酰 - tRNA 合成酶在多肽合成中的作用特点和意义。

4. 原核细胞与真核细胞蛋白质合成起始氨基酸、起始氨基酰 - tRNA 及起始复合物的异同点有哪些？

5. 试述三种 RNA 在蛋白质生物合成中的作用。

6. 核糖体上与翻译有关的位点有哪些？

7. 试说明蛋白质翻译后加工修饰有哪些方式？

第十八章

基因表达的调控

第一节 概 述

生物体内的代谢调节在三种不同的水平上进行，即① 分子水平调节；② 细胞水平调节；③ 多细胞整体水平调节。所有这些调节机制都是在基因产物蛋白质（可能还有 RNA）的作用下进行的，也就是说与基因表达调控有关。

一、基因表达的有关概念

（一）基因

从遗传学的角度讲，基因（gene）是遗传的基本单位或单元，含有编码一种 RNA，大多数是编码一种多肽的信息单位；从分子生物学角度看，基因是负载特定遗传信息的 DNA 片段，其结构包括由 DNA 编码序列、非编码调节序列和内含子组成的 DNA 区域。cDNA 是人为地由 mRNA 通过反转录而得（RNA 病毒感染宿主也可进行此种方式的 DNA 合成），与 mRNA 互补的 DNA，人们习惯也将其称为基因，它不包含基因转录的调控序列，但含翻译调控及多肽链的编码序列。

（二）基因组

基因组（**genome**）是指来自一个遗传体系的一套遗传信息。对所有原核细胞和噬菌体而言，它们的基因组就是单个环状染色体所含的全部基因；对真核生物而言，基因组就是指一个生物体的染色体所包含的全部 DNA，通常又称染色体基因组，是真核生物主要的遗传物质基础。此外，真核生物在线粒体或叶绿体（植物）中含有 DNA，属核外遗传物质，分别称为线粒体基因组和叶绿体基因组。

（三）基因表达

不同生物的基因组含有不同数量的基因。细胞的基因组约含 4000 个基因，多细胞生物基因达数万个。人类基因组含 30000~40000 个基因。在某一特定时期或生长阶段，基因组中只有一小部分基因处于表达状态。例如，大肠杆菌通常只有约 5% 的基因处于高水平转录状态，其余基因都不表达或表达水平极低。这些表达的基因活跃程度也是不同的。例如，平时与细菌蛋白质生物合成有关的延长因子编码基因表达十分活跃，而参与 DNA 损伤修复有关的酶分子编码基因却极少表达；当紫外线照射引起 DNA 损伤时，这些修复酶编码基因表达异常活跃。可见，个体某种功能的基因产物在细胞中的数量会随时间和环境的改变而变化。

基因表达就是基因转录和翻译的过程。在一定调节机制控制下，大多数基因经历激活、转录及翻译等过程，产生具有特异功能的蛋白质分子，赋予细胞或个体一定的功能或形态表型。但并非所有过程都产生蛋白质，rRNA、tRNA 编码基因转录产生 RNA 的过程也属于基因表达。

二、基因表达的特异性

所有基因的表达都表现为严格的规律性，即时间、空间的特异性。生物物种越高级基因表达规律越复杂、越精细，这是生物进化的需要。基因表达的时间和空间的特异性由特异基因的启动子、增强子和调节蛋白相互作用决定。

（一）时间特异性

噬菌体、病毒或细菌侵入宿主后呈现一定的感染阶段。随感染阶段发展以及生长环境的变化，有些基因开启，有些基因关闭。按功能需要，某一特定基因的表达严格按一定的时间顺序发生，这就是基因表达的时间特异性。

多细胞生物从受精卵发育成个体，经历很多不同的发育阶段。在每个不同的发育阶段会有不同的基因严格按自己特定的时间顺序开启或关闭，表现为与分化和发育阶段一致的时间性。

（二）空间特异性

在多细胞生物个体某一生长发育阶段，同一基因产物在不同的组织器官表达量是不同的，即在个体的不同空间出现，这就是基因表达空间的特异性。它与细胞所在的组织有关，所以也称组织特异性。

三、基因表达的方式

不同种类的生物的遗传背景不同，同种生物不同个体生活环境不完全相同，不同的基因功能和性质也不同。因此，不同的基因对内外环境信号刺激的反应性也不同。按生物对刺激的反应性，基因表达的方式或调节类型存在很大差异。

（一）基本表达

有些基因产物对生命全过程都是必需的。这类基因在一个生物体个体的几乎所有细胞中持续表达，通常被称为管家基因。例如，三羧酸循环是一个中枢性代谢途径，催化该途径各阶段反应的酶基因就属于这类基因。管家基因表达水平受环境影响较小，在个体的各个生长阶段、各个组织中持续表达，变化很小。管家基因的表达称基本表达或组成型表达。基因的基本表达只受启动子与 RNA 聚合酶相互作用的影响，而不受或较少受其他机制调节。

（二）诱导和阻遏

与管家基因表达不同，另有一些基因表达很容易受环境变化影响。随外环境信号变化，这类基因表达水平可以出现升高或降低的现象。在特定环境信号刺激下，相应的基因被激活，基因表达产物增加，即这种基因是可诱导的，这个过程称为诱导（induction）。例如，有 DNA 损伤时，修复酶基因就会在细菌内被激活，使修复酶被诱导而反应性增加。相反，如果基因对外界环境信号应答时表达被抑制，称为阻遏（repression）。例如，当培养基中色氨酸供应充分时，在细菌内与色氨酸合成的有关酶基因表达就会被抑制。诱导或阻遏型基因除受启动子与 RNA 聚合酶相互作用的影响外，还受其他机制调节，这类基因的调控序列通常含有特异刺激的反应元件。

在生物体内，一个代谢途径通常是由一系列化学反应组成的，需要很多种酶和其他蛋白质参与作用。这些酶和蛋白质的编码基因被统一调节，使参与同一代谢途径的所有蛋白质分子比例适当，以确保代谢途径有条不紊地进行。在一定机制控制下，功能上相关的一组基因，无论其为何种表达方式，均需协调一致，共同表达，这种调节称为协调调节。

第二节　基因表达调控的基本原理

一、基因表达调控的多层次和复杂性

基因表达的调节可以在不同水平上进行，如在转录的水平（包括转录前、转录和转录后），或在翻译的水平（包括翻译和翻译后）。原核生物的基因组和染色体结构都比真核生物简单，转录和翻译可在同一时间和位置上发生，基因调节主要是在转录水平上进行的。真核生物由于存在细胞核结构的分化，转录和翻译过程在时间上和空间上都被分隔开，且在转录和翻译后都有复杂的信息加工过程，故其基因表达在不同水平上都需要进行调节。

尽管基因表达调控可发生在遗传信息传递过程的许多环节，但发生在转录水平，尤其是转录起始水平的调节对基因表达起至关重要的作用，即转录起始是基因表达的基本控制点。以下将重点介绍基因转录起始水平的调节机制。

二、基因转录激活调节的基本因素

基因表达的调节与基因的结构、性质，生物个体或细胞所处的内外环境以及细胞内所存在的转录调节蛋白均有关。就转录激活来说，其调节与下列基本要素有关。

（一）特异 DNA 序列

某种基因特异的表达方式与基因的结构有关。原核生物大多数基因表达调控是通过操纵子机制实现的。操纵子（operon）包括在功能上彼此有关的结构基因和控制部位。控制部位包括启动子（promoter，P）和操纵基因（operator，O）。一个操纵子的全部基因都排列在一起，转录时为一个转录单位，将几个结构基因一起转录。调节基因通过控制操纵子的控制部位实现对操纵子的调节，如图 18-1 所示。

图 18-1　操纵子基本结构模型

启动子是 RNA 聚合酶识别、结合和转录开始的一段 DNA 序列。原核基因的启动子通常在转录起点上游 -10 和 -35 区域存在一些相似序列，不同启动子序列和位置略有变动。-35 区域是 TTGACA，为 RNA 聚合酶提供了识别的信号。-10 区是 TATAAT，又称 Pribnow 盒，-10 区有较多的 A 和 T，有助于 DNA 双链局部打开，这些共有序列决定着转录的强弱，如图 18-2 所示。操纵基因与启动子毗邻，甚至与启动子交错重叠，它是原核阻遏蛋白的结合位点。当操纵基因结合阻遏蛋白时会阻遏 RNA 聚合酶与启动子的结合，或使 RNA 聚合酶不能沿 DNA 向前移动，介导负调节，使转录不能进行。调节基因中还有一种特异的 DNA 序列可结合激活蛋白，此时 RNA 聚合酶活性增强，使转录激活，介导正调节。

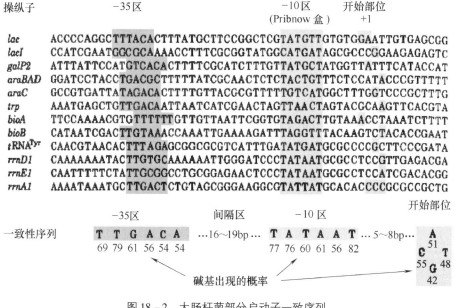

图 18-2　大肠杆菌部分启动子一致序列

真核基因组结构庞大，参与真核生物转录激活调节的 DNA 序列比原核更为复杂。绝大多数真核基因调控机制几乎遍及编码基因两侧的 DNA 序列——**顺式作用元件**（**cis - acting element**）。顺式作用元件是指可影响自身基因表达活性的 DNA 序列，是 RNA 聚合酶或转录调节因子的结合部位，通常为非编码序列。

（二）调节蛋白

原核生物基因调节蛋白分为三类：特异因子、阻遏蛋白和激活蛋白。特异因子决定 RNA 聚合酶对一个或一套启动子的特异性识别和结合能力。**阻遏蛋白**（**repressor**）可以识别、结合操纵基因，抑制基因转录，所以阻遏蛋白介导负调节，是原核生物的一种普遍调节机制。**激活蛋白**（**activator**）可结合启动子序列邻近的 DNA 序列，提高 RNA 聚合酶与启动子的结合能力，从而增强 RNA 聚合酶的活性。有些基因在没有激活蛋白存在时，RNA 聚合酶很少或根本不能结合启动子，所以基因不能转录。特异因子、阻遏蛋白和激活蛋白等都是一些 DNA 结合蛋白。

真核基因调节蛋白又称转录调节因子。绝大多数真核转录调节因子由它的基因表达后，通过与另一基因特异的顺式作用元件的识别、结合而激活另一基因的表达，这样的转录调节因子又称**反式作用因子（trans acting factor）**。也有一些基因的表达蛋白可特异地结合、识别自身的顺式调控元件来调节自身基因的开启或关闭，这样的转录调节因子称为顺式作用蛋白。

（三）DNA-蛋白质、蛋白质-蛋白质相互作用

DNA-蛋白质相互作用指反式转录调节因子与顺式作用元件之间的特异性识别和结合。这种结合通常是非共价结合，被调节蛋白识别的 DNA 结合位点通常称对称或不完全对称结构。这种蛋白质结合位点所在的双螺旋 DNA 的大沟和小沟暴露的碱基侧缘不同，当调节蛋白落入 DNA 的大沟或小沟时，调节蛋白的某些氨基酸残基的侧链就会与 DNA 中的某些碱基相互联系，形成 DNA-蛋白质复合物。

在蛋白质结合 DNA 之前，需要通过蛋白质-蛋白质相互作用形成二聚体或多聚体。一般来说异二聚体比同二聚体具有更强的 DNA 结合能力；有时，由于调节蛋白结构不同，二聚化或多聚化后可能丧失结合 DNA 的能力。调节蛋白的二聚化或多聚化在原核和真核中都存在。除二聚化或多聚化反应，还有一些调节蛋白不能直接结合 DNA，而是通过蛋白质-蛋白质相互作用间接结合 DNA，调节基因转录，这在真核生物中很常见。因为不同的真核细胞中所存的转录调节因子种类不同，即使有相同的因子，但其浓度不同，所以同一基因在不同细胞中的表达状态不同。

（四）RNA 聚合酶

DNA 元件与调节蛋白对转录激活的调节最终是由 RNA 聚合酶的活性体现的。启动子的结构和调节蛋白的性质对 RNA 聚合酶的活性影响是很大的。

1. 启动子序列与 RNA 聚合酶的活性

启动子的序列会影响 RNA 聚合酶与启动子结合的亲和力，而亲和力的大小直接影响转录启动的频率。例如，*E. coli* 的某些基因每秒转录一次，而另一些基因转录频率在一代细胞中可能低于一次，这种差异被认为是启动子序列的不同所致。在缺乏调节蛋白的情况下，不同序列的两个启动子的频率可能相差 10^3 以上。前已述及，很多 *E. coli* 启动序列在 -10 区和 -35 区有 TATAAT 和 TTGACA 共有序列。如果一个启动子的共有序列替换为非共有序列则使转录活性降低。可见 RNA 聚合酶活性与启动子序列有密切的关系。真核生物 RNA 聚合酶必须先和调节因子结合成复合物才能与启动子结合。

2. 调节蛋白与 RNA 聚合酶的活性

诱导和阻遏性的基因产物的浓度随环境改变而变化。这些基因何以能对分子信号做出应答呢？原来这些基因都有由启动子序列决定的基础转录频率，一些特异调节蛋白在适当环境信号刺激下在细胞内表达，随后这些调节蛋白通过 DNA-蛋白质相互作用或蛋白质-蛋白质相互作用影响 RNA 聚合酶的活性，从而使基础频率发生改变，出现表达水平的变化。诱导剂、阻遏剂等小分子信号所引起的基因表达都是通过使调节蛋白分子构象改变，直接（DNA-蛋白质）或间接（蛋白质-蛋白质相互作用）调节 RNA 聚合酶转录启动过程。原核特异因子 σ 可以改变 RNA 聚合酶识别启动子序列的特异性，这是调节蛋白调节 RNA 聚合酶活性的实例。当细菌发生热应激时，RNA 聚合酶的亚基改变，使 RNA 聚合酶改变对常规启动子序列的识别，结合另一套启动子，表达另一套基因表达，这就是所谓的热休克反应。

第三节 原核生物的基因表达调节

原核生物的基因组和染色体结构都比真核生物简单，转录和翻译可在同一时间、位置上发生，基因调节主要是在转录水平上进行的。

一、原核生物基因转录调节

由于原核基因组较小，基因组绝大部分是编码蛋白质的基因，往往功能相关基因由共同的调控序列来调节构成操纵子。

（一）操纵子学说

在研究细菌的酶合成时发现，无论诱导还是阻遏，诱导或阻遏的往往不是一个酶的合成，而是一组有关的酶。例如，在乳糖培养基上诱导大肠杆菌产生 β - 半乳糖苷酶的同时，还会有透性酶和乙酰基酶的产生。L - 异亮氨酸对其合成的阻遏作用不仅阻遏 L - 异亮氨酸的限速酶 L - 苏氨酸脱氨酶的合成，而且还同时阻遏该途径中所有其他几种酶的合成。这种协调性调控在原核中是普遍存在的。

1961 年 Jacob 和 Monod 根据当时已有的成果：第一，已经证实基因有两种类型，即负责编码蛋白质分子的结构基因和对结构基因转录起调节作用的调节基因。第二，基因的表达是协同的。据此，他们提出了"操纵子学说"。经过遗传学和生物化学多年来的研究证实，表明"操纵子学说"是正确的。它能很好地解释了细菌合成酶的协调性问题。

操纵子是指原核细胞基因表达的调节序列或功能单位，有共同的控制区和调节系统。操纵子包括在功能上彼此有关的结构基因和控制部位。控制部位包括调节基因（regulatory gene）、启动子（promoter，P）和操纵基因（operator，O）。一个操纵子的全部基因都排列在一起，转录时为一个转录单位，将几个结构基因一起转录成一条多顺反子 mRNA。调节基因可远离结构基因，控制部位可接受调节基因产物的调节。

调节基因编码的蛋白质为阻遏蛋白。阻遏蛋白专一性地与特定操纵子的操纵基因结合。在基因图上，启动子在操纵基因的前面。当阻遏蛋白与操纵基因结合后，就挡住了 RNA 聚合酶的去路，转录不能开始。一旦将阻遏蛋白除去之后，RNA 聚合酶则顺利通过操纵子基因区域，沿 DNA 滑行，将结构基因转录为 mRNA。

阻遏蛋白是变构蛋白，其分子表面至少有两个配给结合部位，一个与操纵基因结合，一个与效应物（诱导物或辅阻遏物）结合。根据阻遏蛋白的性质不同将操纵子分为诱导型和阻遏型。诱导型操纵子的阻遏蛋白合成之后呈活性状态，可与操纵基因结合，操纵子处于关闭状态。诱导物能改变阻遏蛋白的结构而使其从操纵基因中脱落下来，操纵子处于开放的状态，诱导酶的合成。而阻遏型操纵子中的阻遏蛋白合成后无活性，即不能与操纵基因结合，辅阻遏物可使阻遏蛋白变为有活性的蛋白而与操纵基因结合，从而起到对结构基因的转录开始的阻遏作用。两种操纵子的组成、调控模式和它们阻遏蛋白的性质如图 18 - 3 所示。

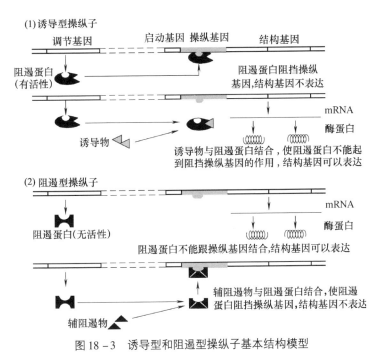

图 18 - 3 诱导型和阻遏型操纵子基本结构模型

(二) 诱导型操纵子

1. 乳糖操纵子的诱导机制

由于经济的原则,细菌通常并不合成那些在代谢中无用的酶,因此一些分解代谢的酶只在产物或产物的类似物存在时才被诱导合成。现以最早研究清楚的大肠杆菌乳糖操纵子 (lac operon) 为例具体说明诱导型操纵子的诱导机制。

大肠杆菌乳糖操纵子由依次排列的调节基因 (i)、启动子 P、操纵基因 O 和紧连在一起的分解乳糖有关的三个结构基因组成,结构基因 *lac*Z 编码 β – 半乳糖苷酶,*lac*Y 编码吸收乳糖的 β – 半乳糖苷透性酶,*lac*A 编码 β – 半乳糖苷乙酰基转移酶,如图 18 – 4 所示。

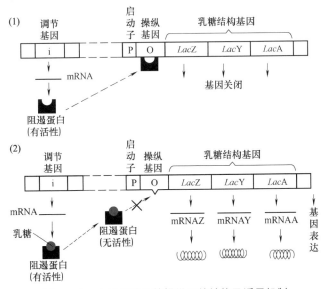

图 18 – 4 大肠杆菌乳糖操纵子的结构及诱导机制

乳糖操纵子的操纵基因（o）位于结构基因之前启动子之后，不编码任何蛋白质，它是调节基因（i）所编码产物的结合部位。调节基因 i 位于启动子之前，其编码产物为阻遏蛋白。阻遏蛋白是由四个相对分子量为 37000 的亚基组成的变构蛋白，亚基与 DNA 结合的结构域含有螺旋 - 转角 - 螺旋结构，其中螺旋能与 DNA 相互作用，识别操纵子基因的一段回文序列，并与之以氢键的形式结合，阻遏蛋白除与操纵基因的回文结构识别外，还与上游或下游的回文结构结合，中间 DNA 形成突环，由此增加了阻遏蛋白阻遏转录的效果。

当大肠杆菌培养基中只有葡萄糖而没有乳糖时，阻遏蛋白与操纵基因 O 结合，由于操作基因与启动子相邻，阻止 RNA 聚合酶移动并通过操纵基因达到结构基因，该操纵子处于阻遏状态，基因转录被阻断。由于不能产生乳糖代谢所需的酶，大肠杆菌不能代谢乳糖。

当乳糖作为大肠杆菌的唯一碳源时，乳糖可作为诱导剂与阻遏蛋白结合，使之变构，从操纵基因中解离下来，RNA 聚合酶开始转录，合成三种酶，这就是诱导合成，诱导剂实为阻遏蛋白的变构剂。乳糖、半乳糖及半乳糖苷化合物如异丙基硫代 $-\beta-D-$ 半乳糖（isopropylthio - $\beta-D-$galactoside，IPTG）都可以作为乳糖操纵子诱导物。IPTG 是常用的一种诱导剂，不是乳糖的代谢产物。

2. 乳糖操纵子的降解物阻遏和 CRP 正调节机制

大肠杆菌在含有葡萄糖和乳糖的培养基中生长时，通常优先利用葡萄糖，而不利用乳糖。只有当葡萄糖耗尽后，大肠杆菌经过一段停止期后，乳糖才能诱导 $\beta-$ 半乳糖苷酶的合成，大肠杆菌才能充分利用乳糖。这种现象称为葡萄糖效应。这是因为分解葡萄糖的酶是组成酶，是在有葡萄糖时不需要分解其他糖的酶类。cAMP（环腺一磷）是葡萄糖浓度的应答物质，当葡萄糖水平高时，cAMP 浓度降低。其机制是葡萄糖分解代谢的产物（现尚未搞清具体是什么产物）能抑制腺苷酸环化酶的活性并活化磷酸二酯酶，因而能降低 cAMP 浓度，如图 18 - 5 所示。

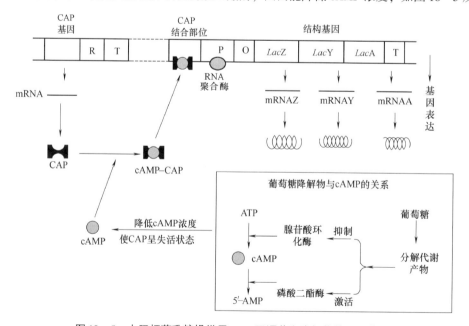

图 18 - 5　大肠杆菌乳糖操纵子 CAP 正调节和降解物的阻遏作用

现在证实 cAMP 能与 cAMP 受体蛋白（cAMP receptor protein，CRP，又称降解物基因活化蛋白，CAP）结合成复合物（cAMP－CRP），cAMP－CRP 能促进 RNA 聚合酶与启动基因的结合，与乳糖操纵子阻遏蛋白的作用相反，是一种正调节机制。当葡萄糖水平低时，cAMP 浓度升高，cAMP 与 CRP 结合，增大其与启动子结合亲和力，从而激活乳糖操纵子。当葡萄糖浓度升高，葡萄糖代谢的中间产物能降低 cAMP 的浓度，因而形成的 cAMP－CRP 减少，阻遏了它对乳糖操纵子的正调节，使乳糖操纵子的转录不能进行，此时即使有乳糖存在，大肠杆菌仍不能利用乳糖，这一过程称为降解物阻遏作用。这是葡萄糖效应的实质。cAMP－CRP 不仅调节乳糖操纵子，而且对半乳糖、阿拉伯糖及麦芽糖等操纵子也有调节作用。

受一种调节蛋白控制的几个操纵子构成的调节系统称为调节子（regulon）。与 cAMP－CRP 相比，乳糖操纵子的阻遏蛋白只能与该操纵子的操纵基因结合，而不能作用于其他操纵子，调节更专一。

（三）阻遏型操纵子

阻遏型操纵子也有多种调控机制，其中最重要的有阻遏蛋白对转录起始阻遏作用和衰减作用，现以色氨酸操纵子为例说明。

1. 色氨酸操纵子的阻遏机制

阻遏型操纵子属于合成代谢途径的操纵子。如氨基酸、核苷酸的生物合成，它们是细胞内需要持续进行的代谢活动，因此有关酶类的合成体系（阻遏型操纵子）经常处于工作状态。与诱导型操纵子的主要区别是阻遏蛋白合成出来后无活性，只具有与辅阻遏物（产物及其类似物）结合的位点，未形成与操纵基因结合的位点。在没有足够浓度的终产物时，它不能形成与操纵基因结合的构象，所以阻遏型操纵子常处于转录状态。只有合成途径的终产物过剩时阻遏蛋白才与辅阻遏物结合发生变构，形成操纵基因结合位点并结合其上，使操纵子处于阻遏状态。大肠杆菌色氨酸操纵子具有这种典型阻遏调控机制。

大肠杆菌色氨酸操纵子由调节基因（trp R）、启动子（p）、操作基因（o）及相连的 A、B、C、D 和 E 五个结构基因依次连接在一起，结构基因分别编码从分支酸到色氨酸五步反应的酶。调节基因（trp R）远离操纵子，它编码的阻遏蛋白是由四个亚基组成的，相对分子质量为 58000。启动子和操作基因位于结构基因的前面，操纵子基因完全位于启动子之内。

在细胞内色氨酸充足的情况下，细菌不需要花费更多的能量再合成这种氨基酸，这意味着高浓度的色氨酸是关闭色氨酸操纵子的信号。色氨酸可作为辅阻遏物使阻遏蛋白变构成活性构象，并与操纵基因结合，停止转录。当细胞中缺乏色氨酸时，阻遏蛋白无活性，不能与操纵基因 O 结合，操纵子处于工作状态。色氨酸操纵子的调节机制如图 18－6 所示。

2. 色氨酸操纵子的衰减机制

上述操纵子的阻遏调控机制是靠阻遏蛋白与操纵基因结合产生的位阻效应，阻止了 RNA 聚合酶与启动子的结合，是在转录起始点上进行调控，是以代谢终产物作为调节因子阻遏酶蛋白合成的基本调节方式之一。但是这种调控方式，会造成在色氨酸充足时，色氨酸－阻遏物复合体结合操纵子基因安全阻断转录，在色氨酸水平下降时，阻遏消失，转录开放，合成色氨酸。这样不利于保持细菌色氨酸水平衡定。后来发现色氨酸操纵子还存在衰减子的衰减作用的调节方式。所谓衰减子（attenuator，a）是位于结构基因 E 起始密码子之前，前导序列（trp L）内的一段衰减序列。衰减子的作用是在色氨酸相对较多的情况下减弱操纵子的转录，衰减子通过引起转录的提前终止而发挥调节作用。转录提前终止是因为在衰减子序列内含有一个转录终止

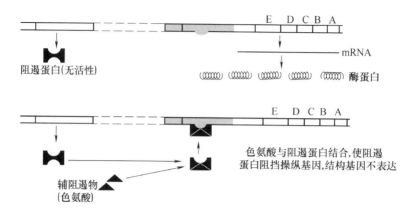

图 18 - 6　色氨酸操纵子的阻遏机制

信号——终止子（约 140 个碱基），终止子的一个反向重复序列后紧接着 8 个 A - T 碱基对，在此区域的转录产物易形成后面带有 8 个 U 的茎环结构，一旦茎环结构形成，RNA 聚合酶即停止移动，转录终止，衰减子就是前导肽的终止子，如图 18 - 7 所示。可见衰减子与阻遏蛋白作用机制不同，它控制转录起始后是否继续转录下去。

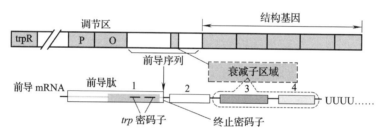

图 18 - 7　色氨酸操纵子衰减子的结构

前导序列 *trp* L 可转录出全长 162 个核苷酸的 mRNA 前导序列，次序列含有 4 个互补片段，这些片段可形成茎环结构。在最稳定的终止子中，形成两个茎环结构，即 1 区与 2 区配对，3 区与 4 区配对，3 区和 4 区后紧接着 8 个 U 序列。在 1 区中可翻译出编码 14 个氨基酸的肽，称为前导肽，前导肽中有两个紧密连在一起的色氨酸密码子 UGGUGG。原核生物转录和翻译同时进行，当细胞中色氨酸不足时，不能形成足够的色氨酸 - tRNA，翻译进行到前导序列的 2 个色氨酸密码子时，核糖体停止移动。此时，核糖体位于 1 区，导致只有 2 区和 3 区形成茎环结构，而 1 区和 2 区、3 区和 4 区均不能形成茎环结构，也就无法形成有效的转录终止子结构，RNA 聚合酶可通过衰减序列继续转录，结构基因得以表达。当细胞中色氨酸的浓度高时，核糖体不停止移动，解除了 1 区和 2 区形成茎环结构的空间障碍，同时也阻碍了 2 区和 3 区的茎环形成，而有利于 3 区和 4 区茎环形成，在这种情况下，转录终止。衰减子作用机制如图 18 - 8 所示。

综上所述，色氨酸操纵子受到两种相互关联的机制的调控。

除色氨酸外，苯丙氨酸、苏氨酸、亮氨酸、异亮氨酸和组氨酸的有关基因组中都存在衰减子的调节位点，其 mRNA 前端可编码前导肽，能在翻译水平上抑制相应基因的转录。前导肽中往往存在重复的调节密码子，如苯丙氨酸和组氨酸的前导肽中分别有 7 个苯丙氨酸和 7 个组氨酸，有关几种氨基酸合成途径操纵子的前导肽的序列和调节的氨基酸如表 18 - 1 所示。

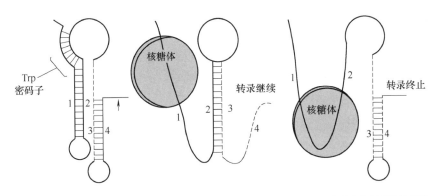

(1) 游离mRNA中1与2以及3与4碱基配对　　(2) 低浓度色氨酸使核糖体停留在1部位,转录得以完成　　(3) 高浓度色氨酸使核糖体到达2部位,3与4碱基配对,转录终止

图 18-8　色氨酸操纵子衰减作用调控模型

表 18-1　　　　　　　　　氨基酸合成操纵子前导肽序列和调节的氨基酸

操纵子	前导肽序列 （框内为调节的氨基酸）
trp	Met – Lys – Ala – Ile – Phe – Val – Eev – Lya – Gly – Trp – Trp – Arg – Thr – Ser
his	Met – Thr – Arg – Val – Gln – Phe – Lys – His – His – His – His – His – His – His – Pro – Asp
phe A	Met – Lys – His – Ile – Pro – Phe – Phe – Phe – Ala – Phe – Phe – Phe – Thr – Phe – Pro
leu	Met – Ser – His – Ile – Val – Arg – Phe – Thr – Gly – Leu – Leu – Leu – Leu – Asn – Ala – Phe – Ile – Val – Arg – Gly – Arg – Pro – Val – Gly – Gly – Ile – Gln – Hia
thr	Met – Lya – Arg – Ile – Ser – Thr – Thr – Ile – Thr – Thr – Thr – Ile – Thr – Ile – Thr – Thr – Gly – Asn – Gly – Ala – Gly
ile	Met – Thr – Ala – Leu – Leu – Arg – Val – Ile – Ser – Leu – Val – Val – Ile – Ser – Val – Val – Val – Ile – Ile – Ile – Pro – Pro – Cya – Gly – Ala – Ala – Leu – Gly – Arg – Gly – Lys – Ala

二、翻译水平调节

　　原核生物的基因表达除了转录水平上的调节外，还存在翻译水平的调节，目前已知有：① 不同 mRNA 翻译能力的差异；② 翻译阻遏作用；③ 反义 RNA 的作用。

　　mRNA 的翻译能力主要受控于 5′端的核糖体结合部位（SD 序列），强的控制部位造成翻译起始频率高，反之则翻译频率低。此外，mRNA 采用的密码系统也会影响其翻译速度。大多数氨基酸由于密码子的简并性且具有不只一种密码子，它们对应 tRNA 的丰度可以差别很大，因此采用常用密码子的 mRNA 翻译速度快，而稀有密码子比例高的 mRNA 翻译速度慢。多顺反子 mRNA 在进行翻译时，通常核糖体完成一个编码区的翻译后即脱落和解离，然后在下一个编码区上游重新形成起始复合物。当各个编码区翻译频率和速度不同时，它们合成的蛋白质量也就不同。

组成核糖体的蛋白质共有 50 多种，它们的合成严格保持与 rRNA 相应的水平。当有过量核糖体游离蛋白质存在时即引起它自身以及有关蛋白质合成的阻遏。这种在翻译水平上的阻遏作用称为翻译阻遏。翻译阻遏作用的调节蛋白质是能直接和 rRNA 相结合的核糖体蛋白质，它们由于能和自身的 mRNA 起始控制部位相结合而影响翻译。例如，在 L11 操纵子中，起调节作用的为第二个蛋白质 L1，它与多顺反子 mRNA 第一个编码区（L11）起始密码子邻近的部位结合，从而阻止核糖体起始翻译。

近年来发现反义 RNA（antisense RNA）也可调节 mRNA 的翻译功能。所谓反义 RNA 即具有互补序列的 RNA。反义 RNA 可以通过互补序列与特定的 mRNA 相结合，结合位置包括 mRNA 结合核糖体的序列（SD 序列）和起始密码子 AUG，从而抑制 mRNA 的翻译。因此，称这类 RNA 为干扰 mRNA 的互补 RNA。

反义 RNA 对基因表达调节机制的发现具有重要的理论和实际意义。一些学者将反义 RNA 的基因引入家畜和农作物以获得抗病毒的新品种，或是利用反义 RNA 抑制有害基因（如癌基因）的表达，在这方面已取得令人鼓舞的成果。

三、真核生物的基因表达调节

真核细胞结构和基因组结构比原核复杂得多，因而其基因表达调控也必然要比原核复杂。在染色质活化、基因转录激活、转录后加工、翻译及翻译后加工等水平上进行调节。但转录水平的调节仍是真核基因表达调控的最基本环节。

（一）真核基因表达调控特点

真核基因表达调控的某些机制与原核相同，但在下述方面与原核存在明显的差别。

1. 真核 RNA 聚合酶功能发生分化，需要更多的转录因子帮助才能起始转录

原核生物只有一种 RNA 聚合酶，而真核 RNA 聚合酶有三种，分别负责三种 RNA 转录，每种 RNA 聚合酶由大约 10 个亚基组成，其中有些亚基是相同的，有些是特有的，例如，TATA 盒结合蛋白就是三种 RNA 聚合酶共有的。原核细胞的 RNA 聚合酶能结合于启动子上并进行转录，只有 1~2 种调节蛋白。真核细胞 RNA 聚合酶自身对启动子并无特殊亲和力，单独不能进行转录，也就是说基因是无活性的。转录需要众多的转录因子和辅助转录因子，形成复杂的转录装置。由于转录因子的存在，真核基因转录调控的顺式作用元件也相应增加，如增强子、沉默子等。

2. 染色体结构变化成为真核基因表达调控的一种方式

真核生物细胞内 DNA 含量远大于原核生物，核内 DNA 和蛋白质以及 RNA 构成核小体为基本单位的染色质，其中的 DNA 以很高的压缩比将十分长的分子装配成较短的染色体，基因的激活染色体结构必然发生变化，这种变化的发生也是真核基因表达调控的一种方式。基因被激活时染色体相应的区域发生某些结构和性质变化。例如，调节蛋白结合位点处对核酸酶敏感；DNA 的拓扑结构由原来的负超螺旋变为 RNA 聚合酶结合的正超螺旋；DNA 甲基化降低；组蛋白结构变得不稳定或松弛等。

3. 正调节占主导地位

真核生物的负性调节并不普遍，较大真核基因组广泛存在正性调节，其原因有二：① 采用正性调节机制更精确。真核基因组结构庞大，在不适当位点出现特异结合序列机会增多，使 DNA – 蛋白质相互作用特异性降低。正性调节用多种调节蛋白可提高调节蛋白与 DNA 相互作用

的特异性，因为功能上相关的几种蛋白质结合位点重复发生的概率是极小的。一个负性调节元件的结合足可阻断 RNA 聚合酶的结合，调节只是处于开和闭合两种状态。② 采用负性调节不经济，人类基因有 3 万～4 万个，若都采用负性调节，那么每个细胞必须合成 3 万～4 万个阻遏蛋白，这显然是不经济的。在正性调节中，通过有限调节蛋白的组合，就可能识别真核细胞的各种类型的基因。

4. 转录与翻译分隔进行

真核细胞有细胞核及胞浆区分布，转录与翻译在不同细胞部位进行，转录在细胞核，翻译在细胞浆。

5. 转录后修饰加工

鉴于真核基因结构特点，转录后剪接及修饰比原核复杂。

（二）转录前水平的调节

转录前水平的调节是指通过改变 DNA 序列和染色体结构从而影响基因表达的过程。如染色体 DNA 的断裂、某些序列的删除、扩增等。转录前水平的调节是对转录模板即 DNA 的质和量的调整。

1. 染色质的丢失

某些低等真核生物，如蛔虫在发育早期阶段，除一个保持完整基因组的细胞成为下一代的生殖细胞之外，其他所有分裂细胞均将异染色质部分删除掉，从而使染色质减少约一半。推测所删除的 DNA 与生殖有关。原生动物四膜虫在核发育过程中有多处染色质断裂，删除约 10% 的 DNA，有些部位 DNA 切除后两端又重新连接。在删除这些序列之前基因并不表现转录活性，删除之后即成为表达型的基因，因此推测这些被删除序列的存在可能抑制了基因正常功能的表达。

哺乳类的红细胞，它在成熟过程中整个核都丢失了。

2. 基因扩增

基因扩增是通过改变基因数量来调节基因表达产物，它是细胞短期内大量产生出某一基因拷贝从而适应特殊需要的一种手段。某些脊椎动物和昆虫的卵母细胞为贮备大量核糖体以供卵细胞受精后发育的需要，通常都要专一性地增加编码核糖体 RNA 的基因（rDNA）。例如，非洲爪蟾通过滚动环方式将 rDNA 由 1500 剧增至 2000000，当胚胎期开始后，这些 rDNA 不再需要而逐渐消失。此外，在癌细胞中常可检查出有癌基因的扩增。

3. 基因重排

基因重排常见的是失去一段特殊序列，或是一段序列从一个位点转移到另一位点。重排可使表达的基因发生切换，由表达一种基因转为表达另一种基因，例如，非洲锥虫表面抗原的改变等，这是一种调节基因表达的方式。

4. 染色体 DNA 的修饰和异染色质化

DNA 碱基被甲基化的主要形式有 5 - 甲基胞嘧啶（5 - mC）和少量 6 - 甲基腺嘌呤（6 - mA）。甲基化的胞苷通常与邻近鸟苷的 5′ - 磷酸基相连。在生物发育和分化过程中 DNA 甲基化能关闭某些基因的活性，去甲基化能诱导基因的重新活化。研究表明，DNA 甲基化作用能引起染色质结构、DNA 构象、DNA 稳定性以及 DNA 与蛋白质相互作用方式的改变，从而控制着基因的表达。

凝缩状态的染色质称为异染色质，为非活性转录区。真核生物可以通过异染色质化而关闭某些基因的表达。例如，雌性哺乳动物细胞有两个 X 染色体，其中一个高度异染色质化而永久性失去活性。

（三）转录水平的调节

基因的转录活性与基因组 DNA 和染色质的空间结构状态有关。DNA 与染色质蛋白质和少量 RNA 结合，产生超螺旋化和折叠，并被高度凝缩。在比较疏松的区域，即所谓常染色质上，能活跃进行转录；而高度凝缩的异染色质上则很少出现 RNA 的合成。因此真核细胞的基因转录需先由某些调节分子识别基因的特异部位并改变染色质结构，使其疏松化，然后才能由激活蛋白和阻遏蛋白或其他调节物调节基因表达，后者调节类似于原核细胞。

1. 染色质的活化

具有转录活性的染色质增加了对核酸酶降解的敏感性。超敏感位点常位于一些已知调节蛋白结合的位点，在其介导下甚至比裸露 DNA 更易被核酸酶水解。在转录非常活跃的区域，缺少或全然没有核小体，如 rRNA 基因就是如此。

真核细胞 DNA 在 CpG 序列（CpG 岛）中的胞嘧啶残基通常会被甲基化，但在转录活性区则很少甲基化。管家基因富含 CpG 岛，它们总是组成型表达，其 CpG 的胞嘧啶残基均不甲基化。

与转录相关的染色质结构变化称为染色质改建。其中包括核小体组蛋白核心的乙酰化和脱乙酰化。组蛋白 H_3 和 H_4 氨基末端结构域多个赖氨酸残基被乙酰化，能降低整个核小体对 DNA 的亲和力。乙酰化还可阻止或促进与转录或其调节有关蛋白质的相互作用。当基因不再转录时，核小体的乙酰化被组蛋白脱乙酰化酶所降低，基因趋于沉默，染色质恢复无转录活性的状态。

一些蛋白质复合物通过水解 ATP 的能量促使核小体移动或取代也是染色质改建。完成改建只是作好转录的准备，转录还有赖于众多顺式作用元件和反式作用因子的作用。

真核细胞的转录除需要活化染色质外，还需要活化基因。真核细胞 RNA 聚合酶自身对启动子并无特殊亲和力，单独不能进行转录，也就是说基因是无活性的。转录需要众多的转录因子和辅助转录因子，形成复杂的转录装置。转录的调节以正调节为主，通过有限调节蛋白的组合，就可能识别真核细胞数万基因。

2. 启动子和增强子的顺式作用元件

真核细胞基因的启动子由一些分散的保守序列所组成，其中包括 TATA 框、CAAT 框和多个 GC 框等，CAAT 框、GC 框均属于上游控制元件（UCE）。对于可诱导的基因来说，除基本的控制序列或称为控制元件外，还存在一些信号分子作用的位点，以及可对细胞内外环境因素变动作出反应的应答元件。

由**增强子（enhancer）、沉默子（silencer）**及其应答元件进一步调节转录活性。真核细胞基因的增强子能够促进转录，它由比较集中的保守序列组成。

除启动子外，能够促进转录的序列即为增强子。增强子最早发现于 DNA 病毒 SV40，其转录单位起点上游 200bp 处存在两个相同成串的 72bp 序列，这两个序列会显著提高转录活性。SV40 的增强子不仅促进其自身启动子的转录，而且能促进与它相连的其他启动子，包括哺乳类和鸟类的基因以及其他病毒的基因。增强子有两个显著特点：一是它与启动子的相对位置无关。增强子无论在启动子的上游或是下游，甚至相隔几千个碱基对，只要存在于同一 DNA 分子上都能对其作用；增强子总是优先作用于最近的启动子。二是它无方向性。根据这两个特点可以将增强子与启动子序列相区别。此外，增强子还具有组织特异性，它往往优先或只能在某种类型的细胞中表现功能。这可以部分解释动物病毒要求一定宿主的原因。与此类似，组织特异的增强子为发育过程或成熟机体不同组织中基因表达的差别提供了基础。

曾提出不少模型试图来说明增强子的作用机制。现在认为：增强子与启动子之间距离对活性并无影响是因为 DNA 分子具有一定柔性，可以弯曲，结合在增强子上的反式激活因子能够与转录复合物相作用。位于增强子上的应答元件，可调节增强子的活性。

沉默子则是负调节蛋白作用的位点。在染色质结构域的边界还存在绝缘子（insulator），可阻止增强子对区域外启动子的影响。

现以金属硫蛋白基因的调节区为例，说明各顺式作用元件和反式作用因子对基因转录的调节（图 18-9）。金属硫蛋白可与重金属离子结合，将其带出细胞外，从而使细胞免除重金属的毒害。通常金属硫蛋白基因以基础水平表达，但被重金属离子（如镉）或糖皮质激素诱导，能以较高水平表达。在该基因的调节区，TATA 框和 GC 框是两个组成型启动子元件，位于靠近转录起点的上游。两个基础水平元件（BLE）属于增强子，为基础水平组成型表达所必需。TRE（十四烷酸佛波醇乙酯应答元件）是存在于多个增强子中的共有序列，其上可结合反式因子 AP_1，该因子除作为上游因子促使组成型表达外，还能对佛波酯作用，产生促肿瘤剂效应，而这种效应是由 AP_1 与 TRE 相互作用介导的。金属应答元件（MRE）序列与金属的反应有关，多个元件可引起金属硫蛋白以较高水平表达，该序列可看作启动子的应答元件。糖皮质激素是一种类固醇激素，它的应答元件（GRE）是增强子的可调节的位点，位于转录起点 250bp 的位置。类固醇激素与其受体结合于该位点而诱导金属硫蛋白高水平表达。

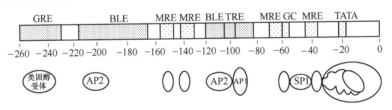

图 18-9 人金属硫蛋白基因的调节

3. 调节转录的反式作用因子

调节和控制转录活性的蛋白质有三类：即基本转录因子、上游因子和可诱导因子。基本转录因子结合在 TATA 框和转录起点，与 RNA 聚合酶一起形成转录起始复合物。上游因子结合在启动子和增强子的上游控制位点。可诱导因子与应答元件相互作用。有些因子只在特殊类型的细胞中合成，因而有组织特异性，如控制同源域蛋白。有些因子的活性直接被修饰控制，如热激转录因子经磷酸化而激活。又如，作用于增强子 TRE 序列的 AP_1 由 Jun 和 Fos 两亚基形成异二聚体，当 Jun 亚基磷酸化即被激活。有些因子的活性受配体调节，如类固醇受体，它与配体结合后即进入核内与 DNA 结合。二聚体因子还可因改变其搭配物而影响它的活性。所有结合 DNA 的反式作用因子都有结合 DNA 的结构域，并有一些共同的结构（图 18-10）。结合 DNA 的基序结构主要有以下几种：

① 螺旋-转角-螺旋（HTH）是一种常见的结合 DNA 基序。噬菌体阻遏蛋白结合 DNA 的结构域最早被鉴定为该结构。HTH 基序结构存在很广，乳糖操纵子阻遏蛋白、酵母的配对因子 MFα1、MFα2 以及从酵母、果蝇到哺乳动物控制发育的同源域蛋白都含有这种结构。

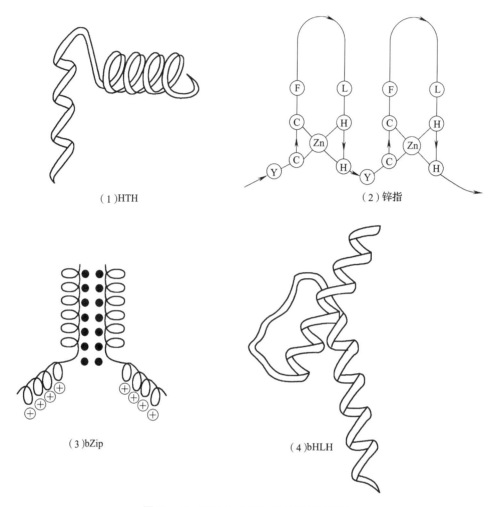

（1）HTH　　　　　　　　　　　　　（2）锌指

（3）bZip　　　　　　　　　　　　　（4）bHLH

图 18－10　DNA 结合蛋白的几种常见结构

②锌指（zine finger）基序最早发现于转录因子 TFⅢA，该因子为 5S rRNA 基因转录所必需。锌指结构广泛存在于各种结合 DNA 的蛋白质，含有一个至多个重复单位，最多可达 37 个。每一锌指单位约有 30 个氨基酸残基，形成一个反平行 β – 发夹，随后是一个 α – 螺旋，由 β – 片层上两个半胱氨酸残基和 α – 螺旋上两个组氨酸残基与 Zn 构成四面体配位结构。α – 螺旋是主要的识别单元，它可接触深沟中碱基对，相互间形成氢键。α – 螺旋上不同的氨基酸残基识别不同的碱基对，于是不同排列的锌指就能联合识别不同的 DNA 序列。

③亮氨酸拉链（leucine zipper）基序介导结合 DNA 蛋白的二聚化。大多数识别 DNA 序列的调节蛋白都以二聚体形式起作用，这是以少数调节蛋白亚基达到强特异结合的有效途径。亮氨酸拉链基序由约 35 个氨基酸残基形成两性的卷曲螺旋型 α – 螺旋。疏水侧链位于一侧，解离基团位于另一侧，使螺旋具有两性性质。每圈螺旋 3.5 个残基，两圈有一个亮氨酸，单体通过疏水侧链（包括亮氨酸）二聚化，形成拉链。该结构域借助 N 端碱性氨基酸构成 α – 螺旋而与 DNA 结合，此种结构称为碱性亮氨酸拉链（bZip）。bZip 广泛存在于同二聚体或异二聚体的反式激活因子中。高等真核生物的 cAMP 应答元件结合蛋白（CREB），通过亮氨酸拉链而二聚体化，并以碱性氨基酸与 DNA 结合，磷酸化可增强其活性。前述转录因子 AP₁ 由于 Jun 和 Fos

通过亮氨酸拉链而成为稳定的异二聚体，它们与细胞生长的调节有关。

④ 螺旋 – 突环 – 螺旋（helix – loop – helix，HLH）基序含有两个两性的 α – 螺旋，螺旋之间以一段突环连接，有 40 ~ 50 个残基，由于突环的柔性，使两螺旋可回折并叠加在一起。两亚基通过螺旋疏水侧链的相互作用而结合在一起。螺旋的 N 端与一段碱性氨基酸相连，以此与 DNA 结合。

结合 DNA 的反式激活因子，除特异结合 DNA 的结构域外，通常另外还有一个或多个结构域，用于转录的活化或与其他调节蛋白相互作用。常见的转录活化结构域有三类：酸性活化结构域、富含谷氨酰胺结构域和富含脯氨酸结构域。酵母转录因子 GAL_4 靠近氨基端有一个类似锌指的结构，借此结合于 DNA 上游控制序列，并通过卷曲螺旋而形成同二聚体，它有一个分开的酸性活化区，含有许多个酸性氨基酸，可作用于转录起始复合物。酵母的 SP_1 蛋白靠近羧基端有三个锌指，可结合于 GC 框架，其转录活化区 25% 的氨基酸残基为谷氨酰胺。结合于 CCAAT 的转录因子 1 含有一段由碱性氨基酸构成的 α – 螺旋以与 DNA 结合，其结构与上述几种基序都不同。它的活化区 20% 氨基酸残基为脯氨酸。

（四）转录后水平的调节

真核生物的 mRNA 前体加工过程主要包括三个步骤：① 在新生的 mRNA 前体 5′ – 端上加一个甲基化的鸟嘌呤核苷酸，称为帽子（cap），即 $m^7G_{PPP}N$，这一过程通常发生在 mRNA 转录完成之前；② 当 RNA 聚合酶转录至基因的终止信号处即有特异的核酸内切酶将新合成的 RNA 链切下，然后在 3′ – 端加上一段多聚腺苷酸（polyA）尾巴；③ 将 mRNA 前体的内含子部分切去，并使两个外显子重新连接，这一过程称为拼接。此外，mRNA 的内部还可发生甲基化，主要生成 6 – 甲基腺嘌呤（m^6A）。在某些特殊情况下发现 mRNA 能进行重新编辑，例如，插入或删除 U，C 脱氨转变成 U 等。成熟的 mRNA 被转移到细胞质进行翻译，在此过程中也存在复杂的调控机制。

由不同转录起点和终点转录产物，以及内部不同拼接点进行拼接，再加上不同的编辑，可以得到不同加工的 mRNA，它们翻译成不同的蛋白质。越是高等的真核生物，其基因表达调控机制越复杂，每个基因能够产生更多的蛋白质。粗略估计，细菌每个基因平均能产生 1.2 ~ 1.3 种蛋白质，酵母每个基因产生 3 种蛋白质，人类每个基因产生 10 种蛋白质。由此可见，基因表达在转录后加工的水平上有非常复杂的调节和控制。

（五）翻译水平的调节

真核生物在翻译水平进行基因表达调节主要有两个方面：① 主要是控制 mRNA 的稳定性和有选择地进行翻译。② 肽链的加工、折叠等过程的调节。

MRNA 5′ – 端的加帽作用以及 3′ – 端的多聚 A 加尾作用都有利于 mRNA 分子的稳定。mRNA 通常总是与一些蛋白质结合成核蛋白颗粒，主要作用是保护 mRNA 免受核酸酶的作用和控制 mRNA 的翻译功能。翻译控制 RNA 为相对分子质量较小的 RNA，可抑制翻译作用。其中有些具有寡聚尿苷酸，可与 mRNA 的 PolyA 结合，形成双链。另有双链 RNA 熔解因子可使之解链。mRNA 的 5′ – 端和 3′ – 端非编码区的序列与 mRNA 的稳定性和翻译效率有关，起重要调控作用。

因为网织红细胞没有细胞核，其蛋白质合成与 RNA 的转录、转录后加工以及向细胞质转移等的调节作用无关，故这是研究翻译过程的理想材料。兔网织红细胞的研究表明，葡萄糖饥饿、缺氧和氧化磷酸化受抑制等所有导致缺乏 ATP 的因素均能诱导细胞产生翻译抑制物；血红素的缺乏也有类似情况。在细胞中蛋白质的合成与能量代谢有关，而血红素由于在细胞色素和细胞色素氧化酶合成中的作用，可作为能量代谢水平的指标而调节 mRNA 的翻译功能。

血红素对蛋白质合成的控制作用是通过一种称为血红素控制的翻译抑制物来实现的，其本质是 eIF－2 激酶，它能选择性地将蛋白质合成起始因子 eIF－2 磷酸化。这种起始因子磷酸化后便失去起始活性。eIF－2 激酶本身也有磷酸化和脱磷酸两种形式，磷酸化的 eIF－2 激酶具有活性，脱磷酸后失去活性。eIF－2 激酶的磷酸化是由依赖于 cAMP 的蛋白激酶 A 所催化，它的活性受控于血红素。如果有血红素存在时，蛋白激酶 A 不被 cAMP 活化，eIF－2 激酶以无活性的脱磷酸形式存在，eIF－2 具有起始活性。当血红素缺乏时，蛋白激酶 A 被 cAMP 活化，eIF－2 激酶以磷酸化的活化形式存在，使 eIF－2 被磷酸化而失活。这一级联反应通过控制 eIF－2 的起始活性而调节蛋白质的合成。有关 mRNA 的翻译能力和翻译阻遏作用等与原核生物相似，这里不再重复。

多链合成后通常需经过加工与折叠才能成为有活性的蛋白质。蛋白质的折叠构象主要决定于它的氨基酸序列，而其最后具有生物活性的构象则是在加工或共价修饰过程中形成的。翻译后的加工过程包括：① 除去起始的甲硫氨酸残基或随后几个残基；② 切除分泌蛋白或膜蛋白 N－末端的信号序列；③ 形成分子内的二硫键，以固定折叠构象；④ 肽链断裂或切除部分肽段；⑤ 末端或内部某些氨基酸的修饰，如甲基化、乙酰化、磷酸化等；⑥ 加上糖基（糖蛋白）、脂类分子（脂蛋白）或配基（复杂蛋白）。此外，蛋白质需在酶和分子伴侣帮助下进行折叠，并正确定位。这种后加工过程在基因表达的调控上起重要作用。细胞内蛋白质转变成易被降解的形式，并被水解成氨基酸，这也是控制蛋白质活性的一种方式。

某些翻译产物经不同加工过程可形成不同活性产物。例如，前阿黑皮素原分子至少可加工成 7 个活性肽，每一活性肽的末端各有一对碱性氨基酸残基划分出界线，一般为赖氨酸和精氨酸。界线处的氨基酸对是蛋白质裂解酶识别和切割部位，经酶切割即释放出活性调节肽。

以上扼要介绍了真核生物基因表达的多级调节系统，由此构成的调控网络控制着机体的代谢过程和生理功能。

习题

1. 名词解释

genome, *cis* － acting element, *trans* acting factor, operon, repressor, activator, enhancer, antisense RNA

2. 概括典型原核生物启动子的结构和功能。

3. 简述乳糖操纵子的结构和调控过程。

4. 当培养基中同时存在葡萄糖和半乳糖时，请说明大肠杆菌乳糖操纵子的基因表达情况。

5. 衰减作用如何调控 *E. coli* 中色氨酸操纵子的表达。

6. 简述真核基因表达调控特点。

参 考 文 献

王镜岩，朱圣庚，徐长法主编. 生物化学. 第三版. 北京：高等教育出版社，2002

张楚富主编. 生物化学原理. 第二版. 北京：高等教育出版社，2011

杨荣武主编. 生物化学原理. 第二版. 北京：高等教育出版社，2012

【美】David L. Nelson，Michael M. Cox 著. Lehninger 生物化学原理. 第三版 中文版. 周海梦，昌益增，江凡等译. 高等教育出版社，2005 年6 月

郑集，陈钧辉主编. 普通生物化学. 第四版. 北京：高等教育出版社，2007

王淼，吕晓玲主编. 食品生物化学. 中国轻工业出版社，2009

金凤燮主编. 生物化学. 北京：中国轻工业出版社，2004

周爱儒主编. 生物化学. 第六版. 北京：人民卫生出版社，2003

周国庆主编. 生物化学. 杭州：浙江科学技术出版社，2004

黄熙泰，于自然，李翠凤主编. 第二版. 现代生物化学. 北京：化学工业出版社，2005

张洪渊，万海清主编. 生物化学. 第二版. 北京：化学工业出版社，2006

谢达平. 生物化学. 北京：中国农业出版社，2004

赵文恩等编著. 生物化学. 北京：化学工业出版社，2004

王淑如主编. 生物化学. 北京：中国医药科技出版社，2003

李盛贤，刘松梅，赵丹丹主编. 生物化学. 哈尔滨：哈尔滨工业大学出版社，2005

古练权主编. 生物化学. 北京：高等教育出版社，2000

黄卓烈，朱利泉主编. 生物化学. 北京：中国农业出版社，2004

汤逢主编. 油脂化学. 南昌：江西科学技术出版社，1985

吴时敏. 功能性油脂. 北京：中国轻工业出版社，2001

David L. Nelson，Michael M. Cox. Lehninger Principles of biochemistry. Fifth edition. W. H. Freeman，2008

Reginald H. Garrett，Charles M. Grisham. Biochemistry. Fifth edition. BROOKS/COLE，2011

Trudy McKee，James R. McKee. Biochemistry：An Introduction. Second Edition. WCB WM. C. Brown Publishers 2000